U0201889

Catalytic Chemical
Vapor Deposition

Technology and Applications of Cat-CVD

热丝化学气相沉积技术

(日)松村英树(Hideki Matsumura)
(日)梅本弘宣(Hironobu Umemoto)
(美)卡伦·格利森(Karen K. Gleason)
(荷)吕德·施罗普(Ruud E. I. Schropp)
著

黄海宾　沈鸿烈　等 译

·北京·

内 容 简 介

催化化学气相沉积（Cat-CVD）又名热丝化学气相沉积，可以在衬底温度低于300℃条件下获得器件级的高质量薄膜。本书系统介绍了Cat-CVD技术，包括其基本原理、设备设计及应用。具体包括Cat-CVD的物理基础及其与等离子增强化学气相沉积的区别、Cat-CVD中化学反应的分析方法及基本原理、Cat-CVD的物理化学基础、Cat-CVD制备的无机薄膜性能、引发化学气相沉积（iCVD）合成有机聚合物、Cat-CVD设备运行中的物理基础与技术、Cat-CVD在太阳电池和各种半导体器件中的应用、Cat-CVD系统中的活性基团及其应用，最后介绍了利用Cat-CVD腔室中产生的活性基团，在低温下进行半导体掺杂。

本书可供薄膜制备相关研发和技术人员参考使用，主要涉及半导体及薄膜太阳电池等领域。

Catalytic Chemical Vapor Deposition：Technology and Applications of Cat-CVD，by Hideki Matsumura，Hironobu Umemoto，Karen K. Gleason，Ruud E. I. Schropp
ISBN9783527345236

北京市版权局著作权合同登记号：01-2024-2646

图书在版编目（CIP）数据

热丝化学气相沉积技术/（日）松村英树等著；黄海宾等译．—北京：化学工业出版社，2024.6（2024.7重印）

书名原文：Catalytic Chemical Vapor Deposition：Technology and Applications of Cat-CVD

ISBN 978-7-122-45663-2

Ⅰ.①热…　Ⅱ.①松…②黄…　Ⅲ.①化学气相沉积　Ⅳ.①TG174.444

中国国家版本馆CIP数据核字（2024）第097610号

责任编辑：韩霄翠　丁　瑞　　　　装帧设计：王晓宇
责任校对：王鹏飞

出版发行：化学工业出版社（北京市东城区青年湖南街13号　邮政编码100011）
印　　装：中煤（北京）印务有限公司
787mm×1092mm　1/16　印张22¾　字数498千字　2024年7月北京第1版第2次印刷

购书咨询：010-64518888　　　　售后服务：010-64518899
网　　址：http://www.cip.com.cn
凡购买本书，如有缺损质量问题，本社销售中心负责调换。

定　　价：198.00元　　　　

译者名单

黄海宾	沈鸿烈	张忠卫
Kaining Ding（德）	张丽平	张闻斌
刘正新	陶　科	吴天如
张　磊	徐彬彬	

译者前言

热丝化学气相沉积技术［hot filament（或者 wire）chemical vapor deposition，简称 HoFCVD 或 HWCVD］，又名催化化学气相沉积技术（catalytic chemical vapor deposition），或者引发化学气相沉积技术（initiated chemical vapor deposition，iCVD）。因其用于不同领域时是否必然存在“催化”机理尚有不确定性，所以笔者认为采用“热丝化学气相沉积技术（HoFCVD）”这一共性名称更为合适，更适用于其在不同领域中的应用。

HoFCVD 作为一种真空镀膜技术，从发明至今已经超过 50 年，全社会对其机理的认识和特性的了解也逐年加深。从强调机械性能和强度的特种加工刀具表面金刚石膜层的制备，到有鲜明半导体特征的硅基薄膜、氮化硅/氮化硼薄膜的沉积，甚至是低温高致密度 PTFE 高分子膜的制备等，HoFCVD 的应用范围越来越广，适用的材料体系越来越多，且制得的膜层性能优异。HoFCVD 已逐步应用于半导体、光伏、机械等越来越多的领域。在设备制造领域，也涌现出日本爱发科株式会社（ULVAC）、江西汉可泛半导体技术有限公司等专业公司，设备种类日益丰富，体量也迈入大型半导体装备范围（江西汉可用于光伏的热丝 HoFCVD 设备长度超过 100m），设备精度自动化程度已经可以比肩其他同类型产品，甚至部分超越。

一本好书对知识的传承和技术的发展具有重要意义。由日本北陆先端科学技术大学院大学（JAIST）Hideki Matsumura 教授等撰写、Wiley-VCH 出版的 *Catalytic Chemical Vapor Deposition：Technology and Applications of Cat-CVD* 一书，系统介绍了 HoFCVD 技术相关的理论基础、产品应用，甚至设备设计等。理论诠释深入浅出，应用介绍全面系统，是一本高水平的专著，既适合科研院所的研究员阅读使用，又可供企业的工程师参考学习。笔者阅读后认为十分有必要翻译成中文，以便于该技术的普及和应用，助力我国新材料、高端装备技术的研究开发。南京航空航天大学的沈鸿烈教授、德国于利希研究中心的 Kaining Ding 教授和徐彬彬博士、国晟世安科技股份有限公司的张忠卫博士和张闻斌博士、中国科学院上海微系统与信息技术研究所的刘正新教授和吴天如副研究员以及张丽平博士、营口金辰机械股份有限公司的陶科博士、常熟理工学院的张磊副教授等多位专家也欣然应邀，携团队为本书的翻译、稿件的校对等贡献了重要力量。在此对所有专家和参与人员表示感谢！也要感谢江西汉可泛半导体技术有限公司的我的多位同事！感谢大家为 HoFCVD 技术的发展做出的贡献！

希望本书的翻译出版，能够为中国 HoFCVD 技术的发展，为中国真空装备和镀膜技术的发展贡献一份力量。

黄海宾　教授/董事长
江西汉可泛半导体技术有限公司
2024 年 5 月 2 日

前言

化学气相沉积（CVD）技术是现代半导体工业的关键技术之一。在诸多CVD系统中，使用加热的金属丝分解反应气体是一种新颖且独特的方法，可以在衬底温度低于300℃下获得器件级的高质量薄膜。该方法有不同名称。例如，Hideki Matsumura和他的同事从1985年开始使用“催化化学气相沉积”（Cat-CVD）这一名称，已经使用了超过30年。这可能是这种CVD的第一次命名。但是，其他研究团队喜欢使用“热丝CVD”（hot-wire CVD或hot filament CVD）这一术语。最近，通过加热的热丝合成有机薄膜的CVD研究中，研究人员提出了一个新的概念——“引发化学气相沉积（iCVD）”。

本书的主要作者Hideki Matsumura，一直习惯使用催化化学气相沉积（Cat-CVD）这一名称。而且，人们普遍认为，催化裂解是该方法中分子分解的主要机制。尽管iCVD在其沉积机制中涉及一些其他概念，本书仍使用“Cat-CVD”作为其名称，而不是使用热丝CVD。

在Cat-CVD中，源气体分子在加热的催化热丝表面发生催化裂解，分解后的基团被输送到真空腔室中衬底的表面，形成薄膜。虽然许多公司尚未公开透露他们的制备方法，但Cat-CVD已经在工业上应用，且使用该技术生产的一些消费产品已经在市面上出售。

人们使用Cat-CVD技术已成功制备了许多种器件。因此，在未来进一步应用方面，Cat-CVD引起了越来越多的关注。由于利用Cat-CVD在研究上取得了很大的进展，且作者已在该领域深耕多年（如上所述），作者一直被追问是否可能有一本书系统介绍该技术。因此，作者考虑出版一本关于Cat-CVD及其相关技术的综合性书籍。据作者所知，这可能是第一本对Cat-CVD或热丝CVD及相关技术进行全面、系统总结的书。

为更好地理解Cat-CVD技术，本书从讲解真空腔室中的物理基础开始。然后，通过与其他薄膜技术相比较，如等离子增强化学气相沉积（PECVD），阐述Cat-CVD的特征。本书涉及的Cat-CVD及其相关技术的范围较广泛，从基础到应用，还包括了Cat-CVD设备的设计。另外，本书还介绍了一些Cat-CVD相关的实验分析技术。例如，简要介绍了激光诱导荧光效应、深紫外光吸收和其他一些可以用来分析Cat-CVD过程中分解出的基团的技术。解释了一些薄膜材料的基本物理性质，以帮助读者理解Cat-CVD制备薄膜的质量。例如，简要介绍了非晶硅（a-Si）等非晶材料的物理性质。但是，详细的技术和与之相关的深层物理学解释不在本书范围。如果读者想了解更多的相关内容，请参考其他书籍或参考文献。本书中作者主要介绍Cat-CVD及相关技术的总体情况和基本概念，但不包括某个单独部分的详细细节。

本书也是在日本静冈大学Hironobu Umemoto教授的帮助下撰写完成。Hironobu Umemoto教授精通化学分析，阐明了许多Cat-CVD技术相关的化学现象。他通过许多案例证实了热丝催化下气体裂解的分解机制。本书中他主要撰写了第3章和第4章，阐述了气相基团的检测和气体分子的分解机制。此外，他还协助整体检查了本书中相关描述的准确性。第 6 章主要由美国麻省理工学院的 Karen K. Gleason 教授撰写，主要介绍了 iCVD 合成聚合物的相关内容。Karen K. Gleason 教授是使用 Cat-CVD 合成聚合物的先驱者，也是 iCVD 的发明者。第 8 章 Cat-CVD 的器件应用和相关技术的撰写得到了原荷兰乌得勒支大学教授、现南非西开普省大学特聘教授 Ruud E. I. Schropp 教授的帮助，他是器件物理学专家，为阐明 Cat-CVD 各种应用的可行性做出了很大贡献，尽管他在发表的论文中使用的是“热丝 CVD（hot-wire CVD）”而不是 Cat-CVD。他也整体检查了书中相关描述的准确性。本书是以上专家共同完成的，他们在各自领域内都有突出的成果。

本书旨在为开展或计划开展 Cat-CVD、热丝 CVD 和 iCVD 及其相关研究的人员、工程师和学生提供帮助。欢迎读者对本书提出批评或指正。

Hideki Matsumura
日本北陆先端科学技术大学院大学材料科学学院荣誉教授
2018 年 12 月

目录

缩写

本书中部分符号和缩写列表

CVD	化学气相沉积
APCVD	常压化学气相沉积
LPCVD	低压化学气相沉积
Cat-CVD	催化化学气相沉积
HWCVD	热丝化学气相沉积
iCVD	引发化学气相沉积
ALD	原子层沉积
PECVD	等离子增强化学气相沉积
RF	射频
VHF	甚高频
ICP	电感耦合等离子体
D_{cs}	催化热丝和衬底间距离
T_{cat}	催化热丝温度
T_g	气体温度
T_s	衬底温度
T_{holder}	衬底托盘温度
RT	室温
P_g	沉积期间气压
n_g	气体分子密度
FR(X)	气体 X 流量
S_{cat}	催化热丝总体比表面积

V_{ch}	沉积腔室内部体积
k	玻尔兹曼常数（1.38×10^{-23}J/K$=8.62\times10^{-5}$eV/K）
v_{th}	气体分子热速率
λ	平均自由程
λ_A	分子 A 的平均自由程
t_{col}	碰撞间时间间隔
N_{col}	单位时间内分子与单位面积固体的碰撞次数
$N_{col\text{-}space}$	气室空间中气体分子碰撞的次数
t_{res}	分子在室中的停留时间
V_{sheath}	等离子体鞘层电压
AES	俄歇电子谱
AFM	原子力显微镜
FTIR	傅里叶变换红外光谱
LEED	低能电子衍射
LIF	激光诱导荧光效应
RBS	卢瑟福背散射
SIMS	二次离子质谱
SEM	扫描电子显微镜
STEM	扫描透射电子显微镜
TEM	透射电子显微镜
XRD	X 射线衍射
WVTR	水蒸气输运速率
SRV	表面复合速率
IR	红外吸收
n	折射率
σ_p	光电导率
σ_d	暗态电导率
σ_p/σ_d	光敏性

TFT	薄膜晶体管
FET	场效应晶体管
HEMT	高电子迁移晶体管
OLED	有机发光二极管
ULSI	超大规模集成（集成电路）

仅仅在单章节中使用的符号和缩写未列在上述列表中。

α，σ，γ 和 A 等符号在不同章节中使用时可能表达的含义不同。符号的具体含义在使用时会给出解释。

本书中使用的部分化学符号列表

SiH_4	硅烷
GeH_4	锗烷
CH_4	甲烷
PH_3	磷烷
NH_3	氨气
HMDS	六甲基二硅氮烷
HMDSO	六甲基二硅醚
HFPO	六氟环氧丙烷
PET	聚对苯二甲酸乙二醇酯
PTFE	聚四氟乙烯
PGMA	聚甲基丙烯酸
TMA	三甲基铝
TBPO	叔丁基过氧化物

第1章 引言

本章概述了目前应用的不同薄膜技术，并阐述了催化化学气相沉积（Cat-CVD）技术和其他传统薄膜技术之间的关系。本章还简要回顾了Cat-CVD技术及其相关技术的发展历史。最后，对本书的结构作了说明，以便于读者阅读。

1.1 薄膜技术

大多数工业消费品都涂覆各种薄膜，有些产品表面可能会有涂料或电镀层。现代电子产品中也会用到薄膜或涂层。并且镀膜质量往往决定了电子产品本身的性能。例如，在液晶显示器（LCD）或有机电致发光显示器中，由半导体薄膜制成的晶体管是控制图像亮度和颜色的关键器件。作为计算机中的关键器件，超大规模集成电路（ULSI）中也包含了许多薄膜，这些薄膜的质量在很大程度上决定了集成电路的性能。在太阳电池领域，薄膜质量也决定着太阳电池的能量转换效率。

迄今为止，人们已经发明了许多薄膜技术。在各种工具上涂覆薄膜的技术至少在一万多年前就出现了。众所周知，石洞壁画已有超过四万年的历史。

这里我们首先介绍薄膜技术的家族树。将相关研究做成家族树，并审视我们自己的研究在家族树中的位置，这对于评判自己研究的价值非常重要。它有时可以带来新的思路，并帮助我们更深层次地理解自己研究所处的位置，从而帮助我们确定在技术方面应该继续做的工作。该家族树如图1.1所示。它表明，薄膜技术主要分为三种技术。

第一种是将其他地方制备的薄膜粘贴在固体衬底上。作为一项历史悠久的技术，广为熟知的是在固体上粘贴金箔。金块可以被拉伸并通过敲打转变为片状，可以制成厚度小于100nm的金箔，并牢固地附着在固体表面。第二种是通过固体表面与活性气体的化学反应，将固体表面一部分转化为不同材料，从而形成薄膜。例如，在微电子行业广泛使用的在硅片（c-Si）表面通过热氧化形成二氧化硅（SiO_2）薄膜。第三种是在固体衬底上沉积形成薄膜。沉积薄膜用的活性基团在衬底以外区域形成，然后在衬底表面沉积形成薄膜。该技术分为两类：一类是薄膜完全在衬底表面形成的工艺，另一类是分子在离衬底较远的地方提前分解为活性基团，然后将这些活性基团输运至衬底表面沉积形成薄膜。一般而言，通过预先活化的基团进行薄膜的沉积，可以在较低的衬底温度（通常低于300℃）下获得高质量薄膜。

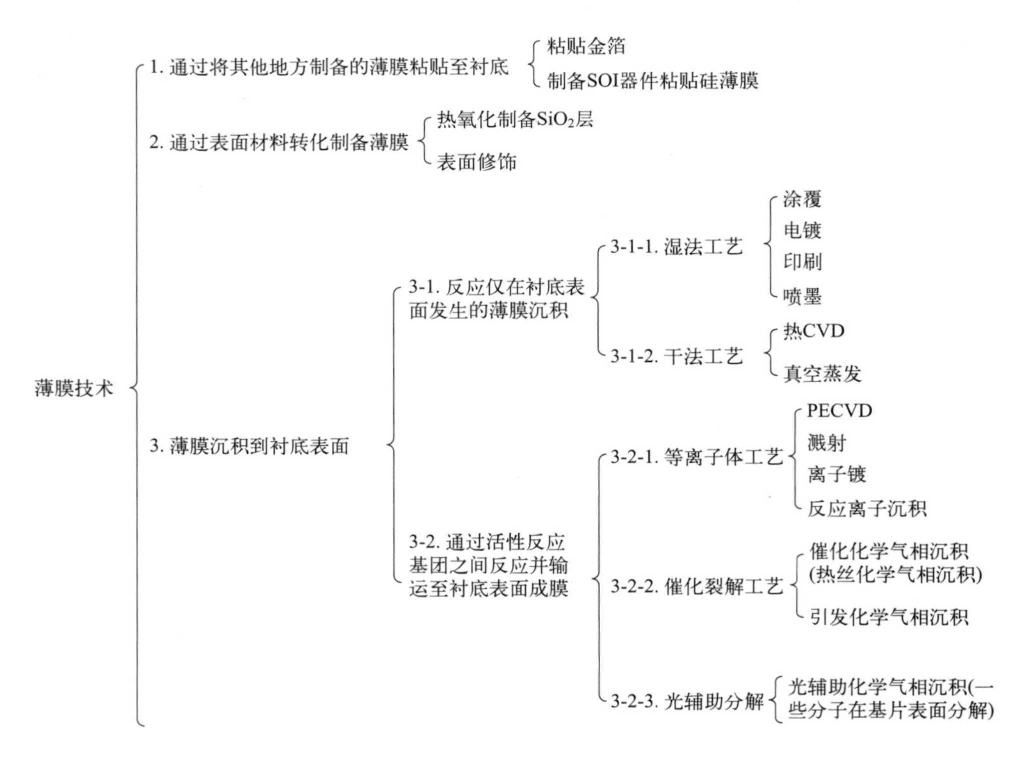

图 1.1　薄膜技术家族树示意图

SOI—绝缘衬底上的硅；PECVD—等离子增强化学气相沉积

利用在衬底以外产生的活性基团进行薄膜沉积的工艺可进一步分为三种。第一种是利用等离子体产生活性基团，第二种是使用催化裂解反应产生活性基团，第三种是使用辐射能量产生活性基团，如光化学气相沉积（Photo-CVD）。在光化学气相沉积中，对于气体分子是在衬底表面还是衬底以外区域被活化仍有争议。若是在衬底表面被活化，则这种工艺更适合归类于图 1.1 中的 3-1-2。

等离子体增强化学气相沉积（PECVD）属于第一种方法，反应气体分子与等离子体中的高能电子进行碰撞并分解产生活性基团。通过催化裂解反应分解反应气体分子的方法称为催化化学气相沉积（Cat-CVD）。在 Cat-CVD 中，由于经常使用加热的金属丝作为催化材料，所以该方法又被称为热丝 CVD。在 Cat-CVD 中，不需要等离子体的辅助。

一种类似的使用加热金属丝进行薄膜沉积的技术称为引发化学气相沉积（iCVD）。在这种新颖的技术中，由加热的金属丝激活引发剂，这些活性引发剂基团会诱导衬底表面吸附的单体分子发生聚合反应，形成高质量有机薄膜。这种方法适合制备器件级有机聚合物薄膜。

纵观薄膜技术家族树，我们可以看到在第一组分类中，即在衬底之外预先制备好薄膜的技术中有着大量空白区域。在生物家族树谱图中，生物首先可分为植物和动物，在两大类中大约有相等数量的分支。但是，在薄膜技术家族树谱图中，相比较于第三类薄膜沉积方法，第一和第二类中并没有许多分支或工艺。这意味着在第一和第二类中有很大可能发明新的薄膜技术。例如，如果在衬底之外制备图形化薄膜再转移到衬底上，那么薄膜的制备成本就会变得更低。这种思路已经在商业应用中出现，即在飞机、火车和公共汽车的外壁上粘贴印刷的广告。如果薄膜技术进一步提高，这种想法将可用于工业电子器件，特别是大面积器件。通过观察家族树谱图，我们可以产生更多富有创意的想法。

1.2 Cat-CVD的诞生

催化裂解是一种广为人知的现象。在20世纪初，人们就已经发现加热的钨丝可以使氢气（H_2）催化裂解为H原子[1]。自20世纪70年代以来，H. Matsumura等利用F原子钝化悬挂键来制备高质量和热稳定的非晶硅（a-Si）薄膜。特别是他们使用普通热CVD（无等离子体）利用SiF_2作为反应气体，制备出了氟化非晶硅薄膜（a-Si:F），该薄膜的质量略次于PECVD制备的氢化非晶硅薄膜（a-Si:H）。于是，为了进一步改善薄膜质量，Matsumura尝试将H原子引入a-Si:F薄膜中。因为该薄膜制备过程中并未使用等离子体，所以他尝试使用加热钨丝分解H_2产生H原子，以此开发出一种无等离子体轰击的薄膜沉积系统。这项工作从1983年持续至1985年，结果也令人非常满意。这种工艺制备的薄膜性能似乎比PECVD所制备的a-Si:H薄膜更好。Matsumura在1985年将此系统命名为催化化学气相沉积（Cat-CVD）。

虽然制备得到的薄膜质量优异，但是在产业化应用上仍有相当的难度。这主要是由于许多公司刚刚建成制备a-Si:H薄膜的产线，因此他们不愿意在自己的系统中引入卤素气体。后来，他尝试使用加热的钨丝催化裂解SiH_4制备a-Si:H薄膜，并且在1985～1986年期间成功制备出器件级a-Si:H薄膜。这标志着催化化学气相沉积（Cat-CVD）技术的诞生。Matsumura首次在没有等离子体辅助条件下成功获得器件级a-Si:H薄膜。

1.3 Cat-CVD及相关技术的研究历史

1970年日本同志社大学的S. Yamazaki等首次报道了传统热CVD与金属催化相结合的技术。他将铂和氧化镍等催化剂放置在常压热CVD石英管中的衬底附近，用来制备氮化硅（SiN_x）薄膜[2]。这种催化剂只是放置在衬底附近，且没有被额外加热。他发现在催化剂的作用下，SiN_x薄膜的沉积温度可以从700℃降到600℃。在该报道中，催化剂的作用和沉积温度降低的机制未完全解释清楚。尽管该研究是用金属丝作为催化剂，但仍不能证明此时发明了低温低压沉积薄膜的技术。

后来1979年，美国布鲁克海文国家实验室的H. Wiesmann等报道，在低压腔室中，将加热的钨丝和碳箔暴露在硅烷（SiH_4）气氛中时，可以形成a-Si薄膜[3]。这是首次报道使用加热的钨丝形成a-Si薄膜。但由于该a-Si薄膜的质量低于PECVD制备的，因此该方法并未引起人们的注意。这个工作一直到Matsumura报道了Cat-CVD的相关工作才得到关注。另外，当时他们认为 SiH_4 分子的分解过程是简单的热分解，因此这项工作并没有使得人们加深对金属表面催化分解气体进行薄膜沉积的反应机理的理解。

1982 年，日本国立无机材料研究所的 S. Matsumoto 等报道，把衬底放置在传统高温热 CVD 腔室中，并加热至 800～1000℃时，可以利用甲烷（CH_4）气体得到类金刚石（DLC）薄膜[4]。当衬底被其附近的钨丝进一步加热时，钨丝除了额外加热衬底外，其他作用还未明确。虽然他们后来尝试降低温度，但是也不能说明他们发明了这种低温沉积薄膜的技术。后来，出现了许多讨论钨丝作用的相关报道。1985 年，日本青山学院大学的 A. Sawabe 和 T. Inuzaka 报道了加热钨丝发射的电子对碳膜生长的影响，提升了类金刚石薄膜的结晶性能[5]。

1985 和 1986 年，日本广岛大学的 Matsumura 等［后来到日本北陆先端科学技术大学院大学（JAIST）工作］在低温下成功获得了器件级的氢氟化 a-Si 薄膜（a-Si：F：H）[6,7] 和氢化 a-Si 薄膜（a-Si：H）[8]。他们阐述了催化裂解的概念，并表示催化裂解在薄膜沉积过程中起到了关键作用。1987 年，Matsumura 也成功获得器件级的非晶 Si-Ge 合金薄膜（a-SiGe）[9]。1989 年，他成功制备了器件级 SiN_x 薄膜[10]。1990 年，日本长冈技术科学大学的 K. Yasui 等也利用 Cat-CVD 技术成功制备出 SiN_x 薄膜[11]。在他们的实验中，使用 SiH_4 和氮甲胺作为气源，用加热到 2400℃的钨丝作为催化剂。

1991 年，Matsumura 在后续 Cat-CVD 的研究工作中，调整了薄膜的沉积参数，在 a-Si 的沉积参数基础上引入大量 H_2 与 SiH_4 混合，成功制备得到了多晶硅（poly-Si）或微晶硅（μc-Si）[12]。Matsumura 的一系列成果表明 Cat-CVD 很可能成为一种新颖的薄膜沉积技术。

在成功制备 a-SiGe 之后，1988 年美国科罗拉多大学的 Doyle 等报道了对 Cat-CVD 制备高质量 a-Si 薄膜的研究进展，此时他们将该方法命名为“蒸发式表面分解（ESD）”[13]。

在 1991 年，美国太阳能研究院（现在更名为美国国家可再生能源实验室）的 A. H. Mahan 等通过详细对比两种沉积方法，报道了 Cat-CVD 制备的 a-Si 比 PECVD 制备的性能更好[14]。报道中他们将此方法命名为热丝 CVD。他们科学详尽的报道，为世界范围内广泛开展 Cat-CVD 研究做出了积极贡献。从那时起，从事 Cat-CVD 或热丝 CVD 的研究人员数量开始增加。

事实上，1992 年美国密歇根大学的 J. L. Dupuie 和 E. Gulari 通过 Cat-CVD 技术，用氨（NH_3）和三甲基铝（TMA）作为气源，用加热至 1750℃的钨丝作为催化剂，成功获得了高质量的氮化铝（AlN）薄膜[15]。此外，1992 年 H. L. Dupuie 等也成功通过 Cat-CVD 技术制备了器件级 SiN_x 薄膜[16]。

在 20 世纪 90 年代至 21 世纪，已经有许多关于使用 Cat-CVD 技术制备 a-Si 薄膜和 SiN_x 薄膜的报道。例如，1995 年 R. Hattori 等通过 Cat-CVD 技术成功制备了高质量 SiN_x 薄膜，并应用于砷化镓（GaAs）高频晶体管上。他们还发现，以 Cat-CVD 技术制备的 SiN_x 制作的 GaAs 晶体管器件，其性能比以 PECVD 技术制备的 SiN_x 薄膜的更好[17]。1997年，R. E. I. Schropp等用Cat-CVD成功制备出当时性能最好的太阳电池器件[18]和薄膜晶体管[19]。他们还成功制备了SiN_x薄膜，用于不同器件的钝化层[20]、栅极介电层[21]和化学阻挡层[22]。

关于太阳电池领域的应用，美国国家可再生能源实验室（NREL）也有许多相关报道。他们的相关研究进展总结在参考文献［23］中。例如，1993年E. Iwaniczko和他的同事使用Cat-CVD技术以0.9nm/s的沉积速率制备本征非晶硅（i-a-Si）层，得到了p-i-n结构的a-Si薄膜太阳电池。此沉积速率相比较于同时期PECVD制备的a-Si要快得多。1998年A. H. Mahan等使用Cat-CVD技术完整制备a-Si太阳电池的各层，其中本征层沉积速率为1.6nm/s，电池的光电转化效率达9.8%。1999年Q. Wang和他的同事在保持电池效率仍为9.8%的基础上，将沉积速率提升到1.8nm/s。

除了这些进展，德国凯泽斯劳滕大学的B. Schroeder等[24]、法国巴黎综合理工学院的J. E. Bouree等[25]以及其他一些研究团队也已开展了许多关于Cat-CVD制备a-Si和μc-Si（非晶硅网络中镶嵌硅晶粒）的研究。

除了在电子设备上的应用，从20世纪90年代中期开始，美国麻省理工学院（MIT）的K. K. Gleason化学研究团队开始使用热丝CVD技术来制备完全不同的材料，如聚合物薄膜。由于当时他们并没有确认在沉积系统中是否发生了催化反应，所以没有使用“Cat-CVD”这种称谓。也许，这项研究受到使用热金属丝制备DLC薄膜工作的鼓励，因为在最初阶段他们喜欢使用“热丝CVD”这个称谓。

1996年，K. K. Gleason研究团队的S. J. Limb等使用六氟丙烯氧化物（HFPO）气体和加热的镍铬（NiCr）丝，成功制备了聚四氟乙烯薄膜（PTFE，广为人知的商业名称为“特氟龙”）[26]。镍铬丝的温度为325～535℃，远远低于在沉积a-Si薄膜时使用的钨丝的温度。他们展示了由热丝CVD所制备的PTFE薄膜的优异性能。

2001年，属于同一研究团队的H. G. Pryce Lewis等发现并报道了这种PTFE薄膜的沉积速率可以很容易地从40nm/min提高到1000nm/min，比如在HFPO作为气源时，加入全氟辛烷磺酰氟［PFOSF，$CF_3(CF_2)_7SO_2F$］气体作为反应的引发剂[27]。从那时起，他们就开始研究有机膜的形成机制和引发剂的作用。最后，他们明确了成膜过程，揭示了选择适当引发剂的重要性，并在2005年将该方法命名为“引发化学气相沉积（iCVD）”[28]。

根据他们的解释，单体和引发剂蒸气首先被送入iCVD的真空腔室中，随后，引发剂在靠近热丝热区的气相中被激活。他们声称，激活是通过热丝传递的热量进行的，而不是通过催化裂解。接着，单体和被激活的引发剂吸附在接近室温的衬底上，最后，在衬底表面开始聚合，聚合物薄膜开始生长。

由于iCVD中热丝温度通常保持在500℃以下，低于CH_3分解的温度，所以热丝不会被渗碳（碳化），可以使用很长时间。此外，在iCVD中，由于气相反应很重要，所以沉积气压通常比Cat-CVD要高得多。

虽然iCVD的装置与Cat-CVD的装置非常相似，但其沉积机理可能有着明显区别。正因如此，他们对该沉积方法采用了不同的命名方式。作为一种新的高质量有机聚合物的合成方法，iCVD的研究未来会有进一步发展。

在本书中，详细解释了 Cat-CVD（热丝 CVD）的沉积机制，此外，还简要介绍了 iCVD 及其应用。

1.4 本书的结构

本书旨在全面介绍所有使用热丝的 CVD 方法，如 Cat-CVD 技术。首先介绍了基本的真空物理学和真空腔室中的分子动力学，以便于读者更容易理解相关背景。本书还简要介绍了传统 PECVD 方法，以便与 Cat-CVD 进行比较，并理解它与 Cat-CVD 的区别。另外对化学反应进行了详细分析，因为这是理解 Cat-CVD 沉积机制的一个关键。据作者所知，这一方面，特别是与热丝 CVD 相关的内容，其他书中还没有系统地介绍过。为了便于读者理解，本书中的解释分析将尽可能的简单。

第 2 章阐述了 Cat-CVD 的物理基础和基本过程的相关概念。在描述了 PECVD 的特点后，解释了 Cat-CVD 与 PECVD 的区别。第 3 章详细描述了各种活性基团的检测技术，这些技术有助于揭示 Cat-CVD 的沉积机制。在第 4 章中，基于一些实验结果阐述了 Cat-CVD 的沉积机制和所发生的化学反应。

第 5 章主要介绍了利用 Cat-CVD 制备的无机薄膜的性能。在这一章中，解释了在 Cat-CVD 制备薄膜过程中涉及的各项物理参数的含义，特别是对于 a-Si 这种典型非晶材料。使用不同理论模型解释了薄膜的生长过程。为了直观地理解实验现象，对这些模型进行了适当简化。显然，这会牺牲一些详细和准确的解释。若要了解详细信息，需要参考一些专门的出版物。

第 6 章介绍了基于类似 Cat-CVD 工艺的有机薄膜的制备。特别是介绍了 iCVD 和它的应用。

第 7 章阐述了设计 Cat-CVD 设备的一些相关物理参数。解释并讨论了气体流动、决定薄膜均匀性的因素、加热态催化热丝的热辐射的影响及抑制热辐射的方法、设计产业化生产设备的要素等。还讨论了从热丝中释放出的杂质污染问题和腔室清洁的方法。催化热丝的寿命是 Cat-CVD 技术的挑战之一，本章讨论了这一问题，并提出了一些可能延长催化热丝寿命的方法。

在第 8 章中，介绍了 Cat-CVD 技术的各种应用。包括目前已实际应用的各种场景。

在第 9 章和第 10 章中，总结了在 Cat-CVD 腔室中产生的活性基团种类，这些活性基团的特性和应用。特别是在第 10 章中，介绍了一种新的杂质掺杂技术，名为“催化掺杂”。在这项新技术中，可在低至 80℃的温度下将硼（B）和磷（P）原子引入晶体硅（c-Si）中，成为活性掺杂。

在本书中，读者将意识到使用热丝的 CVD 方法，如 Cat-CVD 及其相关技术，具有很好的发展前景。

参考文献

[1] Langmuir, I. (1912). The dissociation of hydrogen into atoms. *J. Am. Chem. Soc.* 34: 860-877.

[2] Yamazaki, S., Wada, K., and Taniguchi, I. (1970). Silicon nitride prepared by the SiH_4-NH_3 reaction

with catalysts. *Jpn. J. Appl. Phys.* 9: 1467-1477.

[3] Wiesmann, H., Ghosh, A. K., McMahon, T., and Strongin, M. (1979). a-Si:H produced by high-temperature thermal decomposition of silane. *J. Appl. Phys.* 50: 3752-3754.

[4] Matsumoto, S., Sato, Y., Kamo, M., and Setaka, N. (1982). Vapor deposition of diamond particles from methane. *Jpn. J. Appl. Phys.* 21: L183-L185.

[5] Sawabe, A. and Inuzaka, T. (1985). Growth of diamond thin films by electron assisted chemical vapor deposition. *Appl. Phys. Lett.* 46: 146-147.

[6] Matsumura, H. and Tachibana, H. (1985). Amorphous silicon produced by a new thermal chemical vapor deposition method using intermediate species SiF_2. *Appl. Phys. Lett.* 47: 833-835.

[7] Matsumura, H., Ihara, H., and Tachibana, H. (1985). Hydro-fluorinated amorphous-silicon made by thermal CVD (chemical vapor deposition) method. In: *Proceedings of the 18th IEEE Photovoltaic Specialist Conference*, Las Vegas, USA, October 21-25, 1985, 1277-1282.

[8] Matsumura, H. (1986). Catalytic chemical vapor deposition (CTC-CVD) method producing high quality hydrogenated amorphous silicon. *Jpn. J. Appl. Phys.* 25: L949-L951.

[9] Matsumura, H. (1987). High-quality amorphous silicon germanium produced by catalytic chemical vapor deposition. *Appl. Phys. Lett.* 51: 804-805.

[10] Matsumura, H. (1989). Silicon nitride produced by catalytic chemical vapor deposition method. *J. Appl. Phys.* 66: 3612-3617.

[11] Yasui, K., Katoh, H., Komaki, K., and Kaneda, S. (1990). Amorphous SiN films grown by hot-filament chemical vapor deposition using monomethylamine. *Appl. Phys. Lett.* 56: 898-900.

[12] Matsumura, H. (1991). Formation of polysilicon films by catalytic chemical vapor deposition (Cat-CVD) method. *Jpn. J. Appl. Phys.* 30: L1522-L1524.

[13] Doyle, J., Robertson, R., Lin, G. H. et al. (1988). Production of high-quality amorphous silicon films by evaporative silane surface decomposition. *J. Appl. Phys.* 64: 3215-3223.

[14] Mahan, A. H., Carapella, J., Nelson, B. P. et al. (1991). Deposition of device quality, low H content amorphous silicon. *J. Appl. Phys.* 69: 6728-6730.

[15] Dupuie, J. L. and Gulari, E. (1992). The low temperature catalyzed chemical vapor deposition and characterization of aluminum nitride thin films. *J. Vac. Sci. Technol.*, *A* 10: 18-28.

[16] Dupuie, J. L., Gulari, E., and Terry, F. (1992). The low temperature catalyzed chemical vapor deposition and characterization of silicon nitride thin films. *J. Electrochem. Soc.* 139: 1151-1159.

[17] Hattori, R., Nakamura, G., Nomura, S. et al. (1997). Noise reduction of pHEMTs with plasma-less SiN passivation by catalytic CVD. In: *Technical Digest of 19th Annual IEEE GaAs IC Symposium, held at Anaheim, California, USA* (12-15 October 1997), 78-80.

[18] Schropp, R. E. I., Feenstra, K. F., Molenbroek, E. C. et al. (1997). Device-quality polycrystalline and amorphous silicon films by hot-wire chemical vapour deposition. Philos. Mag. B 76: 309-321.

[19] Meiling, H. and Schropp, R. E. I. (1997). Stable amorphous-silicon thin-film transistors. *Appl. Phys. Lett.* 70: 2681-2683.

[20] van der Werf, C. H. M., Goldbach, H. D., Löffler, J. et al. (2006). Silicon-nitride at high deposition rate by hot wire chemical vapor deposition as passivating and antireflection layer on multicrystalline silicon solar cells. *Thin Solid Films* 501: 51-54.

[21] Stannowski, B., Rath, J. K., and Schropp, R. E. I. (2001). Hot-wire silicon nitride for thin-film transistors. *Thin Solid Films* 395: 339-342.

[22] Spee, D., van der Werf, K., Rath, J., and Schropp, R. E. I. (2012). Excellent organic/inorganic transparent thin film moisture barrier entirely made by hot wire CVD at 100℃. *Phys. Status Solidi RRL* 6: 151-153.

[23] Nelson, B. P. , Iwaniczko, E. , Mahan, A. H. et al. (2001). High-deposition rate a-Si:H n-i-p solar cells grown by HWCVD. *Thin Solid Films* 395: 292-297.

[24] Schroeder, B. , Weber, U. , Sceitz, H. et al. (2001) . Current status of the thermo-catalytic (hot-wire) CVD of thin silicon films for photovoltaic applica-tion. *Thin Solid Films* 395: 298-304.

[25] Niikura, C. , Kim, S. Y. , Drévillon, B. et al. (2001). Growth mechanisms and structural properties of microcrystalline silicon films deposited by catalytic CVD. *Thin Solid Films* 395: 178-183.

[26] Limb, S. J. , Labelle, C. B. , Gleason, K. K. et al. (1996). Growth of fluorocarbon polymer thin films with high CF_2 fractions and low dangling bond concentrations by thermal chemical vapor deposition. *Appl. Phys. Lett.* 68: 2810-2812.

[27] Pryce Lewis, H. G. , Caulfield, J. A. , and Gleason, K. K. (2001). Perfluorooctane sulfonyl fluoride as an initiator in hot filament chemical vapor deposition of fluorocarbon thin films. *Langmuir* 17: 7652-7655.

[28] Chan, K. and Gleason, K. K. (2005). Initiated chemical vapor deposition of linear and cross-linked poly (2-hydroxyethyl methacrylate) for use as thin film hydrogels. *Langmuir* 21: 8930-8939.

Cat-CVD的物理基础及其与PECVD的区别

为了更好地理解催化化学气相沉积（Cat-CVD）的沉积机制，本章简要总结了真空腔室中的分子动力学。由于本书并不是专门关于真空物理学的图书，所以只给出基本的物理背景，以帮助读者理解 Cat-CVD 的基本特征。在这一章中，还总结了传统的等离子体增强化学气相沉积（PECVD）的特性或特点，以便读者更清楚地了解 Cat-CVD 的特点。最后，展示了 Cat-CVD 的独特功能。

2.1 沉积腔室中的物理基础

2.1.1 分子密度及其热速率

当气体分子被引入真空腔室时会在腔室中运动，其运动速率由气体分子的温度决定。如果腔室壁和腔室内其他部件具有相同的温度，则分子在与腔室壁或腔室内其他部件多次碰撞后处于热平衡状态。在这种情况下，气体温度与腔室壁相同。然而，如果腔室内有一个加热的表面，气体分子的温度就会表现为一定的分布特征。这里，我们考虑一些基本影响因素，以便于理解腔室内发生了什么。

在气体压力 P_g 和气体温度 T_g 下，气体分子密度 n_g 的关系遵循理想气体的简单公式(2.1)，其中 k 是指玻尔兹曼常数，$k=1.38\times10^{-23}$J/K$=8.62\times10^{-5}$eV/K。

$$n_g=\frac{P_g}{kT_g} \tag{2.1}$$

在低压和高温下，如低于一个大气压且超过室温的情况，实际情况与理想气体定律的偏差很小。为了快速了解所涉及的数值，表 2.1 总结了不同 P_g 和 T_g 条件下 n_g 的典型值。这里的 P_g 和 T_g 也适用于本书后面关于 Cat-CVD 薄膜沉积机制的讨论。

在大多数 Cat-CVD 工艺中，P_g 为 1～100Pa，T_g 高于室温（RT），但低于 2000℃，如硅（Si）薄膜沉积时，因为催化热丝的温度 T_{cat} 为 1800～2000℃，通常是腔体内的最高温度。在硅薄膜沉积中，当硅烷（SiH_4）气体分子在 2000℃的钨（W）催化热丝上分解时，分解物从催化热丝中发出，温度约为 1000℃，这将在第 4.4 节中具体解释。此外，在沉积过程中，衬底温度 T_s 通常保持在 250℃。因此，表 2.1 中也包括了 T_g=250℃和 1000℃的数值。

表 2.1　气体在不同温度 T_g 和气压 P_g 下的气体准分子密度典型数值

T_g	P_g=1Pa	P_g=10Pa	P_g=100Pa	P_g=101325Pa(760Torr)
0℃(273K)	$2.65\times10^{14}/cm^3$	$2.65\times10^{15}/cm^3$	$2.65\times10^{16}/cm^3$	$2.69\times10^{19}/cm^3$
27℃(300K)	$2.42\times10^{14}/cm^3$	$2.42\times10^{15}/cm^3$	$2.42\times10^{16}/cm^3$	$2.45\times10^{19}/cm^3$
250℃(523K)	$1.39\times10^{14}/cm^3$	$1.39\times10^{15}/cm^3$	$1.39\times10^{16}/cm^3$	$1.40\times10^{19}/cm^3$
1000℃(1273K)	$5.69\times10^{13}/cm^3$	$5.69\times10^{14}/cm^3$	$5.69\times10^{15}/cm^3$	$5.77\times10^{18}/cm^3$
1800℃(2073K)	$3.50\times10^{13}/cm^3$	$3.50\times10^{14}/cm^3$	$3.50\times10^{15}/cm^3$	$3.54\times10^{18}/cm^3$
2000℃(2273K)	$3.19\times10^{13}/cm^3$	$3.19\times10^{14}/cm^3$	$3.19\times10^{15}/cm^3$	$3.23\times10^{18}/cm^3$

根据气体动能理论的玻尔兹曼关系估算，在腔室内运动的气体分子的热速率 v_{th} 如公式(2.2)所示，其中 m 指分子的质量。

$$v_{th}=\frac{\sqrt{8kT_g}}{\pi m}=5.93\times10^{-10}\frac{\sqrt{T_g(K)}}{m(kg)}\quad(cm/s)\tag{2.2}$$

气体分子的速率遵循麦克斯韦分布。我们使用公式(2.2)定义的平均速率作为气体分子速率。表 2.2 还总结了在 T_g 为 0～2000℃时，各种基团热速率的典型值，如 H、N、Si 原子和 H_2、NH_3 和 SiH_4 分子。这些基团对于 Si 薄膜和 SiN_x 薄膜的沉积非常重要，这也是 Cat-CVD 技术的典型应用。这里计算中使用的 H、N、Si、H_2、NH_3 和 SiH_4 的质量分别为 1.67×10^{-27}kg、2.33×10^{-26}kg、4.66×10^{-26}kg、3.45×10^{-27}kg、2.83×10^{-26}kg 和 5.33×10^{-26}kg。

表 2.2　H、N 和 Si 以及 H_2、NH_3、SiH_4 分子不同 T_g 下热速率 v_{th} 的数值

温度	热速率 v_{th}/(cm/s)					
	H	N	Si	H_2	NH_3	SiH_4
0℃(273K)	2.40×10^5	6.42×10^4	4.54×10^4	1.67×10^5	5.82×10^4	4.24×10^4
27℃(300K)	2.51×10^5	6.73×10^4	4.76×10^4	1.75×10^5	6.11×10^4	4.45×10^4
250℃(523K)	3.32×10^5	8.88×10^4	6.28×10^4	2.31×10^5	8.06×10^4	5.87×10^4
1000℃(1273K)	5.18×10^5	1.39×10^5	9.80×10^4	3.60×10^5	1.26×10^5	9.16×10^4
1800℃(2073K)	6.61×10^5	1.77×10^5	1.25×10^5	4.60×10^5	1.60×10^5	1.17×10^5
2000℃(2273K)	6.92×10^5	1.85×10^5	1.31×10^5	4.81×10^5	1.68×10^5	1.22×10^5

这两个表格告诉我们，当 P_g 约 1Pa 时，密度为 $10^{13}\sim10^{14}/cm^3$ 的分子在腔室内以约 1km/s 的速率移动。在固态 c-Si 中，Si 原子的密度约为 $5\times10^{22}/cm^3$，而室温下大气压中，密度约为 $2\times10^{19}/cm^3$。在大约 1Pa 的低气压腔室中，分子或原子的密度是大气压下气体密度的 $1/10^6\sim1/10^5$，是固体中原子密度的 $1/10^9$。该比值给出了原子或分子的相对密度。

2.1.2 平均自由程

2.1.2.1 平均自由程表达式

反应腔室中的分子与腔室壁碰撞，也与空间中的其他分子碰撞。平均自由程 λ，定义为一个分子在第一次碰撞和第二次碰撞之间的平均移动距离，用公式(2.3) 表示，其中 σ 指分子直径。

$$\lambda=\frac{1}{\sqrt{2}n_{g}\pi\sigma^{2}}=\frac{kT_{g}}{\sqrt{2}P_{g}\pi\sigma^{2}} \tag{2.3}$$

由于分子是自由旋转的，人们认为它们的形状为球形。公式(2.3) 对腔室内只存在一种类型的分子时有效。然而，在许多情况下，许多种类的分子同时存在于腔室中。如果腔室内有两种分子，分子 A 和分子 B，分子 A 的平均自由程 λ_{A}，如公式(2.4) 所示，其中 n_{A}、n_{B}、σ_{A}、σ_{AB}、m_{A} 和 m_{B} 分别指分子 A 的密度、分子 B 的密度、分子 A 的直径、分子 A 与分子 B 的半径之和、分子 A 的质量和分子 B 的质量。

$$\lambda_{A}=\frac{1}{\sqrt{2}n_{A}\pi\sigma_{A}^{2}+\pi\sigma_{AB}^{2}n_{B}\sqrt{1+(m_{A}/m_{B})}} \tag{2.4}$$

大多数情况下，我们须使用公式(2.4) 来准确地确定分子的平均自由程。然而，为了快速了解分子间的基本碰撞，我们经常会使用公式(2.3) 来粗略估计平均自由程。此外，尽管我们指的是分子的平均自由程，如果其他原子或基团如电子，在没有得到除腔室内部热能之外的其他能量时，上述公式仍可适用。

2.1.2.2 分子或者基团直径的估算

在估算平均自由程时，我们须知道碰撞基团的直径 σ。有几种方法可以用来估算分子或基团的直径。σ 可以通过实验或理论上的黏度、密度和原子距离等数据来估算，这些数据可通过范德瓦尔斯键长或共价键长来计算得到。σ 的估算值差别很大。例如，H_2 分子的 σ 就有从理论上简单估算的共价键半径 128pm，到实验中从黏度方面估算的 275pm，以及从密度方面估算的 419pm。这种变化在平均自由程的估算中会导致很大的不确定性。如果我们只依靠实验数据，就很难准确地确定各种 σ 数值和平均自由程。

近年来元素周期表中各元素的共价键半径分别按照单键、双键和三键[1-4]来计算。图 2.1 总结了从周期表中原子序数为 1 的 H 到原子序数为 18 的 Ar 的共价键半径结果。图中展示了原子序数及相应的共价单键、双键和三键的半径数据。从这些共价键半径的组合中，我们可以粗略估计出假设分子为球体的前提下，各元素由共价键组成分子的直径。

除了图 2.1 所示的共价键半径外，有时还可以通过范德瓦尔斯半径或离子键半径来估算直径。基团的直径取决于化学键的类型。为了估算腔室中基团的物理参数，我们必须使用其中的一个已知值，以获取其大概特征。因此，我们估算的直径会有一定的误差。例如，根据图 2.1 中的共价键半径，H 原子的直径估算为 64pm；然而，根据玻尔半径估算的直径为 106pm，该值是经典原子模型的数值，到现在仍被广泛使用。

元素	H	共价键半径	He
原子序号	1		2
单键半径/pm	32		46
双键半径/pm	—		—
三键半径/pm	—		—

元素	Li	Be	B	C	N	O	F	Ne
原子序号	3	4	5	6	7	8	9	10
单键半径/pm	133	102	85	75	71	63	64	67
双键半径/pm	124	90	78	67	60	57	59	96
三键半径/pm	—	85	73	60	54	53	53	—

元素	Na	Mg	Al	Si	P	S	Cl	Ar
原子序号	11	12	13	14	15	16	17	18
单键半径/pm	155	139	126	116	111	103	99	96
双键半径/pm	160	136	113	107	102	94	95	107
三键半径/pm	—	127	111	102	94	95	93	96

图 2.1 元素周期表中不同元素的共价键半径。数据来源：表中的数据参考文献［1］～［4］中的数据重绘制

表 2.3 概括了 H、N 和 Si 原子以及 H_2、NH_3 和 SiH_4 分子直径的估算值。本书后文的计算中使用的直径值采用该表中右侧列的数据。对于 H_2、NH_3 和 SiH_4，采用了估算值范围内的平均值。这里还采用了 H 的玻尔半径以及 N 和 Si 的共价键半径。考虑到基团在直径方面的定量排序，这些数值看来还是比较合理的。

表 2.3 H、N 和 Si 原子以及 H_2、NH_3 和 SiH_4 分子估算的直径

物质	预估值/pm	推导方法	本书使用值
H	64～106	图 2.1 的共价键半径和玻尔半径	106
N	142	共价键半径	142
Si	150～232	STEM 观察到晶硅的键长和共价键半径	232
H_2	128～419	共价键半径和来自黏度或密度的估算半径	275
NH_3	206～374	共价键半径和范德瓦尔斯半径	290
SiH_4	326～416	Si—H 键长和共价键半径	371

STEM：扫描透射电子显微镜。

2.1.2.3 平均自由程举例

本节我们估算用于 a-Si 和 SiN_x 沉积过程所使用基团的平均自由程 λ。表 2.4 为 T_g 在 0～2000℃和 P_g 为 1Pa 时，H、N 和 Si 原子以及 H_2、NH_3 和 SiH_4 分子的 λ 值。如公式(2.3) 所示，λ 与 T_g 成正比，与 P_g 成反比。例如，温度为 0℃的 SiH_4 分子的 λ 为 0.616cm，但如果将 T_g 提高到 2000℃，则变为 5.13cm。通过将 T_g 从 0℃提高到

2000℃，平均自由程几乎增加了一个数量级。

正如之前提到并将在第 4 章中详细说明的，当一个 SiH_4 分子撞击到 2000℃的钨催化热丝上时，它很有可能被分解成 Si+4H，并以 1000℃的温度从催化热丝表面脱附。而在接触到加热的钨表面后，如果 SiH_4 分子没有被分解并回到腔室空间中时，虽然当不同分子和原子处于同一空间，很难准确估算其平均自由程，但在 $P_g=1Pa$ 时，这些 SiH_4 分子的平均自由程可能是数厘米。如果 SiH_4 分子被分解，在下一次碰撞前，被分解的 H 和 Si 原子可以走得更远。此时，距离催化热丝数厘米的区域是一个具有热梯度的区域。这给了我们一个粗略的认识，让我们知道在 $P_g=1Pa$ 的 Cat-CVD 腔室中加热的催化热丝附近发生了什么。

表 2.4　基于 $\sigma_H=1.06\times10^{-8}$cm，$\sigma_{Si}=2.32\times10^{-8}$cm，$\sigma_{H_2}=2.75\times10^{-8}$cm，$\sigma_{SiH_4}=3.71\times10^{-8}$cm，$\sigma_N=1.42\times10^{-8}$cm 和 $\sigma_{NH_3}=2.90\times10^{-8}$cm，对于 $P_g=1Pa$，H、N、Si 原子和 H_2、NH_3、SiH_4 分子平均自由程的估算值

T_g	对于 $P_g=1Pa$					
	H/cm	N/cm	Si/cm	H_2/cm	NH_3/cm	SiH_4/cm
0℃(273K)	7.55	4.21	1.58	1.12	1.01	0.616
27℃(300K)	8.29	4.62	1.73	1.23	1.11	0.677
250℃(523K)	14.5	8.06	3.02	2.15	1.93	51.18
1000℃(1273K)	35.2	19.6	7.35	5.23	4.7	2.87
1800℃(2073K)	57.3	31.9	12.0	8.51	7.66	4.68
2000℃(2273K)	62.8	35.0	13.1	9.34	8.39	5.13

2.1.2.4　第一次和第二次碰撞的时间间隔

第一次碰撞和第二次碰撞之间的时间间隔 t_{col}，可以简单地从公式(2.3) 和公式(2.4) 中估算出来，如式(2.5) 所示。此外，表 2.5 中也总结了在 Cat-CVD 腔室中只存在一种基团时的 t_{col}。

$$t_{col}=\frac{\lambda}{v_{th}} \tag{2.5}$$

如表 2.5 所示，在 1Pa 时大概每 10^{-5}s，腔室中的基团都会与其他基团发生碰撞。

表 2.5　P_g= 1Pa 时，H、N 和 Si 原子以及 H_2、NH_3 和 SiH_4 分子的第一次碰撞和下一次碰撞之间的间隔时间 t_{col} 的例子

T_g	$P_g=1Pa$ 时的 t_{col}/s					
	H	N	Si	H_2	NH_3	SiH_4
0℃(273K)	3.15×10^{-5}	6.56×10^{-5}	3.48×10^{-5}	6.71×10^{-6}	1.74×10^{-5}	1.45×10^{-5}
27℃(300K)	3.30×10^{-5}	6.86×10^{-5}	3.63×10^{-5}	7.03×10^{-6}	1.82×10^{-5}	1.52×10^{-5}
250℃(523K)	4.37×10^{-5}	9.08×10^{-5}	4.81×10^{-5}	9.31×10^{-6}	2.39×10^{-5}	2.01×10^{-5}
1000℃(1273K)	6.80×10^{-5}	1.41×10^{-4}	7.50×10^{-5}	1.45×10^{-5}	3.73×10^{-5}	3.13×10^{-5}
1800℃(2073K)	8.67×10^{-5}	1.80×10^{-4}	9.60×10^{-5}	1.85×10^{-5}	4.79×10^{-5}	4.00×10^{-5}
2000℃(2273K)	9.08×10^{-5}	1.89×10^{-4}	1.00×10^{-4}	1.94×10^{-5}	4.99×10^{-5}	4.20×10^{-5}

2.1.3 固体表面的碰撞

2.1.3.1 固体表面碰撞

分子还会与固体表面（如腔室壁）发生碰撞。这一节，我们将估算单位时间内气体分子与单位面积固体表面碰撞的次数 N_{col}。众所周知，这个 N_{col} 可以用公式(2.6)表示。

$$N_{col}=0.25n_g v_{th} \tag{2.6}$$

该公式在考虑分子与催化热丝的碰撞时非常重要，具体推导过程如下：

首先，我们假设一个半径为 r 的半球，它比分子的平均自由程短，在它的中心有一个小区域 dS。如图 2.2 所示，围绕中心设置极坐标。我们假定在半球表面有一个厚度为 dr 的非常薄的壳，在壳上 θ 和 $\theta+\mathrm{d}\theta$，ϕ 和 $\phi+\mathrm{d}\phi$，以及 r 和 $r+\mathrm{d}r$ 之间，即（r，θ，ϕ）处有一个小体积，如图 2.2 所示。用分子密度 n_g 来表示这样一个被包围的小体积中存在的分子数量（$n_g\times r\sin\theta\ \mathrm{d}\phi\ r\mathrm{d}\theta\times \mathrm{d}r$）。在这些分子中，只有向坐标原点方向运动的分子可以与小区域 dS 碰撞。实际上，这个小区域 dS 从位置（r，θ，ϕ）看是 $\mathrm{d}S'=\mathrm{d}S\cos\theta$，因为分子是以一个 θ 角度运动而来的。向 dS'移动的分子数量为（$n_g\times r\sin\theta\ \mathrm{d}\phi\ r\mathrm{d}\theta\times \mathrm{d}r$）×（$\mathrm{d}S'/4\pi r^2$）=（$n_g\times\sin\theta\ \cos\theta\ \mathrm{d}\phi\ \mathrm{d}r$）×（$\mathrm{d}S/4\pi$），因为所有分子都是在 360°的空间角度（4π 球面弧度）上自由移动，则朝向 dS'的概率是（$\mathrm{d}S'/4\pi r^2$）。

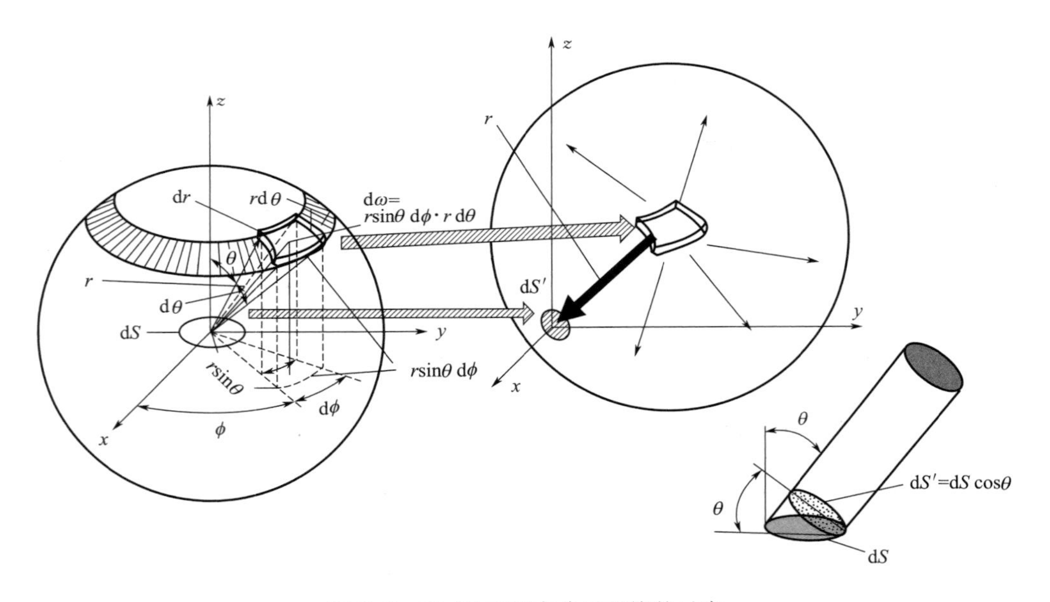

图 2.2 在 dS 面积内分子碰撞的示意

在 dt 时间内以热速率 v_{th} 与小区域 dS 碰撞的所有分子都存在于 $r<v_{th}\mathrm{d}t$ 的半球内。因此，以 θ 和 $\theta+\mathrm{d}\theta$、ϕ 和 $\phi+\mathrm{d}\phi$ 的角度碰撞的这种分子的数量可估算为：

$$\int_0^{v_{th}dt}\frac{n_g dS}{4\pi}\sin\theta\cos\theta d\theta d\phi dr=\frac{n_g dS}{4\pi}(v_{th}dt)\sin\theta\cos\theta d\theta d\phi$$

这样，在 dt 时间内，从半球的任何方向碰撞到 dS 区域的分子总数 $N_{col}dSdt$，可以通过对 θ 和 ϕ 进行积分来计算，具体如下：

$$NdSdt=\frac{n_g v_{th}}{4\pi}dSdt\int_0^{\pi/2}\sin\theta\cos\theta d\theta\int_0^{2\pi}d\phi=\frac{1}{4}n_g v_{th}dSdt$$

通过这个关系式，即可推导出公式(2.6)。

分子或基团的平均自由程和与固体表面碰撞的分子或基团数量这两个参数，是研究 Cat-CVD 过程的重要参数。每秒单位面积碰撞的分子数量可以利用公式(2.6) 简单估算。表 2.6 中总结了 H_2、NH_3 和 SiH_4 分子的典型碰撞频率。

表 2.6 单位时间单位表面上，P_g 为 1Pa 条件下 H_2、NH_3 和 SiH_4 分子在固态表面碰撞的次数

T_g	在 P_g=1Pa 在固体表面的碰撞/[次/(cm² · s)]		
	H_2	NH_3	SiH_4
0℃(273K)	1.11×10^{19}	3.86×10^{18}	2.81×10^{18}
27℃(300K)	1.06×10^{19}	3.70×10^{18}	2.69×10^{18}
250℃(523K)	8.03×10^{18}	2.80×10^{18}	2.04×10^{18}
1000℃(1273K)	5.12×10^{18}	1.79×10^{18}	1.30×10^{18}
1800℃(2073K)	4.03×10^{18}	1.40×10^{18}	1.02×10^{18}
2000℃(2273K)	3.84×10^{18}	1.34×10^{18}	9.73×10^{18}

2.1.3.2 分子在空间中互撞和分子与腔室壁之间的碰撞比较

本小节我们估算一下在容积为 V_{ch} 的腔室中移动的分子之间碰撞的次数。假设每个分子与另一个分子每 t_{col} 时间内碰撞一次。在这段时间内，腔室内应发生平均 $V_{ch}n_g/2$ 次碰撞。除以 2 是由于碰撞发生在两个分子之间。因此，在单位时间内，腔室内的碰撞次数变为公式(2.7)。

$$N_{col\text{-}space}=\frac{V_{ch}n_g}{2t_{col}}=\frac{V_{ch}n_g}{2}\times\frac{v_{th}}{\lambda}=\frac{\pi}{\sqrt{2}}V_{ch}n_g^2\sigma^2 v_{th} \tag{2.7}$$

例如，我们假设腔室内部为直径 50cm、高度 50cm 的圆柱形，其 V_{ch} 大约为 $1\times10^5 cm^3$。如表 2.1 所示，当腔室中的 P_g 为 1Pa，T_g 为 0℃时，SiH_4 分子的密度为 $2.65\times10^{14}cm^{-3}$，而 t_{col} 为 $1.45\times10^{-5}s$，具体见表 2.5。因此，腔内的 SiH_4 分子之间的碰撞总数约为 9.14×10^{23} 次/s。

另一方面，在这种情况下，腔室内壁的面积 S_{ch} 约为 $1.178\times10^4cm^2$，根据表 2.6，在 T_g=0℃时，SiH_4 分子与腔室壁碰撞的次数大约为 3.31×10^{22} 次/s。与腔室壁的碰撞次数和腔室空间内的碰撞次数之比约为 3.6%。

上述计算是针对 $V_{ch}=1\times10^5cm^3$ 的情况。如果考虑一个内径为 20cm、高为 20cm 的小型实验腔室，V_{ch} 变为 $6.280\times10^3cm^3$，S_{ch} 为 $1.885\times10^3cm^2$，SiH_4 分子在室内

的总碰撞次数为 5.72×10^{22} 次/s，与腔室壁碰撞的次数为 5.29×10^{21} 次/s。SiH_4 分子与腔室壁的碰撞次数和 SiH_4 分子在腔室内部互相碰撞次数的比值约为 9.2%。因此，当使用较小的腔体进行沉积时，这个比值会增加。也就是说，在较小的腔室中，薄膜沉积将是气体基团与腔室内壁碰撞的问题。由于基团往往可以在腔室内壁上停留很长时间，因此在制备薄膜时，腔室壁的影响有时不可忽视。通过改变反应室的大小，我们必须仔细调整基团的停留时间，具体情况将在下一节阐述。除此之外，我们还应考虑在某些情况下腔室壁上发生的反应。

2.1.4 腔室中基团的停留时间

当我们考虑分子或原子在低压腔室中动态变化时，我们必须注意另一个更重要的物理量，即停留时间 t_{res}。它表示分子排出腔室前在腔室中停留的时间。该值有时与腔室中沉积薄膜的质量密切相关。当 t_{res} 很长时，一个分子有很多机会被分解或参与成膜过程。腔室内存在的基团是比较“老旧”的基团，它们已经经历了许多反应过程。而当 t_{res} 较短时，腔室中充满了许多“新鲜”分子，且大多数基团仍只具有相对简单的构型，这是因为在其短暂的 t_{res} 期间，它们所参与的反应数量很少。当我们设计沉积设备，或根据小尺寸实验腔室中获得的实验数据扩大实验腔室时，必须调整 t_{res}，以便在改变实验腔室尺寸后获得类似质量的薄膜。

首先，我们考虑一个体积为 V_{ch} 的腔室，并将流量为 Q_0 的气源引入该腔室，如图 2.3 所示。t_{res} 由公式(2.8) 表示。

$$t_{res}(s)=5.92\times10^{-4}\frac{V_{ch}(cm^3)P_g(Pa)}{Q_0(cm^3/min)} \tag{2.8}$$

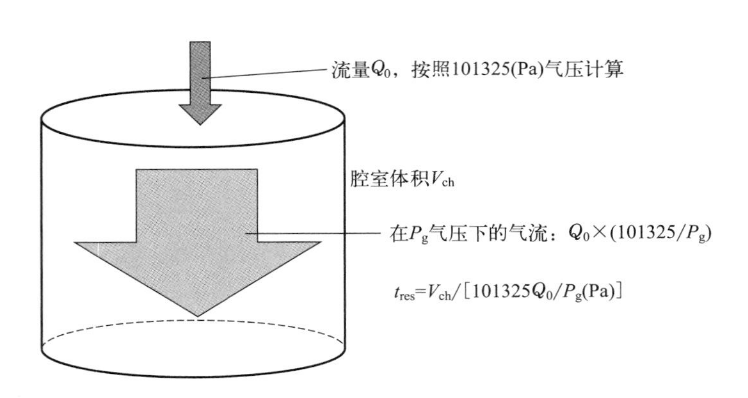

图 2.3 低压腔室中气流示意

在公式(2.8) 中，t_{res}、V_{ch} 和 Q_0 分别使用 s、cm^3 和 cm^3/min[1] 为单位。

这个方程的推导非常简单。当在大气压力 101325Pa 下，体积为 Q_0 的气体，每分钟被引入压力为 P_g(Pa) 的腔室中，它在腔室中膨胀的体积为 $Q_0\times(101325/P_g)$。气

[1] 如无特殊说明，本书中气体流量均指的是标准大气压下的气体流量。

源体积按照分钟供应；也就是说，每秒钟供应的气体体积为 $Q_0 \times (101325/60P_g)$。由于腔室的体积为 V_{ch}，具有 $Q_0 \times (101325/60P_g)$ 流量的气体分子可以在腔室中停留 $V_{ch}/[Q_0 \times (101325/60P_g)]$s。这里，$60/101325 = 5.92 \times 10^{-4}$ 为公式(2.8) 的系数。这个推导过程的前提是假设腔室中的温度与室温相差不大。即使在热丝被加热时，这个前提也是成立的，腔室内的平均气体温度通常也低于 400K。

例如，当 $V_{ch} = 1 \times 10^5 cm^3$ 时，如前所述，当流量为 $50cm^3/min$，压力为 1Pa 时，t_{res} 估计为 1.2s。也就是说，t_{res} 通常是在一秒钟的数量级。

2.2　Cat-CVD 和 PECVD 设备的差异

图 2.4 展示了一个双极板型 PECVD 设备和一个 Cat-CVD 设备的示意。两种沉积设备之间的结构差异非常明显。

在 PECVD 中，有许多种类型设备，如电感耦合等离子体（ICP）设备、如图 2.4 所示的平行电极型设备，以及后文图 2.11 所示的用于大面积沉积的许多空心阴极阵列的双极板型设备。产业界使用最广泛的是双极板型系统。

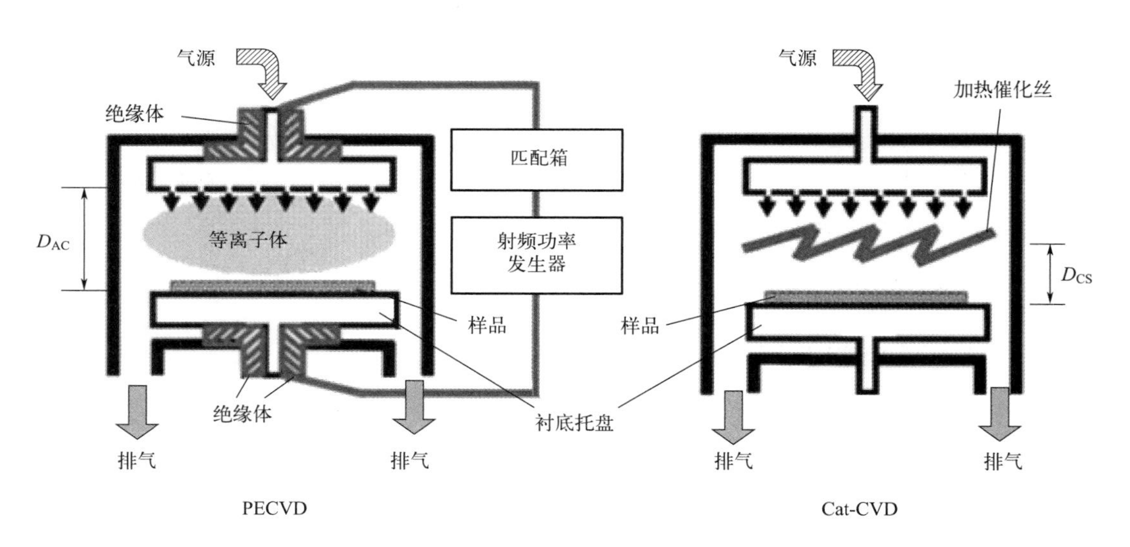

图 2.4　等离子体增强化学气相沉积（PECVD）和催化化学气相沉积（Cat-CVD）装置示意

在 PECVD 中，由于电极上的电势保持恒定，因此需要特别注意电绝缘。此外，通常情况下等离子体由 13.56MHz 的射频（RF）功率电源产生。因此，需要一个匹配箱来精确控制功率匹配，以便将射频电源的功率从电源发生器有效地转移到腔室内部。

另一方面，在 Cat-CVD 的腔室内设置一条加热的金属丝，这条金属丝的功能与等离子体的功能几乎相同。Cat-CVD 设备结构非常简单，而且用 Cat-CVD 制备薄膜的质量通常优于 PECVD，具体可见本书第 5 章和其他章节所述。

2.3 PECVD的基本特征

2.3.1 PECVD的诞生

尽管已经出版了许多关于PECVD研究的书籍，本文还是简要地介绍一下PECVD的基本特点[5]。想了解更多关于PECVD技术的读者，请参考这些已出版的书籍。

PECVD是一种常见的薄膜沉积技术，可以在衬底温度低于400℃时制备器件级薄膜。它广泛应用于许多领域，如液晶显示器（LCD）、超大规模集成电路（ULSI）、太阳电池和工业薄膜涂层。然而，PECVD的历史并不长。对PECVD的研究开始于20世纪60年代，20世纪70年代逐渐在工业生产中应用。

首先，H. F. Sterling和R. C. G. Swann在1964～1965年申请了关于等离子体加工，或称之为PECVD的专利[6,7]，后来又在论文中发表了相关研究结果[8]。这项发明是在研究垂直石英管中硅外延生长过程中产生的。他们在石英管内放置碳或钼底座，并通过电感耦合器传输的射频能量对其进行加热。当时，这种使用腔体外射频功率源加热样品的方法是一种全新的技术。在研究此加热系统的过程中，他们发现当石英管中通过射频电源产生辉光放电时，可以在较低的衬底温度下制备无机薄膜。在发现了这种辉光放电法能够沉积薄膜后，他们用这种方法制备了各种不同的薄膜。在S. M. Hu[9]发表了溅射法制备SiN_x薄膜之后，R. G. Swann等在1967年发表了用辉光放电法制备SiN_x薄膜的相关结果[10]。R. C. Chittick等随后在1969年发表了制备a-Si薄膜的结果[11]。从那时起，这种技术开始广泛应用。

2.3.2 等离子体的产生

在双极板型PECVD设备中，腔体中充满气源分子，沉积气压P_g在1～100Pa范围内。通过在互相平行的阳极和阴极之间施加一定电压，极板间的气体产生等离子体。我们将两个电极之间的距离用D_{AC}来表示。

当直流（DC）电压或低频交流（AC）电压施加在极板上，且施加的电压超过某阈值时，气体分子通过与电场中加速的电子碰撞而分解。一些气体分子则会被电离。单个电子向阳极运动单位距离碰撞产生的离子数量定义为汤森第一电离系数α_{ion}。在两极板间产生的离子被同一电场加速，运动方向与电子的相反。这些离子最终与阴极碰撞，并从阴极板上发射出多个电子。由单个离子碰撞而从极板上发射的电子数量定义为汤森第二电离系数γ。这些发射出来的电子在电场作用下加速飞向阳极，同样也会参与分子的分解过程。因此，当α_{ion}和γ大于1时，会在极板间产生离子和电子的雪崩效应，并产生等离子体。这种情况如图2.5所示。

2.3.3 直流等离子体与射频等离子

为了更容易形成放电或等离子体，同时为了消除电极的影响，人们通常对电极施加13.56MHz的射频交流电压。有时为了在等离子体中获得更高的电子密度，会施加高于

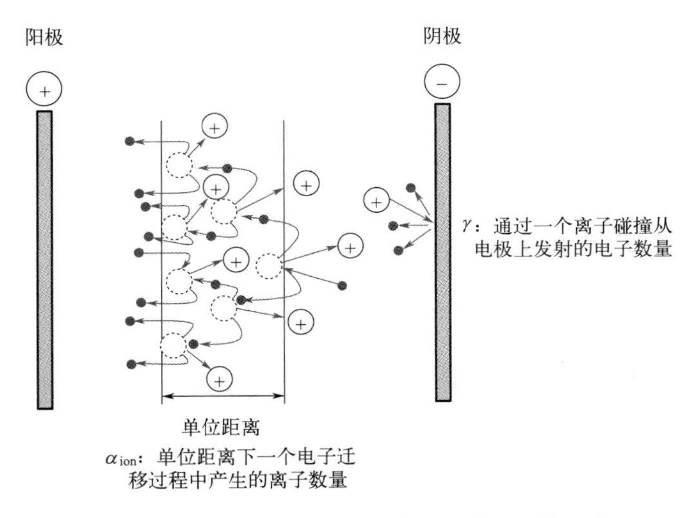

图 2.5　基于汤森电离系数的等离子体的形成示意

27MHz 的甚高频（VHF）交流电压，这一点将在后面提到。当交流电压施加在系统的两个电极上时，电极的极性会快速变换。位于交流电压的上半周期时，带电粒子向其中一个电极方向运动，而在交流电压的下半个周期，它们必然改变方向。在其他带电粒子电场力的影响下，如果我们忽略带电粒子的运动惯性，则使用一阶近似可得到以下推断。

我们认为电场 $E_0\sin(\omega t+\theta)$ 是通过对两个极板间施加角频率为 ω 或频率为 $f(\omega=2\pi f)$ 的交流电压形成的，其中，E_0、t 和 θ 分别指施加交流电场的振幅、时间和相位。众所周知，带电粒子的迁移率 μ 与电场的乘积等于粒子的速率 v。位于 x 处的带电粒子速率应该等于 $\mu E_0\sin(\omega t+\theta)$。因此，$\mathrm{d}x/\mathrm{d}t=v=\mu E_0\sin(\omega t+\theta)$，那么 $x=(\mu E_0/\omega)\cos(\omega t+\theta)+C$，其中 C 是积分常数。X 轴是从一个电极指向另一个电极的方向。也就是说，带电粒子振荡的振幅 A 可以用以下公式简单表示

$$A=\frac{\mu E_0}{\omega}=\frac{\mu E_0}{2\pi f} \tag{2.9}$$

这个方程告诉我们 ω 或 f 的增加会导致 A 的降低，当 ω 或 f 足够大时，$2A$ 不能达到 D_{AC}，因此，带电粒子被限制在两个极板之间的空间中。由于电子与离子质量相差很大，故电子的迁移率 μ_e 比离子的迁移率 μ_i 大得多，因此电子的 A 比离子的 A 要大得多。

在大多数情况下，当频率超过 10^5 Hz 时，这种限制效应在离子上首先起作用。因此，在大多数 RF-PECVD 系统中，汤森第二电离系数 γ 没有任何意义，因为此时离子不能再到达电极。在产生等离子体的过程中，电极的影响被消除了，汤森第一电离系数 α_{ion} 的数值就显得非常重要。在 $10^5\sim10^6$ Hz 频率范围内，产生等离子体的阈值电压高于直流电源的阈值电压，这主要是由于离子轰击电极所发射出的电子减少所造成的。

当使用 13.56MHz 的射频电源时，即使对电子来说，A 也变得非常小，它们也不

能到达电极。在受限区域内电子密度大大增加，这样就会产生更多的离子和电子。当频率在几兆赫或 10MHz 到几百兆赫的范围内时，产生等离子体所需的阈值电压与直流电源产生等离子体所需的阈值电压相比有所下降，从而更容易生成等离子体。因此，射频电源比直流电源更容易产生等离子体。

2.3.4 鞘层电压

在射频等离子体中，离子和电子在一个很小的空间内进行振荡。在这样的区域内电子和离子的密度非常高，以至于电子和离子都会向等离子体外部扩散。也就是说，电子和离子一开始就会与电极发生碰撞。如公式(2.6) 所示，这种碰撞的次数与电子或离子的浓度和速率成正比。然而，电子的速率大约比离子的速率高 3 个数量级（如表 2.7 所示）。离子的热速率与表 2.2 中所列的电中性基团的热速率是同一数量级。因此，从等离子体中流向电极的电子数量比离子数量要大得多。实际上，流向电极的电流为感应电子流。如果电极为浮动电位或几乎绝缘，则电极就会呈现负电势，而等离子体的电势相对于电极来说就为正电势。这个感应电势差我们称之为鞘层电压 V_{sheath}。这一电势差是用来平衡电极上的电子束流和离子束流的。基于这一机制，V_{sheath} 近似地表示为：

$$V_{\mathrm{sheath}}=\frac{kT_{\mathrm{e}}}{2e}\ln\left(\frac{8M}{\pi m_{\mathrm{e}}}\right) \tag{2.10}$$

式中，T_{e}、e、M 和 m_{e} 分别指电子温度、电子电量、离子质量和电子质量。

表 2.7 电子的动能、温度 T_{e} 和热速率 $v_{\mathrm{th(e)}}$ 的关系

能量/eV	1	3	5	10	20	30
T_{e}/K	7.74×10^{3}	2.32×10^{4}	3.87×10^{4}	7.74×10^{4}	1.55×10^{5}	2.32×10^{5}
$v_{\mathrm{th(e)}}$/(cm/s)	5.93×10^{7}	1.03×10^{8}	1.33×10^{8}	1.88×10^{8}	2.65×10^{8}	3.25×10^{8}

上述情况的示意见图 2.6(a)。此方程只对电绝缘的电极成立。然而，在实际的 PECVD 设备中，尽管电极不是完全绝缘或处于浮动电位，公式(2.10) 仍然可以近似地使用。这是因为在薄膜沉积过程中，外部电源提供给电极的电流与电极上的电子碰撞引起的内部电流相比更小。

此外，在大多数情况下，两个电极的射频信号并不一致。如果两个电极的面积稍有不同，则其中一个电极就会对另一个电极表现为正电势。实际应用中，设一个电极通常接地。因此，接地的电极通过与腔室壁的面积加和而比另一个电极的面积大。因此，在 RF-PECVD 中会像 DC-PECVD 一样具有阳极和阴极。当然，有时候这个偏置电压是通过施加一个外部电压来刻意控制的。因此，大多数 RF-PECVD 系统中的实际电位应如图 2.6(b) 所示。

该图表明等离子体与阴极之间的电势差比等离子体和阳极之间的电势差更大。为了保持等离子体的持续辉光放电，从电中性的等离子体中损失的电子由电极提供的电子所补偿。通过这种方式，电流开始在等离子体中流动。两个电极之间的电流和电压由射频电源通过电源匹配器来维持。

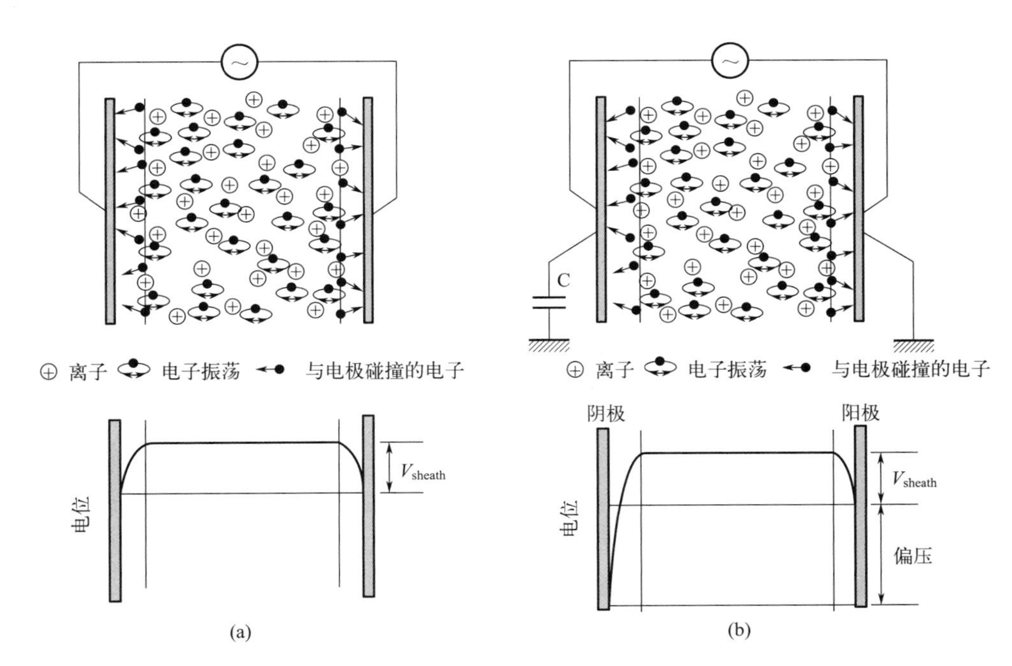

图 2.6　在交流电场下两个电极之间离子和电子的运动。(a) 浮动电位电极，(b) 偏置电极

值得注意的是，通过对上图的解释，我们可以得到关于 RF-PECVD 的重点。即通过在两个电极上施加偏置电压，我们可以在两个电极之间得到一个电势差；但是，等离子体和电极之间的电势差无法消除。鞘层电压的产生主要是由电子速率和离子速率之间的差异引起的。鞘层电压在 PECVD 中是不可避免的，我们不能忽略该鞘层电压的影响。

如果我们使用 SiH_4 气体进行 a-Si 薄膜的沉积，V_{sheath} 在 10V 到几十伏的范围内，主要取决于 P_g 和射频功率。P_g 和射频功率通过改变两个电极之间的交变电场和电子的加速周期来决定 T_e 的数值。这里我们必须注意到，鞘层电压把离子向电极方向加速推动，例如向放置有衬底的电极上运动。离子最终以 eV_{sheath} 的能量注入样品中，协助薄膜的生长。

2.3.5　PECVD 中分解的基团浓度

2.3.5.1　电子和气体分子间的碰撞次数

考虑电子和气源分子之间的碰撞时，我们可以使用公式(2.4) 来计算电子的平均自由程。在公式(2.4) 中，我们假设基团 A 是一个电子，基团 B 是一个气体分子。电子的大小可以忽略不计，σ_A 近似为 0。由于电子的质量远小于气体分子的质量，m_A/m_B 也近似为 0。σ_{AB} 实际上应该是气体分子 B 的半径，$\pi\sigma_{AB}^2$ 表示电子和分子之间碰撞的散射截面。这样的散射截面我们将其定义为 $\Sigma_{e\text{-}B}$。因此，电子的平均自由程 λ_e 可表示为：

$$\lambda_e = \frac{1}{\sum_{e\text{-}B} n_B} \tag{2.11}$$

电子第一次与分子 B 碰撞到电子第二次与另一个分子 B 碰撞之间的时间间隔 $t_{col\text{-}e}$ 也可以由公式(2.12) 得出，与公式(2.5) 类似。

$$t_{col\text{-}e} = \frac{\lambda_e}{v_{th(e)}} \tag{2.12}$$

式中，$v_{th(e)}$ 指的是电子的热速率。然后，我们可以通过 $1/t_{col\text{-}e}$ 来估算单位时间内的碰撞次数，即碰撞频率。

电子的动能 ε_k，可以用两种方式表示：一种是电子温度 T_e，另一种是热速率。这种关系可以简单地用公式(2.13) 表示：

$$\varepsilon_k = \frac{1}{2} m_e v_{th(e)}^2 = \frac{3}{2} k T_e \tag{2.13}$$

式中，m_e 是电子的质量，相当于公式(2.4) 中的 m_A。表 2.7 中给出了一些具体的例子，以方便读者对于电子运动状态的认识。

如果产生等离子体的空间体积 V_{plasma} 充满了密度为 n_e 的电子，那么存在于该等离子体空间的电子总数应该为 $V_{plasma} n_e$。与第 2.1.3.2 节的公式(2.7) 类似，且考虑到公式(2.7) 中的系数（1/2）在这种情况下不必要，则单位时间内发生在等离子体空间中的碰撞次数 $N_{col\text{-}plasma}$ 如公式(2.14) 所示：

$$N_{col\text{-}plasma} = \frac{V_{plasma} n_e}{t_{col\text{-}e}} = V_{plasma} n_e n_B \sum_{e\text{-}B} v_{th(e)} \tag{2.14}$$

2.3.5.2 PECVD 中分解基团的数量

这一小节，我们估算 PECVD 中分解基团的数量。因为 SiH_4 被广泛研究并应用于硅薄膜的沉积，故我们以它的分解为例进行说明。

目前，有许多关于 PECVD 中电子密度的研究报道。氩气产生的等离子体[12]中的电子密度比 SiH_4 产生的等离子体中的大[13,14]。在氩气等离子体中电子密度约为 $10^{10}/cm^3$，而在 SiH_4 等离子体中约为 $10^9/cm^3$。当然，它也取决于射频功率。因此，我们将其近似于 $10^{10}/cm^3$ 数量级。该值还会随着等离子体频率从 13.56MHz 到 87MHz 的增加而增加数倍[14]。

人们在 RF-PECVD 研究中还研究了电子能量的分布、电子能量分布函数（EEDF）和电子与 SiH_4 分子的碰撞截面。图 2.7 展示了在 RF-PECVD 中只有 SiH_4 或 H_2 的系统，和同时有 SiH_4 和 H_2 混合气系统的 EEDF。EEDF 取决于等离子体状态，它会随 SiH_4 和 H_2 的混合比例变化而变化。在 PECVD 中，即使最初将纯 SiH_4 引入腔室，随 SiH_4 的分解也会产生 H 原子，因此，腔室很快就被含有 SiH_4 和 H_2 混合气的等离子体充满。

图 2.7 中给出了以 eV^{-1} 为单位的 EEDF。图中的数据是根据 T. Shirafuji[15] 计算的电子能量概率函数（EEPF）数据（以 $eV^{-3/2}$ 为单位），并利用 $EEDF=(\varepsilon_k)^{1/2}\times EEPF$ 这一关系得出的。使用以 eV^{-1} 为单位的 EEDF 来表达也很有用。例如，将 EEDF 从电子能量为 0 积分到 8.75eV，约等于能量低于 8.75eV 的电子数量与等离子体中的电子总数的比例。

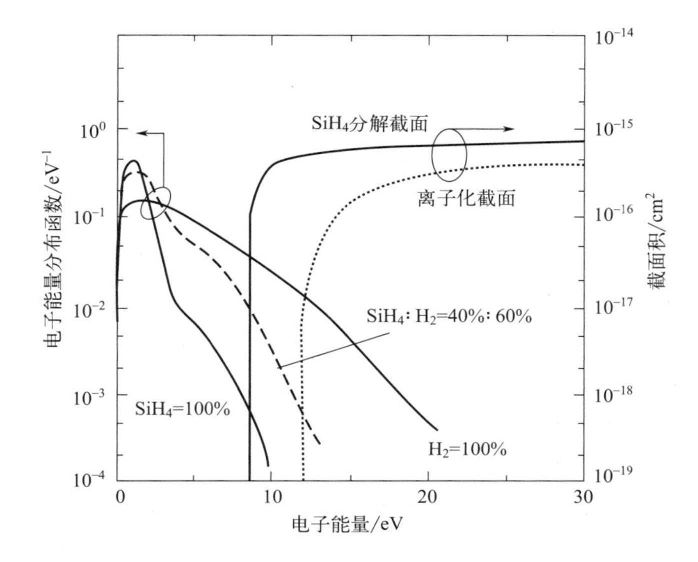

图 2.7 射频等离子体增强化学气相沉积（RF-PECVD）的电子能量分布函数（EEDF）以及硅烷（SiH_4）分解和电离截面与电子能量的关系。数据来源：数据来自 Godyak 等（1992）[12] 和 Gabriel 等（2014）[13]

图 2.7 中还给出了 SiH_4 分解和在电子撞击下的电离截面。如图所示，SiH_4 的分解需要电子能量超过 8.75eV。然而，正如同一图中的 EEDF 或其积分所示，能量超过该阈值的电子数量并不多，在纯 SiH_4 分解的情况下，仅占电子总数的 $1/10^3$。实际应用中，腔室中存在的是 SiH_4 和 H 的混合物。虽然我们后文会比较纯 SiH_4 在 PECVD 和 Cat-CVD 中的分解情况，但这里我们只考虑纯 SiH_4 分解的现象。

由图 2.7 可见，能量超过 SiH_4 分解阈值能量的电子碰撞截面积约为 $8\times10^{-16}cm^2$。从图中可以推断，这种情况下 RF-PECVD 中电子的平均能量显然小于 5eV。然而，在评估电子速率时，电子能量必须使用超过阈值即 8.75eV 的。因此，采用 10eV 时，速率应该为 $1.88\times10^8cm/s$，如表 2.7 所示。

也就是说，公式(2.14) 中 $n_e n_B \sum_{e\text{-}B} v_{th(e)}$ 的值变为 $10^{10}\times(1/10^3)\times8\times10^{-16}\times1.88\times10^8\times n_B=1.50\times n_B/s$。如果 $P_g=1Pa$，气体温度约为 27℃(300K)，如表 2.1 所示，$n_B=2.42\times10^{14}/cm^3$，该值变为 $1.50\times2.42\times10^{14}=3.63\times10^{14}cm^{-3}/s$。这表明了 RF-PECVD 腔室的单位体积内，$SiH_4$ 分解过程中电子和 SiH_4 分子之间的碰撞密度。在后文第 4 章中，该值将与 Cat-CVD 的碰撞密度进行比较，结果将表明 PECVD 中发生的碰撞比 Cat-CVD 中少得多。

2.4 PECVD 技术的缺点及改善方法

2.4.1 等离子体损伤

研究人员已经通过各种手段研究了 PECVD 中的等离子体损伤问题[16]。这里我们把等离子体损伤解释为低能量离子注入。

在这种加速电压仅数十伏的情况下，注入离子进入固体中的范围，即注入离子行进轨迹的总长度并不确定。然而，本书使用简单的离子注入理论，即所谓的 LSS (Lindhard-Scharff-Schiott) 理论[17]，作为一阶近似来估算注入 c-Si 中的 Si 和 H 原子的轨迹长度范围〈R〉，以获得 PECVD 沉积薄膜过程中由离子的轰击所造成的固体表面损伤的大概深度。在低能量区域溅射现象占主导，此时 LSS 理论通常不适用。然而，该理论对于获得注入 c-Si 中特定能量离子行为的基本物理图像仍有一定作用。

注入 c-Si 的离子在与大量 Si 原子碰撞的过程中失去能量。当注入离子的能量下降到小于形成硅缺陷的能量阈值时，基团再向深处移动时就不再产生缺陷，直到最后停止运动。在 c-Si 中产生缺陷的能量阈值并不明确。但是，通常人们认为这个阈值能量大约为 15eV 或更高[18]。在估算〈R〉的过程中，我们也可以估算能量大于 15eV 的离子的轨迹范围，并将其定义为缺陷深度范围〈R_{defect}〉。

图 2.8 为通过计算得到的 Si 和 H 原子的〈R〉范围，以及由 Si 和 H 原子产生缺陷的〈R_{defect}〉(见本章附录 2.A)。图中的结果并不是通常用于估算离子注入深度的投影射程〈R_{p}〉。然而由于注入离子的行进轨迹很短，〈R〉和〈R_{p}〉至少具有同样的数量级。这样，也可以用于粗略估算〈R_{p}〉。例如从图中可以看出，如果 V_{sheath} 约为 50V，Si 原子的〈R〉和〈R_{defect}〉缺陷分别约为 1.5nm 和 0.8nm。对于 H 原子，即使 V_{sheath} 只有 20V，〈R〉和〈R_{defect}〉也分别为 30nm 和 3nm。而由 H 原子产生的缺陷可能会与这些 H 原子成键而将缺陷消除，这会使问题变得复杂。然而，很明显当 V_{sheath} 大于硅中缺陷形成能的阈值时，离子在 V_{sheath} 的加速下足以在 c-Si 表面以下一定范围内产生损伤。这就是所谓的“等离子体损伤”。

通过 PECVD 在 c-Si 衬底上沉积 a-Si，可以看到等离子体损伤的真实结果。图 2.9 为由 (a) PECVD 和 (b) Cat-CVD 沉积的 a-Si 和 c-Si 之间界面的原子尺度图像。这些

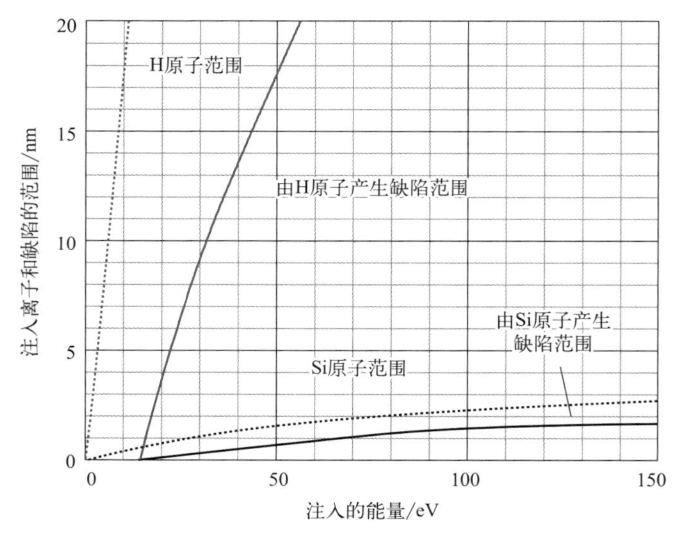

图 2.8 H 原子和 Si 原子的轨迹范围及缺陷深度的范围与加速电压或等离子体鞘层电压的关系

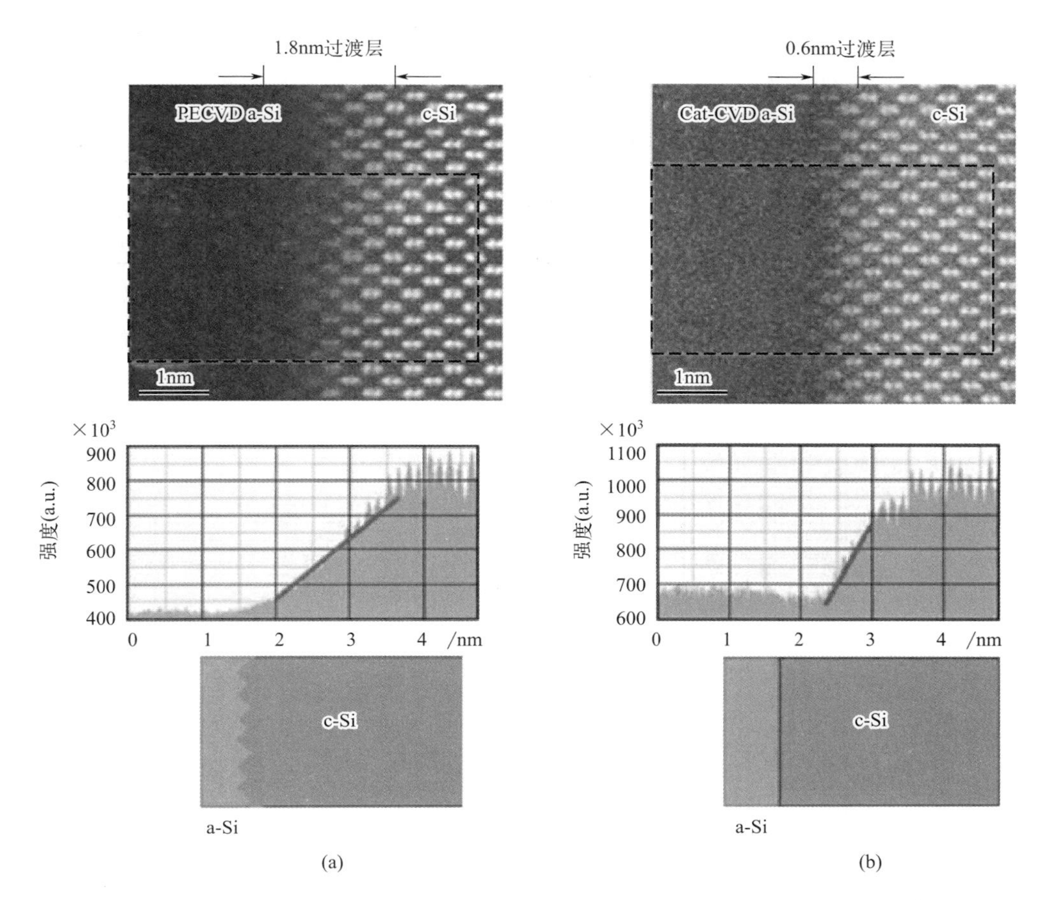

图 2.9 上图为扫描透射电子显微镜（STEM）对 a-Si 和 c-Si 之间界面的原子尺度观察得到的图像，中间两幅图为 STEM 图像中虚线区域 Si 的信号强度分布，下图为 a-Si/c-Si 界面粗糙度。图 (a) 为等离子体增强化学气相沉积（PECVD）制备的 a-Si 薄膜，(b) 为催化化学气相沉积（Cat-CVD）制备的 a-Si。数据来源：Matsumura 等（2015）[19]。经美国真空学会许可转载

图像是由扫描透射电子显微镜（STEM）沿〈110〉方向以 0.08nm 的超高空间分辨率观察到的[19]。图 2.9 中可以看到距离为 0.15nm 的 Si—Si 原子对。PECVD 制备的 a-Si 薄膜是用纯 SiH_4 在 0.13W/cm^2 的射频功率密度下制备的，而 Cat-CVD 制备 a-Si 薄膜的条件将在后文说明。

我们观察界面区域会发现，在 PECVD 制备的 a-Si/c-Si 界面中，c-Si 原子阵列的图像逐渐淡化为暗色的 a-Si 区域，过渡区域的宽度约为 1.8nm。但在 Cat-CVD 制备的 a-Si/c-Si 界面中，过渡区域的宽度只有大约 0.6nm。STEM 图中虚线区域的 Si 原子信号强度（当 Si 原子规则排列时，信号强度会很高，结果见 STEM 图下方）也清楚地显示了过渡区域的宽度。STEM 图像是由电子穿过厚度为 10～20nm 样品形成的。因此，过渡区域的宽度反映了界面的起伏状态。在图 2.9 的底部也给出了界面粗糙度示意图。用 PECVD 制备的薄膜，c-Si 的表面粗糙度为 1.8nm。该数值与图 2.8 中计算出的由硅离子撞击而产生的损伤深度差别不大。这种粗糙度在 PECVD 沉积薄膜时可能无法避免。但是，我们应该注意到在 Si 离子造成损伤的同时，还会注入 H 原子，我们还应该

考虑 H 原子消除缺陷的效果。众所周知，离子注入引起的损伤很容易被 H 原子钝化[20]。当使用含 H 气源时，注入的 H 原子可能会起到缓解等离子体损伤的作用。

2.4.2 提高 PECVD 激发频率

如公式(2.10) 所示，减少等离子体损伤的简单方法之一是降低 T_e，即降低电子的速率 v_e 以降低 V_{sheath}。如第 2.3.3 节所述，由于 v_e 与施加电场的强度 E_0 成正比，所以必须降低用于产生等离子体的射频功率。然而，降低功率将导致气体分子分解数量的减少和沉积速率的降低。针对这种情况，我们考虑增加气体密度和电子密度来提高气体分子的分解率和薄膜的沉积速率。为了增加电子的体积密度，公式(2.9) 中的 A 可通过将 f 从 13.56MHz 增加到 VHF 范围来降低，这是因为在更高的频率下，可以将电子限制在更小的区域，这样电子与气体分子碰撞的概率会增加。

增加频率 f 往往也可以提高沉积速率。当采用含 H 气源沉积时，气体分子分解速率的提高也可能会使气相中 H 原子的密度增加。这些 H 原子可以有效改善薄膜质量。在第 5 章中，Cat-CVD 沉积薄膜时也表现出了类似效果。

2.4.3 功率传输系统

RF-PECVD 和 VHF-PECVD 存在着一些难题。用何种方法将射频或甚高频信号从功率发生器引入腔室就是其中一个问题。如果电源是以直流或低频的方式施加在电极上，电力的传输相对简单。但是当频率在 RF 范围内时，则必须考虑分布常数电路系统中的功率传输问题。线路的长度及系统阻抗此时就变得非常重要。我们须控制好腔室内壁对输入功率的反射。为了将能量全部转移到腔室内的电极上，我们需要精心设计匹配器来调整阻抗，以避免功率反射。

图 2.10 为 RF-PECVD 中功率传输系统示意。通常，功率匹配是通过调整电感 L 和电容 C 来实现的，即所谓的 LC 电路。然而，当薄膜在腔体内部包括电极的所有表面上沉积后，腔体的阻抗也会随之发生变化，这样就必须再次调整匹配。即使匹配可以自动完成，也需要一段时间后恢复腔室的阻抗状态。也就是说，腔室必须在使用一段时间后进行清洁。例如，在制造 LCD 领域所使用的薄膜晶体管（TFT）时，大多数情况下，a-Si 和 SiN_x 薄膜是在同一腔体中连续沉积。产业化应用的 PECVD 腔室每使用 3～5 次就必须进行一次清洁。

对于 VHF-PECVD 来说，定期清洁则更加重要。通常情况下，用于清洁的气体价

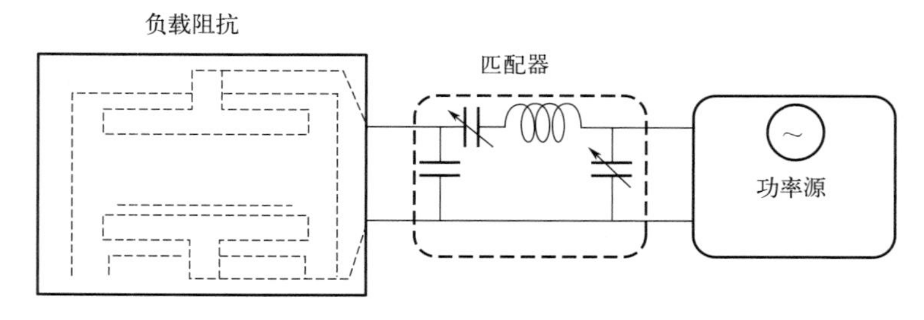

图 2.10 RF-PECVD 的功率传输系统示意

格相当昂贵，有些还会产生温室气体。提高 PECVD 频率这一发展方向似乎并不容易，需要付出艰苦且复杂的努力才有可能在大规模生产系统中应用。

2.4.4 大面积薄膜沉积的均匀性

如上所述，将射频功率传输到沉积腔室中的困难之一，是射频功率在发射线路中具有波的特性。同样，当用于大面积沉积的腔室的尺寸非常大时，射频功率在沉积腔室内也会呈现波的特性。例如频率为 13.56MHz 的波在真空中波长约为 22m。峰值功率和功率为 0 时的长度差值应等于波长的 1/4，以形成驻波。该值在真空中约为 5m。当腔室中充满源气体时，该长度可能会略微缩短。这是因为电磁波的传播速率在介质或等离子体中会轻微下降。当大规模生产设备中样品盘的尺寸约 2m 时，与波长的 1/4 相比，该样品盘尺寸的数值就不能忽略，此时均匀沉积将无法实现。

如果为了提高沉积速率而将等离子体频率提高到 60MHz，则更难实现大面积均匀沉积。正如在 LCD 行业普遍认可的，加大沉积面积可以有效地降低薄膜制备成本而改进生产。太阳电池行业也存在着类似的情况。实现这种大面积均匀沉积对于 RF-PECVD，特别是 VHF-PECVD 来说，遇到了非常大的阻碍。

这里我们介绍一些高频 PECVD 中克服这一问题的一些行之有效的方法。其中之一是采用“空心阴极”系统，如用于制造 LCD 中 TFT 的 PECVD 设备。在一个大的电极板上，构建许多直径小于 10mm、深度约 10mm 的小孔。每个小孔中都有一个很小的气体入口和互相绝缘的电极。辉光放电在小孔内产生。这种放电类型称为“空心阴极放电”。如果这种小型空心阴极以 100mm 或更小的间距排列在电极板上，虽然需要较复杂的技术来保持这些空心阴极阵列辉光放电的均匀性，但是这样就可能实现不受驻波问题影响的大面积均匀沉积。利用这一技术，3m 甚至更大尺寸的系统（即所谓的“第十代 PECVD 设备”）已经在 LCD 生产线上安装。虽然该设备的设计细节还没有公开，但其基本原理如图 2.11 所示[21]。

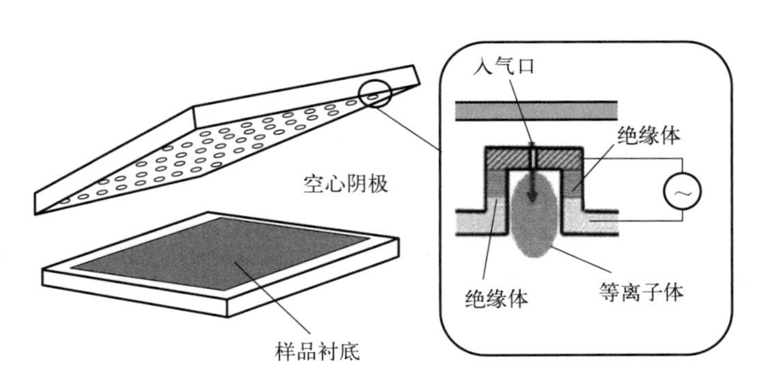

图 2.11　大面积空心阴极阵列 PECVD 设备示意

在这种技术中，维持等离子体的稳定仍然是一个比较大的问题。当薄膜沉积在空心阴极附近的电极上时，等离子体条件就会发生改变。因此，需要经常清洁腔体和电极附近区域。在大规模生产系统中，清洁气体如三氟化氮（NF_3）由腔室外的微波等离子源激发，活性基团通过气体入口孔输送到空心阴极附近，通过刻蚀来清洁空心阴极及其周边区域。这种类型的生产系统在LCD行业获得了很大的成功。但我们应该注意到NF_3的成本不可忽略。此外，当使用卤化物气体（如NF_3）时，对真空系统的制造也会提出更高要求。所有这些方面都会使得系统成本的升高。在LCD行业中，所增加的成本可以通过与其他成本相结合来平摊。而在太阳电池行业，由于每平方米的产品成本需要尽量低，此时这部分增加的成本就会变得非常突出，从而对降低生产成本提出了更高的要求。

2.5 Cat-CVD的技术特点

本节将介绍Cat-CVD的技术特点。与PECVD相比，我们很容易发现Cat-CVD具有以下优势。

（1）无等离子体损伤。这是Cat-CVD的第一个优点。如图2.9所示，Cat-CVD制备的薄膜和衬底之间的界面显然不同于PECVD制备的薄膜和衬底之间的界面。如果是在化合物半导体如GaAs上沉积薄膜，则其表面比c-Si表面对损伤更加敏感。这时Cat-CVD显然比PECVD更有优势[22,23]。在c-Si表面沉积薄膜时，沉积过程中注入c-Si的H原子在钝化由离子轰击产生的缺陷方面发挥了关键作用。当使用含有H原子的气源时，Cat-CVD这一方面的优势可能不那么明显。而与c-Si形成鲜明对比的，H原子在GaAs中不止简单的钝化缺陷，有时还会增加电阻而改变GaAs本身的性质[24]。因此，H的掺入可能不会通过钝化离子轰击缺陷来有效的恢复界面质量。然而，正如图2.9所示的两种工艺的区别，即使是在c-Si表面沉积薄膜制备非常精密的器件，人们也普遍认可Cat-CVD的技术优势。

（2）气源分子可以在任何气压下分解。在PECVD的辉光放电中，需要将沉积气压限制在一定范围内以维持等离子体的自持放电。而在Cat-CVD中，任何气压都可以使气体分子分解。薄膜的性能与沉积气压密切相关，不限沉积气压为薄膜的沉积和调节薄膜的性能提供了更大的自由度。

（3）由于电极上没有特殊绝缘体，用于大规模生产的机械系统可以很方便地安装在衬底支架或其他部位。由于结构简单，可以有效降低设备的成本。如图2.4所示，Cat-CVD的沉积系统比PECVD要简单得多。我们不需要关注腔室内的电势，这使得一些运动部件如移动辊的安装变得很简单。同时，大规模产业化设备的设计也会变得简单。这些简单的结构也使得设备成本可以大幅降低。这是Cat-CVD的一个明显优势。

（4）由于不存在异常辉光放电现象，因此薄膜可以均匀地沉积在各种形状甚至尖锐边缘的样品上。与PECVD相反，Cat-CVD薄膜可以沉积在任何形状的衬底上。人们利用这一优势可以在各种形状的机械部件上沉积SiN_x绝缘体，或者在具有锋利边缘的剃须刀上沉积聚四氟乙烯（PTFE，或其商业名称Teflon）薄膜，以使其表面更加光滑。

（5）通过简单增加催化热丝的覆盖区域，可以实现大面积薄膜沉积。另外，当催化热丝垂直悬挂时，薄膜可以在催化热丝的两侧同时沉积，生产效率也会随之翻倍。在Cat-CVD中，通过增加催化热丝所覆盖的区域可以扩大沉积面积，而不会出现PECVD

中经常出现的由射频电源的驻波而引起的成膜不均匀问题。对于这种覆盖区域的扩展，垂直布置催化热似乎更实际，因为这时催化热丝的热膨胀不会影响催化热丝与衬底之间的距离。

尽管本书并没有展示实际产业化设备的具体设计方案，图 2.12 仍给出了一个垂直型 Cat-CVD 设备的简单示意。在该图中，两个衬底载板平行放置在垂直悬挂的催化热丝两侧。这种结构又为 Cat-CVD 增加了另一个优势：腔体内部的大部分区域都被衬底载板覆盖，这样腔体内壁或腔体内的其他表面都不会沉积上薄膜。此外，Cat-CVD 未使用辉光放电，因此由于腔壁上沉积了薄膜而造成的系统阻抗变化也不会影响薄膜的沉积工艺，在非镀膜区域的薄膜不会严重影响下一次沉积。也就是说，Cat-CVD 腔室的清洗周期与 PECVD 相比可以延长。例如，用于太阳电池的 a-Si 沉积中，连续沉积一个月后才需要将催化热丝的悬挂部件和移动托盘的机械部件从沉积室中滑出，并在沉积室外对它们进行化学清洗。这些机械部件经清洁和干燥后，重新滑回到沉积腔室的顶部。清洗过程不必使用昂贵的卤化物气体，并且腔室的停机时间也可以大大缩短。这是 Cat-CVD 的一个巨大优势。

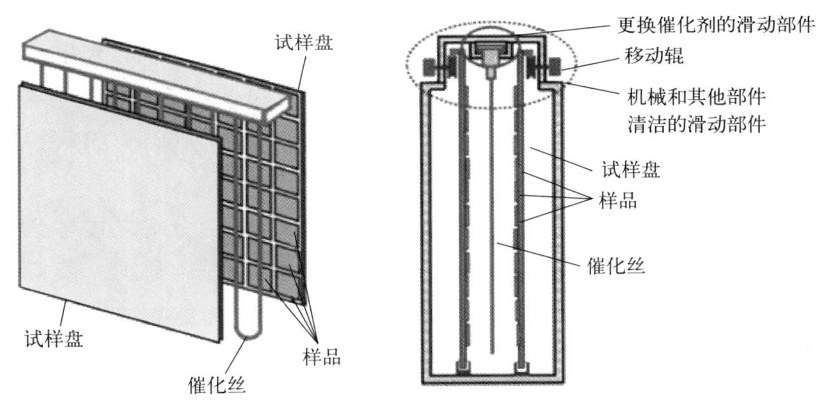

图 2.12　垂直型催化化学气相沉积（Cat-CVD）系统示意。该系统用于大面积产业化生产设备中

（6）气源的利用率比传统 PECVD 高 5～10 倍。如前所述，在 PECVD 中，气源分子通过与高能电子的碰撞进行分解。这意味着在 PECVD 三维空间中必须发生一个点与另一个点的碰撞，如图 2.13(a) 所示。这种碰撞概率并不高，许多气源分子还没来得及碰撞分解就被排出腔室。而在 Cat-CVD 中，分子与二维固体表面碰撞并分解，即点与二维表面之间碰撞，如图 2.13(b) 所示。这种碰撞概率会比点与点之间的碰撞概率高得多。在典型沉积条件下，气源分子在排出腔室前与催化热丝表面的碰撞概率比 PECVD 中与电子的碰撞概率高 6 倍之多，具体细节将在第 4.1.1 节中讨论。因此，Cat-CVD 中气源的利用率比 PECVD 的高得多。

生产中具体的气源利用率目前还没有公开。但是根据测算，PECVD 系统在适当沉积速率下获得高质量薄膜时，气源利用率只有大约几个百分点。而在大规模产业化生产中，Cat-CVD 的气源利用率可达 30%或更高。此外，在 Cat-CVD 中制备相同质量的薄膜时，沉积速率可达 PECVD 的两倍。

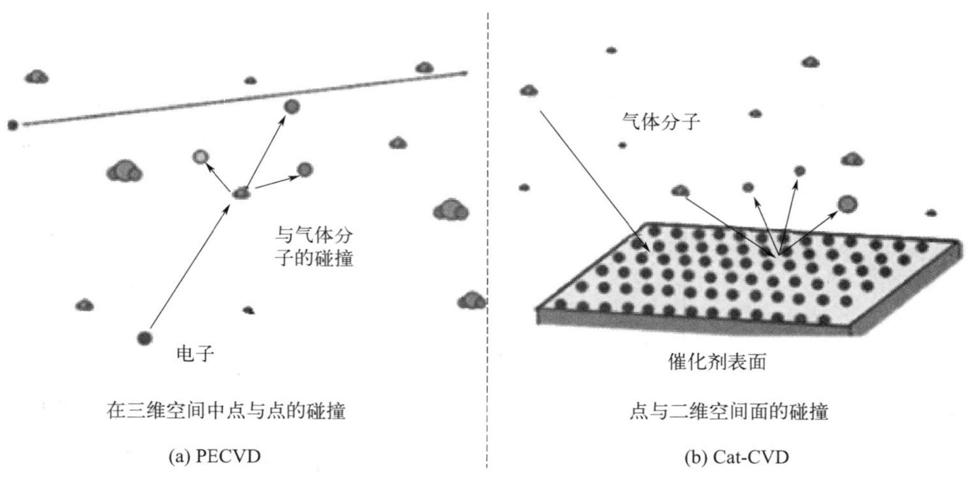

图 2.13　等离子体增强化学气相沉积（PECVD）和催化化学气相沉积（Cat-CVD）中气源分子碰撞情况示意

在大面积沉积薄膜且使用 SiH_4 作为气源时，高气体利用率的优势更为明显。Cat-CVD 可以有效降低沉积后的废气总量。而且也可以大大减少在企业中储存危险的 SiH_4 气体总量。这些优点使薄膜的制备成本降低。对比 PECVD，Cat-CVD 的优势非常明显，尤其在进行大面积薄膜沉积时。

在图 2.13 中，我们直观地解释了 Cat-CVD 中气源分子的分解方式与 PECVD 的区别。该示意图比较简略，这是为了使读者能够快速理解相关基本原理。第 4 章将通过采用第 2.3.5 节中描述的 PECVD 相关概念对该问题进行具体详细的讨论。

Cat-CVD 的典型特征和优势都证明了 Cat-CVD 比 PECVD 有更高的优越性。然而，在 PECVD 中任何气体分子都可以分解，这是因为气体分子是通过与高能电子的物理碰撞而分解的。但在 Cat-CVD 中，我们有时需要寻找到合适的替代气源或适合催化裂解气源分子的催化热丝材料才能有效地进行反应气体的分解。不过如果我们找到了适当的气源或催化热丝材料以及适当的催化温度，我们就可以使用简单的 Cat-CVD 设备沉积任何材质的高质量薄膜。

附录 2.A　Si、H 原子低能量注入引起的 Si、H 原子分布〈R〉和缺陷分布〈R_{defect}〉的粗略计算

一个注入固体中的粒子通过与固体中原子核的弹性碰撞和与原子核周围电子云的非弹性碰撞而失去能量。在这些能量损失机制中，弹性碰撞会在固体中产生缺陷。在低能量范围内，如在鞘层电位下加速获得的能量，非弹性碰撞的能量损失可以忽略不计。由于与原子核的弹性碰撞而导致的能量损失被称为“核阻断能（S_n）”。S_n 定义为 dE/dx，其中 E 和 x 分别指的是粒子的能量和它所处的位置。

E_0、E_{defect} 和 R 分别为注入原子的初始能量、注入原子在固体中产生缺陷的能量阈值以及原子轨迹的总长度。原子能量从 E_0 降低到 E_{defect} 过程中原子总的运动长度 R_{defect} 可表示为：

$$R_{defect}=-\int_{E_0}^{E_{defect}}(1/S_n)\mathrm{d}E \tag{2.A.1}$$

一般来说，S_n 和能量由注入原子和固体物质原子之间的结合能决定。因此，一般来说 S_n 和能量都由归一化方程来描述。众所周知，当归一化能量 $\varepsilon<0.01$ 时，归一化 S_n 由公式(2.A.2) 表示。

$$S_n=1.593\times\varepsilon^{1/2} \tag{2.A.2}$$

归一化能量 ε 表示为

$$\varepsilon=\frac{32.53\times M_2\times E}{Z_1Z_2(M_1+M_2)(Z_1^{2/3}+Z_2^{2/3})^{1/2}} \tag{2.A.3}$$

式中，M_1、M_2、Z_1、Z_2 和 E 分别指的是注入原子的质量数、组成固体原子的质量数、注入原子的原子序数、组成固体原子的原子序数，以及注入原子的能量（单位为 keV）。

当将归一化的 S_n 转换为传统能量损失单位 [eV/(10^15 原子/cm^2)] 时，归一化的 S_n 必须乘以公式(2.A.4) 中的常数 C_{cov}。

$$C_{cov}=\frac{8.462\times M_1Z_1Z_2}{(M_1+M_2)(Z_1^{2/3}+Z_2^{2/3})^{1/2}} \tag{2.A.4}$$

当将 Si 原子注入硅固体中时，$M_1=M_2=28$，$Z_1=Z_2=14$，则：

$$\varepsilon=2.435\times10^{-5}\times E(\mathrm{eV}) \tag{2.A.5}$$

当将 H 原子注入硅固体中时，$M_1=1$，$M_2=28$，$Z_1=1$，$Z_2=14$，则：

$$\varepsilon=8.598\times10^{-4}\times E(\mathrm{eV}) \tag{2.A.6}$$

因此，$\varepsilon=0.01$ 相当于 $E=411\mathrm{eV}$ 的 Si 原子注入硅固体中，或 $E=11.6\mathrm{eV}$ 的 H 原子注入硅固体中。

考虑到固相 c-Si 中 Si 原子密度为 $4.995(\approx5.00)\times10^{22}$ 原子/cm^3，转换为传统能量损失单位 [eV/(10^{15} 原子/cm^2)]：

$$S_n(\mathrm{eV/nm})=9.562\times[E(\mathrm{eV})]^{1/2}(\text{适用于 } E<411\mathrm{eV}) \tag{2.A.7}$$

为 Si 注入硅固体中的值；而

$$S_n(\mathrm{eV/nm})=0.3656\times[E(\mathrm{eV})]^{1/2}(\text{适用于 } E<11.6\mathrm{eV}) \tag{2.A.8}$$

为 H 注入硅固体中的值。

如果假设形成缺陷的阈值能量 E_{defect} 为 15eV，对于以 30eV 的能量注入的 Si 原子，$R_{defect}=0.335\mathrm{nm}$，而对于以 30eV 的能量注入的 H 原子，$R_{defect}=8.78\mathrm{nm}$。在对 H 原子注入的计算中，由于该方程只对能量小于 11.6eV 的 H 原子适用，因此使用公式(2.A.6) 计算的结果就不准确。因此，该值只能是对数量级的预估。

如果我们将 E_{defect} 的值定义为 0eV，那么 R_{defect} 就变成了注入原子沿着轨迹的总移动距离。30eV 的硅注入时 R 为 1.15nm，30eV 的 H 注入时 R 为 30.0nm。相关结果总结在图 2.8 中。

这是对注入原子的 R 的估算，而不是对投影射程的估算，投影射程是沿深度测量的。该计算只是对 PECVD 中可能产生的缺陷深度数量级的估算。然而，这些结果意味着即使鞘层电压很小，只要它能使离子加速到可以产生缺陷，H 注入也会产生深度为数纳米的缺陷。

在许多情况下，只要 PECVD 中使用包含 H 原子的气源，就会在硅固体中产生深度达几纳米的缺陷。尽管 PECVD 中的 H 原子也可以起到钝化缺陷的作用，但是固体外表面总会受到高速原子轰击产生缺陷的不利影响。

参考文献

[1] Pyykkö, P., Riedel, S., and Patzschke, M. (2005). Triple-bond covalent radii. *Chem. Eur. J.* 11: 3511-3520.

[2] Pyykkö, P. and Atsumi, M. (2009). Molecular single-bond covalent radii for elements 1-118. *Chem. Eur. J.* 15: 186-197.

[3] Pyykkö, P. and Atsumi, M. (2009). Molecular double-bond covalent radii for elements Li-E112. *Chem. Eur. J.* 15: 12770-12779.

[4] Pyykkö, P. (2012). Refitted tetrahedral covalent radii for solids. *Phys. Rev. B* 85: 024115-1-024115-7.

[5] Chapman, B. (1980). *Glow Discharge Processes*. New York: Wiley. ISBN: 0471-07828-X.

[6] Sterling, H. F. and Swann, R. C. G. (1966). Perfectionnements aux methods de formation de couches. French Patent 1, 442, 502, filed at 05 August 1964, published at 17 June 1966.

[7] Sterling, H. F. and Swann, R. C. G. (1968). Improvements in or relating to a method of forming a layer of an inorganic compound. British Patent 1, 104, 935, filed at 07 May 1965, published at 06 March 1968.

[8] Sterling, H. F. and Swann, R. C. G. (1965). Chemical vapour deposition promoted by R. F. discharge. *Solid State Electron.* 8: 653-654.

[9] Hu, S. M. (1966). Properties of amorphous silicon nitride films. *J. Electrochem. Soc.* 113: 693-698.

[10] Swann, R. G., Mehta, R. R., and Cauge, T. P. (1967). The preparation and properties of thin film silicon-nitrogen compounds produced by a radio frequency glow discharge reaction. *J. Electrochem. Soc.* 114: 713-717.

[11] Chittick, R. C., Alexander, J. H., and Sterling, H. F. (1969). The preparation and properties of amorphous silicon. *J. Electrochem. Soc.* 116: 77-81.

[12] Godyak, V. A., Piejak, R. B., and Alexandrovich, B. M. (1992). Measurement of electron energy distribution in low-pressure RF discharges. *Plasma Sources Sci. Technol.* 1: 36-58.

[13] Gabriel, O., Kirner, S., Klick, M. et al. (2014). Plasma monitoring and PECVD process control in thin film silicon-based solar cell manufacturing. *EPJ Photovoltaics* 5: 55202-1-55202-9.

[14] Takatsuka, H., Noda, M., Yonekura, Y. et al. (2004). Development of high efficiency large area silicon thin film modules using VHF-PECVD. *Sol. Energy* 77: 951-960.

[15] Shirafuji, T. (2011). Chemical reaction engineering of plasma CVD. *J. HighTemp. Soc.* 37: 281-288. (in Japanese).

[16] Gallagher, A. (1987). Apparatus design for glow-discharge a-Si:H film-deposition. *Int. J. Solar Energy* 5: 311-322.

[17] Lindhard, J., Scharff, M., and Schiøtt, H. E. (1963). Range concepts and heavy ion ranges. *Mat. Fys. Medd. Dan. Vid. Selsk* 33: 1-42.

[18] Vepřek, S., Sarrott, F.-A., Rambert, S., and Taglauer, E. (1989). Surface hydrogen content and passivation of silicon deposited by plasma induced chemical vapor deposition from silane and the implications for the

reaction mechanism. *J. Vac. Sci. Technol.*, A 7: 2614-2624.

[19] Matsumura, H., Higashimine, K., Koyama, K., and Ohdaira, K. (2015). Comparison of crystalline-silicon/amorphous-silicon interface prepared by plasma enhanced chemical vapor deposition and catalytic chemical vapor deposition. *J. Vac. Sci. Technol.*, B 33: 031201-1-031201-4.

[20] Thi, T. C., Koyama, K., Ohdaira, K., and Matsumura, H. (2016). Defect termination on crystalline silicon surfaces by hydrogen for improvement in the passivation quality of catalytic chemical vapor-deposited SiN_x and SiN_x/P catalytic-doped layers. *Jpn. J. Appl. Phys.* 55: 02BF09-1-02BF09-6.

[21] Sun, S., Takehara, T., and Kang, I. D. (2005). Scaling up PECVD system for large-sized substrate processing. *J. Soc. Inf. Disp.* 13: 99-103.

[22] Hattori, R., Nakamura, G., Nomura, S. et al. (1997). Noise reduction of pHEMTs with plasmaless SiN passivation by catalytic CVD. In: *Technical Digest of 19th Annual IEEE GaAs IC Symposium*, Held at Anaheim, California, USA (12-15 October 1997), 78-80.

[23] Higashiwaki, M., Matsui, T., and Mimura, T. (2006). AlGaN/GaN MIS-HFETs with f T of 163 GHz using Cat-CVD SiN gate-insulating and passivation layers. *IEEE Electron Device Lett.* 27: 16-18.

[24] Murphy, R. A., Lindley, W. T., Peterson, D. F. et al. (1972). Proton-guarded GaAs IMPATT diode. In: *Proceedings of Symposium on GaAs*, 224-230.

Cat-CVD中化学反应的分析方法及基本原理

本章主要介绍催化化学气相沉积（Cat-CVD）过程中发生的重要化学反应的分析方法。在化学气相沉积过程中，活性基团起到了关键作用。获取这些活性基团行为的相关信息对于理解反应机理至关重要。由于这些活性基团活性很高，且会被真空泵迅速抽走，因此它们在腔室内的气相中浓度不会太高。因此，需要高灵敏度的检测技术来检测这些活性基团。本章将具体讲解这些探测技术。

3.1 CVD过程中活性基团的重要性

在Cat-CVD中，气源分子在催化热丝表面分解并产生活性基团。活性基团是具有未成对电子的原子或分子。这些活性基团可以直接沉积在衬底表面生长薄膜，而非活性的稳定基团则很难沉积。虽然等离子体增强化学气相沉积（PECVD）中活性基团的产生过程与Cat-CVD不同，但是PECVD中也存在相似的沉积现象。活性基团也可以在气相中发生化学反应并形成其他基团。例如，在催化热丝表面产生的H原子，可以与SiH_4反应，生成SiH_3[1,2]。在衬底表面，活性基团不仅可以沉积，还可以与表面原子结合产生表面基团[3,4]。产生的表面基团可能会与其他基团相结合。由于这样的结合过程总是放热的，因此衬底表面局部会被加热。局部加热不仅可以促进吸附基团在表面迁移，还可能会使比较弱的化学键断裂。

简而言之，气相中的活性基团在CVD过程中起着关键作用。因此，了解具体产生了哪些类型的活性基团对于理解CVD过程潜在的反应机制并控制反应过程非常重要。如第2章所述，在PECVD中活性基团主要由电子轰击产生。在这一过程中经常会产生激发态的基团，所以经常用光学发射谱法来检测等离子体中的活性基团。而在催化分解过程中并不会产生电子激发态的基团，因此不能使用光学发射谱技术。而且在任何情况下，发射光谱都不能直接提供基态活性基团浓度的信息。而基态基团比激发态基团更丰富，且在沉积过程中会发挥更重要的作用。

为了明确薄膜的沉积过程，需要检测吸附在固体表面的活性基团。然而，原位检测吸附的基团比较困难。我们知道，CVD 沉积过程通常是在低真空或中真空下进行，而非超高真空。许多利用离子和电子进行表面分析的技术很难在 CVD 中应用。这是因为在上述真空条件下，几乎无法探测到未发生碰撞的带电粒子。因此，本章只讨论气相检测技术。

本书作者之一最近发表了两篇关于检测活性基团的综述文章[5,6]。这些文章有助于我们回顾之前的实验数据。除此以外，还有几篇优秀的综述文章阐述了一些气相检测技术，这些技术不仅适用于 Cat-CVD，也适用于等离子体环境[7-13]。

为了方便解释，本章对一些概念的定义进行了灵活处理。SiH_2 和 BH 不是严格意义上的活性基团，这是由于它们的自旋态为单态，并且没有未成对电子。然而，考虑到它们具有较高的化学活性，我们将这些基团纳入活性基团的范畴。

3.2 活性基团检测技术

一般来说，由于活性基团具有高化学活性，因此它们的浓度比稳定的非活性基团（如气体分子和最终产物）要低得多。有助于薄膜沉积的活性基团典型浓度范围为 $10^{10}\sim10^{13}\,cm^{-3}$。因此，需要高灵敏度检测技术对它们进行检测。激光光谱和质谱技术是检测这种低浓度基团的常用方法。

在质谱检测中，活性基团须电离并经质量选择后才能被检测到。质量选择时，离子需在不发生碰撞的情况下运动数厘米甚至更长的距离。而典型的 CVD 过程中，气压一般超过 1Pa，气体分子平均自由程大约为数厘米，如表 2.4 所示。换句话说，如果没有经过采样过程，质谱检测很难实现。因此，采用原位质谱检测困难很大。通常，在 CVD 和电离室之间有一个取样孔，并且电离和质量筛选两部分是分别抽真空的。

与质谱技术相比，许多光子出入型的激光技术，如激光诱导荧光（LIF）技术，可以在低真空系统如典型的 CVD 系统中使用。通过这些技术，使得原位、高灵敏、定量、特定态、实时、无干扰检测变得可能。在一些技术（如双光子 LIF）中，还可以实现高空间分辨率。虽然传统光源也可用于检测活性基团[14,15]，但是激光更适合。这是因为激光强度高、波长可调、相干、单色、定向、发散性小。使用脉冲激光器通过非线性光学介质可以获得波长小于 190nm 的紫外（UV）或真空紫外（VUV）范围内的输出。需要注意的是，与质谱技术相比，激光光谱检测技术可检测的基团有限。这是因为第一步光吸收过程是特定状态的基团吸收。由单色仪分散的同步辐射技术是另一种选择[16]，但更难操控。

许多激光技术都可以用来检测气相中的活性基团，但它们任何一种都不是全能的。为了阐明 CVD 过程中化学动力学的细节，须将几种技术结合起来使用。后文将介绍单光子和双光子 LIF，VUV 激光吸收，光腔衰荡（CRDS），共振增强多光子离化（REMPI）和可调谐二极管激光吸收（TDLAS）几种技术的基本原理。

3.3 单光子激光诱导荧光（LIF）

3.3.1 基本方法

LIF 技术是用来检测小基团（如原子和原子对）的最广泛应用的技术之一。在该技术中，低能态物质（通常是处于基态的基团）被激发到某个激发态，随后可检测到这些基团的自发发光。利用这一特性，可以检测到基团通过光子激发的激发态。另外，这种技术不能用于检测预解离的基团，如 CH_3 和 SiH_3，它们吸收光子后会解离但不会发出荧光。由于这种技术与相对比较简单的发射或吸收光谱相比属于间接式的，因此可能会有假象出现。这一点将在下面的小节中讨论。图 3.1 给出了 LIF 探测原理示意。

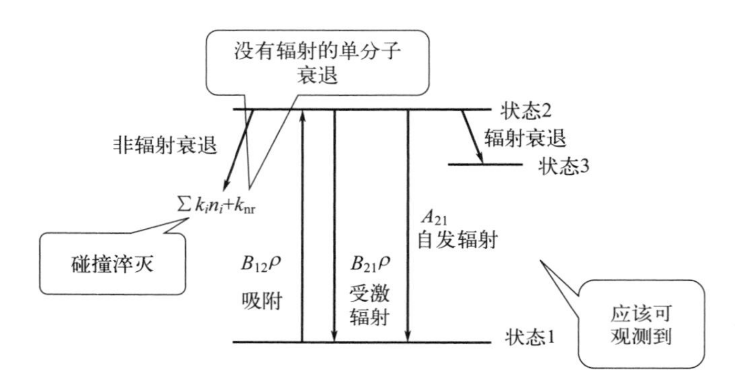

图 3.1 LIF 探测原理示意

LIF 的第一步是吸收一个光子，将基团由较低的状态（即状态 1）激发到较高的状态（即状态 2），激发概率为：

$$w_{12}=B_{12}\rho(\nu) \tag{3.1}$$

此处 B_{12} 是爱因斯坦 B 系数，即光吸收比例常数，$\rho(\nu)$ 是频率为 ν 的光子的能量密度。

吸收过程是可选择的，并且一般只能激发到一个特定状态。从状态 2 衰退到状态 1 的概率：

$$w_{21}=B_{21}\rho(\nu)+A_{21} \tag{3.2}$$

等式右边的第一和第二项分别对应于受激辐射和自发辐射。A_{21} 是爱因斯坦 A 系数，如果辐射衰退到其他状态（如状态 3）该系数可以忽略不计。A_{21} 相当于状态 2 辐射寿命的倒数。B_{21} 是两种状态间受激辐射的比例系数。系数之间满足以下关系[17]：

$$g_1B_{12}=g_2B_{21} \tag{3.3}$$

$$A=\frac{8\pi h\nu^3}{c^3}B_{21} \tag{3.4}$$

式中，g_1 和 g_2 别是状态 1 和 2 的统计权重；h 和 c 分别是普朗克常数和光速。

我们忽略状态3，假设有一个两态系统。一般来说，如果激光只产生一个激发态，则可能会有多个衰退过程。但是，该两态系统足以构建起LIF过程的模型，这些内容将在第3.3.2节讨论。高能激发态浓度的时间微分，$N_2(t)$，可以表达为：

$$\frac{dN_2(t)}{dt}=\rho(\nu)B_{12}N_1(t)-\{\rho(\nu)B_{21}+A_{21}+k_{nr}+\sum k_i n_i\}N_2(t)$$
$$=\rho(\nu)B_{12}N-\{(\rho(\nu)B_{12}+B_{21})+A_{21}+k_{nr}+\sum k_i n_i\}N_2(t) \tag{3.5}$$

其中 $N_1(t)$ 是低能占据态密度。$N[=N_1(t)+N_2(t)]$是激发前低能占据态密度，而这也正是我们想要知道的。高能态碰撞淬灭（去激发）速率常数和淬灭分子的数量浓度分别用 k_i 和 n_i 表示，k_{nr} 表示单分子非辐射衰退（如预解离）的速率常数。可以假设淬灭分子浓度与时间无关，这是因为激发态基团的浓度非常小。换句话说，可以将淬灭过程假设为准一级过程。

为了简便起见，我们假设一个矩形脉冲，脉冲持续时间为Δ。然后，通过求解微分方程(3.5)可知，在激光脉冲结束后及在 $t=\Delta$ 时刻，高能占据态浓度为：

$$N_2(\Delta)=\frac{\rho(\nu)B_{12}N(1-\exp[-\{\rho(\nu)(B_{12}+B_{21})+A_{21}+k_{nr}+\sum k_i n_i\}\Delta])}{\rho(\nu)(B_{12}+B_{21})+A_{21}+k_{nr}+\sum k_i n_i} \tag{3.6}$$

时间积分的LIF强度正比于：

$$I_{LIF}\propto N_2(\Delta)\phi=\frac{\rho(\nu)A_{21}N(1-\exp[-\{\rho(\nu)(B_{12}+B_{21})+A_{21}+k_{nr}+\sum k_i n_i\}\Delta])}{\rho(\nu)(B_{12}+B_{21})+A_{21}+k_{nr}+\sum k_i n_i} \tag{3.7}$$

这里，ϕ 是荧光的量子产额。如果激光的强度足以使跃迁态的浓度达到饱和，则LIF强度对 $\rho(\nu)$ 达到饱和：

$$I_{LIF}\propto\frac{g_2A_{21}N}{(g_1+g_2)(A_{21}+k_{nr}+\sum k_i n_i)} \tag{3.8}$$

且与 $\rho(\nu)$ 无关。如果激光强度比较弱，则应该为：

$$I_{LIF}\propto\frac{\rho(\nu)A_{21}B_{12}N[1-\exp\{-(A_{21}+k_{nr}+\sum k_i n_i)\Delta\}]}{(A_{21}+k_{nr}+\sum k_i n_i)^2} \tag{3.9}$$

并与 $\rho(\nu)$ 成正比。在这两种情况下，LIF强度与 N 成正比，而且很容易估算不同条件下的相对浓度。当激光的时间脉冲波形不是矩形甚至为连续波（CW）时，情况也与之类似。

3.3.2 两态系统假设的有效性

当我们检测分子基团时，基态和激发态均可能会有许多转动能级。当只有一个转动能级被激发时，可能会有多种辐射衰退过程。举个例子，我们展示利用LIF来检测BH($X\,^1\Sigma^+$)。附录3.A中对$X\,^1\Sigma^+$等符号进行了解释。当我们把BH($X\,^1\Sigma^+$，$v''=0$，$J''=2$）激发到（$A\,^1\Pi$，$v'=0$，$J'=3$）时，根据该光学跃迁的选择规则，该系统中$J'-J''=0$，±1，荧光发射不仅将跃迁到初始转动能级 $J''=2$，而且还可以跃迁到 $J''=3$ 和4的能级。这里，v 和 J 分别是振动量子数和总角动量量子数。在分子基团中，总角动量主要由旋转运动决定。在辐射衰退之前，可能会发生碰撞引起的旋转能级混合，

以填充 $J'=3$ 以外的旋转能级。从 BH($A\ ^1\Pi$，$v'=0$) 开始，荧光辐射不仅可以到振动基态 BH($X\ ^1\Sigma^+$，$v''=0$)，而且还可以到振动激发态 BH($X\ ^1\Sigma^+$，$v''\geqslant 1$)。这就涉及了许多旋转和振动能级。即便如此，在某些条件下该系统在激光激发期间仍可看作是一个两态系统。BH($A\ ^1\Pi$，$v'=0$) 的辐射寿命是 159ns[18]，这比气相分析中常用的纳秒激光器的持续时间长得多。那么，激发过程中的自发辐射衰退就可以忽略。其他两原子和三原子基团的情况也与之类似，这在 CVD 过程中很常见。表 3.1 为典型的二原子和三原子氢化物分子的荧光辐射跃迁的波长和辐射寿命。

表 3.1 通过单光子 LIF 探测两原子和三原子氢化物分子的荧光辐射跃迁的波长及其高能态辐射寿命

基团	跃迁①	波长/nm	辐射寿命	参考文献
BH	$A\ ^1\Pi—X\ ^1\Sigma^+$	433②	159ns③	[18]
CH④	$A\ ^2\Delta—X\ ^2\Pi$	431②	534ns③	[18]
NH	$A\ ^3\Pi—X\ ^3\Sigma^-$	336②	404ns③	[18]
OH	$A\ ^2\Sigma^+—X\ ^2\Pi$	309②	693ns③	[18]
SiH	$A\ ^2\Delta—X\ ^2\Pi$	413②	0.7μs③	[18]
PH	$A\ ^3\Pi—X\ ^3\Sigma^-$	342②	0.45μs③	[18]
NH_2	$\tilde{A}\ ^2A_1—\tilde{X}\ ^2B_1$	598⑤	10.0μs	[19]
$SiH_2$④	$\tilde{A}\ ^1B_1—\tilde{X}\ ^1A_1$	580,610⑤	1.0μs	[20],[21]
PH_2	$\tilde{A}\ ^2A_1—\tilde{X}\ ^2B_1$	454,474⑤	0.65μs,1.44μs	[22]

① 上标表示自旋态，而大写的希腊字母表示沿核间轴的电子轨道角动量的大小。A_1 和 B_1 表示多原子分子波函数的对称性。参见附录 3.A。

② (0,0) 能谱的谱带基线。

③ $v'=0$ 状态的寿命。

④ 尽管 SiH_2 在等离子体工艺中有被检测到，但在催化分解过程中未探测到 CH 和 SiH_2 的激光诱导荧光[21,23]。

⑤ 最强谱线中的一个或两个。

当气压低于 10^2 Pa 时，在激光脉冲期间碰撞引起的能级混合很微弱。正如第 2 章所讨论的，在 10^2 Pa 时，碰撞之间的间隔时间为 10^{-7} s，这个间隔时间比纳秒激光器的脉冲持续时间长得多。此外，并非所有的碰撞都是非弹性的。碰撞引起的能级混合可能发生在高能态寿命范围内，但这在浓度测量中也不是问题。这是因为转动能级混合引起的波长偏移量很小，而且我们可以利用适当的滤光片和光电倍增管 (PMT) 检测到所有荧光 (通常不使用单色仪)。振动弛豫比旋转弛豫慢得多。而通常振动弛豫可以忽略，甚至在高能态寿命期间也是如此。

如表 3.2 所示，激发态原子基团的辐射寿命一般比分子基团的辐射寿命短，而且激光脉冲期间的自发衰退不能被忽视。当我们通过对比诱导荧光的强度和瑞利散射的强度来测量基团绝对浓度时，这就会成为一个问题 (详见 3.3.8 节)。幸运的是，就 Si 原子而言，当我们将 Si($3s^23p^2\ ^3P_1$) 激发为 Si($3s^23p4s\ ^3P_0$) 时，可以将该系统视为真正的两态系统，因为不允许从 Si($3s^23p4s\ ^3P_0$) 光学跃迁到 Si($3s^23p^2\ ^3P_0$) 和 Si($3s^23p^2\ ^3P_2$) (请参考附录 3.A 对相关符号的解释，如 $3s^23p^2\ ^3P_1$)。B 原子系统的情况有些不同，它不能被看作是一个双态系统。这是因为高能态 B($2s^23s\ ^2S_{1/2}$) 不仅会发出荧光到 B($2s^22p\ ^2P_{3/2}$)，而且会发出荧光到 B($2s^22p\ ^2P_{1/2}$)，因此在绝对浓度测量中会存在不确定性。然而，我们通过改变实验条件（如催化热丝温度或分压）来测量相对浓度时，这一不确定性并不是问题。至于 H、N 和 O 原子，其绝对浓度可以通过吸收光谱法来确定，这一点将在第 3.5 节中介绍，而 P 原子的绝对浓度则是通过囚禁寿命来估算的，囚禁寿命比自然辐射寿命长，且取决于基态原子的浓度[22]。至于 C 原子，在催化分解中还没有 LIF 检测的报道。

表 3.2 用单光子 LIF 检测原子基团的波长和高能态的辐射寿命

自由基	跃迁①	波长/nm	辐射寿命/ns	参考文献
H	$2p\ ^2P_{3/2,1/2}$—$1s\ ^2S_{1/2}$	121.6	1.7	[24]
B	$2s^23s\ ^2S_{1/2}$—$2s^22p\ ^2P_{3/2}$	249.8	6.0	[24]
C	$2s^22p3s\ ^3P_2$—$2s^22p^2\ ^3P_2$	165.7	3.8	[24]
N	$2s2p^4\ ^4P_{5/2}$—$2s^22p^3\ ^4S_{3/2}$	113.5	6.9	[24]
N	$2s^22p^23s\ ^4P_{5/2}$—$2s^22p^3\ ^4S_{3/2}$	120.0	2.5	[24]
O	$2s^22p^33s\ ^3S_1$—$2s^22p^4\ ^3P_2$	130.2	2.9	[24]
Si	$3s^23p4s\ ^3P_0$—$3s^23p^2\ ^3P_1$	252.4	4.5	[24]
P	$3s^23p^24s\ ^4P_{5/2}$—$3s^23p^3\ ^4S_{3/2}$	177.5	4.6	[24]

① $^2S_{1/2}$ 的意思是自旋多重态为双态，轨道角动量量子数为零，而总角动量数为 1/2。详见附录 3.A。

3.3.3 荧光的各向异性

在原子基团中诱导的荧光辐射可能是各向异性的，这种各向异性可能会是一个潜在的问题。一方面，分子的旋转周期为皮秒级，比辐射寿命短得多。那么，在分子基团中诱导的荧光辐射可以认为是各向同性的。另一方面，在某些情况下，原子的辐射寿命短于碰撞去极化所需的时间。而幸运的是，在许多包括 Si 原子和 B 原子的体系中，当激发激光为线性偏振时，去极化系数为零，因此没有必要考虑各向异性的影响[25]。各向异性的问题也可以通过在系统中引入碰撞介质（如稀有气体原子）来避免。

3.3.4 非辐射衰退过程的校正

当辐射寿命较长或淬灭介质压力较高时，必须考虑高能态基团碰撞淬灭的影响。LIF 强度 $I_{\mathrm{LIF}}(t)$，在脉冲激发后呈单指数衰减：

$$I_{\mathrm{LIF}(t)} \propto \exp\{-(A_{21}+k_{\mathrm{nr}}+\sum k_i n_i)t\} \tag{3.10}$$

时间积分的强度取决于 k_i 和 n_i 的值。许多受激原子和分子的淬灭速率常数 k_i 已有报道。表 3.3 总结了六种氢化物分子在室温下的淬灭速率常数[26]。这些数据对我们可能有所帮助，但我们希望能测量不同情况下的速率常数，因为这些常数和周围的环境温度密切相关。通过测量衰退过程随淬灭介质分压的变化，可以较容易地确定速率常数。

表 3.3 室温下激发态 CH(A $^3\Delta$)，NH(A $^3\Pi$)，OH(A $^2\Sigma^+$)，SiH(A $^2\Delta$)，PH(A $^3\Pi$) 和 NH_2($\tilde{A}$ $^2A_1$) 的速率常数 单位：cm^3/s

气体介质	CH(A $^2\Delta$)	NH(A $^3\Pi$)	OH(A $^2\Sigma^+$)	SiH(A $^2\Delta$)①	PH(A $^3\Pi$)②	NH^2($\tilde{A}$ $^2A_1$)
H_2	1.0×10^{-11}	8.4×10^{-11}	1.3×10^{-10}		8.8×10^{-11}	4.7×10^{-10}
N_2	2.4×10^{-13}	3×10^{-14}	2.4×10^{-11}		3.9×10^{-12}	8×10^{-11}
O_2	1.7×10^{-11}	5.0×10^{-11}	1.5×10^{-10}	1.3×10^{-10}	8.3×10^{-11}	
CO	5.2×10^{-11}	1.0×10^{-10}	3.7×10^{-10}		2.1×10^{-10}	5×10^{-10}
NO	1.3×10^{-10}		4×10^{-10}	4.6×10^{-10}		
H_2O	9×10^{-11}	3.7×10^{-10}	5.9×10^{-10}		4.1×10^{-10}	
CO_2	4.3×10^{-13}	6.9×10^{-12}	3.4×10^{-10}		3.4×10^{-12}	
N_2O	3.4×10^{-12}	1×10^{-11}	4×10^{-10}		8.0×10^{-12}	
NH_3	3.4×10^{-10}	5.9×10^{-10}	7×10^{-10}		7.6×10^{-10}	4.5×10^{-10}
CH_4	2.3×10^{-11}	8.0×10^{-11}	2.6×10^{-10}			3.7×10^{-10}
C_2H_2	1.7×10^{-10}					
C_2H_4	1.9×10^{-10}	2×10^{-10}	7×10^{-10}			3×10^{-10}
C_2H_6	1.2×10^{-10}	2.3×10^{-10}	5.8×10^{-10}		1.5×10^{-10}	
C_3H_8	2×10^{-10}	3.7×10^{-10}	1.1×10^{-9}			

① 参考文献 [27]。
② 参考文献 [28]。
数据来源：Umemoto (2004)[26]。

当对一些原子基团，如 H、B、C、N、O、Si 和 P 进行单光子 LIF 检测时，由于辐射寿命很短（如表 3.2 所示），只要辐射诱捕态可以忽略，就可以将高能态的碰撞淬灭也忽略。当基态浓度很高时，共振辐射很容易被诱捕，表现出来的辐射寿命就会变长[29]。这种情况需要引起我们的注意[22,30]。

预分解可能在测定分子基团绝对浓度时产生干扰。幸运的是，对于许多 CVD 过程中常见的双原子氢化物分子来说（包括 BH[31]、CH[32]、NH[33]、OH[34]、SiH[35] 和 PH[36]），只要它们被激发到振动基态的低转动能级，则预分解的影响就非常微弱。当我们处理小分子、其他非辐射单分子衰退过程、内部转换和系统间交叉等问题时，影响都很微弱。

3.3.5 光谱展宽

LIF 的强度取决于吸收系数，而吸收系数随吸收光谱曲线的变化而变化。光谱展宽有三种类型：自然展宽、多普勒展宽和压力展宽。其中，由吸收基团的平移运动引起的多普勒展宽在典型的 CVD 过程中是最重要的展宽形式。当吸收光谱的多普勒宽度发生变化时（如由于热丝温度的变化而发生变化），LIF 的波长积分强度必须通过扫描激发波长来测量。然而，当气压高于 10Pa，金属热丝和检测区域之间的距离超过 10cm 时，由于基团间快速碰撞产生的热弛豫现象，热丝温度的影响可以忽略，这一点将在第 3.3.7 节中讨论。在这样的条件下，平移和旋转温度几乎不受热丝温度的影响。另一方面，当热丝和检测区域之间的距离很短时，多普勒曲线不仅取决于热丝温度，而且还取决于与热丝的距离。换句话说，有可能通过测量多普勒曲线来确定基团平移温度的分布。这个问题将在本章的 3.6.1 节和第 4 章的 4.4 节中讨论。当 LIF 强度通过改变总压进行测量时，压力展宽可能会成为另一个潜在的问题，但这种影响在 10^2Pa 以下是非常小的。

3.3.6 单光子 LIF 的典型装置和实验结果

图 3.2 为典型的单光子 LIF 实验装置示意。挡板臂、布儒斯特窗和准直透镜系统通常用于减少杂散光。系统一般使用纳秒级可调谐脉冲激光器，如 Q 调节 Nd^{3+}：YAG 激光泵浦染料激光器和光学参量振荡器。必要时，如在检测 NH、OH 和 PH 时，激光的输出通过使用非线性光学晶体［如 β-BaB_2O_4(BBO)］，可以实现频率倍增。诱导荧光（IF）通常用光电倍增管在垂直于激光束的角度上进行监测。测试时并不一定要用到单色器，干涉滤光片或截止（或带通）滤波器就足以分离荧光。光电倍增管的信号可以用示波器或盒式 Boxcar 平均器来处理。通过监测激光脉冲刚刚结束时的信号，可以将背景信号的影响降低（如来自热丝的黑体辐射）。通常不使用 CW 激光器，因为它很难产生 UV 和 VUV 输出，也很难消除背景信号。然而，由于 CW 激光器具有更好的波长分辨率，它们在重基团（如 SiH_2）的多普勒曲线测量中具有一定优势[37]。

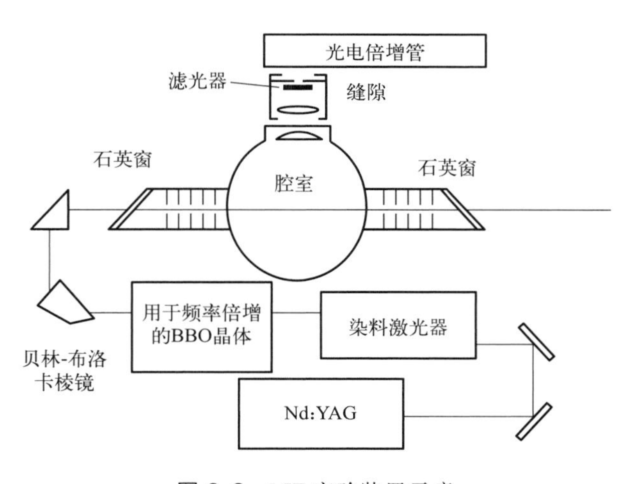

图 3.2　LIF 实验装置示意

图 3.3 为在低压条件下 SiH_4 在加热的钨丝上催化分解形成 Si 原子的 LIF 光谱。在这种低压条件下，气相中的碰撞可以忽略[38]。激光的强度足够低，不能使跃迁饱和。处于 $3s^2 3p^2\ ^3P_{0,1,2}$ 态的 Si 原子被激发至 $3s^2 3p4s\ ^3P_{0,1,2}$ 态。对这些激发态的荧光进行检测时，低能和高能态都有三个自旋轨道状态，这样就有 9 种组合。然而，由于选择规则的影响，只能观察到 6 种跃迁。从 $3s^2 3p^2\ ^3P_0$，$^3P_1$ 和 $^3P_2$ 自旋轨道态的相对浓度来看，刚刚形成的 Si 原子的电子温度确定为 1.3×10^3K，比热丝温度低 1.0×10^3K。热力学温度也可以用光谱中的谱峰高度估算出来，这将在第 3.3.8 节中讨论。

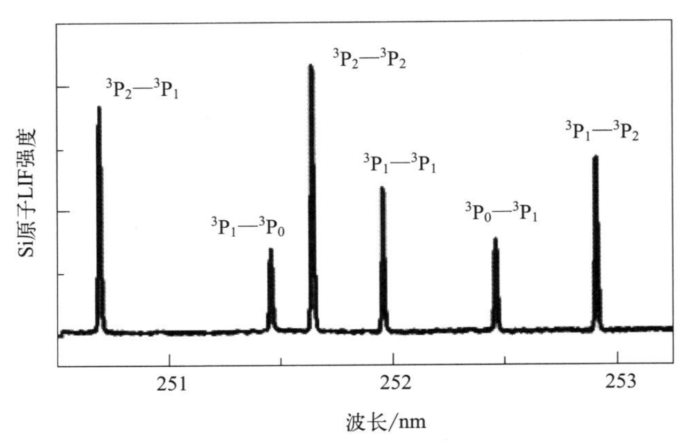

图 3.3 SiH_4 催化裂解形成的 Si($3s^2 3p^2\ {}^3P_{0,1,2}$) 的 LIF 谱。SiH_4 的气流量为 0.5cm^3/min，气压为 4mPa。钨丝温度为 2.30×10^3K。数据来源：Nozaki 等（2000）[38]。经 American Institute of Physics 授权转载

图 3.4 为 B_2H_6/He/H_2 催化裂解形成 BH 的 LIF 光谱[39]。由于分子基团有旋转和振动两个自由度，所以出现了许多光谱线。该谱图对应 $A\ {}^1\Pi$—$X\ {}^1\Sigma^+$ 跃迁的（0,0）和（1,1）带。（0,0）意味着 $v'=0$ 和 $v''=0$ 两个振动能级之间的跃迁，而（1,1）意味着 $v'=1$ 和 $v''=1$ 两个能级之间的跃迁。转动跃迁的选择规则被严格限制，总角动量子数 J 可能不变或只改变了 1 即 $\Delta J=0$，±1。没有发生改变的跃迁称为 Q 分支。R 分支是

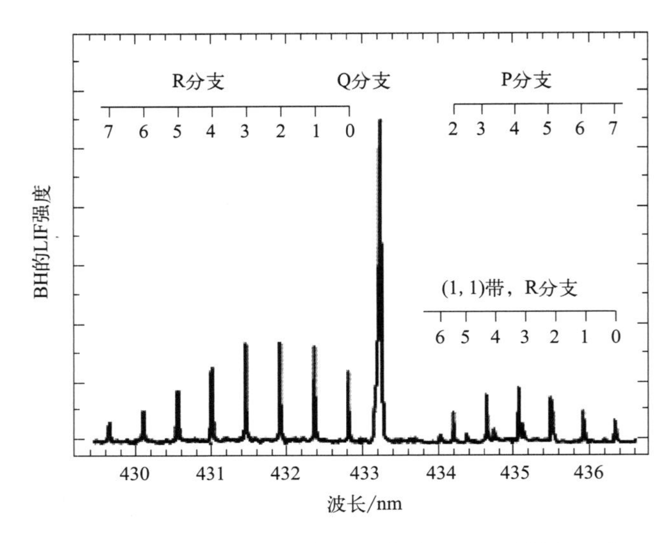

图 3.4 在 B_2H_6/He/H_2 催化裂解中 BH($X\ {}^1\Sigma^+$，$v''=$ 0，1）的 LIF 谱。B_2H_6/He（2.0%稀释）和 H_2 的流量分别为 10cm^3/min 和 20cm^3/min，总气压为 3.9Pa。钨丝温度为 2.05×10^3K。图中的数字是低能 $X\ {}^1\Sigma^+$ 态的总角动量量子数。数据来源：Umemoto 等（2014）[39]。经 American Chemical Society 授权转载

指高能态的总角动量子数（J'）比等能状态的 J''大，即 $J'=J''+1$。P 分支是指$J'=J''-1$。在图 3.4 中，Q 分支的转动谱线没有分辨出来，但是 R 分支的转动谱线则很好地分辨了出来，这些转动态分布也可以由此确定。

图 3.5 为在 $PH_3/He/H_2$ 的催化裂解中形成的 PH 的 LIF 光谱[22]。该光谱对应 $A^3\Pi_i$—$X^3\Sigma^-$的跃迁。该光谱与图 3.4 中 BH 的相比要复杂得多，这是因为其高能和低能态的自旋多重性均为三重态。幸运的是光谱学家已经完成了连续光谱匹配，具体可见第 3.3.7 节。在这个例子（图 3.5）中，振动激发的 PH 谱线未被分辨。

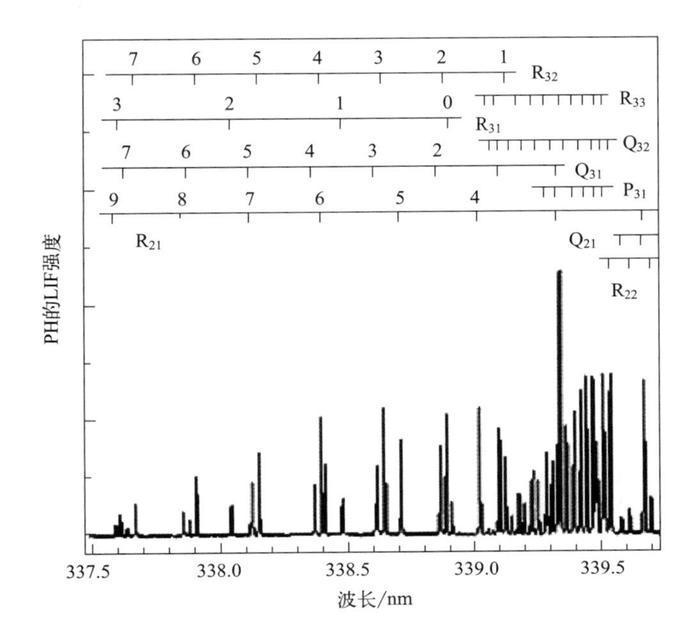

图 3.5 在 $PH_3/He/H_2$ 催化裂解中 PH($X\ ^1\Sigma^-$，$v''=0$) 的 LIF 谱。PH_3/He（2.0%稀释）和 H_2 的流量分别为 $10cm^3/min$ 和 $20cm^3/min$，总气压为 4Pa。钨丝温度为 2.15×10^3K。数字是低能 $X\ ^3\Sigma^-$态的总角动量量子数。数据来源：Umemoto 等（2012）[22]。版权所有（2021）：The Japan Society of Applied Physics

在利用单光子 LIF 检测 H[5,40,41]、N[42,43]、O[30,44] 和 P[22]原子时，需要探测 VUV 辐射，如表 3.2 所示。探测 H 原子的波长为 121nm 的 Lyman-α 辐射可以通过使用氪（Kr）作为非线性光学介质的三倍频技术获得。在探测 O 原子和 P 原子时，必须使用四波混合技术来产生适当的 VUV 信号输出，分别为 130.2nm 和 177.5nm。图 3.6 为检测 O 原子的实验装置原理，图中使用了两个可调谐激光器。一个由氟化镁（MgF_2）或氟化锂（LiF）制成的准直透镜和一个日盲 PMT 用来探测诱导荧光。在检测 N 原子时，113.5nm 的 VUV 辐射可以通过 Kr 的三倍频来获取，且须用四波混合技术产生 120.5nm 的输出，采用汞（Hg）蒸气作为混合介质。NO（一氧化氮）小腔体可用来确认 VUV 辐射的产生。这是因为 NO 很容易被 VUV 辐射电离，而不会被未聚焦的可见光或近紫外辐射电离。图 3.7 为用 LIF 检测 H_2/O_2 混合气被加热的钨丝催化分解的 O 原子的 VUV 光谱。该光谱对应的是 $2s^2 2p^3 3s^3S_1$—$2s^2 2p^{43}P_2$ 跃迁。

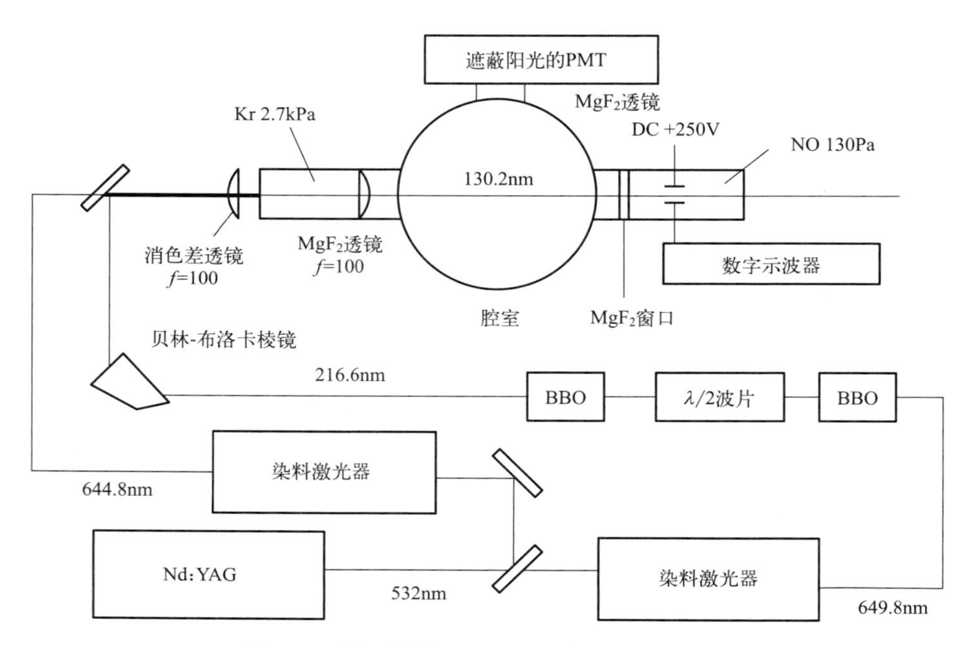

图 3.6 用于检测 O 原子的四波混合装置示意

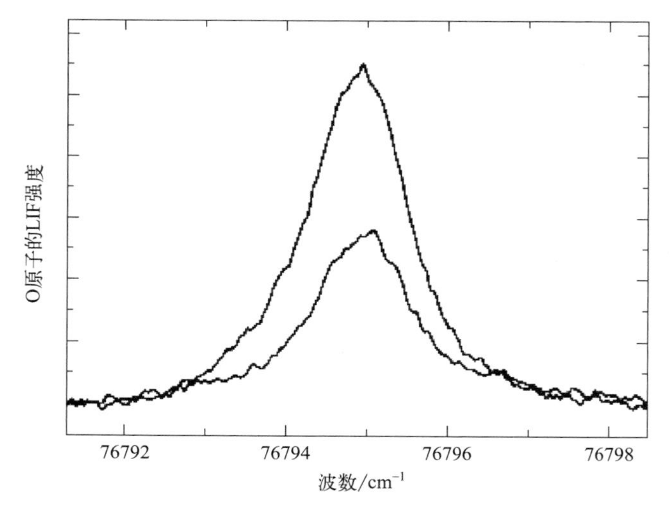

图 3.7 在加热钨丝催化分解 H_2/O_2 混合物时用 LIF 检测到 O 原子的 VUV 光谱。H_2 的流量为 $100cm^3/min$，而 O_2 的流量为 $0.60\sim1.20cm^3/min$。总压力为 17Pa，催化热丝温度为 2.00×10^3K。数据来源：Umemoto 和 Moridera (2008)[30]

最后，应该注意的是，当原子密度过高时，单光子 LIF 以及将在第 3.5 节讨论的 VUV 激光吸收就不能使用了。例如，当 H 原子密度超过 $10^{11}cm^{-3}$ 时，此时的系统从光学角度来看就会变得太厚，无法让 121.6nm 的激光束到达腔体的中心部分。在这种情况下，可以使用双光子 LIF 技术，相关内容将在第 3.4 节阐述。

3.3.7 分子基团的转动和振动态的分布

只要转动态符合 Boltzmann 分布，转动态温度就可以从转动态的分布中估算出来，这在 Cat-CVD 腔室中很常见。由于转动态和平移态的弛豫都很快，因此可以认为平移态与转动态温度相等。这样的信息对于我们估算在特定气压下绝对分子浓度非常重要。温度信息在我们计算气相中的反应速率，特别是激活能很大的反应时也很重要。

利用 LIF 光谱可以确定转动态的分布，如图 3.4 和图 3.5 所示。目前已经报道了许多双原子分子的光谱匹配情况，包括 BH[45]、CH[46]、NH[47]、OH[48]、SiH[49] 和 PH[50]。Hönl-London 因子，与爱因斯坦 B 系数 B_{12} 和转动简并度 $2J+1$ 的乘积成正比。对于不同类型的跃迁，它以 J 的函数形式给出[51]。J 是总角动量子数，由旋转运动决定。通常需要对非辐射跃迁过程进行校正。但辐射寿命（相当于 $1/A_{21}$）和淬灭率常数 k_i 通常不受 J 影响。非辐射衰退的速率常数 k_{nr} 通常比 LIF 检测得到的基团辐射衰退速率小得多。

从图 3.4 所示的光谱中确定 BH 的转动态温度为 340K。这个温度与其他类似工艺中产生的氢化物活性基团的温度相似，如 NH、OH、SiH 和 PH。该温度是当气压为数帕，距离热丝超过数厘米时的典型温度[22,30,38,41]。

如果 Franck-Condon 因子（振动重叠积分的平方，正比于跃迁概率）已知，也可以确定双原子基团的振动态分布，但在催化分解中振动激发的基团除 HCN 和 B_2H_6 体系外，其他的还没有被鉴别出来[39,52]。在 B_2H_6 的催化裂解中，考虑到 Franck-Condon 因子的差异[53]，BH($v=1$) 的浓度大约为 BH($v=0$) 的 15%。在 HCN 体系中，CN($v=1$)/CN($v=0$)的比例为 23%。在这些估算中，非对角线转换的贡献忽略不计。对于许多双原子分子来说，从$v'=0$ 态到 $v''\geqslant 1$ 态的非对角跃迁的概率要比对角跃迁小得多，包括 BH[53]、CH[54]、NH[55]、OH[56]、SiH[57] 和 PH[58] 的 A—X 跃迁。

3.3.8 单光子 LIF 中绝对浓度的估算

通过比较 LIF 和瑞利散射的强度，可以估算出活性基团的绝对浓度。瑞利散射是由比波长小得多的粒子（如原子和分子）所引起的光的弹性散射。激光光源的强度可能很弱而不能使气相跃迁达到饱和，当然也可能足够强使得跃迁达到饱和。在前一种情况下，必须知道爱因斯坦 B 系数的绝对值 B_{12}。而在后一种情况下，需要知道激光光源的绝对脉冲能量。虽然检测过程中也可以使用 CW 激光器，但这里我们仅讨论使用脉冲激光器时的情况。脉冲能量的绝对值可以很容易利用焦耳计测量到。下面将介绍饱和条件下的公式[21]，但类似公式也可用于非饱和条件[12,59]。

在 LIF 测量中，沿光路产生激发态的基团。但检测时只能探测到一个很小体积（V）内发出的荧光。荧光通常是各向同性的，因此，在任一个固定角度（Ω）即可检测到。估算发射光子的绝对数量时，还必须知道检测器的绝对灵敏度 η。这三个参数的乘积 $V\Omega\eta$ 可以通过测量稀有气体原子［如氩（Ar）］所引起的瑞利散射强度来估算。在饱和条件下，脉冲激发后单位能量 LIF 的时间积分强度，由下式给出：

$$I_{LIF}=\frac{g_2A_{21}Nh\nu}{(g_1+g_2)(A_{21}+\sum k_in_i)}V\eta\frac{\Omega}{4\pi} \tag{3.11}$$

此时，非辐射衰退（对应于 k_{nr}）可以忽略不计。瑞利散射强度可以用以下公式表示：

$$I_{Rayleigh}=\frac{N_0\sigma_RE_L}{S_L}V\Omega\eta \tag{3.12}$$

式中，N_0 是稀有气体原子的浓度；E_L 是激光脉冲能量；S_L 是激光束的横截面积；σ_R 是瑞利散射微分截面积，它可以通过折射率按照下式计算：

$$\sigma_R=\frac{9\pi^2}{\lambda^4N_0^2}\left(\frac{n^2-1}{n^2+2}\right)^2\approx\frac{4\pi^2}{\lambda^4N_0^2}(n-1)^2 \tag{3.13}$$

式中，λ 为波长；n 为折射率。假设激光的偏振方向与观察方向垂直。那么，活性基团的绝对浓度可以通过以下公式估算：

$$N=\frac{g_1+g_2}{g_2}\times\frac{A_{21}+\sum k_in_i}{A_{21}}\times\frac{4\pi}{h\nu}\frac{N_0\sigma_RE_L}{S_L}\times\frac{I_{LIF}}{I_{Rayleigh}} \tag{3.14}$$

公式(3.14) 的第一部分，即统计权重比例，是高能态和低能态的总角动量子数 J' 和 J''的函数。一般来说，简并因子一般为：$2J+1$，但是根据具体条件，有必要做一些修正。例如，当我们用很强的线性极化辐射将 BH($X\ ^1\Sigma^+$，$v''=0$，$J''=2$) 激发到 ($A\ ^1\Pi$，$v'=0$，$J'=3$)，$(g_1+g_2)/g_2$ 的值应该是 2，而不是 $(2J''+1+2J'+1)/(2J'+1)=12/7$[25]。当激光为线性偏振时，由于角动量守恒，瑞利散射不是各向同性的。测量时根据其光学几何形状，需使用半波板（或双菲涅尔菱形板）。严格来说，LIF 的波长和瑞利散射的波长可能不同。然而，正如第 3.3.2 节所述，LIF 的波长变化通常很小，考虑到探测器的检测灵敏度，该变化可以忽略不计。检测分子基团时，我们通常选择一条不与其他光谱线重叠的孤立光谱线。为了评估基团的总数量，需要知道第 3.3.7 节所讨论的转动态分布的相关信息。对于 H、O 和 N 原子，吸收光谱法也可以用来确定绝对浓度，这将在第 3.5 节中讨论。

3.4 双光子激光诱导荧光

波长 205.1nm 的聚焦激光可以将基态 H 原子 H($1s\ ^2S_{1/2}$)，通过虚态被双光子激发到 H($3s\ ^2S_{1/2}$) 和 H($3d\ ^2D_{5/2,3/2}$) 态。将可调谐激光器的输出通过两个 BBO 晶体和一个半波板可以实现三倍频来获得 205.1nm 的激光。双光子 LIF 的实验装置见图 3.8。挡板臂不用于深聚焦。由于角量子数的选择规则，不能直接形成 H($3p\ ^2P_{3/2,1/2}$)。但是在双光子吸收（$\Delta l=0$，±2）的帮助下，可以很容易地通过碰撞混合形成 H($3p\ ^2P_{3/2,1/2}$)。H($3s\ ^2S_{1/2}$)、H($3p\ ^2P_{3/2,1/2}$) 和 H($3d\ ^2D_{5/2,3/2}$) 在 656.3nm 处发出 Balmer-α 荧光，可以通过检测该荧光来估算基态 H 原子的浓度。与单光子 LIF 相比，这种技术灵敏度较低，但可以在高浓度，如 $10^{14}cm^{-3}$ 甚至更多 H 原子存在的情况下使用[5]。图 3.9 为典型的双光子激发的 H 原子 LIF 谱[40]。

通过将已知量的 Kr 用 204.2nm 的光子激发，并测量其双光子 LIF 信号强度，可以进行绝对浓度校准[60,61]。类似的双光子 LIF 技术除了检测 H 原子外，还可以用来检测基态O原子[62]、N原子[63]和C原子[64]。然而，对于O和N原子及部分C原子来说，通过催化裂解获得的浓度太低，无法用这种技术进行检测。

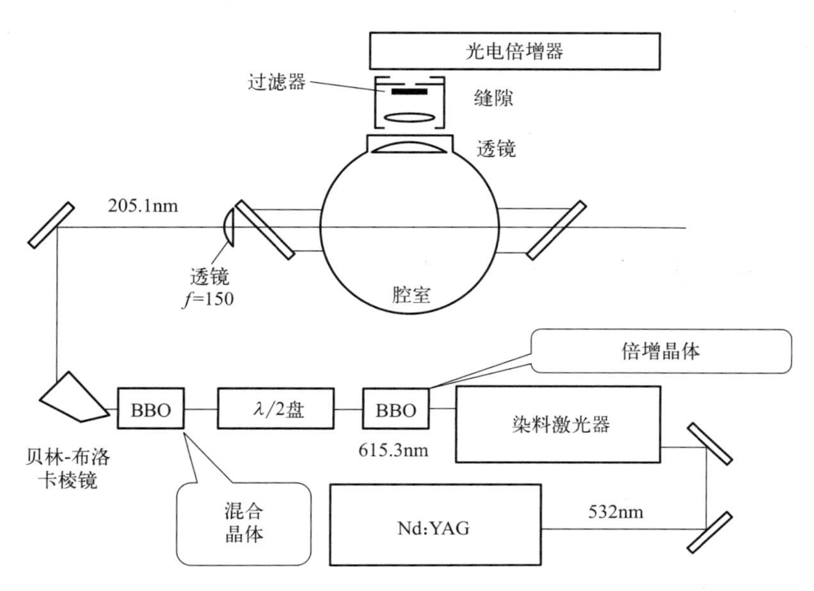

图3.8　双光子LIF检测205.1nm处的H原子的装置示意

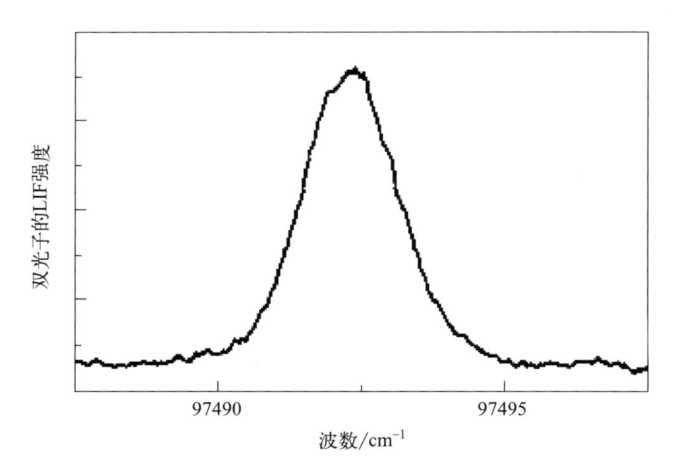

图3.9　H_2的催化分解中形成的H原子的双光子LIF光谱。H_2的流量为$150cm^3/min$，气压为5.6Pa。钨丝的温度为2.20×10^3K。数据来源：Umemoto等（2002）[40]。经American Institute of Physics许可转载

采用205.1nm双光子LIF技术检测H原子会受到碰撞淬灭的影响。这是因为H(3s $^2S_{1/2}$)、H(3p $^2P_{3/2,1/2}$)和H(3d $^2D_{5/2,3/2}$)的辐射寿命（分别为158ns、45ns和15ns）要比H(2p $^2P_{3/2,1/2}$)的1.7ns长很多[24]，而这些态的淬灭速率常数非常大，H_2的速率常数达到了$2\times10^{-9}cm^3/s$[60,65]。当气压较高时这一点非常重要。还应注意这种技术不能应用于可被双光子分解产生H原子的气体系统中，如NH_3和Si_2H_6。

基态 H 原子也可以用波长为 243.1nm 的激光双光子激发到 $H(2s\ ^2S_{1/2})$[5,30]。$H(2s\ ^2S_{1/2})$ 为亚稳态，不发射荧光。但它很容易被碰撞弛豫到附近的 $2p\ ^2P_{3/2,1/2}$ 状态，从而发出 Lyman-α 荧光。这种双光子激发技术，和将在第 3.6.1 节重点介绍的 2+1 REMPI 技术是测量多普勒曲线的最佳方法。这是因为这种跃迁并不涉及微结构。而在 121.6nm 的单光子 LIF 或 205.1nm 的双光子 LIF 中，情况则更为复杂。例如，$H(2p\ ^2P_{3/2,1/2})$ 的自旋轨道分裂是 $0.365cm^{-1}$，在中等温度下，对应 $2p\ ^2P_{3/2}$—$1s\ ^2S_{1/2}$ 和 $2p\ ^2P_{1/2}$—$1s\ ^2S_{1/2}$ 跃迁的 Lyman-α 线无法辨析。

3.5 单通道真空紫外（VUV）激光吸收

紫外激光吸收是估算某些原子基团（如 H 和 O 原子）绝对浓度的最常用技术之一[5,40,41,44]。其探测波长与单光子 LIF 中使用的波长相同。著名的比尔-朗伯定律，$Tr=\exp(-kl)$ 在这里不再适用（Tr 为透射率，k 为吸收系数，l 为光路长度）。该关系式只适用于吸收光谱比入射光带宽宽得多的情况。而在原子的 VUV 吸收中，吸收光谱带宽很窄。

正如第 3.3.5 节中提到的，在典型的 CVD 条件下（低于 10^2Pa 和超过室温），自然展宽和压力展宽比吸收基团的平移运动引起的多普勒展宽要窄得多，吸收光谱曲线可以近似为以下高斯函数[17]：

$$k(\nu-\nu_0)=\left(\frac{m}{2\pi k_B T}\right)^{1/2}\frac{g_2 c^3 N}{8\pi g_1 \nu_0^3 \tau}\exp\left\{-\frac{mc^2(\nu-\nu_0)^2}{2k_B T\nu_0^2}\right\} \tag{3.15}$$

而多普勒宽度（半高宽）则用下式表示：

$$\Delta\nu_D=2\nu_0\left(\frac{2\ln 2 k_B T}{mc^2}\right)^{1/2} \tag{3.16}$$

式中，ν 是入射光的频率；ν_0 是吸收峰的频率；k_B 是玻尔兹曼常数；c 是光速；m 是吸收基团的质量；τ 是高能态的辐射寿命；T 是平移运动热力学温度；N 是吸收基团的浓度；而 g_1 和 g_2 是低能和高能状态的统计权重。透射率一般由下式给出[17]：

$$Tr(\nu_L)=\frac{\int I(\nu-\nu_L)\exp\{-k(\nu-\nu_0)l\}\,d\nu}{\int I(\nu-\nu_L)\,d\nu} \tag{3.17}$$

式中，ν_L 和 $I(\nu-\nu_L)$ 为入射激光的中心频率和光谱曲线。在大多数情况下，$I(\nu-\nu_L)$ 的准确曲线是不知道的。通常假设为高斯函数 $[\exp\{-(\nu-\nu_L)^2/\alpha^2\}]$，其中 α 是一个表示激光光谱宽度的参数。

在通过 121.6nm 处的 Lyman-α 吸收来检测 H 原子时，需要对结果做一些修正。这是由于在自旋轨道之间的相互作用下，Lyman-α 是无法分辨的双重线[5]。在这种情况下，光密度 $[k(\nu-\nu_0)l]$ 必须由两项之和来表示，而透射率应该为：

$$\mathrm{Tr}(\nu_L)=\frac{\int_0^\infty \exp\left\{-\left(\frac{\nu-\nu_L}{\alpha}\right)^2\right\}\exp\left\{-k_0 l\exp\left(-\left(\frac{\nu-\nu_L}{\beta_0}\right)^2\right)\right\}-k_1 l\exp\left\{-k_0 l\exp\left(-\left(\frac{\nu-\nu_L}{\beta_1}\right)^2\right)\right\}\mathrm{d}\nu}{\int_0^\infty \exp\left\{-\left(\frac{\nu-\nu_L}{\alpha}\right)^2\right\}\mathrm{d}\nu} \tag{3.18}$$

下标 0 和 1 分别为到 2p $^2P_{1/2}$ 和 2p $^2P_{3/2}$ 的跃迁。ν_0 和 ν_1 为吸收峰的频率。β_0、β_1、k_0 和 k_1 的值由以下公式给出：

$$\beta_0=\left(\frac{2k_B T}{m}\right)^{1/2}\frac{\nu_0}{c},\ \beta_1=\left(\frac{2k_B T}{m}\right)^{1/2}\frac{\nu_1}{c},\ k_0=\left(\frac{m}{2\pi k_B T}\right)^{1/2}\frac{c^3 N}{8\pi\nu_0^3\tau},\ k_1=\left(\frac{m}{2\pi k_B T}\right)^{1/2}\frac{c^3 N}{8\pi\nu_1^3\tau}$$

α 的值可以从完全热化条件下的吸收曲线中确定。图 3.10 给出了由 H_2 催化裂解产生 H 原子的典型吸收光谱[40]。VUV 单色仪结合日盲 PMT 可以用来检测透射激光强度，而检测 NO^+ 离子电流是评估透射激光强度的另一种很方便的技术。NO 不会被 364.7nm 的非聚焦辐射所电离，这是由于该波长在 Lyman-α 的三倍频之前。

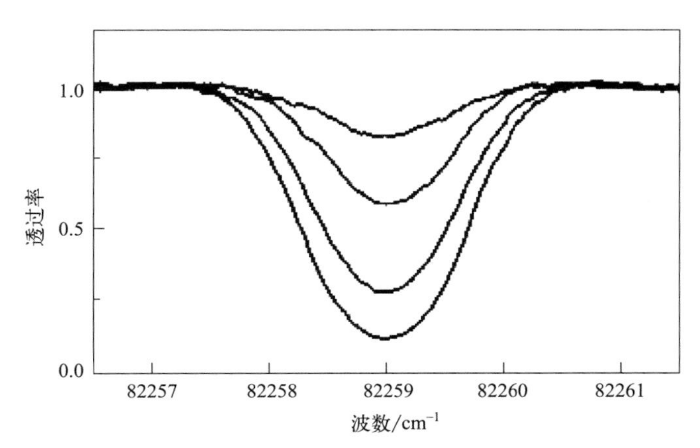

图 3.10　通过 H_2 催化裂解形成的 H 原子的真空-紫外吸收光谱。H_2 流量为 $150cm^3/min$，气压力为 5.6Pa。路径长度为 45cm。从上到下，钨丝的温度分别为 1.27×10^3K、1.32×10^3K、1.37×10^3K 和 1.41×10^3K。相应的 H 原子浓度为 $1.5\times10^{10}cm^{-3}$、$4.3\times10^{10}cm^{-3}$、$1.0\times10^{11}cm^{-3}$ 和 $1.8\times10^{11}cm^{-3}$。数据来源：Umemoto 等（2002）[40]。经 American Institute of Physics 授权转载

由于公式(3.18) 中的吸收系数 k_0 和 k_1 的绝对值以及路径长度 l 已知，因此很容易通过这种技术来估算绝对浓度。通过波长扫描，可以消除源和产物中分子吸收产生的相对较宽的背底，如 SiH_4 和 CH_4。这种技术对高能态的碰撞淬灭不敏感。但其检测的动态范围非常窄。考虑到激光脉冲能量的波动，为了实现精确测量，吸光度应该在 10%～90%。当光路径长度为 10cm 时，需要估算的浓度对 H 原子而言为 $10^{11}cm^{-3}$ 数量级，对 O 原子而言为 $10^{12}cm^{-3}$ 数量级。至于 N 原子，由 N_2 或 NH_3 催化裂解得到的浓度太低，无法检测到，但在微波辉光放电过程中可以观察到[41]。

图 3.11 对比了单光子 LIF、双光子 LIF 和 VUV 激光吸收以及 2+1 REMPI 几种

H 原子检测技术。关于 REMPI，详见第 3.6.1 节。这些技术各自都有其优点和局限性。例如，单光子 LIF 具有高灵敏度，而双光子 LIF 可以在有过量 H 原子的情况下使用。绝对浓度可以通过 VUV 吸收来确定，而 2+1 REMPI 可以在有强背景发射的情况下使用，并且是确定平移运动温度的最佳方法。

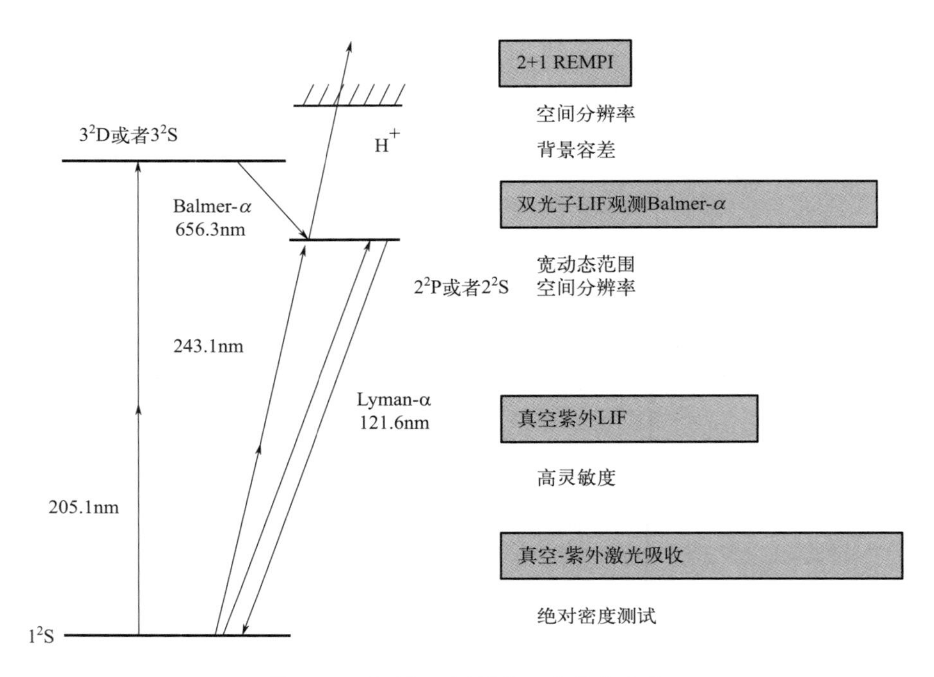

图 3.11 探测 H 原子的四种技术比较

3.6 其他激光光谱技术

尽管 LIF 是灵敏度最高的检测原子和分子基团的技术之一，但它不能应用于检测预解离基团（如 CH_3 和 SiH_3），这是因为这些基团不会发出荧光。须采用其他技术来检测这些基团。REMPI、CRDS 和 TDLAS 是有效检测此类基团的方法。其中，后两种技术也可以用来测定基团绝对浓度。上述这些技术可以在有强背景发射的情况下使用，如来自热丝的黑体辐射。除这些技术外，还有一些其他不受背景辐射影响的技术，如放大自发辐射（ASE）、双光子偏振和三倍频（THG）技术。

3.6.1 共振增强多光子离化

共振增强多光子离化（REMPI）包括共振吸收单个或多个光子到电激发态，然后吸收另一个光子使该激发态电离。通过检测产生的离子或电子，可以估算基态基团的浓度。当需要 m 个光子进行共振激发，n 个光子进行电离，则被称为 $m+n$REMPI。2+1 REMPI 应用最广泛，但有时也会使用 3+1 REMPI 或 2+2 REMPI 技术。在 2+1 REMPI 中，信号强度通常与激光强度的平方成正比，这是因为最后步骤的电离很容易达到饱和。由于检测所用的是聚焦激光束，而且电离体积很小，因此，可实现较好的空间分辨率。一方面，当 REMPI 与飞行时间质谱技术结合使用时，可以达到极高的灵敏度。另一方面，如果检测不需要进行质量选择时，则无需高真空。因此，这种技术可以在典型 CVD 条件下使用。而这种气压相对较高的情况下，须注意施加的电压。虽然需要收集产生的所有电子或离子，但是须避免电子雪崩现象的出现。有很多通过 REMPI 检测 Cat-CVD 气相分解过程的例子，包括检测 H 原子[5]、Si 原子[66]、B 原子[67]，以及 CH_3 基团[68-71]。尽管目前还没有用 REMPI 检测 SiH_3 ($\tilde{X}\ ^2A_1$)[72] 和 CH_2 ($\tilde{X}\ ^3B_1$)[73,74] 的具体报道，但这些基团也可以用这种技术进行检测。表 3.4 总结了用 REMPI 检测 CVD 过程中典型活性基团的波长和对应的跃迁。更多信息可见 M. N. R. Ashfold 等的报道[77]。图 3.12 为 J. A. Smith 等[71] 测量的 CH_3 ($3p_z\ ^2A''_2$—$\tilde{X}\ ^2A''_2$) 的 REMPI 光谱。正如第 3.4 节提到的，由于不涉及精细结构，在 243.1nm 处对 H 原子的 REMPI 信号进行多普勒宽度测量可用于确定平移运动温度[70,78]。图 3.13 给出了两个距离热丝不同距离的 H 原子 REMPI 谱。很明显平移温度随着距离的增加而降低[70]。

表 3.4　通过 REMPI 探测 H、B 和 Si 原子以及氢化物活性基团的波长

自由基	共振跃迁	波长/nm	$m+n$	参考文献
H	$2s\ ^2S$—$1s\ ^2S$	243.1	2+1	[5]
H	$2p\ ^2P$—$1s\ ^2S$	364.7	3+1	[5]
B	$2s^24p\ ^2P$—$2s^22p\ ^2P$	346.1	2+1	[67]
CH	$E'\ ^2\Sigma^+$—$X\ ^2\Pi$	291	2+1	[75]
CH	$D\ ^2\Pi$—$X\ ^2\Pi$	311	2+1	[75]
CH_2	$4d\ ^3A_2$—$\tilde{X}\ ^3B_1$	392	3+1	[73]
CH_2	$H(3p)$—$\tilde{X}\ ^3B_1$	312	2+1	[74]
CH_3	$3p_z\ ^2A''_2$—$\tilde{X}\ ^2A''_2$	333	2+1	[71]
Si	$3s^23p4s\ ^3P_2$—$3s^23p^2\ ^3P_2$	251.6	1+1	[66]
SiH	$F\ ^2\Pi$—$X\ ^2\Pi$	428	2+1	[76]
SiH_3	$E^2\ A''_2(4p)$—$\tilde{X}\ ^2A_1$	350～415	2+1	[72]

3.6.2　光腔衰荡光谱

光腔衰荡光谱（CRDS）技术测量的是从一个光腔泄漏出的激光强度的时间曲线。光腔由两个高反射率的凹面镜组成。测量时，脉冲激光器和连续激光器都可以使用。当使用连续激光器时，测量曲线在激光照射停止后开始记录。当存在一些吸收性基团时，由于光吸收引起的额外损失会使光衰减比没有吸收性基团时的要快。那么就可以通过测量衰减（衰荡）时间来估算基团的浓度。其测量原理见图 3.14。

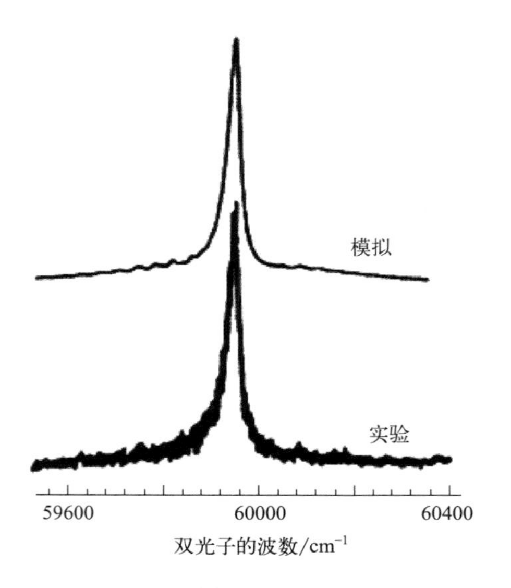

图 3.12 催化分解 H_2 中含 1% CH_4 的混合气的 CH_3 2+1 REMPI 模拟及实验谱图。Ta（钽）丝的温度为 2475K，检测位置距金属丝 4mm。在模拟中假定旋转温度为 1150K。数据来源：Smith 等（2001）[71]。经 Elsevier 许可转载

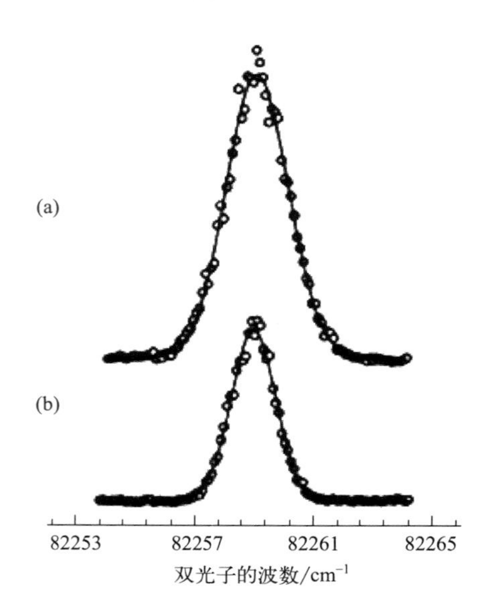

图 3.13 在 2.7kPa 的纯 H_2 中检测的 H 原子的多普勒展宽 REMPI 光谱，激光聚焦在离 2375K 的盘状钽丝底部 0.5mm（a）和 10mm（b）。图中实心曲线是最小二乘法高斯拟合结果，其宽度意味着测量到的局部温度分别为 1750K 和 840K。资料来源：Smith 等（2000）[70]。经 Elsevier 许可转载

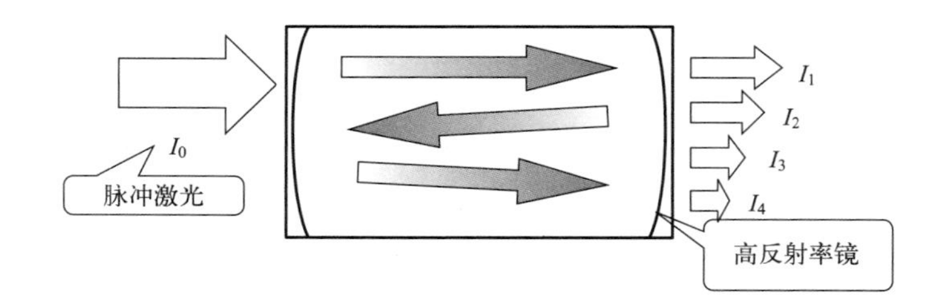

图 3.14 光腔衰荡光谱的测量原理。在一次传播路径中，$t=l/c$ 和 $I_1(l/c)=I_0(1-R)^2\exp(-\sigma Nl)$，在 1.5 次传播后，$t=3l/c$ 和 $I_2(3l/c)=I_0(1-R)^2R^2\exp(-3\sigma Nl)$，且在时间 t 时，$I(t)=I_0(1-R)^2R^{(ct/l-1)}\exp(-\sigma Nct)=I_0(1-R)^2R^{-1}\exp\{(-\sigma N+\ln R/l)ct\}$

透射光强度的时间依赖性 $I(t)$，由下式给出[79,80]：

$$I(t)=I_0(1-R)^2R^{-1}\exp\left\{\left(-\sigma N+\frac{\ln R}{l}\right)ct\right\} \tag{3.19}$$

式中，I_0 是入射光强度；R 是镜面反射率；l 是光路径长度；c 是光速；N 和 σ 分别是要检测的基团的浓度和吸收截面。N 和 σ 的乘积相当于吸收系数 k。为了简单起见，我们考虑一个适用比尔-朗伯定律的系统。由于使用的是弱激光器，受激发射过程可以忽略不计。当 R 为 99.99%，l 为 50cm 时，在没有吸收基团的情况下，计算出的衰荡时间为 17μs，有效传播距离为 5.0km。很容易推导出以下吸收基团存在时的衰荡时间 τ 与不存在时的衰荡时间 τ_0 之间的关系：

$$1/\tau-1/\tau_0=\sigma Nc \tag{3.20}$$

如果吸收截面 σ 已知，则可以估算出吸收基团的浓度 N。应该注意的是，衰荡时间不依赖于激光强度。换句话说，若激光强度有波动也不会产生影响。这种方法主要问题在于宽波段尤其紫外区的高反射镜难以获得，所以不能对波长进行较宽范围扫描。

实验设备示意如图 3.15 所示。在 PMT 前面插入一个漫射器，可以有效保证激光束在受光面均匀分布。为了保护反光镜镜面不被沉积上薄膜，一般希望镜面附近有稀有气体流动，但此时，吸收基团的浓度可能会不均匀，有效传播路径长度也可能会发生变化。

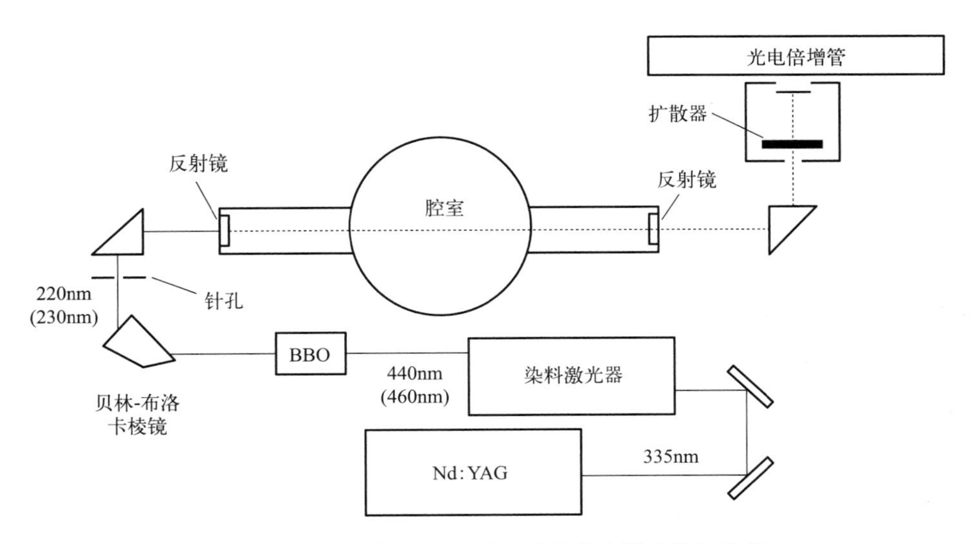

图 3.15　用于检测 SiH_3 的光腔衰荡光谱法设备示意

在 Cat-CVD 工艺中，CRDS 技术主要用来检测 CH_3[81,82] 和 SiH_3[83,84]。在 SiH_4/NH_3 体系中，当有无 SiH_3 存在时测量的衰荡曲线如图 3.16 所示[84]。在等离子体工艺中，CRDS 也可以用来检测 SiH_3[85,86]。表 3.5 中给出了 CVD 工艺中典型基团及其探测所需用的波长。在这种技术中，须注意小颗粒引起的瑞利散射和米氏散射的影响[86]。

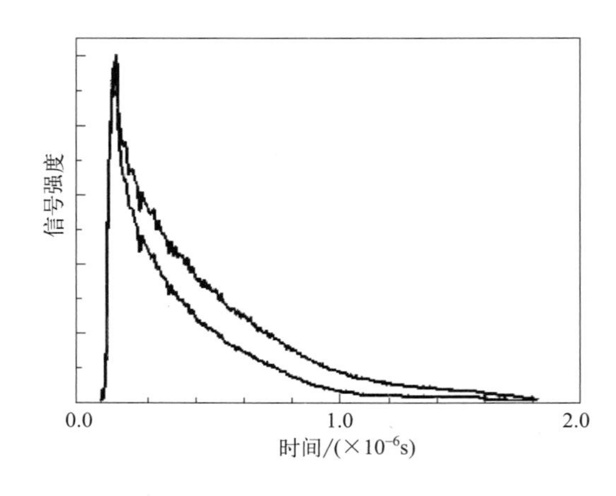

图 3.16　在有（下）和无（上）$10cm^3/min$ SiH_3 气体的情况下，在 230nm 处检测到的衰荡曲线。衰荡曲线是在 $500cm^3/min$ 的 NH_3 气流的情况下测量的，总压力为 20Pa（催化热丝没有被加热时的气压）。钨丝温度为 2.30×10^3K。数据来源：Umemoto 等（2003）[84]。经 Elsevier 许可转载

表 3.5　使用 CRDS 探测活性基团所用的波长

活性基团	跃迁	波长/nm	参考文献
CH	$A\ ^2\Delta—X\ ^2\Pi$	431①	[87]
CH_3	$B\ ^2A_1'—\widetilde{X}\ ^2A_2''$	214,217②	[82]
NH	$A\ ^3\Pi—X\ ^3\Sigma^-$	336①	[88]
NH_2	$\widetilde{A}\ ^2A_1—\widetilde{X}\ ^2B_1$	597②	[88]
Si	$3s^23p4s\ ^3P_J—3s^23p^2\ ^3P_J$	250.7～251.9	[89]
SiH	$A\ ^2\Delta—X\ ^2\Pi$	413①	[89]
SiH_2	$\widetilde{A}\ ^1B_1—\widetilde{X}\ ^1A_1$	582②	[90]
SiH_3	$\widetilde{A}\ ^2A_1'—\widetilde{X}\ ^2A_1$	215～230②	[83]～[86]
SiH	$A\ ^2\Sigma^+—X\ ^2\Pi$	326①	[91]
CS	$A\ ^1\Pi—X\ ^1\Sigma^+$	258①	[91]

①（0,0）能谱的谱带基线。

② 应用了典型的波长。

3.6.3　可调谐二极管激光吸收谱

可调谐二极管激光吸收谱（TDLAS）检测具有四个以上原子的多原子分子基团时非常有效，而这些分子很难被 LIF 检测到[13]。大多数多原子基团具有红外活性，可以通过中红外区域（2.5～25μm 或 400～4000cm^{-1}）的光吸收进行检测，这些波长对应基本的振动激发。由 CH_4 催化裂解产生的 CH_3 基团可以利用 TDLAS 在 606cm^{-1} 附近区域进行检测[92,93]。虽然 TDLAS 目前还没有应用于催化分解系统，但催化系统中的 SiH_3 也可以用这种技术在 720cm^{-1} 左右检测到[94,95]。

由于分子基团的吸收截面比原子的小得多，所以多路径吸收必不可少。室温下，TDLAS 中使用的单模二极管激光器的带宽小于多普勒带宽。这样，我们可以使用简单的比尔-朗伯定律。如果吸收截面已知，绝对浓度就可以很容易地确定出来。我们也可以通过测量多普勒宽度来确定平移温度。还可以从旋转分辨率的光谱中估算旋转温度。

3.7 质谱测量技术

质谱法广泛应用于测定气相中的活性基团浓度。质谱分析过程可以分为三个阶段：电离、质量选择和离子检测。在检测活性基团时，主要应关注第一阶段，因为气源（或最终产物）分子的浓度要比活性基团的浓度大得多，这些稳定的分子可能会被分解成小离子。为了避免该问题，可以使用以下几种电离技术：光致电离、阈值电离和离子附着。与激光技术相比，这些技术对分子的选择性更弱。

3.7.1 光致电离质谱法

光致电离技术可分为单光子和多光子电离技术。第 3.6.1 节中描述的 REMPI 技术可以与质谱技术相结合，以提高选择性和灵敏度。在单光子电离（SPI）中，广为使用的是 118nm 的 Nd^{3+}：YAG 激光器的九次谐波［由 Xe（氙）三次谐波的三倍频产生］。因为该能量（10.5eV）足以使大多数分子基团电离，同时不会引起分子基团的分解电离，从而避免子离子的出现[96-100]。产生的离子通常用飞行时间质谱仪进行质量选择。图 3.17 为室温下硅环丁烷的 SPI 和电子轰击质谱的对比[99]。由图可见，SPI 中硅环丁烷可以被电离，且基本不分解。传统光源也可以用来电离 SiH_4 的催化分解产物[101]。一方面，与 REMPI 相比，这种单光子技术的优点是一次可以检测多种基团。另一方面，由于电离过程并非谐振，所以关于分子内部状态的分布以及平移能量无法测得。

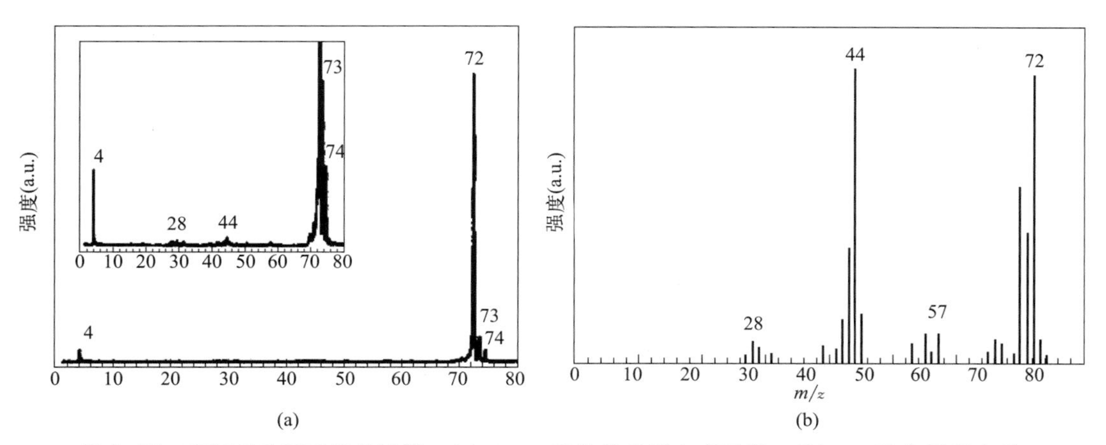

图 3.17　室温下硅环丁烷的质谱。(a) 10.5eV 的单光子电离质谱，(b) 70eV 电子轰击质谱。数据来源：Shi 等（2007）[99]。经 John Wiley & Sons 许可转载

Y. J. Shi 和同事将 VUV 激光 SPI 技术与飞行时间质谱结合，应用在有机硅化合物的催化 CVD 过程[99,100,102-105]。他们主要研究了这种可以用来沉积 SiC 薄膜的单一前驱体源。研究发现，催化分解产物与热分解的产物不同，证明了源的分解不是热分解而是催化分解[102,104]。除了确认在热丝表面直接分解的产物外，他们还明确了许多气相中

的后续反应。例如，除了活性基团重组和加成反应外，他们还确认了 SiH_2、$SiH(CH_3)$ 和 $Si(CH_3)_2$ 会插入 Si—H 键中[99,104,105]。

还应注意的是，这种激光光谱和质谱技术结合还可以应用于有机活性基团的检测，这些活性基团在引发 CVD（iCVD）中起着关键作用。关于 iCVD 的细节将在第 6 章介绍。

3.7.2 阈值电离质谱法

在阈值电离技术中（也称为表观电势技术），降低了撞击电子的能量，以避免产生解离离子。当然，电子能量必须高于检测基团的电离电势。例如，当电子能量在 9.8～12.6eV 时，有可能使 CH_3 电离，但不能使 CH_4 电离，由 CH_4 生成 $CH_3^+ + H$ 的解离电离也不会发生。这是一种很有用的技术，已经发表了许多关于碳[69,106]和硅[107-109]体系催化分解的论文。借助该技术，可以清楚地发现在 SiH_4 的催化分解中，直接产生的 SiH、SiH_2 和 SiH_3 基团非常少[108]。这项技术的一个问题是由于电子能量分布的发散而造成的虚假活性基团信号。现在还很难将轰击电子的能量范围缩小在 0.5eV 以内[108]。

3.7.3 离子附着式质谱分析法

离子附着是最温和的电离方法之一，且不会出现解离[110]。从融合在灯丝内的矿物质粉末中释放出的 Li^+ 附着在气相基团分子上。这一附着过程是放热的，但产生的额外能量一般比化学键的键能小得多，所以不会出现化学键的断裂。为了减少 Li^+ 的脱附，须通过与第三者（粒子）的碰撞来稳定附着的离子，以消除多余的能量。附着的离子可以通过传统的四极质谱仪进行质量选择。在这种离子附着方法中，信号强度取决于 Li^+ 的附着概率。在定量检测中需进行灵敏度校正。通过从头计算法计算 Li^+ 的亲和能可以用来衡量附着概率。这种技术已被用来分析确定 $(CH_3)_3SiNHSi(CH_3)_3$（HMDS）的催化裂解产物，这将在第 4.5.9 节中提及。HMDS 及其分解产物的典型质谱图见图 4.16。

3.8 稳定分子的气相组成测定

质谱法也可用于确定稳定分子的气相组成。当没有加热催化热丝时，可以简单地从流量比例中计算出成分组成。当加热催化热丝并生成气态最终产物时，情况就不那么简单了。质谱法在这种系统中很有用。例如，在 NH_3 的催化分解过程中会生成 N_2 和 H_2 作为最终产物。NH_3 的分解效率以及 N_2 和 H_2 的生成效率可以通过使用 70eV 电子轰击的传统质谱仪来测定。质谱仪可以通过一个直径约 0.1mm 的取样孔连接到腔体上，并单独抽真空，其真空度通常低至 5×10^{-4}Pa。测量灵敏度可以通过采用流量比已知的 NH_3、N_2 和 H_2 的混合气轻松校准。图 3.18 为质谱法测量的 NH_3、N_2 和 H_2 的浓度与钨丝温度的关系[41]。NH_3 的浓度在钨丝温度 2.0×10^3K 以上时趋于平稳。这可以解释为活性基团中可生成 NH_3 分子，这将在第 4.5.4 节中讨论。

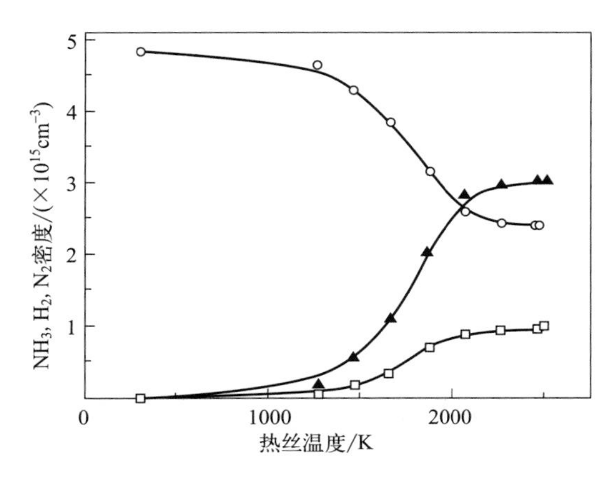

图 3.18 质谱法测量的 NH_3（圆形）、N_2（方形）和 H_2（三角形）浓度与钨丝温度的关系。NH_3 的流量为 $500cm^3/min$。未加热催化热丝时，气压为 20Pa。数据来源：Umemoto 等（2003）[41]。版权所有（2003）：The Japan Society of Applied Physics

还可以通过相干反斯托克斯拉曼散射（CARS）检测 H_2、N_2 和其他双原子和多原子分子[5,43,69]。相干反斯托克斯拉曼散射是一个三阶非线性光学过程，其实验装置示意见图 3.19。在检测过程中，泵浦光束将分子从基态激发到一个虚态。一个斯托克斯光束将这个状态转变成一个振动激发态。这个状态被泵浦光束再次激发到另一个虚态。最后，一个反斯托克斯光束从这个虚态中发射出来。由于能量和动量守恒，反斯托克斯光束有方向性。利用这种技术，可以在一定的空间分辨率下确定旋转和振动态分布。它的缺点是灵敏度低，尤其是在低压条件下。这是因为 CARS 信号强度与处于两个振动能级的分子数量差的平方成正比。

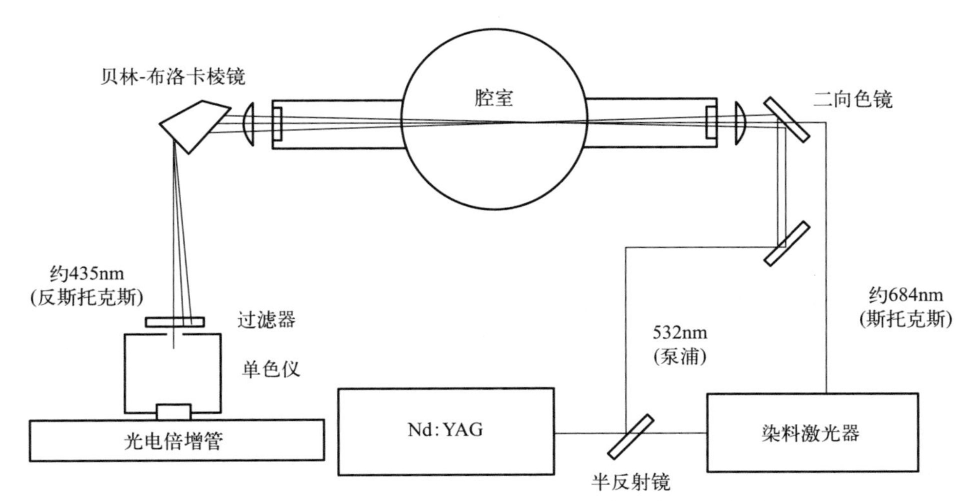

图 3.19 检测 H_2 的相干反斯托克斯拉曼散射装置示意。在此图中采用了折叠盒式拉曼光谱仪，其空间分辨率比对撞式拉曼光谱仪更好

第 3.6.3 节中介绍的可调谐二极管激光吸收技术也可以用来识别催化裂解中的稳定产物[93]。最终产物的气相色谱分析也可能会有参考价值，但据本书作者所知，目前还没有进行过这样的系统工作。

附录 3. A 原子和分子光谱学中使用的术语符号

原子和分子光谱学中使用了许多术语符号。在本附录中，给出了最简单的解释。更多的细节，请参考文献［51］，［111］，［112］。

$H(1s\,^2S_{1/2})$ 表示 H 原子的电子自旋态是 1s 上一对电子，这种状态没有轨道角动量。总角动量与电子自旋角动量相同，为 $\sqrt{(1/2)\times(3/2)}\,\hbar$，其中 $\hbar$ 是普朗克常数 h 除以 2π。$H(2p\,^2P_{1/2,3/2})$ 意味着 2p 轨道有自旋电子对，这种状态的轨道角动量为 $\sqrt{1\times2}\,\hbar$。总角动量是 $\sqrt{(1/2)\times(3/2)}\,\hbar$ 或 $\sqrt{(3/2)\times(5/2)}\,\hbar$。在用 $3s^2 3p^2\,{}^3P_1$ 表示的 Si 原子中，总自旋角动量、总轨道角动量和总角动量都是 $\sqrt{1\times2}\,\hbar$。

在光吸收和发射中，存在着选择规则。自旋多重态不可以发生改变，尽管这一规则对重元素来说并不严格。这也可以说成总自旋角动量子数 S 不得改变，即 $\Delta S=0$。总轨道角动量量子数 L 的差必须是 0 或 ±1；即 $\Delta L=0$，±1。总角动量量子数 J 也必须是 0 或 ±1。此外，不允许发生从一个 $J=0$ 的状态向另一个 $J=0$ 的状态跃迁，即 $\Delta J=0$，±1（不能从 $J=0$ 到 $J=0$）。除了这些，跃迁电子的轨道角动量量子数的差 l 必须为 ±1，即 $\Delta l=\pm1$。例如，$H(2p\,^2P_{1/2})$ 和 $H(1s\,^2S_{1/2})$ 之间的跃迁是允许的，但 $H(2s\,^2S_{1/2})$ 和 $H(1s\,^2S_{1/2})$ 之间的跃迁是不允许的，因为 $\Delta l=0$。$Si(3s^2 3p4s\,^3P_2)$ 和 $Si(3s^2 3p^2\,{}^3P_1)$ 之间的跃迁是允许的，但 $Si(3s^2 3p4s\,^3P_2)$ 和 $Si(3s^2 3p^2\,{}^3P_0)$ 之间的跃迁是禁止的，因为 $\Delta J=2$。

双原子分子的情况也类似。$BH(X\,^1\Sigma^+)$ 意味着 BH 的电子基态是单电子自旋态，电子轨道角动量沿核间轴的分量为零，而 $BH(A\,^1\Pi)$ 意味着 BH 的第一电激发单电子自旋态沿核间轴的电子轨道角动量为 $\hbar$。这里，X 和 A 分别代表基态和与基态具有相同自旋多重态的第一电子激发态。一般双原子分子的选择规则是 $\Delta S=0$ 和 $\Delta\Lambda=0$，±1，其中 Λ 是电子轨道角动量的分量除以 $\hbar$。此外，还有更精细的选择规则；例如，在 $^1\Pi-{}^1\Sigma^+$ 跃迁中，总角动量量子数之差 ΔJ 必须是 0 或 ±1。

在有三个以上原子的多原子分子中，使用点群理论中的符号。$NH_2(\widetilde{X}\,^2B_1)$ 表示 NH_2 的基态是自旋双重态的，具有 C_{2v} 对称性，即有一个双重对称轴和两个对称平面。双重旋转和其中一个镜面对称的电子波函数的特征值为 -1。$NH_2(\widetilde{A}\,^2A_1)$ 表示第一激发态的 NH_2 有着和基态相同的自旋多重性，也具有 C_{2v} 对称性，所有对称操作的特征值为 $+1$。如上所述，带波浪号的符号，如 $\widetilde{X}$ 和 $\widetilde{A}$，在多原子分子中使用。

参考文献

[1] Arthur, N. L. and Miles, L. A. (1997). Arrhenius parameters for the reaction of H atoms with SiH_4. *J. Chem. Soc.*, Faraday Trans. 93: 4259-4264.

[2] Wu, S. Y., Raghunath, P., Wu, J. S., and Lin, M. C. (2010). Ab initio chemical kinetic study for reactions of H atoms with SiH_4 and Si_2H_6: comparison of theory and experiment. *J. Phys. Chem. A* 114: 633-639.

[3] Gates, S. M. (1996). Surface chemistry in the chemical vapor deposition of electronic materials. *Chem. Rev.*

96：1519-1532.

[4] Matsuda, A. (2004). Thin-film silicon-growth process and solar cell application-. *Jpn. J. Appl. Phys.* 43：7909-7920.

[5] Umemoto, H. (2010). Production and detection of H atoms and vibrationally excited H_2 molecules in CVD processes. *Chem. Vap. Deposition* 16：275-290.

[6] Umemoto, H. (2015). Gas-phase diagnoses in catalytic chemical vapor deposition (hot-wire CVD) processes. *Thin Solid Films* 575：3-8.

[7] Ashfold, M. N. R., May, P. W., Petherbridge, J. R. et al. (2001). Unravelling aspects of the gas phase chemistry involved in diamond chemical vapor deposition. *Phys. Chem. Chem. Phys.* 3：3471-3485.

[8] Duan, H. L., Zaharias, G. A., and Bent, S. F. (2002). Detecting reactive species in hot wire chemical vapor deposition. *Curr. Opin. Solid State Mater. Sci.* 6：471-477.

[9] Döbele, H. F., Czarnetzki, U., and Goehlich, A. (2000). Diagnostics of atoms by laser spectroscopic methods in plasmas and plasma-wall interaction studies (vacuum ultraviolet and two-photon techniques). *Plasma Sources Sci. Technol.* 9：477-491.

[10] Amorim, J., Baravian, G., and Jolly, J. (2000). Laser-induced resonance fluorescence as a diagnostic technique in non-thermal equilibrium plasmas. *J. Phys. D：Appl. Phys.* 33：R51-R65.

[11] Tachibana, K. (2002). VUV to UV laser spectroscopy of atomic species in processing plasmas. *Plasma Sources Sci. Technol.* 11：A166-A172.

[12] Döbele, H. F., Mosbach, T., Niemi, K., and Schulz-von der Gathen, V. (2005). Laser-induced fluorescence measurements of absolute atomic densities：concepts and limitations. *Plasma Sources Sci. Technol.* 14：S31-S41.

[13] Röpcke, J., Lombardi, G., Rousseau, A., and Davies, P. B. (2006). Application of mid-infrared tuneable diode laser absorption spectroscopy to plasma diagnostics：a review. *Plasma Sources Sci. Technol.* 15：S148-S168.

[14] Toyoda, H., Childs, M. A., Menningen, K. L. et al. (1994). Ultraviolet spectroscopy of gaseous species in a hot filament diamond deposition system when C_2H_2 and H_2 are the input gases. *J. Appl. Phys.* 75：3142-3150.

[15] Abe, K., Ida, M., Izumi, A. et al. (2009). Estimation of hydrogen radical density generated from various kinds of catalysts. *Thin Solid Films* 517：3449-3451.

[16] Childs, M. A., Menningen, K. L., Anderson, L. W., and Lawler, J. E. (1996). Atomic and radical densities in a hot filament diamond deposition system. *J. Chem. Phys.* 104：9111-9119.

[17] Mitchell, A. C. G. and Zemansky, M. W. (1934). *Resonance Radiation of Excited Atoms*. London：Cambridge University Press.

[18] Huber, K. P. and Herzberg, G. (1979). *Molecular Spectra and Molecular Structure* Ⅳ. *Constants of Diatomic Molecules*. New York：Van Nostrand Reinhold.

[19] Halpern, J. B., Hancock, G., Lenzi, M., and Welge, K. H. (1975). Laser induced fluorescence from NH_2 ($^2A_1$). State selected radiative lifetimes and collisional de-excitation rates. *J. Chem. Phys.* 63：4808-4816.

[20] Fukushima, M., Mayama, S., and Obi, K. (1992). Jet spectroscopy and excited state dynamics of SiH_2 and SiD_2. *J. Chem. Phys.* 96：44-52.

[21] Kono, A., Koike, N., Okuda, K., and Goto, T. (1993). Laser-induced-fluorescence detection of SiH_2 radicals in a radio-frequency silane plasmas. *Jpn. J. Appl. Phys.* 32：L543-L546.

[22] Umemoto, H., Nishihara, Y., Ishikawa, T., and Yamamoto, S. (2012). Catalytic decomposition of PH_3 on heated tungsten wire surfaces. *Jpn. J. Appl. Phys.* 51：086501/1-086501/9.

[23] Hertl, M. and Jolly, J. (2000). Laser-induced fluorescence detection and kinetics of SiH_2 radicals in $Ar/H_2/$

SiH_4 RF discharges. *J. Phys. D: Appl. Phys.* 33: 381-388.

[24] https://www.nist.gov/pml/atomic-spectra-database.

[25] Hirabayashi, A., Nambu, Y., and Fujimoto, T. (1986). Excitation anisotropy in laser-induced-fluorescence spectroscopy—high-intensity, broad-line excitation. *Jpn. J. Appl. Phys.* 25: 1563-1568.

[26] Umemoto, H. (2004). Chapter 12, Section 2, Elementary chemical reactions. In: *Kagakubenran*, 5e (ed. Y. Iwasawa, K. Ogura, M. Kitamura, K. Suzuki and K. Yamanouchi). Tokyo: Maruzen [in Japanese].

[27] Nemoto, M., Suzuki, A., Nakamura, H. et al. (1989). Electronic quenching and chemical reactions of SiH radicals in the gas phase. *Chem. Phys. Lett.* 162: 467-471.

[28] Kenner, R. D., Pfannerberg, S., and Stuhl, F. (1989). Collisional quenching of PH ($A^3\Pi_i$, $\nu=0$) at 296 and 415K. *Chem. Phys. Lett.* 156: 305-311.

[29] Holstein, T. (1951). Imprisonment of resonance radiation in gases. Ⅱ. *Phys. Rev.* 83: 1159-1168.

[30] Umemoto, H. and Moridera, M. (2008). Production and detection of reducing and oxidizing radicals in the catalytic decomposition of H_2/O_2 mixtureson heated tungsten surfaces. *J. Appl. Phys.* 103: 034905/1-034905/6.

[31] Petsalakis, I. D. and Theodorakopoulos, G. (2007). Theoretical study of nonadiabatic interactions, radiative lifetimes and predissociation lifetimes of excited states of BH. *Mol. Phys.* 105: 333-342.

[32] Brzozowski, J., Bunker, P., Elander, N., and Erman, P. (1976). Predissociation effects in the A, B, and C states of CH and the interstellar formation rate of CH via inverse predissociation. *Astrophys. J. Part* 1 207: 414-424.

[33] Patel-Misra, D., Parlant, G., Sauder, D. G. et al. (1991). Radiative and nonradiative decay of the NH (ND) $A^3\Pi$ electronic state: predissociation induced by the $^5\Sigma$-state. *J. Chem. Phys.* 94: 1913-1922.

[34] Dimpfl, W. L. and Kinsey, J. L. (1979). Radiative lifetimes of OH ($A^2\Sigma$) and Einstein coefficients for the A-X system of OH and OD. *J. Quant. Spectrosc. Radiat. Transfer* 21: 233-241.

[35] Larsson, M. (1987). Ab initio calculations of transition probabilities and potential curves of SiH. *J. Chem. Phys.* 86: 5018-5026.

[36] Fitzpatrick, J. A. J., Chekhlov, O. V., Morgan, D. R. et al. (2002). Predissociation dynamics in the A3 Π state of PH: an experimental and ab initio investigation. *Phys. Chem. Chem. Phys.* 4: 1114-1122.

[37] Kono, A., Hirose, S., Kinoshita, K., and Goto, T. (1998). Translational temperature measurement for SiH_2 in RF silane plasma using CW laser induced fluorescence spectroscopy. *Jpn. J. Appl. Phys.* 37: 4588-4589.

[38] Nozaki, Y., Kongo, K., Miyazaki, T. et al. (2000). Identification of Si and SiH in catalytic chemical vapor deposition of SiH_4 by laser induced fluorescence spectroscopy. *J. Appl. Phys.* 88: 5437-5443.

[39] Umemoto, H., Kanemitsu, T., and Tanaka, A. (2014). Production of B atoms and BH radicals from $B_2H_6/He/H_2$ mixtures activated on heated W wires. *J. Phys. Chem. A* 118: 5156-5163.

[40] Umemoto, H., Ohara, K., Morita, D. et al. (2002). Direct detection of H atoms in the catalytic chemical vapor deposition of the SiH_4/H_2 system. *J. Appl. Phys.* 91: 1650-1656.

[41] Umemoto, H., Ohara, K., Morita, D. et al. (2003). Radical species formed by the catalytic decomposition of NH_3 on heated W surfaces. *Jpn. J. Appl. Phys.* 42: 5315-5321.

[42] Umemoto, H. (2010). A clean source of ground-state N atoms: decomposition of N_2 on heated tungsten. *Appl. Phys. Express* 3: 076701/1-076701/3.

[43] Umemoto, H., Funae, T., and Mankelevich, Y. A. (2011). Activation and decomposition of N_2 on heated tungsten filament surfaces. *J. Phys. Chem. C* 115: 6748-6756.

[44] Umemoto, H. and Kusanagi, H. (2008). Catalytic decomposition of O_2, NO, N_2O and NO_2 on a heated Ir filament to produce atomic oxygen. *J. Phys. D: Appl. Phys.* 41: 225505/1-225505/5.

[45] Fernando，W. T. M. L. and Bernath，P. F.（1991）. Fourier transform spectroscopy of the A $^1\Pi$-X $^1\Sigma$+transition of BH and BD. *J. Mol. Spectrosc.* 145：392-402.

[46] Bernath，P. F.，Brazier，C. R.，Olsen，T. et al.（1991）. Spectroscopy of the CH free radical. *J. Mol. Spectrosc.* 147：16-26.

[47] Brazier，C. R.，Ram，R. S.，and Bernath，P. F.（1986）. Fourier transform spectroscopy of the A $^3\Pi$-X $^3\Sigma$-transition of NH. *J. Mol. Spectrosc.* 120：381-402.

[48] Dieke，G. H. and Crosswhite，H. M.（1962）. The ultraviolet bands of OH. *J. Quant. Spectrosc. Radiat. Transfer* 2：97-199.

[49] Klynning，L. and Lindgren，B.（1966）. The spectra of silicon hydride and silicon deuteride. *Ark. Fys.* 33：73-91.

[50] Pearse，R. W. B.（1930）. The λ 3400 band of phosphorus hydride. *Proc. R. Soc. London，Ser. A* 129：328-354.

[51] Herzberg，G.（1950）. *Molecular Spectra and Molecular Structure I. Spectra of Diatomic Molecules.* New York：Van Nostrand Reinhold.

[52] Umemoto，H.，Morimoto，T.，Yamawaki，M. et al.（2004）. Catalytic decomposition of HCN on heated W surfaces to produce CN radicals. *J. Non-Cryst. Solids* 338-340：65-69.

[53] Luh，W.-T. and Stwalley，W. C.（1983）. The X $^1\Sigma$+A $^1\Pi$，and B $^1\Sigma$+potential energy curves and spectroscopy of BH. *J. Mol. Spectrosc.* 102：212-223.

[54] Childs，D. R.（1964）. Vibrational wave functions and Franck-Condon factors of various band systems. *J. Quant. Spectrosc. Radiat.* Transfer 4：283-290.

[55] Fairchild，P. W.，Smith，G. P.，Crosley，D. R.，and Jeffries，J. B.（1984）. Lifetimes and transition probabilities for NH（A $^3\Pi$i-X $^3\Sigma^-$）. *Chem. Phys. Lett.* 107：181-186.

[56] Luque，J. and Crosley，D. R.（1998）. Transition probabilities in the $A^2\Sigma^+$-$X^2\Pi_i$ electronic system of OH. *J. Chem. Phys.* 109：439-448.

[57] Smith，W. H. and Liszt，H. S.（1971）. Franck-Condon factors and absolute oscillator strengths for NH，SiH，S 2 and SO. *J. Quant. Spectrosc. Radiat. Transfer* 11：45-54.

[58] Rostas，J.，Cossart，D.，and Bastien，J. R.（1974）. Rotational analysis of the PH and PD A $^3\Pi_i$-X $^3\Sigma^-$ band systems. *Can. J. Phys.* 52：1274-1287.

[59] Niemi，K.，Mosbach，T.，and Döbele，H. F.（2003）. Is the flow tube reactor with NO_2 titration a reliable absolute source for atomic hydrogen? *Chem. Phys. Lett.* 367：549-555.

[60] Niemi，K.，Schultz-von der Gathen，V.，and Döbele，H. F.（2001）. Absolute calibration of atomic density measurements by laser-induced fluorescence spectroscopy with two-photon excitation. *J. Phys. D：Appl. Phys.* 34：2330-2335.

[61] Jolly，J. and Booth，J.-P.（2005）. Atomic hydrogen densities in capacitively coupled very high-frequency plasmas in H_2：effect of excitation frequency. *J. Appl. Phys.* 97：103305/1-103305/6.

[62] Aldén，M.，Hertz，H. M.，Svanberg，S.，and Wallin，S.（1984）. Imaging laser-induced fluorescence of oxygen atoms in a flame. *Appl. Opt.* 23：3255-3257.

[63] Adams，S. F. and Miller，T. A.（1998）. Two-photon absorption laser-induced fluorescence of atomic nitrogen by an alternative excitation scheme. *Chem. Phys. Lett.* 295：305-311.

[64] Das，P.，Ondrey，G.，van Veen，N.，and Bersohn，R.（1983）. Two photon laser induced fluorescence of carbon atoms. *J. Chem. Phys.* 79：724-726.

[65] Preppernau，B. L.，Pearce，K.，Tserepi，A. et al.（1995）. Angular momentum state mixing and quenching of n=3 atomic hydrogen fluorescence. *Chem. Phys.* 196：371-381.

[66] Tonokura，K.，Inoue，K.，and Koshi，M.（2002）. Chemical kinetics for film growth in silicon HWCVD. *J. Non-Cryst. Solids* 299-302：25-29.

[67] Comerford, D. W., Cheesman, A., Carpenter, T. P. F. et al. (2006). Experimental and modeling studies of B atom number density distributions in hot filament activated B_2H_6/H_2 and $B_2H_6/CH_4/H_2$ gas mixtures. *J. Phys. Chem. A* 110: 2868-2875.

[68] Corat, E. J. and Goodwin, D. G. (1993). Temperature dependence of species concentrations near the substrate during diamond chemical vapor deposition. *J. Appl. Phys.* 74: 2021-2029.

[69] Zumbach, V., Schäfer, J., Tobai, J. et al. (1997). Experimental investigation and computational modeling of hot filament diamond chemical vapor deposition. *J. Chem. Phys.* 107: 5918-5928.

[70] Smith, J. A., Cook, M. A., Langford, S. R. et al. (2000). Resonance enhanced multiphoton ionization probing of H atoms and CH3 radicals in a hot filament chemical vapour deposition reactor. *Thin Solid Films* 368: 169-175.

[71] Smith, J. A., Cameron, E., Ashfold, M. N. R. et al. (2001). On the mechanism of CH_3 radical formation in hot filament activated CH_4/H_2 and C_2H_2/H_2 gas mixtures. *Diamond Relat. Mater.* 10: 358-363.

[72] Johnson, R. D. Ⅲ, Tsai, B. P., and Hudgens, J. W. (1989). Multiphoton ionization of SiH_3 and SiD_3 radicals: electronic spectra, vibrational analyses of the ground and Rydberg states, and ionization potentials. *J. Chem. Phys.* 91: 3340-3359.

[73] Irikura, K. K. and Hudgens, J. W. (1992). Detection of methylene (X^3B_1) radicals by 3+1 resonance-enhanced multiphoton ionization spectroscopy. *J. Phys. Chem.* 96: 518-519.

[74] Irikura, K. K., Johnson, R. D. Ⅲ, and Hudgens, J. W. (1992). Two new electronic states of methylene. *J. Phys. Chem.* 96: 6131-6133.

[75] Chen, P., Pallix, J. B., Chupka, W. A., and Colson, S. D. (1987). Resonant multiphoton ionization spectrum and electronic structure of CH radical. New states and assignments above $50000cm^{-1}$. *J. Chem. Phys.* 86: 516-520.

[76] Johnson, R. D. Ⅲ, and Hudgens, J. W. (1989). New electronic state of silylidyne and silylidyned radicals observed by resonance-enhance multiphoton ionization spectroscopy. *J. Phys. Chem.* 93: 6268-6270.

[77] Ashfold, M. N. R., Clement, S. G., Howe, J. D., and Western, C. M. (1993). Multiphoton ionisation spectroscopy of free radical species. *J. Chem. Soc., Faraday Trans.* 89: 1153-1172.

[78] Redman, S. A., Chung, C., Rosser, K. N., and Ashfold, M. N. R. (1999). Resonance enhanced multiphoton ionisation probing of H atoms in a hot filament chemical vapour deposition reactor. *Phys. Chem. Chem. Phys.* 1: 1415-1424.

[79] Scherer, J. J., Paul, J. B., O' Keefe, A., and Saykally, R. J. (1997). Cavity ringdown laser absorption spectroscopy: history, development, and application to pulsed molecular beams. *Chem. Rev.* 97: 25-51.

[80] Wheeler, M. D., Newman, S. M., Orr-Ewing, A. J., and Ashfold, M. N. R. (1998). Cavity ring-down spectroscopy. *J. Chem. Soc.*, Faraday Trans. 94: 337-351.

[81] Wahl, E. H., Owano, T. G., Kruger, C. H. et al. (1996). Measurement of absolute CH_3 concentration in a hot-filament reactor using cavity ring-down spectroscopy. *Diamond Relat. Mater.* 5: 373-377.

[82] Wahl, E. H., Owano, T. G., Kruger, C. H. et al. (1997). Spatially resolved measurements of absolute CH_3 concentration in a hot-filament reactor. *Diamond Relat. Mater.* 6: 476-480.

[83] Nozaki, Y., Kitazoe, M., Horii, K. et al. (2001). Identification and gas phase kinetics of radical species in Cat-CVD processes of SiH_4. *Thin Solid Films* 395: 47-50.

[84] Umemoto, H., Morimoto, T., Yamawaki, M. et al. (2003). Deposition chemistry in the Cat-CVD processes of SiH_4/NH_3 mixture. *Thin Solid Films* 430: 24-27.

[85] Kessels, W. M. M., Leroux, A., Boogaarts, M. G. H. et al. (2001). Cavity ring down detection of SiH_3 in a remote SiH_4 plasma and comparison with model calculations and mass spectrometry. *J. Vac. Sci. Technol.*, A 19: 467-476.

[86] Nagai, T., Smets, A. H. M., and Kondo, M. (2008). Formation of SiH_3 radicals and nanoparticles in

SiH_4-H_2 plasmas observed by time-resolved cavity ringdown spectroscopy. *Jpn. J. Appl. Phys.* 47: 7032-7043.

[87] Lommatzsch, U., Wahl, E. H., Aderhold, D. et al. (2001). Cavity ring-down spectroscopy of CH and CD radicals in a diamond thin film chemical vapor deposition reactor. *Appl. Phys. A* 73: 27-33.

[88] van den Oever, P. J., van Helden, J. H., Lamers, C. C. H. et al. (2005). Density and production of NH and NH_2 in an Ar-NH_3 expanding plasma jet. *J. Appl. Phys.* 98: 093301/1-093301/10.

[89] Kessels, W. M. M., Hoefnagels, J. P. M., Boogaarts, M. G. H. et al. (2001). Cavity ring down study of the densities and kinetics of Si and SiH in a remote Ar-H_2-SiH_4 plasma. *J. Appl. Phys.* 89: 2065-2073.

[90] Friedrichs, G., Fikri, M., Guo, Y., and Temps, F. (2008). Time-resolved cavity ringdown measurements and kinetic modeling of the pressure dependences of the recombination reactions of SiH_2 with the alkenes C_2H_4, C_3H_6, and t-C_4H_8. *J. Phys. Chem. A* 112: 5636-5646.

[91] Buzaianu, M. D., Makarov, V. I., Morell, G., and Weiner, B. R. (2008). Detection of SH and CS radicals by cavity ringdown spectroscopy in a hot filament chemical vapor deposition environment. *Chem. Phys. Lett.* 455: 26-31.

[92] Celii, F. G., Pehrsson, P. E., Wang, H.-t., and Butler, J. E. (1988). Infrared detection of gaseous species during the filament-assisted growth of diamond. *Appl. Phys. Lett.* 52: 2043-2045.

[93] Hirmke, J., Hempel, F., Stancu, G. D. et al. (2006). Gas-phase characterization in diamond hot-filament CVD by infrared tunable diode laser absorption spectroscopy. *Vacuum* 80: 967-976.

[94] Itabashi, N., Nishiwaki, N., Magane, M. et al. (1990). Spatial distribution of SiH_3 radicals in RF silane plasma. *Jpn. J. Appl. Phys.* 29: L505-L507.

[95] Loh, S. K. and Jasinski, J. M. (1991). Direct kinetic studies of $SiH_3 + SiH_3$, H, CCl_4, SiD_4, Si_2H_6, and C_3H_6 by tunable infrared diode laser spectroscopy. *J. Chem. Phys.* 95: 4914-4926.

[96] Duan, H. L., Zaharias, G. A., and Bent, S. F. (2001). Probing radicals in hot wire decomposition of silane using single photon ionization. *Appl. Phys. Lett.* 78: 1784-1786.

[97] Zaharias, G. A., Duan, H. L., and Bent, S. F. (2006). Detecting free radicals during the hot wire chemical vapor deposition of amorphous silicon carbide films using single-source precursors. *J. Vac. Sci. Technol.*, A 24: 542-549.

[98] Nakamura, S. and Koshi, M. (2006). Elementary processes in silicon hot wire CVD. *Thin Solid Films* 501: 26-30.

[99] Shi, Y. J., Lo, B., Tong, L. et al. (2007). In situ diagnostics of the decomposition of silacyclobutane on a hot filament by vacuum ultraviolet laser ionization mass spectrometry. *J. Mass Spectrom.* 42: 575-583.

[100] Shi, Y. (2015). Hot wire chemical vapor deposition chemistry in the gas phase and on the catalyst surface with organosilicon compounds. *Acc. Chem. Res.* 48: 163-173.

[101] Tange, S., Inoue, K., Tonokura, K., and Koshi, M. (2001). Catalytic decomposition of SiH_4 on a hot filament. *Thin Solid Films* 395: 42-46.

[102] Badran, I., Forster, T. D., Roesler, R., and Shi, Y. J. (2012). Competition of silene/silylene chemistry with free radical chain reactions using 1-methylsilacyclobutane in the hot-wire chemical vapor deposition process. *J. Phys. Chem. A* 116: 10054-10062.

[103] Toukabri, R., Alkadhi, N., and Shi, Y. J. (2013). Formation of methyl radicals from decomposition of methyl-substituted silanes over tungsten and tantalum filament surfaces. *J. Phys. Chem. A* 117: 7697-7704.

[104] Toukabri, R. and Shi, Y. J. (2014). Dominance of silylene chemistry in the decomposition of monomethylsilane in the presence of a heated metal filament. *J. Phys. Chem. A* 118: 3866-3874.

[105] Shi, Y. (2017). Role of free-radical chain reactions and silylene chemistry in using methyl-substituted silane molecules in hot-wire chemical vapor deposition. *Thin Solid Films* 635: 42-47.

[106] McMaster, M. C., Hsu, W. L., Coltrin, M. E., and Dandy, D. S. (1994). Experimental measurements and numerical simulations of the gas composition in a hot-filament-assisted diamond chemical-vapor-deposition reactor. *J. Appl. Phys.* 76: 7567-7577.

[107] Doyle, J., Robertson, R., Lin, G. H. et al. (1988). Production of high quality amorphous silicon films by evaporative silane surface decomposition. *J. Appl. Phys.* 64: 3215-3223.

[108] Holt, J. K., Swiatek, M., Goodwin, D. G., and Atwater, H. A. (2002). The aging of tungsten filaments and its effect on wire surface kinetics in hot-wire chemical vapor deposition. *J. Appl. Phys.* 92: 4803-4808.

[109] Zheng, W. and Gallagher, A. (2008). Radical species involved in hotwire (catalytic) deposition of hydrogenated amorphous silicon. *Thin Solid Films* 516: 929-939.

[110] Morimoto, T., Ansari, S. G., Yoneyama, K. et al. (2006). Mass-spectrometric studies of catalytic chemical vapor deposition processes of organic silicon compounds containing nitrogen. *Jpn. J. Appl. Phys.* 45: 961-966.

[111] Herzberg, G. (1944). *Atomic Spectra and Atomic Structure*. New York: Dover Publications.

[112] Herzberg, G. (1967). *Molecular Spectra and Molecular Structure Ⅲ. Electronic Spectra and Electronic Structure of Polyatomic Molecules*. Princeton: D. Van Nostrand.

第4章 催化化学气相沉积的物理化学基础

这一章详细介绍了气体分子进入催化化学气相沉积（Cat-CVD）腔室后的动力学过程，揭示了Cat-CVD沉积薄膜的机理，包括在热丝表面和气相中发生的化学反应。关于Cat-CVD的特点及与等离子体增强化学气相沉积（PECVD）的区别，可参考第2章。

4.1 Cat-CVD过程中的分子动力学

4.1.1 Cat-CVD腔室中的分子

典型的Cat-CVD设备如图4.1所示。在该设备中，样品放置在样品支架上，源气体通过进气喷头引入沉积腔室。有时图中所示系统还会被称为“向下沉积系统”或者“样品向上系统”。在本图中沉积腔室为圆柱形，内径设为D_{ch}，内高设为H_{ch}。样品支架或者衬底支架也是圆柱形，直径设为D_{sub}。反应后的残余气体从腔室底部被抽走。

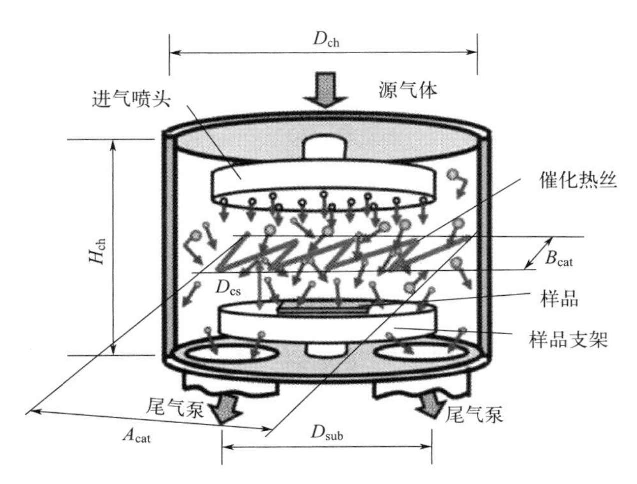

图4.1 气体分子在Cat-CVD腔室中运动的示意

催化热丝的覆盖面积为 $A_{cat} \times B_{cat}$，且热丝与样品支架保持平行。通过在热丝中直接通电来加热催化热丝。

通过喷头进入反应腔室的所有气体分子以热速率 v_{th} [如方程(2.2) 所示] 在腔室中运动，并按照式(2.6) 和式(2.7) 不断与气体分子及固体表面发生碰撞。

这里以沉积 a-Si 时腔室内气体分子的动力学过程为例。其中沉积参数如下：(a) 源气体只有 SiH_4；(b) 气压为 1Pa；(c) 反应腔室为圆柱形，D_{ch} 和 H_{ch} 均为 50cm，即反应室的体积 V_{ch} 约 $1\times10^5 cm^3$；(d) 反应腔室腔壁温度约 27℃ (300K)，热丝温度 T_{cat} 为 1800℃；(e) 热丝直径 0.05cm，长 300cm，覆盖区域为 $A_{cat}(=24cm)\times B_{cat}(=29cm)$，总的热丝表面积 S_{cat}，约 $47cm^2$； (f) SiH_4 气体没有任何稀释，其流量 FR(SiH_4) 为 $50cm^3/min$。

表 4.1 也给出上述参数，这些参数可以作为 Cat-CVD 设备沉积 a-Si 薄膜的典型值。如热丝与衬底间距 D_{cs} 约 10cm 时，在得到器件级 a-Si 薄膜的前提下，沉积速率可达 1.5nm/s。

表 4.1 Cat-CVD 设备沉积 a-Si 薄膜的参数

参数	缩写	条件
1. 沉积腔的室形状和尺寸		
形状		圆柱形
高度	D_{ch}	50cm
高度	H_{ch}	50cm
内部体积	V_{ch}	约 $1\times10^5 cm^3$
2. 热丝材料		钨(W)、钽(Ta)或者钽合金
3. 热丝尺寸		
覆盖面积	$A_{cat}\times B_{cat}$	24cm×29cm
直径		0.05cm
长度		300cm
4. 热丝总表面积	S_{cat}	$47cm^2$
5. 圆柱形样品支架	D_{sub}	30cm
6. 热丝与衬底的间距	D_{cs}	10cm
7. 热丝温度	T_{cat}	1800℃
8. 气压	P_g	1Pa
9. 硅烷流量	FR(SiH_4)	$50cm^3/min$
10. 衬底温度	T_s	200～300℃
11. 均匀沉积区域		直径 20cm
12. a-Si 沉积速率	D_R	约 1.5nm/s

图 4.2 给出了总表面积为 $47cm^2$ 的热丝照片，这些热丝安装在表 4.1 所述的沉积腔室中。图中样品支架中间有一个圆形的痕迹，是直径 20cm 单晶硅片镀膜后留下的。样品支架的直径为 30cm，如表 4.1 所示。图 4.2 中，虽然热丝分布较稀疏，但是仍可

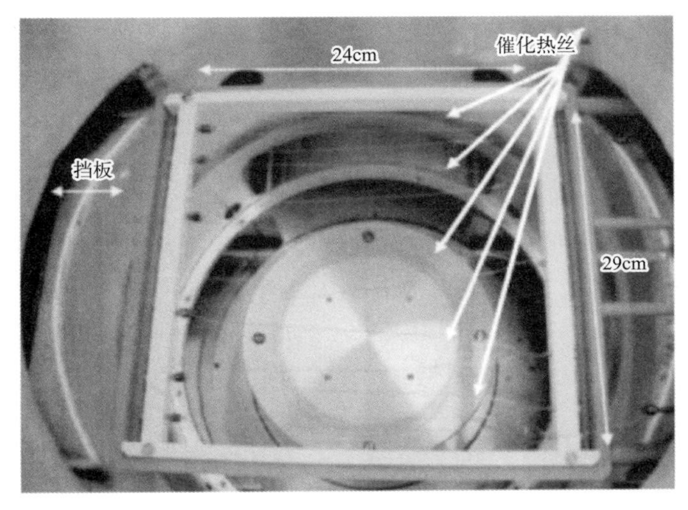

图 4.2 Cat-CVD 腔室中的热丝照片

清晰地看到。这表明热丝加热时产生的热辐射影响有限。Cat-CVD 设备中热辐射的影响将在第 7 章讨论。

如表 2.6 所示，在 P_g 为 1Pa 条件下，SiH_4 分子与固体表面的碰撞次数约为 1.02×10^{18} 次/(cm^2·s)（1800℃）到 2.69×10^{18} 次/(cm^2·s)(27℃)。因此，对于表面积为 47cm^2 的热丝，SiH_4 分子与之碰撞次数约为 4.79×10^{19} 次/s（1800℃）到 1.26×10^{20} 次/s（27℃）。如表 2.1 所示，在体积为 1×10^5cm^3 的腔室中，硅烷分子的总数大致在 3.5×10^{18}(1800℃)～2.42×10^{19}(27℃) 个。因此，每个硅烷分子每秒钟与热丝碰撞的次数平均约 5($=1.26\times10^{20}/2.42\times10^{19}$)次（27℃）到 14 次(1800℃)。当流量为 50cm^3/min 时，根据公式(2.8)，硅烷分子在腔室内的滞留时间 t_{res} 约 1.2s。因此，硅烷分子进入腔室后，在 1.2s 滞留时间内会与热丝碰撞 6 次（$=5\times1.2$，27℃）到 17 次（$=14\times1.2$，1800℃）。在与热丝碰撞前，硅烷分子的温度通常会高于 27℃。这是因为反应腔室的内壁及衬底都会被热丝加热而高于 27℃。由于单位时间内的碰撞次数会随着气体温度的升高而升高，因此上述 27℃时的 6 次碰撞应为最低碰撞次数。

SiH_4 在热丝上的分解概率 α 是与热丝温度 T_{cat} 相关的函数。当 T_{cat} 从 1700℃升高到 2000℃时，α 由 0.1 增大到 0.3。当 T_{cat} 为 1800℃时，如图 7.27 所示，对于 W、Ta 和 TaC 热丝，α 的值大约为 0.15。当 α 为 0.15 时，在气体温度 $T_g=27$℃下，约有 $1-(1-0.15)^6=0.62=62\%$ 的硅烷气体在被抽走前发生分解。如果气体温度 T_g 高于 27℃，气体分子与热丝发生碰撞的次数将大于 6。因此，气体分解概率将随气体温度的升高而增大。例如，当气体温度达到 250℃，即典型的衬底温度时，硅烷与热丝的碰撞次数为 8。此时将有 73%的硅烷气体被分解。如果考虑热丝温度 $T_{cat}=2000$℃和 $\alpha=0.3$ 的情况，则有 88%的硅烷分子在被抽走前发生分解，即便此时气体温度 T_g 仅 27℃。

4.1.2 Cat-CVD 与 PECVD 气体利用率对比

如第 2 章所述，在沉积薄膜时 Cat-CVD 的气体利用率要远高于 PECVD。日本爱发科（ULVAC）公司的 S. Osono 等开发了一种大尺寸 Cat-CVD 设备并制备了面积达 1m×1.5m 的器件级 a-Si 薄膜[1]。该设备为立式结构，热丝垂直安装在腔体内，衬底垂直放置在热丝两侧。该设备的设计见图 2.12，其照片见图 7.41。当硅烷流量 FR(SiH_4) 在 100～500cm^3/min 范围，T_{cat}＝1700℃，P_g＝0.1～10Pa 时，a-Si 薄膜的沉积速率可以超过 1nm/s。根据他们的工作经验，将 Cat-CVD 与具有相同腔体尺寸的 PECVD 相比，在同等 a-Si 薄膜质量和沉积速率条件下，Cat-CVD 所需要的 FR(SiH_4) 仅为 PECVD 的 1/5～1/10，具体数据取决于设备的设计。

对于 PECVD，如第 2 章所述，气源分子通过与高能电子碰撞而发生分解。第 2 章 2.3.5 节及公式(2.14) 解释了高能电子与气体分子的碰撞次数。例如，在气压 P_g＝1Pa，气体温度为 27℃（300K）条件下，可以引起硅烷分解的碰撞次数大约为 3.63×10^{14} 次/(cm^3·s)。

在 PECVD 中，气体分解速率，或者说单位时间内基团分解的数量与有效体积成正比。需要注意的是，这个有效体积是等离子体区域的体积，远小于真空腔体的体积。如果阳极和阴极直径都是 30cm，间距 D_{AC} 为 10cm，那么等离子体区域约为 $7.1\times10^3cm^3$。因此，在等离子体腔体中每秒仅发生 2.58×10^{18} 次能引起硅烷分解的碰撞。

另一方面，对于 Cat-CVD，气体分解速率不依赖于腔体体积。当 S_{cat} 为 47cm^2 时，每秒有 4.79×10^{19}～1.26×10^{20} 个 SiH_4 分子与热丝发生碰撞，具体取决于设定的气体温度，如 4.1.1 节所述。即便分解概率 α 低到仅 0.1，依旧有 4.79×10^{18}～1.26×10^{19} 个 SiH_4 分子能发生分解。这个值比 PECVD 要高出好几倍。

实验结果表明 Cat-CVD 具有较高的气体利用率，这一点可以通过上述这些简单的模型计算来解释。

4.1.3 热丝表面积的影响

图 4.3 给出了小尺寸腔室中 a-Si 薄膜沉积速率与热丝温度 T_{cat} 倒数之间关系的结果。图中概括了参考文献［2,3］中的数据。沉积气压 P_g 分别为 1.3Pa 和 13Pa，衬底温度 T_s 分别为 200℃和 300℃。包括腔室尺寸在内的详细的沉积参数并未在文献中给出，但从热丝尺寸来看沉积腔室的尺寸较小。图中数据分别对应 S_{cat}＝1cm^2，1.5cm^2 和 3cm^2 三种情况。纯 SiH_4 流量，FR(SiH_4) 在气压 P_g＝13Pa 时为 4cm^3/min，而在 P_g 为 1.3Pa 时，为若干 cm^3/min。由图可见，当热丝温度在 1700～1800℃时，沉积速率趋于饱和。

从许多其他报道的数据来看，当 SiH_4 流量较小时，沉积速率容易达到饱和。在保持气压不变的情况下，降低流量可以延长气体分子的滞留时间。结果，SiH_4 分子在被抽离腔室前经历的碰撞次数增加。从而导致气源分子耗竭。尽管其他因素，如腔壁温度的变化也可能起作用，但是气源耗竭应该是沉积速率饱和的主要原因。

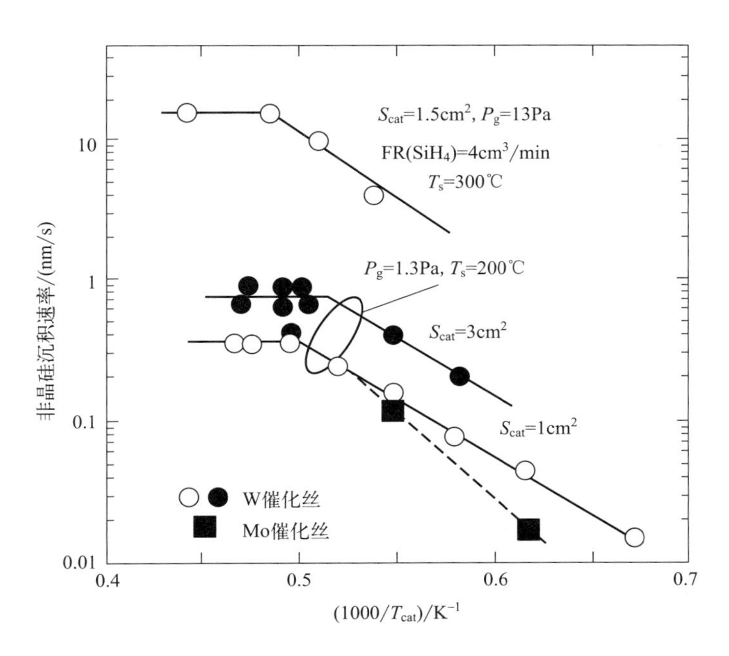

图 4.3 热丝表面积为 S_{cat} 时，a-Si 薄膜的沉积速率与热丝温度 T_{cat} 倒数的关系。数据来源：Horbach 等（1989）[2] 和 Tsuji 等（1996）[3]

从图 4.3 可以看出，在其他沉积条件相同的情况下，沉积速率很可能随着 S_{cat} 的增加而增加。如果我们仔细观察图中的数据会发现，沉积速率在达到饱和前几乎与 S_{cat} 成正比。在 1900K 以下，$S_{cat}=3cm^2$ 时的沉积速率几乎是 $S_{cat}=1cm^2$ 时的 3 倍。在达到气源耗竭前，这个结果非常合理，因为碰撞次数必然与热丝表面积成正比。当沉积速率饱和时，热丝面积的影响就太明显了，这可能是由于催化热丝附近 SiH_4 分子耗竭所造成的。图 4.3 给我们展示了很多关于 Cat-CVD 的基本特征。

4.2 热丝表面发生了什么——催化反应

接下来，我们讨论可能发生在催化热丝表面上的分子分解反应。在开始讨论一些具体反应之前，我们首先简要介绍催化热丝上发生反应的基本情况。这里我们以 SiH_4 在钨（W）催化热丝表面分解的情形为例进行介绍。

A. G. Sault 和 D. W. Goodman 研究了 SiH_4 在清洁钨丝表面[4]上的解离吸附过程。反应腔室使用离子泵抽到超高真空状态。钨丝在 10^{-6}Pa 以下的真空环境中加热至 2300K，去除表面的碳和氧来获得清洁表面。然后，将 SiH_4 在 120K 或 350K 下引入腔室，以在钨丝表面形成吸附层。通过俄歇电子能谱（AES）和低能电子衍射（LEED）观察钨丝表面。程序升温脱附（TPD）后，对解吸基团也进行了检测。结果表明，120K 时，SiH_4 形成 SiH_3 和 H 吸附在钨丝表面，而在 350K 时，SiH_4 完全解离形成 Si+4H。他们还证实了在 2300K 时会释放出 Si 原子。他们的结论是，即使在低于室温

(RT)的温度下，SiH_4 分子也会解离吸附在干净的钨表面，当温度升高时，钨表面上的 SiH_4 会完全分解并释放出 Si 原子。

上述结论与 J. Doyle 等的研究结果一致。J. Doyle 等的研究结果表明，SiH_4 在加热到 1800K 以上的钨丝上分解时，主要释放 Si 和 H 原子[5]。此后，越来越多的研究人员证实了 SiH_4 分解为原子 Si+4H 的过程，这将在 4.5.3 节中提到。这些结果与热分解或等离子体分解的结果形成了鲜明对比。例如，M. Koshi 等报道了 SiH_4 气相热分解的主要产物是 SiH_2 和 H_2[6]。等离子体分解的选择性低得多，可以生成 Si、SiH、SiH_2、SiH_3。由于 SiH_3 的反应活性很低，因此它的稳态浓度比其他产物的高得多[7]。

从这些实验结果可以推测，钨丝表面的主要反应之一是解离吸附反应，生成 SiH_3+H。即使温度低于 RT 该反应也可以进行。随着钨表面温度的升高，SiH_3 进一步分解为 SiH_2+H。另外，SiH_4 在钨丝表面上也可分解为 SiH_2+2H。这是一个广为人知的热 CVD 中 SiH_4 分解的状态。当钨丝温度升高到 1000℃以上时，就不会存在 SiH_2。SiH_4 在与加热的钨接触后立即分解为 Si+4H。在 1000℃以上的钨丝表面上，不可能存在任何其他形式的 SiH_4 分解产物。一组五个空位点是在钨表面分解 SiH_4 分子所必需的。如果不能提供这样的空位点组合，SiH_4 分子就会被钨丝表面排斥出去。

图 4.4 对这种情况作了简要说明。图 4.4(a) 为当钨催化热丝的温度 T_{cat} 小于 RT 时，图 4.4(b) 为 T_{cat} 在 RT～1000℃时，图 4.4(c) 为 $T_{cat} \geqslant 1000$℃时的情况。在 Cat-CVD 中，还有一个非常重要的问题，那就是为了保持钨表面清洁，必须将这些 Si+4H 释放到空间中。如 A. G. Sault 和 D. W. Goodman 的报道，这种清洁需要更高的催化热丝温度。当钨丝温度在 1000℃以上时，H 原子很容易解吸附；然而，由于 Si 和 W 之间的化学键稳定性较强，使得 Si 原子不容易解吸附。如果这些被吸附的 Si 原子在某个特定的位点积累，且 Si—W 结合位点的尺寸超过了临界半径就会形成钨硅化物。这样，钨表面就不能再恢复到洁净的状态。为避免这种情况，钨催化热丝的温度须提高到 1800℃以上。

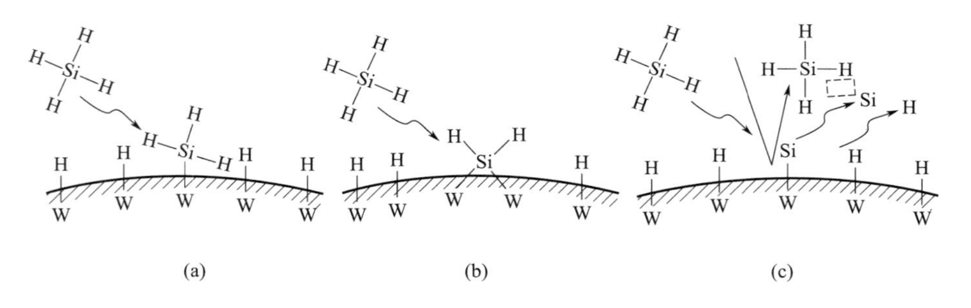

图 4.4 钨热丝上 SiH_4 分子的分解模式。(a) T_{cat}<RT，(b) T_{cat}=RT～1000℃，及 (c) T_{cat}>1000℃。数据来源：Matsumura 等 (2004)[8]，经 Elsevier 许可转载

通过这些解释，我们大致了解了催化热丝表面发生了什么。这个例子清楚地表明 SiH_4 分子不是简单地热分解，而是在催化热丝表面反应分解。主要反应是解离吸附和

这些解离吸附的基团从催化热丝表面释放。加热主要作用是增强催化热丝表面解离基团的解吸，并保持热丝表面清洁。也就是说，分解是基于催化裂解反应进行的。

4.3　表面分解气体过程中的热丝中毒问题

热丝表面发生催化反应的一个更明确的证据就是接下来我们要讨论的热丝中毒现象。催化剂中毒，即在催化剂活性位置上通过竞争吸附或形成合金而抑制其催化活性。这是催化反应中广为人知的现象之一。

我们以 SiH_4 使 NH_3 分解中毒为例进行说明。尽管 NH_3 的分解并不是单步反应（将在 4.5.4 节详细解释），但其催化分解的最终产物是 N_2 和 H_2。NH_3 的分解效率及 N_2 和 H_2 的生产效率可以利用质谱仪来测定，如 3.8 节所述。NH_3 的分解效率随热丝温度的升高而增加，在 2.0×10^3K 以上达到约 50%并饱和，如图 3.18 所示。然而，当将少量的 SiH_4 引入腔室时，情况会发生很大的变化。图 4.5 给出了当 NH_3 流量为 $500cm^3/min$，钨催化热丝温度为 2.30×10^3K 时，腔室中 NH_3、N_2、H_2 和 SiH_4 的浓度随 SiH_4 流量变化的关系。当只引入 $3cm^3/min$ 的 SiH_4 时，NH_3 的分解效率从 50%急剧下降到 5%。而 SiH_4 流量超过 $3cm^3/min$ 时，NH_3 的分解效率趋于平稳[9]。这种分解效率的下降可以用 SiH_4 使催化热丝表面暂时中毒来解释。研究结果还表明，当 NH_3 压力较低时，NH_3 的分解效率可通过引入 H_2 而恢复[10]。这是由于 H_2 生成的 H 原子可以使 SiH_4 中毒的催化热丝表面重新活化。

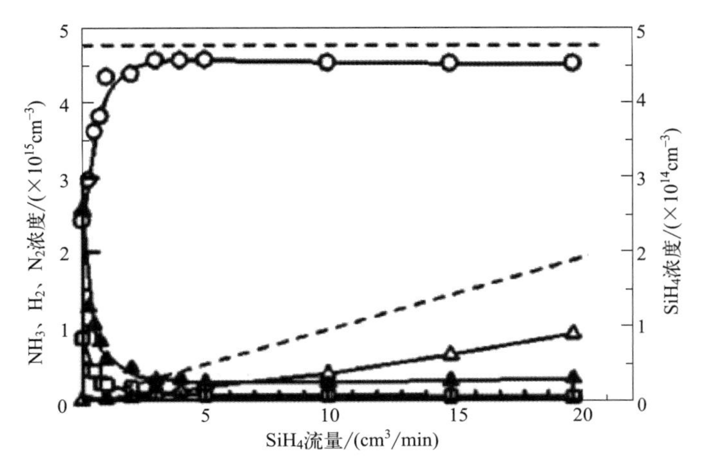

图 4.5　NH_3（空心圆）、N_2（空心方块）、H_2（实心三角）和 SiH_4（空心三角）浓度与 SiH_4 流量的关系。NH_3 流量为 $500cm^3/min$。钨丝温度为 2.30×10^3K。虚线表示未加热时 NH_3 和 SiH_4 的浓度。数据来源：Umemoto 等（2003）[9]。经 Elsevier 许可转载

如前一节所述，在钨表面上通过 5 个位点将 SiH_4 分解为 Si 和 4H。一方面，H 原子的解吸很容易，但 Si 的解吸需要较大的活化能，Si 原子很可能会滞留在 W 表面。另

一方面，根据后文 4.5.4 节对 NH_3 分解的研究中所述，NH_3 的分解过程与 SiH_4 的相反，NH_3 在钨表面没有完全分解为 N 和 3H，而是通过钨表面的两个位点分解为 NH_2 和 H，然后 NH_2 和 H 释放到空间中。当引入 SiH_4 时，钨表面的大部分位点立即被 Si 和 4H 或实际上被 Si 占据，因此 NH_3 很难找到两个位点进行分解。这样就大大抑制了 NH_3 的分解。对 NH_3 分解的不完全抑制可以解释为，NH_3 可以在硅化物表面分解，但分解效率较低[10]。

当钨丝的温度升高到 2.50×10^3K 时，对 NH_3 分解的抑制作用有所缓解，如图 4.6 所示。这是由于高温下 Si 原子从钨丝表面的解吸变得更容易，这样可能会出现更多的活性点位。

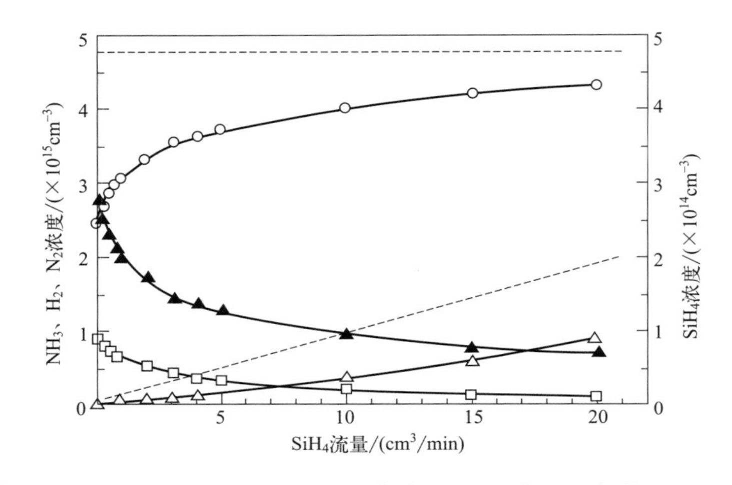

图 4.6 NH_3（空心圆）、N_2（空心方块）、H_2（实心三角形）和 SiH_4（空心三角形）浓度随 SiH_4 流量的变化。NH_3 流量为 $500cm^3/min$，钨丝温度为 2.50×10^3K，虚线代表热丝不加热时 NH_3 和 SiH_4 的浓度

这些结果清晰地表明表面催化反应在分解机理中的重要性。此外，分解效率对金属丝材料的依赖性[11,12]，以及热丝老化后沉积速率降低[13] 现象也证明了气体的分解为催化分解。

4.4 Cat-CVD 腔室内气体温度分布

腔室内温度分布相关信息对于构建气相反应模型很重要。这是因为反应速率常数取决于周围温度。如在 3.3.7 节中所讨论的，当距热丝 10cm 左右、压力为数帕时，气体温度约为 350K，且与热丝的温度关系不大。在 a-Si 和 poly-Si 薄膜的沉积过程中，对温度分布的关注较少。

另一方面，与硅基薄膜沉积相比，在碳基薄膜沉积中（如金刚石），催化热丝与衬底之间的距离更短，约 1cm。而沉积压力则更高，达到数千帕。这种情况下，反应气体的温度在很大程度上取决于热丝的温度及与热丝间的距离。该短距离区域的温度分布受到了广泛关注。在 3.6.1 节，我们已证明 H 原子的共振增强多光子离化（REMPI）光谱分布依赖于基团间距[14,15]。相干反斯托克斯拉曼散射（CARS）[16-18] 和光腔衰荡谱（CRDS）也可用来测定分子基团的转动温度分布[19]。测量结果表明，气体温度随基团间距的增加而平稳下降，这与我们预期的结果一致。这种温度的距离依赖性可以通过 Y. A. Mankelevich 团队提出的公式定量再现。他们用数学方法提出了一组质量、动量、能量和基团浓度的守恒方程[15,20]。在这些研究中，证实了金属丝表面与气相之间存在温度不连续[14-19]。这种不连续可以达到数百开尔文。SiH_4 中刚刚形成的 H 原子的平移温度也比热丝低了约 1.0×10^3K[21]。在衬底和气相之间也存在着温度不连续现象[16-18]，尽管这一不连续现象在衬底/气相间相对不那么明显。

热基团通过与周围气体分子碰撞而获得平移和旋转弛豫。当两个碰撞基团的质量相等时，平移弛豫最有效。假设 SiH_4 在热丝表面分解生成的 Si 原子平移温度为 1.3×10^3K。热速率应为 9.9×10^2m/s。虽然 Si 的质量是 H_2 的 14 倍，但只要在 300K 下与 H_2 分子进行一次正面弹性碰撞，这个速率就可以降低到 6.2×10^2m/s。Si 在一次弹性碰撞后的热速率对应 510K 的平移温度。在热丝附近 H_2 的平移温度可能高于 300K。虽然可能大多数碰撞并不是正面碰撞，但是我们仍可以得出这样的结论：当压力大于数帕斯卡且热丝与衬底的距离超过数厘米时，在热丝表面生成的活性基团很可能会被热化。

4.5 热丝表面分解机理及气相动力学

与等离子过程相反，气相检测表明在催化分解过程中，可能会选择性地生成活性基团。N_2 的分解效率较低，但仍可以选择性地生成基态 N 原子，而无需同时生成亚稳态的激发态基团[22]。SiH_4 的主要分解产物是 Si 原子和 H 原子[5,11,21,23]。同样，PH_3 的分解过程中主要生成 P 和 H 原子[24]。而 NH_3 的主要产物是 NH_2 和 H[25]。本节将主要讨论这些行为的原因。

4.5.1 双原子分子的催化分解：H_2、N_2、O_2

在加热的催化热丝表面分解 H_2 可以生成 H 原子。表 4.2 总结了 H 原子绝对浓度的典型测量结果[26]。这一高效生成 H 原子的过程可以通过模拟计算进行定量解释。在模拟计算过程中，可以对解离吸附和随后的解吸附速率参数进行调节[27,28]：

$$H_2+S^* \rightleftharpoons H(ads)+H$$

$$H(ads) \rightleftharpoons H+S^*$$

其中，H(ads) 表示吸附的 H 原子，S^* 表示金属催化热丝上的空位点。该模型原则上与 4.2 节中 SiH_4 催化分解的模型相同。利用该模型，可以解释 H 原子浓度的对数与催化热丝温度的倒数之间的线性关系，以及 H 原子的饱和浓度与 H_2 压力之间的关系。

表 4.2 催化分解 H_2 过程中 H 原子的绝对浓度[26] ①

气源	探测技术	T_{cat}/K	$[H_2]$/Pa	观察到的最大[H]浓度/cm^{-3}
H_2	RA②	1.9×10^3	1.9	3×10^{11}
H_2	VUV 激光吸收③ 双光子 LIF④	2.2×10^3	7.5	1.8×10^{14}
H_2	VUV 激光吸收 双光子 LIF VUV LIF⑤	2.2×10^3	17	1.2×10^{13}
H_2	SR 吸收⑥	2.8×10^3	2.7×10^3	4×10^{15}
H_2	双光子 LIF	2.6×10^3⑩	3.0×10^3	4.8×10^{15}
CH_4(2%)/H_2	双光子 LIF	3.0×10^3⑪	4.0×10^3	1.2×10^{17}
CH_4(0.5%)/Ar(0.5%)/H_2	TIMS⑦ REMPI-TOF⑧	2.4×10^3⑫	3.0×10^3	1.2×10^{15}
CH_4(0.5%)/H_2	THG⑨	2.4×10^3	1.3×10^4	4×10^{15}
CH_4(1%)/Ar(7%)/H_2	TIMS	2.6×10^3	2.7×10^3	4×10^{14}

① 如未单独说明，金属热丝为 W。
② 共振吸收。
③ 真空紫外激光吸收。
④ 205nm 双光子激光诱导荧光。
⑤ 真空紫外激光诱导荧光。
⑥ 同步辐射吸收。
⑦ 阈值电离质谱法。
⑧ (2+1) 共振增强多光子离化 (243nm) 飞行时间质谱。
⑨ 第三次谐波产生。
⑩ Ta 金属热丝。
⑪ TaC 金属热丝。
⑫ 未明确说明金属热丝种类。

类似的机制也可应用于 N_2 和 O_2 的分解过程[22,28]。N_2 的分解效率远低于 H_2，催化分解得到的 N 原子浓度远低于等离子体分解的[22]。N_2 的分解效率较低的原因是 N_2 的键能较大（N≡N 三键），过大的键能（945kJ/mol）使得 N_2 在催化热丝表面不易分解。由于催化分解是一个相对温和的过程，因此键能的大小对气体分解的影响必然比等离子体过程表现得更明显。O═O 双键的键能为 498kJ/mol，略大于 H—H 单键的键能 436kJ/mol。因此，我们发现 O_2 在加热的 Ir（铱）表面生成 O 原子的效率，与 H_2 生成 H 原子的效率相当[29,30]。图 4.7 比较了同一腔室中，H 和 O 原子浓度与 Ir 热丝温度的关系。表观激活能，即图中的斜率乘以气体常数，远小于化学键的解离能。H_2 的激活能为 295kJ/mol，O_2 的激活能为 260kJ/mol。这意味着分解过程包括两个以上的步骤，如解离吸附和金属表面解吸附[27,28]。H 和 O 原子绝对浓度的差异可以归结为热速率和气压的差异。而原子浓度的饱和与源气体的气压有关。图 4.7 中 H 原子的最大浓度出现在气压 17Pa 和热丝温度 2.20×10^3K 时，其浓度值为 $1.2\times10^{13}/cm^3$，比文献 [31] 中 7.5Pa 和 2.20×10^3K 时的 $1.8\times10^{14}/cm^3$ 低一个数量级。这一差异应归因于腔室大小的差异。前者腔室直径为 10cm，后者为 45cm。当使用小腔时，H 原子在腔壁上的复合损失势必较大。除体积/表面积比的影响外，复合概率随腔室壁温度的增加而增加，且在小腔内复合概率较高[32]。改用钨丝在小腔室中测量 H 原子浓度，结果表明热丝材料的差异对 H 原子浓度的影响相当小[33]。

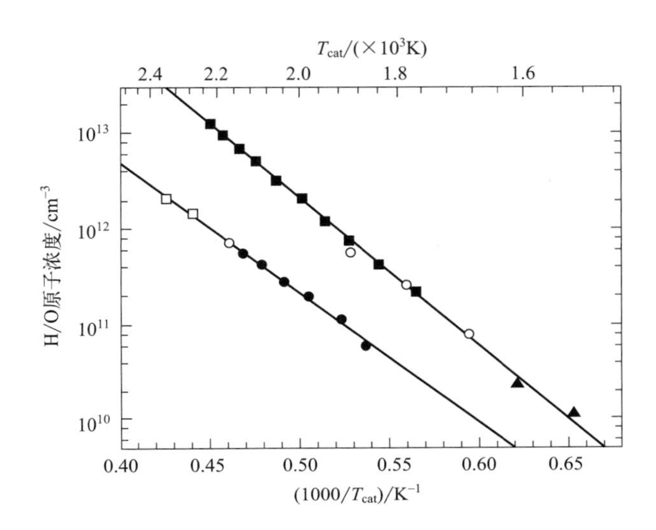

图 4.7　在纯 H_2 和 O_2 体系中，H 和 O 原子浓度与铱丝温度倒数的关系。实心方块为双光子激光诱导荧光（LIF）测量的 H 原子浓度；空心圆为真空紫外（VUV）激光吸收测量的 H 原子浓度；实心三角形为 VUV LIF 测量的 H 原子浓度；空心方块为 VUV 激光吸收法测量 O 原子浓度；实心圆为 VUV LIF 测量 O 原子浓度。H_2 的流量为 100cm^3/min，气压为 17Pa；O_2 的流量为 1.00cm^3/min，气压为 0.8Pa。数据来源：Umemoto 和 Kusanagi（2008）[29]，Umemoto 等（2009）[30]

最后，需要注意的是，催化分解可以是基态 $N(2s^2 2p^3\ ^4S)$ 和 $O(2s_2 2p^4\ ^3P_J)$ 原子的清洁来源。不生成 $N(2s^2 2p^3\ ^2D)$、$O(2s^2 2p^4\ ^1D_2)$、$N_2(A\ ^3\Sigma u^+)$ 和 $O(a\ ^1\Delta_g)$ 等亚稳激发态。

4.5.2　H_2O 的催化分解

大多数高熔点金属，包括 W、Ta 和 Mo（钼），在高温下暴露于包括 H_2O 在内的氧化剂时，很容易被氧化。铱（Ir）是一个例外，即使在纯 O_2 条件下也可以使用[29,30]。通过加热铱丝催化分解 H_2O，证实了 O、H 和 OH 的生成[34]。与 H_2 和 O_2 两种双原子分子的分解结果相比，活性基团浓度表现出非 Arrhenius 温度依赖性。在 2.10×10^3K 以上，OH 浓度随热丝温度的升高而降低。这是由于随着热丝温度的升高，分解产物由 H＋OH 转变为 2H＋O。

4.5.3　SiH_4 和 SiH_4/H_2 的催化分解及后续气相反应

当热丝温度足够高时，SiH_4 分解的主要产物是 Si 和 H 原子[5,11,21,23,35-37]。在无碰撞情况下测试的质谱结果表明，直接生成 SiH_x（$1\leqslant x\leqslant3$）的量很小[5,11,21,23,36,37]。生成 H_2 分子的量也很少[5,11]。在许多分子基团的分解过程中，我们可以观察到活性基团浓度的对数与催化热丝温度的倒数之间呈线性关系，如图 4.7 所示。而另一方面，由 SiH_4 分解生成的 Si 和 H 原子浓度的对数与催化热丝温度的倒数之间却是非线性的，其表观激活能随温度变化而变化。如图 4.8 所示，在较低的热丝温度下激活能较大，而在较高的热丝温度下激活能则较小。这些结果表明，Si 和 H 原子的生成在低温下受热丝表面反应的控制，而高温下则受质量输运极限的控制[12,23]。低温下测试得到的表观激活能随热丝材料的不同也会不同，说明分解过程不是热分解，而是催化分解[11,12]。高温下活性基团浓度的饱和与沉积速率的饱和结果一致，如图 4.3 所示。

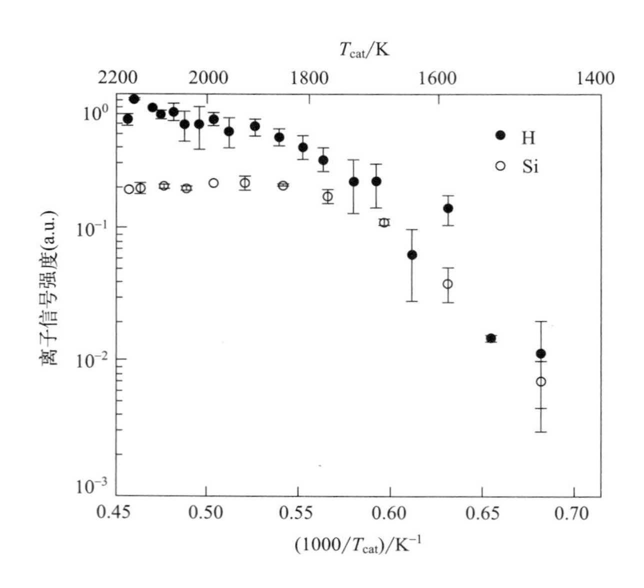

图 4.8 在纯 SiH_4 无碰撞条件下测量的 H 和 Si 原子的 REMPI 信号强度的对数与钨丝温度倒数的关系。数据来源：Tonokura 等(2002)[36]。经 Elsevier 许可转载

热丝表面生成的 Si 原子可能与 SiH_4 发生反应，且测得的速率常数很大[38]。理论计算表明，通过 $HSiSiH_3$ 可生成自旋禁阻的双桥单重态 $Si(H_2)Si$，其中两个 H 原子位于键中心位置[39,40]。实际上，在未通 H_2 的情况下已经通过质谱检测到了腔室中存在 Si_2H_2 [可能是 $Si(H_2)Si$][11]。除 $SiH_4 + H \longrightarrow SiH_3 + H_2$ 反应中生成的 SiH_3 外[41]，通过上述过程生成的 $Si(H_2)Si$ 也有助于非晶 Si 膜的沉积。这一点将在本章最后第 4.6 节讨论。由于 Si 与 SiH_4 反应速率快，在实际沉积条件下，Si 原子的直接沉积应该很少。

在过量 H_2 存在时，已有结果证实可以生成较多的 SiH_3[42]。SiH_3 是通过 H 与 SiH_4[41] 之间的气相反应而生成。由于这样生成的 SiH_3 具有较高的表面迁移率，因此可成为 poly-Si 薄膜的良好前驱体[7,43]。当 SiH_3 密度过高时，$SiH_3 + SiH_3 \longrightarrow SiH_2 + SiH_4$ 和 $SiH_2 + SiH_4 + M \longrightarrow Si_2H_6 + M$ 等自发反应会生成 SiH_2 和 SiH_4[44,45]，但在典型低压沉积条件下，这些基团的贡献可能比较小。同时，实验结果还证实了 H 原子与沉积的 Si 化合物反应也会再生 SiH_4[35]。

4.5.4 NH_3 的催化分解及后续气相反应

N_2 和 H_2 是 NH_3 分解的主要最终产物，但它们不是热丝表面的直接产物，如 3.8 节所述。NH_3 分解的第一阶段主要生成活性基团。当热丝温度超过 2.0×10^3K 时，NH_3 的分解效率约为 50%，如图 3.18 所示。另一方面，当热丝温度在 2.0×10^3K 以上时，活性基团 H、NH 和 NH_2 的浓度仍会随热丝温度的升高而继续增加。图 4.9 为 NH_2 浓度与钨丝温度的关系。NH_3 分解效率的饱和应归因于活性基团之间反应重新生成 NH_3。活性 H 原子不仅在 NH_3 的分解中产生，还会从最终产物 H_2 的分解中产生。需要注意的是，高温下 H_2 的稳态浓度高于 NH_3 的稳态浓度。这样，生成的 H 原子可

能会与 NH_2 反应生成 NH_3。通过 NH_3 的分解和生成反应之间的平衡，使得 2.0×10^3K 以上时基团的浓度基本不随热丝温度的变化而变化（如图 3.18 所示）。

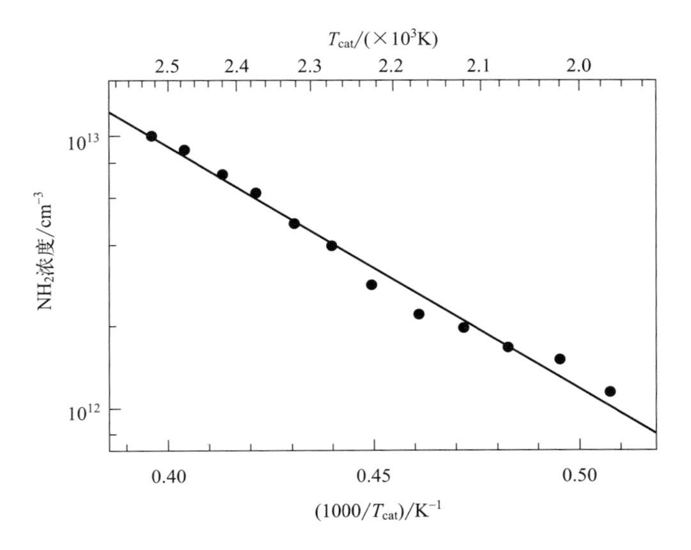

图 4.9　NH_2 浓度与钨丝温度倒数之间的关系曲线。NH_3 流量为 $500cm^3/min$，钨丝不加热时的气压为 20Pa。数据来源：Umemoto 等（2003）[25]。版权所有：The Japan Society of Applied Physics

图 4.10 为 NH_2 和 NH 浓度随 NH_3 流量的变化[25]。很明显，NH_2 浓度比 NH 大至少一个数量级，且 NH_2 浓度随 NH_3 流量线性增加。而 NH 浓度则与 NH_3 流量呈二次方关系。也有研究证实了 H 原子浓度随 NH_3 流量的增加也呈线性增加。由此可以推断 NH_2 和 H 是直接在热丝表面生成的，而 NH 是在后续气相反应 $NH_2+H\longrightarrow NH+$

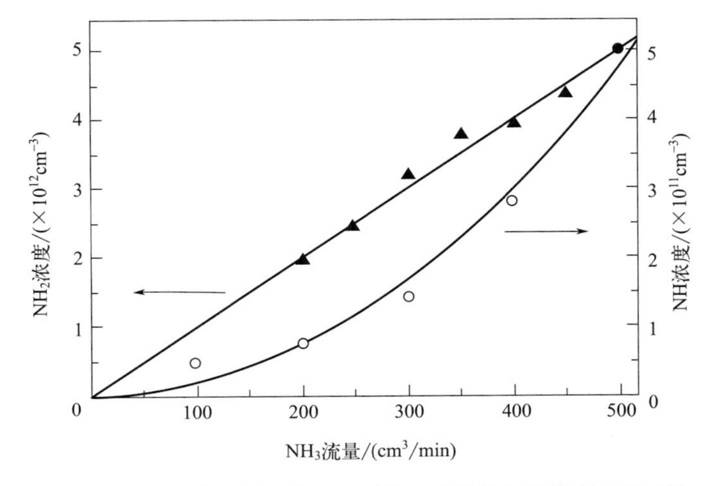

图 4.10　NH（空心圆）和 NH_2（实心三角形）浓度与 NH_3 流量的关系。NH_3 流量为 $500cm^3/min$，钨丝不加热时的气压为 20Pa。钨丝的温度为 2.30×10^3K。数据来源：Umemoto 等（2003）[25]。版权所有：The Japan Society of Applied Physics

H_2 中形成的。在这种情况下，NH 的浓度可能与 NH_2 和 H 浓度的乘积成正比。因此，应该与 NH_3 流量的平方成正比。$NH_2+H \longrightarrow NH+H_2$ 这一反应具有相当大的激活能，但在热丝附近可以加速进行[46]。而 N 原子的稳态浓度较低。如果 N 原子由 $NH+H \longrightarrow N+H_2$ 反应中生成，则 N 原子一定会通过快速的 $N+NH \longrightarrow N_2+H$ 和 $N+NH_2 \longrightarrow N_2+H+H$ 反应被去除[47,48]。

NH_3 不能完全分解成原子但 SiH_4 可以。这种差异应该归因于键能的差异。$H_3Si—H$ 的键能为 384kJ/mol，而 $H_2N—H$ 的键能为 453kJ/mol。虽然这一差异仅为 69kJ/mol，但它在催化分解中至关重要。我们将在 4.5.6 节中讨论 PH_3 直接分解为 $P+3H$。这也可以用 $H_2P—H$ 的键能较弱（351kJ/mol）来解释。

4.5.5 CH_4 和 CH_4/H_2 的催化分解及后续气相反应

在 CH_4/H_2 体系中，主要的含碳活性基团是 CH_3[15,49]。CH_3 浓度在距离热丝表面数毫米处达到峰值[50]。这种距离热丝一定距离才出现峰值可以用气相 $H+CH_4 \longrightarrow H_2+CH_3$ 反应来解释。碳进入热丝材料中（对热丝渗碳）也可能是出现这种独特现象的原因。由于 $H+CH_4$ 反应的激活能很大（58kJ/mol），因此该反应的速率常数在室温下非常小。但当温度超过 1.0×10^3K 时，其反应速率常数则会变得很大（大于 $3\times10^{-13}cm^3/s$）[51,52]。

关于不通 H_2 直接分解纯 CH_4 的研究很少。K. L. Menningen 等在 CH_4/He 体系中观察到了 CH_3，其浓度比 CH_4/H_2 体系中低一个数量级[53]。与 SiH_3 相比，上述两种体系中直接生成 CH_3 的浓度均较低，这是由于 $H_3C—H$ 的键能（439kJ/mol）比 $H_3Si—H$ 的（384kJ/mol）高得多。此外，缺少孤对电子也可能是造成这一现象的原因。

4.5.6 PH_3 和 PH_3/H_2 的催化分解及后续气相反应

在 PH_3 的催化分解过程中，无论是否有 H_2 存在，均可观察到 P、PH、PH_2 和 H[24,54]。在没有 H_2 的 PH_3/He 体系中，P 和 H 的原子浓度随 PH_3/He 流量线性增加，而 PH 和 PH_2 浓度则呈非线性增加：PH_2 浓度随流量的平方成比例增加，而 PH 浓度随流量的立方成比例增加，如图 4.11 和图 4.12 所示。P 原子的绝对浓度最高，PH 和 PH_2 的绝对浓度远小于 P 原子的绝对浓度。P 原子浓度随 H_2 的加入变化不大，PH 和 PH_2 浓度随 H_2 流量的增加而增加。结果表明，热丝表面的主要产物是 P 和 H 原子，而 PH_2 和 PH 则是在后续气相反应中生成的：$PH_x+H \longrightarrow PH_{x-1}+H_2$（$2\leqslant x\leqslant3$）。由于 PH 和 PH_2 的浓度远低于 P 原子的浓度，因此在未引入 H_2 的情况下，催化分解纯 PH_3 和 P_4 蒸气[54] 都可以成为获得 P 原子有效方法。

在未引入 H_2 的情况下，PH_3 的分解效率随着热丝温度的升高而增加，并在 2.0×10^3K 时达到饱和[24]。与 NH_3 的情况类似，这表明存在由活性基团反应引起的 PH_3 再生过程。在过量 H_2 存在的情况下，P、PH 和 PH_2 浓度相当，PH_3 的表观分解效率较低。这种较低的分解效率可以用快速的循环反应来解释，包括分解、沉积和刻蚀已沉积的含 P 薄膜以再生 PH_3[24]。

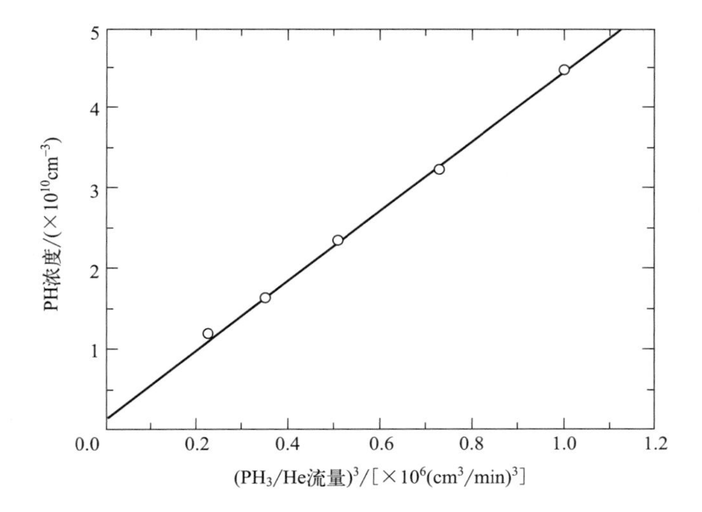

图 4.11　PH 浓度与 PH_3/He（2.0%稀释）流量立方的关系。钨丝的温度为 2.38×10^3K，气体流量为 $100cm^3$/min 时气压为 12Pa。数据来源：Umemoto 等（2012）[24]。版权所有：The Japan Society of Applied Physics

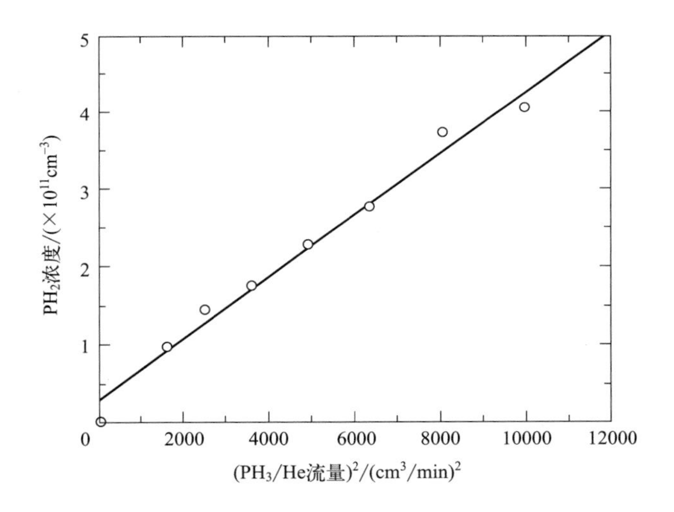

图 4.12　PH_2 浓度与 PH_3/He（2.0%稀释）流量平方的关系。钨丝的温度为 2.58×10^3K，气流量为 $100cm^3$/min 时气压为 12Pa。来源：Umemoto 等（2012）[24]。版权所有：The Japan Society of Applied Physics

4.5.7　B_2H_6 和 B_2H_6/H_2 的催化分解及后续气相反应

在 B_2H_6/H_2 和 $B_2H_6/He/H_2$ 体系中可以检测到 B 和 BH[55,56]。在没有 H_2 的情况下，B 和 BH 浓度非常小，这表明热丝表面直接生成的 B 和 BH 很少。另一方面，质谱检测表明，即使在没有 H_2 的情况下，B_2H_6 的分解效率也很高，当 B_2H_6/He

(2.0%稀释)流量为5cm³/min时分解效率为88%，当B_2H_6/He(2.0%稀释)流量为20cm³/min时分解效率为67%[57]。人们认为B_2H_6的直接分解产物是BH_3。B和BH(可能还有BH_2)必须在气相中的H原子移位反应中生成，即$BH_x + H \longrightarrow BH_{x-1} + H_2(1 \leqslant x \leqslant 3)$。由于$H_2B$—H的键能高达421kJ/mol，在热丝表面直接生成B和BH的效率较低。BH_3的二聚化反应活化能要小得多，为134kJ/mol。图4.13为B和BH浓度与钨丝温度倒数的关系。温度超过2.1×10^3K时B和BH浓度的饱和可以解释为与SiH_4体系类似的表面反应到质量输运之间的过渡。B原子进入热丝也可能是这种非Arrhenius关系的原因。在2.05×10^3K以下，生成B和BH的表观激活能分别为462kJ/mol和245kJ/mol。其差值为217kJ/mol几乎与该体系中生成H原子的激活能相当。而这也与BH+H反应生成B的模型一致。研究还发现热丝很容易被硼化，当腔室中仅通入H_2时，硼化热丝可以成为B原子的来源[56]。与Si和P相比，并未观察到沉积的硼化合物能被H原子刻蚀。

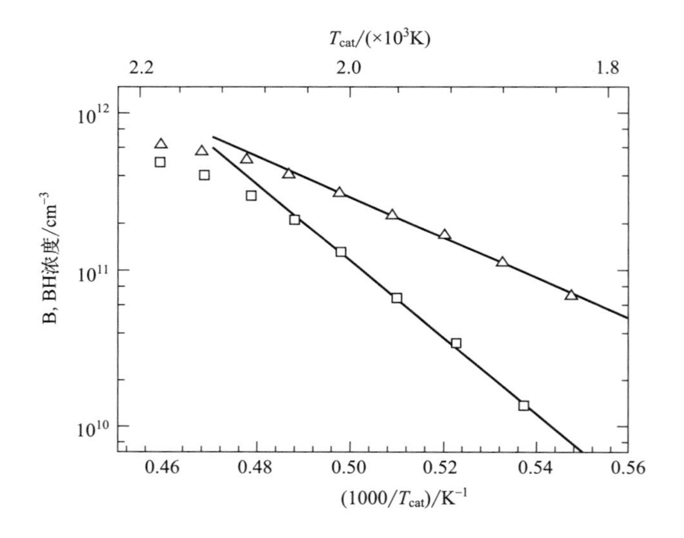

图4.13 B(正方形)和BH(三角形)浓度与钨丝温度的倒数关系。B_2H_6/He(2.0%稀释)和H_2的流量分别为10cm³/min和20cm³/min，总气压为3.9Pa。数据来源：Umemoto等(2014)[56]

在催化分解过程中尚未见到关于检测BH_2和BH_3的报道，但在等离子体过程中则有一些相关报道。用腔内激光光谱技术在646nm和735nm区域探测到了BH_2，对应$\widetilde{A}\,^2B_1$——$\widetilde{X}\,^2A_1$跃迁[58]。在可见光或紫外区很难探测到BH_3，但可以通过可调谐二极管激光吸收光谱(TDLAS)在2596cm^{-1}附近探测到BH_3[59]。

4.5.8 H_3NBH_3的催化分解和从硼化热丝中释放B原子

硼氮烷(H_3NBH_3)不爆炸而且无毒，是B原子的安全且低成本来源。H_3NBH_3易分解为NH_3和BH_3，而通过BH_3与H原子反应可以生成B原子[60]。这种气源的问题是 N 原子污染。这一问题可以通过使用硼化热丝来避免。钨丝不仅可以被 B_2H_6/H_2 硼化，也可以被 H_3NBH_3/H_2 硼化，而且硼化后的钨丝是一种干净且安全的 B 原子来源[61,62]。如图 4.14 所示，当用 H_3NBH_3/H_2 硼化的钨丝在仅通 H_2 的情况下加热 60min，可以实现 B 原子的持续释放，这一过程完全可以满足表面掺杂的要求。关于表面掺杂，将在第 10 章给出解释。由于硼化热丝过程中，热丝没有被氮化，因此可以避免 N 原子的污染。

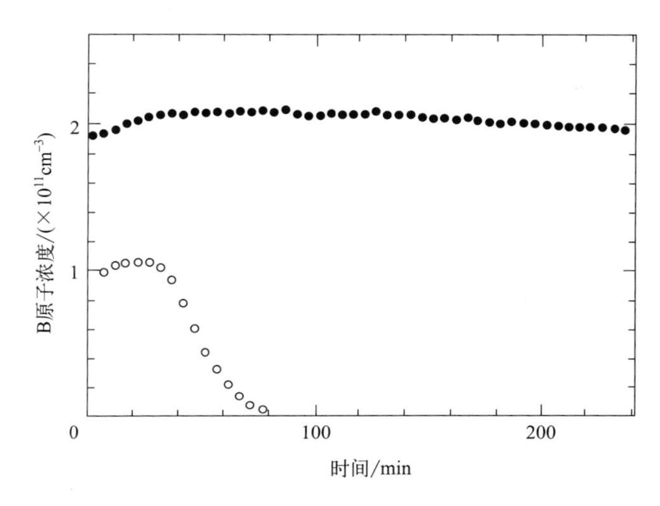

图 4.14 硼化后在 H_2 流量为 $20cm^3/min$ 时 B 原子浓度与时间的关系。硼化反应在约 0.01Pa 的 H_3NBH_3 和 2.1Pa 的 H_2 环境中进行了 60min（实心圆）或 60s（空心圆）。图中 B 原子浓度是在 2.1Pa 的 H_2 环境下测量的。在硼化和 B 原子浓度测量过程中，钨丝温度保持在 2.29×10^3K。数据来源：Umemoto 和 Miyata（2016）[61]。经 The Chemical Society of Japan 许可转载

4.5.9 甲基硅烷和六甲基二硅氮烷（HMDS）的催化分解

与无机硅氢化物相比，有机硅化合物的爆炸性较小，成为更安全的沉积 SiC 和 SiCN 薄膜的气源。Y. J. Shi 团队研究了甲基硅烷的分解过程。研究发现，随着甲基取代次数的增加，CH_3 的量减少，生成 CH_3 的活化能增加[63,64]。图 4.15 为生成 CH_3 基团的单光子电离（SPI）质谱。生成的 Si 原子也有同样的趋势[65]。这些结果表明，除活化能最高的四甲基硅烷外，气体分子的分解是由 Si—H 键断裂开始，然后是 Si—CH_3 键断裂形成 CH_3 基团。

六甲基二硅氮烷［$(CH_3)_3SiNHSi(CH_3)_3$，HMDS］也有望成为一种安全、低成本的制备 SiCN 薄膜的原料[66]。T. Morimoto 等检测了在加热钨催化热丝和不加热钨催化热丝下 HMDS 的 Li^+ 附着质谱[67]。如图 4.16 所示，当催化热丝不加热时，只有两个峰分别对应 Li^+ 和 HMDS·Li^+（Li^+ 吸附 HMDS，质荷比为 168）。当热丝加热至 2.00×10^3K 时，出现 $(CH_3)_3SiNH_2\cdot Li^+$ 和 $(CH_3)_3SiN{=}Si(CH_3)_2\cdot Li^+$ 的峰，且原

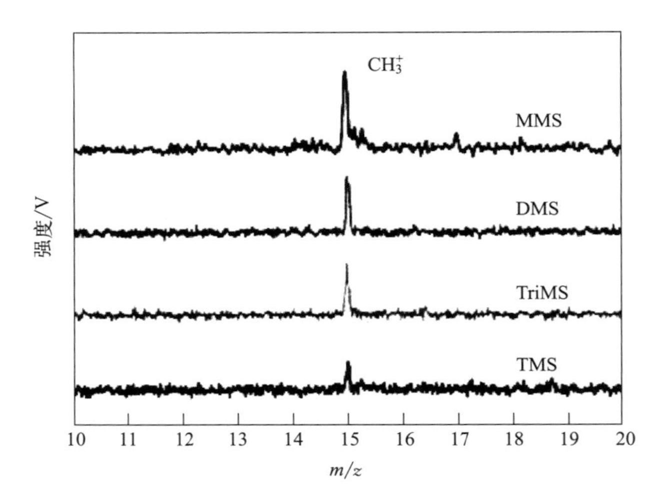

图 4.15 在无碰撞条件下检测的 CH_3SiH_3 (MMS)、$(CH_3)_2SiH_2$ (DMS)、$(CH_3)_3SiH$ (TriMS) 和 $(CH_3)_4Si$ (TMS) 的单光子电离质谱 (10.5eV)。钨丝温度为 2100℃。数据来源：Shi (2015)[64]

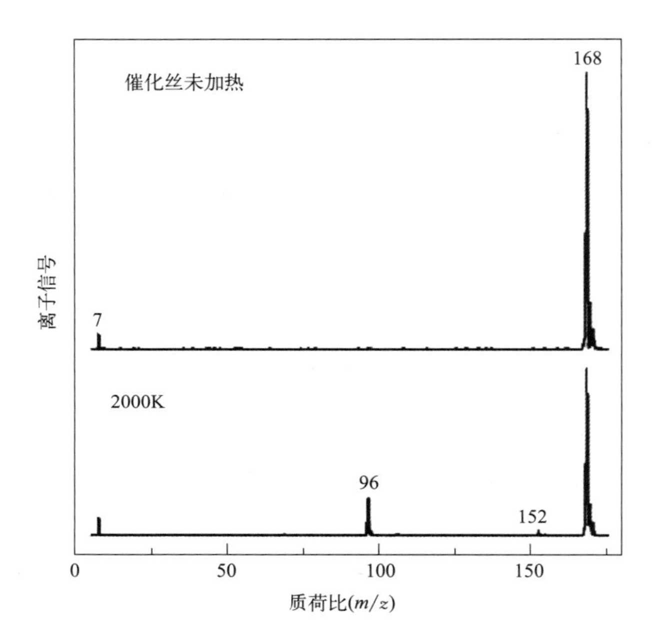

图 4.16 钨丝加热和不加热时 $(CH_3)_3SiNHSi(CH_3)_3$ (HMDS) 的吸附离子质谱。气流量为 1.5cm^3/min，反应腔室气压为 1.0Pa。数据来源：Morimoto 等 (2006)[67]。版权所有：The Japan Society of Applied Physics

先峰的峰值下降。$(CH_3)_3SiNH_2 \cdot Li^+$ 信号的出现意味着 HMDS 中 Si—N 键的断裂。在热丝表面生成的 $(CH_3)_3SiNH$ 活性基团必须与 H 原子分离或重组生成 $(CH_3)_3SiNH_2$。实验中并没有观察到 $Si(CH_3)_3$ 及其衍生物 $HSi(CH_3)_3$ 的信号，但这种 $HSi(CH_3)_3 \cdot Li^+$ 信号的缺失可能与 Li^+ 亲和能小有关。另一方面，$(CH_3)_3SiNHSi(CH_3)2H \cdot Li^+$

信号的缺失不能归因于 Li^{+} 亲和力的差异，而是 Si—C 键没有断裂的缘故。N 原子的孤对电子可能与催化热丝相互作用，从而选择性地破坏 Si—N 键。必须存在空间位阻才能断开 Si—C 键。

4.5.10　金属丝上各种分子催化分解总结

表 4.3 总结了在加热金属热丝上直接生成的典型基团和 CVD 腔室空间中的活性基团。若无特别说明，热丝材料为 W。

表 4.3　Cat-CVD 镀膜过程中主要新生分解产物及主要活性基团

气体源	热丝表面直接产物	腔室内主要活性基团	参考文献
H_2	H	H	[26]
$O_2$①	O	O	[29]
$O_2+H_2$②		O,H,OH	[30],[33]
N_2	N	N	[22]
P_4	P	P	[54]
H_2O①	H,O,OH	H,O,OH	[34]
$SiH_4$③	Si,H	SiH_3,Si(H_2)Si,H	[11],[23],[40]
SiH_4+H_2		SiH_3,H	[42]
NH_3	NH_2,H	NH_2,H	[25]
SiH_4+NH_3		SiH_3,NH_2,H	[9]
CH_4	CH_3,(H)④	CH_3,(H)④	[53]
$CH_4+H_2$③		CH_3,H	[15],[49]
PH_3	P,H	P,H	[24]
PH_3+H_2		P,PH,PH_2,H	[24]
B_2H_6	(BH_3)④	(BH_3)④	[56]
$B_2H_6+H_2$③		B,BH,(BH_2)④,(BH_3)④,H	[55],[56]

① 铱丝。
② 钨丝和铱丝。
③ 钨丝和钽丝。
④ 括号中的基团没有实验认证。

4.6　Cat-CVD 中 Si 膜的形成机理

最后，我们讨论 Cat-CVD 沉积硅薄膜的模型。首先应该指出的是，薄膜成膜的前驱体目前仍然存在争议。其次，我们要尽可能地整合不同观点中的共同点。

在制备 a-Si 薄膜时，SiH_4 可以用 H_2 稀释也可以不稀释。a-Si 薄膜的典型沉积条件如表 4.1 所示。我们只是描述起来简单才提到不稀释的情况。如 4.5.3 节所述，SiH_4 在热丝表面的直接分解产物是 Si 原子和 H 原子。当总压较低且平均自由程大于腔室尺寸时，Si 原子应是 Si 薄膜的唯一前驱体。然而，如果这样的话则无法获得高质量薄膜。而这正表明了气相反应的重要性[68]。典型的沉积气压在 1Pa 左右，气体的平均自由程比热丝与衬底之间的距离短得多。在这种实际沉积条件下，从热丝中释放出的

Si 和 H 原子可能很快与 SiH_4 发生反应。

H 原子可与源气体 SiH_4 分子反应生成 SiH_3 基团；$SiH_4 + H \longrightarrow SiH_3 + H_2$。由此生成的 SiH_3 可能是 a-Si 薄膜的沉积前驱体之一。虽然上述反应的速率常数不是很大，在室温下为 $3\times10^{-13}cm^3/s$[41]，但实验已证明在 1.0Pa 的纯 SiH_4 条件下，确实生成了 SiH_3[42]。当然，不是所有的 H 原子都可以产生 SiH_3。一些 H 原子可能在腔壁上重新结合生成 H_2。有些 H 原子可能与沉积在腔壁上的 Si 化合物发生反应，重新生成 SiH_4。在任何情况下，应该都会产生 SiH_3，并且在气相中长期存在，这是因为它的化学稳定性很好。$SiH_3 + H_2 \longrightarrow SiH_4 + H$ 反应需要吸收大量的热。而在 $SiH_3 + SiH_4$ 反应中，应该会再次形成 SiH_3。此时，SiH_3 有较高的概率存留并沉积在衬底表面。

而 Si 原子应该会与气相中的 SiH_4 反应。其反应速率常数与温度无关，高达 $2\times10^{-10}cm^3/s$[38]。这么大的速率常数意味着几乎每次碰撞都会发生反应。换句话说，在实际的沉积条件下，几乎所有的 Si 原子都可能在气相反应中消失。$Si + SiH_4$ 反应的产物尚未完全确定，但根据密度泛函理论计算的结果，可能会生成双桥 $Si(H_2)Si$ 和 H_2[39,40]。实际上，W. Zheng 和 A. Gallagher 也已经通过质谱[11] 确定了 Si_2H_2 基团为主要产物之一。$2SiH_2$、$SiH_3 + SiH$ 以及 $H_2 + SiSiH_2$ 的生成过程均为吸热过程，可以忽略不计。$Si + SiH_4$ 反应速率常数大且与温度无关，表明该反应不是一个简单抽象的生成 $SiH + SiH_3$ 的反应，直接产物一定是三重态的 $HSiSiH_3$[39,40]。该三重态 $HSiSiH_3$ 可能发生系统间交叉反应形成单态 $HSiSiH_3$，并容易通过 H_2SiSiH_2 转化为 $Si(H_2)Si + H_2$。除非通过碰撞使 $HSiSiH_3$ 和 H_2SiSiH_2 变稳定，否则它们的寿命太短，无法促进薄膜沉积[39]。$Si(H_2)Si$ 不与气相中的非活性基团反应[69]，因而有很大的概率到达衬底表面。密度泛函理论计算表明，$Si(H_2)Si$ 不仅可以吸附在 Si 悬挂键上，还会吸附在 H 钝化的 Si 表面上[40]。综上所述，a-Si 膜应该是从气相反应产物中开始生长的，可能是 SiH_3 和 $Si(H_2)Si$。具体的生长模型将在第 5 章阐述 Cat-CVD 沉积 a-Si 时提到。

poly-Si 薄膜的形成机理相对比较简单。在 poly-Si 的制备中，使用高度稀释的 SiH_4 作为气源。典型沉积条件见表 5.3。由于 H_2 很容易在加热的热丝表面分解，所以腔室中存在大量的 H 原子。这些 H 原子可以在气相中与 SiH_4 反应生成 SiH_3。生成的 SiH_3 活性基团应该是多晶 Si 膜的主要前驱体。沉积过程也将在第 5 章中介绍。

当活性基团浓度较高时，两种活性基团之间可能发生反应。例如，两个 SiH_3 活性基团可以反应生成 $SiH_2 + SiH_4$ 或 $HSiSiH_3 + H_2$[44,45,70]。从这些基团中还可以生成更长链的硅烷，如 Si_2H_6 和 Si_3H_8。然而，根据 S. Nakamura 等的模拟，在实际沉积条件[40]下，这类基团对薄膜生长的贡献相当小。

参考文献

[1] Osono, S., Kitazoe, M., Tsuboi, H. et al. (2006). Development of catalytic chemical vapor deposition apparatus for large size substrates. *Thin Solid Films* 501: 61-64.

[2] Horbach, C., Beyer, W., and Wagner, H. (1989). Deposition of a-Si:H by high temperature thermal decomposition of silane. *J. Non-Cryst. Solids* 114: 187-189.

[3] Tsuji, N., Akiyama, T., and Komiyama, H. (1996). Characteristics of the hot-wire CVD reactor on a-Si:

H deposition. *J. Non-Cryst. Solids* 198-200：1054-1057.

[4] Sault，A. G. and Goodman，D. W.（1990）. Reactions of silane with W（110）surface. *Surf. Sci.* 235：28-46.

[5] Doyle，J.，Robertson，R.，Lin，G. H. et al.（1988）. Production of high-qualityamorphous silicon films by evaporative silane surface decomposition. *J. Appl. Phys.* 64：3215-3223.

[6] Koshi，M.，Kato，S.，and Matsui，H.（1991）. Unimolecular decomposition of SiH_4，SiH_3F，and SiH_2F_2 at high temperatures. *J. Phys. Chem.* 95：1223-1227.

[7] Matsuda，A.（2004）. Thin-film silicon-growth process and solar cell application-. *Jpn. J. Appl. Phys.* 43：7909-7920.

[8] Matsumura，H.，Umemoto，H.，and Masuda，A.（2004）. Cat-CVD（hot-wire CVD）：how different from PECVD in preparing amorphous silicon. *J. Non-Cryst. Solids* 338-340：19-26.

[9] Umemoto，H.，Morimoto，T.，Yamawaki，M. et al.（2003）. Deposition chemistry in the Cat-CVD processes of SiH_4/NH_3 mixture. *Thin Solid Films* 430：24-27.

[10] Ansari，S. G.，Umemoto，H.，Morimoto，T. et al.（2006）. H_2 dilution effect in the Cat-CVD processes of the SiH_4/NH_3 system. *Thin Solid Films* 501：31-34.

[11] Zheng，W. and Gallagher，A.（2008）. Radical species involved in hotwire（catalytic）deposition of hydrogenated amorphous silicon. *Thin Solid Films* 516：929-939.

[12] Duan，H. L. and Bent，S. F.（2005）. The influence of filament material on radical production in hot wire chemical vapor deposition of a-Si:H. *Thin Solid Films* 485：126-134.

[13] Frigeri，P. A.，Nos，O.，and Bertomeu，J.（2015）. Degradation of thin tungsten filaments at high temperature in HWCVD. *Thin Solid Films* 575：34-37.

[14] Redman，S. A.，Chung，C.，Rosser，K. N.，and Ashfold，M. N. R.（1999）. Resonance enhanced multiphoton ionisation probing of H atoms in a hot filament chemical vapor deposition reactor. *Phys. Chem. Chem. Phys.* 1：1415-1424.

[15] Ashfold，M. N. R.，May，P. W.，Petherbridge，J. R. et al.（2001）. Unravelling aspects of the gas phase chemistry involved in diamond chemical vapor deposition. *Phys. Chem. Chem. Phys.* 3：3471-3485.

[16] Chen，K.-H.，Chuang，M.-C.，Penney，C. M.，and Banholzer，W. F.（1992）. Temperature and concentration distribution of H_2 and H atoms in hot-filament chemical-vapor deposition of diamond. *J. Appl. Phys.* 71：1485-1493.

[17] Connell，L. L.，Fleming，J. W.，Chu，H.-N. et al.（1995）. Spatially resolved atomic hydrogen concentrations and molecular hydrogen temperature profiles in the chemical-vapor deposition of diamond. *J. Appl. Phys.* 78：3622-3634.

[18] Zumbach，V.，Schäfer，J.，Tobai，J. et al.（1997）. Experimental investigation and computational modeling of hot filament diamond chemical vapor deposition. *J. Chem. Phys.* 107：5918-5928.

[19] Lommatzsch，U.，Wahl，E. H.，Aderhold，D. et al.（2001）. Cavity ring-down spectroscopy of CH and CD radicals in a diamond thin film chemical vapor deposition reactor. *Appl. Phys. A* 73：27-33.

[20] Mankelevich，Y. A.，Rakhimov，A. T.，and Suetin，N. V.（1996）. Two-dimensional simulation of a hot-filament chemical vapor deposition reactor. *Diamond Relat. Mater.* 5：888-894.

[21] Tange，S.，Inoue，K.，Tonokura，K.，and Koshi，M.（2001）. Catalytic decomposition of SiH_4 on a hot filament. *Thin Solid Films* 395：42-46.

[22] Umemoto，H.，Funae，T.，and Mankelevich，Y. A.（2011）. Activation and decomposition of N_2 on heated tungsten filament surfaces. *J. Phys. Chem. C* 115：6748-6756.

[23] Duan，H. L.，Zaharias，G. A.，and Bent，S. F.（2002）. Detecting reactive species in hot wire chemical vapor deposition. *Curr. Opin. Solid State Mater. Sci.* 6：471-477.

[24] Umemoto，H.，Nishihara，Y.，Ishikawa，T.，and Yamamoto，S.（2012）. Catalytic decomposition of

PH_3 on heated tungsten wire surfaces. *Jpn. J. Appl. Phys.* 51: 086501/1-086501/9.

[25] Umemoto, H., Ohara, K., Morita, D. et al. (2003). Radical species formed by the catalytic decomposition of NH_3 on heated W surfaces. *Jpn. J. Appl. Phys.* 42: 5315-5321.

[26] Umemoto, H. (2010). Production and detection of H atoms and vibrationally excited H_2 molecules in CVD processes. *Chem. Vap. Deposition* 16: 275-290.

[27] Comerford, D. W., Smith, J. A., Ashfold, M. N. R., and Mankelevich, Y. A. (2009). On the mechanism of H atom production in hot filament activated H_2 and CH_4/H_2 gas mixtures. *J. Chem. Phys.* 131: 044326/1-044326/12.

[28] Mankelevich, Y. A., Ashfold, M. N. R., and Umemoto, H. (2014). Molecular dissociation and vibrational excitation on a metal hot filament surface. *J. Phys. D: Appl. Phys.* 47: 025503/1-025503/12, 069601/1.

[29] Umemoto, H. and Kusanagi, H. (2008). Catalytic decomposition of O_2, NO, N_2O and NO_2 on a heated Ir filament to produce atomic oxygen. *J. Phys. D: Appl. Phys.* 41: 225505/1-225505/5.

[30] Umemoto, H., Kusanagi, H., Nishimura, K., and Ushijima, M. (2009). Detection of radical species produced by catalytic decomposition of H_2, O_2 and their mixtures on heated Ir surfaces. *Thin Solid Films* 517: 3446-3448.

[31] Umemoto, H., Ohara, K., Morita, D. et al. (2002). Direct detection of H atoms in the catalytic chemical vapor deposition of the SiH_4/H_2 system. *J. Appl. Phys.* 91: 1650-1656.

[32] Rousseau, A., Granier, A., Gousset, G., and Leprince, P. (1994). Microwave discharge in H_2: influence of H-atom density on the power balance. *J. Phys. D: Appl. Phys.* 27: 1412-1422.

[33] Umemoto, H. and Moridera, M. (2008). Production and detection of reducing and oxidizing radicals in the catalytic decomposition of H_2/O_2 mixtures on heated tungsten surfaces. *J. Appl. Phys.* 103: 034905/1-034905/6.

[34] Umemoto, H. and Kusanagi, H. (2009). Catalytic decomposition of H_2O (D_2O) on a heated Ir filament to produce O and OH (OD) radicals. *Open Chem. Phys.* J. 2: 32-36.

[35] Nozaki, Y., Kongo, K., Miyazaki, T. et al. (2000). Identification of Si and SiH in catalytic chemical vapor deposition of SiH_4 by laser induced fluorescence spectroscopy. *J. Appl. Phys.* 88: 5437-5443.

[36] Tonokura, K., Inoue, K., and Koshi, M. (2002). Chemical kinetics for film growth in silicon HWCVD. *J. Non-Cryst. Solids* 299-302: 25-29.

[37] Holt, J. K., Swiatek, M., Goodwin, D. G., and Atwater, H. A. (2002). The aging of tungsten filaments and its effect on wire surface kinetics in hot-wire chemical vapor deposition. *J. Appl. Phys.* 92: 4803-4808.

[38] Koi, M., Tonokura, K., Tezaki, A., and Koshi, M. (2003). Kinetic study for the reactions of Si atoms with SiH_4. *J. Phys. Chem. A* 107: 4838-4842.

[39] Holt, J. K., Swiatek, M., Goodwin, D. G. et al. (2001). Gas phase and surface kinetic processes in polycrystalline silicon hot-wire chemical vapor deposition. *Thin Solid Films* 395: 29-35.

[40] Nakamura, S., Matsumoto, K., Susa, A., and Koshi, M. (2006). Reaction mechanism of silicon Cat-CVD. *J. Non-Cryst. Solids* 352: 919-924.

[41] Arthur, N. L. and Miles, L. A. (1997). Arrhenius parameters for the reaction of H atoms with SiH_4. *J. Chem. Soc., Faraday Trans.* 93: 4259-4264.

[42] Nozaki, Y., Kitazoe, M., Horii, K. et al. (2001). Identification and gas phase kinetics of radical species in Cat-CVD processes of SiH_4. *Thin Solid Films* 395: 47-50.

[43] Perrin, J., Shiratani, M., Kae-Nune, P. et al. (1998). Surface reaction probabilities and kinetics of H, SiH_3, Si_2H_5, CH_3, and C_2H_5 during deposition of a-Si:H and a-C:H from H_2, SiH_4, and CH_4 discharges. *J. Vac. Sci. Technol., A* 16: 278-289.

[44] Matsumoto, K., Koshi, M., Okawa, K., and Matsui, H. (1996). Mechanism and product branching

ratios of the SiH_3+SiH_3 reaction. *J. Phys. Chem.* 100: 8796-8801.

[45] Nakamura, S. and Koshi, M. (2006). Elementary processes in silicon hot wire CVD. *Thin Solid Films* 501: 26-30.

[46] Röhrig, M. and Wagner, H. G. (1994). The reactions of NH ($X^3\Sigma^-$) with the water gas components CO_2, H_2O, and H_2. *Symp.* (*Int.*) *Combust.* 25: 975-981.

[47] Caridade, P. J. S. B., Rodrigues, S. P. J., Sousa, F., and Varandas, A. J. C. (2005). Unimolecular and bimolecular calculations for HN_2. *J. Phys. Chem. A* 109: 2356-2363.

[48] Whyte, A. R. and Phillips, L. F. (1984). Products of reaction of nitrogen atoms with amidogen. *J. Phys. Chem.* 88: 5670-5673.

[49] Childs, M. A., Menningen, K. L., Anderson, L. W., and Lawler, J. E. (1996). Atomic and radical densities in a hot filament diamond deposition system. *J. Chem. Phys.* 104: 9111-9119.

[50] Wahl, E. H., Owano, T. G., Kruger, C. H. et al. (1997). Spatially resolved measurements of absolute CH_3 concentration in a hot-filament reactor. *Diamond Relat. Mater.* 6: 476-480.

[51] Sutherland, J. W., Su, M.-C., and Michael, J. V. (2001). Rate constants for $H+CH_4$, CH_3+H_2, and CH_4 dissociation at high temperature. *Int. J. Chem. Kinet.* 33: 669-684.

[52] Bryukov, M. G., Slagle, I. R., and Knyazev, V. D. (2001). Kinetics of reactions of H atoms with methane and chlorinated methanes. *J. Phys. Chem. A* 105: 3107-3122.

[53] Menningen, K. L., Childs, M. A., Chevako, P. et al. (1993). Methyl radical production in a hot filament CVD system. *Chem. Phys. Lett.* 204: 573-577.

[54] Umemoto, H., Kanemitsu, T., and Kuroda, Y. (2014). Catalytic decomposition of phosphorus compounds to produce phosphorus atoms. *Jpn. J. Appl. Phys.* 53: 05FM02/1-05FM02/4.

[55] Comerford, D. W., Cheesman, A., Carpenter, T. P. F. et al. (2006). Experimental and modeling studies of B atom number density distributions in hot filament activated B_2H_6/H_2 and $B_2H_6/CH_4/H_2$ gas mixtures. *J. Phys. Chem. A* 110: 2868-2875.

[56] Umemoto, H., Kanemitsu, T., and Tanaka, A. (2014). Production of B atoms and BH radicals from $B_2H_6/He/H_2$ mixtures activated on heated W wires. *J. Phys. Chem. A* 118: 5156-5163.

[57] Umemoto, H. and Miyata, A. (2015). Decomposition processes of diborane and borazane (ammonia-borane complex) on hot wire surfaces. *Thin Solid Films* 595: 231-234.

[58] Miller, D. C., O'Brien, J. J., and Atkinson, G. H. (1989). In situ detection of BH_2 and atomic boron by intracavity laser spectroscopy in the plasma dissociation of gaseous B_2H_6. *J. Appl. Phys.* 65: 2645-2651.

[59] Lavrov, B. P., Osiac, M., Pipa, A. V., and Röpcke, J. (2003). On the spectroscopic detection of neutral species in a low-pressure plasma containing boron and hydrogen. *Plasma Sources Sci. Technol.* 12: 576-589.

[60] Umemoto, H., Miyata, A., and Nojima, T. (2015). Decomposition processes of H_3NBH_3 (borazane), $(BH)_3(NH)_3$ (borazine), and B $(CH_3)_3$ (trimethylboron) on heated W wire surfaces. *Chem. Phys. Lett.* 639: 7-10.

[61] Umemoto, H. and Miyata, A. (2016). A clean source of B atoms without using explosive boron compounds. *Bull. Chem. Soc. Jpn.* 89: 899-901.

[62] Umemoto, H. and Miyata, A. (2017). Hot metal wires as sinks and sources of B atoms. *Thin Solid Films* 635: 78-81.

[63] Toukabri, R., Alkadhi, N., and Shi, Y. J. (2013). Formation of methyl radicals from decomposition of methyl-substituted silanes over tungsten and tantalum filament surfaces. *J. Phys. Chem. A* 117: 7697-7704.

[64] Shi, Y. J. (2015). Hot wire chemical vapor deposition chemistry in the gas phase and on the catalyst surface with organosilicon compounds. *Acc. Chem. Res.* 48: 163-173.

[65] Zaharias, G. A., Duan, H. L., and Bent, S. F. (2006). Detecting free radicals during the hot wire chemi-

cal vapor deposition of amorphous silicon carbide films using single-source precursors. *J. Vac. Sci. Technol.*, A 24: 542-549.

[66] Harada, T., Nakanishi, H., Ogata, T. et al. (2011). Evaluation of corrosion resistance of SiCN-coated metals deposited on an NH_3-radical-treated substrate. *Thin Solid Films* 519: 4487-4490.

[67] Morimoto, T., Ansari, S. G., Yoneyama, K. et al. (2006). Mass-spectrometric studies of catalytic chemical vapor deposition processes of organic silicon compounds containing nitrogen. *Jpn. J. Appl. Phys.* 45: 961-966.

[68] Molenbroek, E. C., Mahan, A. H., Johnson, E. J., and Gallagher, A. C. (1996). Film quality in relation to deposition conditions of a-Si:H films deposited by the "hot wire" method using highly diluted silane. *J. Appl. Phys.* 79: 7278-7292.

[69] Nakajima, Y., Tonokura, K., Sugimoto, K., and Koshi, M. (2001). Kinetics of Si_2H_2 produced by the 193 nm photolysis of disilane. *Int. J. Chem. Kinet.* 33: 136-141.

[70] Koshi, M., Miyoshi, A., and Matsui, H. (1991). Rate constant and mechanism of the SiH_3+SiH_3 reaction. *Chem. Phys. Lett.* 184: 442-447.

第5章 Cat-CVD制备的无机薄膜性能

在前面的章节中，我们详细介绍了气源中所发生的反应。如第 4 章最后所述，催化化学气相沉积（Cat-CVD）制备的薄膜性能取决于气源的反应过程。本章将详细介绍通过 Cat-CVD 制备的各种薄膜的性能。我们会发现，反应过程对 Cat-CVD 薄膜的性能影响非常大。

5.1 Cat-CVD 制备非晶硅（a-Si）的性能

5.1.1 a-Si 基础

5.1.1.1 器件级 a-Si 的诞生

a-Si 是半导体行业所使用的一种相对较新颖的材料。如第 2 章所述，第一个利用等离子体法制备的 a-Si 是由 Chittick 等于 1969 年完成的[1]。后来，在 1975 年 Spear 和 Le Comber 发现通过掺杂磷和硼可以控制等离子沉积 a-Si 的导电类型[2]。他们发现使用等离子体沉积 a-Si，即使用等离子体增强化学气相沉积（PECVD）制备 a-Si，可形成 n 型或 p 型 a-Si，并可以制成类似于 c-Si pn 结器件。从那时起，许多研究人员一直致力于研究这一材料的前沿科学和器件应用。由于当时刚刚度过 1973 年的石油危机，太阳电池的应用受到了广泛关注，而 a-Si 薄膜太阳电池可以通过简单、低成本的工艺制造出来。

1980 年，a-Si 薄膜太阳电池作为袖珍计算器和手表的电源投入市场。最初，低成本太阳电池的主要选择即为 a-Si 太阳电池。这种情况一直持续到 21 世纪，c-Si 太阳电池的成本大幅下降。然而，a-Si 材料作为 a-Si/c-Si 异质结太阳电池中的关键材料，仍在 c-Si 太阳电池中继续应用[3,4]。这种异质结太阳电池有望在 c-Si 基太阳电池技术中展现出相对较高的光电转换效率。

就在 a-Si 太阳电池的研究热潮之后，1979 年，Le Comber 和 Spear 再次声称能够将薄膜晶体管（TFT）应用于液晶显示器（LCD）的像素控制中[5]。平板显示的图像由像素构成，a-Si TFT 能够单独控制每个像素的亮度。这极大促进了液晶产业的发展。如果您观看平板显示的电视或智能手机屏幕，您可能会感谢该领域的大量研究成果。这里我们将介绍 Cat-CVD 沉积高质量 a-Si 作为 Cat-CVD 应用的开端。

5.1.1.2 非晶材料的能带结构

如上所述，a-Si 是最重要的半导体材料之一。然而，它与半导体工业中广泛使用的 c-Si 材料完全不同。比如，能带结构等物理性质。因此，我们从非晶材料的基础开始介绍。

尽管在 a-Si 中也可以看到短程有序结构（定义为在短距离内具有与结晶材料相似的原子构型的结构）[6,7]，但与晶态固体材料不同，非晶材料中原子并不会形成长程周期性排列。由于 PECVD 和 Cat-CVD 很容易在低于 300℃ 的温度下获得器件级 a-Si 薄膜，因此 a-Si 在现代工业中得到了广泛认可。

首先，我们简单介绍非晶材料的能带结构。图 5.1 为一个孤立原子与另一个相同的孤立原子形成分子时电子轨道能级示意图。当两个孤立原子的距离刚好使各自的电子轨道开始互相交叠时，相互交叠的两个轨道就会发生变化，以帮助两个原子形成一个分子。这时，轨道交叠后形成的分子轨道能级会分裂为两个能级。其中，上层的能级称为反键态，下层的能级称为成键态。随着两个原子距离的增加，反键态和成键态之间的能隙可能会变窄。

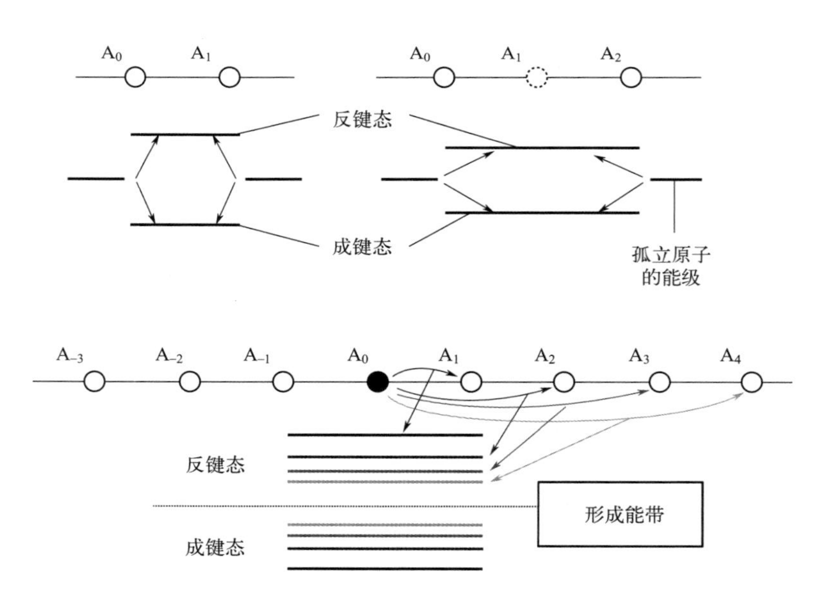

图 5.1 由两个相同原子构成的分子和新分子轨道的能级。当许多原子组合到一起时，这些能级就会转变成一个能带

这里，我们考虑由许多相同原子所构成的固体。我们将该固体内部的一个原子称为 A_0，与其最临近的原子为 A_1。由于这两个原子的距离最短，那么 A_0 与 A_1 形成化学键的反键态和成键态之间的能隙也最大。原子 A_0 与次临近的原子 A_2 形成的反键态和成键态之间的能隙小于原子 A_0 与 A_1 成键的能隙。因此，如果我们考虑原子 A_0 与许

多其他原子成键，则在 A_0—A_1 键的反键态和成键态之间的能隙中会产生许多能级，并且能隙会被这些能级填充，从而形成能带。

上面介绍的是原子外层轨道的情况。如果两个原子越来越近，则内层轨道也开始与其他原子的内层轨道重叠。因此，能带也会在内层轨道形成。这种情况如图 5.2 所示。在图中最邻近原子距离为 a_0 处，由外轨道重叠形成的能带底和内层轨道重叠形成的能带顶之间的区域是不允许电子存在的区域，称之为带隙。这样，就形成了固体中的能带结构。两个能带之间的带隙本质上是因为每个原子中的能级不连续，而不是因为原子的周期性排列。原子阵列的周期性并不是形成能带的本质要求。如果费米能级位于图 5.2 所示能带结构的带隙内，则其上半部分能带称为导带，下半部分能带称为价带。

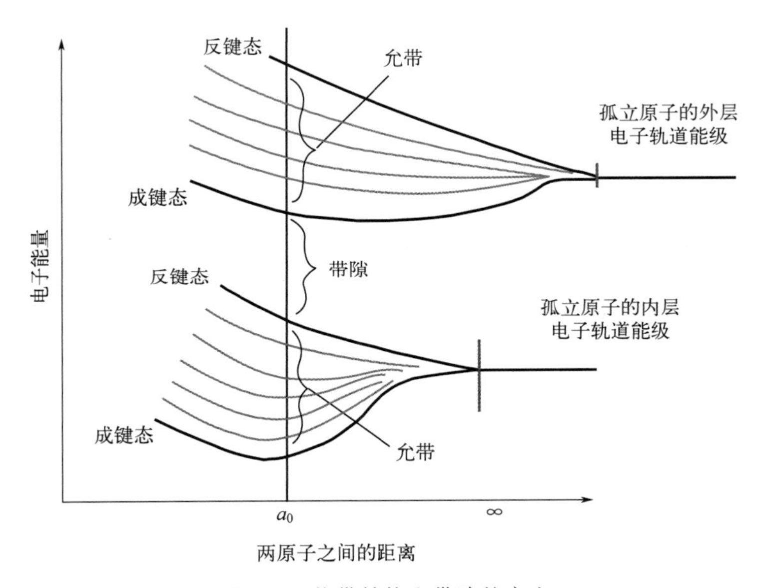

图 5.2 能带结构和带隙的产生

当我们考虑具有金刚石结构的晶态材料时，如金刚石（C）、硅（Si）和锗（Ge），上述解释可以进一步具体化。当两个原子在一定距离内接近时，外层 p 轨道和内层 s 轨道形成一个新的混合轨道，称为 sp^3 杂化轨道。也就是说，两个原子的接近不仅产生了能带结构，而且形成了新的轨道。这种情况仍然可以采用上述形成能带结构的思路。

如果原子是周期性排列的，那么任意位置的能带结构应该都是相同的。因此，能带内的所有能级也应该相同。因此，电子可以在形成的能带中自由运动。已知固体中电子的态密度（DOS）与电子能量的平方根成正比，如图 5.3(a) 所示。DOS 定义为单位体积、单位能量范围内的电子状态数。定义 $g(\varepsilon)d\varepsilon$ 为 ε 和 $\varepsilon+d\varepsilon$ 能量范围内的 DOS，若电子可以自由移动，则 $g(\varepsilon)$ 与 $(\varepsilon)^{1/2}$ 成正比[8]。

如果原子不是周期性排列的，则能带宽度在每个原子位置都会波动，具体取决于最近邻原子距离，如图 5.3(b) 所示。其中能带的主要部分仍然与晶态周期结构相同，但能带的底部和顶部会有波动。这种类型的 DOS 见图 5.3(b)。能带底部或顶部的波动部分称之为“带尾”。带尾的形状不能用简单的数学表达式来确定。从图 5.3 可以想象，

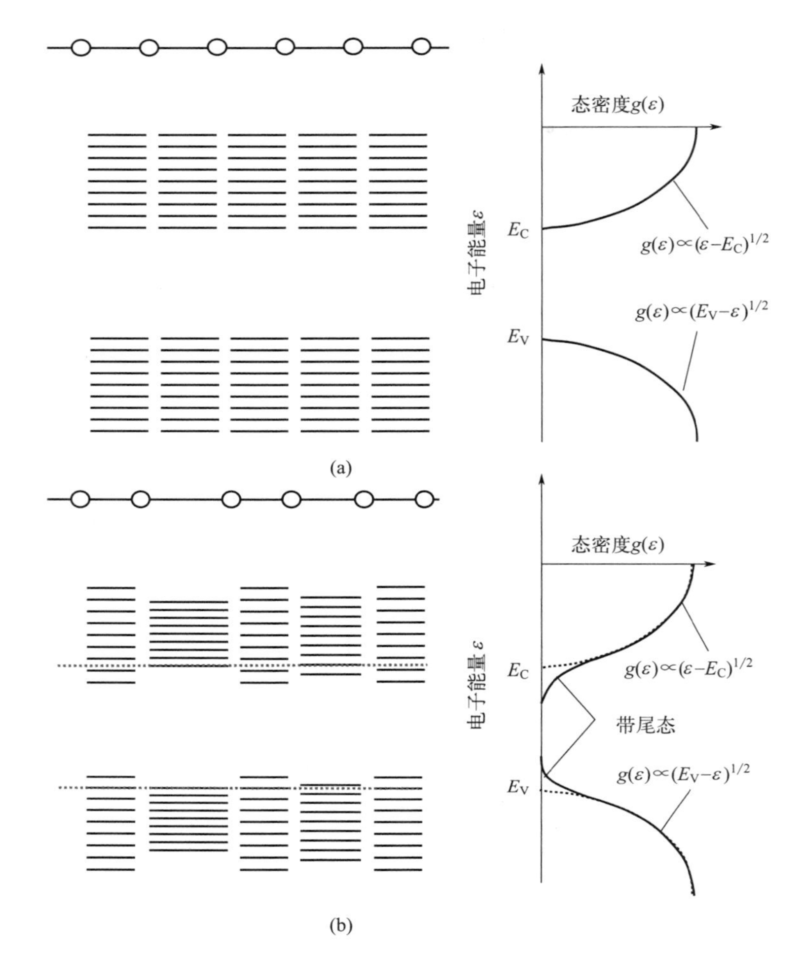

图 5.3 (a) 具有周期性原子排列的固体的能带结构和态密度(DOS)与(b)非晶固体的能带结构和 DOS

与周期性结构的偏差越小，能带边缘的波动就越小，即能带尾的扩展态越小。

当然，这样的描述过于简单，无法解释所有现象。上面我们使用的是成键原子沿直线排列时原子距离的波动。然而，在真正的 a-Si 中，应该考虑其三维结构。众所周知，键长的变化并不是最明显的波动。键角的波动更明显，通常认为键角的波动是非周期结构的主要起源[6]。即便如此，不同的轨道重叠也会引起上述能带结构的形成，仍可采用上述理念来理解。

5.1.1.3 a-Si 的一般特性

通过化学气相沉积（CVD）制备的 a-Si 薄膜包含许多 H 原子，这些 H 原子在钝化 a-Si 薄膜生长过程中形成的悬挂键起到了非常重要的作用。尽管已有关于其他原子如氟钝化悬挂键的报道，但是目前主要使用的 a-Si 仍是氢化非晶硅（a-Si:H）[9-11]。氟化 a-Si（a-Si:F）或氢氟化 a-Si（a-Si:F:H）因其性能稳定而备受关注[11]。但是，它们在工业中并没有大范围应用。a-Si:H 仍是产业中最突出的非晶半导体材料。

表 5.1 总结了 a-Si 的主要性质，其中一些性质取决于特定的沉积方法和参数。该表给出了利用 PECVD 和 Cat-CVD 制备的 a-Si 的典型特征，以供对比。后文会提到更详细的数据。

在晶态半导体中，电子有两种类型的光吸收或光学跃迁模式：直接跃迁和间接跃迁[12]。在直接跃迁中，电子直接从价带跃迁到导带。而在间接跃迁中，电子只有从晶体原子阵列的热振动中获得所需动量时，才能从价带顶跃迁到导带底。这是因为在电子跃迁过程中必须同时满足能量守恒和动量守恒。

换句话说，直接跃迁时，在晶体半导体的能量（ε）-动量（k）空间中，价带顶的动量与导带底的动量相同[12]。而间接跃迁时，在 ε-k 空间中，价带顶的动量与导带底的动量不同。这种差异源于晶体结构，其中原子阵列的热振动对电子跃迁有特殊影响，当晶态半导体中的原子周期性排列时形成了 ε-k 空间。具有周期性原子排列的晶体半导体中的这种电子跃迁规则有时称为“k-选择规则”。

表 5.1　使用 SiH_4 源气体通过 PECVD 和 Cat-CVD 制备 a-Si:H 的典型性质

参数	i-a-Si 的制备方法	
	PECVD	Cat-CVD
获得器件质量薄膜的 T_s/℃	100～300	100～400
典型光学带隙/eV	1.70～1.85	1.65～1.80
暗态电导率/(S/cm)	10^{-12}～10^{-10}	10^{-13}～10^{-10}
AM-1,100mW/cm² 光下的光电导率①/(S/cm)	10^{-5}～10^{-4}	10^{-5}～10^{-4}
AM-1,100mW/cm² 光下的光敏性①(=光电导率/暗态电导率)	10^5～10^6	10^5～10^6
电子迁移率/[cm²/(V·s)]	0.5～1.5	0.5～1.5
ESR 自旋密度②/cm^{-3}	1×10^{15}～2×10^{16}	1×10^{15}～2×10^{16}
器件质量 a-Si 中的 H 含量(原子含量)/%	10～20	1～10
Urbach 带尾的特征能量,E_u/meV	50～60	45～55

① AM-1（空气质量 1），100mW/cm² 的光谱，对应于在赤道垂直入射的太阳光。
② 通过电子回旋共振（ESR）实验测量的自旋密度，这相当于由 Si 悬挂键引起的缺陷密度。

众所周知，c-Si 是一种间接间隙半导体。然而，由于 a-Si 中原子排列缺乏周期性，光学跃迁的 k 选择规则在 a-Si 中不成立，因此 a-Si 的跃迁类似于直接带隙半导体。因此，虽然 c-Si 中吸收所有太阳光需要 100μm 以上的厚度，但 a-Si 仅需数微米就足以吸收大部分太阳光。提高了人们对于 a-Si 太阳电池比 c-Si 太阳电池可以节省材料成本的期望。a-Si 太阳电池目前不是主流电池，这主要是由于与 c-Si 太阳电池相比，a-Si 太阳电池的能量转换效率较低。

由于 a-Si 的带隙比 c-Si 的带隙宽得多，i-a-Si 的暗态电导率通常比 c-Si 的低得多。如 a-Si 的光学带隙为 1.65～1.85eV（具体取决于沉积条件），而 c-Si 的为 1.12eV。这使得 i-a-Si 暗态电导率为 10^{-13}～10^{-10}S/cm，而由于窄带隙和 c-Si 中存在的残留杂质，本征 c-Si 的暗态电导率通常为 10^{-6}～10^3S/cm。虽然 i-a-Si 的电导率很低，但由于它具有光电导特性，因此太阳电池中使用的 a-Si 在光照时的实际电导率很高。光敏性（光

电导率 σ_p 与暗态电导率 σ_d 的比值）通常作为衡量 a-Si 质量的指标。一般要求光电导率比较大，因为这意味着光激发的载流子能在不被缺陷俘获的情况下输运并到达电极。一般满足条件的 a-Si 中缺陷密度相对较低。

如后文将提到的，Cat-CVD 制备的 a-Si 薄膜中的 H 含量 C_H 通常低于 PECVD a-Si 中的。如第 4 章所述，在 Cat-CVD 中由于腔室内气相中的 H 原子浓度高于 PECVD 中 H 原子的浓度，因此 H 原子会从生长表面拉出其他 H 原子。这样，Cat-CVD 制备的 a-Si 薄膜中残留 H 原子的浓度会比 PECVD 薄膜中的低。

另一个经常测量的光学特性是 Urbach 带尾能量 E_u，因为它反映了带尾态的重要特性。因此，这里我们基于上述能带结构的知识，简要解释非晶材料的光学性质。

如前所述，一方面，导带 $g_C(\varepsilon')$ 中的 DOS 表示为 $g_C(\varepsilon')=A_C(\varepsilon')^{1/2}$，其中能量 ε' 是在导带 E_C 底部测量的能量。类似地，价带 $g_V(\varepsilon'')$ 中的 DOS 表示为 $g_V(\varepsilon'')=A_V(\varepsilon'')^{1/2}$，其中能量 ε'' 是价带 E_V 顶部的能量。另一方面，由于导带尾 $g_{C\ tail}(\varepsilon''')$ 中的 DOS 未知，我们假设它可以表示为 $g_{C\ tail}(\varepsilon''')=A_{C\ tail}\exp(-\varepsilon'''/E'_u)$，其中能量 ε''' 是从 E_C 向下方测量的。其中，A_C、$A_{C\ tail}$ 和 A_V 均为比例常数，E'_u 为带尾倾斜度的特征能量。

图 5.4 为电子接收光子能量 $h\nu_2$ 后由价带能量 ε 跃迁到导带，以及接收光子能量 $h\nu_1$ 跃迁到导带尾态的跃迁示意图。当我们考虑电子接收光子能量 $h\nu$（ν 为光子或激发光源的频率）从价带中的一个能级跃迁到导带中的一个能级时，光吸收系数 α 如式(5.1) 所示[6]。

$$\alpha(h\nu)=A_1\int\frac{g_V(\varepsilon)g_C(\varepsilon+h\nu)}{h\nu}\mathrm{d}\varepsilon \tag{5.1}$$

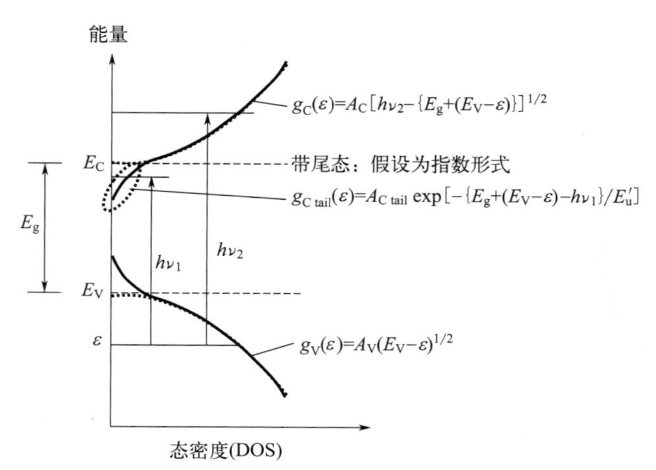

图 5.4 电子接受能量为 $h\nu_2$ 的光子能量从价带能量 ε 跃迁到导带或接受能量为 $h\nu_1$ 的光子能量跃迁到导带尾态的电子跃迁示意

当我们考虑电子接收能量为 $h\nu_2$ 的光子能量从价带的 ε 跃迁到导带时，$g_C(\varepsilon)$ 和 $g_V(\varepsilon)$ 表示为

$$g_C(\varepsilon)=A_C[h\nu_2-\{E_g+(E_V-\varepsilon)\}]^{1/2}$$
$$g_V(\varepsilon)=A_V(E_V-\varepsilon)^{1/2}$$

以下等式成立：

$$\alpha(h\nu_2)=A_2\int_0^{E_V}\frac{[(h\nu_2-E_g)-(E_V-\varepsilon)]^{1/2}(E_V-\varepsilon)^{1/2}}{h\nu_2}d\varepsilon$$
$$=\frac{A_2(h\nu_2-E_g)}{h\nu_2}\int_0^{E_V}\left(1-\frac{E_V-\varepsilon}{h\nu_2-E_g}\right)^{1/2}\left(\frac{E_V-\varepsilon}{h\nu_2-E_g}\right)^{1/2}d\varepsilon \tag{5.2}$$

令 $y=\frac{E_V-\varepsilon}{h\nu_2-E_g}$，则 $d\varepsilon=-(h\nu_2-E_g)dy$，

$$\alpha(h\nu_2)=\frac{A_2(h\nu_2-E_g)^2}{h\nu_2}\int_{\frac{E_V}{h\nu_2-E_g}}^{0}(1-y)^{\frac{1}{2}}y^{\frac{1}{2}}dy=A_3\frac{(h\nu_2-E_g)^2}{h\nu_2} \tag{5.3}$$

$$\sqrt{\alpha(h\nu_2)h\nu_2}=B(h\nu_2-E_g) \tag{5.4}$$

式中，A_1、A_2、A_3 和 B 是常数。由方程(5.4) 描述的关系称为 Tauc 关系。

图 5.5 展示了 Cat-CVD[13] 和 PECVD[14] 制备 a-Si 的 Tauc 图。Tauc 关系的电子跃迁如图中插图所示。Cat-CVD a-Si 和 PECVD a-Si 的厚度均为约 1μm。由图可见，带隙 E_g 是根据 Tauc 线性部分与水平轴的截距估算的，两种 a-Si 的 E_g 都是 1.75eV。

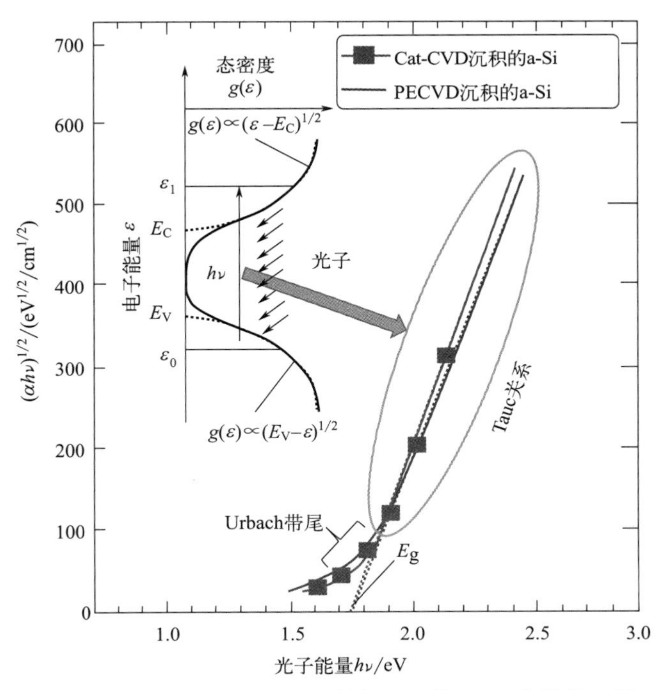

图 5.5 Cat-CVD 和 PECVD 制备 a-Si 的 Tauc 曲线图。插图为电子跃迁引起的 Tauc 关系示意。数据来源：Matsumura (1985)[13] 及 Tsai 和 Fritzsche (1979)[14]

对于比 Tauc 关系适用范围更低的能量范围，电子跃迁过程还需包含那些涉及带尾态的跃迁。如果价带中的电子被激发到导带的带尾，或价带带尾的电子被激发到导带，

则 Tauc 关系不再成立。这个能量范围内的光吸收刚好低于 Tauc 关系的能量范围，称为 Urbach 带尾。

如果我们绘制光吸收系数 α 的对数与光子能量 $h\nu$ 的关系曲线，会发现二者之间有着线性关系，如图 5.6 所示。图中以两个 Cat-CVD 制备 a-Si 薄膜的结果为例进行了说明[15]。光吸收通过光偏转光谱（PDS）测量，这种方法可以有效测量低至 $1\sim10\text{cm}^{-1}$ 的光吸收系[16]。在 $T_s=250℃$ 时用 Cat-CVD 制备了两个 a-Si 薄膜，薄膜的厚度分别为 1.81μm 和 0.42μm。图中 1.55～1.75eV 范围内，可以看到线性关系。对于其他非晶材料也都观察到了类似关系。由于对数图中 Urbach 带尾的线性关系，α 可以表示为与 $\exp(h\nu/E_u)$ 成正比的函数。该 E_u 称之为 Urbach 带尾的特征能量，如表 5.1 所示。图中情况下，E_u 值约为 50meV。

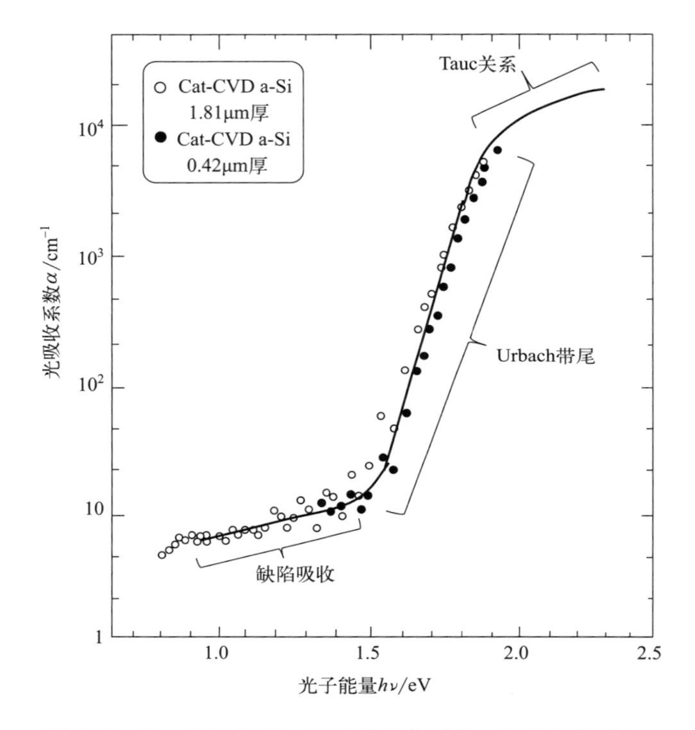

图 5.6　Cat-CVD 制备 a-Si 的光吸收系数 α 与光子能量 $h\nu$ 的关系曲线。数据来源：Yamaguchi 等（1990）[15]

当我们考虑从价带到导带尾的跃迁时，如上所述，假设以下关系：

$$g_{\text{C tail}}(\varepsilon''')=A_{\text{C tail}}\exp(-\varepsilon'''/E'_u)$$

可以导出公式(5.5)，其中 E'_u 是表示带尾形状的恒定特征能量，

$$\alpha(h\nu_1)=A_4\int_0^{E_V}\frac{\exp[-\{E_g+(E_V-\varepsilon)-h\nu_1\}/E'_u](E_V-\varepsilon)^{1/2}}{h\nu_1}\mathrm{d}\varepsilon \tag{5.5}$$

式中，A_4 为常数。

然后，由于 $h\nu_1$ 对于 ε 的变化为常数，因此推导出以下等式，其中 A_5 是常数。

$$\alpha(h\nu_1)=\frac{A_5}{h\nu_1}\exp\{-(E_g-h\nu_1)/E'_u\} \tag{5.6}$$

与方程中的指数分量相比，$(1/h\nu_1)$ 的作用较小。因此，该方程表明 α 与 $\exp\{-(E_g-h\nu_1)/E'_u\}$ 近似成正比。也就是说，由图 5.6 的斜率推导出的 Urbach 带尾的特征能量 E_u 与带尾的特征能量 E'_u 完全相同。这也意味着带尾中的 DOS 与光吸收实验中得到的特征能量呈指数关系。a-Si 结构中有序度可以从 Urbach 带尾的测量数据中推导出来。

在上述解释中，考虑了从价带到导带尾的跃迁。而从价带尾到导带的跃迁也表现出相同的特征。在实际 a-Si 中，人们认为 Urbach 带尾的主要来源是从价带尾到导带的跃迁，这是因为价带的带尾大于导带的带尾。

据报道，a-Si 的价带宽度约为 12eV，导带宽度约为 7eV[17]。Cat-CVD 制备 a-Si 的 Urbach 带尾的特征能量约为 50meV 或更小，如表 5.1 和图 5.6 所示。因此，Cat-CVD 制备 a-Si 价带的带边波动仅为总带宽的 50meV/12eV＝0.004 左右。

虽然实验获得的信息主要与价带尾有关，但我们可以推测导带中存在类似数量级的能带波动。由于大部分电子在导带底运动，因此迁移率受到这种能带波动的强烈影响。低掺杂浓度的 c-Si 中的电子迁移率约为 $1500\text{cm}^2/(\text{V}\cdot\text{s})$；然而，即使质量最好的 a-Si 的迁移率也仅约为 $1\text{cm}^2/(\text{V}\cdot\text{s})$，而质量稍差一些的 a-Si 的迁移率仅为 $0.1\sim0.5\text{cm}^2/(\text{V}\cdot\text{s})$。

如表 5.1 所示，光电导率除了受缺陷在禁带中产生的缺陷能级影响外，还受到带尾态的影响。光电导率 σ_p 与 $\mu\Delta n$ 成正比，其中 μ 和 Δn 分别指迁移率和光激发期间光生电子的稳态密度。迁移率受能带波动幅度的影响，Δn 与禁带中缺陷密度有关。如果缺陷密度足够小，则光激发的电子可以存活更长时间，Δn 会变大。Cat-CVD 制备 a-Si 的光敏性 σ_p/σ_d 为 $10^5\sim10^6$，这已经是非常好的结果（如图 5.13 所示）。这也再次证明了带隙中的缺陷能级密度和带尾态对于 Cat-CVD 制备的 a-Si 薄膜来说都足够小，并且 Cat-CVD 制备的 a-Si 似乎具有简单且更有序的结构。

5.1.2　Cat-CVD 制备 a-Si 基础

5.1.2.1　沉积参数

利用 Cat-CVD 制备 a-Si 薄膜时，有一些关键参数。在 Cat-CVD 中，催化热丝的选择是第一个关键问题。如第 4 章所述，在 a-Si 沉积时，Si 原子的解吸需要超过 1700℃ 的催化温度，以避免形成硅化物。因此，通常需要使用高熔点、低蒸气压的金属材料。低蒸气压可以避免来自热丝的污染。目前通常使用钨（W）、钽（Ta）及其合金。这是因为 W 和 Ta 的熔点分别为 3382～3422℃ 和 2985～3017℃，W 在 1900℃ 的蒸气压约为 2×10^{-8}Pa，Ta 约为 3×10^{-7}Pa[18]。

第二个问题是热丝温度 T_{cat} 的正确设置。T_{cat} 是根据避免形成硅化物和避免来自热丝金属的污染之间的折中来决定的。热丝的表面积 S_{cat} 是与热丝有关的另一个问题。S_{cat} 由热丝的总长度和直径决定。该值也是抑制热辐射和沉积速率以及所需薄膜均匀性之间的折中。第 7 章将讨论热辐射的影响、催化热丝污染和薄膜的均匀性。

催化热丝和衬底之间的距离 D_{cs} 是决定沉积速率与热丝热辐射的因素。在许多实验中 D_{cs} 小于 10cm；然而，在实际大面积批量生产型设备中，D_{cs} 的值超过 15cm。

气压 P_g 和气源硅烷（SiH_4）的流量［FR(SiH_4)］是决定 a-Si 薄膜沉积速率的关键。此外，衬底温度 T_s 是决定薄膜质量的重要参数。

表 5.2 总结了文献中与这些参数有关的典型数值[19-23]。虽然 Cat-CVD 沉积面积为 100cm×100cm～150cm×170cm 的量产设备已投放市场，但表中列出的参数均为小尺寸腔室的。此外，在大规模生产中多使用 Ta 或 Ta 合金代替 W 热丝，以延长热丝的使用寿命。

表 5.2 各种参考文献报道的 Cat-CVD 沉积 a-Si 的参数

参数	参数设定值			
	A. H. Mahan[19]	R. E. I. Schropp	M. Heintze 等[21]	作者团队[22,23]
催化热丝材料	W	Ta	W	W
沉积面积/(cm×cm)	<5×5①	5×5	<5×5①	24×29
催化热丝到衬底距离,D_{cs}/cm	<5①	5	1～4	4～20
催化热丝表面积,S_{cat}/cm^2	约 2①	2.5～3	约 0.3	44～50
催化热丝温度,T_{cat}/℃	1900	1700	1650	1750～1800
衬底温度,T_s/℃	40～600	250	400	270～300
气压,P_g/Pa	0.13～1.3	2	1～5	1.1
SiH_4 流量,FR(SiH_4)/(cm^3/min)	20	90		10～50
H_2 流量,FR(H_2)/(cm^3/min)	0	0		0～100
典型沉积速率,D_R/(nm/s)	1	1	1～5	1～3
PECVD 的 D_R/(m/s)	0.15～0.25	0.1～0.2		

① 数据并未在报道中明确给出。这里给出的数据是根据这些课题组其他报道中给出的其他数据估算的。

5.1.2.2 Cat-CVD a-Si 的结构研究：红外吸收

这里，我们介绍红外（IR）吸收光谱的测量，因为它是一种比较简单的可以分析 Cat-CVD a-Si 薄膜结构特征的方法。一些典型 IR 吸收峰表示薄膜中存在哪些类型的化学键。

图 5.7 为一个 Cat-CVD 沉积的 a-Si 薄膜和两个 PECVD 沉积的 a-Si 薄膜的 IR 吸收光谱。Cat-CVD a-Si 薄膜是在 $T_{cat}=1700$℃、$T_s=300$℃和 $P_g=1.3$Pa 下制备的，而 PECVD a-Si 薄膜是 $T_s=230$℃时，分别在 1W 和 10W 的射频（RF）功率下制备的[24]。在使用较高射频功率制成的样品中，可以观察到几个额外的吸收峰，而在 Cat-CVD a-Si 中吸收峰的数量较少。

M. H. Brodsky 等将 PECVD a-Si 薄膜 IR 吸收谱中的不同吸收峰确定为 Si—H 键合的不同模式[25]。Si—H、Si—H_2 和 Si—H_3 键的摇摆和摇摆振动峰在约 640cm^{-1} 处；Si—H_3 键的对称弯曲振动峰在 850cm^{-1} 处；Si—H_2 键的对称弯曲振动峰和 Si—H_3 键的不对称弯曲振动峰均在 890cm^{-1} 处；Si—H 键的伸缩振动峰在 2000cm^{-1}；表面空隙

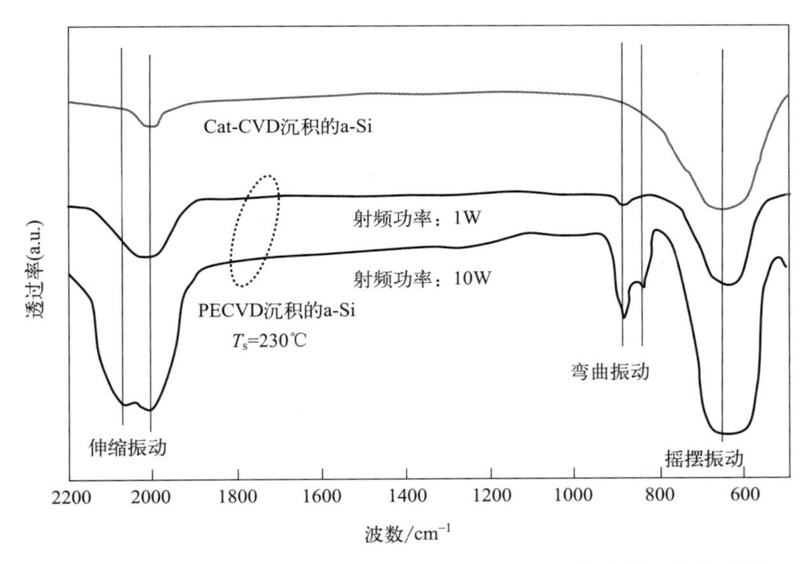

图 5.7　Cat-CVD 和 PECVD 制备 a-Si 薄膜的 IR 吸收光谱。数据来源：Lucovsky 等（1979）[24]

的 Si—H_2 键的对称伸缩振动峰、Si—H_2 键的非对称伸缩振动峰、Si—H_3 键的对称伸缩振动峰在 2090cm^{-1}，Si—H_3 键的非对称伸缩振动峰在 2120cm^{-1}。这些振动模式如图 5.8 所示。

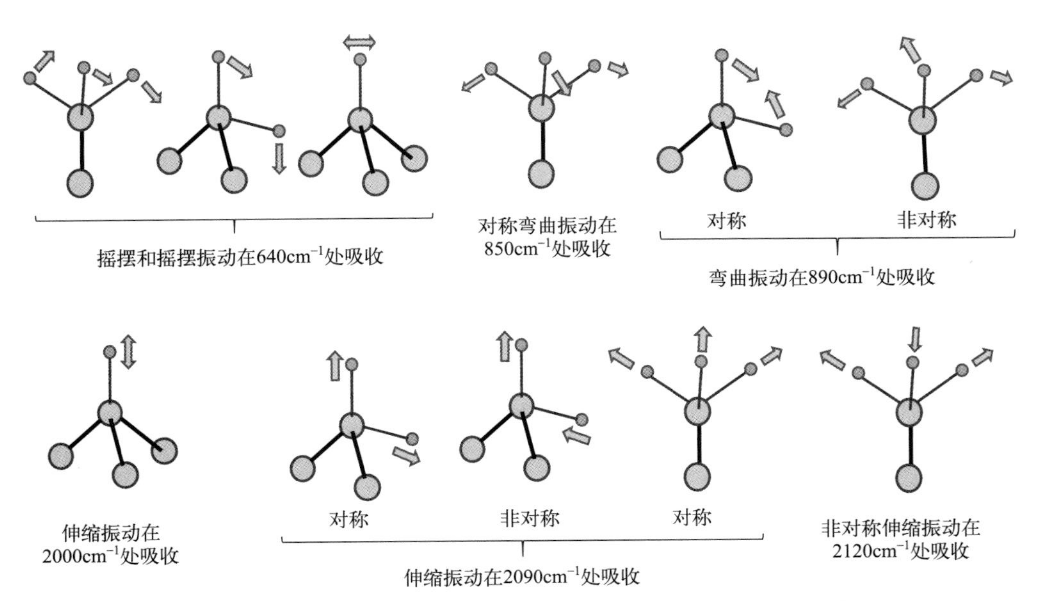

图 5.8　Si—H 相关键的每种振动模式的示意。大球表示 Si 原子，小球表示 H 原子

他们还提供了根据 Si—H 在 2000cm^{-1} 处的伸缩振动和 640cm^{-1} 处的摇摆振动来估算 a-Si 中 H 原子密度 N_H 的方法，见公式(5.7)：

$$N_H = A_s \int \frac{\alpha(h\nu)}{h\nu} d(h\nu) \tag{5.7}$$

对于伸缩振动，$A_s=1.4\times10^{20}cm^{-2}$，对于摇摆振动，$A_s=1.6\times10^{19}cm^{-2}$。在他们的报道之后也有其他值的报道，如根据 A. A. Langford 等的报道，通常使用 $A_s=2.1\times10^{19}cm^{-2}$ 来计算摇摆振动[26]。从 IR 吸收峰的面积可以很容易地估算出 H 原子密度。

5.1.3 Cat-CVD 制备 a-Si 的一般特性

本节介绍 Cat-CVD 制备 a-Si 的特性。有很多关于不同 Cat-CVD 沉积系统制备 a-Si 薄膜质量的报道。当我们改变沉积系统或改变沉积腔室的尺寸时，应调整沉积参数以获得最佳质量的 a-Si 薄膜。在大多数情况下，如果保持气源分子的停留时间相同，我们可以在不同沉积系统中获得相同质量的 a-Si 薄膜。因此，本节我们根据不同报道来展示 a-Si 的典型特性。我们确定在优化沉积参数后，总能够获得类似的薄膜性能。

美国国家可再生能源实验室（NREL）［报道发表时称为 SERI（太阳能研究所）］的 A. H. Mahan 等报道了 Cat-CVD 与 PECVD 制备 a-Si 的性能对比[19]。他们的沉积参数总结在表 5.2 中，虽然他们的报道中没有明确给出一些沉积参数，但我们基于私人交流给出了它们的假定数值。

Cat-CVD 制备 a-Si 的第一个突出特点是器件级 a-Si 薄膜中的 H 含量 C_H 低。PECVD 制备 a-Si 时，如果通过提高 T_s 来减少 C_H，薄膜质量会大大降低。而在 Cat-CVD 制备 a-Si 时，我们发现即使在高 T_s 下，a-Si 也能保持其器件级质量。

图 5.9[27,28] 为 NREL 的 R. S. Crandall 等报道的 Cat-CVD 及 PECVD 制备 a-Si 薄膜的 C_H 随衬底温度 T_s 的变化。其中 C_H 是利用红外光谱计算得到的。图中还给出了

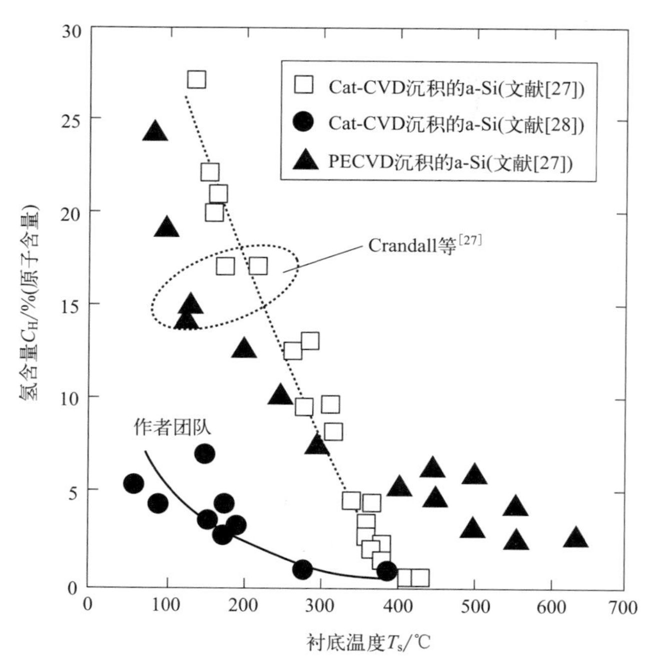

图 5.9 Cat-CVD 和 PECVD 制备 a-Si 薄膜中的 H 含量 C_H 与衬底温度 T_s 的关系曲线。数据来源：Crandall 等（1992）[27] 和 Matsumura 等（1999）[28]

本书作者团队的相关数据。在 Cat-CVD 制备的 a-Si 薄膜中，在 300～400℃的 T_s 下，我们制备了 C_H 小于数个原子分数（%）的 a-Si 薄膜。

沉积过程中，在 a-Si 表面上发生的反应如图 5.10 所示。人们认为 a-Si 薄膜的生长表面被 H 原子覆盖[29,30]。这些 H 原子通过≡Si—H + SiH_3 ⟶ ≡Si— + SiH_4 或≡Si—H + H ⟶ ≡Si— + H_2 的反应被去除，而在生长表面留下一个 Si 悬挂键（过程 A 或 C）。下一步，另一个 SiH_3 到达表面并与该 Si 悬挂键结合，形成≡Si—SiH_3 构型（过程 B）。人们认为 a-Si 薄膜是以这种方式构建的。然而，这是一个理想化的模型，一般 H 原子的去除速率较慢，H 原子会留在生长的 a-Si 薄膜中。有时≡Si—SiH_2—SiH_2—SiH_3 链保留在内部，如过程 D 所示。如果 H 原子去除不充分，许多 H 原子留在 a-Si 膜内使 C_H 变大。

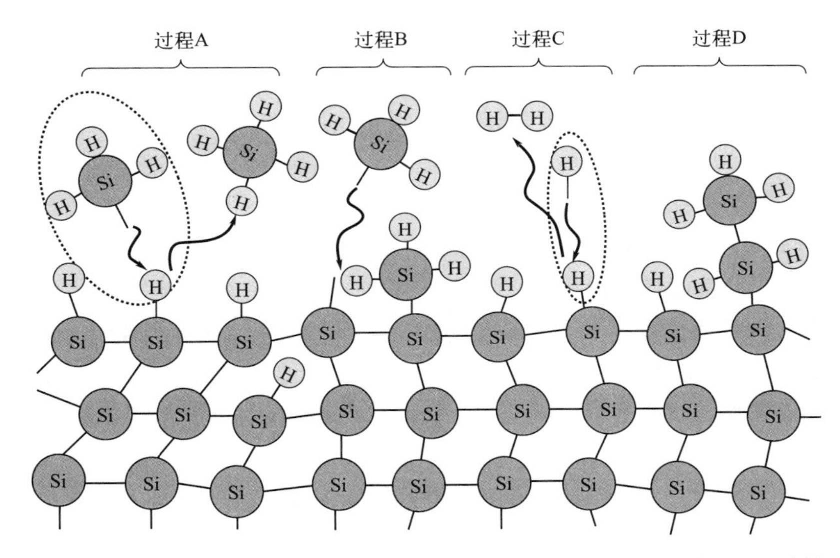

图 5.10　a-Si 薄膜的生长表面模型。去除覆盖表面的 H 原子是薄膜正常生长的关键

如第 4 章所述，一般 Cat-CVD 腔室的气相中存在的 H 原子数量远大于 PECVD 腔室中的。因此，H 原子也会更积极地从生长表面拉走残留 H 原子，如图 5.10 中过程 C 所示。因此，Cat-CVD 制备的薄膜的 C_H 通常低于 PECVD 薄膜的。

该模型通过 SiH_4 和氘（D_2）混合来制备 a-Si 薄膜得到证实。D 与 H 具有相同的化学性质，由于 Si—D 键的吸收峰与 Si—H 键的吸收峰位置不同，很容易通过 IR 吸收光谱分辨。图 5.11 为使用 SiH_4 和 D_2 混合气制备的 Cat-CVD a-Si 的 H 和 D 含量。图中给出了 SiH_4 流量固定为 25cm³/min，H 和 D 的含量随 D_2 流量 FR(D_2）的变化。当 FR(D_2）为 0cm³/min 时，检测到 H 原子含量 C_H 约为 5%，而 Si 原子密度约为 $5\times10^{22}cm^{-3}$ 或略小。在增加 FR(D_2）时，C_H 变化不大。也就是说，尽管气相中存在许多 H 和 D 原子，但 a-Si 薄膜中的 H 原子主要通过上一章提到的 SiH_3 反应机理，由 SiH_4 提供。D 含量在 FR(D_2）较低时，随着 FR(D_2）的增加而增加。然而，a-Si 薄膜中掺入 D 原子的总量是有限的，并且远低于 SiH_4 提供 H 原子的量。该结果证明了 a-Si

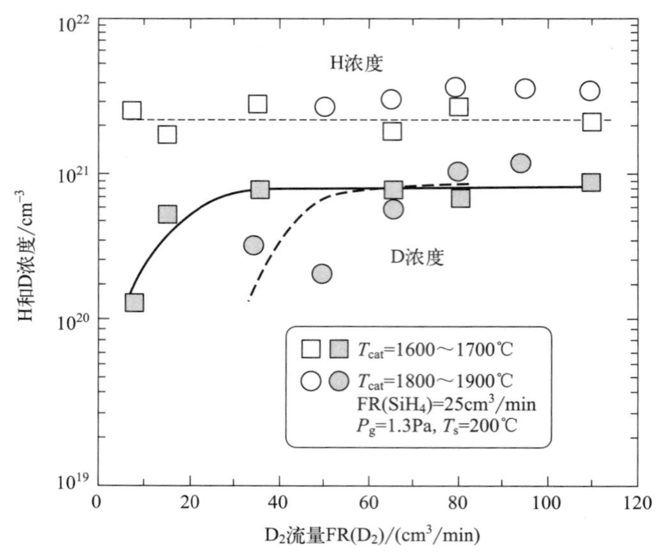

图 5.11 使用 SiH_4 和 D_2 混合气制备的 Cat-CVD a-Si 薄膜中的 H 和氘（D）浓度随 D_2 流量的变化

中的 H 原子主要来自 SiH_4 的模型。

如图 5.9 所示，Cat-CVD 制备的 a-Si 中的 C_H 通常低于 PECVD 制备 a-Si 中的 C_H。通过这种 C_H 的减少，首先，我们可以调整 a-Si 的光学带隙（E_{gopt}）并将其缩小到小于 1.65eV。而对于目前的 a-Si 太阳电池，E_{gopt} 约为 1.8eV，比有效收集太阳光的最佳值略宽，因此需要更窄的 E_{gopt} 来充分吸收入射光。从这个角度来看，采用 Cat-CVD 沉积的薄膜受到越来越多的关注。图 5.12 展示了 NREL 团队和作者团队用 Cat-

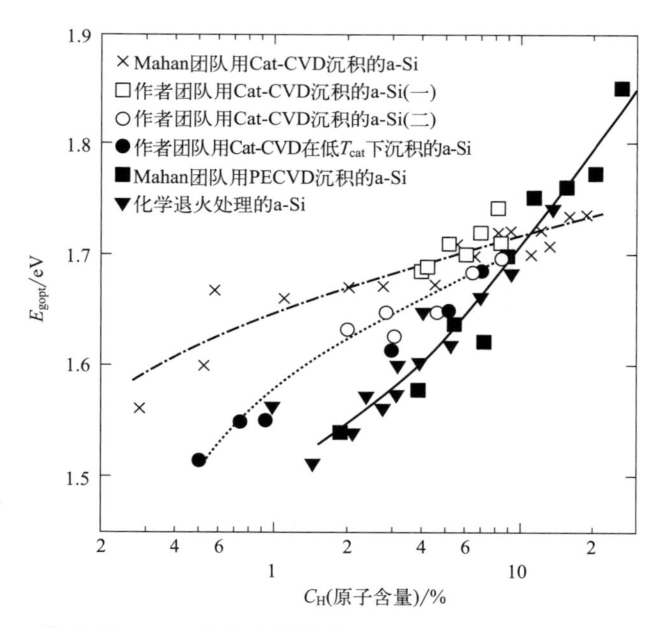

图 5.12 a-Si 薄膜光学带隙 E_{gopt} 随 H 含量 C_H 的变化规律。数据来源：经文献 [31] 许可转载。版权所有 (1991)：The Japan Society of Applied Physics

CVD 制备 a-Si 薄膜的 E_{gopt} 随 C_H 的变化规律[31]。图中还给出了 PECVD 制备的 a-Si 薄膜和使用活性氢化学退火工艺制备的 a-Si[32] 的结果以进行比较。

在 PECVD 中，C_H 小于 10%的薄膜难以维持其质量。因此，实际中使用 PECVD 很难获得光学带隙小于 1.7eV 的器件级 a-Si 薄膜。另一方面，在 Cat-CVD 中，我们可以获得具有较窄带隙的器件级 a-Si。

我们通过使用 A. H. Mahan 等报道的数据，总结了 Cat-CVD 制备 a-Si 薄膜的其他特性随氢含量 C_H 变化的规律，如图 5.13 所示[19]。图中给出了光学带隙 E_{gopt}、Urbach 带尾的特征能量 E_u、双极扩散系数 L_D 以及光电导率 σ_p 与暗态电导率 σ_d 的比值σ_p/σ_d 这几个性能与 PECVD 制备 a-Si 薄膜的性能对比。

σ_p 是使用 100mW/cm^2 的 ELH 灯测量的。图中 PECVD 为 RF-PECVD（13.56MHz）。由图可以清楚地看到 Cat-CVD 制备 a-Si 的性能更佳。在 PECVD 制备的 a-Si 中，似乎

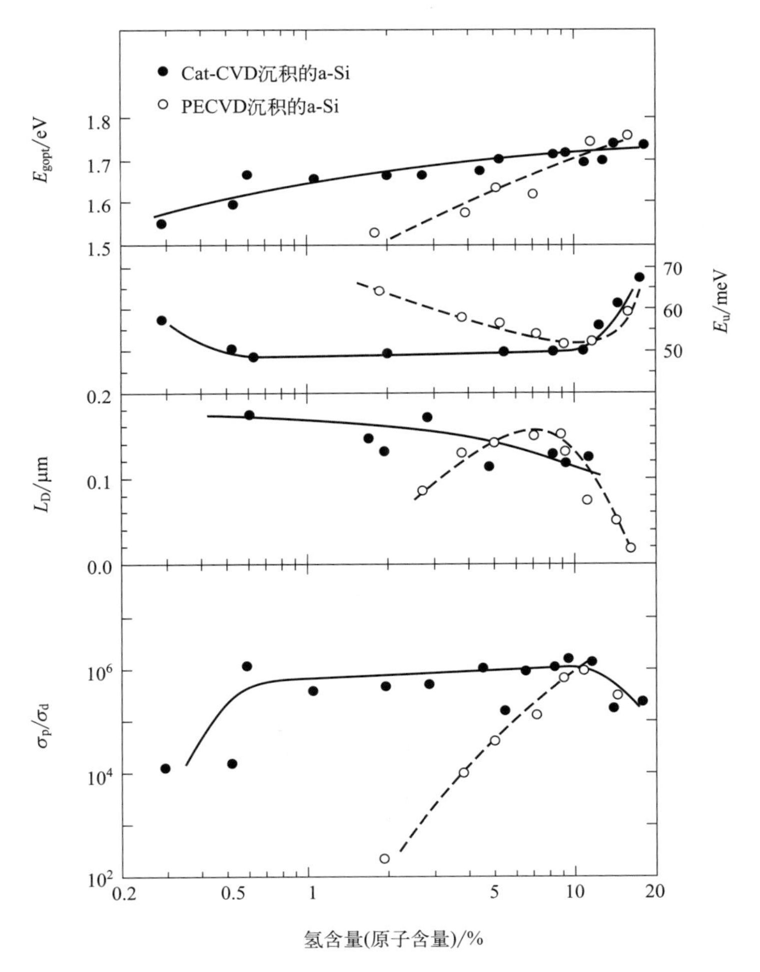

图 5.13 Cat-CVD a-Si 薄膜的性能随薄膜中氢含量 C_H 的变化规律。这些结果与使用传统 RF-PECVD 制备 a-Si 薄膜的性能进行了比较。数据来源：经文献［33］许可转载。版权所有（1998）：The Japan Society of Applied Physics

需要超过10%的C_H才能保证薄膜的质量。当C_H小于10%时，E_u开始增加，σ_p/σ_d开始降低，表明薄膜质量开始下降。而在Cat-CVD薄膜中，这些物理参数在C_H低至0.5%时仍能保持甚至有所改善。a-Si中的H原子作用很大，它们可以钝化Si悬挂键。尽管如此，我们发现PECVD a-Si薄膜中10%的C_H似乎过高，过量的H原子可能会形成团簇或其他不良结构，导致a-Si性能不稳定。而在Cat-CVD薄膜中，H原子的作用主要为钝化a-Si薄膜中的悬挂键。

Cat-CVD薄膜的E_u比PECVD薄膜略小，与此相应的L_D则略大。由于电导率的测量比较简单，所以σ_p/σ_d是非常方便用来表征a-Si薄膜光电质量的参数，目前比较好的a-Si薄膜σ_p/σ_d值在10^5～10^6范围内。

图5.14为Cat-CVD制备a-Si薄膜的暗态电导率σ_d、光电导率σ_p和光敏性σ_p/σ_d与沉积速率D_R的关系。Cat-CVD制备a-Si的数据取自B. P. Nelson等的报道[34]。Cat-CVD a-Si薄膜在T_s=300℃条件下制备，SiH_4流量FR(SiH_4)在10～100cm^3/min，气压P_g在1.6～20Pa。沉积速率通过改变FR(SiH_4)和P_g进行调节。光电导率是在100mW/cm^{2}的AM1.5光照下测量。AM1.5光照相当于在欧洲国家、中国、韩国、日本、美国和其他纬度相近的国家接收到的太阳光。图中也给出了RF-PECVD和微波PECVD制备a-Si薄膜的光敏性数据以供对比。RF-PECVD制备的a-Si薄膜是在T_s=250℃下

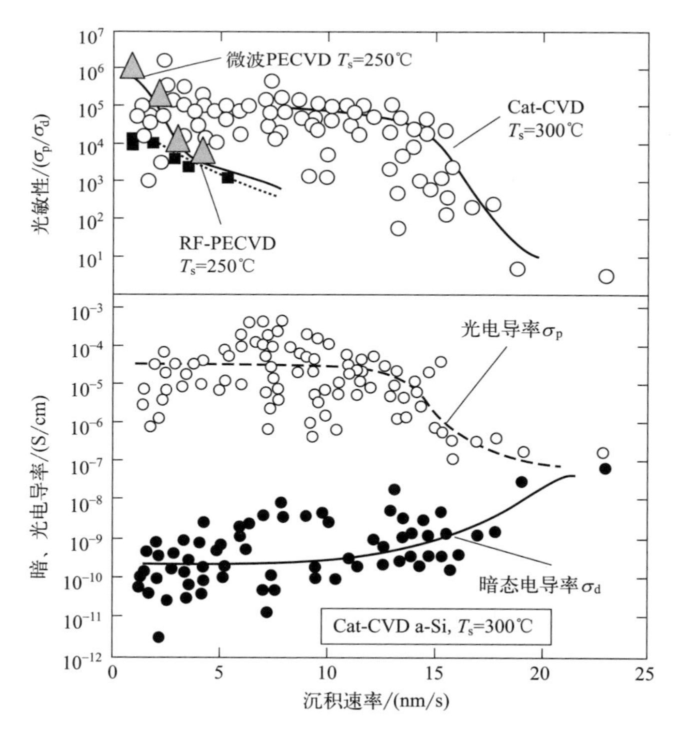

图5.14 Cat-CVD制备a-Si的光敏性[光电导率(σ_p)和暗态电导率(σ_d)之比σ_p/σ_d]及暗态、光电导率随沉积速率D_R变化的规律。图中RF-PECVD和微波-PECVD制备a-Si的相关结果作为对比。数据来源：总结文献[34]～[36]中的数据并绘制的本图

制备的，通过改变施加在直径 10cm 电极上的 RF 功率从 2W 提升至 200W 来改变沉积速率[35]。光电导率是在波长为 600nm 的单色光照射下测量的。微波 PECVD 制备的 a-Si 薄膜使用的是 2.45GHz 微波，衬底温度 $T_s=250℃$[36]。光电导率是在 $100mW/cm^2$ 的 AM1.5 光照下测量的。

得到的结果非常出人意料。Cat-CVD 薄膜在 15nm/s 的沉积速率下仍能保持其质量。而 PECVD 制备的 a-Si 薄膜，无论射频还是微波激发的 PECVD，当 D_R 超过 2nm/s 时，a-Si 的质量都会下降。在高速沉积的基础上保持薄膜质量的是低成本大规模生产的关键。Cat-CVD 制备 a-Si 与 PECVD 制备 a-Si 相比，其优越性显而易见。

众所周知，a-Si 薄膜的光电性能在长时间光照后可能会降低。这种现象被称为“Staebler-Wronski 效应”或“光致衰减效应”。该效应一直是令许多 a-Si 研究人员头痛的问题[37]。目前已知通常低 C_H 的 a-Si 薄膜的性能衰减较小。图 5.13 所示的结果使研究人员燃起改善该问题的希望。

图 5.15 给出了 Cat-CVD 和 RF-PECVD 制备的 a-Si 薄膜在处于氙（Xe）灯照射之前和之后的悬挂键（DBs）缺陷密度。实验中 Xe 灯光源的 IR 部分被 IR 截止滤光片截止，以避免样品在光照过程中受热。光强设置为 $340mW/cm^2$，比太阳光强得多（太阳光的光强约为 $100mW/cm^2$）。DBs 密度通过电子回旋共振（ESR）测量。光照射的时间足够长以使 DBs 密度达到饱和状态。结果表明，Cat-CVD 和 RF-PECVD 制备 a-Si 薄膜的初始 DBs 密度几乎相同。然而，在光照后较低 C_H 的 Cat-CVD a-Si 薄膜中的饱和 DBs 密度似乎比 RF-PECVD a-Si 的小。结果表明，①低 C_H 引起的性能衰减较小；

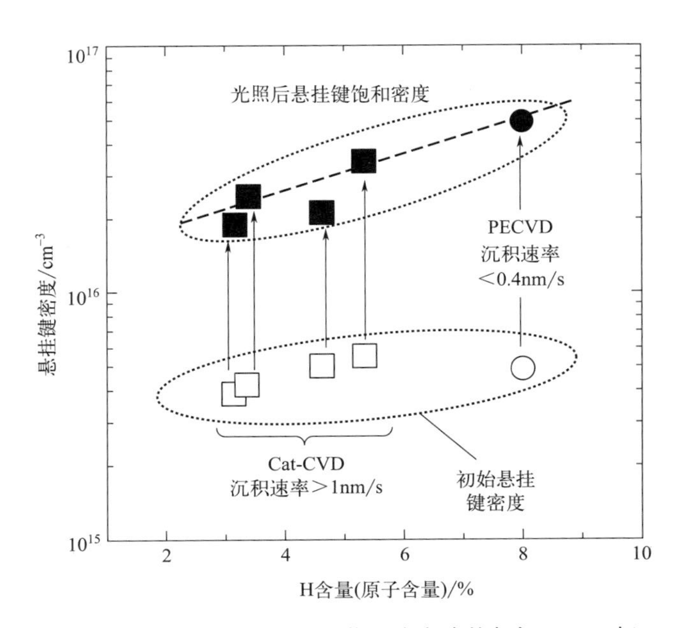

图 5.15　在具有红外（IR）截止滤光片的氙灯（Xe）灯（光强度为 $340mW/cm^2$）照射之前和之后的 Cat-CVD 和 RF-PECVD a-Si 薄膜中悬挂键缺陷密度。数据来源：Matsumura（2001）[38]。经 The Institute of Electronics, Information and Communication Engineers 许可转载

②Cat-CVD 制备的 a-Si 比 RF-PECVD 制备的薄膜更稳定，这是因为通过 Cat-CVD 可以制备较低 C_H 的 a-Si 薄膜。PECVD a-Si 薄膜的沉积速率约为 0.4nm/s，Cat-CVD a-Si 的沉积速率大于 1nm/s。虽然沉积速率更快，但是 Cat-CVD a-Si 薄膜比 PECVD a-Si 薄膜更稳定。该结果再次证明了 Cat-CVD 优于 PECVD。

接下来我们展示与 PECVD 相比，Cat-CVD 制备的 a-Si 具有更佳稳定性的另一个证据。我们通过总结 A. H. Mahan 等报道的两篇论文，展示了由于光照导致的 a-Si 性能衰退的结果[19,39]。图 5.16 为照射前 a-Si 中的载流子扩散长度 L_D（初始值）与光照并稳定后的载流子扩散长度 L_D（饱和值）之比，以及照射前的缺陷密度 N_{defect}（初始值）与光照并稳定后的缺陷密度 N_{defect}（饱和值）之比随薄膜中氢含量 C_H 的变化规律。图中将 Cat-CVD a-Si 的结果与 PECVD a-Si 的结果进行了比较。在 C_H 大于 10%的器件级 PECVD a-Si 薄膜中，饱和后的缺陷密度几乎比初始值高一个数量级。然而，在 Cat-CVD a-Si 薄膜中，虽然仍可以观察到退化，但饱和后的缺陷密度仅为初始值的数倍。因此，Cat-CVD 制备 a-Si 相对于 RF-PECVD 的优势显而易见。

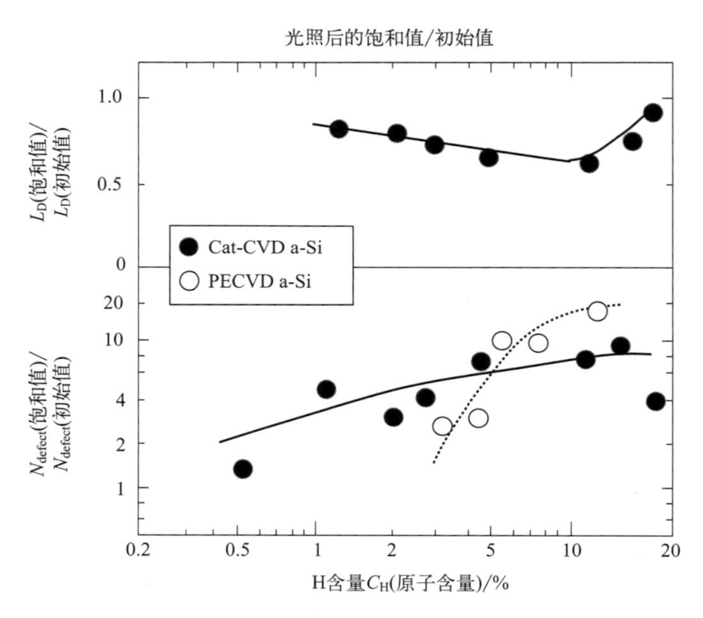

图 5.16 在 AM1.5、100mW/cm² 光照下 Cat-CVD 和 PECVD 制备的 a-Si 薄膜的衰减情况。衰减最终达到饱和，并将饱和值与初始值进行比较。数据来源：Mahan 等 (1991)[19,39]

5.1.4 Cat-CVD 制备 a-Si 机理——生长模型

目前，已有许多关于在 PECVD 系统中沉积 a-Si 机理的报道。在这些报道中，A. Matsuda 提出的模型得到了最广泛的认可[30,40]。在 PECVD 中，SiH_4 分子与高能电子碰撞并分解。生成 SiH_3 的截面似乎最高，这是因为与其他更复杂的分解相比，从 SiH_4 分子中仅剥离一个 H 原子所需的能量最低。这种机制可以认为是 SiH_4 分子通过与高能电子碰撞而激发，随后被激发的 SiH_4 分解成各种碎片基团。

这里，我们考虑了一种 a-Si 薄膜生长模型，该模型是基于 A. Matsuda 等的 SiH_3 前驱体模型并结合金刚石结构生长模型而得到的[41]。

因为涉及 SiH_3 的反应数量有限，所以 SiH_3 的寿命很长。基于此，PECVD 腔室中最丰富的分解基团应该是 SiH_3。SiH_3 作为形成 a-Si 薄膜的前驱体到达生长表面。当 SiH_3 到达 H 原子钝化的 a-Si 表面时，它靠范德瓦尔斯力与表面形成弱物理吸附。由于这种物理键较弱，SiH_3 可以在表面长距离迁移，最终找到一个 Si 悬挂键形成稳定的化学键。有时它也会从表面解吸到气相中，如图 5.17(a) 所示。而要形成上述这种 Si 悬挂键，一种可能是通过以下反应将薄膜表面钝化的 H 原子拉走而形成：$SiH_3 + H—Si \longrightarrow SiH_4 + —Si$，见图 5.17(b)。Si 悬挂键还可以通过图 5.17(c) 所示的另一个 H 原子拉走表面的 H 形成 H_2 而形成。然而，虽然 SiH_3 有偶极子，很容易与 H 钝化的 a-Si 表面形成范德瓦尔斯物理键，但 H 没有这样的偶极子，这种情况下它并不能长距离迁移。SiH_3 的相对惰性特征使其在 a-Si 表面具有较大的表面扩散长度。因此，Si 悬挂键被有效地钝化，只有少数才形成错配键，从而得到器件级低缺陷密度的 a-Si 薄膜［如图 5.17(d) 和 (e) 所示］。

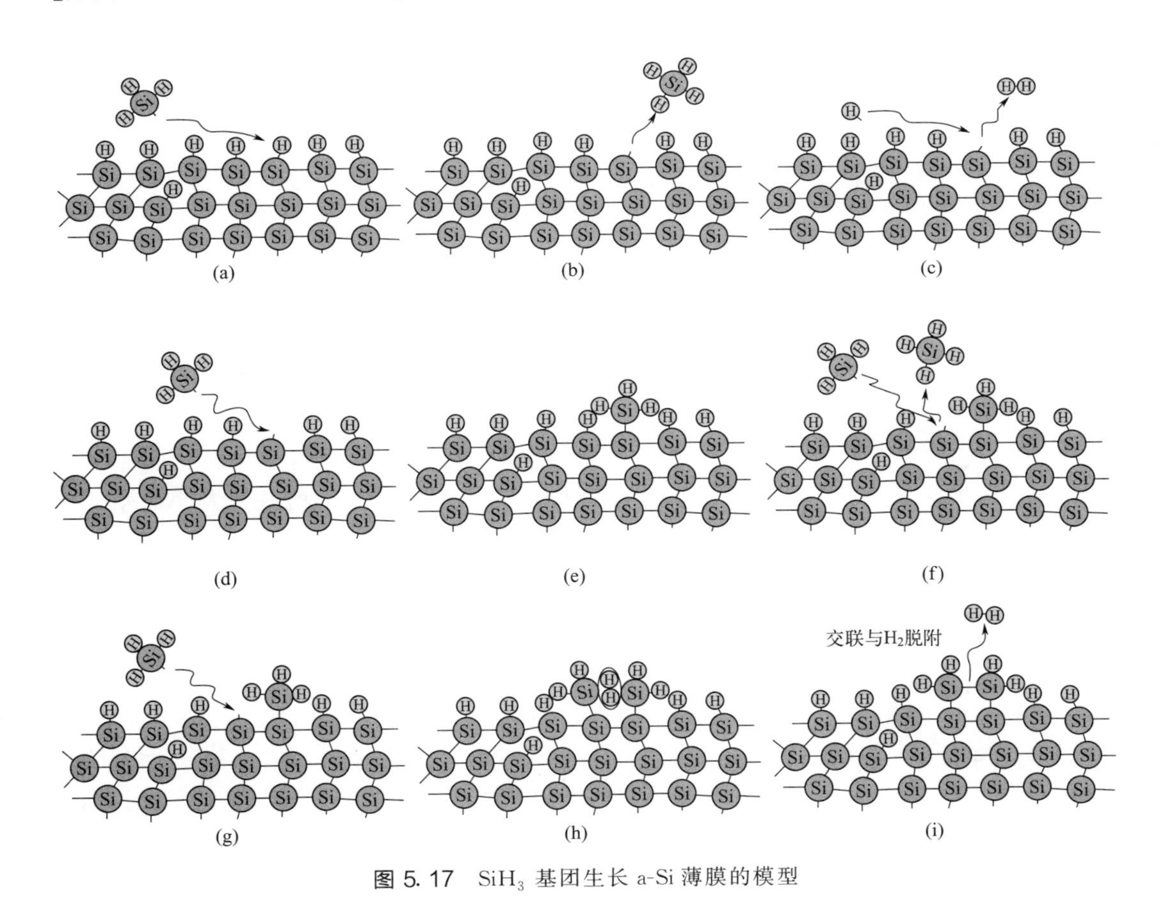

图 5.17　SiH_3 基团生长 a-Si 薄膜的模型

这是一个关于在 H 钝化 a-Si 表面上吸附第一个 Si 原子的过程，这在图 5.10 中已提及。第一个吸附的 Si 原子可能是第二个 SiH_3 表面迁移的障碍。而由于该障碍，第二

个 SiH_3 停留在第一个固定 Si 原子位置附近的可能性增加，因此可能会在第一个 Si 原子附近的位置产生新的悬挂键。然后，第二个 Si 原子吸附在第一个 Si 原子的邻近处，从而使薄膜生长。这个过程示意如图 5.17(g)～(i) 所示。然而，考虑这些 a-Si 膜的形成过程时，我们还应该考虑新出现的 SiH_3 基团和之前固定在 a-Si 表面 SiH_3 基团的三维结构。

图 5.18 为两个 SiH_3 基团发生交联反应时的示意。已知这种交联反应的激活能相对较大，在 94kcal/mol(4.1eV/bond)～102kcal/mol(4.4eV/bond)，该值针对分子态基团[42]。由于该交联反应的激活能较大，因此可能存在更复杂的中间反应路径。此外，构建两个 SiH_3 基团交联的几何关系似乎非常有限。基底 Si 原子的位置已确定，只有当两个 SiH_3 基团恰好与适当位置的基底 Si 原子成键时，交联反应才开始。因此，我们可以想象当方向适宜、排列有序的基底 Si 原子已制备好时，就可以开始这种交联反应。

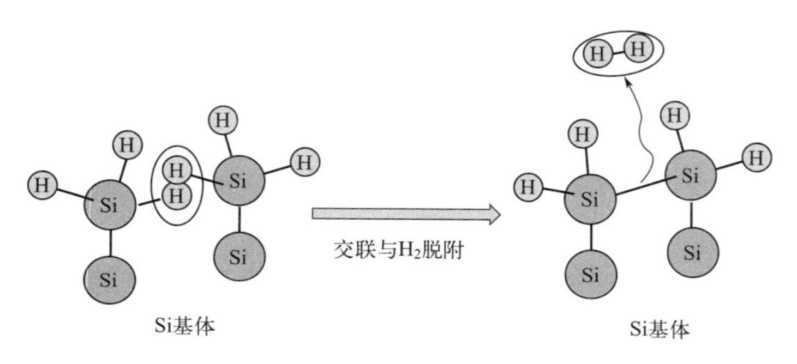

图 5.18 两个 SiH_3 基团的交联模型

第一性原理计算揭示了这一过程以供讨论。但由于未具体讨论 a-Si 的真正生长机制，这里我们大胆推测 a-Si 薄膜的生长图像，并类比最近 CVD 生长金刚石薄膜的模型[41]。

在 a-Si 的生长过程中，由于键长和键角与 c-Si 的键长和键角相差不大，Si 原子可以按照一些规则定位。众所周知，a-Si 中短程内 Si 原子的排列方式与 c-Si 非常相似。也就是说当考虑 a-Si 的生长时，我们可以参考 c-Si 的生长作为 a-Si 生长的近似图像。这有助于理解 Si 原子在 a-Si 中的生长过程。

图 5.19 为 Si 原子层通过 SiH_3 在 c-Si(111) 面上生长的图像。图 5.19(a) 为带有悬挂键的 H 钝化 Si 层示意，悬挂键可以通过 SiH_3 去除 H 原子而产生（图中的黑点表示 Si 悬挂键）。图 5.19(b) 为第一个 SiH_3 在这种悬挂键上连接。由于第一个连接的 SiH_3 干扰了其他 SiH_3 在表面的自由迁移，所以在第一个连接的 SiH_3 附近，通过 SiH_3 的撞击去除 H 原子，从而在第一个连接的 SiH_3 旁边形成第二个 Si 悬挂键，如图 5.19(c) 所示。图 5.19(d) 为第二个 SiH_3 基团在第二个悬挂键上连接。如果第一个 SiH_3 和第二个 SiH_3 的 H 原子之间的空间距离足够小而促进交联反应（—Si—H＋H—Si⟶—Si—Si—＋H_2）发生，则这两个 SiH_3 可以形成新的一层 Si。但如图所示，两个 SiH_3 的两个 H 原子间的距离在三维空间中并没有那么近。因此，为了通过交联两

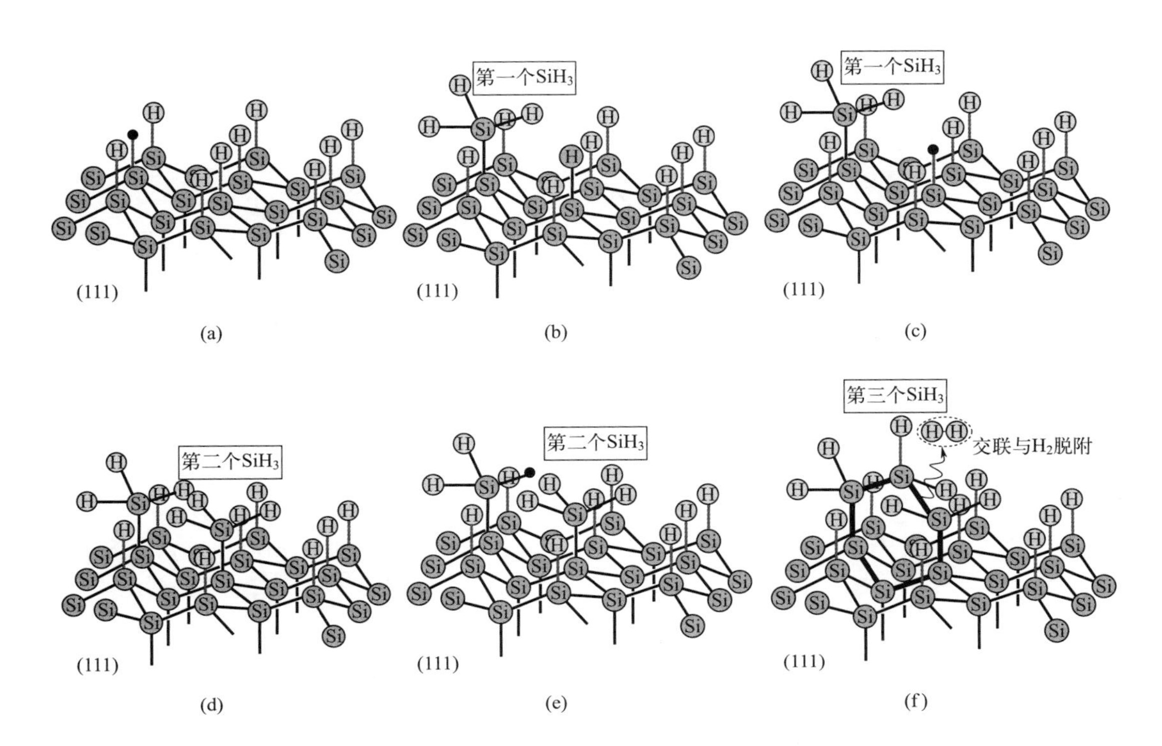

图 5.19 SiH_3 基团沿〈111〉方向在（111）平面上生长 Si 薄膜的模型。薄膜生长需要三个 SiH_3 基团。黑点表示 Si 悬挂键。(a) 含有悬挂键的 H 钝化硅表面，(b) 第一个 SiH_3 与悬挂键结合，(c) 表面距离第一个 Si—SiH_3 最近的位置产生新的悬挂键，(d) 第二个 SiH_3 与第二个悬挂键结合，但是两个 SiH_3 中的 H 原子距离过大而不能触发交联反应，(e) 第一个 SiH_3 上产生悬挂键，(f) 第三个 SiH_3 与第一个 SiH_3 上的悬挂键结合。这时第三个 SiH_3 上的 H 原子与第二个 SiH_3 上的 H 原子距离足够近可以触发交联反应，这样第二层 Si 原子可以通过三个 SiH_3 成功形成

个 SiH_3 基团的两个 H 原子来形成 Si—Si 键，需要在 SiH_3 分支处产生的 Si 悬挂键上连接第三个 SiH_3，如图 5.19(e) 所示，并形成一个新的 Si 层，如图 5.19(f) 所示。图 5.19(f) 表明需三个 SiH_3 基团在 Si(111) 面生长这样的 Si 环结构。也就是说，如果我们考虑三维结构，满足交联反应的要求变得越来越复杂，需要更多的 SiH_3 来形成新的 Si 层。

图 5.20 为在（110）晶面上类似的 Si 生长步骤。图 5.20(a) 为带有悬挂键的 H 钝化 Si 表面。第一个 SiH_3 附着在该悬挂键上，如图 5.20(b) 所示。图 5.20(c) 为在第一个 SiH_3 上形成另一个悬挂键。在这种情况下，如果第二个 SiH_3 与这个悬挂键成键，则第二个 SiH_3 的 H 原子与 Si 表面的其他 H 原子之间的距离变得很短，因为这两个 SiH_3 位于同一个平面上，则在同一平面（基底面）上找到来自另一个 H 原子可能性也比较大。这样，如图 5.20(d) 所示，如果我们考虑在（110）平面上生长，仅使用两个 SiH_3 就形成了一个 Si 环。

图 5.21 展示了 Si 在（100）面上的生长步骤。与以上过程类似，我们也可以很容易理解（100）平面上 Si 薄膜的生长机制。即如图 5.21(a)～(f) 所示，需要三个 SiH_3

基团来形成 Si 环，这与在（111）面上的生长过程类似。

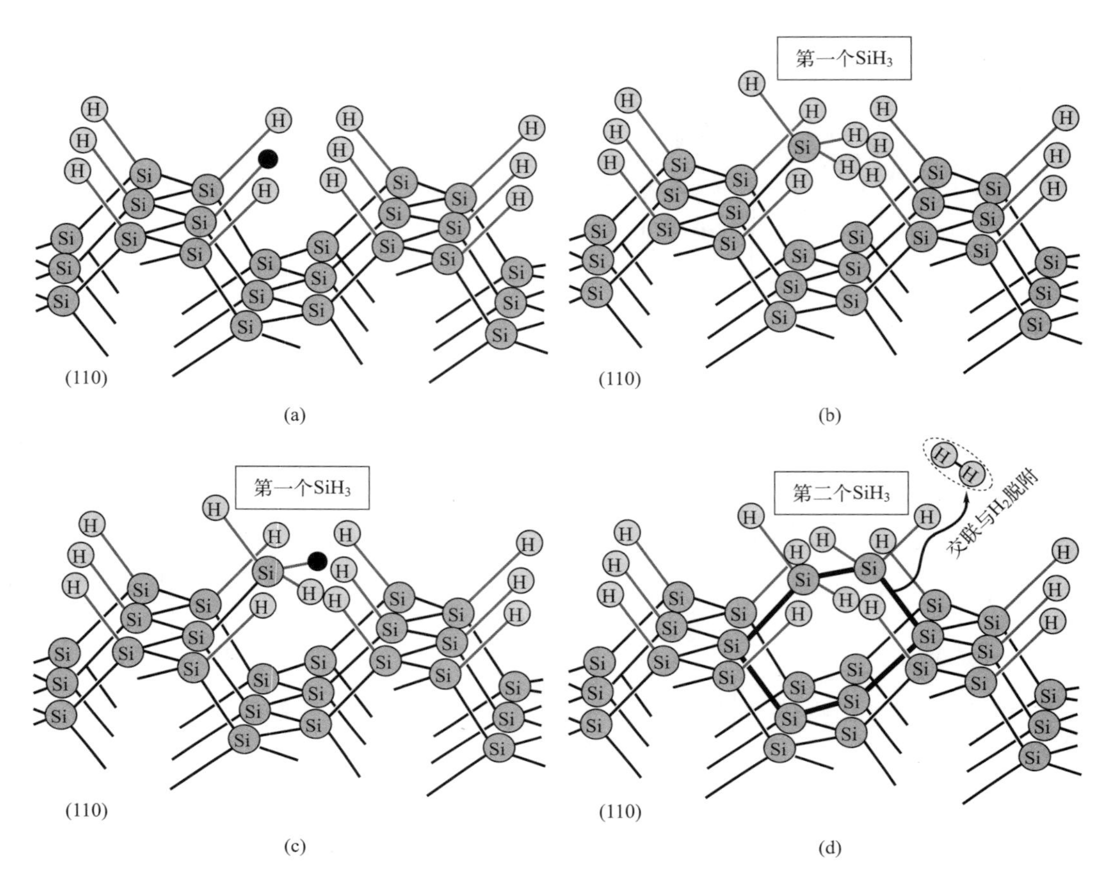

图 5.20 SiH_3 基团沿〈110〉方向在（110）平面上生长 Si 薄膜的模型。薄膜生长需要两个 SiH_3 基团。黑点表示 Si 悬挂键。(a) 含有悬挂键的 H 钝化硅表面，(b) 第一个 SiH_3 与悬挂键结合，(c) 第一个 SiH_3 上产生悬挂键，(d) 第二个 SiH_3 与第一个 SiH_3 上的悬挂键结合。由于第二个 SiH_3 上的 H 原子与表面的 H 原子距离足够近可以触发交联反应，第二层 Si 原子仅需两个 SiH_3 即可成功形成

由这三个图可知，Si 的生长依靠与气相中的 SiH_3 连接进行生长，似乎在（110）面上的生长最容易进行。已有报道利用液相外延（LPE）或分子束外延（MBE）生长结晶态 Si 薄膜时，（100）面上的薄膜生长最容易进行。这是因为（100）面上键数最少。但当我们考虑利用 SiH_3 基团沉积薄膜时，（110）面成为晶体生长的优先面。我们稍后将讨论与此相关的（微）晶硅薄膜生长中的优先取向问题。

尽管图 5.19～图 5.21 展示的是通过 SiH_3 基团在 c-Si 表面进行薄膜生长。如前所述，这种机制也可以近似地用于解释 a-Si 的生长，因为 a-Si 薄膜中也存在着短程有序现象。因此，我们可以通过使用 SiH_3 基团来解释 a-Si 薄膜的生长机理。

当然，上述解释均基于推测。目前没有直接实验证据支持该模型。然而如后文所述，通过 SiH_3 基团生长 poly-Si 优先沿（110）面生长的事实似乎支持上述三维生长模型。

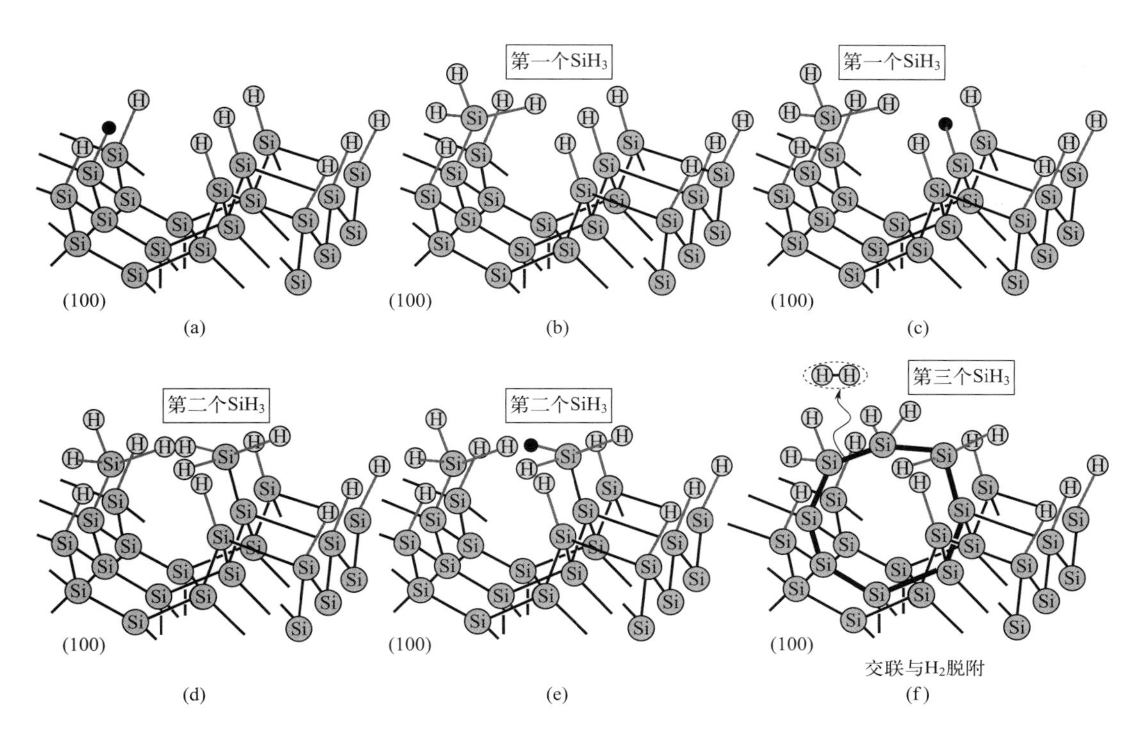

图 5.21　SiH_3 基团沿〈100〉方向在（100）平面上生长硅薄膜模型。薄膜生长需要三个 SiH_3 基团。黑点表示 Si 悬挂键。（a）含有悬挂键的 H 钝化硅表面，（b）第一个 SiH_3 与悬挂键结合，（c）表面距离第一个 Si—SiH_3 最近的位置产生新的悬挂键，（d）第二个 SiH_3 与第二个悬挂键结合，但是两个 SiH_3 中的 H 原子距离过大而不能触发交联反应，（e）第二个 SiH_3 上产生悬挂键，（f）第三个 SiH_3 与第二个 SiH_3 上的悬挂键结合。这时第三个 SiH_3 上的 H 原子与第一个 SiH_3 上的 H 原子距离足够近可以触发交联反应，这样第二层 Si 原子可以通过三个 SiH_3 成功形成

5.2　Cat-CVD 制备多晶硅（poly-Si）和微晶硅（μc-Si）的性能

5.2.1　晶态硅薄膜的生长

除 a-Si 薄膜外，poly-Si 薄膜及 μc-Si 薄膜也备受关注。在 a-Si 网络中嵌有小 Si 晶粒的薄膜通常称为 μc-Si 或纳米晶硅（nc-Si）。自从 poly-Si 薄膜在硅集成电路和太阳电池中应用，人们开始对这种薄膜产生了兴趣。一般而言 poly-Si 薄膜是在高温下制备的。然而，利用低温方法制备的 poly-Si、μc-Si 和 nc-Si 薄膜在制造低成本太阳电池和 TFT 方面也备受关注，它们都有望获得比 a-Si 薄膜更好的性能。

已经有一些关于 a-Si 结晶的讨论，特别是 1979 年 S. Usui 和 M. Kikuchi 的报道中展示了通过 PECVD 制备的高掺杂、低电阻率的 Si 薄膜[43]。尽管当时已有许多通过 PECVD 低温制备 μc-Si 的工作，但据作者所知，当时的这篇报道应该是第一篇展示在

低衬底温度下通过 PECVD 沉积 poly-Si 或 μc-Si 的论文。此外，1991 年 H. Matsumura 报道了利用 Cat-CVD 在 300℃左右的衬底温度下也可以在玻璃衬底上得到 poly-Si 或 μc-Si 薄膜[44]。该 Cat-CVD 设备与制备 a-Si 所用的设备相同，只是沉积气压更低，且用 H_2 稀释了 SiH_4 气体。通过 X 射线衍射（XRD）进行测试，并用 Scherrer 公式计算了晶粒尺寸为 100nm[45]。

Cat-CVD 制备 poly-Si 或 μc-Si 薄膜的典型沉积参数见表 5.3。除 SiH_4 与 H_2 流量比例和相对较低的沉积气压外，大部分参数都与 a-Si 的沉积参数相同。

表 5.3 Cat-CVD 制备 poly-Si 或 μc-Si 薄膜的典型沉积参数

参数	设定值
催化热丝材料	W
催化热丝温度，T_{cat}/℃	1700～1900
衬底温度，T_s/℃	200～400
沉积过程中的气体压力，P_g/Pa	0.06～0.13
SiH_4 流量，FR(SiH_4)/(cm^3/min)	0.1～1.5
H_2 流量，FR(H_2)/(cm^3/min)	10～100
催化热丝与衬底之间的距离，D_{cs}/cm	4～5

图 5.22 给出了其中一个 Si 薄膜的 XRD 结果。X 射线是由电子轰击铜（Cu）靶产生的，因此观察到两个峰：Cu K_α 和 Cu K_β X 射线。图中可以看到来自 c-Si（220）晶面的尖锐衍射峰。而来自 c-Si（111）面的信号则非常微弱。从图中可以看出，在低于 400℃的衬底温度下得到了包含小晶粒的 Si 薄膜。

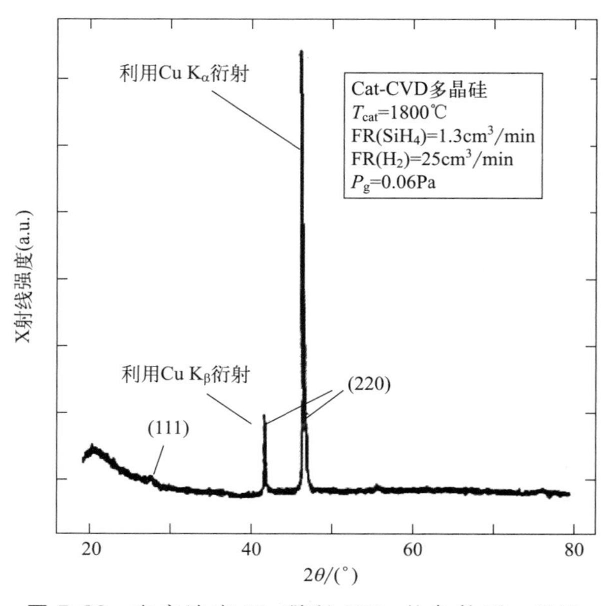

图 5.22 在高浓度 H_2 稀释 SiH_4 的条件下，通过 Cat-CVD 制备 Si 薄膜的 X 射线衍射谱

在XRD谱中，虽然由于结构因子规则观察到的是c-Si（220）面衍射峰而看不到c-Si（110）面衍射峰[46]，但我们可以从c-Si（220）面的数据中获取c-Si（110）面的信息。c-Si（110）面择优取向可以由图5.19～图5.21所示的a-Si生长模型来解释。当然，通过大幅改变沉积条件，除c-Si（220）衍射峰外，我们还可以观察到c-Si（111）衍射峰。当到达生长表面的SiH_3基团密度高到可以加速其他晶面生长时，或当衬底温度高到可以提高成膜速率时，择优取向生长就会被削弱，这时c-Si（220）之外的其他晶面都可以生长。尽管如此，在任何生长条件下通过低温来沉积poly-Si时，c-Si（220）仍是主要优先生长的晶面。

众所周知，在通过LPE或MBE生长晶Si薄膜时，薄膜的优先生长方向通常是（100）晶面。这是因为在（100）面上生长的成键数最少。然而，通过SiH_3基团的生长似乎与之不同，这可能是因为在第5.1.4节中提到的生长过程需要交联反应和消除H原子的反应。

通过拉曼（Raman）光谱，我们也可以确定Si薄膜的结晶状况。图5.23为H_2流量为$30cm^3/min$时，不同SiH_4流量［$FR(SiH_4)$］下制备Si薄膜的拉曼光谱。在拉曼光谱中，位于$520cm^{-1}$处的横向光学（TO）声子峰是来自c-Si的信号，而在$480cm^{-1}$处为来自a-Si的信号。而在$495～510cm^{-1}$处额外出现的一个峰是来自纳米尺寸c-Si晶粒的峰[47,48]。

晶化率F_c定义为结晶相的体积占总体积的百分比，是衡量结晶进行到何种程度的参数。即如果非晶相的体积和结晶相的体积分别由X_α和X_c表示，则F_c定义为$X_c/(X_\alpha+X_c)$。F_c通常通过结晶相与非晶相的拉曼峰积分面积比来简单估算。该图的插

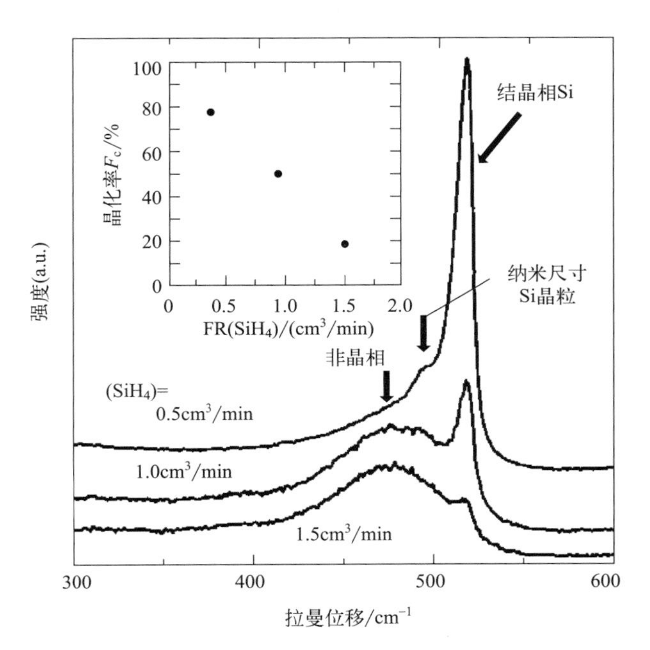

图5.23　不同SiH_4流量制备Cat-CVD Si薄膜的拉曼光谱。数据来源：Matsumura（1998）[33]。经Japanese Journal of Applied Physics许可转载

图为图中三个样品的晶化率。由图可见，F_c 随 H_2 稀释率的增加而提高。

通过 X 射线和拉曼分析再次清楚地表明，在 Cat-CVD 工艺中通过用 H_2 稀释 SiH_4 很容易获得结晶相。

5.2.2 Cat-CVD 制备 poly-Si 薄膜的结构

从诸多关于 poly-Si 薄膜生长的研究中可知，沿生长方向晶体的生长并不均匀。当 poly-Si 薄膜在玻璃衬底上生长时，有时需要经过一定时间后才开始沉积，如图 5.24 所示。当 H_2 与 SiH_4 的稀释比大时，即 $FR(H_2)/FR(SiH_4)$ 的流量比大于数十时，Si 膜在几十秒甚至数分钟后才开始生长。这段薄膜没有沉积的持续时间通常称为“孵化时间”。

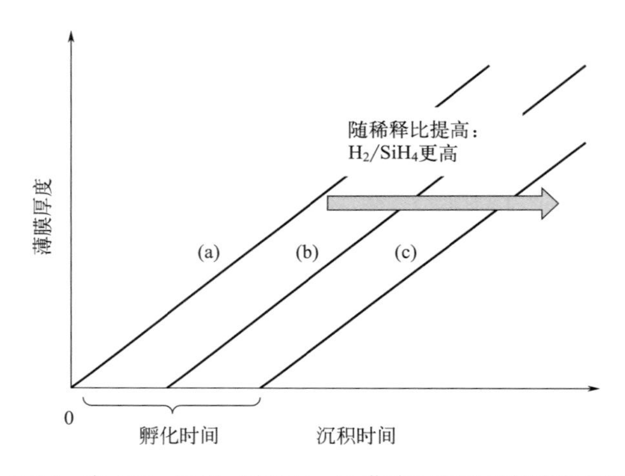

图 5.24 当 SiH_4 用 H_2 稀释时，Si 薄膜沉积随时间变化的图像

在结晶态 Si 薄膜的诸多生长模型中，我们通常考虑图 5.25 所示的模型。这里我们仍认为 Si 薄膜沉积的前驱体是 SiH_3。

当很多 SiH_3 基团到达衬底（例如玻璃片）表面时，其中一些会立即被衬底反射，但其中一些 SiH_3 基团会由于范德瓦尔斯力的作用与衬底形成较弱的物理键，开始在衬底表面迁移。如果这样的 SiH_3 基团在衬底表面没有遇到其他也在迁移的 SiH_3 基团，那么它会在一定时间后从衬底表面返回气相，如图 5.25(a) 所示。然而，如果遇到其他 SiH_3 并形成 Si—Si 键，从而聚集为一个组装体，则释放到气相中的概率会由于 Si—Si 键的存在而降低。如果表面形成组装体的 SiH_3 基团数量不多，则返回气相的概率仍大于在组装体中添加新 SiH_3 的概率。这是由于有很多 H 原子会与这些组装体中的 Si 形成 Si—H 键，最终形成 SiH_4 从而将 Si 原子从这些组装体中拉出，如图 5.25(b) 所示。而如果在表面上的某个位置聚集的 Si 原子数量超过一定值，则在组装体内部保持众多 Si—Si 键不被破坏，而使主体偏向于凝聚的能量超过了将 Si 原子释放到气相中的能量。这时 Si 膜开始生长。这种尺寸的组装体称为“临界晶核”，如图 5.25(c) 所示。当组装体的尺寸超过临界晶核尺寸时，会自动长大成为 Si 薄膜，如图 5.25(d) 所示。poly-Si 生长的孵化时间可以用产生很多临界晶核需要时间来解释。

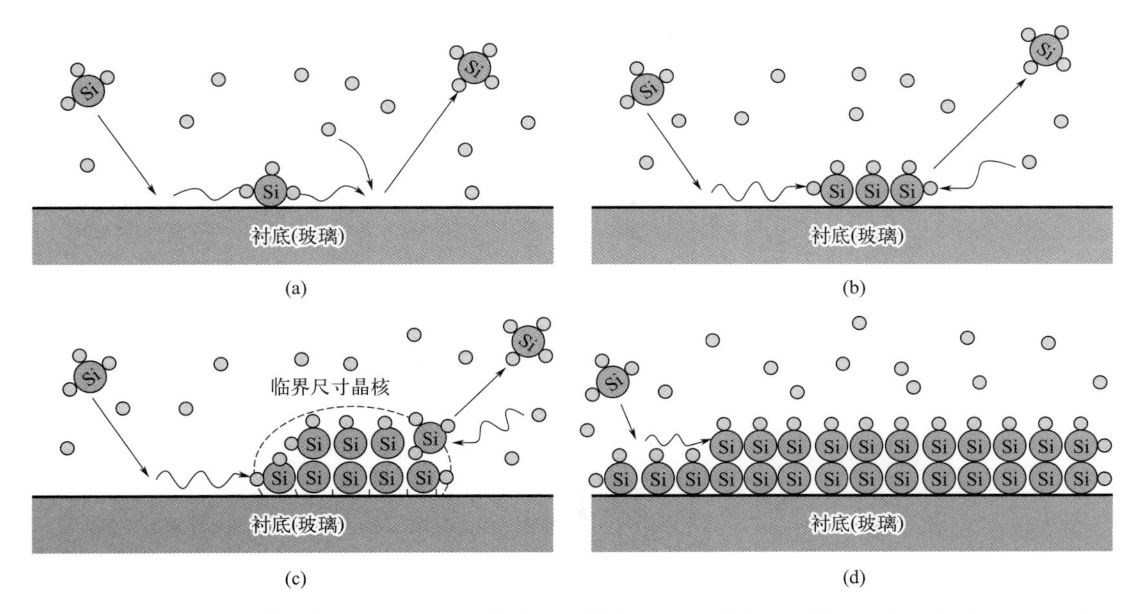

图 5.25　以 SiH_3 为前驱体的 Si 薄膜生长模型。大圆圈表示 Si 原子，小圆圈表示 H 原子。(a) Si 原子在衬底表面运动，Si 原子的吸附和解吸附达到平衡，(b) 一些 Si 原子由于某种原因开始聚集，但是一些原子仍然从衬底表面解吸附，(c) 衬底表面聚集 Si 原子数量超过了临界晶核尺寸，由于晶核的吸引力，解吸附被抑制，(d) Si 薄膜开始生长

对于大的 H_2 稀释比，腔室中 H 原子通过去除薄膜生长表面的 H 原子来抑制（S—H_2）链的生长，同时也阻止了 H 原子残留在 Si 膜内。这样硅薄膜很可能会结晶，并且如前所述，这种结晶将优先在（110）晶面上发生。当 H 稀释度更大时，由于蚀刻作用或通过形成 SiH_4 去除组装体中的 Si 原子，使得孵化时间变长。

当很多 H 原子作用在薄膜上时，即使是 H 含量非常少（大约数个原子分数）的 a-Si 薄膜也可以晶化。Si 膜被 H 原子刻蚀的同时，a-Si 薄膜也在结晶[49]。这意味着当我们去除膜内干扰 a-Si 结晶的 H 原子时，Si 膜就会很容易结晶。这可能是因为形成结晶态所需的能量低于形成复杂非周期性结构的能量。这些现象也可以在 MBE 制备晶体 Si 薄膜的生长过程中观察到。当在 MBE 的真空腔室中引入少量 H 原子时，晶体的生长会由于 H 原子对表面层的非晶化而受到干扰[50]。

当在玻璃衬底上用纯 SiH_4 或相对较低 H_2 稀释比的 SiH_4 制备 Si 薄膜时，薄膜无需孵化时间即开始生长，如图 5.24 中（a）所示。但即使是用 H_2 稀释的情形，也需要 Si 膜的厚度超过一定值时才能观察到结晶相。如果我们用透射电子显微镜（TEM）来观察这样薄膜的截面结构会发现玻璃衬底上的初始层为非晶相，当厚度超过某个值时，结晶相才开始生长。截面 TEM 图像如图 5.26(a) 所示。在薄膜的结晶相开始生长之前，存在非晶态孵化层。

随着 H_2 稀释比的增加，孵化时间可能会增加，如图 5.24 中（b）、（c）所示。当有足够的孵化时间时，在 Si 膜和玻璃衬底之间的界面处可以直接生长结晶相，横截面 TEM 图像如图 5.26(b) 所示。由图可见，尽管衬底温度仅 300℃左右，微晶也能直接从玻璃衬底上生长出来。当然，如果提供过多的 H 原子，Si 薄膜则无法生长。这是因

为 H 原子的刻蚀作用太强而导致 Si 膜无法形成。

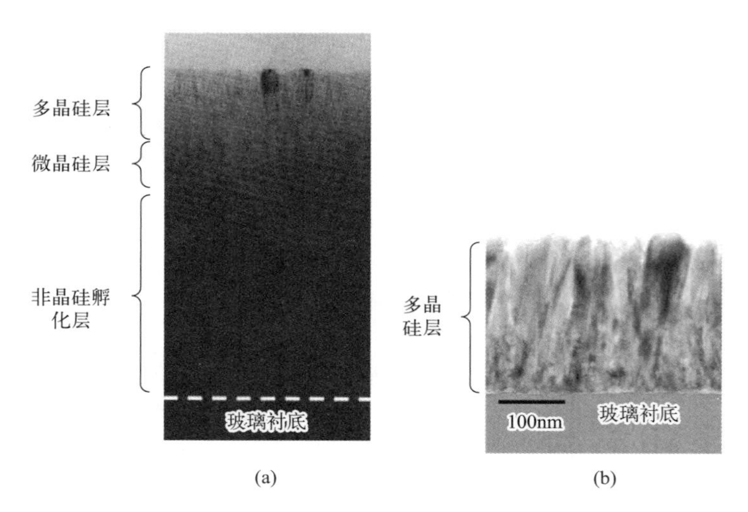

图 5.26 Si 薄膜的 TEM 的横截面图像，样品（a）中等 H_2 稀释比（$H_2/SiH_4=10$）和（b）高 H_2 稀释比（$H_2/SiH_4=100$）

虽然人们通过 Cat-CVD 成功制备了 poly-Si 薄膜。但问题是这些 poly-Si 薄膜很容易被氧化。人们通过二次离子质谱（SIMS）检测了 Cat-CVD poly-Si 膜的成分。图 5.27 为 SIMS 曲线以及硅薄膜结构示意。图 5.27(a) 为中等 H_2 稀释比（如 $H_2/SiH_4=10$）制备的样品测试

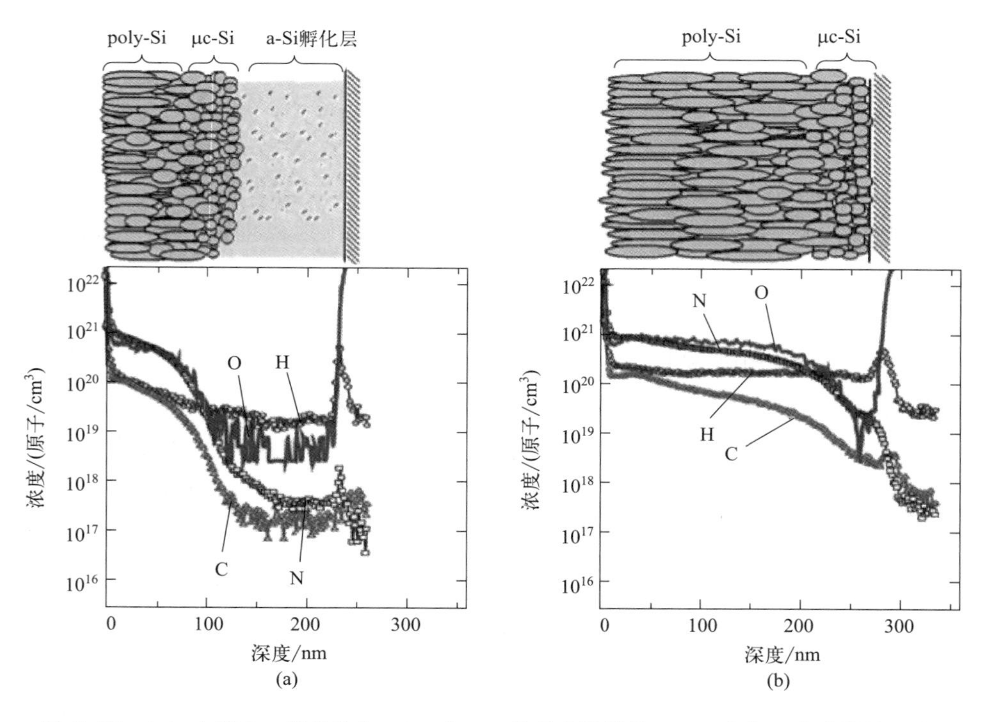

图 5.27 （a）中等 H_2 稀释比和（b）高 H_2 稀释比样品的 SIMS 曲线和薄膜结构示意

结果。图 5.27(b) 为高 H_2 稀释比（如 $H_2/SiH_4=100$）的结果。对于高 H_2 稀释比，poly-Si 直接从玻璃衬底的底部以柱状结构生长，但暴露在空气中时氧原子很容易渗透到薄膜底部。

图 5.28 通过 poly-Si 膜内部的结构的示意图再次总结了这些现象。图中还示意性地给出了 SIMS 测量的深度方向氧含量 C_O 的分布情况。当稀释比较小时，结晶相生长之前会有一层 a-Si 孵化层。在非晶层和初始结晶层中氧含量较少，可能是因为它们堆积较紧密。当稀释比变大时，poly-Si 层开始从衬底表面生长，但它含有许多氧原子。我们相信这些氧原子是从空气中进入薄膜的。当 poly-Si 晶粒变大时，完全填充薄膜所占体积就会变困难，并且在晶界处会产生大量空隙。氧原子很容易通过这些空隙穿透薄膜并在界面处形成氧化层。

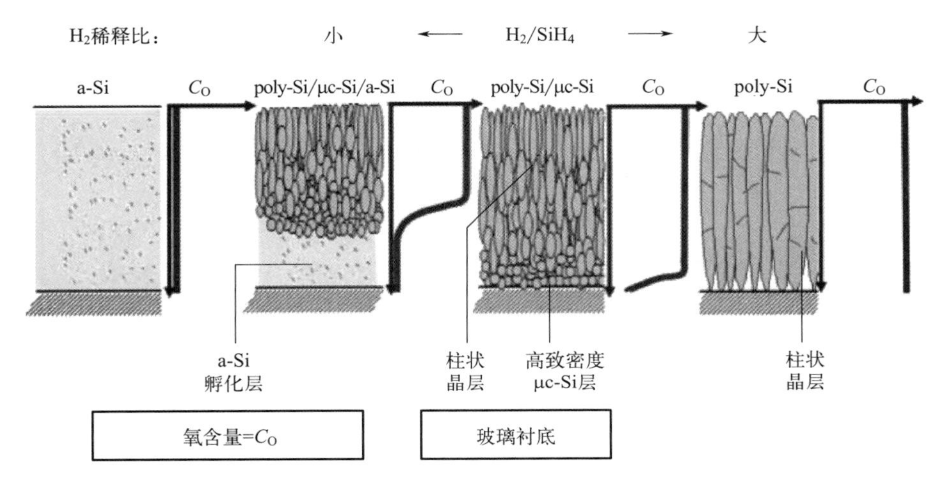

图 5.28　不同 H_2/SiH_4 稀释比制备的 poly-Si 薄膜结构示意。图中还给出了氧含量（C_O）的分布数据。数据来源：H. Matsumura 等（2003）[51]

5.2.3　Cat-CVD 制备 poly-Si 薄膜的性能

由于 Cat-CVD 制备的 poly-Si 沿生长方向结构会发生变化，因此薄膜的性能与薄膜的厚度密切相关。SONY 公司的 H. Kasai 等制备了图 5.29 所示结构的 TFT 来测量 poly-Si 薄膜的电学特性（如迁移率）[51,52]。首先，将 poly-Si 薄膜沉积在石英玻璃衬底上。然后，对 poly-Si 薄膜进行化学蚀刻，使其达到所需厚度。之后，通过磷离子注入和 2s 的快速热退火形成 n^+-poly-Si 层。再用 PECVD 沉积栅极氧化物。最后，制备好金属电极，即可完成 TFT 器件的制备。其中 poly-Si 是用中等稀释度气源制备得到的。

通过对厚度约 220nm 的 Cat-CVD poly-Si 薄膜进行蚀刻，可以得到各种不同厚度的 poly-Si 薄膜。图 5.30 给出了 TFT 中 poly-Si 的晶化率、氧浓度和迁移率在 poly-Si 厚度方向上的分布。一方面，随着蚀刻深度的增加，poly-Si 薄膜的晶化率变化不大。另一方面，poly-Si 表面的氧浓度较高，且随着深度的增加而降低。而迁移率则会在晶化率高且氧浓度低的位置出现最大值。该图还告诉我们，即使是在低温下沉积，Cat-CVD poly-Si 的迁移率仍可达 $40cm^2/Vs$。

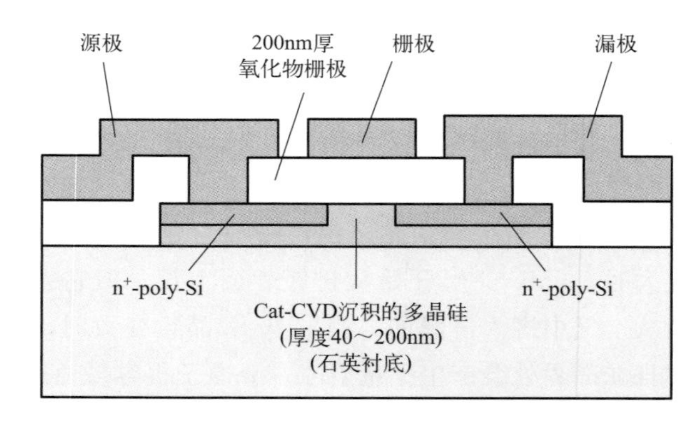

图 5.29 用于测量 Cat-CVD poly-Si 薄膜迁移率的 TFT 结构

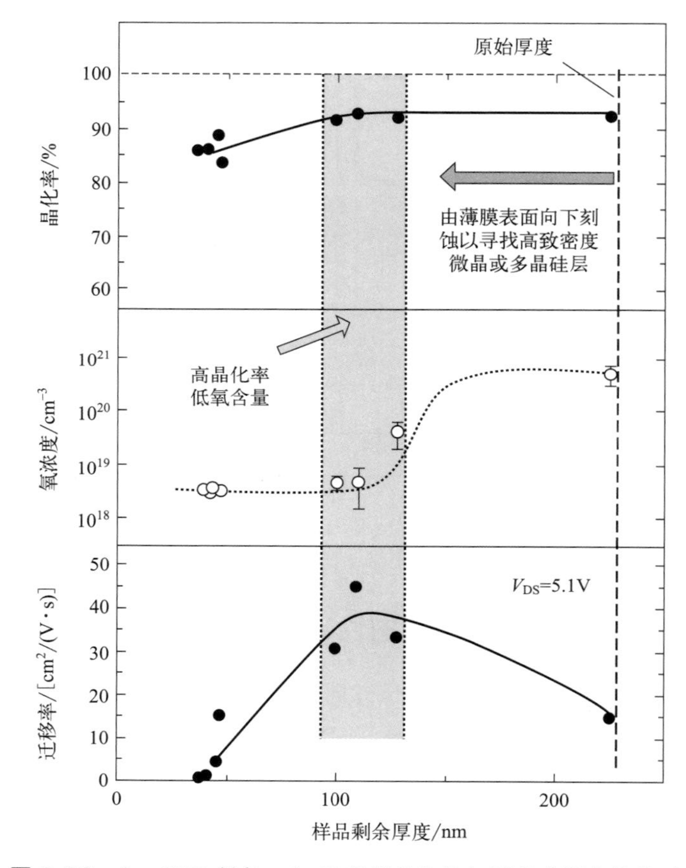

图 5.30 Cat-CVD 制备 poly-Si 薄膜的特性与厚度或深度的关系

此外，人们还通过在薄膜表面制备范德堡或图形化霍尔电极测量了 Cat-CVD poly-Si 薄膜的电学特性[53]，如图 5.31 所示。这种测试方法，无法获知其电学特性随薄膜厚度变化的规律。然而，由于电流会自动以沿电阻最小的通道流动，因此我们可以测量薄膜中具有最高迁移率或最低电阻率区域的特性。

我们知道对于薄膜的载流子浓度 n 与测量温度 T 之间有以下关系式(5.8) 成立[54,55]。此外，对于薄膜的载流子迁移率 μ 有等式(5.9) 成立：

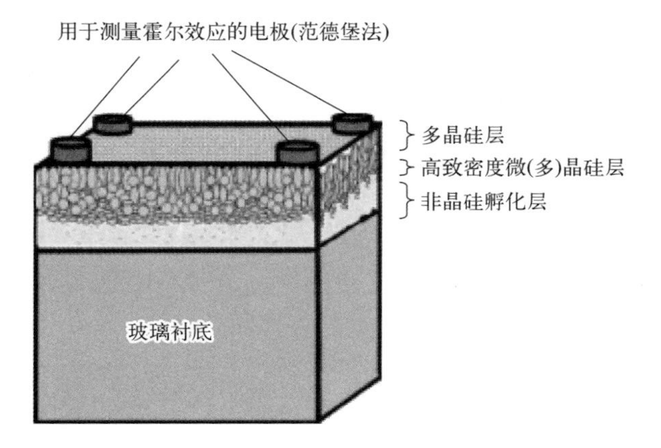

图 5.31 用于测量 Cat-CVD poly-Si 薄膜电性能的样品结构

$$n^2 = AT^3 \exp(-E_g/kT) \tag{5.8}$$

$$\mu = B(L/\sqrt{T})\exp(-\phi_B/kT) \tag{5.9}$$

式中，E_g、k、L 和 ϕ_B 分别指 $T=0$K 时的带隙、玻尔兹曼常数、晶粒尺寸和晶界处的势垒高度[55,56]。A 和 B 为比例常数。

图 5.32 为 n^2/T^3 与 $1/T$ 之间的关系。图中半对数图的斜率相当于 E_g，从图中推导出为 1.21eV。这正是 $T=0$K 时 c-Si 的带隙值[54]。这样，我们可以确定的说我们测量的薄膜是由 c-Si 晶粒组成的 poly-Si 薄膜。

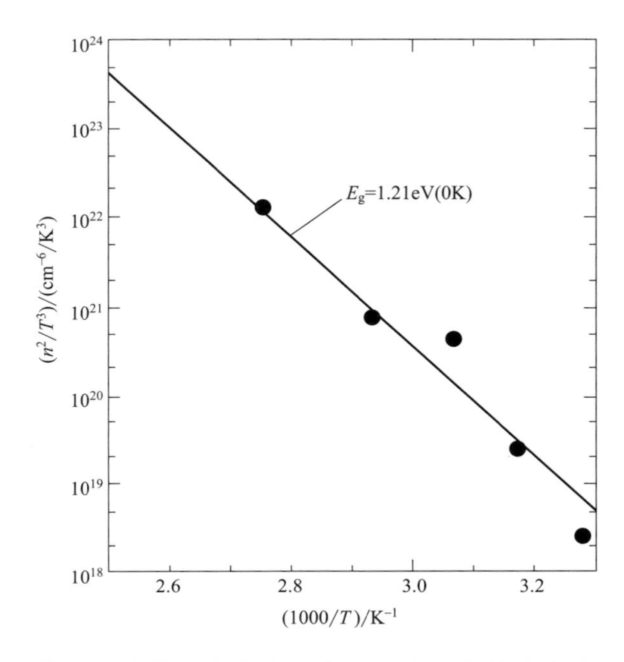

图 5.32 载流子浓度 n 与测量温度 T 之间的关系曲线。数据来源：Matsumura 等 (1994)[55]。经 The Japan Society of Applied Physics 许可转载

等式(5.9) 中所示的关系式源自 Seto 模型，该模型中载流子穿过具有一定势垒高度 ϕ_B 的晶界进行输运[56]。根据 $\mu\sqrt{T}$ 与 $1/T$ 的斜率，可以估算 ϕ_B 值，如图 5.33 所示。

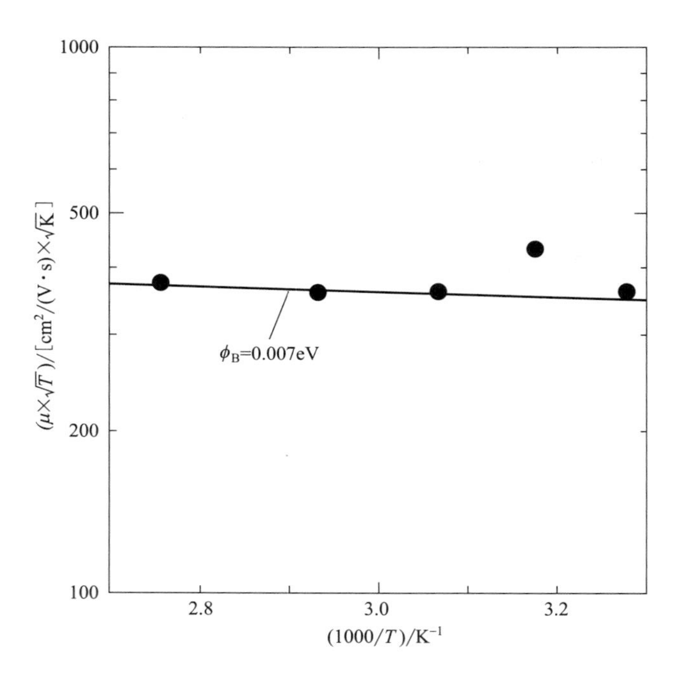

图 5.33 Cat-CVD 制备 poly-Si 晶界势垒高度。数据来源：Matsumura 等(1994)[55]。经 The Japan Society of Applied Physics 许可转载

图 5.34 总结了 Cat-CVD poly-Si 薄膜的相关数据。图中给出了 XRD 测得的晶粒尺寸、晶界处的势垒高度和迁移率等参数随 H_2 流量 $FR(H_2)$ 变化的关系曲线［固定 SiH_4 流量 $FR(SiH_4)$ 为 $1cm^3/min$］。在 poly-Si 薄膜的制备中，$T_{cat}=1800℃$，$T_s=300℃$，$P_g=0.67Pa$[33]。

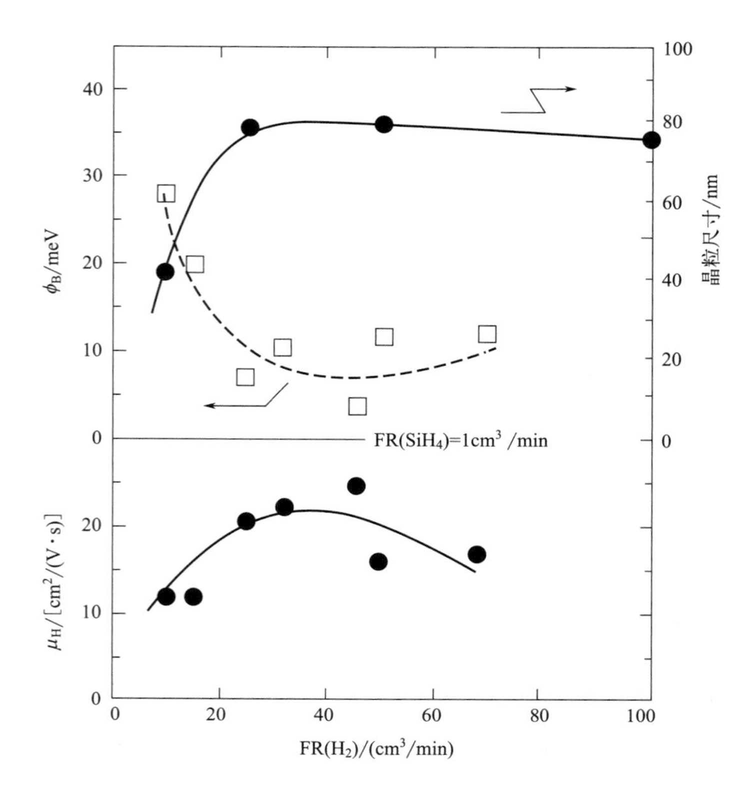

图 5.34 不同 H_2 流量条件下制备的 Cat-CVD poly-Si 数据，电学性能是通过范德堡法测量的。数据来源：Matsumura (1998)[33]。经 The Japan Society of Applied Physics 许可转载

5.2.4 在 c-Si 衬底上生长晶硅薄膜

我们知道在玻璃衬底上制备 poly-Si 薄膜时，有时会存在孵化时间或孵化 a-Si 层。那么，如果将 poly-Si 薄膜沉积在 c-Si 上会发生什么？许多团队都尝试过这种做法。这里为读者展示作者团队的结果，因为据作者所知，这可能是第一个关于 Cat-CVD 外延沉积 Si 薄膜的报道[57]。

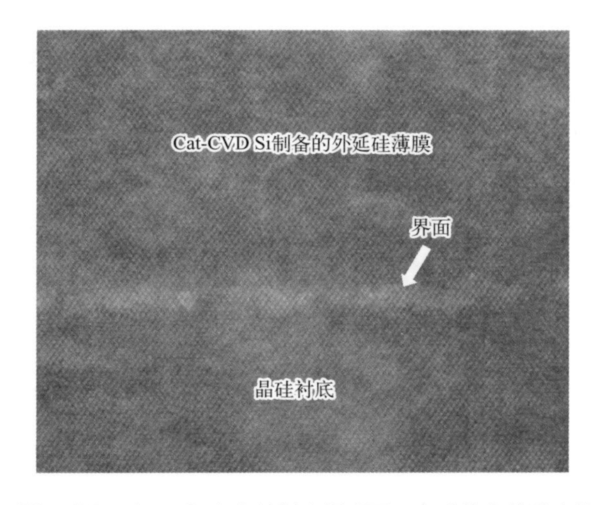

图 5.35 在 100℃左右的衬底温度下，在硅片上外延生长晶硅薄膜的截面 TEM 图。数据来源：Yamoto 等（1999）[57]

图 5.35 为在单晶硅片上通过大 H_2 稀释比所制备 Si 薄膜的 TEM 截面图[57]。Cat-CVD 技术的特点之一就是低温外延生长 Si 薄膜。低温外延生长可能是由腔室内高浓度的 H 原子所致。这种低温外延沉积的 Si 薄膜可以用来制造集成电路中新型晶体管的升高源极和漏极。

5.3 Cat-CVD 制备 SiN_x 的性能

5.3.1 SiN_x 薄膜的应用

Si 成为半导体器件主要材料的原因是 Si 可以通过热生长而覆盖一层高质量的绝缘 SiO_2 层。当硅片在温度超过 800～1000℃时暴露在氧气氛中，表面的硅会转化为 SiO_2。这种 SiO_2 是一种绝佳的绝缘体，可以避免电流在硅表面泄漏。在电子器件中，表面镀膜是器件稳定工作的重要工艺之一。对于 Si 基器件，大多使用热生长的 SiO_2。然而，由于它的生长至少需要数百摄氏度的高温，因此它不能用于某些低温工艺或某些不能在高温下使用的半导体。这样，在某些情况下要求绝缘薄膜必须在低于 400℃，有时甚至低于 100℃的温度下制备。对于这样的要求，低温沉积高质量绝缘薄膜有望成为可行性最好的方法。基于这样的目标，沉积 SiO_2 当然重要，但还有许多其他绝缘材料可以选择。氮化硅（按照化学计量比应为“Si_3N_4”，本书采用“SiN_x”）是其中可选择的主要绝缘材料之一。这是由于制备高质量 SiN_x 薄膜相对比较容易，并且它适合沉积在各种半导体上，如 GaAs。SiN_x 非常适合作为 a-Si TFT 中的栅极绝缘层材料来使用。SiN_x 薄膜还可以沉积在塑料或有机材料上作为气体阻隔薄膜。由于 SiN_x 薄膜的应用非常广泛，因此，接下来我们主要介绍 Cat-CVD 制备的 SiN_x 薄膜的性能。

5.3.2 SiN_x 的制备基础

如上所述，SiN_x 薄膜在电子器件有着重要的应用。目前有许多制备 SiN_x 薄膜的方法，包括热 CVD（采用不同气源）和 PECVD 等方法。1987 年首次用 Cat-CVD 制备了 SiN_x 薄膜，与其他已有方法相比，这种方法较新颖。利用 Cat-CVD，使用纯 NH_3 和 SiH_4 混合作为气源，或使用 H_2 稀释的 NH_3、SiH_4 混合气作为气源，均可得到 SiN_x 薄膜。由于前一种纯 NH_3、SiH_4 混合气使用起来相对简单，因此，大多数情况下使用这种气源。但是，H_2 稀释的 NH_3、SiH_4 混合气可以保证薄膜有良好的台阶覆盖性。还有报道使用安全性更高的六甲基二硅氮烷（HMDS）、NH_3 和 H_2 的混合气通过 Cat-CVD 来制备 SiN_x 薄膜，本书后文有相关解释。而 PECVD 制备 SiN_x 薄膜时，一般用 N_2 提供 N 原子而不是 NH_3。由于 N_2 在加热的钨丝上不容易裂解，因此在 Cat-CVD 中大多采用 NH_3 作为 N 源。

Cat-CVD 沉积 SiN_x 的典型参数如表 5.4 所示。当用 H_2 稀释时，NH_3 气体的流量通常远大于 SiH_4 的流量。在 PECVD 中也存在类似情况。但当 H_2 稀释比很大时，则 NH_3 与 SiH_4 的流量比约等于 1。这种情况将在后文进行说明。

表 5.4 Cat-CVD 沉积 SiN_x 的典型参数

参数	ULVAC	本团队工作 1	本团队工作 2	乌得勒支大学团队[58]
催化热丝材料	W	W	W	Ta
沉积区域	<20cmΦ	<10cm×10cm	20cm×20cm	5cm×5cm
催化热丝和衬底距离 D_{cs}/cm	<5	3～5	10～15	4
催化热丝直径/mm	0.5	0.5	0.5	0.5
催化热丝长度/cm	300	200	300	60
催化区域 S_{cat}/cm^2	50	33	50	18.8
催化热丝温度 T_{cat}/℃	1900	1750	1750	2100
衬底温度 T_s/℃	40～600	200～400	200～400	450
气压 P_g/Pa	0.13～1.3	1～6	10～20	20
SiH_4 流量/(cm^3/min)	7	1	6	22
NH_3 流量/(cm^3/min)	10	30～100	300	300
H_2 流量/(cm^3/min)	30	0	0	0
典型沉积速率 D_R/(nm/s)	1	0.2～0.5	0.5～1.5	3.1
典型折射率	—	1.95～2.05	2.00～2.05	1.96
台阶覆盖率	保形	—	—	保形或织构

5.3.3 采用 NH_3 和 SiH_4 混合气制备 SiN_x

Cat-CVD 技术发展初期最成功的范例就是沉积 SiN_x 薄膜。当作者团队开始尝试制备 SiN_x 薄膜时，实验进行并不顺利。这是因为首次实验时对于沉积气压而言，NH_3 与 SiH_4 的气体流量比过大。图 5.36 为不同气压下，符合化学计量比且折射率在 2.0 附近的 SiN_x 薄膜的沉积速率、折射率随 SiH_4 流量 FR(SiH_4) 的变化规律（NH_3 流量固定）[38]。

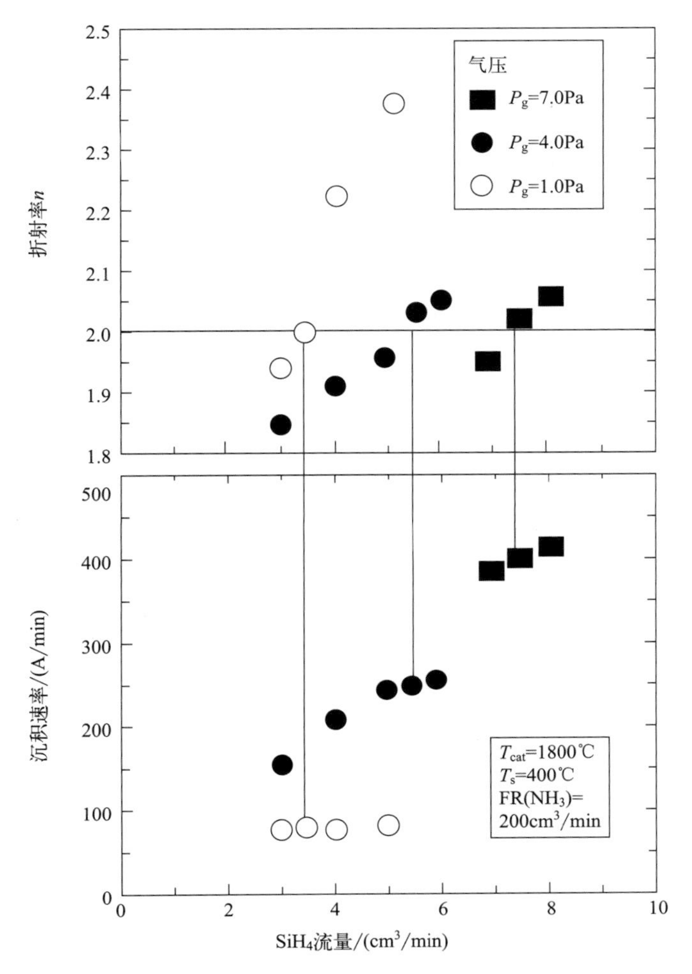

图 5.36 SiN_x 薄膜的折射率和沉积速率随混合气中的 SiH_4 流量的变化规律，图中给出了不同沉积气压下的数据。数据来源：Matsumura（2001）[38]。经 The Institute of Electronics，Information and Communication Engineers 许可转载

图 5.36 表明：①对于固定 NH_3 流量，沉积速率主要取决于 SiH_4 流量；②在沉积过程中，随沉积气压的升高，为获得折射率为 2.0 符合化学计量比的 SiN_x，NH_3 与 SiH_4 的混合比很可能会减小。也就是说，当气压较低时，需引入大量的 NH_3 来保持较大的混合比。随着气压的升高，沉积速率增加，则需降低 NH_3 的混合比例，以获得折射率为 2.0 的薄膜。在 Cat-CVD 制备 SiN_x 中，这是基本的指导原则。

如第 2 章所述，与催化热丝表面碰撞的分子数量取决于气压 P_g 或沉积过程中分子的浓度及其热速率。热速率取决于分子的质量：它与质量数的平方根成反比。接下来我们比较 NH_3 分子与 SiH_4 分子碰撞热丝的数量与气体压强的关系。NH_3 的质量数为 17，SiH_4 的质量数为 32，则 NH_3 分子与热丝碰撞数量约为 SiH_4 分子碰撞数量的 1.4 倍。这意味着气压的升高对于提高 NH_3 分子的分解数量更有利。如第 4 章所述，SiH_4 在催化热丝表面的分解需要五个位点，而 NH_3 分解只需要 2 个位点。因此，虽然随着 P_g 的增加碰撞催化热丝表面的 SiH_4 分子数量也增加，但是其分解效率也不会成比例增加。而 NH_3 比 SiH_4 更容易分解，且碰撞在催化热丝表面的 NH_3 分子数量是 SiH_4 的 1.4 倍。这可能就是提高气压时需降低 NH_3 与 SiH_4 混合比的原因。

利用红外吸收光谱很容易测定 Cat-CVD SiN_x 薄膜的结构特征（如氢含量）。

图 5.37 为 $T_{cat}=1750℃$、$T_s=280℃$、$P_g=5Pa$、SiH_4 流量 $FR(SiH_4)=1cm^3/min$、NH_3 流量 $FR(NH_3)=100cm^3/min$ 条件下制备的 Cat-CVD SiN_x 薄膜的红外光谱。图中还给出了 PECVD 在 $T_s=250℃$ 和 320℃ 下制备的 SiN_x 薄膜以供比较[59]。其中 $880cm^{-1}$ 左右的吸收峰对应 Si—N 键伸缩振动，$2180cm^{-1}$ 和 $3320cm^{-1}$ 左右的吸收峰分别对应 Si—H 键和 N—H 键的伸缩振动，$1180cm^{-1}$ 的吸收峰对应 N—H 键的弯曲振动[60]。W. A. Lanford 和 M. J. Rand 采用类似与 5.1.2.2 节的思路，研究了通过红外吸收峰面积估算 H 含量的方法[61]。

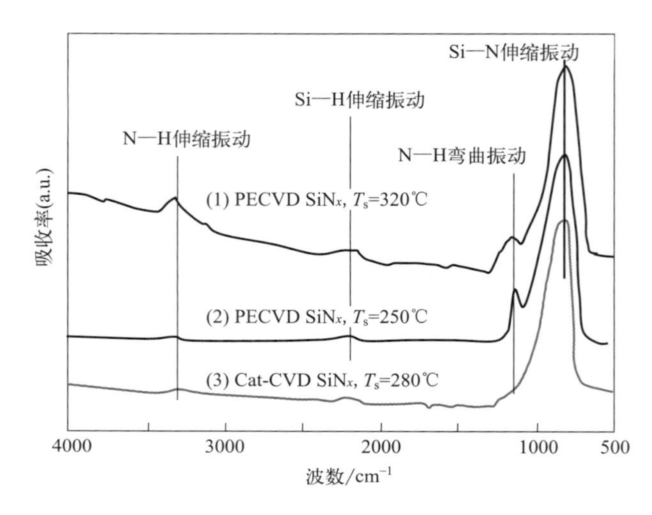

图 5.37 典型的 Cat-CVD 与 PECVD 制备 SiN_x 薄膜的红外吸收谱。PECVD 制备的 SiN_x 薄膜数据来自两篇不同的报道。数据来源：Parsons 等（1991）[59]。经 The Japan Society of Applied Physics 许可转载

图中所有样品的红外吸收谱都以 $830cm^{-1}$ 处的 Si—N 伸缩振动峰为基准进行了归一化处理，以对比 Si—H、N—H 伸缩振动和 N—H 弯曲振动的相对峰强或相对含量。所有薄膜的折射率均在 2.0 左右，N 与 Si 的原子比接近化学计量比 Si_3N_4 或稍大。图中的两个 PECVD 样品是专门用 SiH_4、N_2 和 He 制备的，以降低 SiN_x 薄膜中的 H 含量[59]。文献［59］的作者称他们可以通过 PECVD 制备低 C_H 的 SiN_x 薄膜。然而，对比不同样品的 Si—H 和 N—H 伸缩峰和 N—H 弯曲峰强度，PECVD 制备 SiN_x 的 N—H 峰仍大于 Cat-CVD 薄膜的。也就是说，Cat-CVD 制备 SiN_x 中的 C_H 肯定小于 PECVD 制备 SiN_x 中的。

N 和 Si 原子的原子比例也通过 X 射线光电子谱（XPS）或卢瑟福背散射（RBS）进行了测量并估算。作者团队的 XPS 结果如图 5.38 所示。图中 Cat-CVD SiN_x 薄膜的沉积条件为：$T_{cat}=1800℃$，$T_s=300℃$，$P_g=1Pa$，SiH_4 的流量 $FR(SiH_4)=1.1cm^3/min$，NH_3 的流量 $FR(NH_3)=60cm^3/min$。薄膜的折射率 n 约为 2.0。器件级 Cat-CVD SiN_x 的折射率通常为 1.95～2.05，具体取决于 H 含量。当 H 含量较低时，如低于 5%（原子含量），n 在 2.00～2.05。图中表面区域观察到的 O 原子是由于表面

吸附 O 原子的影响，而光谱只有在刻蚀 400s 后才有意义。

该图表明薄膜沿厚度方向很均匀。N/Si 的原子比约为 1.33。对 Cat-CVD SiN_x 薄膜而言，一般低 H 含量的薄膜 N/Si 的原子比会接近化学计量比 1.33。如果与相同 T_s 下 PECVD 制备的性质类似 SiN_x 薄膜相对比，H 含量明显小于 PECVD 薄膜的。

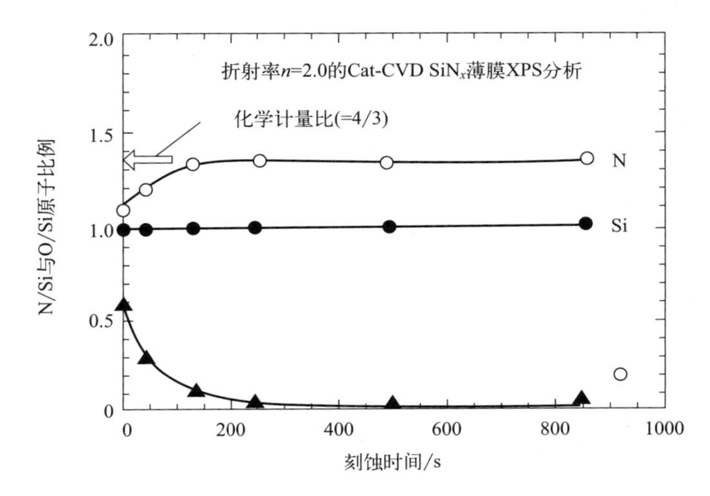

图 5.38　X 射线光电子谱（XPS）测量的 Cat-CVD SiN_x 中 N、Si 和 O 含量的深度分布。用刻蚀时间表征深度。刻蚀 100s 约 100nm

通过 Cat-CVD SiN_x 中 N—H 键和 Si—H 键的密度来表征薄膜中的 H 含量，计算所得的 H 含量随 SiN_x 薄膜的折射率 n 的变化见图 5.39。Cat-CVD SiN_x 的制备条件为：$T_{cat}=1800℃$，$T_s=350℃$，$P_g=4Pa$，SiH_4 流量 FR(SiH_4)$=3\sim7cm^3/min$，NH_3 流量 FR(NH_3)$=200cm^3/min$。通过改变 SiH_4 流量来调节折射率。当 $n<2.04$ 时，N—H 键占据主导以保持 SiN_x 薄膜内的 H 含量。当 n 超过 2.04 时，N—H 键和 Si—H 键的密度都很低；H 含量仅为数个原子百分比。

图中还给出了文献［59］中报道的 PECVD 制备 SiN_x 薄膜的结果以进行比较。该报道的作者努力制备出了低 C_H 的 SiN_x。尽管如此，如果与接近化学计量比且 $n=2.0$ 的 Cat-CVD SiN_x 薄膜进行比较，PECVD SiN_x 的 C_H 仍然偏大（见图 5.39）。

致密的 SiN_x 薄膜还可以有效地抵御氢氟酸缓冲溶液（BHF）的化学腐蚀。图 5.40 展示了在 5% BHF 溶液中，Cat-CVD SiN_x 的腐蚀速率随 n 的变化。图中也给出了 PECVD SiN_x 在相同溶液中的刻蚀速率。在 PECVD SiN_x 中，通过降低 C_H 也可以降低腐蚀速率[61]。用阴影线给出了普通 PECVD 薄膜和经过特殊修饰的 PECVD SiN_x 薄膜的结果。显然，由于高的 Si 和 N 原子密度，Cat-CVD SiN_x 薄膜具有优良的抗化学腐蚀特性。

Cat-CVD SiN_x 薄膜中氢含量低且致密的原因可能与 Cat-CVD 制备 a-Si 薄膜的相同。由于高密度的 H 原子存在于气相中，它们可以从生长的薄膜表面提取其他 H 原子，并减少薄膜内部 H 原子数量。这也可能发生在低 T_s 制备的 SiN_x 薄膜中。图 5.41 给出了 $T_s=300℃$、100℃下 Cat-CVD 制备 SiN_x 薄膜的密度。为了对比，图 5.41 也给

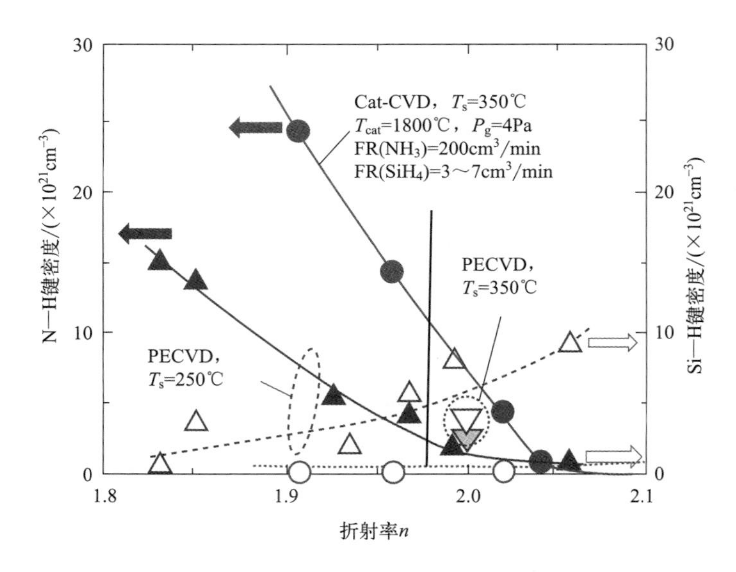

图 5.39 根据 SiN_x 中 N—H 键和 Si—H 键的密度估算的 H 含量。图中给出了 PECVD 和 Cat-CVD 制备 SiN_x 的结果。Cat-CVD SiN_x 仅在 T_s＝350℃下沉积，而 PECVD SiN_x 则在 T_s＝250℃、350℃下沉积。数据来源：Parsons 等(1991)[59]。经 The Japan Society of Applied Physics 许可转载

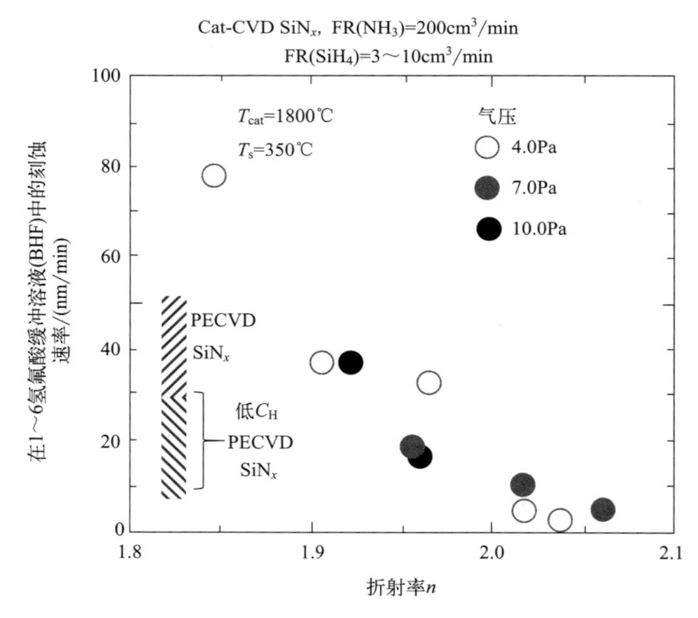

图 5.40 不同折射率 Cat-CVD SiN_x 薄膜在 BHF 溶液中的刻蚀速率

出了 T_s＝760℃下使用二氯硅烷（DCS）和 T_s＝450℃下使用六氯二硅烷（HCD）热 CVD 制备的 SiN_x 薄膜以及 T_s＝300℃、125℃下 PECVD 制备 SiN_x 薄膜的密度。显然，Cat-CVD SiN_x 薄膜非常致密，原子密度与高温热 CVD 薄膜相当。

薄膜的高密度使其可以作为气体阻隔薄膜使用。图 5.42 是 T_s＝320℃下的 PECVD

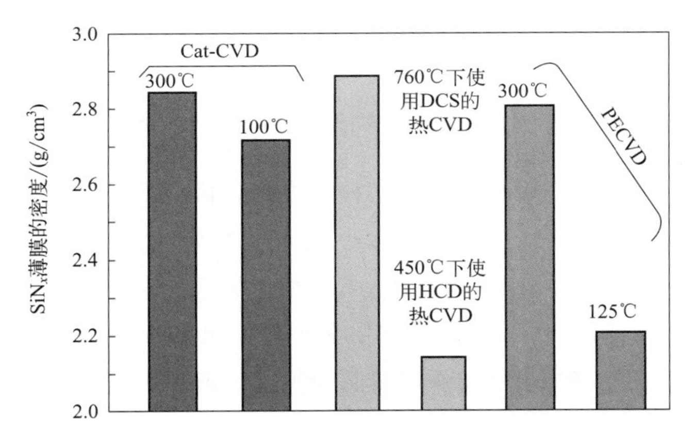

图 5.41 不同方法、不同衬底温度下制备的 SiN_x 薄膜的致密度

SiN_x 和 T_s＝280℃下的 Cat-CVD SiN_x 在高压蒸煮试验（PCT）前后的红外吸收光谱。PCT 是一种测试薄膜抵抗潮气穿透或潮气引起薄膜变化能力的方法。在本文中，样品在压力为 2bar(1bar＝10^5Pa)、温度为 120℃的水蒸气中放置 96h。虽然测试比较困难，但许多保证其寿命超过 100 年的电子设备都应通过这个测试。PCT 前的数据与图 5.37 的相同。经过 PCT 处理后，从图 5.42 中可以看出，Cat-CVD SiN_x 薄膜几乎没有变化，但是 PECVD SiN_x 薄膜被氧化了（或者氧气已经渗入 SiN_x 薄膜中），从而氧化了 c-Si 衬底。图 5.42 表明，Cat-CVD 制备的 SiN_x 薄膜具有较好的气体阻隔能力。

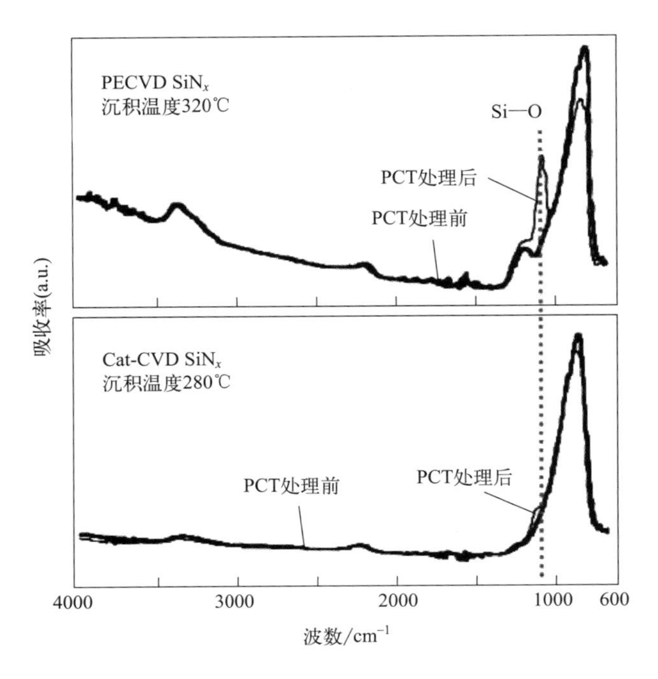

图 5.42 高压蒸煮试验前后的 PECVD 和 Cat-CVD SiN_x 薄膜的红外吸收光谱。PCT 测试是将样品在压力 2bar、温度 120℃的 100％水蒸气中放置 96h

在 T_s 低于 100℃的 Cat-CVD SiN_x 薄膜中也可以观察到这种气体阻隔特性。只是在低 T_s 下，须优化其他工艺参数。

5.3.4 采用 NH_3、SiH_4 和大量 H_2 的混合气制备 SiN_x

当 T_s 降低时，从生长表面去除 H 的概率变低，因此薄膜中的 H 含量升高。也就是说，当 T_s 降低时，薄膜的原子密度下降，作为阻气膜阻挡气体能力下降。为避免这种情况，降低 T_s 时，需在 SiH_4 和 NH_3 混合气中加入大量 H_2，以制备致密 SiN_x 薄膜。这样的沉积条件对制备后文所述的台阶保形薄膜也很有用。低温沉积 SiN_x 的典型参数见表 5.5[62]。虽然有些参数与作者团队的不同，但表中涉及的 Cat-CVD 腔室与作者团队的腔室相同（见表 5.2 或表 4.1）。

如表 5.5 所示，即使 S_{cat} 增加，D_{cs} 降低，衬底温度仍可在强烈的热辐射下保持在 100℃以下。通过冷却衬底支架，可以将衬底保持在更低的温度。这种对衬底温度的控制将在第 7 章详细介绍。

表 5.5 Cat-CVD 低温沉积 SiN_x 的典型参数

参数	条件 1	条件 2	条件 3
催化热丝材料(ϕ=5mm)	W	W	W
催化热丝和衬底距离 D_{cs}/cm	20	5	5
催化热丝表面积 S_{cat}/cm^2	44	64	64
催化热丝温度 T_{cat}/℃	1750～1800	1750～1800	1750～1800
衬底温度 T_s/℃	<100	<100	<100
气压 P_g/Pa	20	35	50
SiH_4 流量/(cm^3/min)	10	30	30
NH_3 流量/(cm^3/min)	20	20	20
H_2 流量/(cm^3/min)	400	400	400
沉积速率/(nm/min)	10	110	85
折射率 n	2.0	2.0	1.95

如图 5.36 所示，当 SiH_4 与 NH_3 的比例增加时，沉积速率也会增加，获得折射率为 2.0 的 SiN_x 薄膜的沉积气压也会增加。在高 H_2 稀释比条件下，这种趋势仍然存在。在表 5.5 中，P_g=35Pa 是在当前设备条件下获得 n=2.0 薄膜的最佳沉积气压。P_g=50Pa 时，SiH_4 流量 30cm^3/min 时也无法获得符合化学计量比的薄膜。

低温沉积 Cat-CVD SiN_x 薄膜的 24h PCT 结果如图 5.43 所示。图中为通过条件 1 制备的 Cat-CVD SiN_x 薄膜，即在 T_{cat}=1800℃、P_g=20Pa、FR(SiH_4)=10cm^3/min、FR(NH_3)=20cm^3/min 和 FR(H_2)=400cm^3/min 条件下制备。图中所示的 PCT 实验是在 120℃水蒸气、2bar 的压力下处理 24h。

许多团队也对 Cat-CVD SiN_x 薄膜的应力进行了研究。图 5.44 为图 5.43 中低衬底温度制备薄膜的内应力。内应力包括本征应力和由薄膜和衬底之间热膨胀系数不同导致的热应力。在本例中，Cat-CVD SiN_x 薄膜沉积在 c-Si 衬底上。图中给出了内应力与衬

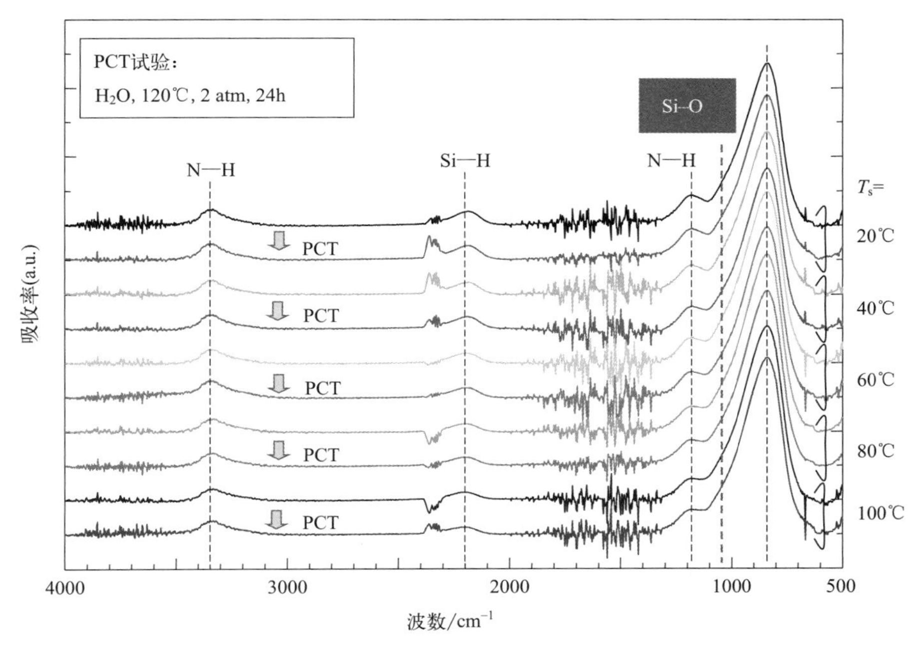

图 5.43　不同衬底温度沉积的 Cat-CVD SiN_x 薄膜经 PCT 测试 24h 前后的红外吸收光谱

底温度之间的关系。如图所示，薄膜内应力整体较低，且可以通过 T_s 来控制。薄膜内应力也可以通过改变 H_2 稀释比例进行调节。

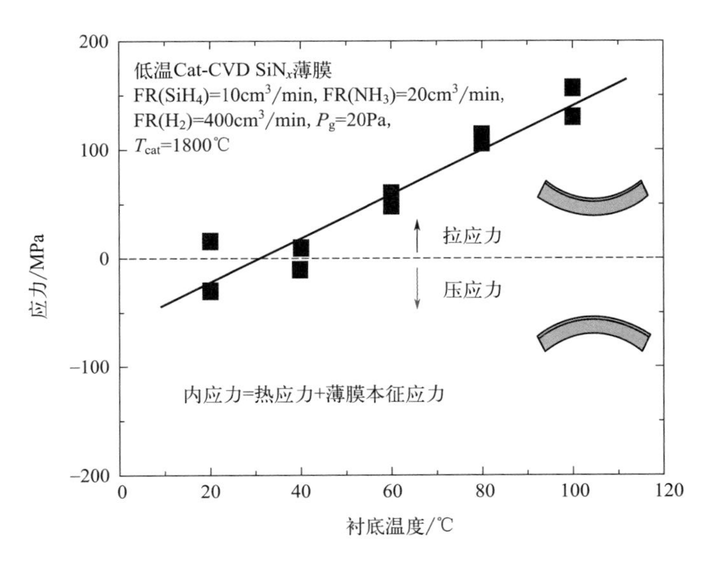

图 5.44　低衬底温度在 c-Si 上沉积的 Cat-CVD SiN_x 内应力随衬底温度的变化规律

图 5.45 给出了表 5.5 中以较高沉积速率（如条件 2 或条件 3）制备的 Cat-CVD SiN_x 薄膜的 PCT 测试结果。其中，T_s＜100℃，P_g 在 10～50Pa 之间变化。沉积速率大于

100nm/min 的薄膜仍然具有良好的气体阻隔的能力。从图中可以看出，当 P_g＜20Pa 时，其气体阻隔能力丧失。当 P_g＜35Pa 时，薄膜硅含量偏高，严重偏离了化学计量比。这可能是造成薄膜失去气体阻隔能力的原因。由此可见，保持 $n=2.0$ 的化学计量比，对于获得具有气体阻隔能力的薄膜至关重要。该图表明 Cat-CVD SiN_x 薄膜可以作为有机器件或其他封装用途的气体阻隔膜。详见第 8 章所述。

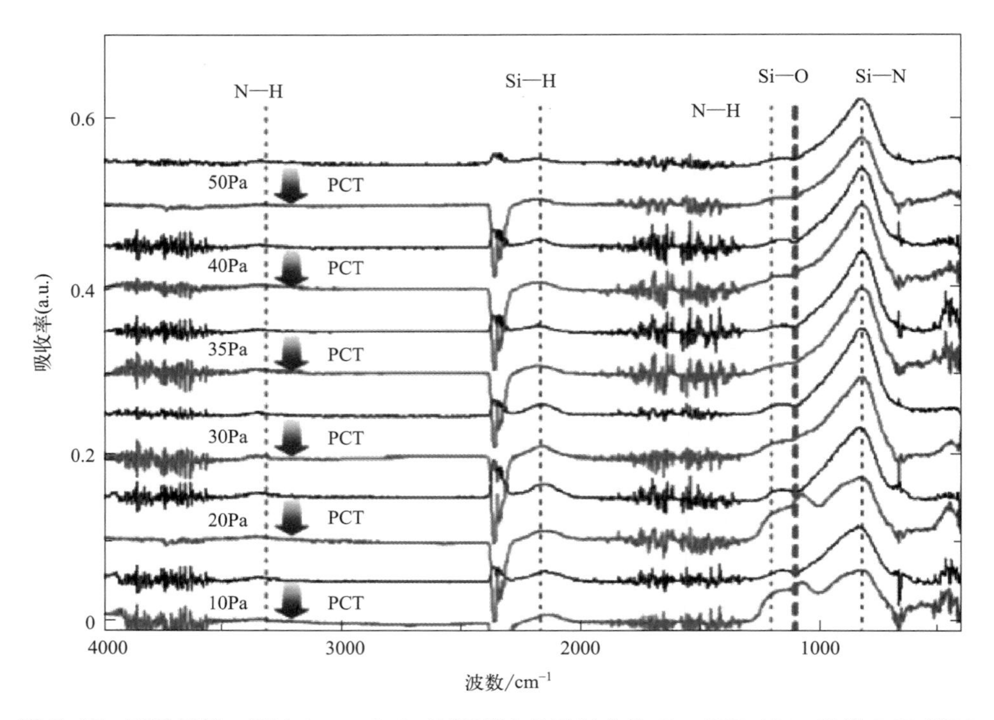

图 5.45 不同气压、超过 100nm/min 的沉积速率下制备的 Cat-CVD SiN_x 薄膜 PCT 测试（H_2O，120℃，2atm，24h）前后的红外吸收谱

5.3.5 采用 NH_3、SiH_4 和大量 H_2 制备 SiN_x 薄膜的保形台阶覆盖特性

使用大量 H_2 稀释反应气体来制备 Cat-CVD SiN_x 具有另一方面的优势。2004 年，Q. Wang 等发现使用高 H_2 稀释的 SiH_4 和 NH_3 的混合气，在具有微结构的衬底上沉积 SiN_x 薄膜时，这种微结构衬底可以被 Cat-CVD SiN_x 薄膜保形覆盖[63]。许多研究团队都已验证了这一结果。图 5.46 是用扫描电子显微镜（SEM）拍摄的沉积有 Cat-CVD SiN_x 的 c-Si 样品横截面照片。图中给出了沉积在顶部、底部和侧面的膜厚比（照片由 ULVAC 公司提供[64]）。从图中可以看出，通过使用大量 H_2 稀释，Cat-CVD SiN_x 薄膜可以实现保形台阶覆盖。

通过 H_2 稀释可以实现这种保形覆盖的原因目前尚不清楚。如第 4 章所述，在钨催化热丝表面，NH_3 分解为 NH_2+H，在 Cat-CVD 腔室内的气相中也存在高浓度的 SiH_3。这些 NH_2 和 SiH_3 吸附在衬底表面。当然，也可以说 NH_x 和 SiH_y 吸附在衬底表面。这些被吸附的基团通过 H 原子的撞击转化为 N 或 Si 或化学活性更高的其他形

PECVD
FR(SiH_4)=10cm^3/min
FR(NH_3)=20cm^3/min
FR(N_2)=500cm^3/min

侧面(B/A)=33%
底部(C/A)=50%

Cat-CVD标准
FR(SiH_4)=6cm^3/min
FR(NH_3)=200cm^3/min

侧面(B/A)=30%
底部(C/A)=40%

Cat-CVD H_2稀释
FR(SiH_4)=7cm^3/min
FR(NH_3)=10cm^3/min
FR(H_2)=30cm^3/min

侧面(B/A)=75%
底部(C/A)=87%

图 5.46　在高 500nm、宽 250nm 微结构的衬底上沉积 Cat-CVD SiN_x 薄膜的扫描电镜截面图。顶部、侧面、底部的膜厚分别用 A、B 和 C 表示。数据来源：ULVAC 友情提供[64]

式。由于大多数 SiN_x 的形成反应都是在衬底表面进行的，在原子 H 的帮助下，覆盖范围变得一致。

最后，Cat-CVD 与 PECVD 在衬底温度 250～400℃范围内制备的 SiN_x 薄膜以及热 CVD 在 700～900℃制备的 SiN_x 薄膜典型特性对比总结在表 5.6 中[65]。该表进一步证实了 Cat-CVD SiN_x 薄膜的优异特性。

表 5.6　多种方法制备的 SiN_x 薄膜的各项性能对比

参数	热 CVD（700～900℃）	PECVD（250～400℃）	Cat-CVD（250～400℃）
折射率，n	2.0～2.1	1.9～2.0	1.9～2.0
沉积速率/(nm/min)	30	30～300	5～180[65]
击穿电场/(MV/cm)	10	5～10	5～10
H 含量(原子分数)，C_H/%	2～3	10～20	<3
应力/MPa	1000～2000	400	70～400
BHF① 刻蚀速率/(nm/min)	2	20～50	2～5

① BHF 指的是稀释的氢氟酸。

5.3.6　采用 HMDS 制备 Cat-CVD SiN_x

在 SiN_x 薄膜的制备中，前面章节均使用的 SiH_4 气体。然而，SiH_4 是一种危险气体，所以 SiN_x 薄膜并没有在半导体行业之外的其他行域广泛应用。因此，如果使用安全的前驱体源来制备薄膜，SiN_x 薄膜的应用将更加广泛。作为一种解决方案，A. Izumi 和 K. Oda 利用 HMDS［分子式：$(CH_3)_3$—Si—NH—Si—$(CH_3)_3$］和 NH_3

成功通过 Cat-CVD 制备了高质量 SiN_x 薄膜[66]。这些 SiN_x 薄膜的质量虽然比使用 SiH_4 沉积的低，但结果看起来仍有一定的应用前景。在他们的第一份报道中，并没有控制 HMDS 的流量，这可能是因为 HMDS 是通过抽真空的方式气化，气化后的 HMDS 气体直接进入沉积腔室。

表 5.7 为作者团队在实验中使用的沉积参数，使用与图 4.2 和表 4.1 相同的腔室。

表 5.7　用 HMDS 制备 Cat-CVD SiN_x 薄膜的各种沉积条件

参数	第一次实验	避免钨渗碳
HMDS 流量/(cm^3/min)	1	0.5
NH_3 流量/(cm^3/min)	—	50
H_2 流量/(cm^3/min)	—	40
催化热丝温度 T_{cat}/℃	1900	1900
气压 P_g/Pa	1	50
催化热丝和衬底的距离 D_{cs}/cm	8	8
衬底支架冷却方式	水冷	水冷

将 HMDS 气体引入使用钨丝作为催化热丝的 Cat-CVD 腔体时，钨表面会立即渗碳，使沉积变得不稳定。图 5.47 是为保持热丝温度恒定而给热丝补充电能的电流随沉积时间的变化。由图可见，电流非常不稳定。图 5.48 给出了使用了 5min 后钨丝的 XRD 谱。图中可以看到当钨丝暴露于 HMDS 气体后表面形成了何种材料。很明显，保持热丝温度的电流变化是由渗碳导致热丝表面性质改变引起的。当钨催化热丝渗碳时，很容易断裂。

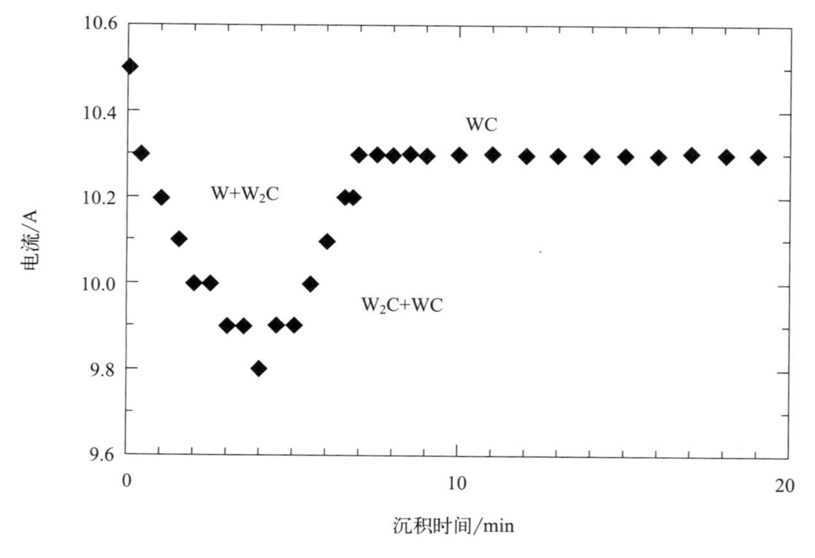

图 5.47　HMDS 气氛中 W 催化热丝加热电流的变化

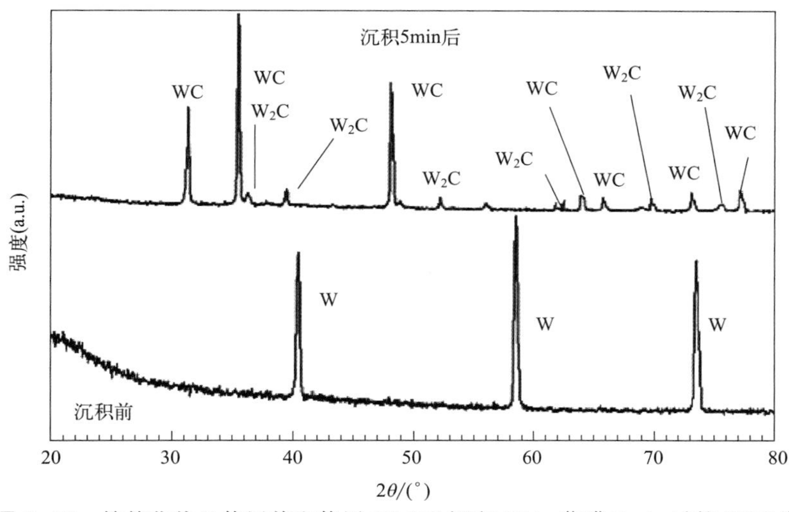

图 5.48　钨催化热丝使用前和使用 HMDS 沉积 SiN_x 薄膜 5min 后的 XRD 谱

为了避免这种碳化，对 T_{cat}、P_g、FR(NH_3) 和 FR(H_2) 在很大范围内进行了调节，最后发现增加 P_g 和 FR(NH_3) 可以有效避免钨催化热丝的碳化。这个条件也列在表 5.7 中。SiN_x 薄膜的红外吸收光谱如图 5.49 所示，由于含有碳（C）原子，SiN_x 薄膜实际上是 SiN_xC_y 薄膜。图中给出了不同 P_g 制备薄膜的光谱。当 P_g 小于 30Pa 时，钨催化热丝有可能发生渗碳，但当 P_g 为 50Pa 时，渗碳被有效抑制。从图中可以看出，当采用抑制渗碳的条件制备薄膜时，Si—CH_3 键的吸收峰会降低。此外，在 P_g 低于 30Pa 时制备的薄膜在沉积后容易被氧化。

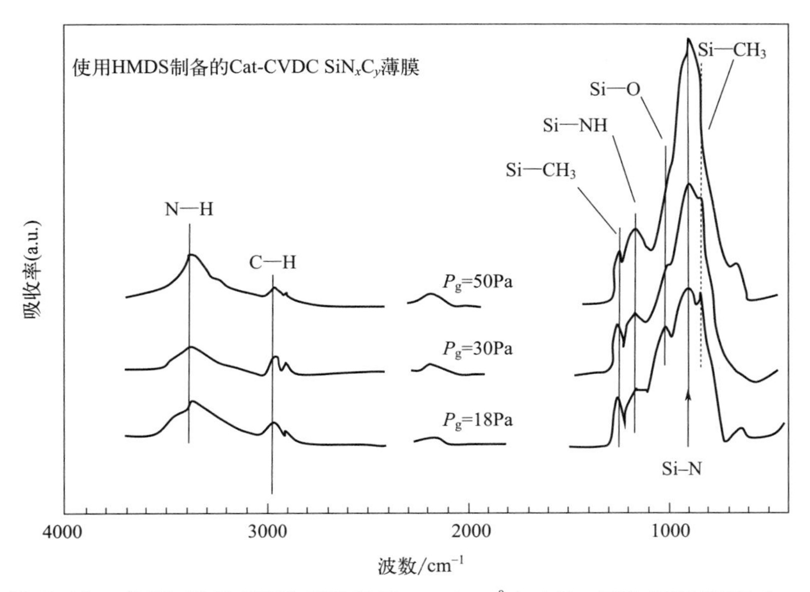

图 5.49　使用 HMDS[FR(HMDS)＝0.5cm^3/min]、NH_3[FR(NH_3)＝50cm^3/min] 和 H_2[FR(H_2)＝40cm^3/min] 混合气，在 T_s＜80℃，不同 P_g 下制备的 Cat-CVD SiN_xC_y 薄膜的红外吸收光谱

5.4 Cat-CVD制备氮氧化硅（SiO_xN_y）的性能

5.4.1 采用SiH_4、NH_3、H_2、N_2和O_2混合气制备SiO_xN_y薄膜

Cat-CVD制备的SiN_x是一种致密坚硬的材料，因此它常作为半导体薄膜应用。然而，有时需要更有韧性且相对柔软的薄膜沉积在柔性衬底上。同时，还需要获得比SiN_x折射率更低的薄膜。此外，有时还需要获得应力可控的薄膜。为了满足这些要求，人们已经用PECVD或其他方法对SiO_xN_y薄膜进行了长时间的研究。因此，利用Cat-CVD制备高质量的SiO_xN_y薄膜也有望成为可能。

表5.8为使用SiH_4、NH_3、H_2和He（氦）稀释的O_2混合，利用Cat-CVD沉积SiO_xN_y薄膜的典型工艺参数。若引入大量氧气（O_2）会使钨催化热丝表面氧化，而WO_x薄膜的熔点仅1500℃左右，因此薄膜很容易受到钨污染。当还原气体在混合气中占多数时，O_2的引入不会对钨催化热丝造成损害。

表5.8 Cat-CVD法沉积SiO_xN_y薄膜的参数

工艺参数	条件
催化热丝材料	W
催化热丝温度，T_{cat}/℃	1750～1800
催化热丝表面积，S_{cat}/cm^2	44
催化热丝与衬底之间的距离，D_{cs}/cm	20
气体压力，P_g/Pa	20
SiH_4流量，FR(SiH_4)/(cm^3/min)	10
NH_3流量，FR(NH_3)/(cm^3/min)	20
H_2流量，FR(H_2)/(cm^3/min)	400
O_2[2%的O_2(He稀释)]的净流量，FR(O_2)/(cm^3/min)	0～10
衬底温度，T_s/℃	80

图5.50为采用SiH_4、NH_3、H_2和He稀释的O_2为反应气体，在不同O_2流量下Cat-CVD制备SiO_xN_y薄膜的红外吸收光谱。O_2被He稀释到2%。图中O_2的流量为净流量。可以确定，随着O_2流量的增加，Si—O键的IR吸收峰增加而Si—N键的IR吸收峰减弱。

图5.51给出了Cat-CVD SiO_xN_y薄膜折射率随混合气中O_2流量的变化关系。由图可见，少量O_2的变化就会引起折射率的大幅变化。通过改变O_2的流量，可使折射率在2.0～1.5之间可控变化[67]。在表5.9中，给出了用2 MeV He离子的RBS测得的Si、N和O原子比例的数据。

通过混合O_2，我们还可以通过调节O_2流量来控制薄膜的内应力。图5.52为在约80℃制备的SiO_xN_y薄膜的内应力与O_2流量的关系。通过选择适当的O_2混合比例，可以得到无应力的薄膜。本例中，大约使用1.2cm^3/min的O_2得到了无应力薄膜。当沉积气压或衬底温度改变时，使薄膜无应力所需的O_2流量可能会改变。

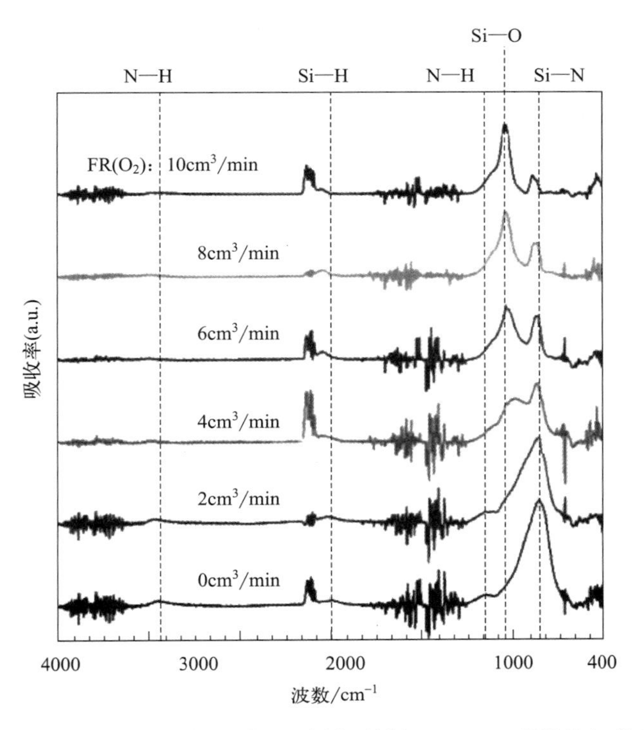

图 5.50 Cat-CVD 在不同 O_2 流量下制备 SiO_xN_y 薄膜的红外吸收光谱。数据来源：Ogawa 等（2008）[67]。经 Elsevier 许可转载

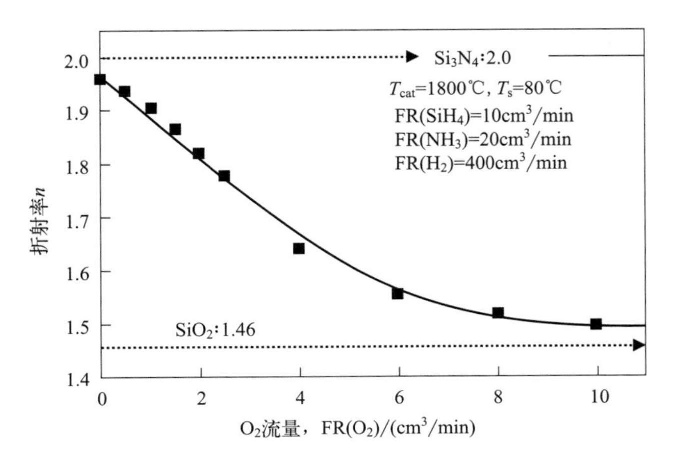

图 5.51 Cat-CVD SiN_xO_y 薄膜的折射率随混合气中 O_2 净流量变化的规律。数据来源：Ogawa 等（2008）[67]。经 Elsevier 许可转载

表 5.9 采用卢瑟福背散射（RBS）方法测量 Cat-CVD SiO_xN_y 薄膜中的元素含量

O_2 流量，FR(O_2)/(cm^3/min)	x(O)	y(N)	O/(Si+O+N)(原子分数)/%
0	0	1.3	0
1	0.29	1.2	12

续表

O_2 流量,FR(O_2)/(cm^3/min)	x(O)	y(N)	O/(Si+O+N)(原子分数)/%
2	0.65	1.2	23
4	1.1	1.3	32
6	1.3	0.70	43
8	1.7	0.41	55
10	1.8	0.18	60
Si_3N_4	0	1.33	0
Si_2ON_2	0.50	1.00	20
SiO_2	2.0	0	67

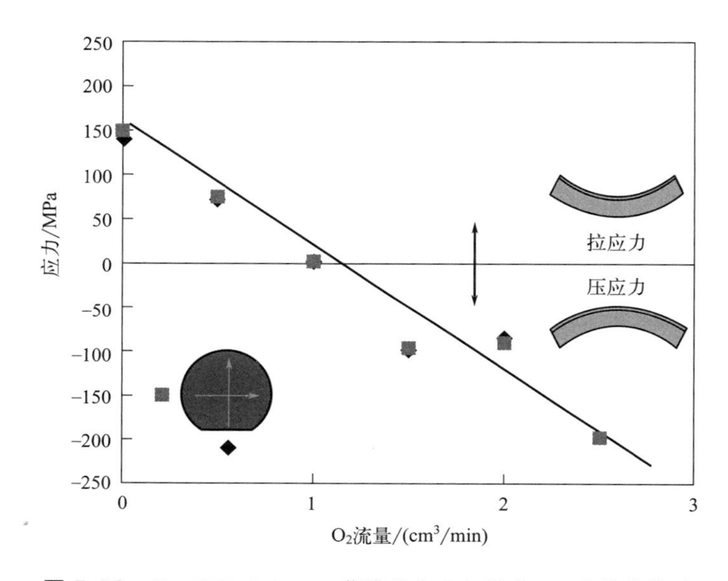

图 5.52　Cat-CVD SiO_xN_y 薄膜的应力与混合 O_2 流量的关系

人们可能会担心由于 WO_x 易蒸发而导致钨污染薄膜。图 5.53 给出了纯 SiN_x [图 5.53(a)] 和用 2cm^3/min O_2 制备的 SiO_xN_y 的 RBS 光谱。RBS 光谱是根据背散射的 He 离子数量（产额）与背散射 He 离子的能量关系绘制的。He 离子的能量也用通道数表示，通道数越大，对应的能量越高。在本次测量中，随着元素质量数的增加，散射截面也随之增大，对钨的检测灵敏度也随之变高。这样 SiO_xN_y 薄膜中 W 的检出限也非常低，通常小于 1×10^{-6}。该图表明，即使气体混合物中含有 O_2，SiO_xN_y 中的 W 污染也可以忽略不计。正如后面第 9 章所述，当引入还原性气体作为混合气的主要成分时，即使气源中含有 O 原子，钨表面也不会被氧化。

这种 SiO_xN_y 薄膜是制造 SiN_x/SiO_xN_y 叠层气体阻隔膜、太阳电池的减反射膜以及其他应用的重要材料，这将在后面的第 8 章中讨论。

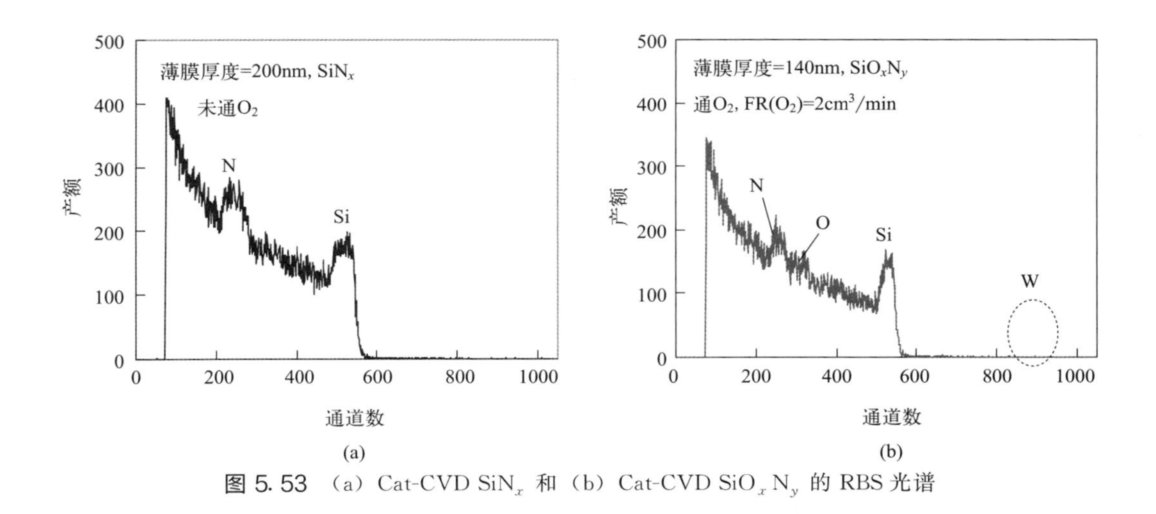

图5.53 (a) Cat-CVD SiN_x 和 (b) Cat-CVD SiO_xN_y 的RBS光谱

5.4.2 采用HMDS、NH_3、H_2 和 O_2 混合气制备 SiO_xN_y 薄膜

与 SiN_x 薄膜类似，SiO_xN_y 薄膜也可以用HMDS制备。本节实验使用了一个小尺寸的腔室[68]。表5.10总结了沉积参数以及腔室尺寸的相关信息。O_2 被He稀释到2%，但流量用的是净流量值。

表5.10 HMDS制备 SiO_xN_y 薄膜的沉积参数

工艺参数	设定值
腔室内部体积，V_{ch}	$3000cm^3$
催化热丝材料	W
催化热丝跨越面积	7cm×7cm
沉积面积	5cm×5cm
催化热丝表面积，S_{cat}/cm^2	4.4
催化热丝温度，T_{cat}/℃	1800
HDMS的流量，FR(HDMS)/(cm^3/min)	0.5
NH_3 的流量，FR(NH_3)/(cm^3/min)	200
H_2 的流量，FR(H_2)/(cm^3/min)	100
O_2(He稀释)的净流量，FR(O_2)/(cm^3/min)	0～6
衬底温度，T_s/℃	<100
气体压力，P_g	2.3Torr，300Pa

就像用 SiH_4、NH_3 和 O_2 混合气制备的 SiO_xN_y 一样，只需混合少量的 O_2 就可以得到 SiO_xN_y 薄膜。图5.54为不同 O_2 流量下，HMDS、NH_3、H_2 和 O_2 混合气制备的 $SiO_xN_yC_z$ 薄膜的红外光谱。在无 O_2 的沉积过程中，Si—N、N—H和Si—NH键的吸收峰占主导。然而，通过混入非常少量的 O_2，红外吸收开始从Si—N键转移到Si—O键。薄膜很容易变成含O薄膜。该图还表明薄膜内含有碳原子。因此，薄膜不是简单的

SiO_xN_y，而是 $SiO_xN_yC_z$。随着化学键构型的变化，薄膜的折射率也从 1.95～2.0 变化到 1.48，在混合 O_2 的作用下达到了 SiO_2 的特征值。结果如图 5.55 所示。

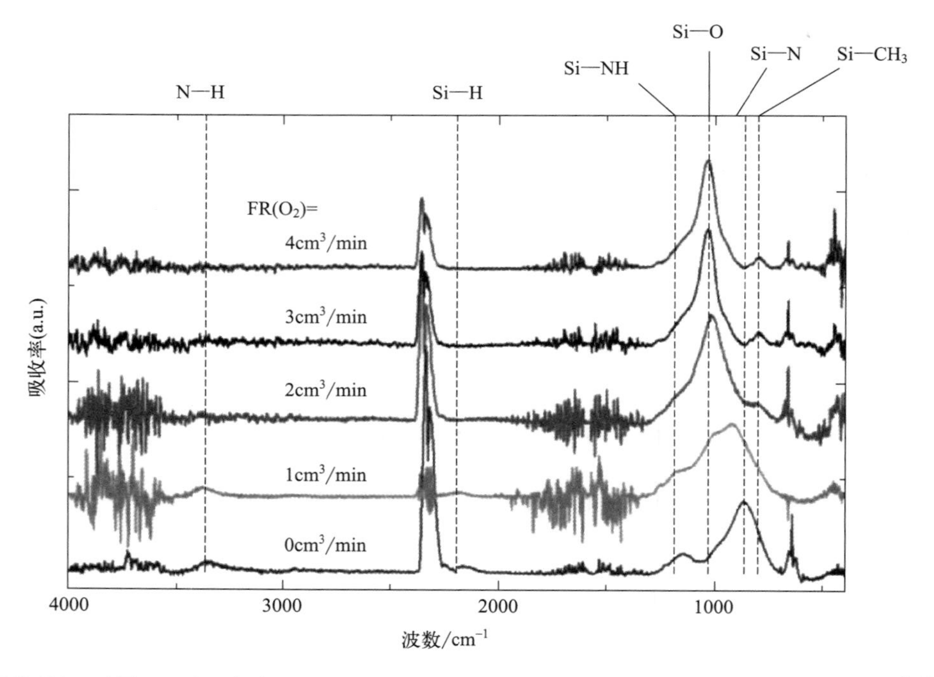

图 5.54 不同 O_2 流量制备 $SiO_xN_yC_z$ 薄膜的红外光谱。数据来源：Oyaidu 等 (2008)[68]。经 Elsevier 许可转载

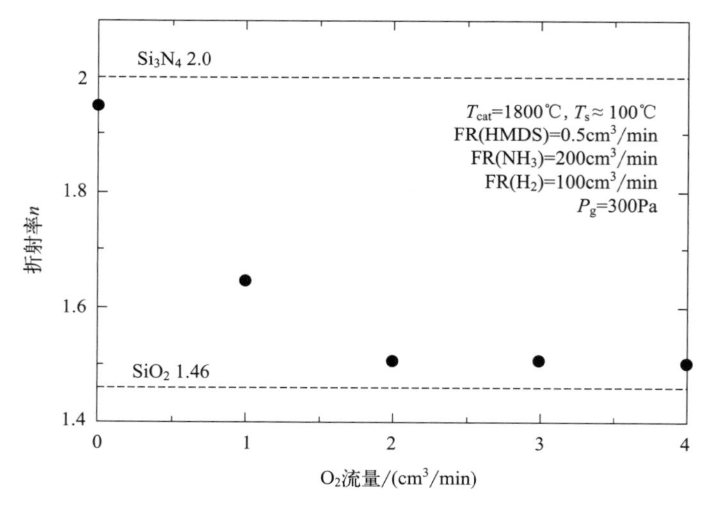

图 5.55 不同 O_2 流量制备 $SiO_xN_yC_z$ 薄膜的折射率。数据来源：Oyaidu 等 (2008)[68]。经 Elsevier 许可转载

本节中的 $SiO_xN_yC_z$ 薄膜比 SiH_4、NH_3、H_2 和 O_2 混合气制备的 SiO_xN_y 薄膜具有更好的气体阻隔性能。图 5.56 显示了用 HMDS、NH_3、H_2 混合气制备 $SiO_xN_yC_z$

薄膜的水蒸气透过率（WVTR）随混合 O_2 流量的变化规律。WVTR 是表示气体阻隔能力的指标，定义为单位时间（天）通过单位面积薄膜的水汽总重量（$1m^2/d$）。图中还给出了上面已经提到的 SiH_4、NH_3、H_2 和 O_2 混合气制备的 SiO_xN_y 薄膜的 WVTR 值以供比较。所有薄膜均沉积在聚对苯二甲酸乙二醇酯（PET）衬底上，沉积的薄膜厚度为 50～80nm。PET 衬底在沉积薄膜前的初始 WVTR 约为 $5.75g/(m^2 \cdot d)$。在 PET 衬底上沉积 SiN_x 或 SiN_xC_y 薄膜（无氧膜）后，其 WVTR 可降低一个数量级。通过混合 O_2、HMDS 制备的薄膜则下降了两个数量级。结果表明 HMDS 基薄膜具有较好的气体阻隔能力。Cat-CVD 在形成阻气隔膜方面的应用将在后面的第 8 章中讨论。

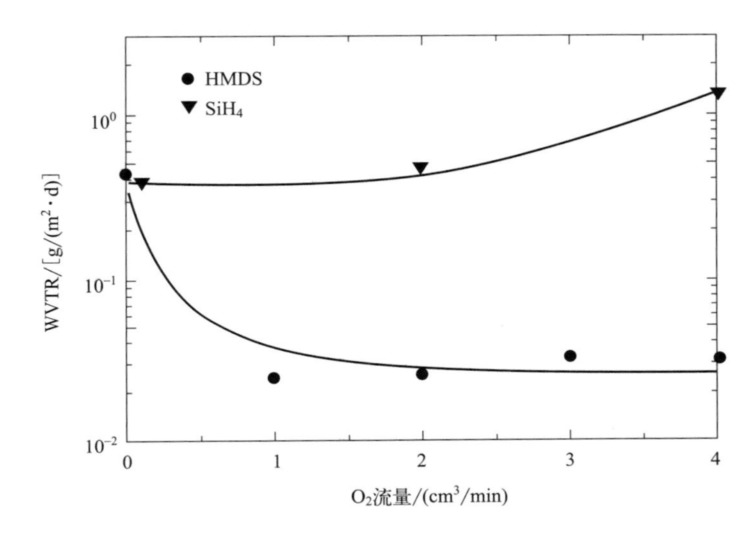

图 5.56 采用 SiH_4、NH_3、H_2 和 O_2 混合气制备的 SiO_xN_y 和用 HMDS、NH_3、H_2 和 O_2 混合气制备的 $SiO_xN_yC_z$ 的 WVTR 随 O_2 流量的变化。数据来源：Oyaidu 等（2008）[68]。经 Elsevier 许可转载

5.5 Cat-CVD 制备 SiO_2 薄膜的性能

SiO_2 是电子器件中最重要的材料之一。它可以通过热氧化在 c-Si 衬底上生长。然而，在硅加工工艺中，有许多工艺要求在低于 400℃ 的温度下沉积形成 SiO_2。对于这种低温沉积，PECVD 是一种广泛应用的技术。如果 Cat-CVD 可以制备 SiO_2，则可以避免任何可能的等离子体损伤或其他由等离子体引起的问题。

然而，如前所述，利用金属热丝催化裂解反应制备氧化膜并不容易，因为许多高熔点金属很容易被氧化，而且在大多数情况下，金属氧化物的熔点比与未氧化的纯金属低很多。但是如果氧化剂被 H_2 等还原性气体高度稀释，钨和钽等金属就不会被氧化。这一特性具体在 Si 氧化物中的应用将在第 9 章介绍。

另一种制备氧化膜的方法是使用抗氧化性特别强的金属作为热丝材料。在这些金属中，可以使用铱（Ir），尽管它的成本比较高。

K. Saito 等报道了利用 Cat-CVD 制备 SiO_2 薄膜[69]。首先，他们在 Cat-CVD 设备中尝试了一系列金属作为催化热丝。将 W、Ta、Ir 和 Pt 在腔室内的正硅酸四乙酯硅烷（或四乙氧基硅烷，TEOS）或 O_2 气氛下加热。研究发现 Pt 熔点过低，W 和 Ta 容易形成金属氧化物。确定了 Ir 比较稳定后，他们尝试用 Ir 来沉积 SiO_2。他们用 SiH_4、N_2O 混合气或 TEOS、N_2O 混合气作为气源。沉积参数如表 5.11 所示。

K. Saito 等采用俄歇电子谱（AES）测量了沉积的 SiO_2 中成分的深度分布，证实了符合化学计量比的 SiO_2 可由 Cat-CVD 在衬底温度 400℃时形成。

表 5.11 采用 SiH_4 和 N_2O 混合气或 TEOS 和 N_2O 混合气，通过 Cat-CVD 沉积 SiO_2 薄膜的参数

工艺参数	SiH_4 合成 SiO_2	TEOS 合成 SiO_2
催化热丝材料	W，Ta，Ir，Pt	W，Ta，Ir，Pt
催化热丝温度，T_{cat}/℃	1800	1800
衬底温度，T_s/℃	400	400
催化热丝与衬底的距离，D_{cs}/cm	4.5	2.5
SiH_4 的流量，FR(SiH_4)/(cm^3/min)	5	—
TEOS 的流量，FR(TEOS)/(cm^3/min)	—	40
N_2O 的流量，FR(N_2O)/(cm^3/min)	500	600
气体压力，P_g/Pa	50	50

之后，他们制备了金属/SiO_2/c-Si 结构的器件来测量 Cat-CVD SiO_2 薄膜的漏电流。穿过 SiO_2 层的电流密度与施加在薄膜上的电场关系如图 5.57 所示。图中也给出了用 TEOS 和 N_2O 混合气作为气源，PECVD 制备 SiO_2 的结果进行比较。结果表明，与

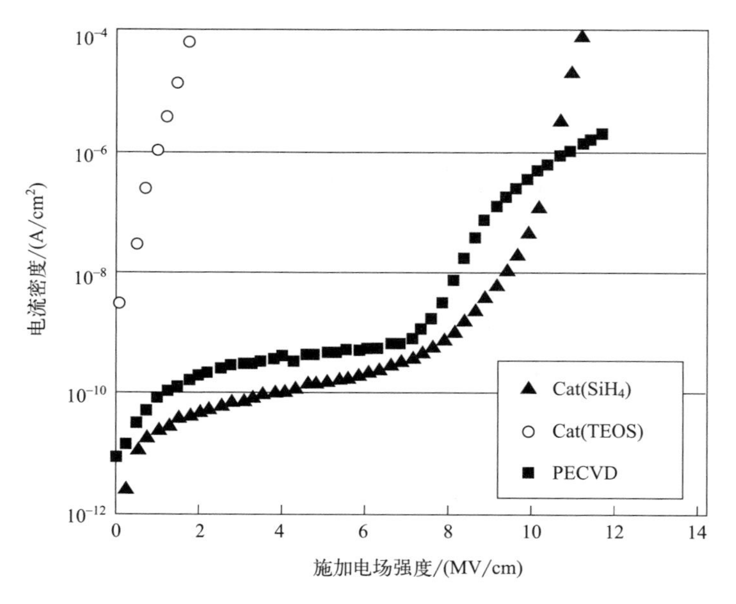

图 5.57 金属/SiO_2/c-Si 结构的电流密度与施加电场强度的关系。
数据来源：Saito 等（2003）[69]。经 Elsevier 许可转载

PECVD 制备的 SiO_2 相比，使用 Cat-CVD 用 SiH_4 作为气源制备的 SiO_2 漏电流略低。Cat-CVD 制备 SiO_2 的击穿电压也足够高，约为 10MV/cm，可作为绝缘层使用。尽管使用 TEOS 来制备 SiO_2 需要更多努力，但结果表明 Cat-CVD 薄膜的性能至少与 PECVD 处于同一水平，甚至比 PECVD 的稍好。

5.6 Cat-CVD 制备氧化铝（Al_2O_3）薄膜的性能

氧化铝（Al_2O_3）是另一种重要的材料，在电子器件中广泛用作钝化膜或绝缘层。Y. I. Ogita 和 T. Tomita 首次尝试了 Cat-CVD 法制备 Al_2O_3[70]。他们试图通过简单地混合三甲基铝（TMA）和 O_2 来获得 Al_2O_3。TMA 在常温常压下是液体，但它很容易在抽真空时气化。Y. I. Ogita 和 T. Tomita 用于沉积 Al_2O_3 的 Cat-CVD 设备如图 5.58 所示。图中 MFC、QMS、TMP、RP 分别指质量流量计、四极质谱仪、涡轮分子泵、机械泵。该系统中，TMA 蒸气通过氮气（N_2）鼓泡的方式进入沉积腔室，并在沉积腔室中与 O_2 混合。在腔室中额外加入一根进气管道，将氧气直接通到衬底附近的位置。他们尝试通过使用 W 或 Ir 作为催化热丝来制备 Al_2O_3，但是 W 很容易被氧化。因此主要实验数据是用 Ir 作为催化热丝获得的。

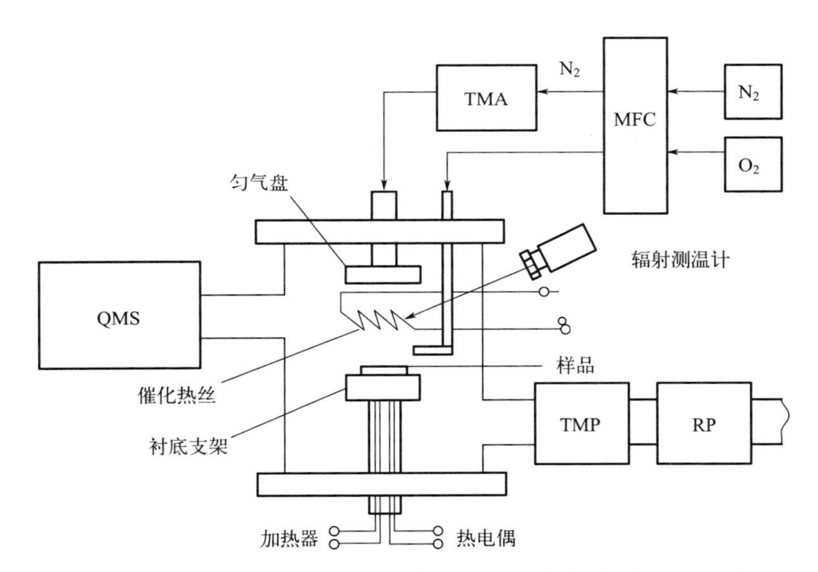

图 5.58 用于 Al_2O_3 沉积的 Cat-CVD 装置示意。数据来源：Ogita 和 Tomita (2006)[70]。经 Elsevier 许可转载

图 5.59 展示了用 Ir 作为催化热丝时的 QMS 测量结果。Ir 丝直径 0.254mm，长度 25cm。当催化热丝的温度 T_{cat} 增加到 600℃以上时，在腔室中只引入 TMA 气体时，可以探测到 CH_4、CH_3、C_2H_4 信号。然而，同样的 T_{cat} 下只引入 O_2 时，O_2 信号完全没有变化。这意味着，尽管 TMA 在超过 600℃时就会分解，但是在低于 1000℃时，O_2 不能在 Ir 热丝表面分解。而将 TMA 与 O_2 混合时，O_2 信号开始下降，也就是说 O_2 与

TMA 分解的基团发生了反应，从而发生分解。此时，Al_2O_3 薄膜开始沉积。虽然他们没有展示薄膜的成分，但 17nm 厚的薄膜表现出了优异的绝缘性能。

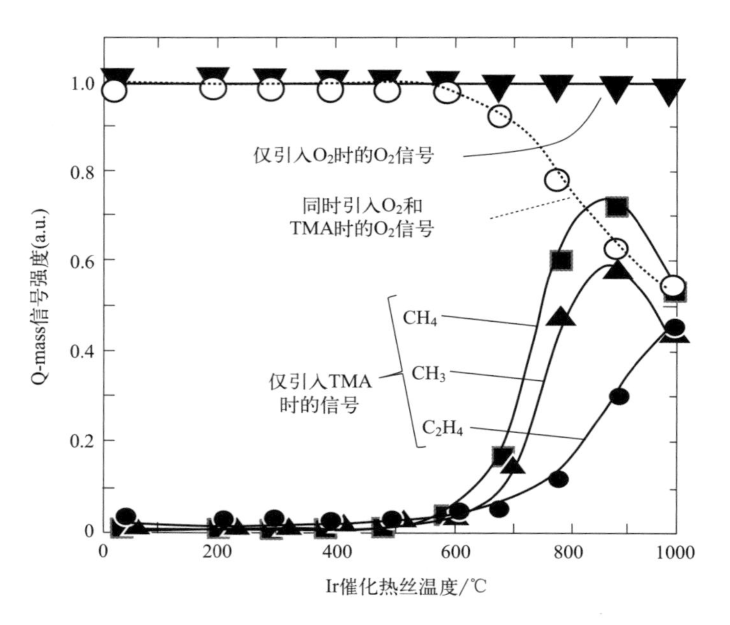

图 5.59　O_2 和 TMA 分解产物的 QMS 信号随 Ir 催化热丝温度的变化。数据来源：Ogita 和 Tomita（2006）[70]

图 5.60 为金属/Cat-CVD Al_2O_3 薄膜（17nm）/c-Si（MIS）结构样品的电容-电压（C-V）特性曲线。由图可知，作为 MIS 结构的栅极绝缘体，Al_2O_3 的绝缘质量非常好。制备 Al_2O_3 薄膜所用的沉积条件如表 5.12 所示。

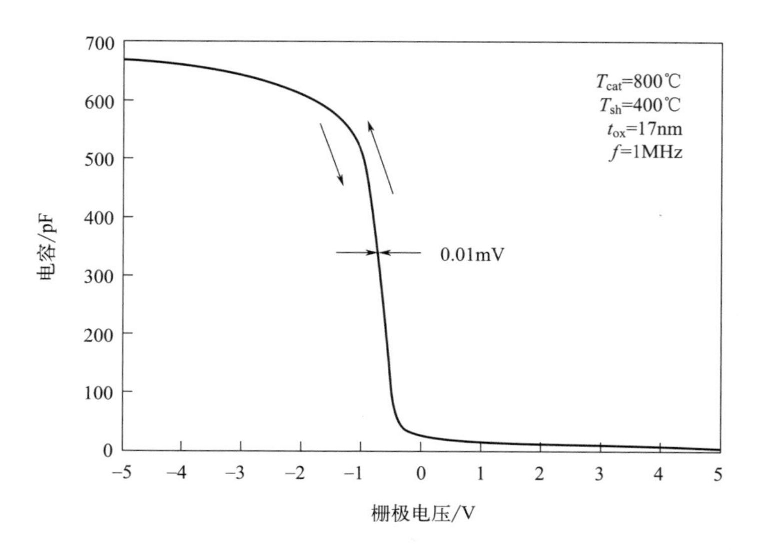

图 5.60　金属/Cat-CVD Al_2O_3/c-Si 的 C-V 特性曲线（MIS 结构）。数据来源：Ogita 和 Tomita（2006）[70]。经 Elsevier 许可转载

表 5.12 Cat-CVD 制备 Al_2O_3 薄膜的典型参数

参数	Al_2O_3 制备的设置值
圆柱形腔室的大小	直径 20cm，高度 20cm
催化热丝材料	Ir(直径 0.254mm，长 25cm)
气源	TMA($1cm^3/min$)，O_2($1.5cm^3/min$)
催化热丝温度，T_{cat}/℃	RT～1000
催化热丝到衬底距离，D_{cs}/cm	4
衬底温度，T_s/℃	400
气体压力，P_g/Pa	100

由于 Ir 是一种非常昂贵的材料。而且众所周知，有机气源有时可以通过使用含镍（Ni）的金属催化热丝来分解。因此，他们尝试使用其他金属丝来分解 TMA，如图 6.3 所示。结果表明，当使用由 90% Ni 和 10% 铬（Cr）组成的合金作为催化热丝时，TMA 可在 200～600℃的催化温度下分解。当使用 304 不锈钢（SUS）时，TMA 也可在 100～600℃下分解，304 不锈钢（SUS）是一种由 10% Ni、20% Cr 和约 70%Fe 组成的合金。

Cat-CVD 沉积 Al_2O_3 的研究仍在进行中。未来还将取得进一步进展。

5.7 Cat-CVD 制备 AlN 薄膜的性能

在利用 Cat-CVD 沉积 Al_2O_3 时，必须注意防止催化热丝的氧化，这似乎限制了 Cat-CVD Al_2O_3 应用的进一步发展。而与 Al_2O_3 相比，AlN 由于在薄膜形成过程中不需要使用氧化剂，因此很容易制备。沉积 AlN 所用气源为 TMA 和 NH_3。AlN 是一种优良的绝缘体，带隙为 6.3eV，热导率大。由于这一特性，AlN 常用作氮化镓（GaN）蓝色发光二极管的势垒层。而 AlN 作为化合物半导体的钝化层具有广阔的应用前景。AlN 也有很强的抵抗酸性和碱性化学物质腐蚀的能力。因此，它是一种非常有用的薄膜材料。AlN 的热导率相当大，因此 AlN 也常被用在散热器上。

AlN 的熔点接近 2200～2400℃，折射率为 1.9～2.2。AlN 薄膜也可作为减反射涂层用在光学元件上。

当 AlN 薄膜用于化合物半导体钝化时，由于化合物半导体的表面通常比 c-Si 更精细，使用无等离子体的 Cat-CVD 沉积可能会有一些优势。

1991 年 J. L. Dupuie 和 E. Gulari 首次报道了 Cat-CVD 制备 AlN 的工作[71]，随后他们给出了详细数据[72]。

J. L. Dupuie 和 E. Gulari 的沉积条件如表 5.13 所示。用红外吸收谱研究了 AlN 的结构，用 XPS 研究了薄膜的原子组成。图 5.61 为 Cat-CVD 在衬底温度 T_s＝370℃和 460℃下沉积 AlN 薄膜的红外光谱。Al—N 键在两个薄膜中均有明显的吸收峰。图中还给出了薄膜的沉积条件。在 T_s＝460℃下沉积薄膜的吸收峰比 T_s＝370℃下沉积薄膜的吸收峰更尖锐。一般来说，红外吸收峰的宽度与化学键的周围环境有关。如果没有限制振动的因素，吸收峰的宽度很可能会更宽。从该图可以得出结论，在460℃沉积的样品中，原子振动受到更强的抑制，因此，AlN薄膜更致密。实际上，这也可以从薄膜中H含量的对比中得到。

表 5.13　Cat-CVD 沉积 AlN 的参数

参数	设置 AlN 的参数
催化热丝材料	W(直径 0.25mm，长度 93cm)
气源	TMA(1～4cm^3/min)，NH_3(61.9cm^3/min)
催化热丝温度，T_{cat}/℃	1750
催化热丝到衬底距离，D_{cs}/cm	4
衬底温度，T_s/℃	310～460
气压，P_g/Pa	66.7
沉积速率/(nm/min)	50～200

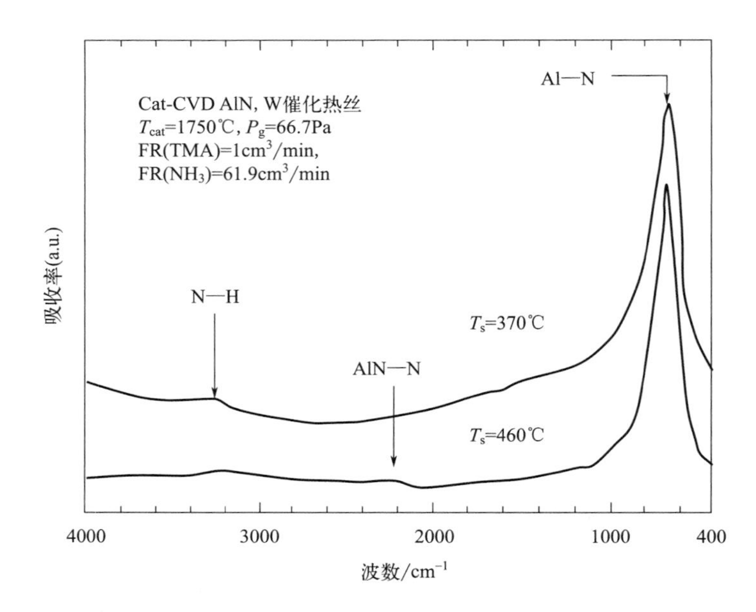

图 5.61　分别在衬底温度370℃和460℃下沉积Cat-CVD AlN薄膜的红外吸收光谱

在红外光谱中，可以通过N—H键密度来估算H含量，N—H键在波数约3300cm^{-1}处有一个吸收峰。根据J. L. Dupuie和E. Gulari的报道[72]，T_s=370℃沉积薄膜的N—H密度约为6×$10^{21}$$cm^{-3}$，460℃沉积薄膜的N—H密度为1.8×$10^{21}$$cm^{-3}$。也就是说，$T_s$=460℃下沉积的薄膜致密度很高，化学键失去了自由振动的能力。这样，该样品的红外吸收峰比T_s=370℃薄膜的吸收峰更尖锐。

Cat-CVD制备AlN薄膜的原子组成如图5.62所示，图中为原子比例随TMA流量FR(TMA)的变化，其中NH_3的流量固定为61.9cm^3/min。与化学计量比对比发现，AlN薄膜呈现略富N的特征。当FR(TMA)增加时，N的比例可能略有降低，C的比例增加，但 Al 的比例似乎保持不变。这些数据表明，Cat-CVD 利用 TMA 和 NH_3 可以沉积 AlN 薄膜。这项工作进一步扩大了 Cat-CVD 技术的应用范围。

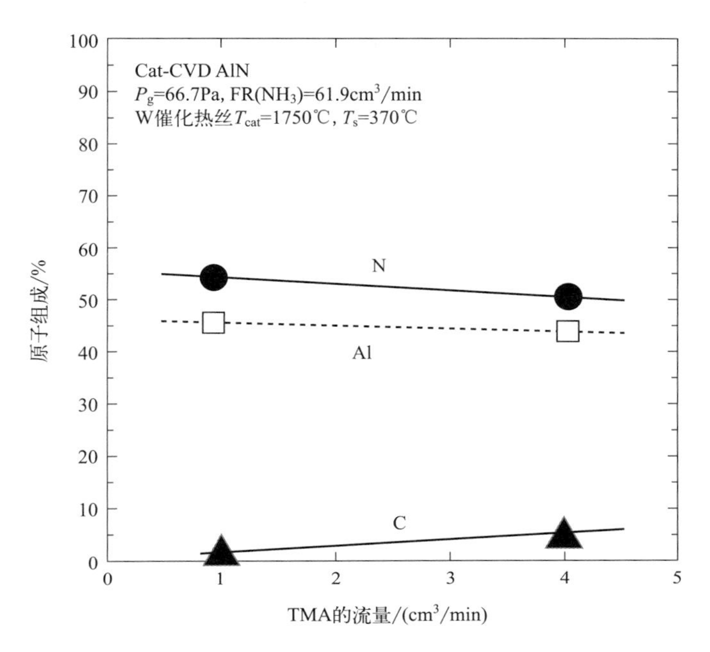

图 5.62　不同 TMA 流量制备的 Cat-CVD AlN 薄膜的原子组成。
数据来源：Dupuie 和 Gulari（1992）[72]

5.8　Cat-CVD 制备无机薄膜总结

如上所述，利用不同气源，Cat-CVD 可以制备多种不同的薄膜。表 5.14 总结了可以用 Cat-CVD 制备的无机薄膜种类。该表提供了可以沉积的薄膜种类及相关参数。若需进一步了解，可以参考相关文献。有机薄膜的沉积将在下一章中讨论。

表 5.14　Cat-CVD 制备的各种无机薄膜

薄膜	催化热丝	催化热丝温度/℃	气体源	参考文献
a-Si	W，Ta	1700～2000	SiH_4，H_2	[19]，[21]，[73]，[74]
μc-Si，poly-Si	W，Ta	1700～2000	SiH_4，H_2	[44]，[75]～[77]
Si 外延生长	W，Ta	1800	SiH_4，H_2	[57]，[78]～[80]
a-SiC，poly-SiC	W，Ta，TaC，C，Re	1700～2000	SiH_4，C_nH_m，H_2	[78]，[81]～[83]
a-SiGe	W，Ta	(1100①～) 1700～2000	SiH_4，GeH_4，H_2	[84]～[87]
Si_3N_4(SiN_x)	W，Ru	(1180①～) 1700～2000	SiH_4，NH_3，H_2 HMDS，NH_3，H_2	[62]，[63]，[65]， [66]，[88]，[89]

续表

薄膜	催化热丝	催化热丝温度/℃	气体源	参考文献
SiO_2	Ir,W	1700～2000	SiH_4,N_2O,H_2 TEOS,N_2O,H_2	[69],[90]
Al_2O_3	Ir,W,镍铬合金,SUS-304	200～900	TMA,O_2,H_2	[70],[91],[92]
AlN	W	1700～2000	TMA,NH_3	[71],[72]

① 只有 Matsumura 的关于 a-SiGe[84] 薄膜和 SiN_x[88] 的报道采用了更低的催化热丝温度。

注：更多参考文献参考第 8 章。

参考文献

[1] Chittick, R. C., Alexander, J. H., and Sterling, H. F. (1969). The preparation and properties of amorphous-silicon. *J. Electrochem. Soc.* 116: 77-81.

[2] Spear, W. E. and Le Comber, P. G. (1975). Substitutional doping of amorphous-silicon. *Solid State Commun.* 17: 1193-1196.

[3] Taguchi, M., Yano, A., Tohoda, S. et al. (2014). 24.7% record efficiency HIT solar cell on thin silicon wafer. *IEEE J. Photovoltaics* 4: 96-99. https://doi.org/10.1109/JPHOTOV.2013.2282737.

[4] Yoshikawa, K., Kawasaki, H., Yoshida, W. et al. (2017). Silicon heterojunction solar cell with interdigitated back contacts for a photo-conversion efficiency over 26%. *Nat. Energy* 2: 17032-1-17032-8. https://doi.org/10.1038/nenergy.2017.32.

[5] Le Comber, P. G., Spear, W. E., and Ghaith, A. (1979). Amorphous-silicon field-effect devices and possible application. *Electron. Lett* 15: 179-181. https://doi.org/10.1049/el:19790126.

[6] Mott, N. F. and Davis, E. A. (1979). Non-crystalline semiconductors, Chapter 6. In: *Electronic Processes in Non-crystalline Materials*, 2e. Clarendon Press-Oxford. ISBN: 0-19-851288-0.

[7] Lucovsky, G. and Hayes, T. M. (1979). Chapter 8: Short-range order in amorphous semiconductors. In: *Amorphous Semiconductors*, Topics in Applied Physics, vol. 36 (ed. M. H. Brodsky), 215-250. Berlin: Springer-Verlag. ISBN: 3-540-09496-2 and ISBN 0-587-09496-2.

[8] Kittel, C. (1986). Free Electron Fermi Gas, Chapter 6. In: *Introduction to Solid State Physics*, 6e. New York: Wiley. ISBN: 0-471-87474-4.

[9] Ovshinsky, S. R. and Madan, A. (1978). A new amorphous silicon-based alloy for electronic applications. *Nature* 276: 482-484.

[10] Madan, A., Ovshinsky, S. R., and Benn, E. (1979). Electrical and optical properties of amorphous Si:F:H alloys. *Philos. Mag. B* 40: 259-277.

[11] Matsumura, H., Nakagome, Y., and Furukawa, S. (1980). A heat-resting new amorphous silicon. *Appl. Phys. Lett.* 36: 439-440.

[12] Kittel, C. (1986). Semiconductor crystal, Chapter 8. In: *Introduction to Solid State Physics*, 6e. New York: Wiley. ISBN: 0-471-87474-4.

[13] Matsumura, H., Ihara, H., and Tachibana, H. (1985). Hydro-fluorinated amorphous silicon made by thermal CVD (chemical vapor deposition) method. *Proceedings of 18th IEEE Photovoltaic Specialist Conference*, Las Vegas, Nevada, USA (21-25 October 1985). pp. 1277-1282.

[14] Tsai, C. C. and Fritzsche, H. (1979). Effect of annealing of the optical properties of plasma deposited amorphous hydrogenated silicon. *Sol. Energy Mater.* 1: 29-42.

[15] Yamaguchi, M., Matsumura, H., and Morigaki, K. (1990). Photoluminescence of a-Si:H films prepared by catalytic chemical vapor deposition. *Jpn. J. Appl. Phys.* 29 (8): L1366-L1368.

[16] Boccara, A. C., Foumier, D., Jackson, W., and Amer, N. M. (1980). Sensitive photothermal deflection technique for measuring absorption in optically thin media. *Opt. Lett.* 5: 377-379.

[17] Knief, S. and von Niessen, W. (1999). Disorder, defects, and optical absorption in a-Si and a-Si: H. *Phys. Rev. B: Condens. Matter* 59: 12940-12946.

[18] https: //www. iap. tuwien. ac. at/www/surface/vapor _ pressure, Institut fur Angeweandte Physik der Technichen Universitat Wien, "Vapor Pressure Calculator", or https: //www. powerstream. com/vapor-pressure. htm.

[19] Mahan, A. H., Carapella, J., Nelson, B. P. et al. (1991). Deposition of device quality, low H content amorphous silicon. *J. Appl. Phys.* 69: 6728-6730.

[20] Schropp, R. E. I. (2004). Present status of micro- and polycrystalline silicon solar cells made by hot-wire chemical vapor deposition. *Thin Solid Films* 451-452: 455-465.

[21] Heintze, M., Zedlitz, R., Wanka, H. N., and Schubert, M. B. (1996). Amorphous and microcrystalline silicon by hot wire chemical vapor deposition. *J. Appl. Phys.* 79: 2699-2706.

[22] Sakai, M., Tsutsumi, T., Yoshioka, T. et al. (2001). High performance amorphous-silicon thin film transistors prepared by catalytic chemical vapor deposition with high deposition rate. *Thin Solid Films* 395: 330-334.

[23] Nishizaki, S., Ohdaira, K., and Matsumura, H. (2008). Study on stability of amorphous-silicon thin-film transistors prepared by catalytic chemical vapor deposition. *Jpn. J. Appl. Phys.* 47: 8700-8706.

[24] Lucovsky, G., Nemanich, R. J., and Knights, J. C. (1979). Structural interpretation of vibrational spectra of a-Si:H alloys. *Phys. Rev. B: Condens. Matter* 19: 2064-2073.

[25] Brodsky, M. H., Cardona, M., and Cuomo, J. J. (1977). Infrared and Raman spectra of the silicon-hydrogen bonds in amorphous silicon prepared by glow discharge and sputtering. *Phys. Rev. B: Condens. Matter* 16: 3556-3571.

[26] Langford, A. A., Fleet, M. L., Nelson, B. P. et al. (1992). Infrared absorption strength and hydrogen content of hydrogenated amorphous silicon. *Phys. Rev. B: Condens. Matter* 45: 13367-13377.

[27] Crandall, R. S., Mahan, A. H., Nelson, B. P. et al. (1992). Properties of hydrogenated amorphous silicon produced at high temperature. *AIP Conf. Proc.* 268: 81-87.

[28] Matsumura, H., Masuda, A., and Izumi, A. (1999). Cat-CVD process and its application to preparation of Si-based thin films. *Mater. Res. Soc. Symp. Proc.* 557: 67-78.

[29] Veprek, S., Sarrott, F. A., Rambert, S., and Taglauer, E. (1989). Surface hydrogen content and passivation of silicon deposited by plasma induced chemical vapor deposition from silane and the implications for the reaction mechanism. *J. Vac. Sci. Technol.*, *A* 7: 2614-2624.

[30] Matsuda, A. (2004). Thin-film silicon—growth process and solar cell application. *Jpn. J. Appl. Phys.* 43: 7909-7920.

[31] Matsumura, H. (1992). A new amorphous-silicon with low hydrogen content. *Oyo Buturi* 61: 1013-1019. [In Japanese].

[32] Shirai, H., Hanna, J.-i., and Shimizu, I. (1991). Role of atomic hydrogen during growth of hydrogenated amorphous silicon in the chemical annealing. *Jpn. J. Appl. Phys.* 30: L679-L682.

[33] Matsumura, H. (1998). Formation of silicon-based thin films prepared by catalytic chemical vapor deposition (Cat-CVD) method. *Jpn. J. Appl. Phys.* 37: 3175-3187.

[34] Nelson, B. P., Xu, Y., Mahan, A. H. et al. (2000). Hydrogenated amorphous-silicon grown by hot-wire CVD at deposition rates up to 1 μm/minute. *Mater. Res. Soc. Symp. Proc.* 609: A22. 8-1-A22. 8-6.

[35] Nishikawa, S., Kakinuma, H., Watanabe, T., and Nihei, K. (1985). Influence of deposition conditions on properties of hydrogenated amorphous silicon prepared by RF glow discharge. *Jpn. J. Appl. Phys.* 24: 639-645.

[36] Inoue, H., Tanaka, K., Sano, Y. et al. (2011). High-rate deposition of amorphous silicon films by microwave-excited high-density plasma. *Jpn. J. Appl. Phys.* 50: 036502-1-036502-6.

[37] Staebler, D. L. and Wronski, C. R. (1977). Reversible conductivity changes in discharge produced amorphous Si. *Appl. Phys. Lett.* 31: 292-294.

[38] Matsumura, H. (2001). Summary of research in NEDO Cat-CVD project in Japan. *Thin Solid Films* 395: 1-11.

[39] Mahan, A. H. and Vanecek, M. (1991). A reduction in the Stableer-Wronski effect observed in low H content a-Si: H films deposited by the hot-wire technique. In: *Tech. Digest of 3rd Sunshine Workshop on Solar Cells*, vol. 1991, 3-10. Pacifico Yokohama, Yokohama, Japan: NEDO (New Energy Development Organization).

[40] Shimuzu, S., Kondo, M., and Matsuda, A. (2011). Fabrication of the hydrogenated amorphous silicon films exhibiting high stability against light soaking. In: *Solar Cells-Thin Film Technologies* (ed. L. Kosyachenko), 303-318. Europe: In Tech. ISBN: 978-953-307-570-9.

[41] Butler, J. E., Mankelevich, Y. A., Cheeseman, A. et al. (2009). Understanding the chemical vapor deposition of diamond: recent progress. *J. Phys. Condens. Matter.* 21: 364202-1-364202-19. https: //doi. org/10. 1088/0953-8984/21/36/364201.

[42] Oikawa, S., Ohtsuka, S., and Tsuda, M. (1992). Elementary processes of surface reaction in amorphous silicon film growth. *Appl. Surf. Sci.* 60-61: 29-38.

[43] Usui, S. and Kikuchi, M. (1979). Properties of heavily doped GD-Si with low resistivity. *J. Non-Cryst. Solids* 34: 1-11.

[44] Matsumura, H. (1991). Formation of polysilicon films by catalytic chemical vapor deposition (Cat-CVD) method. *Jpn. J. Appl. Phys.* 30: L1522-L1524.

[45] Wikipedia Scherrer equation. https: //en. wikipedia. org/wiki/Scherrer _ equation (accessed 23 October 2018).

[46] Kittel, C. (1986). Reciprocal lattice, Chapter 2. In: *Introduction to Solid State Physics*, 6e. New York: Wiley. ISBN: 0-471-87474-4.

[47] Viera, C., Huet, S., and Boufendi, L. (2001). Crystal size and temperature measurements in nanostructured silicon using Raman spectroscopy. *J. Appl. Phys.* 90: 4175-4183.

[48] Richter, H., Wang, Z. P., and Ley, L. (1981). The one phonon Raman spectrum in microcrystalline silicon. *Solid State Commun.* 39: 625-629.

[49] Heya, A., Masuda, A., and Matsumura, H. (1999). Low temperature crystallization of amorphous silicon using atomic hydrogen generated by catalytic reaction on heated tungsten. *Appl. Phys. Lett.* 74: 2143-2146.

[50] Eaglesham, D. J., Unterwald, F. C., Lufman, H. et al. (1989). Effect of H on Si molecular-beam epitaxy. *J. Appl. Phys.* 74: 6515-6517.

[51] Matsumura, H., Umemoto, H., Izumi, A., and Masuda, A. (2003). Recent progress of Cat-CVD research in Japan—bridging between the first and second Cat-CVD conferences. *Thin Solid Films* 430: 7-14.

[52] Kasai, H., Kusumoto, N., Yamanaka, H. et al. (2001). Fabrication of high mobility poly-Si TFT by Cat-CVD. In: *Tech. Reports of IEICE*, *ED*2001-4, 19-25. Japan: The Institute of Electronics, Information and Communication Engineering (Written in Japanese, the contents are introduced in Ref. [51]).

[53] Van der Pauw, L. J. (1958). A method of measuring specific resistivity and Hall effect of discs of arbitrary shape. *Philips Res. Rep.* 13: 1-9.

[54] Morin, F. J. and Maita, J. P. (1958). Electrical properties of silicon containing arsenic and boron. *Phys. Rev.* 96: 28-35.

[55] Matsumura, H., Tashiro, Y., Sasaki, K., and Furukawa, S. (1994). Hall mobility of low-temperature-deposited polysilicon films by catalytic chemical vapor deposition method. *Jpn. J. Appl. Phys.* 33: L1209-L1211.

[56] Kamins, T. (1994). Electrical properties, Chapter 5. In: *Polycrystalline Silicon for Integrated Circuit*

Application. Kluwer Academic Publishers. ISBN：0-89838-259-9.

[57] Yamoto，H.，Yamanaka，H.，Yagi，H. et al.（1999）. Low temperature Si epitaxial growth by Cat-CVD method. In：*Ext. Abstract of International Pre-Workshop on Cat-CVD（Hot-Wire CVD）Process*，61-63. Ishikawa，Japan：Organizing Committee of International Pre-Workshop on Cat-CVD Process.

[58] Schropp，R. E. I.，Nishizaki，S.，Housweling，Z. S. et al.（2008）. All hot wire CVD TFTs with high deposition rate silicon nitride（3 nm/s）. *Solid-State Electron*. 52：427-431.

[59] Parsons，G. N.，Souk，J. H.，and Batey，J.（1991）. Low hydrogen content stoichiometric silicon nitride films deposited by plasma-enhanced chemical vapor deposition. *J. Appl. Phys*. 70：1553-1560.

[60] Yin，Z. and Smith，F. W.（1990）. Optical dielectric function and infrared absorption of hydrogenated amorphous silicon nitride films：experimental results and effective-medium-approximation analysis. *Phys. Rev. B：Condens. Matter* 42：3666-3674.

[61] Lanford，W. A. and Rand，M. J.（1978）. The hydrogen content of plasma-deposited silicon nitride. *J. Appl. Phys*. 49：2473-2477.

[62] Osono，T.，Heya，A.，Niki，T. et al.（2006）. High-rate deposition of SiN_x films over 100 nm/min by Cat-CVD method at low temperatures below 80℃. *Thin Solid Films* 501：55-57.

[63] Wang，Q.，Ward，S.，Gedvilas，L.，and Keyes，B.（2004）. Conformal thin-film silicon nitride deposited by hot-wire chemical vapor deposition. *Appl. Phys. Lett*. 84：338-340.

[64] Fujinaga，T.，Kitazoe，M.，Ymamoto，Y. et al.（2007）. Development of Cat-CVD apparatus. *ULVAC Tech. J*.（67）：30-34. [In Japanese].

[65] Verlaan，V.，van der Werf，C. H. M.，Houweling，Z. S. et al.（2007）. Multi-crystalline silicon solar cells with very fast deposited（180nm/min）passivating hot-wire CVD silicon nitride antireflection coating. *Prog. Photovoltaics Res. Appl*. 15：563.

[66] Izumi，A. and Oda，K.（2006）. Deposition of SiCN films using organic liquid materials by HWCVD method. *Thin Solid Films* 501：195-197.

[67] Ogawa，Y.，Ohdaira，K.，Oyaidu，T.，and Matsumura，H.（2008）. Protection of organic light-emitting diodes over 50000 hours by Cat-CVD SiN_x/SiO_xN_y stacked thin films. *Thin Solid Films* 516：611-614.

[68] Oyaidu，T.，Ogawa，Y.，Tsurumaki，K. et al.（2008）. Formation of gas barrier films by Cat-CVD method using organic silicon compound. *Thin Solid Films* 516：604-606.

[69] Saito，K.，Uchiyama，Y.，and Abe，K.（2003）. Preparation of SiO_2 thin films using the Cat-CVD method. *Thin Solid Films* 430：287-291.

[70] Ogita，Y.-I. and Tomita，T.（2006）. The mechanism of alumina formation from TMA and molecular oxygen using catalytic-CVD with an iridium catalyzer. *Thin Solid Films* 501：35-38.

[71] Dupuie，J. L. and Gulari，E.（1991）. Hot filament enhanced chemical vapor deposition of AlN thin films. *Appl. Phys. Lett*. 59：549-551.

[72] Dupuie，J. L. and Gulari，E.（1992）. The low temperature catalyzed chemical vapor deposition and characterization of aluminum nitride thin films. *J. Vac. Sci. Technol.*，*A* 10：18-28.

[73] Matsumura，H.（1986）. Catalytic chemical vapor deposition（CTL-CVD）method producing high quality hydrogenated amorphous silicon. *Jpn. J. Appl. Phys*. 25：L949-L953.

[74] Doyle，J.，Robertson，R.，Lin，G. H. et al.（1988）. Production of high-quality amorphous silicon films by evaporative silane surface decomposition. *J. Appl. Phys*. 64：3215-3223.

[75] Schropp，R. E. I. and Rath，J. K.（1999）. Novel profiled thin film polycrystalline silicon solar cells on stainless steel substrates，Special issue IEEE Transaction on Electron Devices，on Progress and Opportunities in Photovoltaic Solar Cells Science & Engineering，. *IEEE Trans. Electron Devices* 46：2069-2071.

[76] Bouree，J. E.（2001）. Correlated structural and electronic properties of microcrystalline silicon films deposited at low temperature by catalytic-CVD. *Thin Solid Films* 395：157-162.

[77] Finger, F., Mai, Y., Klein, S., and Carius, R. (2008). High efficiency microcrystalline silicon solar cells with hot-wire CVD buffer layer. *Thin Solid Films* 516: 728-732.

[78] Watahiki, T., Abe, K., Tamura, H. et al. (2001). Low temperature epitaxial growth of Si and $Si_{1-y}C_y$ films by hot wire cell method. *Thin Solid Films* 395: 221-234.

[79] Mason, M. S., Chen, C. M., and Atwater, H. A. (2003). Hot-wire chemical vapor deposition for epitaxial silicon growth on large grained polysilicon templates. *Thin Solid Films* 430: 54-57.

[80] Teplin, C. W., Wang, Q., Iwaniczko, E. et al. (2006). Low-temperature silicon homoepitaxy by hot-wire chemical vapor deposition with a Ta filament. *J. Cryst. Growth* 287: 414-418.

[81] Klein, S., Carius, R., Finger, F., and Houben, L. (2006). Low substrate temperature deposition of crystalline SiC using HWCVD. *Thin Solid Films* 501: 169-172.

[82] Mori, M., Tabata, A., and Mizutani, T. (2006). Properties of hydrogenated amorphous silicon carbide films prepared at various hydrogen gas flow rates by hot-wire chemical vapor deposition. *Thin Solid Films* 501: 177-180.

[83] Itoh, T., Kawasaki, T., Takai, Y. et al. (2008). Properties of hetero-structured SiC_x films deposited by hot-wire CVD using SiH_3CH_3 as carbon source. *Thin Solid Films* 516: 641-643.

[84] Matsumura, H. (1987). High-quality silicon-germanium produced by catalytic chemical vapor deposition. *Appl. Phys. Lett.* 51: 804-805.

[85] Nelson, B. P., Xu, Y., Williamson, D. L. et al. (1998). Hydrogenated amorphous silicon-germanium alloys grown by the hot-wire chemical vapor deposition technique. *Mater. Res. Soc. Symp. Proc.* 507: 447-452.

[86] Datta, S., Xu, Y., Mahan, A. H. et al. (2006). Superior structural and electronic properties for amorphous silicon-germanium alloys deposited by a low temperature hot wire chemical vapor deposition process. *J. Non-Cryst. Solids* 352: 1250-1254.

[87] Schropp, R. E. I., Li, H., Franken, R. H. et al. (2008). Nanostructured thin films for multibandgap silicon triple junction solar cells. *Thin Solid Films* 516: 6818-6823.

[88] Matsumura, H. (1989). Silicon nitride produced by catalytic chemical vapor deposition method. *J. Appl. Phys.* 66: 3512-3617.

[89] Okada, S. and Matsumura, H. (1997). Improved properties of silicon nitride films prepared by the catalytic chemical vapor deposition method. *Jpn. J. Appl. Phys.* 36: 7035-7040.

[90] Matsumoto, Y. (2006). Hot wire-CVD deposited a-SiO_2 and its characterization. *Thin Solid Films* 501: 95-97.

[91] Ogita, Y.-I. and Tomita, T. (2006). The mechanism of alumina formation from TMA and molecular oxygen using catalytic-CVD with a tungsten catalyzer. *Thin Solid Films* 501: 39-42.

[92] Ogita, Y.-I., Kudoh, T., and Iwai, R. (2009). Low temperature decomposition of large molecules of TMA using catalyzers with resistance to oxidation in catalytic-CVD. *Thin Solid Films* 517: 3439-3442.

引发化学气相沉积（iCVD）合成有机聚合物

催化化学气相沉积（Cat-CVD）同样适用于有机薄膜的制备。前面的章节主要阐述的是无机薄膜的沉积，本章我们介绍更加新颖的有机物薄膜的沉积。本章我们将这种最适合制备高质量有机薄膜的方法命名为引发化学气相沉积（iCVD）。

6.1 引言

通过选择合适的前驱体、设计合适的反应腔体条件，可以将沉积无机薄膜的CVD技术应用于有机高分子薄膜的制备[1]。CVD表面修饰旨在改变零件涂层区域和环境的整体相互作用，同时不破坏零件的主体性能。后一个目的促使人们使用无溶液且在低温下就可以实现的工艺。聚合物的有机官能团使得CVD制备的有机薄膜以保形涂层的形式沉积在复杂几何表面以及多种器件上，这些官能团可提供化学和生物上的特异性。

CVD聚合的方法比液相和熔融的方法制备聚合物更容易做到表面修饰。CVD方法尤其适合在常规溶液中溶解度很小的聚合物，例如含氟聚合物以及高度交联的有机网络聚合物。特别是有机交联网络聚合物，兼具高物理强度和良好的韧性。没有残留溶剂和添加剂的高纯CVD聚合物，非常适合在光电器件和生物器件中应用。

研究人员还设计出了许多表面含有一种或多种有机功能的CVD聚合物，用于处理多种基础研究问题以及技术应用，包含但不限于：

（1）系统性调控聚合物对水、油、冰、无机垢、水合物、蛋白质或微生物的润湿性、黏附性和抗污性。

（2）修饰表面具有化学和生物特异性、反应活性的特性。例如，沉积后附着生长因子、抗体、染料和纳米颗粒。

（3）保护衬底免受环境影响或破坏。例如：湿度、氧气、溶剂、生物环境或紫外线。

（4）封装机加工、模压、3D打印工艺所制备的复杂形状物体。

（5）制备超薄（＜10nm）和超光滑（均方根粗糙度＜1nm）的无针孔涂层。

（6）表面化学改性和多孔膜孔结构修饰。

（7）集成在轻质柔性光电器件和微流体器件上的性能可调膜层。

（8）在纺织品和纸衬底上制备光伏器件、逻辑电路、存储单元和医疗诊断器件。

（9）调控衬底与薄膜间的界面，以产生强附着力。

（10）对外界刺激做出响应，例如光、温度、pH 或化学物质。

原位监测可精准调控 CVD 聚合物薄膜厚度，甚至可制备超薄薄膜（<10nm）。而由于脱湿效应的存在，使得传统的溶液法制备聚合物薄膜时很难得到无针孔缺陷的超薄薄膜。同时，由于脱湿效应和表面张力的影响，当使用溶液法制备聚合物薄膜时，会使衬底上的微米级和纳米级微结构特征被湮没或桥接。相反，本章所提到的 CVD 方法可以制备保形覆盖性好的薄膜，厚度均匀的薄膜可以精确地覆盖并保留衬底表面的复杂结构和多孔介质[2]。通过保形覆盖，有机薄膜可实现更广泛的生产应用。保形覆盖的高沉积速率的特性，使其与原子层沉积（ALD）、分子层沉积（MLD）、逐层沉积（LBL）等工艺有明显区别。由于 iCVD 法不存在脱湿效应，因此可制备无针孔缺陷的超薄薄膜（<10nm）。

CVD 制备薄膜时，可在薄膜生长前对衬底进行表面修饰，使衬底和薄膜之间形成共价键，从而形成强附着力的薄膜。这一特性在许多商业应用上非常重要。此外，通过改变进气端气体组分比例，可以在薄膜厚度方向上调控薄膜的组分。

这一章我们主要介绍 CVD 一步合成法。即将电阻丝（或称为灯丝或金属探针）悬空置于反应腔体内，在一定的真空度下，用气相单体合成有机薄膜。聚合物薄膜在低温表面进行沉积。这些方法都包含大分子链引发生长的步骤。一些情况下，引发剂是单体反应分解后的产物（如自引发剂），本章称之为热丝化学气相沉积（HWCVD）。在一些 HWCVD 沉积聚合物工艺中，热丝材料中的某些化学组分具有催化作用（如 Cat-CVD）。此外，可在热丝处引入引发剂，使其发生热分解反应并生成引发基团。使用单独的引发剂有助于更好地控制 CVD 工艺过程，同时极大地提升了薄膜沉积速率。本章中，将引发剂单独引入真空腔室的称为 iCVD。将 HWCVD、Cat-CVD 和 iCVD 统称为 CVD 聚合。

这一章节首先介绍首个由 HWCVD/iCVD 制备的聚合物薄膜——聚四氟乙烯（PTFE）的发展过程，及其生长过程中所涉及的科学原理。然后介绍不同 iCVD 薄膜的发展历程及其应用。最后，本章将对 iCVD 的大规模商业应用和未来的发展方向做出总结。

6.2 iCVD 法合成聚四氟乙烯

聚四氟乙烯（PTFE）是一种由—CF_2—单体组成的线形大分子链。Teflon^{TM} 作为杜邦的商标而广为人知，作为一种高分子材料，PTFE 具有良好的化学稳定性和良好的热稳定性。PTFE 由于具有低介电常数、低折射率、低摩擦系数（COF）和低表面能等性能而被广泛应用（表 6.1）。

表 6.1 聚四氟乙烯（PTFE）体材料和 iCVD 聚四氟乙烯薄膜的性能

性能	体材料	iCVD 薄膜
摩擦系数 COF	0.07～0.30	0.03～0.20
静态水接触角 WCA/(°)	110	120～150
折射率 RI	1.35～1.38	1.35～1.38
介电常数 k	2.1	1.7～2.1
绝缘强度/(V/m)	4500	4000～7000
密度/(g/cm^3)	2.2	1.5～2.2

来源：摘自参考文献 [1]，第 19 章。

传统工艺合成的 PTFE 粉末可在高温下进行烧结（约 400℃）制备较厚的薄膜（约 25μm），例如不粘炊具上的涂层。然而，由于聚四氟乙烯在常规溶剂中的溶解度很低，其粉末很难制备成很薄的薄膜。与之相反，CVD 无需溶解高分子，且聚合反应和薄膜沉积同时进行。最早的 HWCVD 聚合工艺就是 PTFE 薄膜的生长，这里给出几篇关于 CVD PTFE 的综述[3,4]。

在制备超薄 CVD PTFE 薄膜（<10nm）过程中，衬底温度接近室温。这个重要的特性使得薄膜可以在对热比较敏感的衬底上生长，包括纸、塑料箔等。这些衬底无法适用于传统 PTFE“喷涂烧结”工艺。此外，CVD 无溶剂工艺避免了易碎衬底的膨胀。另一个区别是，传统合成工艺中的 PTFE 通常含有表面活性剂，如全氟辛酸 PFOA，而 CVD PTFE 中没有。PFOA 在环境中具有生物累积性，因此人们希望尽量避免使用 PFOA。

HWCVD PTFE 的制备是通过热丝提供热能来分解前驱气体，将六氟环氧丙烷（HFPO）转化为三氟乙酰氟和二氟卡宾，使其处于更稳定的单态：

$$\underset{\text{O}}{CF_2\!:\!—CF—CF_3} \xrightarrow{\triangle} CF_2 + CF(=O)—CF_3 \tag{6.1}$$

通过激光诱导荧光和紫外吸收光谱检测 HFPO 热分解产生的气相基团 CF_2：。在一定热丝温度条件下（150～800℃），HFPO 上的环氧键被打开，发生反应（6.1）。

一旦发生反应（6.1），单体 CF_2：可能会发生聚合反应（6.2）或发生重组反应（6.3）生成四氟乙烯（TFE）。固体薄膜总聚合反应式如下：

$$nCF_2: \longrightarrow (—CF_2—)_{n\,(\text{film})} \tag{6.2}$$

腔室中气相 CF_2：浓度的变化趋势、PTFE 薄膜和粉末的沉积速率，以及对有效附着因子的计算结果均与 CF_2：形成了气相低聚物 $(CF_2)_x$ 作为 PTFE 薄膜沉积中间体[5] 的假设相符。

二氟卡宾通过重组反应生成 TFE 的方程式如下：

$$2CF_2: \longrightarrow CF_2{=}CF_2 \tag{6.3}$$

PTFE 的传统合成工艺也是使用单体 TFE。但在 HWCVD 中，TFE 并不是最优解。因为 TFE 的聚合激活能明显高于 HFPO 热分解的激活能（反应 6.1）。由密度泛函理论（DFT）也可证实 HWCVD 制备 PTFE 是单体 CF_2：进行聚合而不是 TFE。通过气相傅里叶变换红外光谱测试（FTIR）可知，TFE［反应（6.3）中的反应产物］和三氟乙酰氟［反应（6.1）的反应产物］是 HWCVD 中的初级副产物。降低热丝到衬底的距离，有利于聚四氟乙烯薄膜的形成［反应（6.2）］，而不是重新形成气相 TFE［反应（6.3）］。因此，热丝应放置在距离沉积表面 1～2cm 处。

6.2.1 CVD PTFE 薄膜的特性选择及应用

传统 PTFE 的化学特征在 HWCVD PTFE 薄膜中也会出现（图 6.1）。这些特征包括在 FTIR 谱中的—CF_2—对称（1155cm^{-1}）和不对称（1215cm^{-1}）伸缩模。此外，

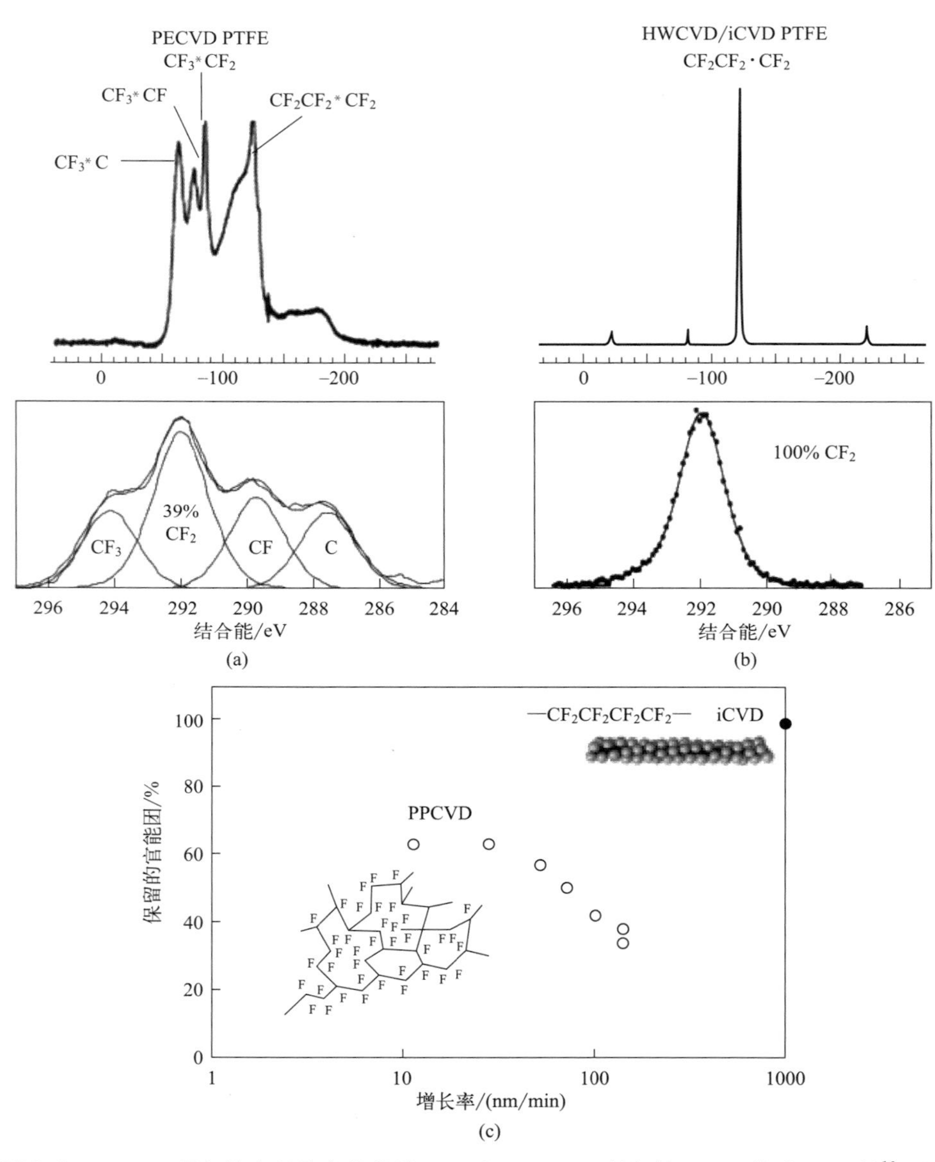

图 6.1 PECVD 制备的含氟聚合物薄膜（a）和 HWCVD 制备的 PTFE 薄膜（b）的^{19}F 固态魔角旋转核磁共振（NMR）谱（顶部）和相应的 X 射线光电子谱（XPS）中的 C 1s 谱（底部）。对于脉冲调制 PECVD（PPCVD），—CF_2—官能团未能完全保留，且含量随着沉积速率的提高而降低。（c）对于 iCVD 制备的 PTFE，在所有的沉积速率甚至超过 1μm/min 下都保留了 100％的官能团。数据来源：Tenhaeff 和 Gleason（2008）[6]。经 John Wiley&Sons 许可转载

在^{19}F的固态魔角旋转核磁共振（NMR）谱中可以观察到一个占主导的—CF_2—峰，在X射线光电子能谱（XPS）的C 1s谱中也只能观察到一个峰。与之相反，相比于传统PTFE，PECVD制备PTFE薄膜的—CF_2—官能团更少，而且含有$>C<$、CF和CF_3等传统PTFE体材料中不存在的官能团。电子回旋共振（ESR）测试表明，HWCVD PTFE薄膜中的悬挂键缺陷密度远低于PECVD制备的薄膜中的悬挂键。在PECVD中，当使用等离子体激发气相基团反应以完成CVD过程时，薄膜中—CF_2—官能团的含量和整体薄膜生长速率之间存在一个平衡关系[6]。而HWCVD则可以在保证含100%的—CF_2—官能团的基础上快速沉积薄膜，在一定条件下甚至可超过$1\mu m/min$。

利用X射线衍射（XRD）分析制备态和退火后HWCVD PTFE薄膜的结晶度，发现降低HWCVD PTFE的生长速率可以提高其结晶度。结晶度的变化还会使FTIR光谱图中—CF_2—面外摇摆振动峰（$641cm^{-1}$和$629cm^{-1}$）、变形振动峰（$555cm^{-1}$）和面内摇摆振动峰（$523cm^{-1}$和$530cm^{-1}$）发生变化。光学显微镜可以在HWCVD PTFE薄膜中观察到直径约1mm的球晶。同时由于PTFE晶体是各向异性的，通过可变入射角光谱椭偏仪（VASE）表征发现其低填充率可使孔隙率高达30%（体积分数）。同时用原子力显微镜（AFM）测试还发现其表面有较大的粗糙度。而更高的沉积速率一般会降低结晶度和孔隙率。

传统PTFE体材料具有很好的润滑性，而HWCVD PTFE薄膜的摩擦系数（COF）则更低（表6.1）。究其原因，是因为线性PTFE分子链之间容易发生滑动。与之相反，PECVD薄膜的COF系数通常较高，因为其交联结构会阻止分子链段之间的滑动。与热稳定性为400℃的线性PTFE分子链相比，交联、$>C<$和CF基团的存在使得PECVD薄膜的热稳定性降低至约250℃[7]。

PTFE的表面能非常低，约为20mN/m。超薄HWCVD PTFE薄膜在纳米结构表面上表现出来的粗糙度或其保形沉积表现出其超疏水特性［图6.2(a)和(b)］[8]。HWCVD PTFE薄膜（$>1\mu m$）可在宏观结构上保形沉积，例如在植入皮层的导线表面［图6.2(c)］[9]。由图6.2(d)可知，HWCVD PTFE薄膜的低表面能和结晶引起的表面织构决定了其润湿效果[10]。在电场作用下，碳纳米管上的iCVD PTFE薄膜“纳米串型多晶”层状结构可以由“荷叶型”转变为“玫瑰花瓣型”疏水结构[11]。由于沉积温度很低（一般25℃），使得该技术甚至可以对纸巾进行表面修饰。当对纸巾进行表面修饰时，可以防止纸巾吸水。有趣的是，相比于传统PTFE体材料，PECVD含氟聚合物薄膜具有更低的表面能，因为其表面不仅有—CF_2—基团，还含有一部分—CF_3基团。

由于HWCVD PTFE具有低摩擦系数、良好的化学和热稳定性、耐久性、强附着力、可大面积沉积、保形覆盖复杂结构的特性，因此可以作为脱模涂层应用于许多场景中，具有很高的商业价值[12]。例如，对模具内部的橡胶坯料进行加热加压，然后进行诱导硫化形成具有特定几何形状的汽车轮胎（如胎面花纹）。如果橡胶黏附在模具表面，则需要花费更多的时间去脱模，这将会降低其制备效率。同时，增加橡胶脱模所需的力还可能会使轮胎变形。通常使用喷雾脱模剂（例如硅油）来避免橡胶黏附在模具上。然

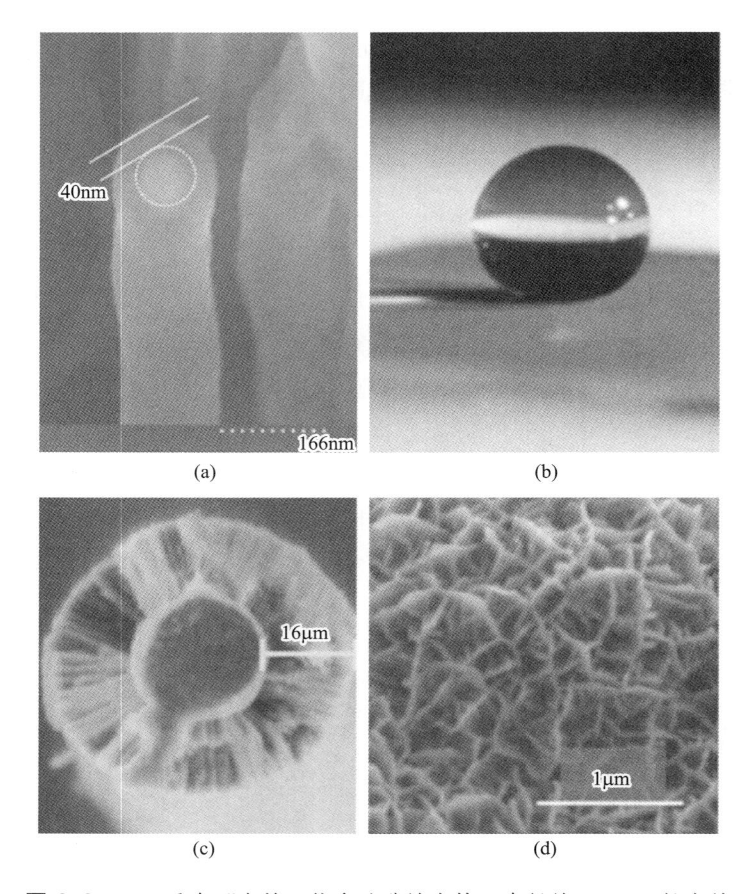

(a) (b) (c) (d)

图 6.2 (a) 垂直“森林”状多壁碳纳米管（直径约 50nm，长度约 2μm）上沉积的超薄保形（约 40nm）iCVD PTFE 薄膜，(b) 该薄膜表面的超疏水性能，其最大和最小接触角分别为 170°和 160°。数据来源：Lau 等（2003）[8]。经 American Chemical Society 许可转载。(c) 用于神经植入的细金属线上沉积的 16μm 厚的 HWCVD PTFE 薄膜。数据来源：Limb 等（1996）[9]。经 AIP Publishing 许可转载。(d) 半晶态特征的 HWCVD PTFE 薄膜导致的粗糙表面。数据来源：Thieme 等（2013）[10]。经 Elsevier 许可转载

而，经过几次脱模周期后就必须重新喷涂。喷雾的残留物附着在模具表面，这些残留物将加剧粘连问题。这样就必须关停生产线进行模具清洗。相反，HWCVD PTFE 脱模涂层由于脱模速率快，可避免由残留物积累而导致生产线的关停清洗，在上千次的轮胎脱模循环下仍可保持很高的生产率。而且使用较低的脱模力就可以生产高质量轮胎。HWCVD PTFE 脱模涂层可保形沉积在轮胎模具的任意几何结构上，如先进轮胎设计中的复杂胎面图案。因为 CVD PTFE 涂层可经受住上千次的脱模循环，足以展现其良好的黏附性和内聚性。

6.2.2 催化热丝材料对 PTFE 沉积的影响

在早期研究中，在其他所有条件相同的情况下，采用镍铬（NiCr）热丝制备 HWCVD PTFE 的沉积速率（10～100nm/min）比采用热解氧化铝的（<10nm/min）

高得多。NiCr热丝的高生长速率表明这种热丝具有催化作用。

在Cat-CVD中，使用不同热丝材料在晶硅（c-Si）衬底上沉积PTFE薄膜，其FTIR吸收光谱如图6.3所示。热丝材料分别选用了NiCr、Inconel-600、304不锈钢（SUS）、铁（Fe）、钼（Mo）、镍（Ni）、钛（Ti）、钽（Ta）和钨（W）[13]。催化热丝的温度（T_{cat}）在800～1200℃范围内可调。每次沉积使用相同的HFPO气体流量（$16cm^3/min$），沉积气压$P_g=1.5\times10^{-3}$Pa，衬底温度T_s接近室温。图6.3中的红外特征吸收峰是CF_2振动峰，如对称和非对称伸缩振动模式、面内摇摆振动和面外摇摆振动模式。该红外分析结果可确定该薄膜为PTFE。

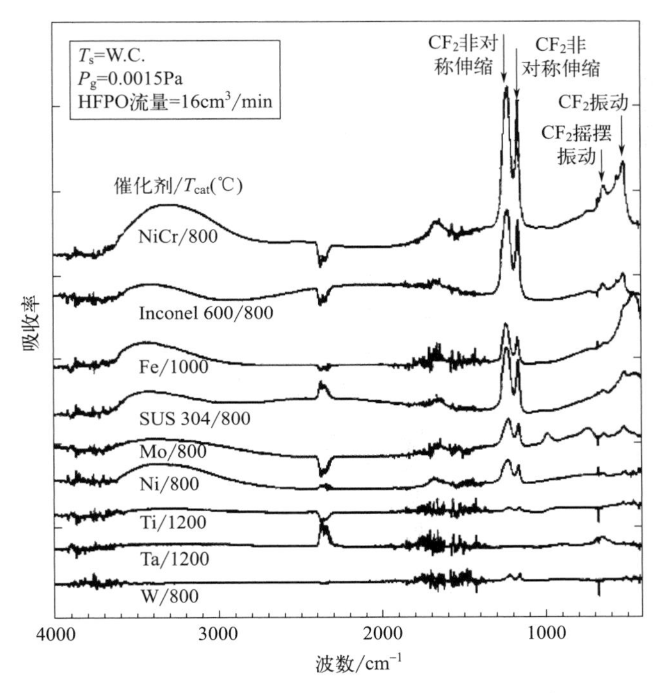

图6.3　HWCVD采用不同催化热丝材料和温度制备的PTFE薄膜FTIR光谱。数据来源：Matsumura等（2017）[13]。经Journal of Vacuum Science & Technology A许可转载

所有薄膜的沉积时间均为30min，因此具有更高的红外特征吸收峰的薄膜对应的沉积速率更高、薄膜厚度更厚。图6.3表明不同热丝材料对PTFE薄膜的沉积速率有很大影响。不难看出，使用NiCr催化热丝的薄膜沉积速率最高。由于Inconel 600、SUS 304都含有Ni元素，所以都表现出了较高的沉积速率。然而，即使用纯Ni作为催化热丝，其沉积速率也低于Ni合金。例如，Ni催化热丝的沉积速率约是NiCr的1/5。W催化热丝通常用于沉积a-Si或SiN_x，但其PTFE的沉积速率仅为NiCr催化热丝的约1/10。

根据这些结果我们推测，对HFPO分子解离吸附作用最佳的催化热丝应具有两种不同类型的催化位点。例如，一类催化位点适合接收CF_n（$n=2$或3），而另一类催化位点适合接收HFPO的其他分解产物。因此，相比于只有一类催化位点的热丝表面，拥有两类催化位点的热丝表面可能具有更快的催化裂解速率。实验证实了在使用

HFPO 沉积 PTFE 的过程中，分解不是通过简单加热完成的，而是通过催化裂解所产生的（T_{cat}>800℃）。

6.3 iCVD 的机理

随着对 iCVD 基本制备原理的深入理解，可通过 iCVD 合成更多的均聚物、无规共聚物和交替共聚物。对于均聚物，目前已建立了定量模型来预测薄膜的沉积速率和聚合物分子链的平均分子量。对于共聚物，定量模型可通过气相中单体比例来预测 iCVD 制备薄膜的组分。也可通过保形沉积模型实现定量预测。

6.3.1 引发剂和抑制剂

在常规的链式增长聚合中，引发剂（I^*）和单体 M 反应形成大分子链。在此反应过程中，表面反应是成膜过程的第一步：

$$I^* + M \longrightarrow IM^* \text{（引发反应）} \tag{6.4}$$

和

$$IM^* + (n-1)M \longrightarrow IM_n^* \text{（增殖反应）} \tag{6.5}$$

研究初期是在 CVD 中引入全氟辛基磺酰氟（PFOSF）作为引发剂来制备 PTFE[14]。在 HFPO 中掺入低浓度的 PFOSF，可显著提高薄膜的生长速率（>1μm/min）。在真空腔室中热丝的作用下，PFOSF 可热分解产生 $CF_3(CF_2)_7$ 引发剂基团。这种分子量更高、气化活性更低、含有 8 个碳原子（C8）的基团，与 CF_2 相比更容易吸附在薄膜的生长表面，从而使得沉积速率提高。如果不想使用这种具有生物累积性的 C8 基团，可以使用全氟丁烷磺酰氟作为引发剂，$CF_3(CF_2)_3$ 作为引发基团，生成挥发性更强、生物累积性更低的 C4 基团[8]。

将引发剂和单体通入 CVD 聚合反应腔室中，可显著提高薄膜生长速率的理念也扩展到了乙烯基聚合反应中。在一定的热丝温度下，引发剂的引入通常会极大地提高乙烯基聚合物薄膜的沉积速率。此外，引发剂的使用使我们可以在较低的热丝温度下，仍保持较高的沉积速率。降低热丝温度有利于减少衬底的热负荷，从而降低对衬底冷却的要求。

乙烯基 iCVD 聚合的引发剂 I_2，例如叔丁基过氧化物（TBPO）、二叔戊基过氧化物和过氧化苯甲酸叔丁酯（TBPOB）。这些引发剂中含有不稳定的过氧键（—O—O—），很容易在热丝附近热分解产生引发基团 I^*。而热丝温度为 150～350℃时，许多单体 M 都可以稳定存在。图 6.4 为 iCVD 反应过程示意，可以看到乙烯基单体甲基丙烯酸环己酯（CHMA）在两种不同引发剂的作用下，其生长速率随着热丝温度的变化情况[15]。相比于 TBPO，TBPOB 引发剂更容易在低热丝温度下分解。如前所述，降低热丝温度可以降低沉积表面的热负荷。在实际应用中，主要使用镍铬（80/20）和不锈钢热丝来分解过氧化物引发剂。目前尚未发现金属热丝在乙烯基单体 iCVD 聚合反应中具有催化作用。

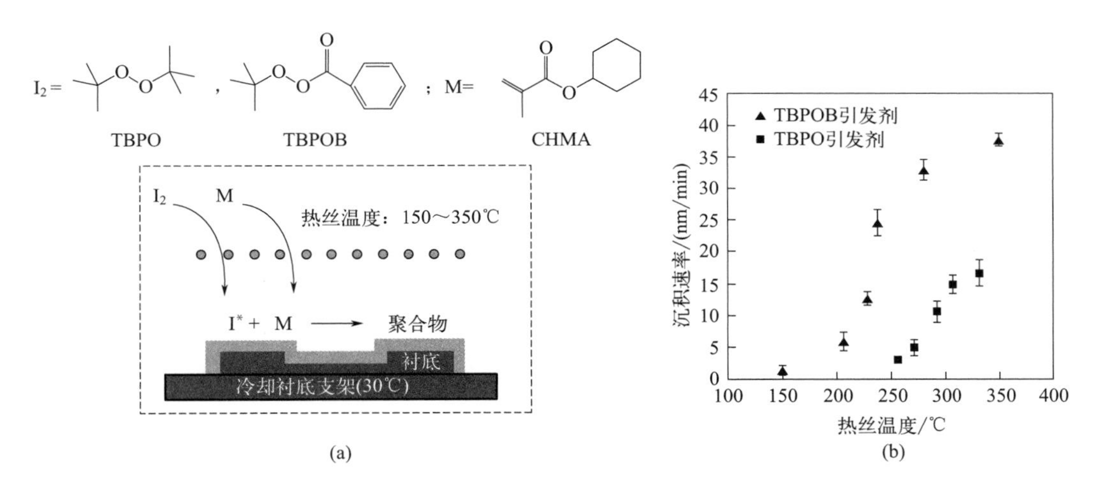

图 6.4 iCVD 反应过程示意。(a) I_2 引发剂在热丝表面或附近热分解，形成引发基团 I^*。单体 M 在低温非平整表面与之反应形成保形聚合物薄膜。(b) 使用两种引发剂［叔丁基过氧化物（TBPO）和过氧化苯甲酸叔丁酯（TBPOB）］和同一种单体［甲基丙烯酸环己酯（CHMA）］沉积时聚合物薄膜的沉积速率和热丝温度的关系。数据来源：Xu 和 Gleason（2010）[15]。经 American Chemical Society 许可转载

TBPO 也可作为 iCVD 聚合物开环的引发剂[16]。另一种引发剂是三乙胺（TEA），但需要用更高的热丝温度（＞450℃）使其分解，这会导致一些单体发生不必要的裂解[17]。

虽然引发剂基团可在多种聚合物中应用，但也有一些大分子的合成需要其他策略来进行。最近有研究表明在 iCVD 中可以使用阳离子引发剂。如将三氟化硼乙醚络合物作为阳离子引发剂诱导环氧乙烷开环聚合，得到聚氧乙烯（PEO）薄膜[18]。通过 $TiCl_4$ 这种强路易斯酸和 H_2O 这种 H 施主作为阳离子引发剂可以实现聚苯乙烯（PS）和聚二乙烯基苯（PDVB）的 iCVD 沉积[19]。

金属盐，例如 $CuCl_2$ 和 $Cu(NO_3)_2$ 可以抑制衬底上 iCVD 薄膜的生长，其机理类似于它们对溶液自由基聚合的影响。在衬底上选用合适的金属盐，可制备 iCVD 图案化薄膜[20]。在液态单体中通常加入（2,2,6,6-四甲基哌啶-1-基)氧基（TEMPO）抑制剂以防止单体在储存罐中发生聚合。

6.3.2 单体的吸附

iCVD 中单体的化学性质应该非常稳定，使其可以通过热丝区域而不发生分解。此外，单体还需具有较强的挥发性，使其可以以蒸气形式存在于真空腔体内。然而，单体的挥发性也不能太高，否则将无法吸附在温度较低的生长表面。iCVD 的沉积速率取决于表面吸附单体的浓度，可由 Brunauer-Emmett-Teller（BET）吸附等温线表示：

$$V_{ad}=\frac{V_{ml}c(P_M/P_{sat})}{(1-P_M/P_{sat})[1-(1-c)(P_M/P_{sat})]} \tag{6.6}$$

式中，V_{ad} 是总吸附体积；V_{ml} 是单分子层吸附体积；c 是 BET 常数（取决于表面/吸附物相互作用的大小）。无量纲的单体分压 P_M 与饱和蒸气压 P_{sat} 的比例是 BET

吸附等温线中非常重要的参数。

在 iCVD 中，常在 $0.3<P_M/P_{sat}<0.5$ 范围进行单层膜的沉积。在 P_M/P_{sat} 值更高或更低条件下，iCVD 薄膜也可以生长。了解一种新单体的饱和蒸气压（P_{sat}）可以使我们在实验前预测分压的期望值范围。对于许多单体来说，蒸气压对照表和 P_{sat}—温度关系都有很高的使用价值。甚至对于不太常见的分子，供应商通常也会提供其室温下的 P_{sat} 值或气化焓 ΔH_{vap}，同时也提供 $P_{sat}=1\text{atm}$ 时的沸点。根据这些已知条件，可以利用克劳修斯-克拉佩龙方程估算出任意温度下的 P_{sat}：

$$P_{sat}(T_2)=P_{sat}(T_1)\exp[-(\Delta H_{vap}/R)(1/T_2-1/T_1)] \tag{6.7}$$

图 6.5 为单体 1,3,5-三乙烯基-1,3,5-三甲基环三硅氧烷（V3D3）吸附量与 P_M/P_{sat} 的关系曲线[21]。实线是对 BET 吸附等温线［式(6.6)］的拟合曲线，与实验数据匹配得很好。吸附单体丙烯酸乙酯[22]和丙烯酸丁酯[23]的 BET 吸附等温线也具有很好的匹配度 $R^2>0.99$。BET 方程中用于衡量单层覆盖的最佳拟合参数中丙烯酸乙酯为 $8.01\times10^{14}\text{cm}^{-2}$，丙烯酸丁酯为 $5.59\times10^{14}\text{cm}^{-2}$。

当 P_M/P_{sat} 值较低时（约 0.25），公式(6.6) 可以简化为：

$$[M]\sim V_{ad}\big|_{P_M/P_{sat}\to 0}=V_{ml}c(P_M/P_{sat}) \tag{6.8}$$

该公式表明在表面温度为 T 时，表面吸附单体浓度与其分压呈线性关系。这一关系称之为亨利定律。

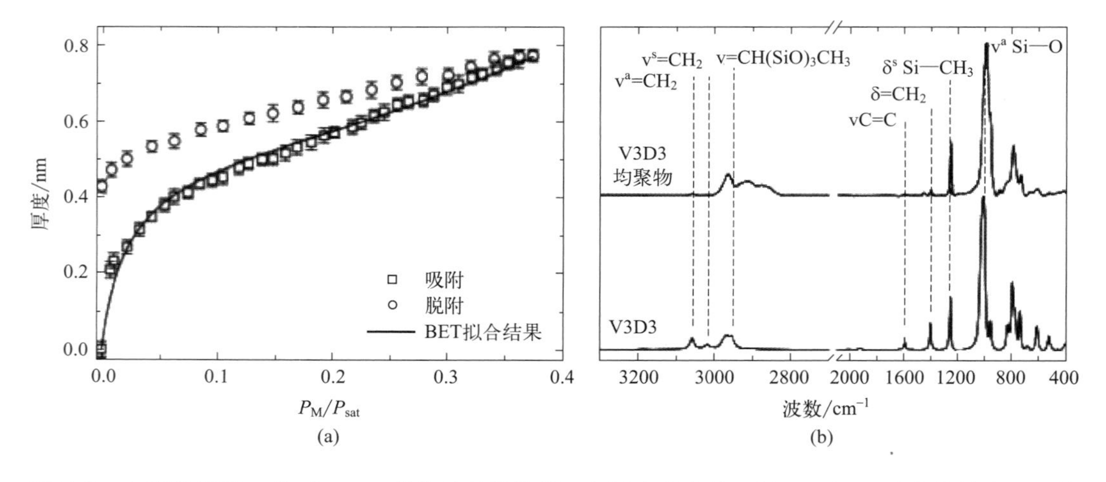

图 6.5　在固定温度 40℃时 V3D3 单体的吸附数据（左图中的方块）随 P_M/P_{sat} 的变化关系。这些数据可以用 BET 方程很好地拟合［(a) 中的实线，公式(6.6)］。脱附数据（空心圆）表现出了迟滞现象。(b) 为 V3D3 单体（底部）和对应的 iCVD 薄膜均聚物（顶部）的 FTIR 曲线，表明聚合过程中在保留 SiO 和 Si—CH_3 的同时，消耗了乙烯基团（—CH═CH_2）。数据来源：Aresta 等（2012）[21]。经 American Chemical Society 许可转载

6.3.3　沉积速率和分子量

常见的 iCVD 聚合机制是乙烯基聚合，这与图 6.5 所示的 V3D3 单体与其 iCVD 聚合物 PV3D3 的 FTIR 光谱对比中乙烯峰的消失一致[19]。在单体和聚合物的红外光谱

中，二者最强的几个吸收峰一致，证明其他有机官能团保留了下来，如 V3D3 单体的六元硅氧环。

由于丙烯酸酯和甲基丙烯酸酯的链生长速率非常快，所以薄膜的沉积速率取决于单体的吸附速率。在反应过程中，当增加沉积表面单体浓度时，iCVD 薄膜的生长速率随着衬底温度的降低而升高。当 P_M 一定时，iCVD 薄膜的生长速率并不随反应总压力的变化而变化[24]，符合气相含量相同时沉积气压并不能控制反应速率的假设。iCVD 薄膜的沉积速率和数均分子量通常随着 P_M/P_{sat} 的增大而增加，与动力学模型定量结果匹配的高度一致（图 6.6）。iCVD 薄膜的多分散性指数（PDI，反映聚合物分子量分布），也符合自由基聚合机制理论。

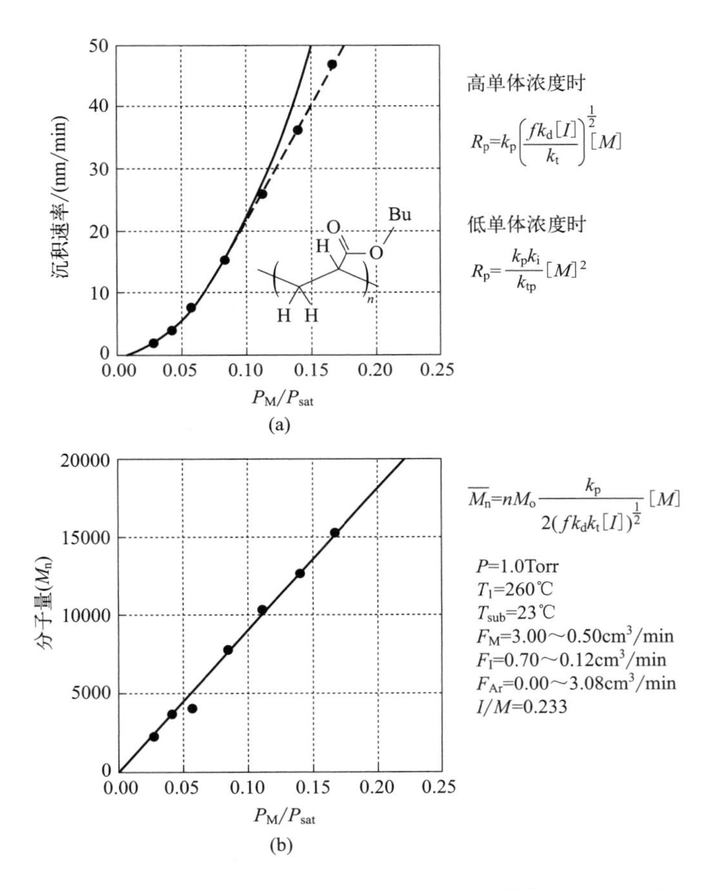

图 6.6 iCVD 制备的聚丙烯酸丁酯（PBuA）的沉积速率 R_p［图（a）］和数量平均分子量 M_n［图（b）］随饱和率 P_M/P_{sat} 的关系。其他工艺参数均为定值，详见图（b）右侧。两幅图中实心圆点为实验测量数据，实线是根据动力学模型的预测值（右侧的第一和第三个公式）。图（a）的虚线是根据低单体浓度的预测值（右侧第二个公式）。数据来源：Lau 和 Gleason（2006）[23]。经 American Chemical Society 许可转载

有些情况下，iCVD 薄膜在沉积一定初始厚度后，沉积速率开始提高。薄膜沉积速率的提高，可能是单体扩散进入刚沉积的材料中形成了单体的“蓄水池”，使得后续沉

积速率更快[25]。在 $P_{\mathrm{M}}/P_{\mathrm{sat}}>1$（过饱和）条件下，在很薄的交联层上可以快速沉积光滑的薄膜[26]。同样的制备参数在没有很薄的交联层的条件下，单体会在衬底上凝结成液滴，聚合固化后形成起伏的表面。表面形态上的差异可能与单体在初始层上的吸附有关。

虽然表面对单体 M 有很强的吸附作用，而引发剂基团 I^* 的挥发性更强，在表面上的寿命更短。埃利-赖德尔（E-R）机理认为，从气相撞击到表面的引发剂并不吸附在表面上，而是直接与被吸附单体上的乙烯基反应，这类反应几乎不需要激活能。而实际上，保持 $P_{\mathrm{M}}/P_{\mathrm{sat}}$ 不变，当衬底温度发生变化时，沉积速率无明显变化[27]。

6.3.4 共聚反应

使用两个或两个以上的单体可以发生 iCVD 共聚反应。通过光谱检测可以确定生成物是共聚物，而不是同时生成两种均聚物。随着甲基丙烯酸单体/丙烯酸乙酯单体比例的增加，FTIR 中羰基伸缩振动峰的位置从 $1733\mathrm{cm}^{-1}$ 移动至 $1738\mathrm{cm}^{-1}$，表明共聚反应导致聚合物主链的电子密度发生了变化。虽然 NMR 可以表征 iCVD 聚合物中三元组分分布情况（例如 AAA、ABA 和 ABB)[28]，但是这种方法要求薄膜样品量大且薄膜组分可以溶解。因此人们经常利用 FTIR 或 XPS 图谱中峰面积比测定 iCVD 共聚物的组成成分。

对于传统溶液合成方法，共聚反应的动力学取决于反应温度、单体浓度和单体竞聚率等反应条件。这些因素同样也决定了 iCVD 共聚动力学。因为 iCVD 聚合反应发生在表面，所以表面温度和单体吸收浓度决定了反应动力学。而表面温度可以通过冷却或加热生长界面直接调控。表面浓度可通过调节反应腔体内单体的分压间接调控，并可由亨利定律［公式(6.8)，当 $P_{\mathrm{M}}/P_{\mathrm{sat}}$ 值较低的情况下］或由 BET 吸附等温线［公式(6.6)］测算。通过添加单体 A 或 B 使共聚物链不断增长，单体竞聚率比 r_{A} 是二联体 AA 形成概率与二联体 AB 形成概率之比。同样的，r_{B} 是二联体 BB 与 BA 的形成概率比。当 $r_{\mathrm{A}}=r_{\mathrm{B}}$ 时，即每个单体和自身或其他单体反应概率一样，致使单体在分子链上随机分布（例如，—ABBABAA—）。当两种单体竞聚率都为 0 时，只会生成两种单体交替的分子链形式(例如，ABABABAB—)。当 $r_{\mathrm{A}}>1$ 且 $r_{\mathrm{B}}<1$ 时，分子链更容易形成均聚物而不是共聚物。在共聚反应发生前，可通过经验公式 Q-e 来计算单体竞聚率[29]。

考虑到亨利定律和单体竞聚率的影响，将两种气相单体按照 1∶1 通入真空腔体内，往往得到的 iCVD 薄膜中单体组分的比例并不是 1∶1。根据 Fineman-Ross 共聚方程，iCVD 薄膜组成通常与原料组成相关[30]。通过 Fineman-Ross 公式，可以从实验数据中换算出单体竞聚率。另一种方法是根据 Kelen-Tudos 图，通过实验结果确定单体竞聚率[28]。

6.3.5 保形性

引发剂基团 I^* 撞击到衬底表面时，或吸附在生长表面或发生反应，而不被反射出去的概率称为黏着概率 Γ。通过详细的实验数据和建模模拟[24,31]，研究人员认为 Γ 是调控丙烯酸酯和甲基丙烯酸酯单体 iCVD 薄膜保形生长的重要参数。台阶覆盖 S 即沟槽结构的顶端与底部薄膜厚度之比，是保形程度的一个定量指标参数。研究人员创建的二维模型适用于长度远远大于宽度 W 或深度 L 的沟槽。另外，当单体的气相扩散速率比薄膜的沉积速率快得多时，S 只取决于 Γ 和深宽比 L/W：

$$\mathrm{Ln}(S)=-0.48\Gamma(L/W)^2 \tag{6.9}$$

通过公式(6.4) 对不同的 L/W 沟槽所对应的 S 进行回归分析，可以估算出 Γ 值[27]。在 iCVD 中，Γ 值主要在 0.01～0.1。Γ 值随着 P_M/P_{sat} 的增加而增大，这与 E-R 模型模拟结果一致，即引发剂基团在表面发生反应的概率随表面乙烯键的增加而增加。在 P_M/P_{sat} 相同的条件下，分析结果也符合假设的 E-R 机制，例如二乙烯基单体的 Γ 值约为单乙烯基单体的 2 倍，而且几乎不受衬底温度的影响。对于其他几何形状（例如方形或圆柱形气孔），可以用一个几何前置因子（通常在 0.1～1），直接乘以公式(6.4) 中等号的右边[1]。

降低 P_M/P_{sat} 比值，提高了保形性覆盖但降低了沉积速率。在 Γ 值较低时，可对具有高纵横比特征的表面实现保形覆盖（图 6.7）[6,32-34]。在纳米和微米尺度上，保形覆盖在完整封装和保护复杂几何形状的外表面方面的应用非常重要。保形性也是 iCVD 区别于 PECVD 的重要特征，因为 PECVD 中通过电场产生离子轰击，会使微结构上的薄膜厚度产生不均匀现象。

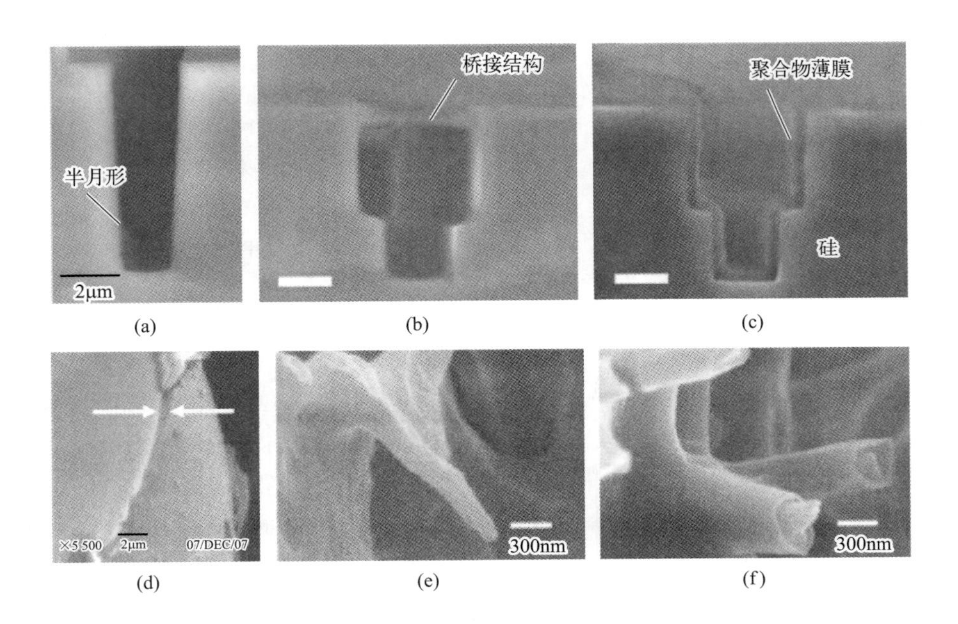

图 6.7　硅片表面微沟道结构的截面 SEM 图像［图（a）～（c）］。溶液旋涂法沉积的聚合物薄膜没有形成保形结构：(a) 由于表面张力形成了半月形状，但是实际上薄膜未能覆盖沟道的侧面。(b) 表面形成了桥接结构。(c) iCVD 沉积的保形结构薄膜，其中顶部与沟道内部薄膜的厚度一致，均匀覆盖了沟道内部的所有表面。iCVD 在内部表面保形沉积的聚偏氟乙烯（PVDF）薄膜破碎前［图(d)］和破碎后［图（e）］的 SEM 图像。外表面破碎的微颗粒的 SEM 图像［图（f）］证明了 iCVD 薄膜对外表面的保形覆盖。数据来源：图（a）Tenhaeff 和 Gleason（2008）[6]。经 John Wiley&Sons 许可转载。图（b）和（c）Reeja-Jayan 等（2014）[32]。经 John Wiley&Sons 许可转载。图（d）Baxamusa 等（2008）[33]。经 American Chemical Society 许可转载。图（e）和（f）Sun 等（2016）[34]。经 Royal Society of Chemistry 许可转载

6.4 iCVD制备具有功能性、表面活性和响应性有机薄膜

表6.2和表6.3展示了目前iCVD中使用的单体种类。关于单体的iCVD工艺以及相应的均聚物和共聚物性质和应用的更多细节，可以参考之前的综述[1,3,4,35]和本章后文的内容。大多数单体为液态，常压下沸点为50～270℃，可通过外部进料系统将其导入反应腔体内。固态单体只要在腔体外将其加热到熔点以上，也可以用同样的方式进入腔室。挥发性较低的单体（例如，固相金属卟啉）可以在腔体内使用坩埚蒸发[36]。

表6.2 用于iCVD沉积的单体举例，按照缩写首字母排序

缩写	单体名称(非乙烯基聚合型，其中RO=开环，A=炔烃基)	官能团	缩写	单体名称(非乙烯基聚合型，其中RO=开环，A=炔烃基)	官能团
1V2P	1-乙烯基-2-吡咯烷酮	吡咯烷酮	MAA	甲基丙烯酸	羧酸
4AS	4-氨基苯乙烯	伯胺	MAH	甲基丙烯酸酐	交联剂
4VBC	4-氯甲基苯乙烯	氯	MA	马来酸酐	酸酐
4VP	4-乙烯基吡啶	吡啶	MCA	α-氯丙烯酸甲酯	氯
AA	丙烯酸	羧酸	MMA	甲基丙烯酸甲酯	甲基
AAm	烯丙基胺	伯胺	*m*DEB	1,3-二乙炔苯(A)	芳香烃
BMA	甲基丙烯酸苄酯	苄基	MDO	2-亚甲基-1,3-二氧烷	环
C6PFA	1*H*,1*H*,2*H*,2*H*-全氟辛基丙烯酸酯	氟代烷烃	*n*BA	丙烯酸正丁酯	烷基
CEA	2-氯丙烯酸酯	氯	*n*BMA	甲基丙烯酸正丁酯	烷基
CHMA	甲基丙烯酸环己酯	环烷基	neoMA	甲基丙烯酸新戊酯	烷基
CNEA	2-氰乙基丙烯酸酯	氰氧基	*n*HA	丙烯酸己酯	烷基
D3	六甲基环三硅氧烷(RO)	硅氧烷	NIPAAm	*N*-异丙基丙烯酰胺	仲胺
D4	八甲基环四硅氧烷(RO)	硅氧烷	*n*PA	丙烯酸正戊酯	烷基
DEAAm	二乙基丙烯酰胺	叔胺	*n*PrA	丙烯酸正丙酯	烷基
DEAEMA	二乙基氨基甲基丙烯酸乙酯		*n*PrgA	丙烯酸丙炔酯	丙炔
DEAEA	2-(二乙氨基)丙烯酸乙酯	叔胺	NVCL	*N*-乙烯基己内酰胺	叔胺
DEGDVE	二乙二醇二乙烯基醚	交联剂	*o*NBMA	邻硝基甲基丙烯酸	邻硝基苄基
DFHA	1*H*,1*H*,2*H*,2*H*,7*H*-丙烯酸全氟十庚酯	氟代烷基	PEGMA	聚乙二醇甲基丙烯酸酯	氟代烷基
DMA	甲基丙烯酸月桂酯	烷基	PFDA	1*H*,1*H*,2*H*,2*H*-全氟癸基丙烯酸酯	氟代烷基
DMAAm	*N*,*N*-二甲基丙烯酰胺	叔胺	PFDMA	1*H*,1*H*,2*H*,2*H*-全氟癸基甲基丙烯酸酯	氟代烷基
DMAMS	二甲氨基苯乙烯	叔胺	PFM	甲基丙烯酸五氟苯酯	五氟苯基

续表

缩写	单体名称(非乙烯基聚合型,其中 RO=开环, A=炔烃基)	官能团	缩写	单体名称(非乙烯基聚合型,其中 RO=开环, A=炔烃基)	官能团
DMAEMA	甲基丙烯酸 *N*,*N*-二甲氨基乙酯	叔胺	PhAc	苯乙炔(A)	苯基
DPAEMA	2-(二异丙基氨基)甲基丙烯酸乙酯	叔胺	PrgMA	甲基丙烯酸炔丙酯	丙炔
DVB	二乙烯基苯	交联剂	S	苯乙烯	苯基
EA	丙烯酸乙酯	烷基	*t*BA	丙烯酸叔丁酯	烷基
EGDA	二丙烯酸乙二醇酯	交联剂	*t*HEN	1,2,3,4-四氢-1,4-环氧萘	呋喃
EGDMA	二甲基丙烯酸二乙酯	交联剂	TrOx	三氧杂环己烷	环
EO	环氧乙烷(RO)	乙醚	TVTSO	1,1,3,5,5-五甲基-1,3,5-三乙烯基三硅氧烷	硅氧烷
FMA	糠醇甲酯	糠醇	V3D3	1,3,5-三乙烯基-1,3,5-三甲基环三硅氧烷	硅氧烷
GMA	甲基丙烯酸缩水甘油酯	环氧基	V3N3	三乙烯基三甲基环三硅氮烷	硅氧烷
HEMA	甲基丙烯酸羟乙酯	羟基	V4D4	1,3,5,7-四乙烯基-1,3,5,7-四甲基环四硅氧烷	硅氧烷
HDFDMA	2-(全氟辛基)乙基甲基丙烯酸酯	氟代烷烃	V4N4	四乙烯基四甲基环四硅氮烷	硅氧烷
HVDS	六乙烯基二硅氧烷	硅氧烷	VCin	乙烯基肉桂酸酯	肉桂酸基
*i*BA	丙烯酸异冰片酯	异冰片基	VI	1-乙烯基咪唑	咪唑
IBF	异苯并呋喃	呋喃			
IEM	甲基丙烯酸异氰基乙酯	异氰酸酯			

表 6.3 单体性能的选择

缩写	分子量/(g/mol)	沸点/℃	ΔH_{vap}/(kJ/mol)	25℃的 P_{sat}/Torr①	化学官能团	对应 iCVD 均聚物性能
单体中仅有一个乙烯基键形成线形聚合物链						
MA	86.1	160.5	43.8	3.03	羧酸	亲水,pH 响应
4VP	105.1	173.6	39.3	3.88	叔胺	转化为季胺和两性离子官能团
GMA	142.1	189.0	42.5	1.72	环氧基	与氨基和硫醇有反应活性
MAA	90.1	202.0	43.8	1.05	酸酐	与氨基、硫醇和羟基有反应活性;可以和苯乙烯交替聚合
NIPAAm	113.1	225.1	46.2	0.42	仲胺	热响应,由亲水变为疏水
HEMA	129.1	261.0	49.8	0.02	羟基	亲水,可膨胀水凝胶
PFDA	518.2	268.0	47.0	0.15	全氟烷基(C8)	疏水
*o*NBMA	221.2	318.8	56.0	0.01	邻硝基苄基	紫外光响应

续表

缩写	分子量 /(g/mol)	沸点 /℃	ΔH_{vap} /(kJ/mol)	25℃的 P_{sat}/Torr①	化学官能团	对应 iCVD 均聚物性能
单体中含有多个乙烯基键形成光滑、机械强度高的有机共价网络						
DVB	130.0	195.0	57.9	1.50	芳香烃	疏水、介电性，定向自组装的外涂层
V3D3	258.0	201.9	42.5	1.38	环状硅氧烷	生物钝化，柔性超薄介电层
V4D4	344.1	247.8	46.5	0.25	环状硅氧烷	锂离子传导电解质
EGDA	170.2	223.9	42.0	0.45	乙醚	牺牲层
EGDMA	198.2	260.6	43.8	0.11	乙醚，甲基	柔性超薄介电层

① 1Torr=133.322Pa。

单体上的侧基官能团能够近乎 100%保留在 iCVD 聚合物薄膜中。与之相反，PECVD 制备的“类聚合物”薄膜上只保留了部分官能团。PECVD 中，需在薄膜的生长速率和官能团的保留之间进行权衡［图 6.1(c)］。相比之下，从低速沉积厚度可控的超薄薄膜（<10nm）到高速沉积封装用（>1μm）的薄膜，iCVD 可以在不同沉积速率下实现 100%的官能团保留。

PECVD 的薄膜沉积机理较复杂，使得制备过程中会引入新型官能团和悬挂键缺陷，这会对薄膜的热学、电学性能和机械性能产生不利影响。PECVD 只能保留结构相对简单的官能团，例如—OH、—COOH 和—NH[37]。与之相比，iCVD 具有保留官能团的特性，可以利用环氧基和酸酐基官能团，实现聚合物表面较复杂的功能化，可以形成表面两性离子基团，可以形成触发化学和 Diels-Alder 反应的表面。iCVD 可以保留官能团的特性，对于实现薄膜的响应特性，如光敏图形、由 pH 或温度变化引起的溶胀转变和形状记忆行为也非常重要。

图 6.8 和图 6.9 给出了几种 iCVD 使用的单体分子。表 6.2 介绍了每种单体的化学结构和缩写。本文所述的单体都已成功利用 iCVD/HWCVD 合成了均聚物或共聚物。许多情况下，一种单体可属于多个类别。例如，4-氨基苯乙烯（4AS）属于含氮类［图 6.9(c)］，但也属于苯乙烯类［图 6.8(d)］。对于二乙烯基苯（DVB）［图 6.8(c)］和二甲氨基苯乙烯（DMAMS）［图 6.9(c)］这两种单体，其结构为同分异构体混合物，具有一定的商业价值。由于异构体的化学性能相似，很难分离得到纯组分。在章节 6.4.4 中，将介绍多乙烯基含硅单体的化学结构。

(1) 丙烯酸酯　化学结构为 CH_2 ═CH—(C ═O)—O—R，其中 R 为官能团。丙烯酸酯的动力学链增长聚合反应速率非常快，所以 iCVD 薄膜生长速率也较快。图 6.8(a) 展示了三种具有烷烃侧基（正丁基、叔丁基和异硼酰基）的丙烯酸酯，以及两种具有 1*H*,1*H*,2*H*,2*H* 全氟碳侧链的丙烯酸酯，分别是—$CH_2CH_2C_6F_{13}$（6 个全氟碳链）和—$CH_2CH_2C_8F_{17}$（8 个全氟碳链）。单体在合成过程中生成了—CH_2CH_2—基团，并提高了热稳定性。全氟单体通常应用于 iCVD 表面疏水改性。

(2) 甲基丙烯酸酯　结构[CH_2 ═C(CH_3)—(C ═O)—O—R]与丙烯酸酯相似，但

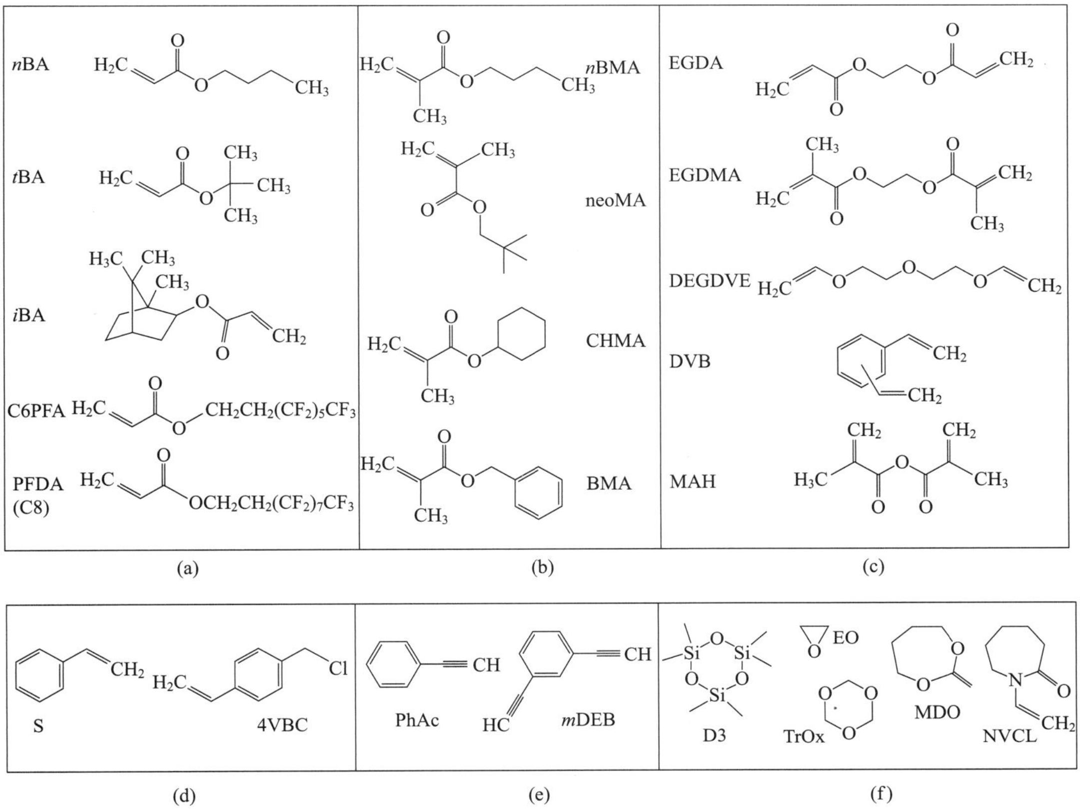

图6.8　单体及其缩写（表6.2）示例，这些单体均成功用于合成iCVD/HWCVD均聚物和共聚物材料。丙烯酸酯、甲基丙烯酸酯、交联剂和苯乙烯均可通过它们的烯烃键（C═C）聚合。图中还给出了通过炔烃键（C≡C）或开环机制聚合的单体。(a) 丙烯酸酯，(b) 甲基丙烯酸酯，(c) 交联剂，(d) 苯乙烯，(e) 炔烃键和 (f) 开环机制

多一个甲基（—CH_3）。相比于丙烯酸酯，甲基基团的存在可能会降低链的增长速率。此外，甲基丙烯酸酯聚合物比丙烯酸酯聚合物疏水性更好。图6.8(b) 展示了分别含有正丁基、环己基、苄基和新戊基烃官能团的甲基丙烯酸酯。

在iCVD中，丙烯酸酯和甲基丙烯酸酯单体上的侧链为—CH_3到—$C_{10}H_{21}$基团。同时，同分异构体数量随着官能团中碳原子数目的增大而增加。在iCVD中，即使只有烃类官能团发生变化，其表面修饰也会产生显著的差异。

虽然丙烯酸正丁酯和丙烯酸叔丁酯，*n*BA和*t*BA都是同分异构体［图6.8(a)］，但其均聚物性质却有很大的不同。例如，聚丙烯酸正丁酯（P*n*BA）的玻璃化转变温度T_g为−54℃，在室温下为柔软的橡胶材料。聚丙烯酸叔丁酯（P*t*BA）的T_g为43～107℃[38]，在室温下为坚硬的玻璃状物质。而聚甲基丙烯酸正丁酯［*n*BMA，图6.8(b)］薄膜的T_g为20℃。

聚合物的其他性质，例如折射率（RI），取决于官能团的化学结构式。例如，由*n*BMA、CHMA和BMA［甲基丙烯酸苄酯，图6.8(b)］合成的甲基丙烯酸酯均聚物，其RI分别为1.453、1.507和1.589。因为单体BMA上的苯环电子密度高，所以其RI最高。

人们深入研究了 iCVD 甲基丙烯酸新戊酯［neoMA，图 6.8(b)］薄膜作为气隙结构方面的应用。在一定温度范围内，iCVD neoMA 薄膜发生分解，退火后留下极少焦炭[39]，这一特性可应用于集成电路。

(3) 交联剂　如图 6.8(c) 所示，交联剂含有两个可聚合的乙烯基键（>C=C<）。通常当乙烯基键都反应形成交联位点时，薄膜的力学性能和光滑度会提高。

(4) 苯乙烯　苯乙烯［图 6.8(d)］的自由基链增殖速率远低于丙烯酸酯或甲基丙烯酸酯。缓慢的沉积速率有利于制备超薄薄膜（<10nm）。通过 iCVD 共聚或阳离子引发法可提高苯乙烯的沉积速率。

(5) 炔烃　与之前讨论的乙烯基聚合不同，炔烃［图 6.8(e)］是通过乙炔（—C≡C—）键发生聚合。乙烯基聚合是将单体中的碳 sp^2 键转换为聚合物中的碳 sp^3 键，而炔烃聚合是将单体中的 sp 碳键转换为聚合物中的 sp^2 碳键。因此，iCVD 炔烃聚合可以得到共轭聚合物[40]，有可能获得半导体或导体的性能。

(6) 开环反应　研究人员通过六甲基环三硅氧烷（D3）和八甲基环四硅氧烷（D4）单体成功验证了 HWCVD 开环聚合无需引入引发剂［图 6.8(f)］。在 HWCVD 中，通过 D3 或 D4 进行薄膜生长时，热丝温度范围为 800～1200℃[41]。通过三氧杂环己烷沉积时，热丝温度为 700℃[42]。当热丝温度在 680～700℃时，通过单体 1,2,3,4-四氢-1,4-环氧萘（tHEN）可聚合生成聚异苯并呋喃薄膜[43]。由于自由基引发剂的存在，使得 2-亚甲基-1,3-二氧烷（MDO）[16] 和 *N*-乙烯基己内酰胺（NVCL）[44] 可分别在较低的热丝温度 225℃和 200℃下发生开环聚合。通过阳离子引发剂还可以聚合环氧乙烷（EO）[18]。

(7) 活性　活性单体［图 6.9(a)］上的化学官能团，对互补基团有独特的反应活性。这一反应活性可以用于增强薄膜与衬底之间的黏附性，还可以在 iCVD 薄膜内产生交联或生成新的官能团或沉积后表面功能化。例如，含有丙炔基（—C≡CH）的 iCVD 薄膜与染料叠氮化物（—N=N=N）之间迅速发生反应，即所谓的点击化学反应[45]。另一个例子是 iCVD 聚呋喃甲基丙烯酸酯薄膜中呋喃基团与共轭二烯发生的 Diels-Alder 反应，生成环己烯[46]。碳水化合物二烯或肽二烯偶联物通过高度反应选择性将这些生物分子固定在固体表面上。正如在后续章节中所述，共价结合的荧光染料可以被功能化；可以结合生物分子，如抗体、DNA 或细胞生长因子；还可以束缚纳米粒子。

在一些制备策略中，沉积薄膜后需要两个功能化步骤。第一步，iCVD 薄膜表面的酸酐基团与小分子巯乙胺（$H_2N—CH_2—CH_2—SH$）的胺官能团发生反应，得到硫醇（—SH）功能化表面。第二步，表面的硫醇基团使 CdSe/ZnS 纳米颗粒与之共价连接[47]。

(8) 响应性　iCVD 薄膜表现出对外部刺激的响应。将图 6.9(b) 所示的单体引入 iCVD，反应生成的均聚物或共聚物具有响应特征。甲基丙烯酸羟乙酯（HEMA）、甲基丙烯酸（MAA）和丙烯酸（AA）中的羟基（—OH）基团可以使薄膜对水、湿度、pH 值变化等做出响应。马来酸酐（MA）中的酸酐基团也会对 pH 做出响应。通过 iCVD 将 *N*-异丙基丙烯酰胺（NIPAAm）和二乙基丙烯酰胺（DEAAm）［图 6.9(b)］

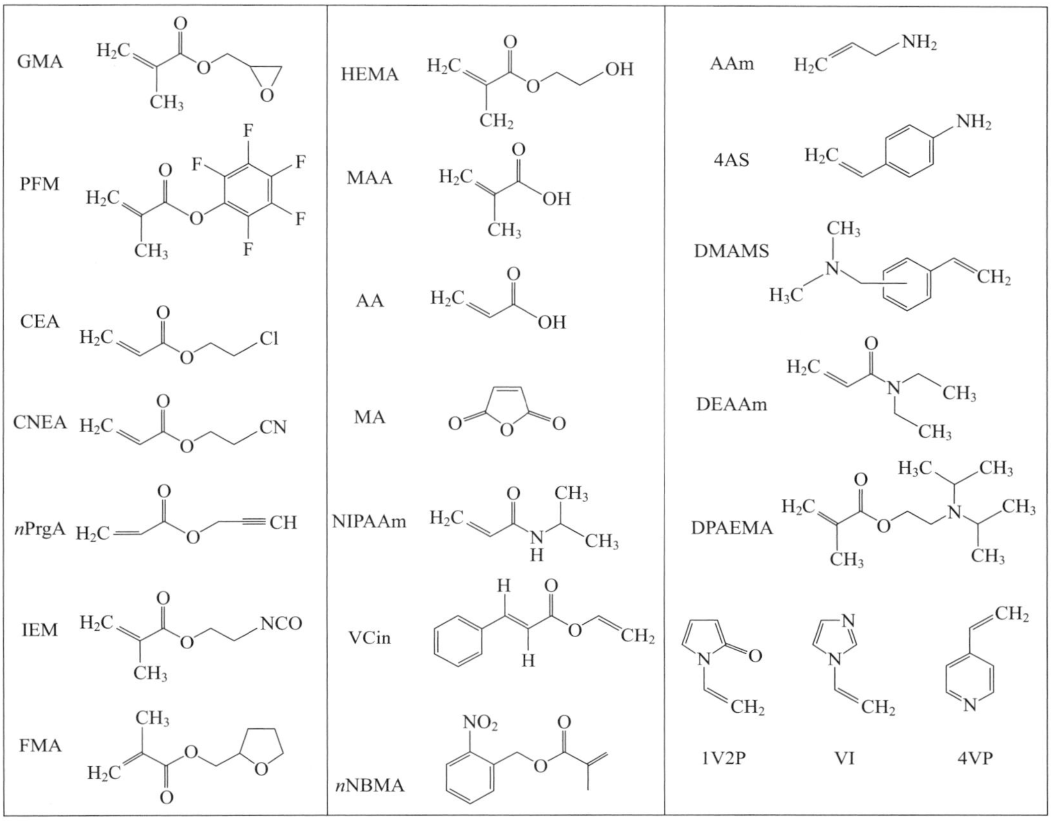

(a) GMA　PFM　CEA　CNEA　*n*PrgA　IEM　FMA

(b) HEMA　MAA　AA　MA　NIPAAm　VCin　*n*NBMA

(c) AAm　4AS　DMAMS　DEAAm　DPAEMA　1V2P　VI　4VP

图 6.9　单体及其缩写（表 6.2）示例，这些单体均成功用于合成 iCVD/HWCVD 均聚物和共聚物材料。它们特殊的有机官能团决定了 iCVD 聚合物薄膜的性能，包括反应活性和响应性。(a) 反应活性，(b) 响应性和 (c) 含 N 官能团

聚合可制备热敏薄膜。iCVD 薄膜中的单体乙烯基肉桂酸酯（VCin）和 *n*-硝基甲基丙烯酸酯（*n*NBMA）对 UV 敏感，因此可用于制备图形化表面结构。

(9) 含氮　图 6.9(c) 中的含氮 iCVD 单体展示了不同的化学结构和功能。与分子量相似的无 H 键单体相比，在具有伯胺基团（$—NH_2$）和仲胺基团（>NH）的单体中，分子间的 H 键通常会降低其挥发性。iCVD 薄膜中含有叔胺基团（>N—）的一些单体进一步反应形成季胺基团（$>N^+<$），可用于捕获核酸[48]、细胞培养[49]、抗菌[50] 和两性离子复合抗菌[51] 等应用。退火可使叔胺与氯烷基在界面上发生反应，从而使两个相对的覆有 iCVD P(DMAEMA-*co*-CEA) 共聚薄膜的表面贴合[52]。

此外，含胺的 iCVD 薄膜与含金属和石墨烯的导电材料在其界面处会形成偶极子层[53]。含胺的 iCVD 薄膜作为电子注入层，可改变电极的功函数。

6.4.1 聚甲基丙烯酸缩水甘油酯（PGMA）：性能和应用

人们利用甲基丙烯酸缩水甘油酯（GMA）单体首次验证了 iCVD 的乙烯基聚合。GMA 的环氧官能团有利于功能化染料以及生物分子的后续沉积，有利于产生黏结键，还可用作电子束光刻的抗蚀材料。这些内容将在本章最后部分详细介绍。在热丝的作用下，部分 GMA 单体分解产生自引发剂，使得薄膜的生长速率仅为约 5nm/min。而在其他工艺相同的条件下，采用 TBPO 作为引发剂[54]，可显著提高薄膜的生长速率（>200nm/min）。在多壁碳纳米管上还可以形成超薄保形薄膜。FTIR 和 NMR 证实 GMA 单体中环氧官能团完全保留在侧基中。使用过饱和的气相 GMA 单体，可以将沉积速率提升至>600nm/min[26]。

在制备态 iCVD 聚甲基丙烯酸缩水甘油酯（PGMA）薄膜的表面将有应力的环氧官能团开环（尤其通过胺基的亲核加成反应［反应（6.10）］），是许多实现后续沉积表面功能化工艺的基础。

$$\text{O} \quad + \ H_2N—R \longrightarrow \quad \text{OH} \quad \text{HN}—R \qquad (6.10)$$

图 6.10 的光谱分析表明己二胺可以将 iCVD PGMA 表面功能化[55]。利用含—NH 的染料荧光剂-5-硫代氨基脲（FTSC）功能化 PGMA，可以形成绿色荧光层。该荧光层可以使颗粒衬底上的共形包覆 iCVD PGMA 成像[56]。iCVD PGMA 还能在粗糙的阳极

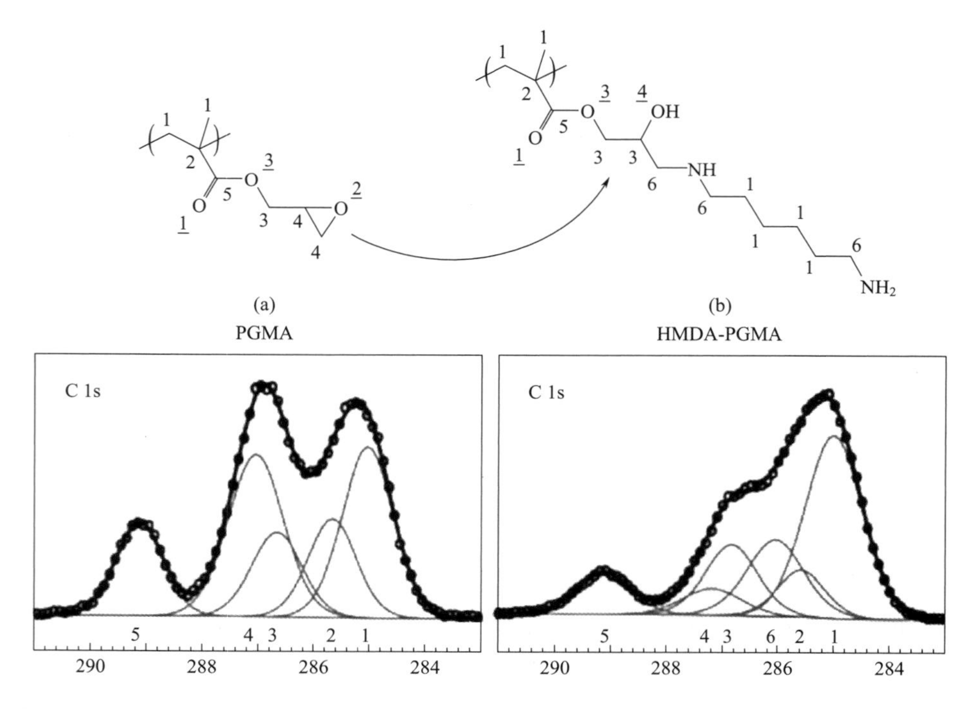

图 6.10 （a）制备态 iCVD PGMA 和（b）利用己二胺（HMDA）将其功能化后的表面 XPS C 1s 谱。数据来源：Lau 和 Gleason（2008）[55]。经 Elsevier 许可转载

氧化钛植入剂表面保形生长，以提高与蛋白质间的附着能力。附着能力的提高主要靠蛋白质表面—NH 官能团的黏附性[57]。通过 iCVD 两步合成法制备双层结构，可用于长期培育神经细胞。首先，在衬底上制备 iCVD PGMA。然后，在不破坏真空条件下，将 DMAEMA 单体引入 iCVD 腔室。GMA 上的环氧基团和 DMAEMA 上的叔胺官能团之间发生反应，生成含有季铵基团的类乙酰胆碱表面[49]。iCVD PGMA 上的环氧基团也可以和巯基（—SH）、羟基（—OH）发生反应。在实际应用中，苯硫酚和 2-萘硫酚也可以和 iCVD PGMA 发生偶联[58]。

许多纳米级键合工艺都需靠 iCVD PGMA 实现。纳米键合的目标是在界面两侧材料之间形成稳定的共价键。如界面一侧含有 iCVD PGMA 的环氧基团，而另一侧含有胺基基团[59]。将两个面接触，并通过加热促使键合反应发生（图 6.6）。第二种方法是界面两侧材料的表面都被 GMA 共聚物和含胺单体进行表面改性[60]。第三种方法是使用联氨使两个覆盖 PGMA 薄膜的表面之间键合[61]。环氧基团和胺基基团之间发生的加成反应［反应（6.6)］不会生成气相副产物。因此，可实现大面积无气泡界面键合。

研究人员成功将 iCVD PGMA 的纳米键合技术通过使用聚二甲基硅氧烷（PDMS）和其他体聚合物应用在了微机电系统（MEMS）器件键合领域。如具有内部复杂 3D 结构的无氧光刻器件[62]、非理想表面（例如，粗糙金属箔）的纳米胶[63] 和无溶剂晶圆级键合[64]。晶圆键合的温度决定了键合的类型。在 PGMA 的玻璃化转变温度（T_g）以下，界面间的分子链互相纠缠，形成热塑性临时键合。而反应温度在 T_g 以上时，PGMAs 环氧基团发生开环反应，在界面间形成化学共价键，从而形成稳定的热固性键合。iCVD PGMA 还可以在多壁碳纳米管阵列保形沉积约 50nm 的薄膜，然后通过低温翻转转移工艺转移到其他衬底上[65]。

由于 iCVD PGMA 薄膜表面光滑且具有良好的保形性，使其可用于微球的阻挡包覆膜[66]。低粗糙度和高附着力是 iCVD PGMA 能够与 HWCVD SiN_x 结合形成多层阻挡膜的重要属性[67]。推测原因可能是含有环氧基团的 PGMA 薄膜与含有—NH 官能团的 SiN_x 层之间形成较强的附着力。GMA 单体也可与其他含乙烯基团的单体发生共聚反应，然后退火使 GMA 上的环氧基团之间发生交联，可提高共聚物的力学性能[68]。GMA 与含胺基团的二乙基氨基甲基丙烯酸乙酯（DEAEMA）单体共聚，可促进 iCVD 薄膜表面修饰层的交联[69]。

集成电路制造中，iCVD PGMA 可以作为电子束光刻工艺中的负光刻胶使用，可兼容常规和超临界 CO_2 显影技术[70]。iCVD PGMA 的应用避免了使用溶液的传统旋涂光刻胶工艺。利用 iCVD PGMA 的保形性，还可以在三维结构衬底上进行图形化处理[71]。

6.4.2　含全氟烃基官能团的 iCVD 薄膜：性质和应用

含氟的单体大多难溶或不溶，因此用 iCVD 法制备含氟聚合物薄膜很有吸引力。含有全氟烷烃官能团的聚合物薄膜拥有极低的表面能（在 5.6～7.8mN/m），这是由于全氟烷烃基团的终端是—CF_3 基团。

1*H*,1*H*,2*H*,2*H*-全氟癸基丙烯酸酯（PFDA）的 iCVD 均聚物侧链完全保留了单体里的—$(CF_2)_7$—CF_3 官能团，而且在薄膜中未检测到交联结构。与在其他 iCVD 单体聚合时观察到的规律相同，提高 PFDA 的分压也可以提高均聚物的沉积速率和数均分子量，最高值分别达到了 375nm/min 和 177300[72]。聚 1*H*,1*H*,2*H*,2*H*-全氟癸基丙烯酸乙酯（PPFDA）薄膜的折射率（1.36～1.37）以及它和水的静态接触角（120±1.2°）则对 iCVD 制备条件不那么敏感。

iCVD PPFDA 均聚物或 PFDA 与某种交联剂［二丙烯酸乙二醇酯（EGDA）、二甲基丙烯酸二乙酯（EGDMA）或二乙烯基苯（DVB）］的共聚物表面能低，具有疏水性[73]、疏油性[73]、疏冰性[74]以及疏水合物性质[75,76]。iCVD 薄膜本身的粗糙度或衬底表面的织构通常可以进一步增强薄膜的这些性能。iCVD PPFDA 薄膜可以保形覆盖高分子膜中高深宽比的孔[31,77]、多孔纤维基衬底（如纸）[78]以及静电纺丝纤维膜[79]。低表面能的 iCVD 含氟聚合物薄膜还可以对微模具[80]、3D 打印结构以及基于 PDMS[81]和纸基[82]的微流体装置进行表面保形改性。将离子液体的液滴作为 iCVD 的衬底来沉积 PPFDA 和聚(全氟癸基丙烯酸乙酯-二丙烯酸乙二醇酯)［P(PFDA-*co*-EGDA)］还可以制成自支撑薄膜[83,84]。另外，液体上生长的 iCVD 多孔薄膜可以接着再镀上一层 PPFDA[85]。在碳纳米管阵列印章表面保形覆盖 iCVD PPFDA 膜，可以防止干燥过程中碳管之间密实化，以帮助碳纳米管使用纳米颗粒油墨技术实现高速柔性印刷[86,87]。还有利用类似 PFDA 的甲基丙烯酸酯，如 1*H*,1*H*,2*H*,2*H*-全氟癸基甲基丙烯酸乙酯合成的 iCVD 薄膜也有很多应用，如用于增强皮肤再生的 Janus 膜[88]，用于分离海藻中油脂的膜[89]，以及制备疏油海绵[90]等。

—$(CF_2)_7$—CF_3 官能团含有 8 个全氟化碳原子，因此一般称之为“C8”。C8 链的线性螺旋结构常为结晶态，这将限制与水接触时薄膜内部侧链的再取向，降低接触角迟滞。对于一些 iCVD PPFDA 薄膜，C8 侧链会结晶形成近晶 B 双分子层相，其排列周期为 3.24nm，层内呈六方堆垛，晶格常数为 0.64nm。在 iCVD 反应时，保持其他条件不变，将热丝温度从 240℃升高到 300℃，全氟侧链的取向将由平行于衬底的方向转变为垂直于衬底的方向[91]。C8 侧链的平行取向产生光滑的表面以及中等疏水性，与水的前进接触角约 130°；C8 侧链的垂直取向则对应粗糙的表面以及更佳的疏水性能，与水的前进接触角约为 150°。有一个假说可以解释观察到的形貌变化：随热丝温度由 240℃提高至 300℃，叔丁氧基引发剂分解为甲基的比例升高。在此基础上人们还通过使用乙烯基三氯硅烷进行预处理，实现 iCVD PPFDA 分子链的接枝，使侧链结晶度更高、表面粗糙度更高，取向垂直于衬底[92]。接枝的 iCVD PPFDA 与水的前进接触角更高，可达 160°，并且接触角滞后值极低（5°），还有一定的疏油性（与石油的前进接触角为 120°）。

iCVD PPFDA 均聚物薄膜经退火处理后，疏水性和表面粗糙度会随之下降[93]。PFDA 与 EGDMA 共聚也会降低薄膜的粗糙度，这是因为二者共聚后会影响 C8 侧链的结晶性。EGDMA 的引入还可以提高薄膜的表面粗糙度和不同温度下疏水特性的稳定性。图 6.11(a) 为高温和低温区时薄膜的热膨胀系数随 EGDMA 含量变化的曲线。P(PFDA-*co*-EGDMA) 薄膜的热膨胀系数明显低于 PPFDA 的热膨胀系数。因此 P(PFDA-*co*-EGDMA) 在热循环下应力更低，更不容易开裂。

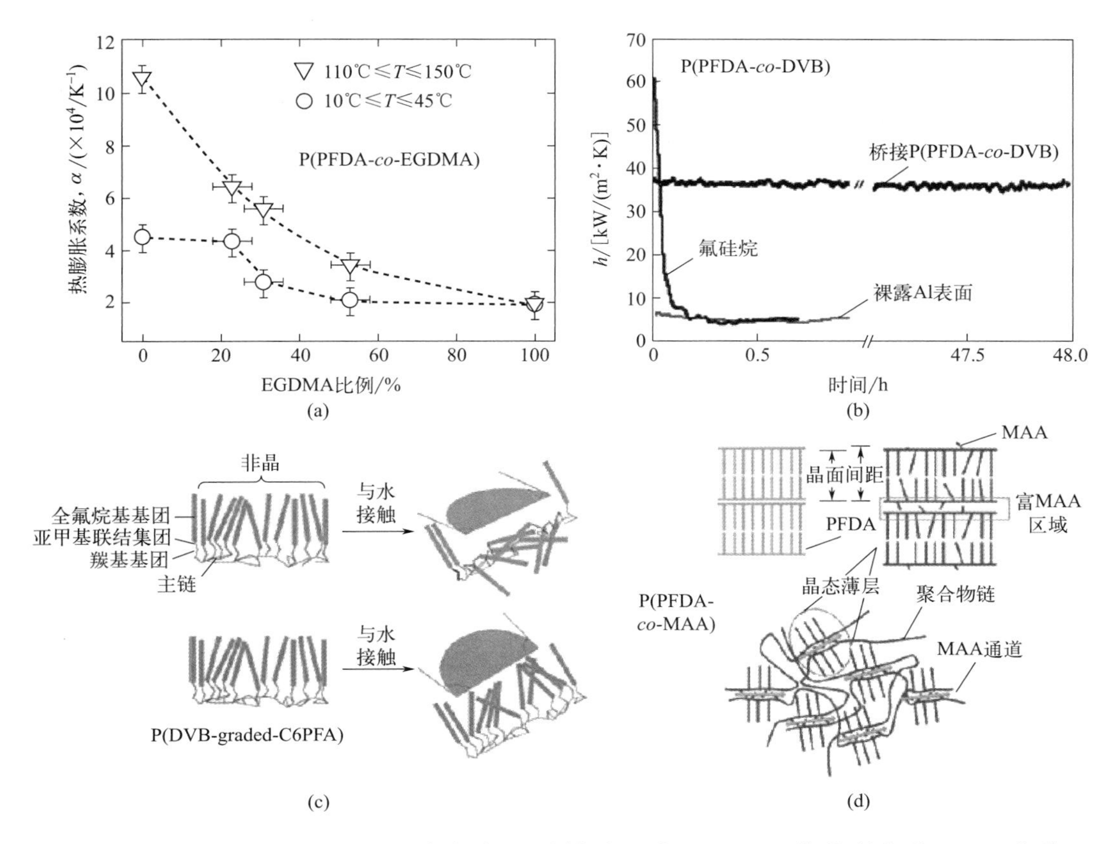

图6.11　使用1*H*，1*H*，2*H*，2*H*-全氟辛基丙烯酸乙酯（PFDA）单体制备的iCVD薄膜：(a) P(PFDA-*co*-EGDMA)的热膨胀系数随交联度增加而降低，可减少热循环下的裂纹形成；(b) 涂覆超薄iCVD P(PFDA-*co*-DVB)的铝和氟硅烷处理的铝传热系数都有巨大提升，但48h后仅涂覆iCVD膜的铝保持了高传热系数；(c) 全氟化的C6侧链与水接触示意图，分别为PC6PFA（上图）和交联P(DVB-graded-C6PFA)（下图）；(d) 在P(PFDA-*co*-MMA)燃料电池薄膜中形成的水分子通道示意图。数据来源：经文献[93](a)、[94](b)、[95](c)、[96](d)许可转载

在发电和其他工业加工过程中，不可避免地会出现水蒸气凝结为液态水。水若在裸露的金属表面凝结并完全湿润金属表面，会影响金属表面的热传导。如果表面润湿的水膜可以凝结成水滴，使大部分金属表面与水蒸气直接接触，则热传导系数和整体工艺效率将会显著提高。将疏水性的iCVD P(PFDA-*co*-DVB)薄膜沉积在金属表面就可以使水蒸气在表面凝结成水滴[94]。但这层iCVD薄膜必须非常薄（约30nm），以避免薄膜本身对热传导的影响。在实际生产中，这种疏水特征需维持长时间稳定。图6.11(b)结果显示，沉积有iCVD薄膜的金属，高传热系数可保持超过48h；而氟硅烷处理的金属表面，传热系数仅维持了数分钟。将超薄iCVD P(PFDA-*co*-DVB)薄膜应用于金属管的外表面，即可制成工业蒸汽冷凝管。

在不锈钢毛细管（内径<1mm，长4mm）内表面涂覆50～160nm厚的iCVD PFDA薄膜，可以有效提升毛细管的沸腾传热性能。iCVD膜在毛细管内表面为气泡的形成及释放提供了更多位点，可以将沸腾传热性能提高60%[97]。在iCVD工艺过程中，从微管一端通入PFDA单体，另一端通入亲水单体甲基丙烯酸羟乙酯HEMA，可对微

管内的润湿性能进行分段处理，从而进一步提升沸腾传热效率[98]。

iCVD PPFDA 中的 C8 侧链使其得到了广泛应用，但 C8 的生物累积性引起的环境担忧让人们倾向于用更低分子量的侧链基团代替 C8，如 C6。C6 的生物累积性比 C8 低一些。但 C6 侧链的结晶性比 C8 差，因此 C6 作为侧链时薄膜的接触角滞后值偏高。利用 iCVD 已成功将 1*H*，1*H*，2*H*，2*H*-全氟辛基丙烯酸酯（C6PFA）单体聚合为薄膜，且 C6 侧链基团在聚合物中完全保留[95]。通过 iCVD 将 C6PFA 与 DVB 共聚或在薄膜制备过程中先通纯 DVB，然后阶梯过渡到 C6PFA 占主导的薄膜，是改善含 C6 的 iCVD 薄膜接触角滞后问题的两种方法［图 6.11(c)］。

iCVD 聚(全氟癸基丙烯酸酯-甲基丙烯酸)［P(PFDA-*co*-MAA)］可以用作燃料电池的质子交换膜[96,99]。常规液相方法聚合疏水性的 PFDA 和亲水性的 MAA 十分困难。这是因为在溶液中很难将这两种单体同时溶解。当共聚物薄膜润湿时，MAA 部分会膨胀，导致离子电导率升高至约 70mS/cm，与商用 Nafion 薄膜的离子电导率相当。XRD 研究表明，PPFDA 中 C8 侧链垂直取向形成的双层结构也会在 P(PFDA-*co*-MAA) 共聚物中形成，但双层结构的宽度（3.56nm）略大于 3.24nm，且膜内侧链不会形成规则的六方堆垛［例如图 6.11(d) 中的准晶 A 相结构］。研究者猜测，扩大的双层结构可能为离子运输提供了通道。

6.4.3 聚甲基丙烯酸羟乙酯（PHEMA）及其共聚物：性质和应用

采用 iCVD 法可以制备超薄保形聚甲基丙烯酸羟乙酯（PHEMA）薄膜，使其具有与体材料相同的性能，如生物相容性和抗生物附着性。由于 HEMA 单体中的羟基（—OH）在聚合物中保留率接近 100%，使得 iCVD PHEMA 膜表现为亲水性，与水的前进接触角为 37°，后退接触角为 17°[100]。iCVD PHEMA 还具有水凝胶的特征响应行为，在常规方法合成的体 PHEMA 中也存在这种行为。当 iCVD PHEMA 薄膜接触水时会迅速吸水膨胀，甚至在水中溶解。薄膜起皱就是它吸水膨胀产生的，起皱后 PHEMA 层能够牢固地黏附在不膨胀的衬底上［图 6.12(a)］[101]。

iCVD PHEMA 薄膜的沉积速率随反应腔室中 HEMA 分压的增加而提高。当 HEMA 分压接近其饱和蒸气压时，PHEMA 的沉积速率会超过 1.5μm/min，该速率可用来快速制备 0.1～0.35mm 厚的自支撑薄膜[104]。采用高 HEMA 分压还可获得超高数均分子量的 PHEMA，据报道其数均分子量可达约 820000。数均分子量高意味着分子链足够长，分子链间充分缠结，可以使 PHEMA 均聚物薄膜不溶于水。

将 iCVD PHEMA 薄膜集成到光电器件中还可以提高器件的性能。图 6.12(c) 为超薄有机 PHEMA 薄膜与无机 TiO_2 薄膜交替排布形成的布拉格反射镜结构[102]。当暴露在潮湿环境中时，水凝胶层会膨胀，布拉格镜的吸收峰会向长波长方向线性偏移。因此，当器件在干燥环境下呈绿色，而暴露在水含量 1%（摩尔分数）的氮气中时呈红色。iCVD PHEMA 可以实现保形填充到染料敏化太阳电池（DSSCs）的多孔二氧化钛电极中。与液体电解质相比，这种 iCVD 固体（凝胶）电解质可以降低界面电荷复合速率［图 6.12(b)］[103]。

交联 PHEMA 常用于控制薄膜的膨胀程度和提高薄膜在水环境中的稳定性。交联

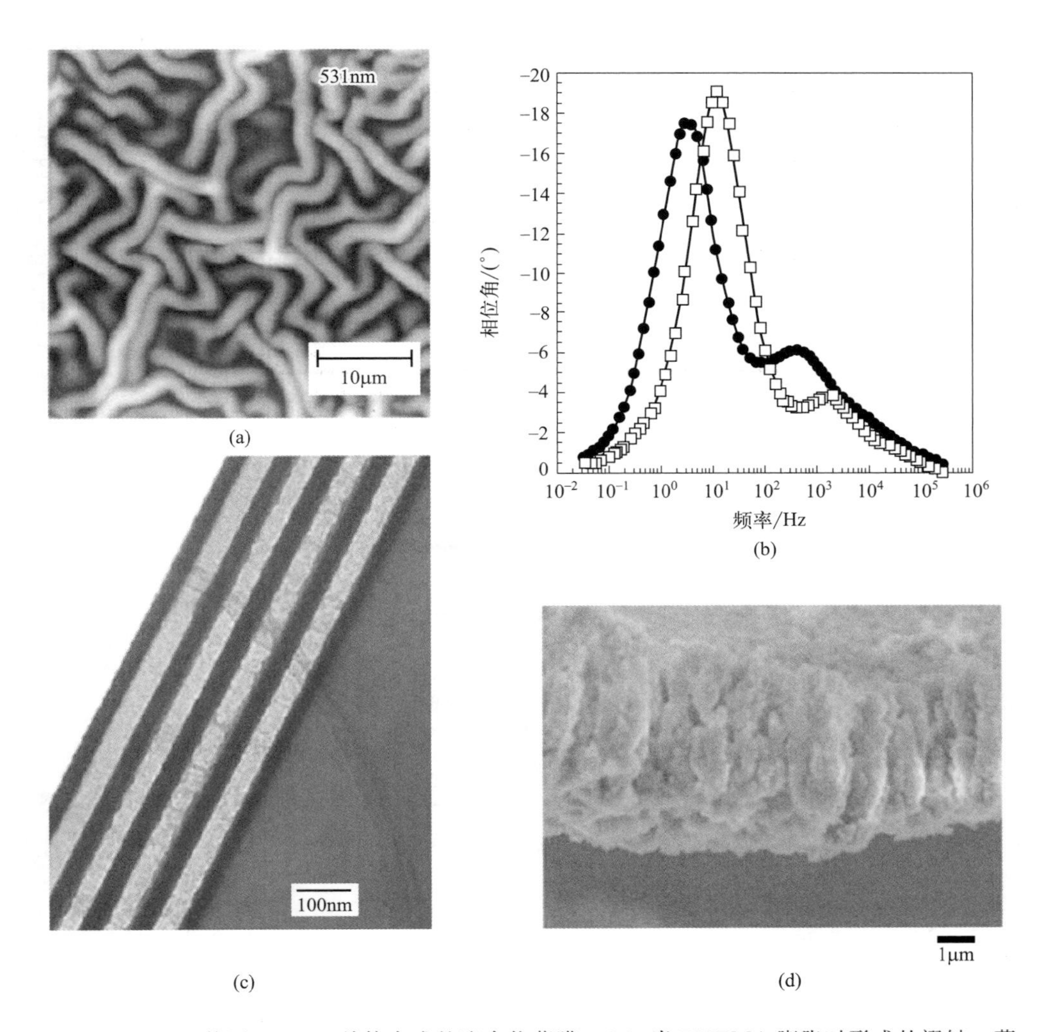

图 6.12　iCVD 使用 HEMA 单体合成的聚合物薄膜。(a) 当 PHEMA 膨胀时形成的褶皱，薄膜很好地黏附在非膨胀衬底上。数据来源：Christian 等 (2016)[101]，经 American Chemical Society 许可转载。(b) 波德图表明使用 iCVD PHEMA 薄膜作为固态电解质来填充二氧化钛颗粒间的间隙（实心圆），与常规的液态电解质（空心方形）的染料敏化太阳电池（DSSCs）相比，在电极-电解质界面处载流子复合更少。数据来源：Karaman 等 (2008)[102]，经 American Chemical Society 许可转载。(c) 超薄可膨胀的有机 PHEMA（浅色）层与无机二氧化钛层交替沉积，形成柔性的布拉格反射镜结构，可响应湿度的变化。数据来源：Nejati 和 Lau (2011)[103]，经 American Chemical Society 许可转载。(d) 直接在低挥发性硅油上生长的自支撑多孔 P(HEMA-*co*-EGDA) 薄膜。数据来源：Haller 等 (2013)[84]。经 American Chemical Society 许可转载

HEMA 基 iCVD 水凝胶可通过 HEMA 与 EGDA 或 EGDMA 共聚来制备。交联剂的选取需要考虑多种因素，包括其蒸气输送到 CVD 腔室的难易程度、交联剂的成本以及薄膜表面能的期望值。需要注意的是，由于 EGDMA 具有额外两个甲基，因此得到的薄膜疏水性比 EGDA 更强。采用非挥发性液体作为衬底时，可制备具有微米级结构的自支撑薄膜 [图 6.12(d)][85]。

图 6.13(a) 为不同相对湿度环境下，iCVD 薄膜厚度随时间的增加比例[106]。

P(HEMA-*co*-EGDMA) 薄膜的膨胀可以通过加入不同量的 EGDMA 交联剂系统调节。约 100nm 厚的共聚物薄膜需数分钟的时间达到完全吸水膨胀。由于水蒸气是通过扩散进入 iCVD 薄膜中，因此薄膜越薄，响应时间越短。共聚物的溶胀响应介于两种单体均聚物溶胀响应之间，其中聚二甲基丙烯酸乙二醇酯（PEGDMA）无溶胀现象，而 PHEMA 完全溶胀后，厚度可增加 25%以上。利用 X 射线反射测得干燥的 iCVD PHEMA 均聚物密度可达（1.26±0.09)g/cm^3，处于常规合成 PHEMA 密度

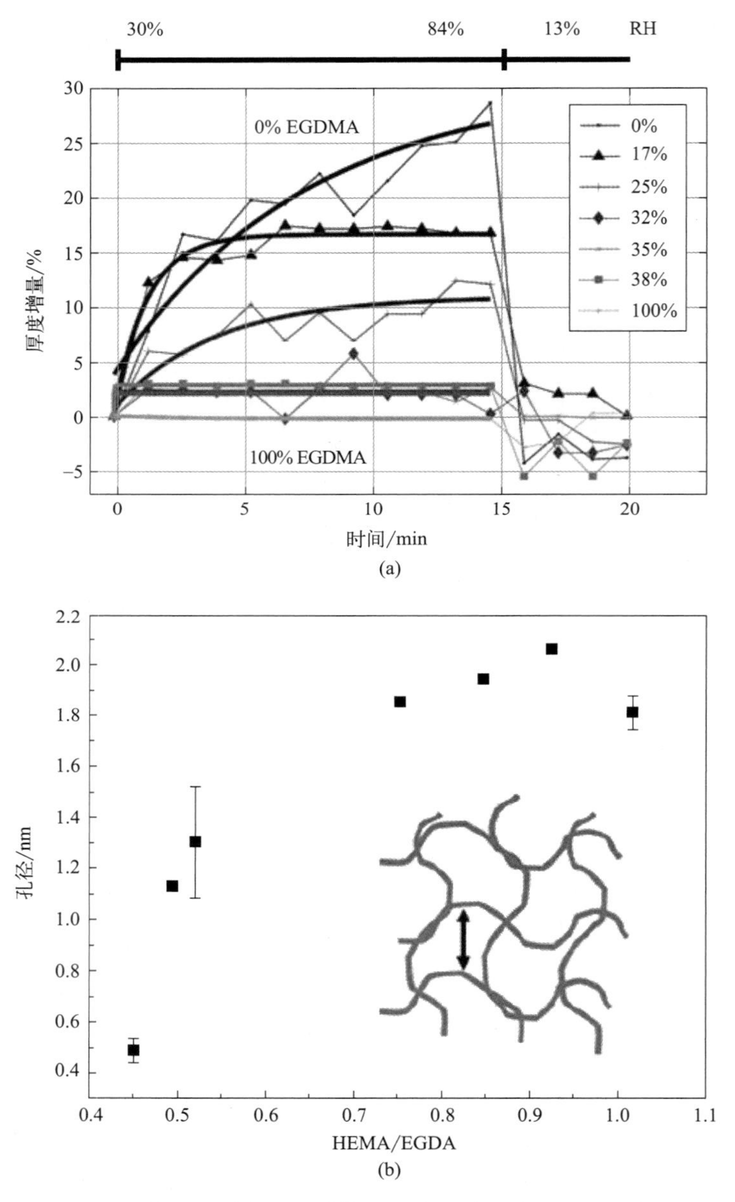

图 6.13 通过调整控制不同交联剂单体含量来系统控制 HEMA 共聚物的性质：P(HEMA-*co*-EGDMA) 暴露在潮湿环境下的膨胀动力学（a）以及根据实验数据计算的 P(HEMA-*co*-EGDA) 网格孔径（b）。数据来源：图（a）由奥地利格拉茨工业大学 Anna Marie Coclite 教授免费提供。图（b）经文献［105］许可转载

（1.15～1.27g/cm^3）中较高的密度水平。在膨胀达到平衡的条件下，基于 Flory-Rehner 理论计算 P(HEMA-*co*-EGDMA）水凝胶的孔径范围随着交联度的增加会从 0.6nm 降至 0.4nm。这一结果与先前 iCVD P(HEMA-*co*-EGDMA）研究中发现的 0.75～0.34nm 的尺寸范围吻合[107]。水凝胶网络的结构和成分决定薄膜能够透过何种大小、形状和极性的分子。iCVD P(HEMA-*co*-EGDA）共聚物可提供更大的网格孔径。随着 EGDA 交联剂含量的减小，网格孔径的大小可从约 0.5nm 扩大到约 2.0nm ［图 6.13(b)］[105]。

iCVD PHEMA 薄膜及其共聚物薄膜在厚度方向上对小分子有选择渗透性和抗生物附着性的特点。这种特点非常适合用于封装生物传感器[108]，包括植入动物体内传感器的封装[109]。高响应的高长径比 P(HEMA-*co*-EGDA）纳米管是用多孔阳极氧化铝（AAO）模板合成的[110]。iCVD P(HEMA-*co*-EGDMA）薄膜的保形性和生物相容性可实现分子印迹功能，提供免疫球蛋白的特异性识别位点[111]。当薄膜生长在厚度为 50～150nm 的微管内部时，可提升微管的沸腾热传导系数[112]。

$$\text{(pentafluorophenyl ester)} + H_2N\!-\!R \longrightarrow \text{(amide, }-C(=O)-NH-R) + \text{(pentafluorophenol, }C_6F_5OH) \tag{6.11}$$

气相沉积技术使没有共同溶剂的单体之间发生共聚反应成为可能。因此，采用 iCVD 可将 HEMA 和含氟单体共聚。采用 HEMA 和 PFDA 混合气进行气相沉积，会发生无规共聚，形成组分比例不同的分子链，但较二者的均聚物相比，这些共聚物的抗蛋白质吸收能力均有所提高[113]。HEMA、EGDA 以及 PFM（甲基丙烯酸五氟苯酯）共聚，可形成水凝胶被信号肽功能化表面，为细胞培养提供有利的化学及力学微环境[114]。PFM 的引入降低了水凝胶的溶胀度。由于 PFM 与官能团中的胺基发生的取代反应只发生在接近表面的区域，因此，若活性五氟苯酚在近薄膜表面区域聚集，可使得薄膜仍具有水凝胶的溶胀行为[115]。

6.4.4　有机硅烷和有机硅氮烷：性质和应用

iCVD 沉积的有机硅聚合物适用于多种场景，包括：可植入器件的生物钝化（bio-passivation）[116]；用于电气保护的封装/阻隔层[117]；柔性超薄介电薄膜，低介电常数材料[118]；低介电常数膜的封孔[119,120]；锂电池超薄固态电解质[121]。iCVD 常用环状多乙烯基单体 1,3,5-三乙烯基-1,3,5-三甲基环三硅氧烷（V3D3）和 1,3,5,7-四乙烯基-1,3,5,7-四甲基环四硅氧烷（V4D4）（图 6.14）来沉积有机硅薄膜。V3D3 环为平面，三个乙烯基可能是顺式或反式结构，而 V4D4 环为立体结构而非平面结构。有机硅氮烷 iCVD 薄膜的生长也是由类似结构的单体实现的，如三乙烯基三甲基环三硅氮烷（V3N3）和四乙烯基四甲基环四硅氮烷（V4N4），其中氧原子位置被—NH 基团取代。此外，还报道过一类可调节交联度的 iCVD 有机硅聚合物薄膜，这些薄膜有的由六乙烯基二硅氧烷（HVDS）作为单体制备[122,123]，有的由 V3D3 与 HVDS 共聚而成[124]，还有的由 1,1,3,5,5-五甲基-1,3,5-三乙烯基三硅氧烷（TVTSO）作为单体制备而成[125]。

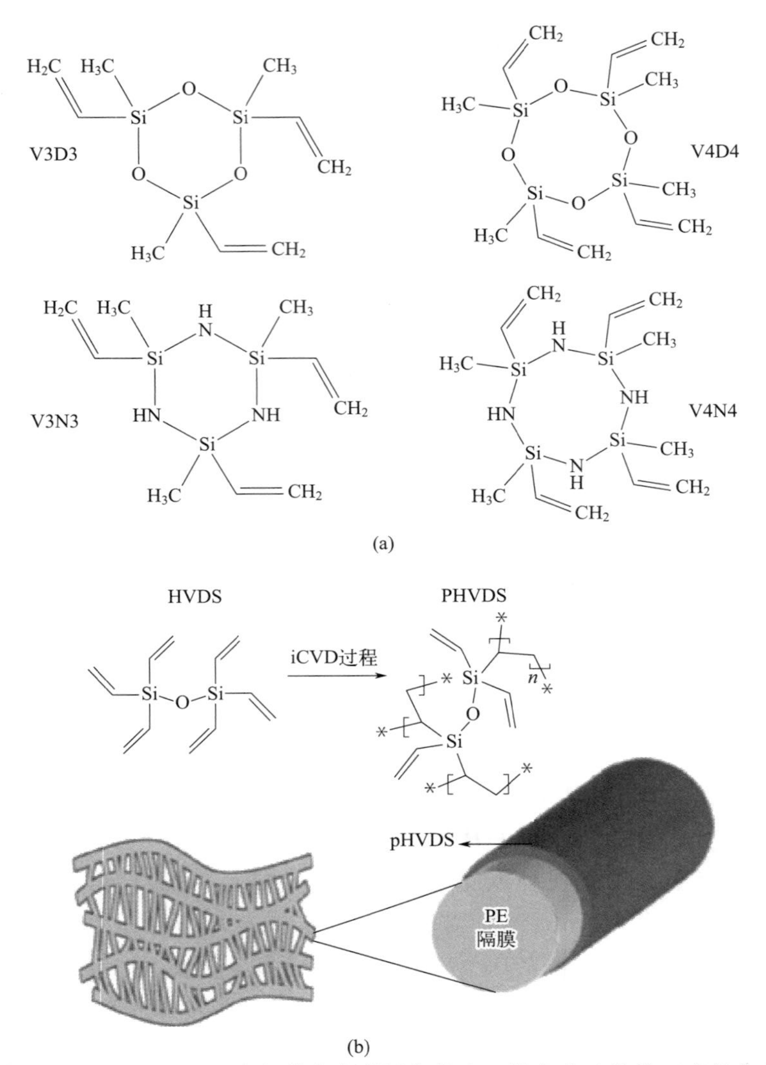

图 6.14 可用于 iCVD 有机共价交联网络的多乙烯基含硅单体（完整化学名称见表 6.2）：(a) 环硅氧烷和环硅氮烷；(b) 用 HVDS 单体制备 iCVD PHVDS 示意图，以及在聚乙烯（PE）纤维上形成保形 PHVDS 膜以提高电池隔膜性能的示意图。数据来源：(a) Reeja-Jayan 等（2015）[121]。经 American Chemical Society 许可转载。(b) Yoo 等（2015）[122]。经 American Chemical Society 许可转载

由 V3D3 和 V4D4 单体进行链引发和链增长，形成了以环状硅氧基团（siloxane rings）为侧基的碳氢主链[118,126]。在单体中多乙烯基团的作用下，生长的碳链被引发剂基团或是其他碳链终止，形成交联网络结构。沉积后对 PV4D4 进行热处理会让薄膜生成笼形倍半硅氧烷，薄膜内部随之形成孔隙，继而使退火后的薄膜介电常数低至 2.15。当热丝温度大于 600℃时，HWCVD 有机硅薄膜不需要引发剂就可以生长。这很有可能是环状单体发生了开环聚合反应。通常热丝温度在 300～500℃时会使用 TBPO（过氧化-2-乙基己酸叔丁酯）作为引发剂，引发剂的自由基与单体的乙烯基发生反应。通过 FTIR 光谱可以清楚地看到，碳碳双键在单体引发和沉积形成 iCVD 薄膜后明显减

少（图6.5）。从FTIR结果中还可以看到，采用适当的热丝温度，也可以让V3D3中的环状有机硅结构在形成iCVD薄膜时完整保留。在某些工艺条件下，由于反应的空间位阻，会有部分乙烯基不发生反应而保留下来。事实上，半胱氨酸交联蛋白质就是通过紫外光催化下的巯烯反应（thiol-ene click reaction），利用未反应的乙烯基团结合到PV4D4薄膜上[127]。

$$\mathrm{HXC{=}CH_2} + \mathrm{HS{-}Y} \xrightarrow{\mathrm{UV}} \mathrm{H_2C(X){-}CH_2{-}S{-}Y} \tag{6.12}$$

与之相同的策略还可将DNA引物末端用巯基（—SH）功能化，并应用在快速检测中东呼吸综合征（MERS）冠状病毒的医学检测元件上[128]。

通过多乙烯基单体V3D3用iCVD制备的交联网络薄膜表面非常光滑。例如，厚度约250nm时，薄膜的均方根粗糙度（rms roughness）为0.4nm，最大峰谷偏差（max peak to valley excursion）为0.9nm[116]。与之相比，抛光硅片的均方根粗糙度为0.15nm。低的粗糙度可以避免产生针孔缺陷，有利于形成介电性能良好的薄膜。iCVD PV3D3薄膜的光电性能则对镀膜条件不敏感，它的电阻率、介电常数和折射率分别为$(4\pm2)\times10^{15}\Omega/\mathrm{cm}$，$2.5\pm0.2$，$1.465\pm0.01$[129]，带隙为8.25eV，最高占据分子轨道（HOMO）能级为9.45eV[130]。

将这类薄膜浸泡在生理盐水中，同时施加$-5\sim+5$V的偏压时，薄膜的电阻和附着力可以稳定维持超过两年半。研究人员还通过更换不同溶剂，以及短时间浸没在沸水中证实了薄膜的稳定。而生物相容性测试表明iCVD PV3D3薄膜无毒，不影响PC12神经细胞的增殖[116]。由全氟辛基磺酰氟（PFOSF）引发剂热分解形成的全氟化C8引发剂自由基，与V3D3单体中的乙烯基团发生反应，形成兼具有机硅聚合物和含氟聚合物特性的生物钝化膜[131]。

柔性节能电子器件的突破促进人们将超光滑、超薄（<10nm）、无针孔、柔性的介电iCVD PV3D3薄膜集成到这些器件中[134]。即使PV3D3薄膜的厚度非常薄［6nm，图6.15(a)］，器件的漏电流仍非常小（3MV/cm时$<10^{-9}\mathrm{A/cm^2}$）。采用氧等离子体处理表面形成SiO_x层可以进一步提升iCVD PV3D3薄膜的电学性能[134]。柔性可折叠的有机闪存也已在多种衬底得到应用，甚至包括纸张这类一次性衬底[135]。这种器件的突破是通过利用iCVD PV3D3优良的绝缘性制备了耐用性非常好的薄膜晶体管。前期研究人员进行了一系列研究，包括调节化学成分优化iCVD PV3D3薄膜的介电性能，优化在柔性衬底上制备高性能独立TFTs和TFTs阵列的工艺步骤等[130]。人们通过控制单体比例共聚形成iCVD聚三甲基三乙烯基环三硅氮烷-1-乙烯基咪唑［iCVD P(V3D3-*co*-1-Vinylimidazone（Ⅵ))］，可系统地调节有机TFTs的阈值电压［图6.15(c)］[136]。另外，高质量iCVD V3D3介电薄膜还能用于高速有机光存储[137]，并与碳纳米管一起集成到逻辑电路的TFTs中[138]。iCVD PV3D3还能用作隧穿介电层，与$\mathrm{MoS_2}$结合制造一种非易失性低功耗存储器[132]。iCVD PV3D3还可以与非晶InZnSnO结合，用于柔性非易失性逻辑存储电路[139]。

ALD是一种制备高质量保形无机物薄膜很好的方法，而且很多混合型多层结构是

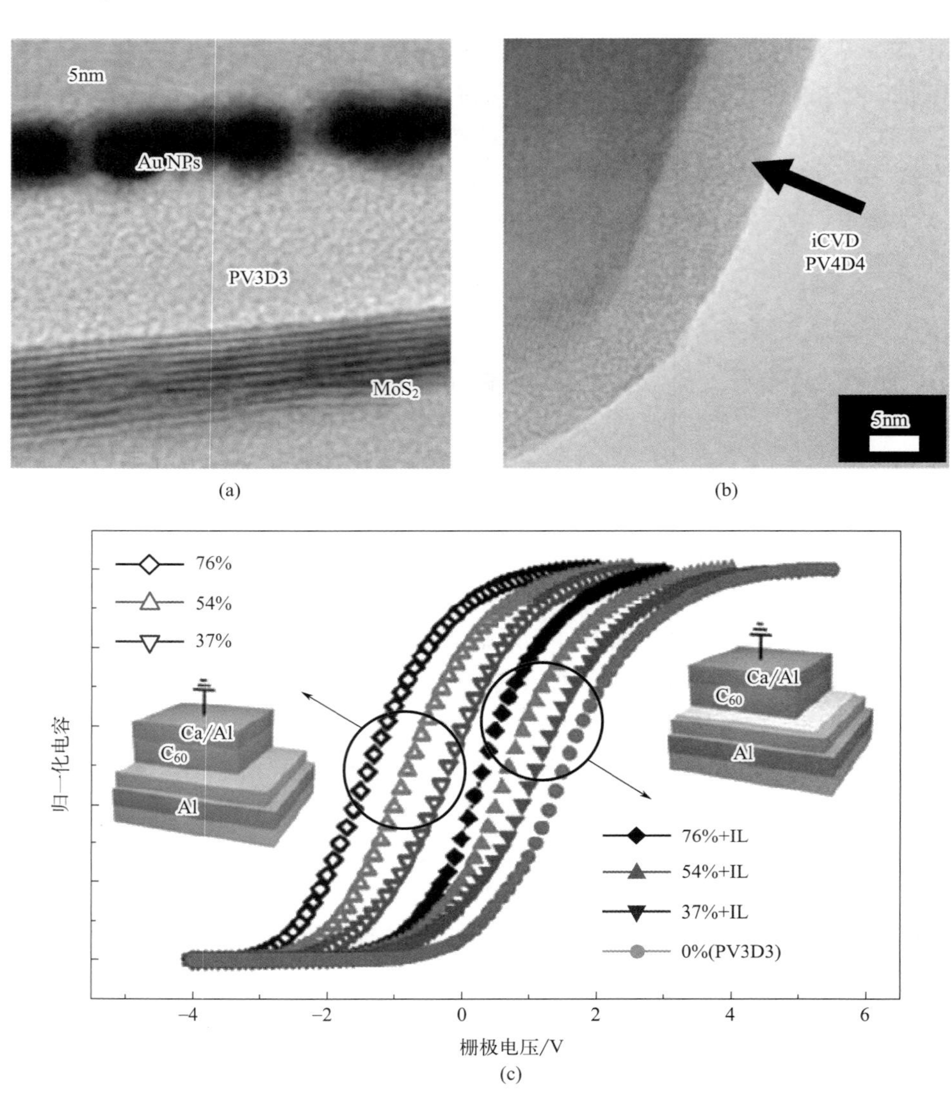

图 6.15 基于环硅氧烷单体制备的 iCVD 薄膜结构和器件性能：(a) 超薄光滑的 PV3D3 作为 MoS_2 和 Au 纳米颗粒层之间的栅极介电层；(b) 锂离子电池中在尖晶石结构锂氧化物上生长的超薄光滑 PV4D4 固体电解质；(c) 通过改变 P(V3D3-*co*-Ⅵ) 栅极绝缘层成分来系统调节多层电子器件的栅极电压。数据来源：(a) 经文献［132］、(b) 经文献［133］许可转载。(c) 由韩国科学技术院 Sung Gap Im 教授提供

由无机 ALD 薄膜与 iCVD 有机薄膜结合形成的。例如，有机层和无机层交替的混合薄膜可作为保护柔性有机器件（如 LED）不受空气中氧气影响的阻挡层。人们为此设计了一种可以在不破坏真空的情况下，同时完成 ALD 和 iCVD 工艺的腔体（第 6.6 节）[140]。硬件上最大的改变是使用了两套进气系统，分别为 ALD 和 iCVD 工艺提供气源。通常 ALD 需要较高的衬底温度，而 iCVD 的衬底温度普遍在室温左右。如果将这两种沉积工艺的衬底温度都设置为 90℃，就可以省去 ALD 和 iCVD 工艺交替时加热和冷却衬底的时间，从而加快复合薄膜的生长[141]。

用 V3D3 生长的非极性 iCVD 薄膜还可以将 ALD 制备的高介电常数（高 k 值）材

料（如 Al_2O_3）表面的羟基钝化。钝化后可减小 TFTs 的迟滞、迁移率衰减和阈值电压的偏移。另外，超薄复合薄膜（<15nm）的拉伸应变可达 3.3%，表明它非常适合制造柔性电子器件[142]。

在制备高能量密度 3D 电池中，需在非平面电极阵列上沉积纳米级保形固态电解质薄膜。超薄（25nm）、超光滑且无针孔的 iCVD PV4D4 薄膜可以承受薄膜沉积后 $LiClO_4$ 的锂化。其室温下的 Li^+ 电导率为 $(7.5\pm4.5)\times10^{-8}$S/cm[121]。该电导率看上去并不高，但由于 Li^+ 仅需穿过极薄的薄膜，从而使得 Li^+ 的扩散时间比在常规的电解质中低数个数量级。DFT 计算结果支持了这种假设：硅氧烷环上氧原子的电负性有利于 Li^+ 的结合，使得硅氧烷环对 ClO_4^- 的电子斥力最小化。用类似单体如 V3D3、V3N3、V4N4 等沉积 iCVD 薄膜也表现出了锂离子导电性，但是电导率略低。图 6.15(b) 为用 PV4D4 薄膜保形包覆纳米颗粒的形貌[133]。

6.4.5 苯乙烯、4-氨基苯乙烯和二乙烯基苯的 iCVD 聚合物：性质和应用

通过 iCVD 使用 TBPO 自由基引发剂的均聚物聚苯乙烯（PS）的沉积速率比丙烯酸酯和甲基丙烯酸酯的低[28]。这一实验现象与苯乙烯中乙烯基的链增长速率常数 k_p 较低一致。聚合速率慢有利于超薄膜的可控制备。已有结果表明超薄保形 iCVD PS 膜可以提高室温下化敏电阻的性能。该化敏电阻使用垂直排列的碳纳米管阵列实现了极大的表面积［图 6.16(a)］[143]。

苯乙烯（S）单体与马来酸酐（MA）共聚会大大提高薄膜沉积速率。S 与 MA 共聚时并没有像前文介绍的 iCVD 聚合一样随机聚合。对于随机共聚物，它的成分随反应时两种单体的占比变化而变化。然而在交替共聚物薄膜中，无论气源比例为何值，S 和 MA 单体的占比恒为 1∶1。光谱分析表明，供电子的 S 与得电子的 MA 加聚反应概率更大，共聚后形成交替共聚物 P(S-*alt*-MA)。在纸基衬底上制备的保形 P(S-*alt*-MA) 涂层可以提供高密度的酸酐基团，可作为聚赖氨酸（PLL）生物功能化的基础。生物功能化的纸张通过折纸技术做成的组织，可用于气管重构[146]。

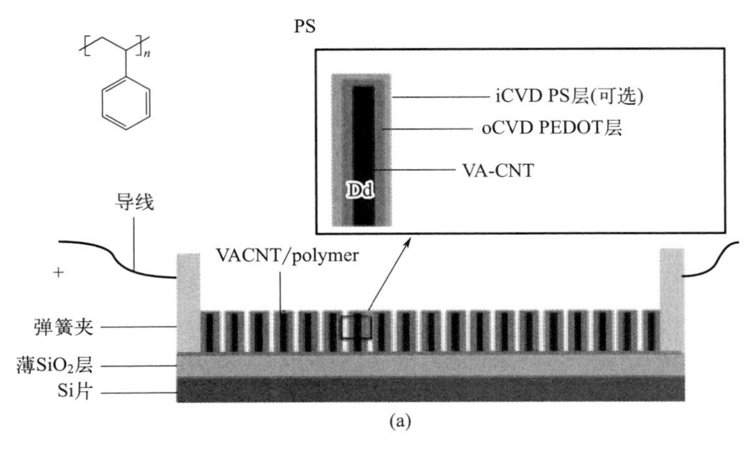

图 6.16

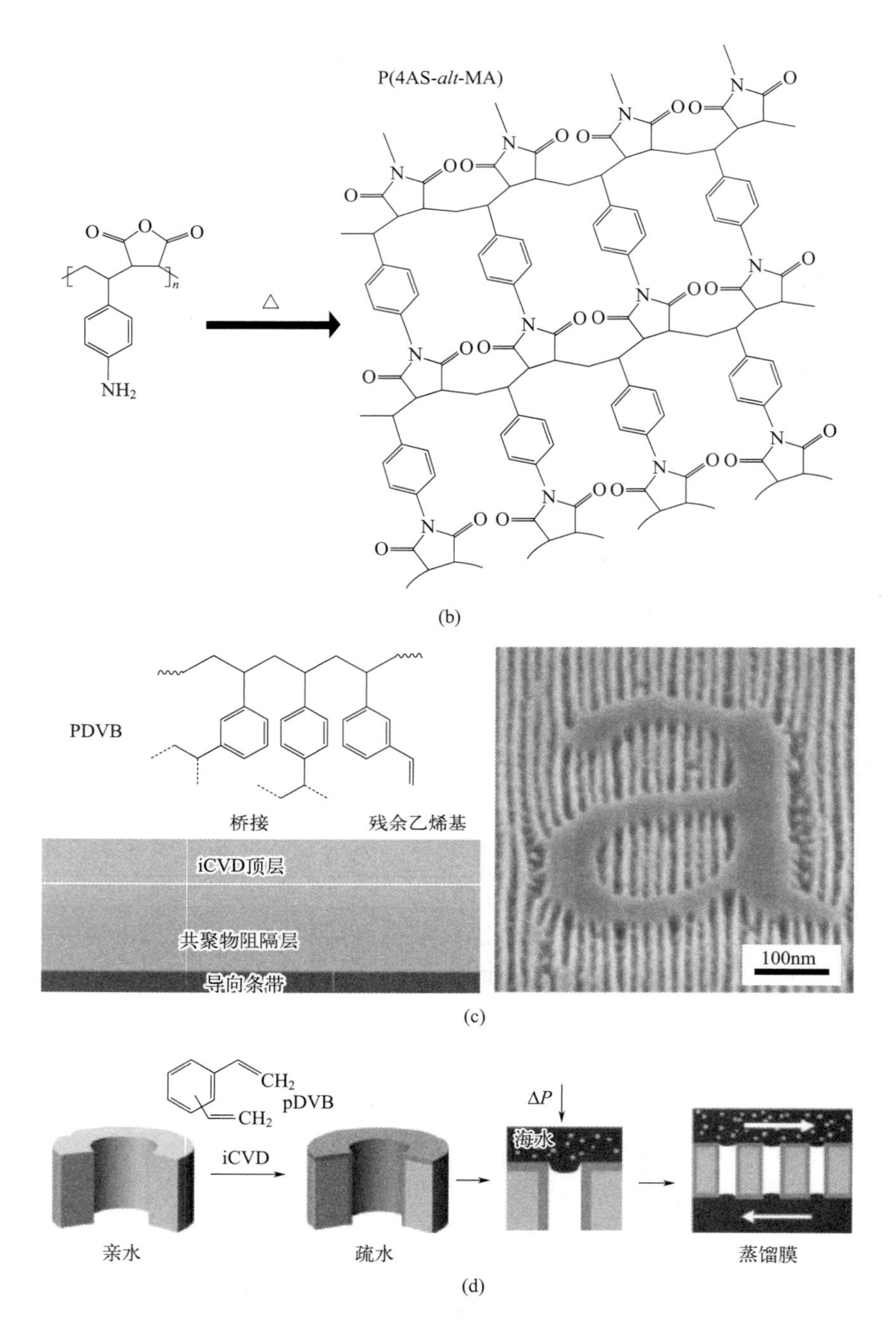

图 6.16 基于苯乙烯单体的 iCVD 薄膜化学结构及应用示例：(a) 垂直碳纳米管阵列（VACNT）上的超薄保形涂层，由内到外分别为氧化化学气相沉积（oCVD）的聚乙烯二氧噻吩（PEDOT）层和 iCVD PS 层，最终制备成气体传感器[143]。(b) 将 4AS 和 MA 单体形成的交替共聚物退火处理后，不同分子链上的氨基和酸酐官能团反应形成交联网络，使得薄膜具有优良的力学性能。(c) 超薄光滑 PDVB 薄膜，用于辅助下方的共聚物垂直取向，实现了 8nm 线形双比例图形以及约 100nm 级尺寸的空间结构。数据来源：Suh 等（2017）[144]。经 Springer-Nature 许可转载。(d) iCVD PDVB 用于保形改性亲水多孔薄膜内表面，使膜达到所需的疏水性用于海水淡化。数据来源：Servi 等（2016）[145]。经 Elsevier 许可转载

4-氨基苯乙烯（4-AS）和MA单体通过iCVD也可以合成交替共聚物[147]。P(4AS-*alt*-MA)退火后会使一条分子链上的氨基与另一条分子链上的酸酐反应[图6.16(b)]，形成大量的交联网络。交替共聚后的薄膜仍具有柔韧性，弹性模量可达20GPa，比常规聚合物材料的弹性模量高一个数量级。

二乙烯基苯（DVB）的挥发性和低成本使其成为iCVD技术的优良单体。iCVD PDVB均聚物光滑、透明、热稳定性好、力学性能好、疏水、内应力低还可以形成交联层。与PECVD制备的聚合物相比，iCVD PDVB表现出优异的抗氧化性和光化学稳定性[148]。此外，如前所述，DVB在和其他iCVD单体共聚时可充当交联剂。

DVB单体的碳碳双键比丙烯酸酯和甲基丙烯酸酯的双键更稳定。因此，在PDVB中会有一些未反应的乙烯基保留下来。研究人员用FTIR定量分析未反应的碳碳双键在iCVD PDVB中的含量[149]。分析时也考虑了DVB单体实际上是间位（m）二乙烯苯和对位（p）二乙烯苯单体混合物，而从p-DVB中分离m-DVB出来很困难。薄膜中未反应的双键在光照或氧气氛下会发生反应，使PDVB性能老化。原位[150]或非原位[151]退火处理可稳定iCVD PDVB的性能。反应时将衬底温度升高至超过DVB单体沸点，可以确保薄膜中没有未反应的DVB单体残留[152]。

iCVD PDVB的应用包括光电器件的封装[153]、作为核聚变中激光靶的烧蚀材料[154]、纸基器件平整层[135]等。另外，iCVD PDVB可作为定向自组装尺寸小于10μm的线/空隙结构的顶部涂层[图6.16(c)][144]。仅7nm厚的iCVD顶部涂层，控制着下面共聚物的界面性能，诱导这些聚合物垂直取向，以便于图形转移。将保形PDVB应用到具有均匀孔径的亲水尼龙膜上，可以使其具有足够的疏水性以用作海水淡化膜[图6.16(d)][145]。这种方法可以避免疏水改性层的表面和聚合物主体中含有氟元素。保形iCVD DVB还能沉积到高深宽比的孔隙中，以减小孔隙直径[31]。

用一种阳离子引发代替自由基引发的方法可极大加快CVD法制备PS和PDVB薄膜的沉积速率[19]。对于阳离子引发，$TiCl_4$是一种强Lewis酸，可与H供体H_2O结合作为阳离子引发剂，且$TiCl_4$与水反应不需要热丝。

6.4.6 二丙烯酸乙二醇酯（EGDA）和二甲基丙烯酸乙二醇酯（EGDMA）的iCVD聚合物：性质和应用

与多乙烯基硅氧烷单体和DVB单体iCVD聚合类似，除了作为其他iCVD单体的交联剂外，多乙烯基单体EGDA和EGDMA还能形成光滑无针孔的iCVD均聚物膜。由于聚二丙烯酸乙二醇酯（PEGDA）热分解基本不会有残留，因此它可用作牺牲层，以在微电子结构中形成空隙[图6.17(a)][155]。在离子液体表面生长iCVD PEGDA可形成成分渐变的自支撑薄膜。其表层为交联有机均聚物，而在液滴中，EGDA与离子液体形成共聚物1-乙基-3-乙烯基咪唑双三氟甲磺酰亚胺盐[157]。这种离子液体凝胶可以用作离子导电膜或用来支撑催化剂。

iCVD法所需的低衬底温度和保形性适合在纸和织物上制备电子器件。超薄PEGDMA层可作为阻塞介电层集成到TFT基有机闪存中。这种多层器件的截面透射电子显微镜图片如图6.17(b)所示，图中包含了控制栅和浮栅的铝层，作为隧穿层的iCVD

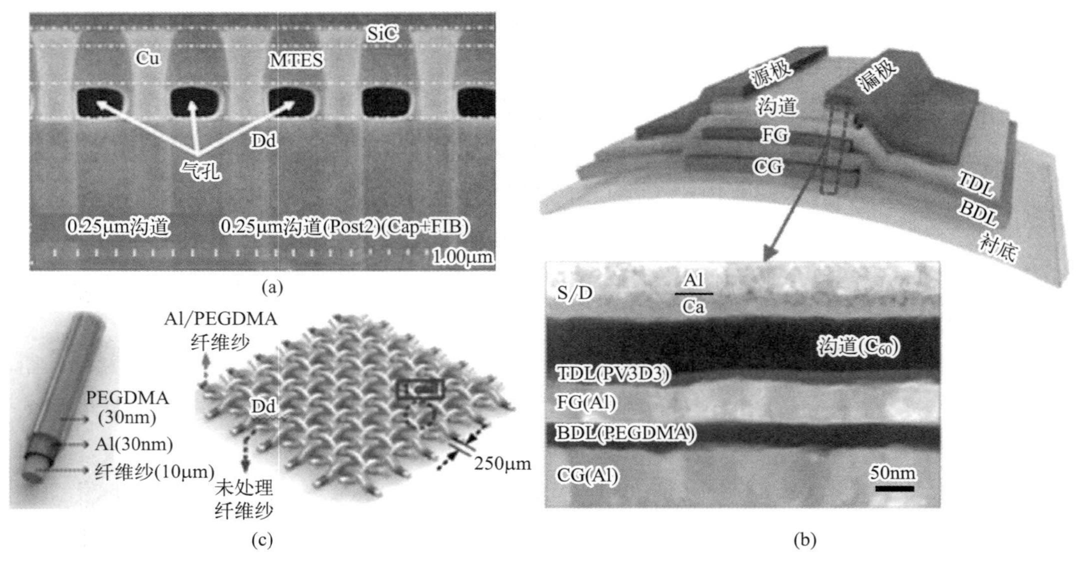

图 6.17 二乙烯基单体 EGDA 和 EGDMA 制备的 iCVD 均聚物薄膜用于：(a) PEGDA 作为牺牲层退火后形成气体孔隙[155]。数据来源：Lee 等 (2011)[155]。经 American Chemical Society 许可转载。(b) 超薄 PEGDMA 在多层柔性 TFT 有机闪存器件中作为阻塞介电绝缘层 (BDL)[135]，(c) 保形 PEGDMA 用在纤维纱上，纺成电子织物的忆阻器[156]。数据来源：(b) 文献 [135]，(c) 文献 [156]

PV3D3，以及包含 C_{60} 的沟道层。最终闪存设备可弯至曲率半径 300μm，适合生长在低成本的一次性纸基衬底上[135]。iCVD PEGDMA 保形涂层可以沉积在涂覆了氧化铝的纱线上，并编织成纺织品。纺织品上能够形成与门、或门、非门、与非门、或非门等逻辑电路 [图 6.17(c)][156]。纸基有机存储电路也可以将 iCVD PEGDMA 用作电阻开关层[138]。这些存储设备即使经过多次弯折，其性能也都可以得到保证。

6.4.7 两性离子型聚合物和多离子型聚合物 iCVD 薄膜：性质和应用

避免生物分子和微生物的意外积累，对生物医学、工业和海洋应用而言至关重要[158]。人们开发了多种薄膜制备技术（表 6.4）进行表面修饰来阻止生物累积。其中，CVD 工艺与传统溶液法相比有许多优点。通过 iCVD 表面改性，使得用于海水淡化的反渗透膜具有防污染功能。这层 iCVD 薄膜必须超薄（<30nm），才能保证高通量的水能穿透反渗透膜。

表 6.4 制备聚合物涂层的技术对比

项目	制备方法					
	自组装单层膜 (SAMs)	接枝到 (grafting to)	接枝自 (grafting from)	旋涂 (spin coating)	PECVD	iCVD
无溶剂					•	•
长期稳定性		•	•	•	•	•
保形性	•	•	•			•
纳米厚度可控性	•	•	•		•	•

续表

项目	制备方法					
	自组装单层膜（SAMs）	接枝到（grafting to）	接枝自（grafting from）	旋涂（spin coating）	PECVD	iCVD
不依赖衬底					•	•
官能团完全保留						•
快速合成				•	•	•
可大批量生产				•	•	•
单步工艺					•	•

数据来源：摘自文献[155]。

两性离子表面改性是实现超低污染最有前景的方法之一。由成对的正负电荷构成的中性两性离子具有很高的吸水率。有一种假说这样解释实验观察到的抗生物污染行为：吸收一层生物污染比吸收一层水在热力学上更不稳定。报道中还讨论了这种薄膜的水下疏油性[159]。

要合成iCVD两性离子薄膜，首先要合成某种共聚物，如P(DMAEMA-*co*-EGDMA)[160]、P(4VP-*co*-DVB)[51,161]或P(4VP-*co*-EGDA)[162]。这些共聚物中第一个单体含有叔胺基官能团，第二个单体为交联剂，负责提高薄膜的稳定性。P(4VP-*co*-DVB)薄膜中不含较活泼的氧键，且P(4VP-*co*-DVB)对应的两性离子薄膜可抵抗氯元素的侵入。上述薄膜沉积之后，将1,3-丙烷磺内酯的蒸气通入iCVD腔室中，在iCVD薄膜表面与叔胺基反应形成磺基三甲铵乙内酯两性离子：

(6.13)

由于和1,3-丙烷磺内酯的反应受扩散限制，生成季胺的官能化反应只在近表面区域发生（约10nm），这一结果也已经用角分辨XPS光谱证实（图6.18）。iCVD可在表面精确形成用于防污的两性离子膜。而其他合成方法，需将要改性的表面浸在水中约1天时间，以使两性离子再取向至表面。共聚物表面的胺基若与3-溴丙酸反应，会生成羧基甜菜碱两性离子[162]。

iCVD多离子聚合物薄膜，例如P(MAA-*co*-EGDA)、P(DMAEMA-*co*-MAA-*co*-EGDA)和P(DMAEMA-*co*-EGDA)同样具有抗生物污染能力。所有这些iCVD多离子聚合物薄膜均可减少小胶质细胞和牛血清白蛋白（BSA）的附着。目前，这些多离子聚合物薄膜已成功在神经探针上实现保形涂覆[163]。

6.4.8 iCVD“智慧表面”：性质和应用

多种用于iCVD的化学物质可以让我们设计出对外界刺激做出响应的薄膜，如对紫外光照射或温度和pH的改变等做出响应。如前所述[3]，对于化学和生物传感器方面的

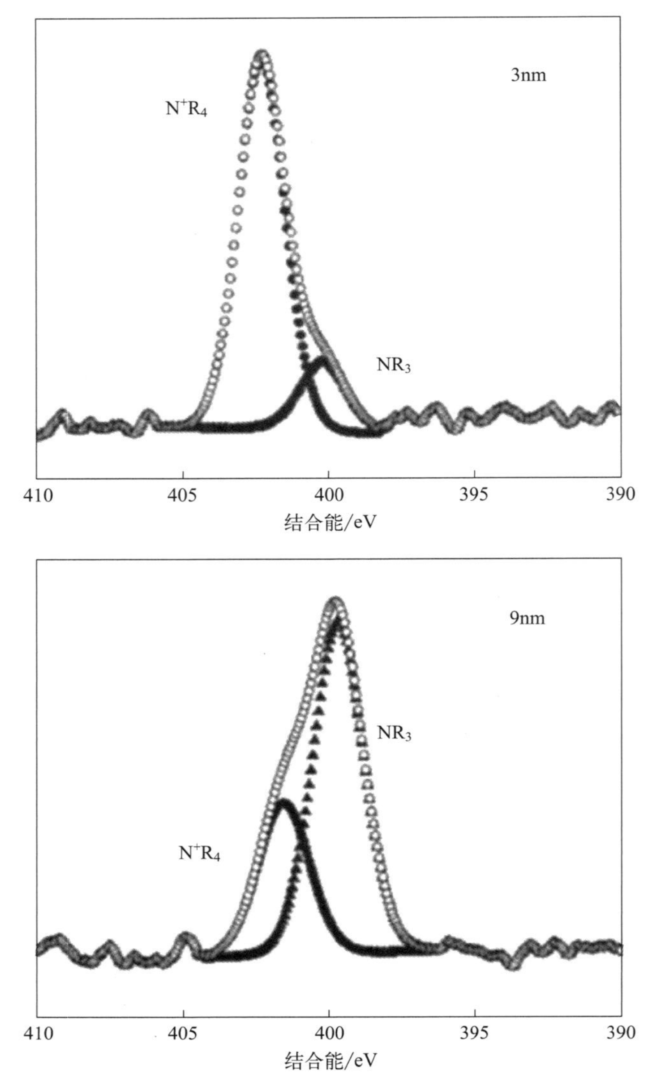

图 6.18 丙烷磺内酯原位修饰 iCVD P(DMAEMA-*co*-EGDMA) 薄膜的角分辨高分辨率 N1s 光电子能谱（ARXPS）。分别在 3nm 和 9nm 处在出射角 19.5°（左侧）和 90°（右侧）进行测量。两性离子中的季胺的官能团（N^+R_4）集中在表面数纳米内，可用于抗生物污染。数据来源：Yang 和 Gleason (2012)[160]。经 American Chemical Society 许可转载

应用，当暴露在一些分子或微生物中时，聚合物薄膜需做出响应。iCVD P(*t*BA-*co*-DEGDVE) 则是一种自支撑形状记忆聚合物薄膜[164]。

（1）光响应　光响应性 iCVD 薄膜可以将多种不与当前光刻工艺兼容的衬底图形化。例如，iCVD 薄膜图案化的能力可以应用到非平面衬底上，衬底的种类可从非球面透镜到纤维基纸和织物。这些挑战可以通过设计光敏性 iCVD 薄膜解决。这种光敏 iCVD 薄膜可以在复杂几何结构、多孔材料以及粗糙表面上保形沉积。

将光敏性分子 10,12-二十三碳二炔酸（TDA）和 iCVD P4VP 薄膜配位结合，可形成紫外敏感层。然后，再在 254nm 的紫外光下曝光，P4VP 外层会聚合形成难溶的聚

二乙炔（PTDA）。而没有紫外照射的 P4VP/TDA 区域被乙醇溶解后，就会形成负性图形。这种 iCVD 光敏层对紫外光的敏感度与市售光刻胶相同。轮廓清晰的图形制备以及图形转移已在大面积衬底和大范围曲率半径的衬底上实现[165]。

通过使用 iCVD PVCin 可以使材料性能在不同区域形成强烈对比[166]，这种 iCVD PVCin 可在 254nm 紫外光照下发生交联反应。另外，在沉积后覆盖掩膜版并在紫外光下曝光，iCVD P(VCin-*co*-NIPAAm) 膜在浸入水中和干燥的循环过程中，表现出可逆的织构响应。

在纸基衬底上进行光刻使得生产柔性、廉价和一次性器件成为可能。纸基的微流器件具有潜在的低成本、便携和易用等优点，在医疗诊断应用领域具有很大潜力。色谱纸上的图案是由聚邻硝基甲基丙烯酸（P*o*NBMA）作为疏水的保形光刻胶所制成［图 6.19(a)～(f)］[167]。这层 iCVD 薄膜能够穿透纸基衬底，但不会将衬底的孔堵住。用 254nm 的紫外光照射 iCVD 薄膜会使邻硝基苯侧基断开，形成羧基（—COOH）。因此紫外曝光处理将 P*o*NBMA 转化为聚甲基丙烯酸甲酯（PMMA）［图 6.19(d)］。紫外曝光时用掩膜遮挡 P*o*NBMA 就可以界定出用于润湿和液体流动的亲水性通道［图 6.19(f)］[82] 以及建立响应性开关来控制待分析溶液的流动[168]。这种方法很容易应用到其他粗糙且柔性的衬底上，例如介孔薄膜、过滤器和织物上。iCVD 合成 P*o*NBMA 还能制备纳米颗粒壳-核结构外部的壳层[169]，紫外光照射后可以使壳层分解。

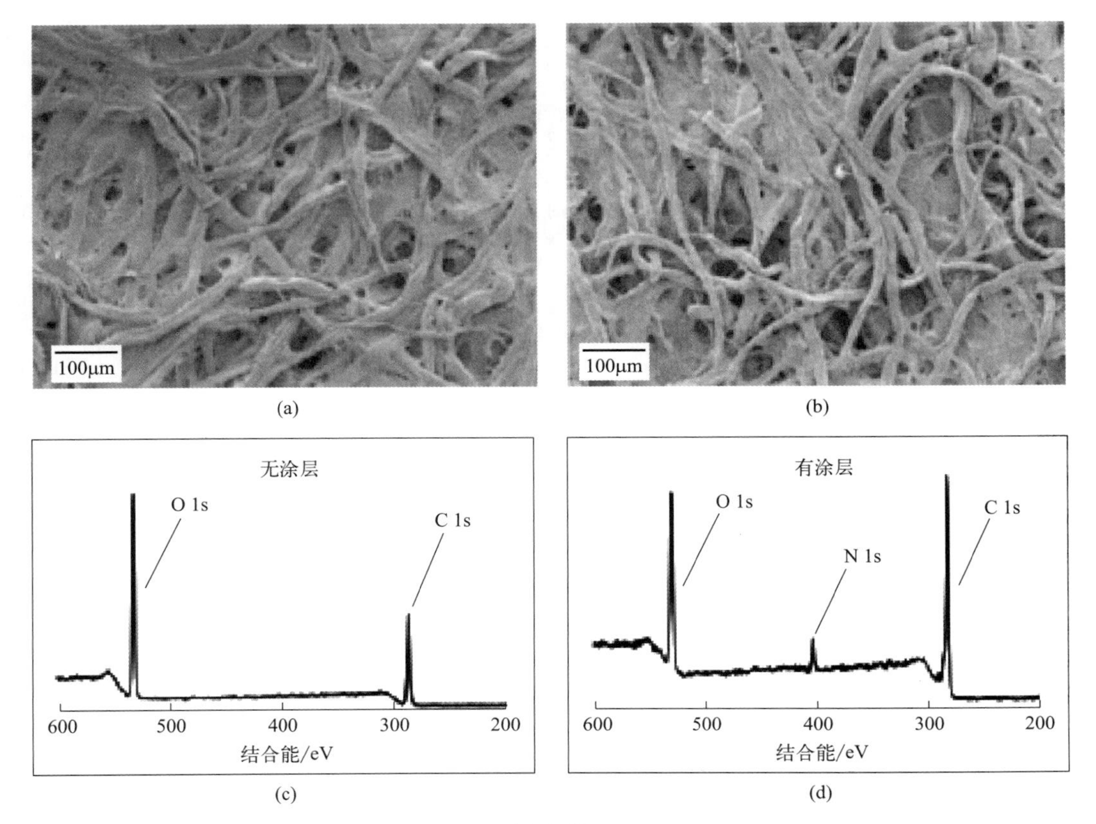

图 6.19

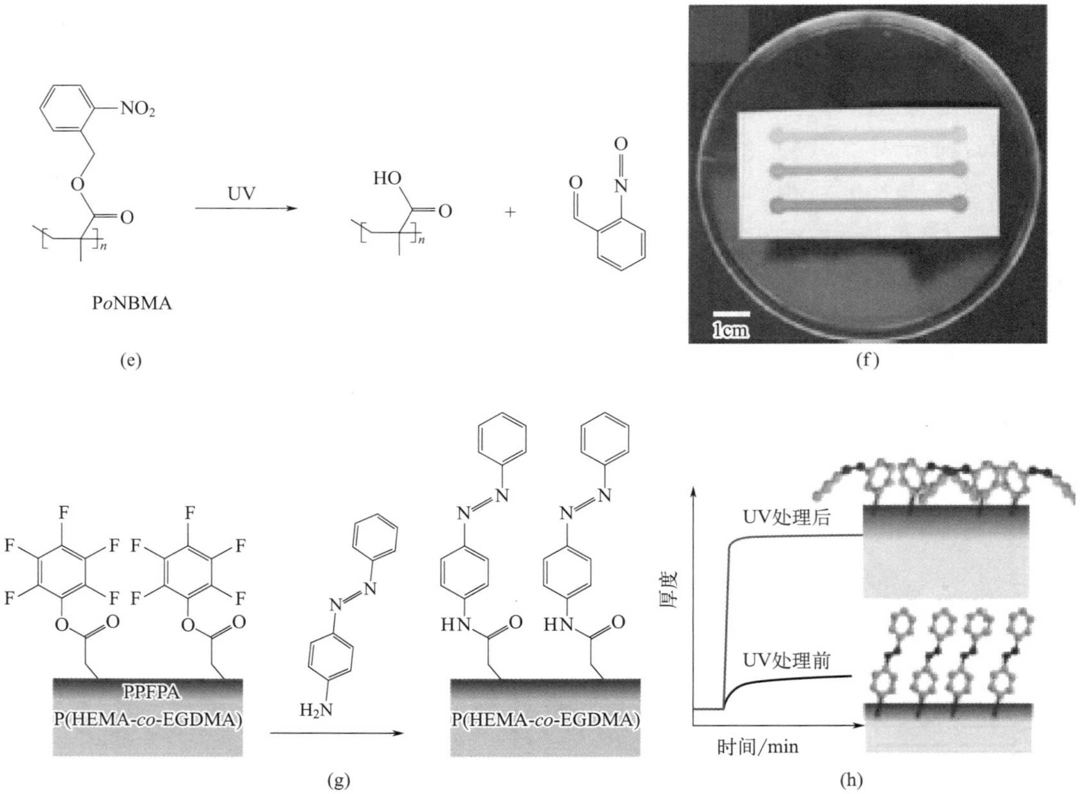

(e)

(f)

(g)

(h)

图 6.19 紫外光响应 iCVD 表面改性：色谱纸的表面形貌扫描电镜照片（a）无涂层（b）保形涂覆了 iCVD P*o*NBMA。（c）和（d）为二者对应的 XPS 全谱测量结果。N 1s 峰只在有涂层的样品中出现。（e）在 254nm 紫外光下曝光后 P*o*NBMA 转变为 PMMA。（f）染料保留在色谱纸中 P*o*NBMA 图形化的通道内。数据来源：Haller 等（2011）[167]。经 Royal Society of Chemistry 许可转载。（g）极薄 iCVD PPFM 薄膜沉积在经偶氮苯改性的 iCVD P(HEMA-*co*-EGDA）水凝胶层上。（h）展示了紫外光照射下可调的可逆膨胀行为。数据来源：Kwong 和 Gupta（2012）[168]。经 American Chemical Society 许可转载

光响应层也可以通过对沉积后的 iCVD 薄膜功能化来实现。例如在使用偶氮苯功能化的 iCVD P(HEMA-*co*-EGDMA）层外制备 PPFM 响应层（反应 6.7）[170]。制备完成后将得到一种紫外光响应性水凝胶［图 6.19(g) 和（h)]，水凝胶的膨胀程度可通过紫外光照可逆控制。

（2）热响应　iCVD 水凝胶[171,172] 在高于或低于其低临界溶解温度（LCST）时，在水中表现出不同溶胀程度。低于其 LCST 时，薄膜在水中完全溶胀，并且表现为亲水性。而高于其 LCST 时，聚合物大分子内部的氢键比大分子与水之间的氢键在热力学上更稳定。因此，水会被排出凝胶，聚合物坍缩成球状，且聚合物表面变为疏水状态。

一些单体，如 *N*-异丙基丙烯酰胺（NIPAAm)、二乙基丙烯酰胺（DEAAm)、*N*，*N*-二甲基丙烯酰胺（DMAAm）和甲基丙烯酸 *N*,*N*-二甲氨基乙酯（DMAEMA）已成功应用于制备热响应 iCVD 薄膜。使用 iCVD NIPAAm 薄膜通过调节温度切换表面的

亲/疏水性，可用于“打印”金纳米颗粒阵列［图 6.20(a)］[173]。使其与交联剂（如 EGDA）共聚有助于防止薄膜浸入水中时发生溶解。iCVD 聚 *N*-异丙基丙烯酰胺-二乙二醇二乙烯基醚［P(NIPAAm-*co*-DEGDVE)］的温度响应已在药物可控释放技术中实现应用[176]。

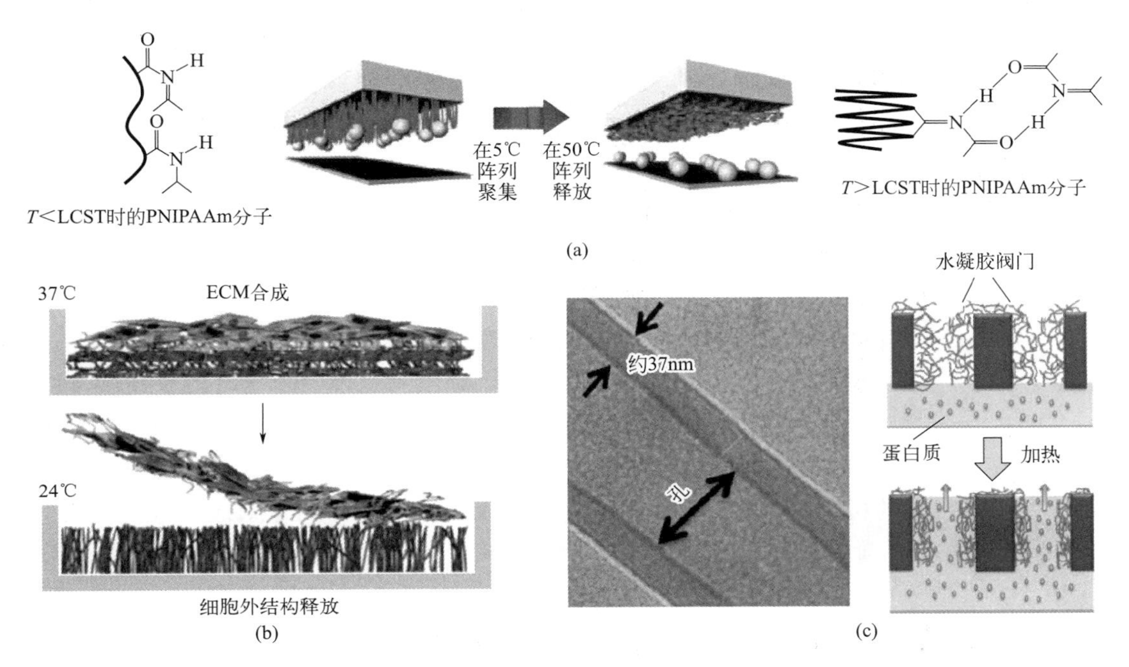

图 6.20　热响应 iCVD 薄膜的应用：(a) 将低温时亲水性的 PNIPAAm 通过升温至 LCST 以上的方式切换为疏水性实现金纳米颗粒的转移印刷。数据来源：Abkenar 等 (2017)[173]。经 Royal Society of Chemistry 许可转载。(b) 在 P(NIPAAm-*co*-EDGMA) 上 37℃沉积的细胞外结构，通过将温度降低到 LCST 温度以下进行释放。数据来源：Bakirci 等 (2017)[174]。经 IOP Publishing 许可转载。(c) 超薄 P(DMAEMA-*co*-EGDA) 薄膜沉积在孔内的 TEM 图像。该图像是通过刻蚀掉聚乙烯介孔膜而直接观察到的。右侧为保形沉积的 iCVD 热响应薄膜调节孔径示意图。数据来源：Tufani 和 Ince (2017)[175]。经 Elsevier 许可转载

薄膜自身的 LCST 可以通过调节 iCVD 薄膜的成分来调节。已有研究合成了 12 种不同的 iCVD 热敏性薄膜，并证实其低临界溶解温度可系统性地从 P[NIPAAm(90%)-*co*-EGDA] 的 32.3℃ 调节到 P[DEAAm(70%)-*co*-DMAAm(20%)-*co*-EGDA] 的 40.1℃[177]。该范围是适合生物应用的温度范围，例如细胞结构和细胞层的释放［图 6.20(b)］[174,178]。P(DMAEMA-*co*-EGDA) 在聚碳酸酯膜刻蚀轨迹上保形覆盖，可产生用于蛋白质分离的热响应。图 6.20(c) 为超薄热敏性水凝胶层保形涂覆在聚碳酸酯膜上刻蚀出来的孔隙内壁上，图中还展示了在加热到 LCST 以上时“纳米阀门”的开合机理。由于叔胺基的电离作用，EGDA 与 DMAEMA 含量比例为 0.24 的 P(DMAEMA-*co*-EGDA) 有很高的膨胀率，可达 15.4。BSA 蛋白的分离可通过控制温度高于或低于 LCST 进行调节。DMAEMA 基 iCVD 水凝胶的溶胀性可用来产生自支撑 Janus 膜[179]。使用单步法 iCVD 工艺，按顺序引入单体，可制备 P(DMAEMA-*co*-EGDA)、

PEGDA、P(PFDA-*co*-EGDA) 和 PFDA 层。最终复合膜与衬底的界面为亲水性，而膜顶部则为疏水性。浸入水中会导致水凝胶层膨胀，由此产生的应力会使不对称的 iCVD 薄膜从衬底上脱落。

(3) pH-响应　iCVD 薄膜经常使用 MAA 作为合成共聚物的单体。MAA 单体的 pH 响应主要由其羧基（—COOH）官能团决定。iCVD P(MAA-*co*-EA) 和 P(MAA-*co*-EGDA) 可用于药物肠溶剂封装，以利用 pH 响应控制药物释放[180]。P(MAA-*co*-EGDA) 保形涂覆在垂直取向的碳纳米管上，pH 值变化时共聚物会发生膨胀转变[181]。将 P(MAA-*co*-EGDMA) 保形涂覆到 AAO 的孔隙中可制备智能 pH 响应介孔膜[175]。

人们已利用多种具有刺激-响应特征的 iCVD 聚合物膜，制备了具有释放大分子速率可控调节的纳米管[182]。这种纳米管以 AAO 为模板，将 iCVD 薄膜保形生长到 AAO 膜的直孔中，然后刻蚀掉 AAO 制得。按顺序依次沉积的方法还可制备具有热响应的 PNIPAAm 外层和具有 pH 响应的 PMAA 或 PHEMA 内层复合膜。

另一种可由 pH 调节的表面为 iCVD PDPAEMA 薄膜。在平坦的硅基表面上，iCVD PDPAEMA 与水的接触角可在 28°～87°内可逆调节，高 pH 值时接触角为 87°，低 pH 值时为 28°，接触角的变化经多次 pH 值的循环仍保持稳定[183]。iCVD 工艺保形和无损伤的特性使得 PDPAEMA 可对脆弱的 PMMA 静电纺丝纤维毡进行表面改性。而应用于纤维毡的粗糙表面时，从高 pH 值至低 pH 值下 iCVD PDPAEMA 表现出从超疏水（155°±3°）到超亲水（22°±5°）的性能转变。

6.5 iCVD 界面工程：黏附与接枝

由于 iCVD 薄膜是从衬底表面向上生长的，这使得我们可以在 iCVD 合成前进行界面工程处理。大多数实现牢固结合界面的方法都依赖于衬底表面出现的反应位点。这些位点可以通过在 iCVD 腔室外（非原位）或在 iCVD 腔室内（原位）在薄膜生长前预处理得到。某些情况下，“交联剂分子”与表面反应生成高活性的官能团，如半乙烯。而其他情况下，原子将直接从衬底中分离出，生成表面自由基，发生无交联剂的接枝反应。所有情况下，提升黏附性的方法及方法优化都取决于衬底和 iCVD 薄膜的具体特性，同时也取决于薄膜在用时所处的环境。

有些衬底本身就具有反应位点。例如，铜的表面可与 iCVD 单体 4VP 发生金属螯合反应。因此，iCVD P4VP 可促进铜膜与各种类型的衬底黏附，没有 iCVD 层的铜层可能会从这些衬底表面剥落[184]。另一个例子为羊毛，羊毛表面含有伯胺（$—NH_2$）基团，可与 iCVD 单体甲基丙烯酸异氰基乙酯（IEM）的异氰酸官能团（—N ═C ═O）发生反应[185]。半异氰酸官能团还会与羟基（—OH）反应。

对于其他衬底，则需要进行表面修饰，生成提高黏附力所需的活性位点。衬底上的活性反应位点可以是一些有机官能团，这些有机官能团可与 iCVD 单体或 iCVD 聚合物中的互补官能团发生加成反应或替代反应。表面的乙烯基也可用于增强黏附力，因为这些键可以直接参与 iCVD 聚合物分子链的生长，从而将其紧密连接在衬底上。

衬底表面非原位改性是在将衬底放入 iCVD 反应室之前进行的。例如，衬底可以浸泡在活性液体溶液中、暴露在硅烷偶联剂的蒸气中，或在独立的氧等离子体清洗装置中处理。对于这种非原位方法，预处理和 iCVD 沉积之间间隔的时间，及实验室的环境条件如温度和湿度，都会影响最终结果。

硅衬底的非原位改性是通过硅烷偶联剂 3-氨丙基二甲基甲氧基硅烷（3-AMS）完成的，得到的表面端基为伯胺基。若 iCVD 聚合物中含有可与—NH_2 基团发生反应的官能团，3-AMS 的预处理就会改善其与衬底之间界面的黏附力。例如，MA 单体的酸酐基团与胺基可以发生亲核取代反应。胺基与酸酐官能团间发生界面的接枝反应成功增强了薄膜的黏附性并有效阻止 iCVD 离子水凝胶 P(MA-*co*-DMAA-*co*-DEGDVE) 在水中浸泡过程中的剥落[28]。这种情况下，确保实现接枝十分重要。因为这些离子三元共聚物水凝胶可在水中膨胀 10 倍以上，从而产生很大的界面应力。若不使用 3-AMS 偶联剂预处理，iCVD 离子水凝胶很容易在水中浸泡时剥落。

另一种硅烷偶联剂乙烯基三氯硅烷（TVS），通常在非原位改性表面时提供乙烯官能团[186]。在 iCVD 工艺过程中，表面锚定的乙烯基团与单体反应形成表面链接的聚合物分子链。这些接枝的位点提高了分子链在表面的黏附性，随后生长的大分子链与接枝的聚合物分子链物理缠结在一起。使用 TVS 交联剂处理的 iCVD 接枝界面在模拟工业生产[94] 和生理条件[34] 下均表现出极佳的稳定性。TVS 预处理也可以使 iCVD PEGDA 与 PDMS 弹性层表面产生共价键连接。在拉伸的衬底上沉积 iCVD 层，随后可控的释放应变，产生人字形褶皱图案，证明了界面处发生了机械钉扎作用[187]。

原位改性衬底是在沉积腔室内进行的，即在腔室中聚合物薄膜沉积前立即进行，在 iCVD 沉积工艺前不会破坏真空。这种方法消除了非原位改性工艺中预处理与薄膜沉积过的时间间隔和暴露在空气中所产生的影响。如自身胺功能化的反渗透膜表面，可以在纯 MA 蒸气中转化为乙烯功能化表面，这样 MA 可作为表面和 iCVD 聚合物薄膜之间的交联剂分子[188]。

无交联剂接枝可以在 iCVD 生长前，在衬底表面直接原位产生自由基位点。实际当中，可以在装有等离子体功能的 iCVD 腔室中无选择性在衬底表面原位产生活性自由基。另外，光引发剂二苯甲酮也可以用来在聚对二甲苯表面选择性地生成自由基位点[189]。第三种生成反应位点的方法是在 iCVD 腔体还未通入反应单体时，让含有 X—H 键的表面暴露在热分解的 TBPO 引发剂中。热丝温度为 270～300℃时，TBPO 生成的叔丁氧基进一步碎裂，产生甲基自由基（$\cdot CH_3$）。甲基自由基可以从 X—H 基团中提取 H，在界面上留下悬挂键（X·）。当单体 M 蒸气进入腔体后，衬底表面的悬挂键 X·可与乙烯基团发生反应，从而在界面间形成共价键和表面乙烯自由基，并通过后续乙烯自由基与单体的加成反应实现链增长：

提取 H　—XH(表面)+CH_3(气相)⟶—X·(表面)+CH_4(气相)　(6.14)

触发接枝反应　—X(表面)+M(吸附)⟶—X—M(气相)　(6.15)

接枝链的增殖　—X—M(表面)+(n−1)M(吸附)⟶—X—Mn　(6.16)

上述原位接枝的反应生成氢钝化硅[190]（如：—X—H 为—Si—H），并对钢材和经氧等离子体处理的表面（—X—H 为—O—H）提供附着力。这种方案也可适用于其他类型的—X—H 键。无交联剂接枝的交联 PDVB 层表现出很好的耐用性，并已作为底层膜以实现共价链接 iCVD PFDA 顶层膜。接枝的 PDVB/PPFDA 双分子层可阻止冰和天然气水合物的附着[75,76,191]。

6.6 iCVD 合成有机薄膜的反应装置

iCVD 聚合的反应装置与无机薄膜的 CVD 反应装置的许多主要组成部分相同：反应物输送系统、反应腔室、工艺控制部分以及尾气处理系统等。薄膜沉积速率和气相成分的监测也是常见的附加组件。图 6.21 示意性地给出了两种类型的 iCVD 反应装置。

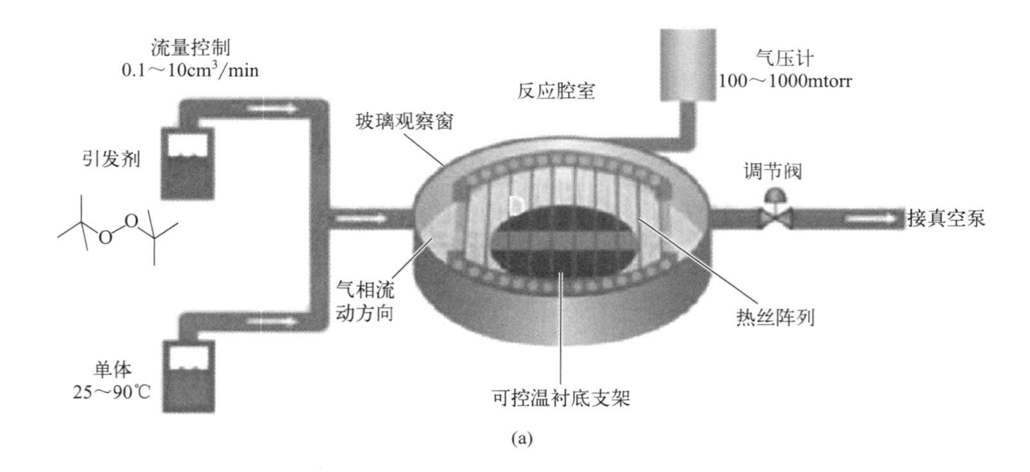

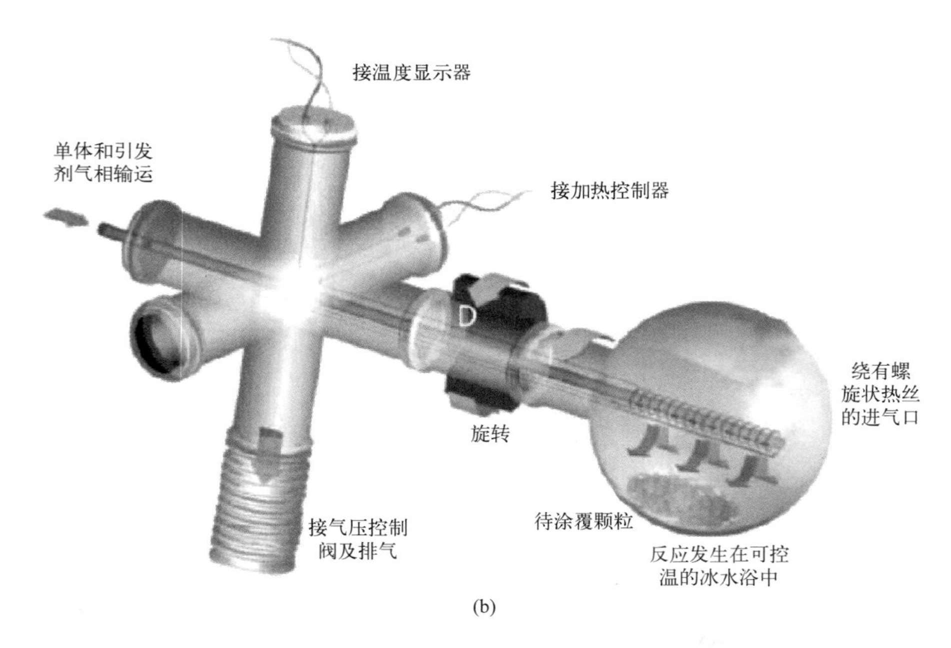

图 6.21 HWCVD/iCVD 反应装置示意：(a)“薄饼”形 200mm 直径腔体，具有热丝阵列，气源气流与生长表面平行；数据来源：Reeja-Jayan 等（2014）[32]。经 John Wiley & Sons 许可转载。(b) 由现成的旋转蒸发器改造而来的设备，用于在颗粒上制备 iCVD 涂层。数据来源：Lau 和 Gleason（2006）[56]。经 John Wiley & Sons 许可转载

iCVD 的反应物通常是液体，存放于反应腔室外的罐体中。其他固态单体的传输方式和考虑因素等已在前文提及。引发剂的挥发性较强，可以通过针阀或质量流量计控制其进入反应腔体。加热盛有单体的罐体可以在液面上方形成较大的蒸气压，以便于将其输送到反应腔体中。可以将阻聚剂［如基于四甲基哌啶氧化物（TEMPO）的阻聚剂 4-羟基 TEMPO 或聚苯乙烯结合的 TEMPO］添加至单体罐中，以避免罐中的液体聚合。当单体蒸气在气压下降时膨胀，就会发生焦耳-汤普森冷却现象。大范围的体积膨胀可能会出现不希望发生的单体凝结。

采用批量沉积技术，可消除 iCVD 对稳定的反应单体流量，或优化反应单体流量参数的需求（这些需求是为了得到均匀薄膜，同时也可避免单体凝结）。由于批量沉积采用更简单的送料系统，可以使用更小的真空泵，从而降低了 iCVD 的设备成本。在批量 iCVD 工艺中，单体转化为薄膜的转化率更高，运行成本也更低。转化率高对于昂贵单体而言尤为重要[16]。

在 iCVD 腔体中，衬底表面最好是温度最低的面，以避免单体蒸气在反应腔体内其他位置凝结。生长表面的背面一般需要冷却处理，以消除热丝热辐射的影响。而 iCVD 聚合需要的热丝温度相对较低，因此对衬底支架的冷却要求也相对较低。

反应腔体通常在中等真空条件（0.1～1Torr）下运行。虽然复杂的泵组可以进一步提高本底真空，但实际上机械泵即可实现沉积所需的真空条件。在腔体和真空泵之间安装单体捕获装置对于延长真空泵的使用寿命非常重要。使用活性炭或冷阱可以在单体到达真空泵之前将其捕获，避免单体在真空泵内发生聚合反应。

反应腔室内的热丝阵列会产生温度梯度，这一温度梯度可能会通过自然对流使气相再循环。局部区域出现再循环，使反应副产物停留在反应腔室内的时间比平均时间长，对薄膜均匀性和薄膜质量都有不利影响。使用薄饼形状的热丝阵列可避免对流的影响［图 6.21(a)］。但首个 HWCVD 聚四氟乙烯薄膜是在垂直桶式反应腔室中生长的，此腔体原本是为电容耦合 PECVD 设计的[9]。一种与之类似的反应装置最近也用在了 iCVD 研究之中[21]。

iCVD 工艺也可在钟罩结构腔室中应用[63]，这是一种低成本实验室研究解决方案。玻璃圆顶内有小瓶装有单体 GMA（甲基丙烯酸缩水甘油酯）和引发剂 TBPO，这样就不需要再设置质量流量计。用加热针来替代热丝，可实现引发剂在 250～300℃下分解。

最近报道了一种将 iCVD 和 ALD 集成为一体的反应设备[140]。采用很小的腔室高度以避免自然对流。与设计典型的方形 iCVD 腔室相比，最大的不同就是加入了 ALD 前驱体源的输送系统。

图 6.21(b) 展示了一种在颗粒表面沉积涂层的 iCVD 反应装置[56]。在此设计中，真空沉积系统来自一套标准且相对便宜的实验室旋转蒸发系统。旋转蒸发器是一种常见的不需要加热而将样品中的溶剂去除的仪器。这种适用于“旋转蒸发器”的 iCVD 是沿着旋转蒸发器的旋转轴方向插入一根陶瓷管。该陶瓷管用于将外面的 iCVD 反应物通过陶瓷管壁上的孔输送到反应器里。此外，该管顶端缠绕有螺旋热丝。透明的圆底烧瓶内装有待涂覆的颗粒。将烧瓶浸入冷水浴中，就可以控制衬底温度。作为旋转蒸发器的标准特征，烧瓶的旋转可以起到搅拌样品的作用，确保粉末中每个颗粒表面都能涂覆上薄膜。

设计适用于商业化生产的大型反应设备非常重要。这是因为增大涂覆面积可以大大降低涂覆成本。将直径 200mm 的实验室级反应设备增大到可涂覆扩大 10 倍面积的反应设备时，可使 CVD PTFE 的单位面积沉积成本降低至原来的 1/10[1]。涂覆面积为实验室规格反应设备的 60 倍大小时，成本可降低至约 1/100。

图 6.22 展示了 GVD 公司生产的商业化规模的 iCVD PTFE 反应设备。图 6.22(a) 是一台商业生产的实验室级腔体。图 6.22(b) 所示的设备虽然它的腔体被白色的框架遮盖，它的反应腔室是一个宽 1.2m 的矩形“薄饼”形反应腔体。图 6.22(c) 展示了一个直径超过 1m 的反应设备。该公司还设计了卷对卷 iCVD 设备［图 6.22(d)］。同时，应用于小规模批量生产的制备条件调整方法也已经开发出来[192]。使用半连续的卷对卷工艺提高了薄膜产品的经济性。这是由于这种系统启停循环更少，从而可将更多时间用在沉积薄膜上。

图 6.22 商用 iCVD/HWCVD 反应器：(a)“薄饼”形 200mm 直径腔体；(b) 前部上料的 1.2m 宽矩形薄饼形批量生产系统腔体；(c) 轮胎模具涂层的批量生产系统；(d) 半连续卷对卷工艺的腔体。图片来源：GVD 公司

6.7 iCVD 总结和未来展望

聚合物薄膜的 CVD 方法结合了有机化学的多样性以及全干式真空工艺的纯度和工艺可控性。本章回顾了从 1996 年第一次报道 HWCVD 方法以及 2004 年第一次报道

iCVD 乙烯基聚合以来这一领域的发展历史。iCVD 聚合物薄膜的应用利用了真空沉积工艺的一个或多个重要特征，例如超薄、无针孔沉积、低衬底温度沉积、高纯度反应物和薄膜、独特的成分，或保形沉积在非平面结构的衬底内部或外部等。

希望本章提到的大量有机薄膜组成、应用和反应设备设计，为激发后续创新提供坚实的基础。新的 iCVD 薄膜成分可以通过选择具有适当挥发性和化学活性的单体，或选取已知单体的新组合来形成新的共聚物。无论是对共聚物基础的理解还是对实际共聚物的优化，都得益于 iCVD 聚合物薄膜调节其性能的便利性，例如系统性更改蒸气源中单体成分比例来调节共聚物的可润湿性和表面活性。在一次沉积过程中改变气源比例，就有可以得到厚度方向成分渐变的薄膜。在反应腔室的不同位置引入反应物蒸气气源，可以使薄膜在表面横向形成成分梯度。

将单体引入制备好的 iCVD 有机薄膜中，对薄膜的表面基团进行功能化处理，为薄膜表面功能的定制提供了新方法。制备态和功能化的 iCVD 薄膜表面的化学和生物学特异性，对生物医疗和传感应用有很大吸引力。

通过界面工程增加附着力实现耐久应用，或通过在界面处共价接枝，是将实验原型推向产业化的关键。将保形性和低衬底温度的 iCVD 工艺与非挥发性液体、纺织品、颗粒和纳米结构等非常规衬底相结合，开启了新的商业化途径。

iCVD 制备聚合物薄膜很容易和微电子工业中的其他工艺兼容，可以制造独特的光电子器件。在某些情况下，iCVD 制备有机薄膜和制备其他无机薄膜可共用同一个腔室，这样更容易形成交替混合堆垛结构。

iCVD 薄膜通常可以为整个多层器件带来一定程度的机械柔韧性，这是柔性电子器件非常需要的性能。iCVD 衬底温度低，可用于纸基微流体和光电子电路。iCVD 工艺也适用于其他热稳定性和抗溶解性有限的衬底，如生物介孔膜和纺织品。

超薄和保形 iCVD 薄膜的各种应用在本章中出现过多次，包括柔性电子器件、储能设备、生物医学诊断器、传感器和生物膜修饰等。可实现小于 100nm 甚至 10nm 厚度的无缺陷薄膜是 iCVD 技术与其他技术的重要区别。要实现如此薄且无针孔的薄膜，需要让表面粗糙度最小化。基于以上原因，多乙烯基单体是制备超光滑 iCVD 均聚物或共聚物薄膜的首选。多乙烯基单体的交联倾向也能提高这些薄膜的耐用性。

iCVD 工艺是一种平台技术。因此，对一种特定薄膜成分的深度理解通常可以扩展到多种其他 iCVD 薄膜。同样的理念也适用于反应器的设计。为某一种 iCVD 工艺设计的大批量或卷对卷反应设备通常也可以使用其他多种单体。反应设备尺寸的提升大大降低了单位面积薄膜的制备成本。

商用实验室级的 iCVD 系统的可用性降低了 iCVD 技术进入新实验室的门槛。将实验室规格的无机 CVD 或 PECVD 腔室改装成 iCVD，仅需加入热丝及其供电系统。简化实验室规模的 iCVD 反应设备的工作正在进行，以减少购买和维护 iCVD 设备的成本，同时也让这些设备更容易使用。朝这个方向发展，那些在真空技术方面没有核心竞争力的实验室也可以开发探索 iCVD 薄膜的优良性能。

开发现有 iCVD 聚合物新的应用场景也是一个重要的创新途径，因为特定的薄膜性能可以在不同领域展现其应用价值。例如，6.4.4 节中描述的 V3D3 单体，首次通过

iCVD 合成是作为生物医用植入器件的超稳定生物钝化层。最近，iCVD PV3D3 作为超光滑超薄介电层（<10nm 厚）在柔性有机电子器件中得到应用，包括在纸基和织物上制造的电路。同样的 iCVD V3D3 共价有机网络也可以作为传导锂离子的保形固态电解质，用作三维电池的高表面积电极。对于 iCVD 聚合物的新应用，首先需要详细描述需求。包括如热稳定性、耐溶剂性、厚度、粗糙度、表面能、化学活性、响应性、折射率和带隙等属性。基于体聚合物相关性能数据的收集以及 iCVD 相关文献，可以从大量可能的单体库中筛选出几个主要单体进行实验研究。

参考文献

[1] Gleason, K. K. (ed.) (2015). *CVD Polymers: Fabrication of Organic Surfaces and Devices*. Wiley-VCH.

[2] Moni, P., Al-Obeidi, A., and Gleason, K. K. (2017). Vapor deposition routes to conformal polymer thin films. *Beilstein J. Nanotechnol*. 8: 723-735.

[3] Coclite, A. M., Howden, R. M., Borrelli, D. C. et al. (2013). 25th Anniversary article: CVD polymers: a new paradigm for surface modification and device fabrication. *Adv. Mater*. 25 (38): 5392-5422.

[4] Alf, M. E., Asatekin, A., Barr, M. C. et al. (2010). Chemical vapor deposition of conformal, functional, and responsive polymer films. *Adv. Mater*. 22 (18): 1993-2027.

[5] Cruden, B. A., Gleason, K. K., and Sawin, H. H. (2002). Ultraviolet absorption measurements of CF_2 in the parallel plate pyrolytic chemical vapour deposition process. *J. Phys. D: Appl. Phys*. 35 (5): 480-486.

[6] Tenhaeff, W. E. and Gleason, K. K. (2008). Initiated and oxidative chemical vapor deposition of polymeric thin films: iCVD and oCVD. *Adv. Funct. Mater*. 18 (7): 979-992.

[7] Cruden, B., Chu, K., Gleason, K., and Sawin, H. (1999). Thermal decomposition of low dielectric constant pulsed plasma fluorocarbon films-Ⅱ. Effect of postdeposition annealing and ambients. *J. Electrochem. Soc*. 146 (12): 4597-4604.

[8] Lau, K. K. S., Bico, J., Teo, K. B. K. et al. (2003). Superhydrophobic carbon nanotube forests. *Nano Lett*. 3 (12): 1701-1705.

[9] Limb, S. J., Labelle, C. B., Gleason, K. K. et al. (1996). Growth of fluorocarbon polymer thin films with high CF_2 fractions and low dangling bond concentrations by thermal chemical vapor deposition. *Appl. Phys. Lett*. 68 (20): 2810-2812.

[10] Thieme, M., Streller, F., Simon, F. et al. (2013). Superhydrophobic aluminium-based surfaces: wetting and wear properties of different CVD-generated coating types. *Appl. Surf. Sci*. 283: 1041-1050.

[11] Laird, E. D., Bose, R. K., Qi, H. et al. (2013). Electric field-induced, reversible lotus-to-rose transition in nanohybrid shish kebab paper with hierarchical roughness. *ACS Appl. Mater. Interfaces* 5 (22): 12089-12098.

[12] Lewis, H. G. P., Bansal, N. P., White, A. J., and Handy, E. S. (2009). HWCVD of polymers: commercialization and scale-up. *Thin Solid Films* 517 (12): 3551-3554.

[13] Matsumura, H., Mishiro, M., Takachi, M., and Ohdaira, K. (2017). Super water-repellent treatment of various cloths by deposition of catalytic-CVD polytetrafluoroethylene films. *J. Vac. Sci. Tech., A* 35 (6): 061514.

[14] Lewis, H. G. P., Caulfield, J. A., and Gleason, K. K. (2001). Perfluorooctane sulfonyl fluoride as an initiator in hot-filament chemical vapor deposition of fluorocarbon thin films. *Langmuir* 17 (24): 7652-7655.

[15] Xu, J. J. and Gleason, K. K. (2010). Conformal, amine-functionalized thin films by initiated chemical vapor deposition (iCVD) for hydrolytically stable microfluidic devices. *Chem. Mater*. 22 (5): 1732-1738.

[16] Petruczok, C. D. , Chen, N. , and Gleason, K. K. (2014). Closed batch initiated chemical vapor deposition of ultrathin, functional, and conformal polymer films. *Langmuir* 30 (16): 4830-4837.

[17] Chan, K. and Gleason, K. K. (2005). Initiated CVD of poly (methyl methacrylate) thin films. *Chem. Vap. Deposition* 11 (10): 437-443.

[18] Bose, R. K. , Nejati, S. , Stufflet, D. R. , and Lau, K. K. S. (2012). Graft polymerization of anti-fouling PEO surfaces by liquid-free initiated chemical vapor deposition. *Macromolecules* 45 (17): 6915-6922.

[19] Gao, Y. F. , Cole, B. , and Tenhaeff, W. E. (2018). Chemical vapor deposition of polymer thin films using cationic initiation. *Macromol. Mater. Eng.* 303 (2): 1700425.

[20] Kwong, P. , Flowers, C. A. , and Gupta, M. (2011). Directed deposition of functional polymers onto porous substrates using metal salt inhibitors. *Langmuir* 27 (17): 10634-10641.

[21] Aresta, G. , Palmans, J. , van de Sanden, M. C. M. , and Creatore, M. (2012). Initiated-chemical vapor deposition of organosilicon layers: monomer adsorption, bulk growth, and process window definition. *J. Vac. Sci. Technol.* , *A* 30 (4): 041503.

[22] Lau, K. K. S. and Gleason, K. K. (2006). Initiated chemical vapor deposition (iCVD) of poly (alkyl acrylates): an experimental study. *Macromolecules* 39 (10): 3688-3694.

[23] Lau, K. K. S. and Gleason, K. K. (2006). Initiated chemical vapor deposition (iCVD) of poly (alkyl acrylates): a kinetic model. *Macromolecules* 39 (10): 3695-3703.

[24] Baxamusa, S. H. and Gleason, K. K. (2008). Thin polymer films with high step coverage in microtrenches by initiated CVD. *Chem. Vap. Deposition* 14 (9-10): 313-318.

[25] Bonnet, L. , Altemus, B. , Scarazzini, R. et al. (2017). Initiated-chemical vapor deposition of polymer thin films: unexpected two-regime growth. *Macromol. Mater. Eng.* 302 (12): 1700315.

[26] Tao, R. and Anthamatten, M. (2012). Condensation and polymerization of supersaturated monomer vapor. *Langmuir* 28 (48): 16580-16587.

[27] Ozaydin-Ince, G. and Gleason, K. K. (2010). Tunable conformality of polymer coatings on high aspect ratio features. *Chem. Vap. Deposition* 16 (1-3): 100-105.

[28] Tenhaeff, W. E. and Gleason, K. K. (2007). Initiated chemical vapor deposition of alternating copolymers of styrene and maleic anhydride. *Langmuir* 23 (12): 6624-6630.

[29] Greenley, R. Z. (1975, 505). Determination of Q-values and e-values by a least-squares technique. *J. Macromol. Sci.* , *Chem.* 9 (4): 505-516.

[30] Fineman, M. and Ross, S. D. (1950). Linear method for determining monomer reactivity ratios in copolymerization. *J. Polym. Sci.* 5 (2): 259-262.

[31] Asatekin, A. and Gleason, K. K. (2011). Polymeric nanopore membranes for hydrophobicity-based separations by conformal initiated chemical vapor deposition. *Nano Lett.* 11 (2): 677-686.

[32] Reeja-Jayan, B. , Kovacik, P. , Yang, R. et al. (2014). A route towards sustainability through engineered polymeric interfaces. *Adv. Mater. Interfaces* 1 (4): n/a.

[33] Baxamusa, S. H. , Montero, L. , Dubach, J. M. et al. (2008). Protection of sensors for biological applications by photoinitiated chemical vapor deposition of hydrogel thin films. *Biomacromolecules* 9 (10): 2857-2862.

[34] Sun, M. , Wu, Q. Y. , Xu, J. et al. (2016). Vapor-based grafting of crosslinked poly (*N*-vinyl pyrrolidone) coatings with tuned hydrophilicity and anti-biofouling properties. *J. Mater. Chem. B* 4 (15): 2669-2678.

[35] Yu, S. J. , Pak, K. , Kwak, M. J. et al. (2017). Initiated chemical vapor deposition: a versatile tool for various device applications. *Adv. Eng. Mater.* 20 (3): 1700622.

[36] Boscher, N. D. , Wang, M. H. , Perrotta, A. et al. (2016). Metal-organic covalent network chemical vapor

deposition for gas separation. *Adv. Mater.* 28 (34): 7479-7485.

[37] Hetemi, D. and Pinson, J. (2017). Surface functionalisation of polymers. *Chem. Soc. Rev.* 46 (19): 5701-5713.

[38] Aldrich Polymer Products Application and Reference Information. Thermal transitions of homopolymers: glass transition and melting point. https://www3.nd.edu/~hgao/thermal_transitions_of_homopolymers.pdf (accessed 2018).

[39] Lee, L. H. and Gleason, K. K. (2008). Cross-linked organic sacrificial material for air gap formation by initiated chemical vapor deposition. *J. Electrochem. Soc.* 155 (4): G78-G86.

[40] Reeja-Jayan, B., Moni, P., and Gleason, K. K. (2015). Synthesis of insulating and semiconducting polymer films via initiated chemical vapor deposition. *Nanosci. Nanotechnol. Lett.* 7 (1): 33-38.

[41] Lewis, H. G. P., Casserly, T. B., and Gleason, K. K. (2001). Hot-filament chemical vapor deposition of organosilicon thin films from hexamethylcyclotrisiloxane and octamethylcyclotetrasiloxane. *J. Electrochem. Soc.* 148 (12): F212-F220.

[42] Loo, L. S. and Gleason, K. K. (2001). Hot filament chemical vapor deposition of polyoxymethylene as a sacrificial layer for fabricating air gaps. *Electrochem. Solid-State Lett.* 4 (11): G81-G84.

[43] Choi, H. G., Amara, J. P., Martin, T. P. et al. (2006). Structure and morphology of poly (isobenzofuran) films grown by hot-filament chemical vapor deposition. *Chem. Mater.* 18 (26): 6339-6344.

[44] Lee, B., Jiao, A., Yu, S. et al. (2013). Initiated chemical vapor deposition of thermoresponsive poly (*N*-vinylcaprolactam) thin films for cell sheet engineering. *Acta Biomater.* 9 (8): 7691-7698.

[45] Im, S. G., Bong, K. W., Kim, B. S. et al. (2008). Patterning nanodomains with orthogonal functionalities: solventless synthesis of self-sorting surfaces. *J. Am. Chem. Soc.* 130 (44): 14424-14425.

[46] Chen, G. H., Gupta, M., Chan, K., and Gleason, K. K. (2007). Initiated chemical vapor deposition of poly (furfuryl methacrylate). *Macromol. Rapid Commun.* 28 (23): 2205-2209.

[47] Tenhaeff, W. E. and Gleason, K. K. (2009). Surface-tethered pH-responsive hydrogel thin films as size-selective layers on nanoporous asymmetric membranes. *Chem. Mater.* 21 (18): 4323-4331.

[48] You, J. B., Kim, Y. T., Lee, K. G. et al. (2017). Surface-modified mesh filter for direct nucleic acid extraction and its application to gene expression analysis. *Adv. Healthcare Mater.* 6 (20): 1700642.

[49] Yu, S. B., Baek, J., Choi, M. et al. (2016). Polymer thin films with tunable acetylcholine-like functionality enable long-term culture of primary hippocampal neurons. *ACS Nano* 10 (11): 9909-9918.

[50] Martin, T. P., Kooi, S. E., Chang, S. H. et al. (2007). Initiated chemical vapor deposition of antimicrobial polymer coatings. *Biomaterials* 28 (6): 909-915.

[51] Yang, R., Goktekin, E., Wang, M., and Gleason, K. K. (2014). Molecular fouling resistance of zwitterionic and amphiphilic initiated chemically vapor-deposited (iCVD) thin films. *J. Biomater. Sci., Polym. Ed.* 25 (14-15): 1687-1702.

[52] Joo, M., Kwak, M. J., Moon, H. et al. (2017). Thermally fast-curable, "sticky" nanoadhesive for strong adhesion on arbitrary substrates. *ACS Appl. Mater. Interfaces* 9 (46): 40868-40877.

[53] Baek, J., Lee, J., Joo, M. et al. (2016). Tuning the electrode work function via a vapor-phase deposited ultrathin polymer film. *J. Mater. Chem. C* 4 (4): 831-839.

[54] Mao, Y. and Gleason, K. K. (2004). Hot filament chemical vapor deposition of poly (glycidyl methacrylate) thin films using tert-butyl peroxide as an initiator. *Langmuir* 20 (6): 2484-2488.

[55] Lau, K. K. S. and Gleason, K. K. (2008). Initiated chemical vapor deposition (iCVD) of copolymer thin films. *Thin Solid Films* 678-680.

[56] Lau, K. K. S. and Gleason, K. K. (2006). Particle surface design using an all-dry encapsulation method. *Adv. Mater.* 18 (15): 1972-1977.

[57] Park, S. W., Lee, D., Lee, H. R. et al. (2015). Generation of functionalized polymer nanolayer on implant surface via initiated chemical vapor deposition (iCVD). *J. Colloid Interface Sci.* 439: 34-41.

[58] Lau, K. K. S. and Gleason, K. K. (2007). Particle functionalization and encapsulation by initiated chemical vapor deposition (iCVD). *Surf. Coat. Technol.* 201: 9189-9194.

[59] Im, S. G., Bong, K. W., Lee, C. H. et al. (2009). A conformal nano-adhesive via initiated chemical vapor deposition for microfluidic devices. *Lab Chip* 9 (3): 411-416.

[60] Kwak, M. J., Kim, D. H., You, J. B. et al. (2018). A sub-minute curable nanoadhesive with high transparency, strong adhesion, and excellent flexibility. *Macromolecules* 51 (3): 992-1001.

[61] You, J. B., Min, K. I., Lee, B. et al. (2013). A doubly cross-linked nano-adhesive for the reliable sealing of flexible microfluidic devices. *Lab Chip* 13 (7): 1266-1272.

[62] Bong, K. W., Xu, J. J., Kim, J. H. et al. (2012). Non-polydimethylsiloxane devices for oxygen-free flow lithography. *Nat. Commun.* 3.

[63] Randall, G. C., Gonzalez, L., Petzoldt, R., and Elsner, F. (2017). An evaporative initiated chemical vapor deposition coater for nanoglue bonding. *Adv. Eng. Mater.* 20: 1700839.

[64] Jeevendrakumar, V. J. B., Pascual, D. N., and Bergkvist, M. (2015). Wafer scale solventless adhesive bonding with iCVD polyglycidylmethacrylate: effects of bonding parameters on adhesion energies. *Adv. Mater. Interfaces* 2 (9): 1500076.

[65] Ye, Y. M., Mao, Y., Wang, F. et al. (2011). Solvent-free functionalization and transfer of aligned carbon nanotubes with vapor-deposited polymer nanocoatings. *J. Mater. Chem.* 21 (3): 837-842.

[66] Parker, T. C., Baechle, D., and Demaree, J. D. (2011). Polymeric barrier coatings via initiated chemical vapor deposition. *Surf. Coat. Technol.* 206 (7): 1680-1683.

[67] Spee, D. A., Rath, J. K., and Schropp, R. E. I. (2015). Using hot wire and initiated chemical vapor deposition for gas barrier thin film encapsulation. *Thin Solid Films* 575: 67-71.

[68] Mao, Y. and Gleason, K. K. (2006). Vapor-deposited fluorinated glycidyl copolymer thin films with low surface energy and improved mechanical properties. *Macromolecules* 39 (11): 3895-3900.

[69] Sariipek, F. and Karaman, M. (2014). Initiated CVD of tertiary amine-containing glycidyl methacrylate copolymer thin films for low temperature aqueous chemical functionalization. *Chem. Vap. Deposition* 20 (10-12): 373-379.

[70] Mao, Y., Felix, N. M., Nguyen, P. T. et al. (2004). Towards all-dry lithography: electron-beam patternable poly (glycidyl methacrylate) thin films from hot filament chemical vapor deposition. *J. Vac. Sci. Technol., B* 22 (5): 2473-2478.

[71] Yoshida, S., Kobayashi, T., Kumano, M., and Esashi, M. (2012). Conformal coating of poly-glycidyl methacrylate as lithographic polymer via initiated chemical vapor deposition. *J. Micro/Nanolithogr. MEMS MOEMS* 11 (2): 023001.

[72] Gupta, M. and Gleason, K. K. (2006). Initiated chemical vapor deposition of poly (1*H*,1*H*,2*H*,2*H*-perfluorodecyl acrylate) thin films. *Langmuir* 22 (24): 10047-10052.

[73] Ma, M. L., Gupta, M., Li, Z. et al. (2007). Decorated electrospun fibers exhibiting superhydrophobicity. *Adv. Mater.* 19 (2): 255-259.

[74] Sojoudi, H., McKinley, G. H., and Gleason, K. K. (2015). Linker-free grafting of fluorinated polymeric cross-linked network bilayers for durable reduction of ice adhesion. *Mater. Horiz.* 2 (1): 91-99.

[75] Sojoudi, H., Walsh, M. R., Gleason, K. K., and McKinley, G. H. (2015). Designing durable vapor-deposited surfaces for reduced hydrate adhesion. *Adv. Mater. Interfaces* 2 (6): 1500003.

[76] Sojoudi, H., Walsh, M. R., Gleason, K. K., and McKinley, G. H. (2015). Investigation into the formation and

adhesion of cyclopentane hydrates on mechanically robust vapor-deposited polymeric coatings. *Langmuir* 31 (22): 6186-6196.

[77] Gupta, M., Kapur, V., Pinkerton, N. M., and Gleason, K. K. (2008). Initiated chemical vapor deposition (iCVD) of conformal polymeric nanocoatings for the surface modification of high-aspect-ratio pores. *Chem. Mater.* 20 (4): 1646-1651.

[78] Barr, M. C., Rowehl, J. A., Lunt, R. R. et al. (2011). Direct monolithic integration of organic photovoltaic circuits on unmodified paper. *Adv. Mater.* 23 (31): 3499.

[79] Cai, J. C., Liu, X. H., Zhao, Y. M., and Guo, F. (2018). Membrane desalination using surface fluorination treated electrospun polyacrylonitrile membranes with nonwoven structure and quasi-parallel fibrous structure. *Desalination* 429: 70-75.

[80] Karaman, M., Cabuk, N., Ozyurt, D., and Koysuren, O. (2012). Self-supporting superhydrophobic thin polymer sheets that mimic the nature's petal effect. *Appl. Surf. Sci.* 259: 542-546.

[81] Riche, C. T., Roberts, E. J., Gupta, M. et al. (2016). Flow invariant droplet formation for stable parallel microreactors. *Nat. Commun.* 7: 10780.

[82] Chen, B., Kwong, P., and Gupta, M. (2013). Patterned fluoropolymer barriers for containment of organic solvents within paper-based microfluidic devices. *ACS Appl. Mater. Interfaces* 5 (23): 12701-12707.

[83] Bradley, L. C. and Gupta, M. (2012). Encapsulation of ionic liquids within polymer shells via vapor phase deposition. *Langmuir* 28 (27): 10276-10280.

[84] Haller, P. D., Bradley, L. C., and Gupta, M. (2013). Effect of surface tension, viscosity, and process conditions on polymer morphology deposited at the liquid-vapor interface. *Langmuir* 29 (37): 11640-11645.

[85] Bradley, L. C. and Gupta, M. (2015). Microstructured films formed on liquid substrates via initiated chemical vapor deposition of cross-linked polymers. *Langmuir* 31 (29): 7999-8005.

[86] Kim, S., Sojoudi, H., Zhao, H. et al. (2016). Ultrathin high-resolution flexographic printing using nanoporous stamps. *Sci. Adv.* 2 (12): e1601660.

[87] Sojoudi, H., Kim, S., Zhao, H. B. et al. (2017). Stable wettability control of nanoporous microstructures by iCVD coating of carbon nanotubes. *ACS Appl. Mater. Interfaces* 9 (49): 43287-43299.

[88] An, Y. H., Yu, S. J., Kim, I. S. et al. (2017). Hydrogel functionalized Janus membrane for skin regeneration. *Adv. Healthcare Mater.* 6 (5): 1600795.

[89] Kwak, M. J., Yoo, Y., Lee, H. S. et al. (2016). A simple, cost-efficient method to separate microalgal lipids from wet biomass using surface energy-modified membranes. *ACS Appl. Mater. Interfaces* 8 (1): 600-608.

[90] Kim, D., Im, H., Kwak, M. J. et al. (2016). A superamphiphobic sponge with mechanical durability and a self-cleaning effect. *Sci. Rep.* 6: 29993.

[91] Coclite, A. M., Shi, Y. J., and Gleason, K. K. (2012). Controlling the degree of crystallinity and preferred crystallographic orientation in poly-perfluorodecylacrylate thin films by initiated chemical vapor deposition. *Adv. Funct. Mater.* 22 (10): 2167-2176.

[92] Coclite, A. M., Shi, Y. J., and Gleason, K. K. (2012). Grafted crystalline poly-perfluoroacrylate structures for superhydrophobic and oleophobic functional coatings. *Adv. Mater.* 24 (33): 4534-4539.

[93] Christian, P. and Coclite, A. M. (2017). Vapor-phase-synthesized fluoroacrylate polymer thin films: thermal stability and structural properties. *Beilstein J. Nanotechnol.* 8: 933-942.

[94] Paxson, A. T., Yague, J. L., Gleason, K. K., and Varanasi, K. K. (2014). Stable dropwise condensation for enhancing heat transfer via the initiated chemical vapor deposition (iCVD) of grafted polymer films. *Adv. Mater.* 26 (3): 418-423.

[95] Liu, A., Goktekin, E., and Gleason, K. K. (2014). Cross-linking and ultrathin grafted gradation of fluorinated polymers synthesized via initiated chemical vapor deposition to prevent surface reconstruction. *Langmuir* 30 (47): 14189-14194.

[96] Coclite, A. M., Lund, P., Di Mundo, R., and Palumbo, F. (2013). Novel hybrid fluoro-carboxylated copolymers deposited by initiated chemical vapor deposition as protonic membranes. *Polymer* 54 (1): 24-30.

[97] Nedaei, M., Motezakker, A. R., Zeybek, M. C. et al. (2017). Subcooled flow boiling heat transfer enhancement using polyperfluorodecylacrylate (pPFDA) coated microtubes with different coating thicknesses. *Exp. Therm. Fluid Sci.* 86: 130-140.

[98] Nedaei, M., Armagan, E., Sezen, M. et al. (2016). Enhancement of flow boiling heat transfer in pHEMA/pPFDA coated microtubes with longitudinal variations in wettability. *AIP Adv.* 6 (3): 035212.

[99] Ranacher, C., Resel, R., Moni, P. et al. (2015). Layered nanostructures in proton conductive polymers obtained by initiated chemical vapor deposition. *Macromolecules* 48 (17): 6177-6185.

[100] Chan, K. and Gleason, K. K. (2005). Initiated chemical vapor deposition of linear and cross-linked poly (2-hydroxyethyl methacrylate) for use as thin-film hydrogels. *Langmuir* 21 (19): 8930-8939.

[101] Christian, P., Ehmann, H. M. A., Coclite, A. M., and Werzer, O. (2016). Polymer encapsulation of an amorphous pharmaceutical by initiated chemical vapor deposition for enhanced stability. *ACS Appl. Mater. Interfaces* 8 (33): 21177-21184.

[102] Karaman, M., Kooi, S. E., and Gleason, K. K. (2008). Vapor deposition of hybrid organic-inorganic dielectric Bragg mirrors having rapid and reversibly tunable optical reflectance. *Chem. Mater.* 20 (6): 2262-2267.

[103] Nejati, S. and Lau, K. K. S. (2011). Pore filling of nanostructured electrodes in dye sensitized solar cells by initiated chemical vapor deposition. *Nano Lett.* 11 (2): 419-423.

[104] Bose, R. K. and Lau, K. K. S. (2010). Mechanical properties of ultrahigh molecular weight PHEMA hydrogels synthesized using initiated chemical vapor deposition. *Biomacromolecules* 11 (8): 2116-2122.

[105] Yague, J. L. and Gleason, K. K. (2012). Systematic control of mesh size in hydrogels by initiated chemical vapor deposition. *Soft Matter* 8 (10): 2890-2894.

[106] Unger, K., Resel, R., and Coclite, A. M. (2016). Dynamic studies on the response to humidity of poly (2-hydroxyethyl methacrylate) hydrogels produced by initiated chemical vapor deposition. *Macromol. Chem. Phys.* 217 (21): 2372-2379.

[107] Tufani, A. and Ince, G. O. (2015). Permeability of small molecules through vapor deposited polymer membranes. *J. Appl. Polym. Sci.* 132 (34): n/a.

[108] Montero, L., Gabriel, G., Guimera, A. et al. (2012). Increasing biosensor response through hydrogel thin film deposition: Influence of hydrogel thickness. *Vacuum* 86 (12): 2102-2104.

[109] Ozaydin-Ince, G., Dubach, J. M., Gleason, K. K., and Clark, H. A. (2011). Microworm optode sensors limit particle diffusion to enable in vivo measurements. *Proc. Natl. Acad. Sci. U. S. A.* 108 (7): 2656-2661.

[110] Ince, G. O., Demirel, G., Gleason, K. K., and Demirel, M. C. (2010). Highly swellable free-standing hydrogel nanotube forests. *Soft Matter* 6 (8): 1635-1639.

[111] Ince, G. O., Armagan, E., Erdogan, H. et al. (2013). One-dimensional surface-imprinted polymeric nanotubes for specific biorecognition by initiated chemical vapor deposition (iCVD). *ACS Appl. Mater. Interfaces* 5 (14): 6447-6452.

[112] Cikim, T., Armagan, E., Ince, G. O., and Kosar, A. (2014). Flow boiling enhancement in microtubes with crosslinked pHEMA coatings and the effect of coating thickness. *J. Heat Transfer Trans. ASME* 136 (8).

[113] Baxamusa，S. H. and Gleason，K. K. (2009). Random copolymer films with molecular-scale compositional heterogeneities that interfere with protein adsorption. *Adv. Funct. Mater.* 19 (21)：3489-3496.

[114] Mari-Buye，N.，O'Shaughnessy，S.，Colominas，C. et al. (2009). Functionalized，swellable hydrogel layers as a platform for cell studies. *Adv. Funct. Mater.* 19 (8)：1276-1286.

[115] Montero，L.，Baxamusa，S. H.，Borros，S.，and Gleason，K. K. (2009). Thin hydrogel films with nanoconfined surface reactivity by photoinitiated chemical vapor deposition. *Chem. Mater.* 21 (2)：399-403.

[116] O'Shaughnessy，W. S.，Murthy，S. K.，Edell，D. J.，and Gleason，K. K. (2007). Stable biopassive insulation synthesized by initiated chemical vapor deposition of poly (1,3,5-trivinyltrimethylcyclotrisiloxane). *Biomacromolecules* 8 (8)：2564-2570.

[117] Coclite，A. M.，Ozaydin-Ince，G.，Palumbo，F. et al. (2010). Single-chamber deposition of multilayer barriers by plasma enhanced and initiated chemical vapor deposition of organosilicones. *Plasma Processes Polym.* 7 (7)：561-570.

[118] Trujillo，N. J.，Wu，Q. G.，and Gleason，K. K. (2010). Ultralow dielectric constant tetravinyltetramethylcyclotetrasiloxane films deposited by initiated chemical vapor deposition (iCVD). *Adv. Funct. Mater.* 20 (4)：607-616.

[119] Yoon，S. J.，Pak，K.，Nam，T. et al. (2017). Surface-localized sealing of porous ultralow-k dielectric films with ultrathin (<2 nm) polymer coating. *ACS Nano* 11 (8)：7841-7847.

[120] Aresta，G.，Palmans，J.，van de Sanden，M. C. M.，and Creatore，M. (2012). Evidence of the filling of nano-porosity in SiO_2-like layers by an initiated-CVD monomer. *Microporous Mesoporous Mater.* 151：434-439.

[121] Reeja-Jayan，B.，Chen，N.，Lau，J. et al. (2015). A group of cyclic siloxane and silazane polymer films as nanoscale electrolytes for microbattery architectures. *Macromolecules* 48 (15)：5222-5229.

[122] Yoo，Y.，Kim，B. G.，Pak，K. et al. (2015). Initiated chemical vapor deposition (iCVD) of highly cross-linked polymer films for advanced lithium-ion battery separators. *ACS Appl. Mater. Interfaces* 7 (33)：18849-18855.

[123] Coclite，A. M.，Ozaydin-Ince，G.，d'Agostino，R.，and Gleason，K. K. (2009). Flexible cross-linked organosilicon thin films by initiated chemical vapor deposition. *Macromolecules* 42 (21)：8138-8145.

[124] Achyuta，A. K. H.，White，A. J.，Lewis，H. G. P.，and Murthy，S. K. (2009). Incorporation of linear spacer molecules in vapor-deposited silicone polymer thin films. *Macromolecules* 42 (6)：1970-1978.

[125] Perrotta，A.，Aresta，G.，van Beekum，E. R. J. et al. (2015). The impact of the nano-pore filling on the performance of organosilicon-based moisture barriers. *Thin Solid Films* 595：251-257.

[126] O'Shaughnessy，W. S.，Gao，M. L.，and Gleason，K. K. (2006). Initiated chemical vapor deposition of trivinyltrimethylcyclotrisiloxane for biomaterial coatings. *Langmuir* 22 (16)：7021-7026.

[127] Jeong，G. M.，Seong，H.，Kim，Y. S. et al. (2014). Site-specific immobilization of proteins on non-conventional substrates via solvent-free initiated chemical vapour deposition (iCVD) process. *Polym. Chem.* 5 (15)：4459-4465.

[128] Jung，I. Y.，You，J. B.，Choi，B. R. et al. (2016). A highly sensitive molecular detection platform for robust and facile diagnosis of Middle East respiratory syndrome (MERS) corona virus. *Adv. Healthcare Mater.* 5 (17)：2168-2173.

[129] O'Shaughnessy，W. S.，Edell，D. J.，and Gleason，K. K. (2009). Initiated chemical vapor deposition of a siloxane coating for insulation of neural probes. *Thin Solid Films* 517 (12)：3612-3614.

[130] Moon，H.，Seong，H.，Shin，W. C. et al. (2015). Synthesis of ultrathin polymer insulating layers by initiated chemical vapour deposition for low-power soft electronics. *Nat. Mater.* 14 (6)：628-635.

[131] Murthy, S. K., Olsen, B. D., and Gleason, K. K. (2004). Effect of filament temperature on the chemical vapor deposition of fluorocarbon-organosilicon copolymers. *J. Appl. Polym. Sci.* 91 (4): 2176-2185.

[132] Woo, M. H., Jang, B. C., Choi, J. et al. (2017). Low-power nonvolatile charge storage memory based on MoS_2 and an ultrathin polymer tunneling dielectric. *Adv. Funct. Mater.* 27 (43): 1703545.

[133] Wang, M. H., Wang, X. X., Moni, P. et al. (2017). CVD polymers for devices and device fabrication. *Adv. Mater.* 29 (11): 1604606.

[134] Seong, H., Baek, J., Pak, K., and Im, S. G. (2015). A surface tailoring method of ultrathin polymer gate dielectrics for organic transistors: improved device performance and the thermal stability thereof. *Adv. Funct. Mater.* 25 (28): 4462-4469.

[135] Lee, S., Seong, H., Im, S. G. et al. (2017). Organic flash memory on various flexible substrates for foldable and disposable electronics. *Nat. Commun.* 8: 725.

[136] Pak, K., Seong, H., Choi, J. et al. (2016). Synthesis of ultrathin, homogeneous copolymer dielectrics to control the threshold voltage of organic thin-film transistors. *Adv. Funct. Mater.* 26 (36): 6574-6582.

[137] Kim, M., Seong, H., Lee, S. et al. (2016). Efficient organic photomemory with photography-ready programming speed. *Sci. Rep.* 6: 30536.

[138] Lee, D., Yoon, J., Lee, J. et al. (2016). Logic circuits composed of flexible carbon nanotube thin-film transistor and ultra-thin polymer gate dielectric. *Sci. Rep.* 6: 26121.

[139] Jang, B. C., Nam, Y., Koo, B. J. et al. (2018). Memristive logic-in-memory integrated circuits for energy-efficient flexible electronics. *Adv. Funct. Mater.* 28 (2): 1704725.

[140] Kim, B. J., Park, H., Seong, H. et al. (2017). A single-chamber system of initiated chemical vapor deposition and atomic layer deposition for fabrication of organic/inorganic multilayer films. *Adv. Eng. Mater.* 19 (6): 1600819.

[141] Kim, B. J., Seong, H., Shim, H. et al. (2017). Initiated chemical vapor deposition of polymer films at high process temperature for the fabrication of organic/inorganic multilayer thin film encapsulation. *Adv. Eng. Mater.* 19 (7): 1600870.

[142] Seong, H., Choi, J., Kim, B. J. et al. (2017). Vapor-phase synthesis of sub-15 nm hybrid gate dielectrics for organic thin film transistors. *J. Mater. Chem. C* 5 (18): 4463-4470.

[143] Wang, X., Ugar, A., Goktas, H. et al. (2016). Room temperature resistive volatile organic compound sensing materials based on hybrid structure of vertically aligned carbon nanotubes and conformal oCVD/iCVD polymer coatings. *ACS Sens.* 1: 374-383.

[144] Suh, H. S., Kim, D. H., Moni, P. et al. (2017). Sub-10-nm patterning via directed self-assembly of block copolymer films with a vapour-phase deposited topcoat. *Nat. Nanotechnol.* 12 (6): 575-581.

[145] Servi, A. T., Kharraz, J., Klee, D. et al. (2016). A systematic study of the impact of hydrophobicity on the wetting of MD membranes. *J. Membr. Sci.* 520: 850-859.

[146] Kim, S. H., Lee, H. R., Yu, S. J. et al. (2015). Hydrogel-laden paper scaffold system for origami-based tissue engineering. *Proc. Natl. Acad. Sci. U. S. A.* 112 (50): 15426-15431.

[147] Xu, J. J., Asatekin, A., and Gleason, K. K. (2012). The design and synthesis of hard and impermeable, yet flexible, conformal organic coatings. *Adv. Mater.* 24 (27): 3692-3696.

[148] Baxamusa, S. H., Suresh, A., Ehrmann, P. et al. (2015). Photo-oxidation of polymers synthesized by plasma and initiated CVD. *Chem. Vap. Deposition* 21 (10-12): 267-274.

[149] Petruczok, C. D., Yang, R., and Gleason, K. K. (2013). Controllable cross-linking of vapor-deposited polymer thin films and impact on material properties. *Macromolecules* 46 (5): 1832-1840.

[150] Zhao, J., Wang, M., and Gleason, K. (2017). Stabilizing the wettability of initiated chemical vapor

deposited (iCVD) polydivinylbenzene thin films by thermal annealing. *Adv. Mater. Interfaces* 4 (18): 1700270.

[151] Lepro, X., Ehrmann, P., Rodriguez, J., and Baxamusa, S. (2018). Enhancing the oxidation stability of polydivinylbenzene films via residual pendant vinyl passivation. *ChemistrySelect* 3 (2): 500-506.

[152] Lepro, X., Ehrmann, P., Menapace, J. et al. (2017). Ultralow stress, thermally stable cross-linked polymer films of polydivinylbenzene (PDVB). *Langmuir* 33 (21): 5204-5212.

[153] Chen, N., Kovacik, P., Howden, R. M. et al. (2015). Low substrate temperature encapsulation for flexible electrodes and organic photovoltaics. *Adv. Energy Mater.* 5 (6): 1401442.

[154] Baxamusa, S. H., Lepro, X., Lee, T. et al. (2017). Initiated chemical vapor deposition polymers for high peak-power laser targets. *Thin Solid Films* 635: 37-41.

[155] Lee, E., Faguet, J., Brcka, J. et al. (2011). Single-chamber filament-assisted chemical vapor deposition of polymer and organosilicate films for air gap interconnect formation. *Thin Solid Films* 519 (14): 4571-4573.

[156] Bae, H., Jang, B. C., Park, H. et al. (2017). Functional circuitry on commercial fabric via textile-compatible nanoscale film coating process for fibertronics. *Nano Lett.* 17 (10): 6443-6452.

[157] Bradley, L. C. and Gupta, M. (2014). Copolymerization of 1-ethyl-3-vinylimidazolium bis (trifluoromethylsulfonyl) imide via initiated chemical vapor deposition. *Macromolecules* 47 (19): 6657-6663.

[158] Yang, R., Asatekin, A., and Gleason, K. K. (2012). Design of conformal, substrate-independent surface modification for controlled protein adsorption by chemical vapor deposition (CVD). *Soft Matter* 8 (1): 31-43.

[159] Yang, R., Moni, P., and Gleason, K. K. (2015). Ultrathin zwitterionic coatings for roughness-independent underwater superoleophobicity and gravity-driven oil-water separation. *Adv. Mater. Interfaces* 2 (2): 1400489.

[160] Yang, R. and Gleason, K. K. (2012). Ultrathin antifouling coatings with stable surface zwitterionic functionality by initiated chemical vapor deposition (iCVD). *Langmuir* 28 (33): 12266-12274.

[161] Yang, R., Jang, H., Stocker, R., and Gleason, K. K. (2014). Synergistic prevention of biofouling in seawater desalination by zwitterionic surfaces and low-level chlorination. *Adv. Mater.* 26 (11): 1711-1718.

[162] Shafi, H. Z., Khan, Z., Yang, R., and Gleason, K. K. (2015). Surface modification of reverse osmosis membranes with zwitterionic coating for improved resistance to fouling. *Desalination* 362: 93-103.

[163] Zhi, B., Song, Q., and Mao, Y. (2018). Vapor deposition of polyionic nanocoatings for reduction of microglia adhesion. *RSC Adv.* 8 (9): 4779-4785.

[164] Kramer, N. J., Sachteleben, E., Ozaydin-Ince, G. et al. (2010). Shape memory polymer thin films deposited by initiated chemical vapor deposition. *Macromolecules* 43 (20): 8344-8347.

[165] Petruczok, C. D. and Gleason, K. K. (2012). Initiated chemical vapor deposition-based method for patterning polymer and metal microstructures on curved substrates. *Adv. Mater.* 24 (48): 6445-6450.

[166] Petruczok, C. D., Armagan, E., Ince, G. O., and Gleason, K. K. (2014). Initiated chemical vapor deposition and light-responsive cross-linking of poly (vinyl cinnamate) thin films. *Macromol. Rapid Commun.* 35 (15): 1345-1350.

[167] Haller, P. D., Flowers, C. A., and Gupta, M. (2011). Three-dimensional patterning of porous materials using vapor phase polymerization. *Soft Matter* 7 (6): 2428-2432.

[168] Kwong, P. and Gupta, M. (2012). Vapor phase deposition of functional polymers onto paper-based microfluidic devices for advanced unit operations. *Anal. Chem.* 84 (22): 10129-10135.

[169] Frank-Finney, R. J. and Gupta, M. (2016). Two-stage growth of polymer nanoparticles at the liquid-vapor interface by vapor-phase polymerization. *Langmuir* 32 (42): 11014-11020.

[170] Unger, K., Salzmann, P., Masciullo, C. et al. (2017). Novel light-responsive biocompatible hydrogels

produced by initiated chemical vapor deposition. *ACS Appl. Mater. Interfaces* 9 (20): 17409-17417.

[171] Alf, M. E., Hatton, T. A., and Gleason, K. K. (2011). Insights into thin, thermally responsive polymer layers through quartz crystal microbalance with dissipation. *Langmuir* 27 (17): 10691-10698.

[172] Alf, M. E., Godfrin, P. D., Hatton, T. A., and Gleason, K. K. (2010). Sharp hydrophilicity switching and conformality on nanostructured surfaces prepared via initiated chemical vapor deposition (iCVD) of a novel thermally responsive copolymer. *Macromol. Rapid Commun.* 31 (24): 2166-2172.

[173] Abkenar, S. K., Tufani, A., Ince, G. O. et al. (2017). Transfer printing gold nanoparticle arrays by tuning the surface hydrophilicity of thermo-responsive poly *N*-isopropylacrylamide (pNIPAAm). *Nanoscale* 9 (9): 2969-2973.

[174] Bakirci, E., Toprakhisar, B., Zeybek, M. C. et al. (2017). Cell sheet based bioink for 3D bioprinting applications. *Biofabrication* 9: 024105.

[175] Tufani, A. and Ince, G. O. (2017). Smart membranes with pH-responsive control of macromolecule permeability. *J. Membr. Sci.* 537: 255-262.

[176] McInnes, S. J. P., Szili, E. J., Al-Bataineh, S. A. et al. (2016). Fabrication and characterization of a porous silicon drug delivery system with an initiated chemical vapor deposition temperature-responsive coating. *Langmuir* 32 (1): 301-308.

[177] Pena-Francesch, A., Montero, L., and Borros, S. (2014). Tailoring the LCST of thermosensitive hydrogel thin films deposited by iCVD. *Langmuir* 30 (24): 7162-7167.

[178] Tekin, H., Ozaydin-Ince, G., Tsinman, T. et al. (2011). Responsive microgrooves for the formation of harvestable tissue constructs. *Langmuir* 27 (9): 5671-5679.

[179] Ye, Y. M. and Mao, Y. (2017). Vapor-based synthesis and micropatterning of Janus thin films with distinct surface wettability and mechanical robustness. *RSC Adv.* 7 (40): 24569-24575.

[180] Lau, K. K. S. and Gleason, K. K. (2007). All-dry synthesis and coating of methacrylic acid copolymers for controlled release. *Macromol. Biosci.* 7 (4): 429-434.

[181] Ye, Y. M., Mao, Y., Wang, H. Z., and Ren, Z. F. (2012). Hybrid structure of pH-responsive hydrogel and carbon nanotube array with superwettability. *J. Mater. Chem.* 22 (6): 2449-2455.

[182] Armagan, E. and Ince, G. O. (2015). Coaxial nanotubes of stimuli responsive polymers with tunable release kinetics. *Soft Matter* 11 (41): 8069-8075.

[183] Karaman, M. and Cabuk, N. (2012). Initiated chemical vapor deposition of pH responsive poly (2-diisopropylamino) ethyl methacrylate thin films. *Thin Solid Films* 520 (21): 6484-6488.

[184] You, J. B., Kim, S. Y., Park, Y. J. et al. (2014). A vapor-phase deposited polymer film to improve the adhesion of electroless-deposited copper layer onto various kinds of substrates. *Langmuir* 30 (3): 916-921.

[185] Feng, J. G., Sun, M., and Ye, Y. M. (2017). Ultradurable underwater superoleophobic surfaces obtained by vapor-synthesized layered polymer nanocoatings for highly efficient oil-water separation. *J. Mater. Chem. A* 5 (29): 14990-14995.

[186] Trujillo, N. J., Baxamusa, S., and Gleason, K. K. (2009). Grafted polymeric nanostructures patterned bottom-up by colloidal lithography and initiated chemical vapor deposition (iCVD). *Thin Solid Films* 517 (12): 3615-3618.

[187] Yin, J., Yague, J. L., Eggenspieler, D. et al. (2012). Deterministic order in surface micro-topologies through sequential wrinkling. *Adv. Mater.* 24 (40): 5441-5446.

[188] Yang, R., Xu, J. J., Ozaydin-Ince, G. et al. (2011). Surface-tethered zwitterionic ultrathin antifouling coatings on reverse osmosis membranes by initiated chemical vapor deposition. *Chem. Mater.* 23 (5): 1263-1272.

[189] De Luna, M. M., Chen, B., Bradley, L. C. et al. (2016). Solventless grafting of functional polymer coatings onto Parylene C. *J. Vac. Sci. Tech.*, *A* 34 (4): 041403.

[190] Yang, R., Buonassisi, T., and Gleason, K. K. (2013). Organic vapor passivation of silicon at room temperature. *Adv. Mater.* 25 (14): 2078-2083.

[191] Sojoudi, H., Arabnejad, H., Raiyan, A. et al. (2018). Scalable and durable polymeric icephobic and hydrate-phobic coatings. *Soft Matter* 14 (18): 3443-3454.

[192] Gupta, M. and Gleason, K. K. (2006). Large-scale initiated chemical vapor deposition of poly (glycidyl methacrylate) thin films. *Thin Solid Films* 515 (4): 1579-1584.

Cat-CVD设备运行中的物理基础与技术

本章总结了催化化学气相沉积（Cat-CVD）技术在工业应用中比较重要的问题。讨论了催化热丝的热辐射以及催化热丝污染对薄膜的影响及对应的解决方案。介绍并讨论了制造大规模生产设备的有关问题。本章对一些尝试建造 Cat-CVD 设备和希望了解 Cat-CVD 技术实际应用中的问题的人可能有所帮助。

7.1 Cat-CVD 设备中气体流量的影响

7.1.1 长圆柱形腔室准层流实验

在常压 CVD 中，气体的流动是决定薄膜均匀性的关键因素。低压 CVD 是一种在薄膜生长过程中引入表面反应控制机制来改善薄膜均匀性的方法。Cat-CVD 也是一种低压 CVD。但与简单的热 CVD 相反，活性基团首先在催化热丝表面产生，然后须将这些基团输送到衬底上成膜。在 Cat-CVD 中，分解的活性基团流动的影响可能是决定薄膜均匀性的因素之一。因此，本章首先利用一个特殊的沉积腔室[1]来研究气流的影响。

图 7.1 为实验用到的腔室示意图。该腔室使用了一个内径为 5cm（直径 Xcm 在本书中常记为 XcmΦ）、长度为 25cm 的长圆柱形腔室来形成准层流气体流动。在圆柱形腔室的中央，垂直于层流方向安装了直径 0.4mm、长度 20cm 的 W 催化热丝。通过对 W 催化热丝直接通电，将其加热至 1850℃。

在腔室底部放置一块宽 1cm、长 10cm、厚 0.7mm 的玻璃板，以确定沉积薄膜的厚度分布。如果薄膜的沉积不受气流影响，薄膜应该在催化热丝中心两侧对称分布。但如果受气流影响，则会使薄膜的厚度分布不对称。本实验以纯 SiH_4 或 SiH_4 和 H_2 的混合气作为气源来沉积非晶硅（a-Si）薄膜以确定薄膜的厚度分布。

结果如图 7.2(a)、(b) 所示。催化热丝位于中心 $x=0$ 的位置。在本实验中，SiH_4 的流量仅为 H_2 流量的 0.05，这会使得总气流量较大。图 7.2(a) 给出了固定总流量为 42cm^3/min 时，不同气压下沉积速率的分布。在该实验条件下，沉积速率在中心处最

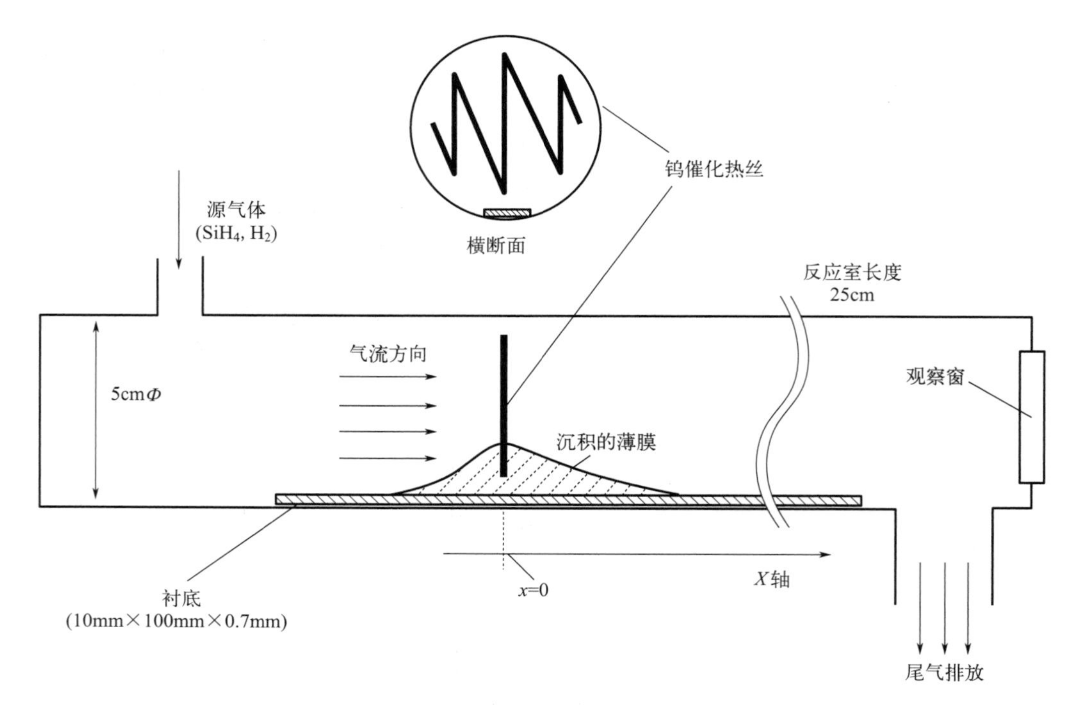

图 7.1 本节所用 Cat-CVD 实验腔室示意图，其形状为内径 5cm，长度 25cm 的长圆柱体。数据来源：经文献［1］许可转载

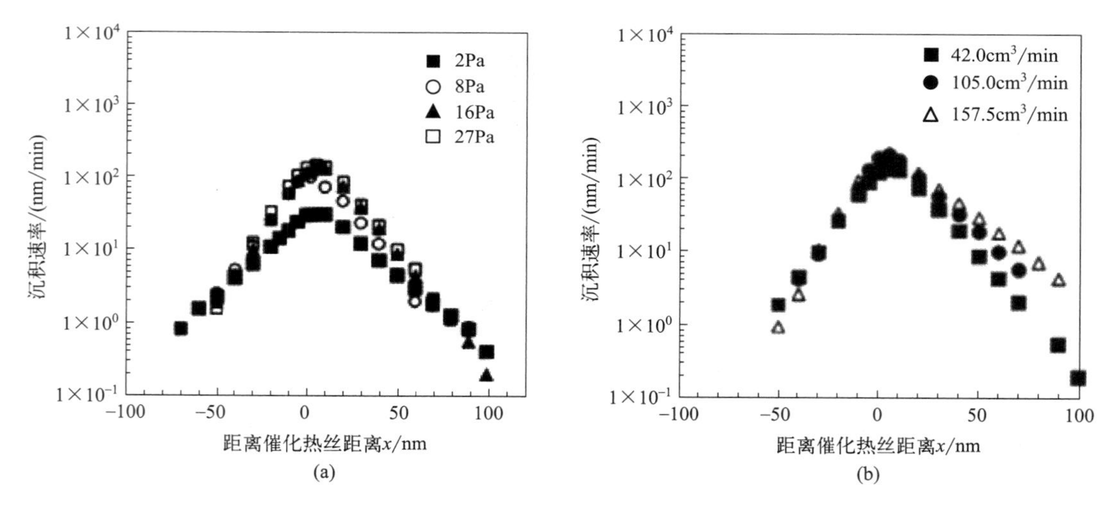

图 7.2 a-Si 薄膜的沉积速率分布。在 $x=0$ 的位置，设置与气体流动方向垂直的催化热丝。(a) SiH_4 和 H_2 混合气体总流量固定在 $42cm^3/min$ 时，不同沉积气压下的沉积速率分布；(b) 沉积气压固定在 16Pa 时不同气流量下的沉积速率分布。数据来源：经文献［1］授权转载

大，在其两侧对称分布。由于图 7.2(a) 中沉积气压 P_g 为 16Pa 的薄膜沉积速率对称分布，故图 7.2(b) 给出了 P_g 为 16Pa 时不同总气流量下薄膜沉积速率的分布。虽然总流量 $42cm^3/min$ 的薄膜厚度分布是对称的，但当总流量超过 $105cm^3/min$ 时，沉积速率分布开始不对称。薄膜沉积速率沿着气体流动方向降低的速度逐渐变缓。

对于 5cmΦ 的圆柱形腔室，42cm^3/min 的流量大致相当于 30cmΦ 圆柱形腔室通入 1890cm^3/min 的流量和 50cmΦ 圆柱形腔室通入 5250cm^3/min 的流量，但后两种更常见的圆柱形腔室不可能出现准层流也从未使用过如此大的气体流量。此外，如第 5 章所述，大多数 Cat-CVD 膜是在小于 10Pa 的气压下沉积的。实验表明，在大多数 Cat-CVD 条件下，气体流量的影响可以忽略不计。然而，应该注意的是，当气体入口靠近气体出口或真空泵的抽气口时，薄膜沉积会受到比较明显的影响。上述结论适用于引入腔内的气体初始流速就比较均匀的情况。

7.1.2　圆柱形腔室中 SiH_4 的裂解概率

从使用长圆柱形腔室的实验中，我们可以推算出 a-Si 沉积的另一个重要物理因素。在实验中，所有用于成膜的 Si 原子都可以通过对 a-Si 薄膜的膜厚分布进行积分来计算。如果我们计算 SiH_4 气体中所含的 Si 原子总数，并将其与 a-Si 薄膜中所含的 Si 原子总数进行比较，我们就可以估算气体的利用效率，或气体利用率 γ。

图 7.3 为 a-Si 膜的沉积速率随与催化热丝距离的变化曲线。在图中所示情况下，a-Si 薄膜沉积在 5cmΦ 圆柱形腔室的内壁上，沉积条件为 $T_{cat}=1850℃$，FR(SiH_4)＝2cm^3/min，$P_g=0.2Pa$。将放置在腔壁上长薄板特定位置的 a-Si 薄膜刻蚀后，可以用台阶仪来测量薄膜的厚度。图中的数据点对应被测量的位置。气体利用率可以通过 a-Si 膜中 Si 原子的总数来估算，而 Si 原子总数可以通过对曲线进行积分得到。

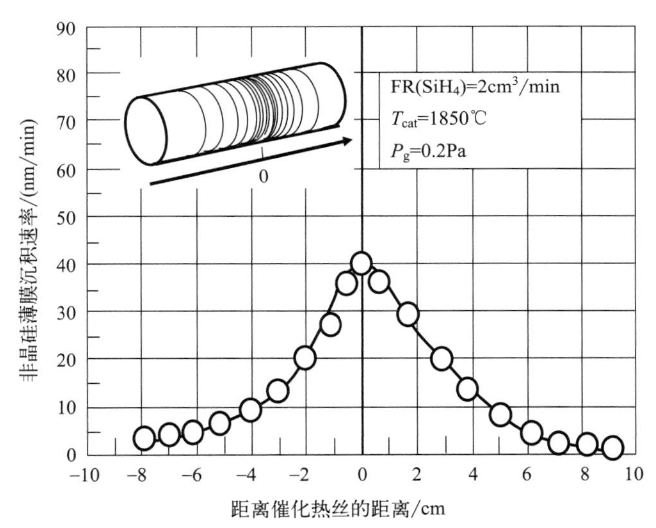

图 7.3　在圆柱形腔壁上 a-Si 膜的沉积速率分布曲线

在 c-Si 中，Si 原子密度为 $5\times10^{22}cm^{-3}$；而 a-Si 中由于 H 原子的掺入，Si 原子密度通常小一些。考虑到 a-Si 中的 H 含量，我们假设 a-Si 中的 Si 原子密度大致为 $4.5\times10^{22}cm^{-3}$。由图 7.3 可知，a-Si 在腔壁上沉积的体积速率为 $3.82\times10^{-4}cm^3$/min，因此沉积的 Si 原子数为 1.72×10^{19} 个原子/min。由于 SiH_4 流量固定为 2cm^3/min，每分钟供应到 Cat-CVD 腔室的 Si 原子总数为 2cm^3/min$\times2.69\times10^{19}cm^{-3}$（0℃时的分子密

度，见表2.1)$=5.38\times10^{19}$/min。将这个数字与a-Si薄膜中的Si原子进行比较，尽管在其他条件下已报道了更高的气体利用率数值，本节示例中的气体利用率也高达0.32[2,3]。

本实验中，腔室容积V_{ch}约为491cm^3($=2.5^2\times\pi\times25$)，催化热丝的表面积S_{cat}约为2.5cm^2。这种情况中，对气体温度的预估会有很多不确定性。不过，我们可以假设气体温度为77℃(350K)。这是由于当催化热丝加热时，腔壁温度为70～80℃。这时，$P_g=0.2$Pa的SiH_4分子密度由式(2.1)计算为$4.14\times10^{13}cm^{-3}$，其热速率由式(2.2)计算为4.81×10^4cm/s。$S_{cat}=2.5cm^2$时，SiH_4分子与催化热丝的碰撞次数为1.24×10^{18}次/s。

另一方面，由于腔室的内部体积V_{ch}为491cm^3，当FR(SiH_4)=2cm^3/min、$P_g=$0.2Pa时，根据公式(2.8)，SiH_4分子的停留时间约为0.029s。由于腔室内存在的分子总数（$4.14\times10^{13}cm^{-3}\times491cm^3=2.03\times10^{16}$）每0.029s更新一次，即每秒钟更新$2.03\times10^{16}/0.029=7.01\times10^{17}$个分子。如上所述，在1s时间内，$SiH_4$分子与催化热丝发生$1.24\times10^{18}$次/s的碰撞。也就是说，一个$SiH_4$分子与催化热丝碰撞1.77次后才被排出。

如果SiH_4在与钨催化热丝碰撞时的分解概率和SiH_4分子在抽走前经历的碰撞次数分别用α和A表示，则气体的总利用效率γ与它们存在的关系可表示为：$(1-\gamma)=(1-\alpha)^A$。已知A的值是1.77。那么根据$(1-0.32)=(1-\alpha)^{1.77}$计算$\alpha$的值为0.20。

在上述文献[1]的报道之后，关于SiH_4在不同沉积参数时的分解概率也有一些系统的报道[4-6]。这些报道的数据基本也支持本节所描述的结果。α基本在0.15～0.40之间变化，取决于T_{cat}在1600～2000℃之间的具体值。这些数据总结在图7.27中，并在稍后讨论碳化钽（TaC）作为新催化热丝材料时进行详细介绍[6]。

7.2 决定薄膜均匀性的因素

7.2.1 催化热丝与衬底之间几何关系的表达式

如前所述，当引入沉积腔室的气源具有准层流特征时，薄膜的均匀性并不由气体流量决定。一般Cat-CVD条件下均有这样的规律。在众多实验和报道中可知，薄膜的均匀性只由催化热丝与衬底之间的几何距离所决定[7-9]。

在催化热丝表面分解的基团向各个方向发射到腔室空间中。在向衬底运动的过程中，它们可能会发生气相反应，最终形成在衬底表面沉积薄膜的前驱体。由于气相反应是各向同性的，因此气相反应中产生的基团不会受到催化热丝与衬底之间几何关系的影响。但在大多数实验中，根据热丝与衬底之间的几何关系预估薄膜的均匀性是一种很好的方法。

这里，我们考虑如图7.4所示的催化热丝和位于x-y平面上的衬底之间的几何关系。在一根又长又直的催化热丝上选取一小段长度为dx的点，从该点发射并均匀分布在各个

方向的基团总量为 $Q_{cat}dx$。x-y 平面到该点的距离为 D_{cs}，假设热丝总长度为 $2L$，热丝中间位置设置为 $x=0$，则根据式(7.1) 估算用于薄膜沉积的活性基团流密度为：

$$(x_0, y_0)\text{ 处的流密度}=\int_{-L}^{L} Q_{cat}dx \times \frac{1}{4\pi r^2}\times\frac{D_{cs}}{r}dx$$

$$=\frac{Q_{cat}D_{cs}}{4\pi}\int_{-L}^{L}\frac{dx}{[(x-x_0)^2+y_0^2+D_{cs}^2]^{3/2}} \tag{7.1}$$

将形成薄膜的活性基团流密度等效地描述为辐射密度，可以得到一个类似的方程。如果我们假设热丝的长度无穷大，$L=\infty$，那么流密度与 r 平方的倒数成正比，如方程(7.2) 所示。

当沿 x 轴方向有足够长的催化热丝时，上述方程展示了流密度的分布或膜厚的分布。当然，临近催化热丝的末端时，我们必须进行更精确的计算。但在一阶近似下，这个简单的表达式足以用来估算薄膜的均匀性。为了解多条热丝平行安装时的膜厚分布，需要沿 y 轴方向对流密度进行求和。

$$y=y_0\text{ 处的流密度}=\frac{1}{y_0^2+D_{cs}^2} \tag{7.2}$$

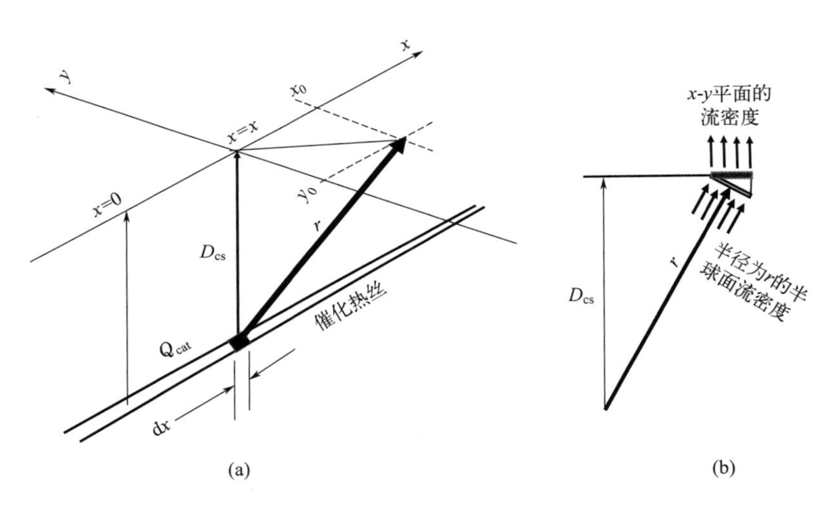

图 7.4　直线催化热丝上一个发射点与衬底之间的几何关系。(a) 几何关系的总体视图；(b) x-y 平面上的通量密度与球面上的通量密度之间的关系

7.2.2　薄膜厚度均匀性估算举例

从以上的讨论可见，我们可以简单地根据膜厚与前驱体通量密度成正比的假设来推导薄膜的厚度分布。式(7.2) 表明，如果两根长而直的催化热丝平行于 x 轴安装，催化热丝间距为 D_{cc}，我们可以估算衬底上任何一点薄膜沉积前驱体的通量密度，如式(7.3) 所示。

$$y=y_0\text{ 处的流密度}=\frac{1}{\left(y_0-\frac{D_{cc}}{2}\right)^2+D_{cs}^2}+\frac{1}{\left(y_0+\frac{D_{cc}}{2}\right)^2+D_{cs}^2} \tag{7.3}$$

图 7.5 给出了假设催化热丝为无限长的直线时，理论估算的膜厚分布以及沉积 μc-Si 薄膜时实际膜厚分布的结果。理论估算的膜厚分布相当于理论估算的沉积基团束流密度分布。理论结果用虚线表示，实验结果用实心圆和空心四边形表示，实线用于引导视线。在理论和实验中，均将 D_{cs} 固定为 4cm，而 D_{cc} 分为 4cm 和 5cm。实验结中，两根平行热丝的长度均为 12cm。μc-Si 薄膜由 SiH_4 和 H_2 的混合气在 $T_{cat}=1800$℃和 $P_g=30$Pa 下制备。该图是根据参考文献［8］中的数据绘制的。结果表明，通过调节催化热丝与衬底的相对位置，可以实现均匀沉积。即当 D_{cc} 与 D_{cs} 相当，或比 D_{cs} 大 10%～20%时，垂直热丝方向的厚度波动可小于 5%。

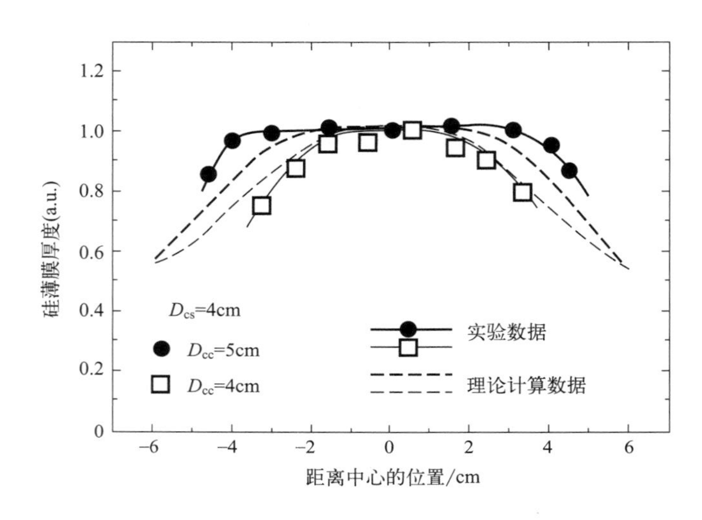

图 7.5 虚线表示理论估算的薄膜厚度分布（或束流密度分布），空心四边形和实心圆分别表示 $D_{cc}=4$cm 和 $D_{cc}=5$cm 时的实验结果。$D_{cs}=4$cm 固定不变。数据来源：根据文献［8］中的数据重新绘制

在这个计算中，我们通过估算催化热丝上产生基团的束流密度来简单地估算膜厚的均匀性。在沉积单质薄膜如 a-Si 或 μc-Si 的情况下，这种估算是合理的。而对于像 SiN_x 这样的化合物材料，情况就会变得复杂一些。如第 4 章所述，NH_3 在钨催化热丝上分解为 NH_2+H，并通过气相反应产生其他基团如 NH 和 N。当然，作为 a-Si 沉积的关键前驱体 SiH_3 也是气相中通过 SiH_4 与 H 的反应产生；而 N 相关基团与 Si 相关基团的混合比例则随催化热丝与衬底上特定位置之间距离的变化而变化。因此，确切地说，薄膜的质量应该取决于催化热丝和衬底之间的距离。即 SiN_x 薄膜的质量是多种质量因素的混合，是平均质量的结果。即便如此，上述估算均匀性的方法仍然可以作为一阶近似来使用。

7.3 催化热丝的安装密度极限

当催化热丝的总表面积通过增加催化热丝的排列密度而提高时，尽管热辐射的影响也会增加，但沉积速率通常会随之提高。这时如果忽略热辐射增加带来的影响，那么催化热丝排列密度的极限是多少是一个有趣的问题。简单的推测可以得出，如果平行热丝之间的距离小于源气体分子的平均自由程，则增大热丝的排列密度并不能直接成比例地提高沉积速率。

这里，我们考虑靠近催化热丝表面的分子或基团的流动。在第 2 章中，我们讨论过利用气体分子的浓度 n_g 和它们的热速率，通过公式(2.6) 可以推算气体分子与催化热丝的碰撞次数。在推导公式(2.6) 时，我们没有考虑气相中的碰撞。也就是说，这个方程只告诉我们发生在催化热丝表面附近，即分子平均自由程范围内的现象。如果所有的分子都从催化热丝表面反弹，而没得到任何额外能量，那么分子的数量就不会改变，它们的分布也不会有特别的波动。但实际上，在与催化热丝碰撞后，分子以 α 的概率分解，剩余未分解的分子会从受热的催化热丝获得能量，被加速到更快的热速率。

例如，当我们考虑在 T_{cat}=1850℃时，撞击到催化热丝表面的 SiH_4 分子大约 20％被分解。尽管 SiH_4 分子在与催化热丝碰撞之前的气体温度与腔室壁温度处于热平衡状态，但其余 80％的 SiH_4 分子接受相当于 1850℃的能量后会被弹回。另外，如第 4 章所述，由 SiH_4 分子分解产生的 Si 和 H 原子的能量相当于约 1000℃的能量。如表 2.4 所示，初始 SiH_4 分子的平均自由程为 0.677～1.18cm。在 P_g=1Pa 时，碰撞前 SiH_4 分子的平均自由程约为 1cm，碰撞后被反弹的 SiH_4 分子的平均自由程为 4～5cm，SiH_4 分子分解的 H 原子（具有相当于 1000℃的能量）的平均自由程约为 35cm，生成 Si 原子的平均自由程约为 7cm。考虑到反弹基团的影响，距离催化热丝数厘米范围内，即反弹基团的平均自由程内的空间，并不是一个平衡空间。即使在这个空间内设置了大量的催化热丝，热丝表面积也不应该是简单的加和。

精确确定非平衡面积的数学方法还没有开发出来。然而，我们可以应用平均自由程来进行讨论。

7.4　催化热丝的热辐射

7.4.1　热辐射基础

Cat-CVD 技术中最关键的问题之一是催化热丝的热辐射影响。在 Cat-CVD 研究的最初阶段，当我们报道将钨催化热丝加热到 1800℃来沉积 a-Si 时，人们关心对于在强热辐射条件下是否能让实际衬底温度保持在 200℃或 300℃的问题。温度为 T_{cat}、表面积为 S_{cat} 的催化热丝辐射释放的总能量 $Q_{rad\ total}$ 由式(7.4) 表示：

$$Q_{rad\ total}=\varepsilon_{em}S_{cat}\sigma T_{cat}^4 \tag{7.4}$$

式中，ε_{em} 和 σ 分别为催化材料的辐射系数和斯蒂芬·玻尔兹曼常数；T_{cat} 为热力学温度。斯蒂芬·玻尔兹曼常数 σ 是黑体辐射的比例常数，其值约为 $5.67\times10^{-8}W/(m^2\cdot K^4)$。由于实际材料不是完美的黑体，所以辐射系数需通过一个介于 0～1 之间的系数修正。这个系数被称为材料的辐射系数。辐射系数取决于材料表面的性质、材料的温度和辐射的波长。就钨丝而言，当 T_{cat}=1800℃时，其辐射系数在波长 500nm 时约为 0.46，在 1000nm 时约为 0.38[10]。

图 7.6 为长 1350mm、直径 0.5mmΦ 的钨热丝的温度 T_{cat} 与其电阻 R_{cat} 的关系。金属丝的电阻率取决于它的温度。因此，可以从金属丝的电阻值来估算它的温度。这一特性常用来监测和控制 Cat-CVD 中的催化热丝温度。催化热丝的表面温度也可以通过

采用适当辐射系数的辐射温度计来测量。图中还给出了不同辐射系数时的 T_{cat} 测量值。通过将数据进行线性拟合（图中实线），推导出钨热丝的辐射系数在一般 Cat-CVD 条件下约为 0.4。

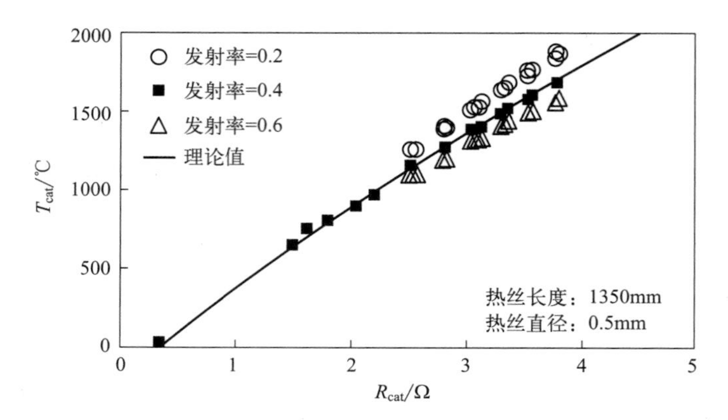

图 7.6 以钨热丝辐射系数为拟合参数的催化热丝温度 T_{cat} 与电阻 R_{cat} 的关系

7.4.2 热辐射条件下衬底温度的控制

辐射密度与用来推导薄膜厚度均匀性的基团束流密度有相同的关系。实际上，向衬底发射的辐射是一个重要参数。这里，我们将辐射简写为 Q_{rad}。

在 Cat-CVD 中，衬底一般放置在衬底支架上，衬底支架的温度通常由安装在支架内部的加热器或通过其内部流动的冷却剂来控制。当衬底放置到衬底支架上时，衬底的温度与衬底支架之间的温差取决于传热系数 Λ。当辐射 Q_{rad} 入射到样品上时，样品的温度 T_s 与衬底支架的温度 T_{holder} 之间的关系如式(7.5) 所示。

$$Q_{rad\ total}=\Lambda(T_s-T_{holder}) \tag{7.5}$$

这种情况如图 7.7 所示。当辐射较大时，如果 Λ 恒定，则样品与支架之间的温差变大。即使在这种情况下，只要 Λ 足够大，温差也可以减小。

图 7.8 为测量得到的 Si 片衬底的 T_s 和不锈钢衬底支架的 T_{holder} 结果。T_s 是通过在 Si 片中插入热电偶来测量的。开始，通过衬底支架中的加热器将硅片加热至 300℃[11]。这时，T_s 几乎等于 T_{holder}。然而，当催化热丝开始通电时，硅片开始吸收来自催化热丝的辐射，T_s 迅速上升并达到峰值 380℃。80℃左右的温差是由辐射引起的。然后，如果 T_{holder} 下降，T_s 也随之降低，而 T_{holder} 与 T_s 之间的温差则保持 80℃不变。这个实验证实了式(7.5) 的有效性。

原则上，如果 T_{holder} 可以冷却到 0℃，即使在强辐射下，也可以在 T_s 小于 100℃的温度下进行薄膜沉积。实际上，一些有机器件无法耐受超过 100～120℃的温度，而通过使用循环冷却剂将衬底支架冷却到－20℃便可以成功实现在这种有机器件上镀膜，具体将在第 8 章介绍。

当 Λ 可以保持在较大值时，即使是在强热辐射下，控制 T_s 也会非常容易。静电卡盘（ESC）是一种广泛使用的增加 Λ 的方法。ESC 系统中，在绝缘衬底支架中嵌入金属板电极。将晶圆衬底放在这种绝缘衬底支架上。在金属电极上施加大约 100V 的电压时，晶圆衬底和绝缘衬底支架之间会产生静电力。ESC 的结构如图 7.9 所示。此外，在晶圆衬底和衬底支架之间的小间隙中，充入某种气体。通过这种方式，可以增加晶圆和衬底支架之间的热导率。由于氦（He）热导率高，因此最好选择它作为填充气体。但考虑到成本问题，也可以使用 H_2 或 N_2。

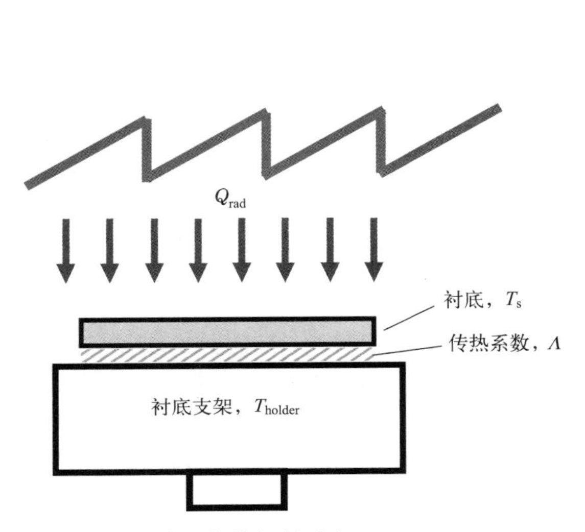

图 7.7　催化热丝的热辐射示意

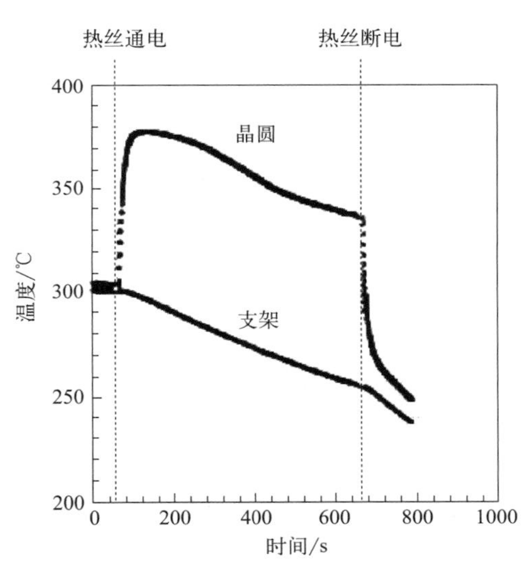

图 7.8　当催化热丝通电或断电时，硅晶圆和衬底支架的温度变化。数据来源：Karasawa 等（2001）[11]。经 Elsevier 许可转载

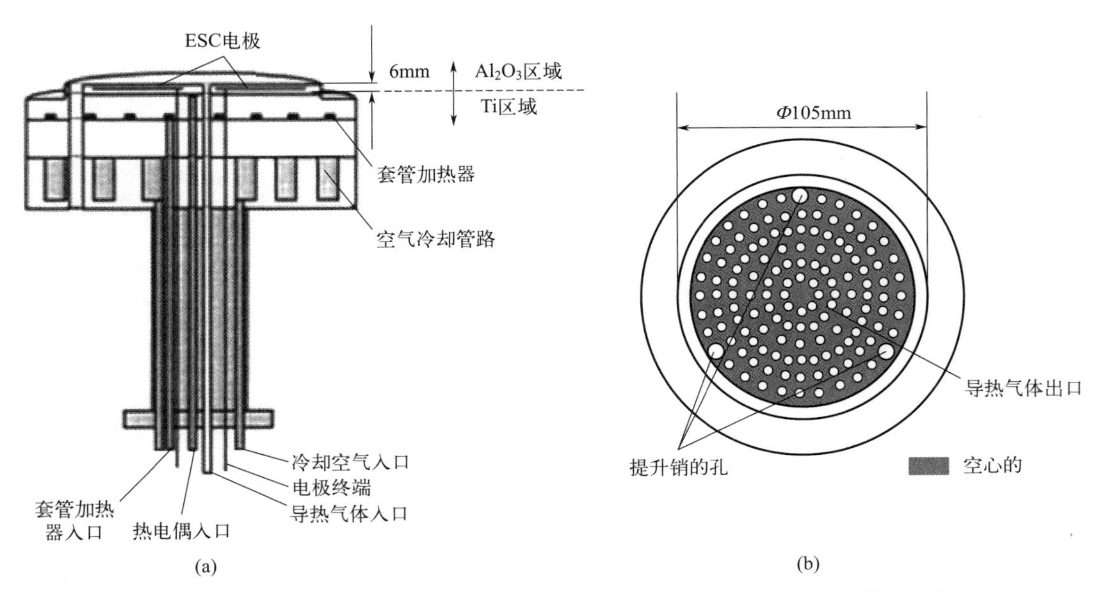

图 7.9　静电卡盘（ESC）系统示意图：(a) 侧视截面图及 (b) 顶视平面图。资料来源：Karasawa 等（2001）[11]。经 Elsevier 许可转载

图 7.10 展示了 ESC 系统的作用。一个 Si 晶圆和一个 GaAs 晶圆分别放置在 ESC 衬底支架上。Si 晶圆和 GaAs 晶圆的测试结果分别如图 7.10(a) 和图 7.10(b) 所示。实验中为了展示 ESC 的作用，将催化热丝与衬底之间的距离设置为仅 3cm。由图可见，ESC 系统的效果非常明显。在没有 ESC 的情况下，当催化热丝加热时，催化热丝的辐射可以使硅晶圆的 T_s 从最初的 150℃上升到 270℃，GaAs 晶圆的 T_s 从 150℃上升到 350℃。然而，ESC 系统启动后，当 H_2 流量为数十 cm^3/min 时，Si 晶圆的 T_s 和 T_{holder} 之间的温差降至仅 30℃，而 GaAs 晶圆的温差则降至约 20℃。

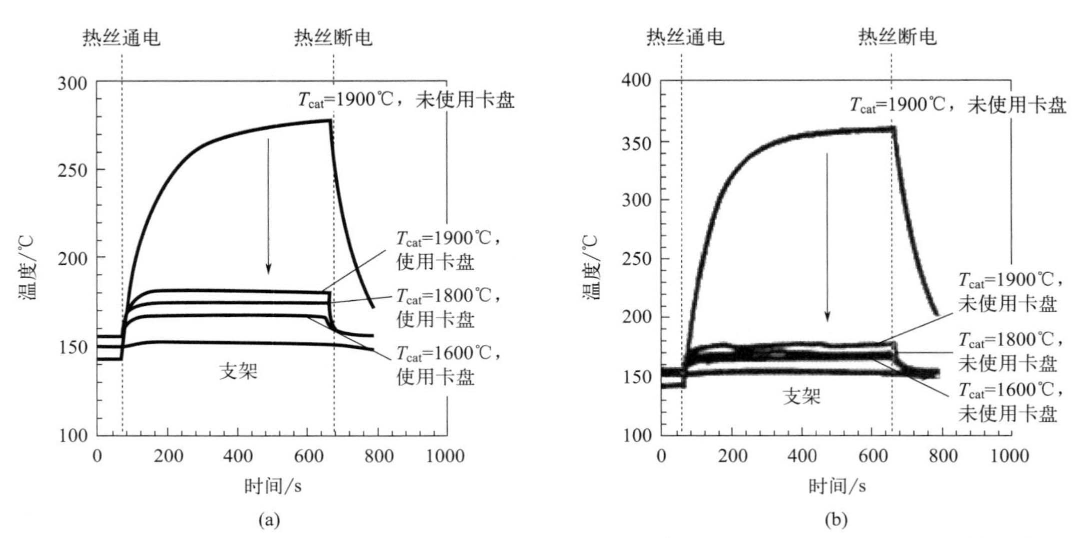

图 7.10 Si 晶圆（a）和 GaAs 晶圆（b）在 ESC 系统开启或关闭时的温度。图中给出的是催化热丝温度 T_{cat} 为 1600℃、1800℃或 2000℃时的情况。资料来源：Karasawa 等（2001）[11]。经 Elsevier 许可转载

ESC 系统是很强大的工具，在大规模产业化干法刻蚀设备中有所应用。射频（RF）功率的增加可以提高蚀刻速率。但随之而来的样品升温会使光刻胶性能退化，这成为刻蚀过程中的一个严峻挑战。而 ESC 系统则可以有效解决这一问题。但是，ESC 系统有时也会带来问题，如消除晶圆上的静电力。这是因为消除静电力需要时间。这就使得我们有时在最后一道工序中，不得不使用顶针将晶圆从 ESC 衬底支架上移走。

如果没有这样的 ESC 系统，通过冷却剂冷却衬底支架，我们也可以实现低 T_s 沉积。

7.4.3 CVD 系统的热辐射

前一节我们主要讨论了催化热丝热辐射的影响。然而，在图 4.2 所示的腔室中，催化热丝的表面积只有 $50cm^2$ 左右。而在腔室中，直径为 30cm 的衬底支架设置在内径为 50cm、高度为 50cm 的圆柱形 Cat-CVD 腔室的中心。当催化热丝开启并持续进行膜沉积时，由于受热催化热丝的热辐射，腔室壁温度也逐渐升高。图 4.2 所示的系统中，保持 $T_{hloder}=250℃$、$T_{cat}=1800℃$连续沉积超过 30min 后，腔室壁温度保持在 80℃左右。

我们假设腔室的顶部和侧壁均被加热到 80℃，且腔室底部由 250℃的 30cmΦ 衬底

支架代替。那么来自 80℃腔壁和 250℃衬底支架的总热辐射量为{(25cm×25cm×π)+[50cm(直径)×π×50cm(高)]}×$\varepsilon_{em\text{-}SUS}$×$\sigma$×(353K)^4+(15cm×15cm×π)×$\varepsilon_{em\text{-}SUS}$×$\sigma$×(523K)^4=2.05×10^{14}cm^2·K^4×$\varepsilon_{em\text{-}SUS}$×$\sigma$。另一方面，将 S_{cat}=50cm^2 的催化热丝加热到 1800℃时，热辐射为 50cm^2×$\varepsilon_{em\text{-}W}$×$\sigma$×(2073K)^4=9.23×10^{14}cm^2·K^4×$\varepsilon_{em\text{-}W}$×$\sigma$。腔体材料为不锈钢（SUS），当它被氧化时，其辐射系数 $\varepsilon_{em\text{-}SUS}$，约为 0.8[12]，而钨的辐射系数 $\varepsilon_{em\text{-}W}$，约为 0.4（见 7.4.1 节）。腔体的总辐射为 1.6×10^{14}cm^2·K^4×σ，加热催化热丝的总辐射为 3.7×10^{14}cm^2·K^4×σ。此外，只有一半的催化热丝正对着衬底，因此衬底支架上的样品从腔室接收到的总辐射约为 1.6×10^{14}cm^{2}K^4×σ，从催化热丝接收到的总辐射约为 1.9×10^{14}cm^2·K^4×σ。

令人惊讶的是，从加热的催化热丝发出的热辐射实际上几乎与从腔室发出的热辐射相等。在等离子体增强化学气相沉积（PECVD）中，放置在类似衬底支架上的样品也从腔室和衬底支架接受相似数量的热辐射。即与 PECVD 相比，Cat-CVD 中的热辐射并不是特别严重。实际上，正如上面所介绍的，使用等离子体的干法蚀刻系统需要在衬底支架中设置冷却机构。PECVD 中衬底温度的升高有时反而是一个需要克服的严重问题。

7.5 催化热丝的污染

7.5.1 催化热丝材料的污染

在 Cat-CVD 研究的初始阶段，可能来自加热催化热丝的污染是人们关注的问题之一。当我们用采用钨作为催化热丝的 Cat-CVD 在 GaAs 器件上沉积 SiN_x 钝化膜时，人们认为催化热丝会造成污染这一想法，成为限制 Cat-CVD 制备 SiN_x 的瓶颈。当时，从事半导体器件工作的工程师和科学家都非常小心，以避免未知水平的污染对他们的测试线造成污染。

因此，人们通过二次离子质谱（SIMS）、卢瑟福背散射（RBS）和全反射 X 射线荧光（TXRF）测试了钨催化热丝对 Cat-CVD a-Si 中的污染情况。根据 Heintze 等[14]和 Horbach 等[15]的 SIMS 分析报告以及作者团队的 RBS 和 TXRF 数据[13]，将 a-Si 薄膜中的钨浓度随催化热丝温度 T_{cat} 的变化绘制在图 7.11 中。

图中 SIMS 测试是将离子轰击到薄膜上，通过探测薄膜中杂质发射的二次离子的质量数来检测薄膜中杂质含量的方法。该方法的检出限取决于被检测杂质的周围环境，a-Si 中钨原子的检出限通常为 10^{17}cm^{-3}。TXRF 是一种将高能 X 射线以掠射角度照射在薄膜表面进行激发，通过收集杂质发出的特征 X 射线来检测杂质的方法。

TXRF 中的测量值都表示为强度/单位面积，即强度/cm^2。通常，这种掠射 X 射线在 Si 薄膜中的穿透深度约为 10nm 或更小。用观察到的强度除以 10nm 来估算检测杂质的浓度。TXRF 的检出限通常在 10^{16}cm^{-3} 左右或以下。

RBS 是一种检测在相对较轻元素组成的薄膜中重杂质含量的方法。通过检测背散射探测离子（如兆电子伏高能 He 离子）的能量可以得到杂质的质量数。这是根据入射探测离子与重杂质原子发生弹性碰撞发生背散射，而背散射离子的能量取决于杂质的质量数的原理进行测量的。钨原子比 Si 原子重得多，因此 a-Si 中钨原子的检出限低至 $10^{16}cm^{-3}$。

图 7.11 中给出了不同条件下制备的 a-Si 薄膜。例如，沉积速率在 0.5～4.0nm/s，T_s 为 150～400℃，P_g 为 1～5Pa，D_{cs} 为 1～5cm，并且每次实验中催化热丝的面积 S_{cat} 也不同。尽管如此，将钨浓度绘制为 $1/T_{cat}$ 的函数时，几乎所有数据都在同一条线上。这意味着，在所有研究案例中，对于固定 T_{cat}，a-Si 沉积基团的流密度与钨原子的流密度之比在衬底表面几乎是恒定的。例如，在图 7.11 中，当 T_{cat} 固定为 2000℃时，钨的浓度约为 $10^{17}cm^{-3}$。由于 a-Si 中的 Si 原子密度可以粗略地近似于 c-Si 的原子密度，即 $5\times10^{22}cm^{-3}$。因此，当 $T_{cat}=2000$℃时，沉积 a-Si 薄膜的基团中含有 2×10^{-6} 的钨杂质原子，当 $T_{cat}=1800$℃时含有 0.2×10^{-6} 的钨杂质原子。

从图中可以看出，钨污染可能会随着 T_{cat} 的增加而增加；但也表明了当 T_{cat} 保持在 1800℃或以下时，沉积基团中钨杂质的束流密度可保持在较低水平，薄膜中钨的浓度也可以控制在低于检出限的水平。也就是说，如果 T_{cat} 为 1800℃或更低时，钨杂质实际上可以忽略不计。

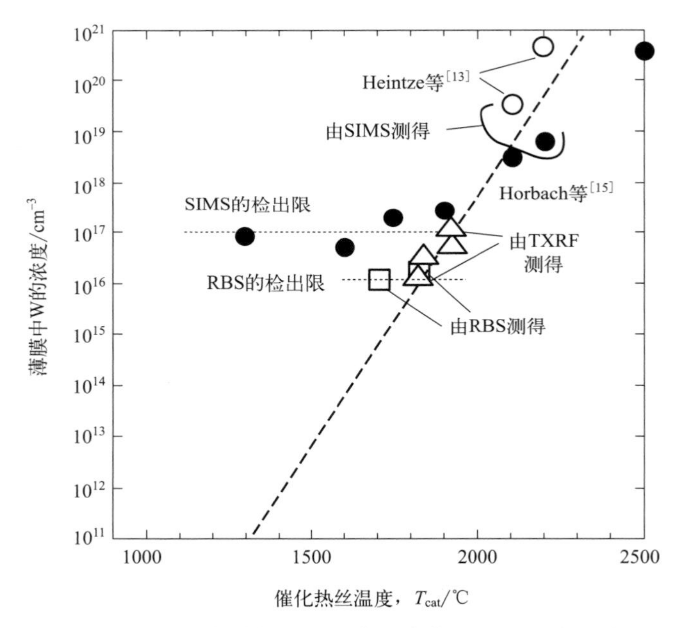

图 7.11 Cat-CVD 中掺杂到 a-Si 薄膜中钨原子的浓度随催化热丝温度 T_{cat} 的变化。数据来源：Matsumura 等（2014）[13]。经 The Japan Society of Applied Physics 许可转载

7.5.2 其他杂质污染

当我们使用钨催化热丝的 Cat-CVD 在 GaAs 器件上沉积 SiN_x 钝化膜时，催化热丝对 GaAs 的污染也是一个问题。尽管上一节提到钨的污染可以忽略不计，那么是否会有其他杂质污染？作者团队立即测量了 Cat-CVD SiN_x 薄膜中各种杂质的含量。结果，确实检测到其他杂质如铁（Fe）、镍（Ni）和铬（Cr），含量在 $10^{17}cm^{-3}$ 的水平。这些金属是

Cat-CVD 的不锈钢（SUS）腔室材料的典型成分。起初，我们怀疑 SUS 腔室是污染源。

但我们很快就确定了所有的污染都是存在于钨丝中的杂质。当时，使用的钨丝是白炽灯泡使用的灯丝。这种灯丝无需达到半导体器件的纯度水平。因此，并没有给予足够的关注来降低其杂质含量。幸运的是，所有杂质元素都可以通过蒸发的方式扩散出去，且蒸发温度低于钨丝的熔点。

图 7.12 为 2500℃时钨丝中铁的挥发情况模拟结果[16]。在直径为 0.5mm 的钨丝中，铁迅速向外扩散。为了验证这一点，用 SIMS 测量了 GaAs 晶片上用钨丝制备的 Cat-CVD SiN_x 膜中的杂质浓度。Fe、Ni 和 Cr 的结果分别见图 7.13(a)～(c)[16]。直径 0.5mm 的钨催化热丝经过 7min 的烘烤，杂质浓度可降低 1～2 个数量级。在此测量中，SIMS 的检出限比测量 a-Si 时的检出限好一些。结果表明，通过较短时间的预热，薄膜中 Fe、Ni 和 Cr 的浓度可以由初始时的 10^{17}～$10^{18}cm^{-3}$ 降低到预热后的 10^{15}～$10^{16}cm^{-3}$。

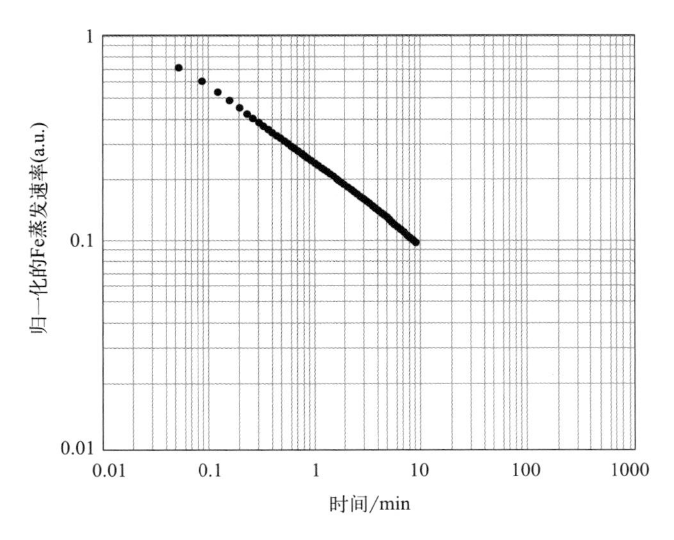

图 7.12　从 0.5mmΦ 钨丝上蒸发的铁随加热时间变化的模拟结果。数据来源：Ishibashi（2001）[16]。经 Elsevier 许可转载

表 7.1 为传统钨丝和精心制作的高纯钨丝的杂质数据，这些钨丝由日本联合材料公司提供。在 Cat-CVD 研究开始之前，钨丝的主要市场是白炽灯泡用的灯丝，杂质的加入有助于保持灯丝的形状不变。

表 7.1　传统钨丝和高纯钨丝中所包含的杂质浓度

元素	杂质含量/($\times 10^{-6}$)	
	传统 W	纯化 W
Al	9	＜2
C		＜50
Ca	1	＜2
Cr	4	＜2

续表

元素	杂质含量/(×10^{-6})	
	传统 W	纯化 W
Cu	<1	<2
Fe	17	<3
K	52	<2
Mg	<1	<2
Mn	1	<2
Mo	8	<2
N		<30
Na	1	<2
Ni	1	<2
O		<50
Si	<5	<2
Sn	<2	<2
Th	未检测到	<1
U		<1

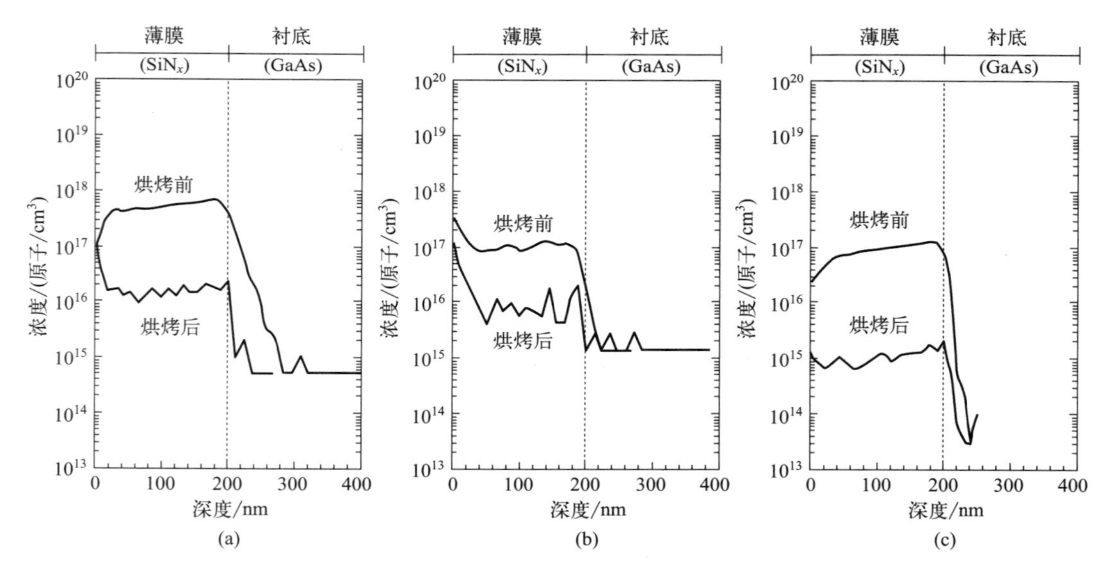

图 7.13　在催化钨丝烘烤前后，沉积在 GaAs 上的 Cat-CVD SiN_x 膜中（a）Fe、（b）Ni 和（c）Cr 的 SIMS 分布。数据来源：Ishibashi（2001）[16]。经 Elsevier 许可转载

虽然可以制得高纯钨丝，但传统钨丝也可以使用。我们只要在 Cat-CVD 腔室中用 H_2 在 10～100Pa 和 2000～2100℃的温度下烘烤即可。烘烤的热丝温度比沉积过程中使用的温度高 200～300℃。这种预热工艺，可以抑制催化热丝中的杂质对沉积膜的污染。唯一需要注意的是，钨晶粒很可能在这样高的退火温度下长大，使钨丝变脆弱。这主要是由于晶粒的长大使晶界数量减少，晶界线也会随之简单化（译者注：即细晶强化作用减弱）。

7.5.3 催化热丝释放杂质的流密度

使用高纯钨丝，在 40 个 Si 晶圆上沉积 SiN_x 薄膜，并使用 TXRF 方法检测了这 40 个样品中的杂质。制备参数设置为 $T_{cat}=1800℃$，$D_{cs}=4cm$，$S_{cat}=88cm^2$，以达到容易检测到杂质含量的水平。如第 5 章所述，实际中制备器件级 SiN_x 的参数经过了细致优化，以减少杂质污染。本节的测试结果如图 7.14 所示[13]。只有少量的 W、Fe、V、Ni、Mn、Zn、Cr、Cu、Ti 等金属元素可以检测到，并没有检测到其他金属。测试得到的数据虽有一些波动，但杂质含量均小于 6×10^{10} 个原子/cm^2。在 TXRF 中，由于 X 射线具有掠射角的穿透深度，一般认为探测深度约 10nm。因此，该值相当于 6×10^{16} 个原子/cm^3，这几乎等同于图 7.11 a-Si 中的杂质浓度。这种水平的污染有时也会在其他技术中观察到，如 PECVD。因此，不应该认为杂质污染是 Cat-CVD 的缺陷。

Cat-CVD SiN_x 的密度相对较高，约为 $2.8g/cm^3$，如图 5.41 所示。假设化学计量比为 Si_3N_4，则 Si 和 N 原子之和的总原子密度约为 $8.4\times10^{22}cm^{-3}$。我们再假设沉积基团束流中的杂质浓度与薄膜中的杂质浓度相等，则在 $T_{cat}=1800℃$时，杂质通量达到最大值，为 0.7×10^{-6}。该值似乎比 a-Si 的略大。但如果取图 7.14 中 40 个样品的平均杂质浓度，则杂质浓度为 $2\times10^{16}cm^{-3}$，杂质通量变为 0.24×10^{-6}，达到了沉积 a-Si 时的通量值。

第 9 章我们研究 Cat-CVD 中产生的基团束流密度时，还会讨论杂质的真实束流浓度。

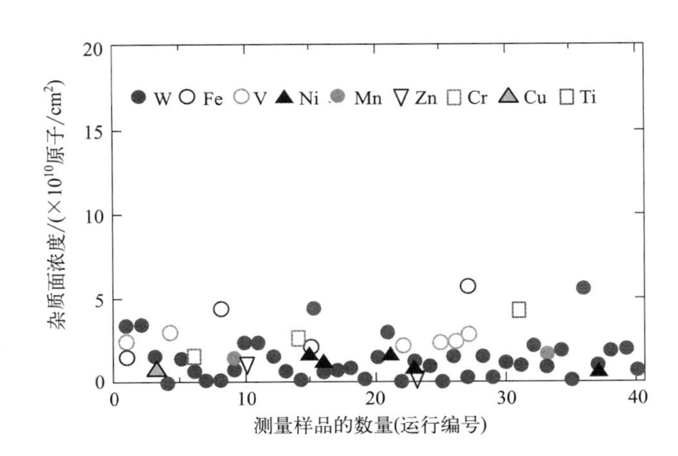

图 7.14 用 TXRF 法测定 40 个 Cat-CVD SiN_x 样品中所有杂质的浓度。数据来源：Matsumura 等（2014）[13]。经 The Japan Society of Applied Physics 许可转载

7.6 催化热丝的寿命及其延长方法

7.6.1 引言

Cat-CVD 中最严重的问题之一是催化热丝的寿命问题。根据本书介绍，催化热丝不应参与化学反应，而只是协助促进化学反应，自身不应发生任何变化。这是理想催化

过程的定义。而在实际中，没有任何催化热丝在沉积过程中能不发生任何变化。由于杂质导致催化热丝表面性能退化，使得所有催化热丝都面临最终失去催化活性的问题。如果催化热丝用于有机合成（例如，引发化学气相沉积，iCVD），则必须小心避免出现渗碳现象，并且在有机材料大规模生产中，催化热丝必须每几千小时更新一次。延长催化热丝的寿命仍是一个重要的研究目标。

在无机 Cat-CVD 中，情况更严重。与传统半导体工业一样，Cat-CVD 使用的是反应活性更高的气体，如 SiH_4。如第 4 章所述，SiH_4 在加热的钨表面分解为 Si＋4H，但需要更高的温度才能从 Si—W 键中解吸 Si 原子。如果温度不够高，钨的表面会逐渐被钨的硅化物覆盖。硅化物的形成决定了催化热丝的寿命。已有关于这种钨硅化物的形成和硅化物成分的一些报道[17]。这里我们首先根据 K. Honda 等的报道来解释硅化物形成时钨丝的寿命问题。这是因为 K. Honda 等已经系统地研究了硅化现象[18]。

7.6.2 钨催化热丝硅化物的形成

图 7.15 为专门设计的用于研究钨催化热丝寿命的实验装置。将长度为 66cm、直径为 0.5mm 的钨丝固定在图示的端帽上，使其保持笔直。图中所示的端帽结构独特。当热丝的热量逸散到金属电极时，端帽附近的温度下降，因此，在靠近端帽区域的热丝上容易生长硅化物层。端帽具有双层结构。钨丝固定在内部端子上，通过内部端子中的孔引入 N_2。内部端子再由外盖覆盖，因此 N_2 会充满外盖和端子之间的空间。利用这种方式，渗透到端帽中的 SiH_4 浓度就会非常低。通过这一系统可以有效避免内部端子附近的热丝被硅化。

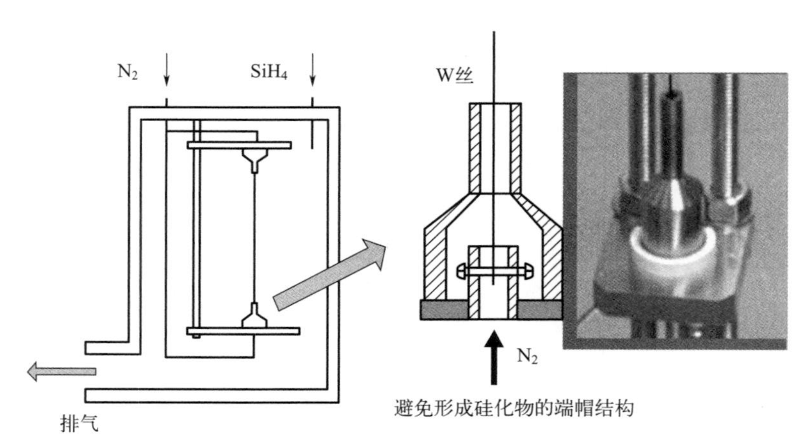

图 7.15 本节实验装置示意及避免在端子处的钨丝形成硅化物的端帽系统结构示意和实物照片。数据来源：经 Honda 等许可转载[18]。版权所有（2008）：The Japan Society of Applied Physics

该端帽系统的效果如图 7.16 所示。实验过程中，钨催化热丝保持在相对较低的温度，以诱导硅化物的形成。但即便如此，端帽内的钨丝也没有被硅化。许多实际 Cat-CVD 设备中均使用了该系统，以延长催化热丝的寿命。这是由于一旦终端开始硅化，可能就会快速蔓延到整个催化热丝。

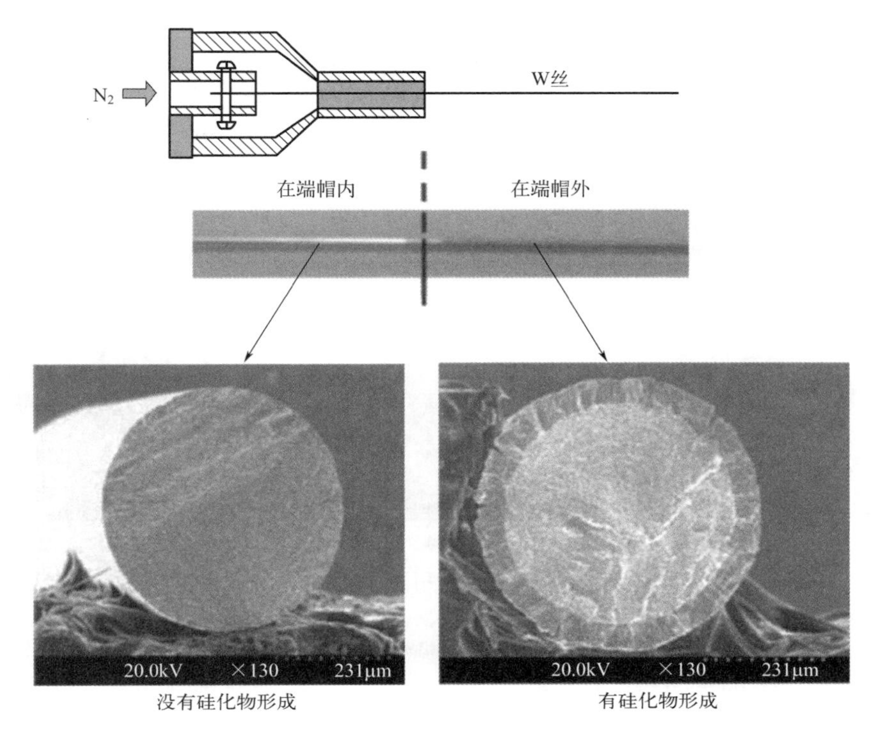

图 7.16 在钨丝端帽内外的钨丝 SEM 截面图。在端帽内的区域避免了硅化物的形成。数据来源：Honda（2008）[19]。经 IOP Publishing 许可转载

研究人员主要通过从热丝的中间部位取样研究了硅化物的形成过程。但结果与热丝上其他部位的结果并没有明显差异。将 FR(SiH_4)$=50cm^3/min$ 的 SiH_4 气体引入图 7.15 所示的实验腔室中，P_g 保持在 10Pa。30min 后，取出钨丝并在热丝中间切割，并通过扫描电子显微镜（SEM）观察钨丝横截面，结果如图 7.17 所示。图 7.17(a) 为初始钨丝的横截面图，图 7.17(b) 为 $T_{cat}=1850$℃下暴露于 SiH_4 后的横截面，图 7.17(c)～(f) 分别为 $T_{cat}=1750$℃、1650℃、1550℃和 1450℃下暴露于 SiH_4 后的横截面图。当 $T_{cat}=1850$℃时，钨丝暴露在 SiH_4 中 30min 后，未观察到钨丝发生变化。但当 T_{cat} 低于 1750℃时，钨丝表面发生了明显变化，并且在钨丝表面形成了一些未知层。不同 T_{cat} 下，钨丝上该层的厚度随暴露在 SiH_4 中的时间平方根的关系如图 7.18 所示。该关系曲线很简单。这表明形成新层的厚度与暴露时间的平方根成正比。

钨丝表面形成了什么？我们接下来利用电子探针显微分析（EPMA）测试了钨丝上形成的材料。EPMA 是一种可以对 SEM 图像中显示的材料进行测试的方法。其原理是通过用电子探针轰击材料，探测材料发射的特征 X 射线进行分析。图 7.19 为在（a）$T_{cat}=1750$℃和（b）$T_{cat}=1450$℃下暴露在 SiH_4 中 30min 钨丝的横截面图像。该图中，除了 SEM 图像，还给出了表面新形成层的成分结果。由图可知，表面层由钨硅化合物组成。在 $T_{cat}=1750$℃时形成的化合物成分与 $T_{cat}=1450$℃时的明显不同。当 $T_{cat}=1450$℃时，形成的是 WSi_2；而当 $T_{cat}=1750$℃时，考虑到图中所示的数据以及钨硅相图，形成的似乎是 W_5Si_3。

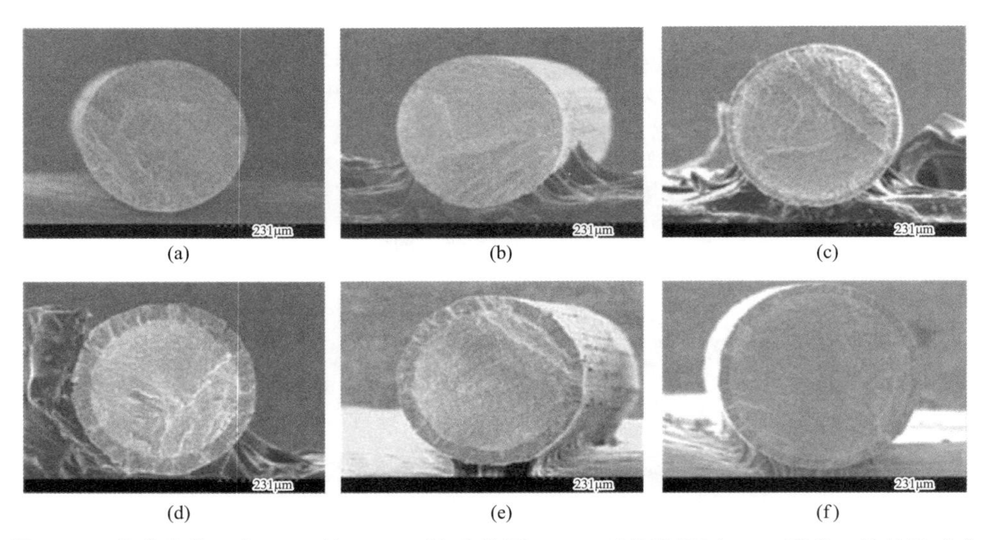

图 7.17 钨催化热丝在 10Pa 的 SiH_4 环境中使用 30min 后的横截面 SEM 图像，热丝温度分别为：(b) 1850℃、(c) 1750℃、(d) 1650℃、(e) 1550℃和 (f) 1450℃，图 (a) 为实验前钨催化热丝的截面图像。数据来源：经 Honda 等许可转载[18]。版权所有 (2008)：The Japan Society of Applied Physics

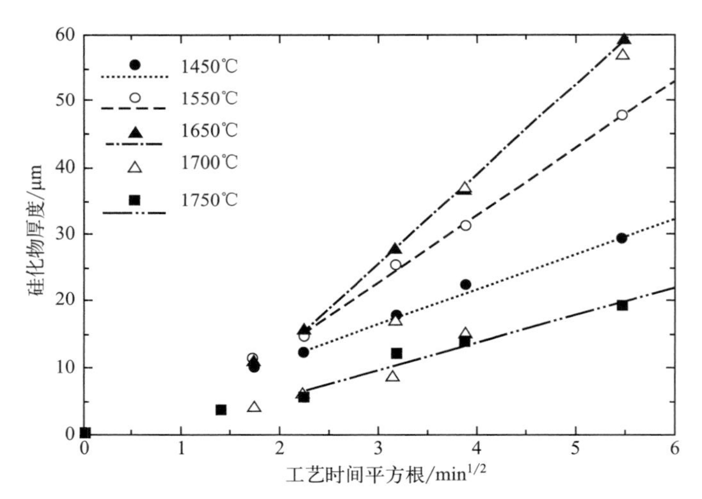

图 7.18 表面层（硅化物层）的厚度与工艺时间的平方根关系。数据来源：经 Honda 等许可转载[18]。版权所有 (2008)：The Japan Society of Applied Physics

在 10Pa 下暴露于 SiH_4 30min 后，硅化物层的成分与 T_{cat} 的关系如图 7.20 所示。当 T_{cat} 低于 1650℃时形成 WSi_2，但当 T_{cat} 高于 1750℃时形成 W_5Si_3。很可能在硅化物形成的初始阶段也包括含 Si 更少的 W_5Si。

这里，我们考虑基于 Grove 模型的钨丝上钨硅化物的生长机制，该模型已成功解释了 Si 衬底表面热生长氧化物层的生长机制[7]。假设形成硅化物的反应发生在硅化物表面或硅化物与钨丝之间的边界处，那么促进硅化物生长的基团必须在扩散过程中穿过

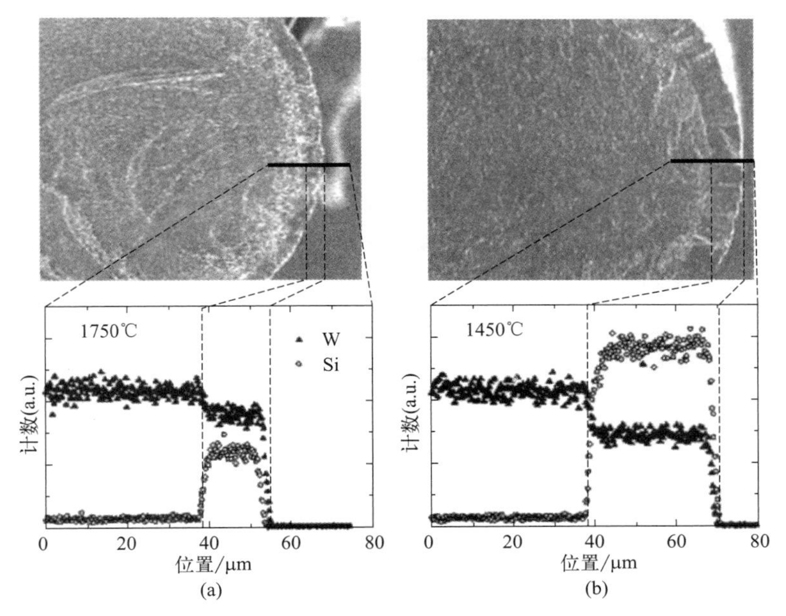

图 7.19 加热至 1750℃和 1450℃钨丝表面的 EPMA（电子探针显微分析）测试结果。数据来源：经 Honda 等许可转载[18]。版权所有（2008）：The Japan Society of Applied Physics

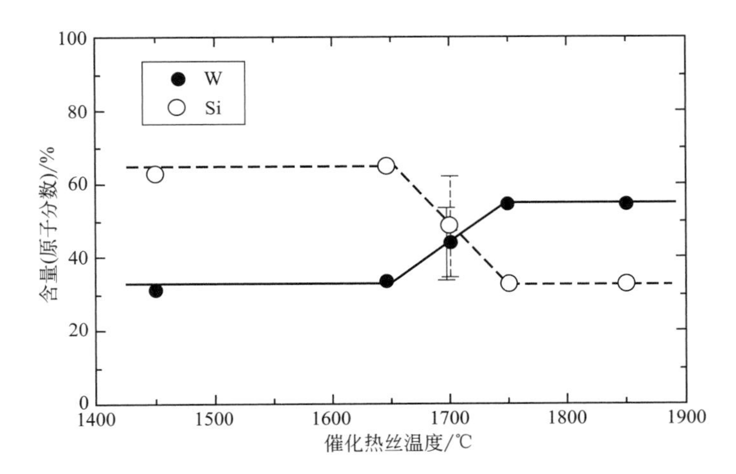

图 7.20 钨丝表面形成的钨硅化物中元素含量与催化热丝温度的关系。数据来源：经 Honda 等许可转载[18]。版权所有（2008）：The Japan Society of Applied Physics

已经形成的硅化物层。这意味着硅化物层的厚度 t_{silicide} 的平方必须与处理时间 T_{process} 成比例，如等式(7.6) 所示。

$$(t_{\text{silicide}})^2 = BT_{\text{process}} \tag{7.6}$$

式中，比例常数 B 通常称为抛物线速率常数。如果 B 的值大，硅化物的生长速率就快；如果 B 的值小，则硅化物的生长速率就非常慢。图 7.21 给出了将 T_{cat} 保持在 1850℃以上形成 W_5Si_3 的抛物线速率常数。

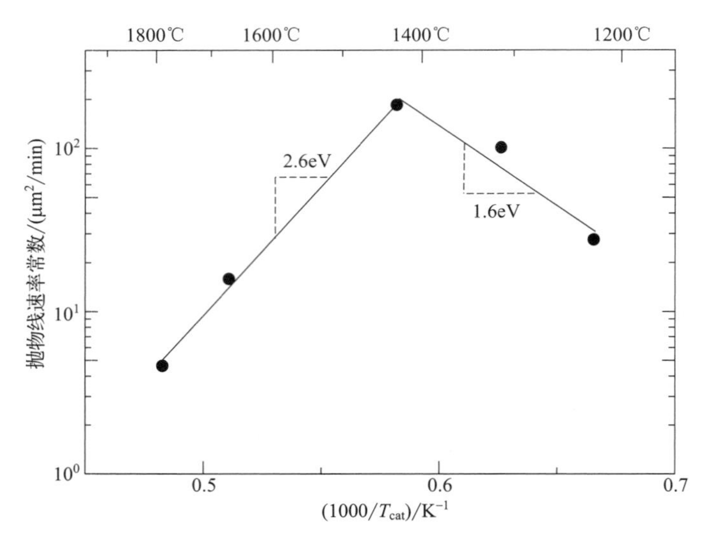

图 7.21 硅化物形成的抛物线速率常数与催化热丝温度 T_{cat} 倒数的关系曲线。数据来源：经 Honda 等许可转载[18]。版权所有(2008)：The Japan Society of Applied Physics

从图中可以看出，当 T_{cat}=1850℃，B 约为 4μm²/min 时，生长 10μm 厚的 W_5Si_3 层需要大约 25min。在本实验中采用了与上述实验相同的条件，即 FR(SiH_4) 为 50cm³/min，P_g 为 10Pa。如表 4.1 所示，一般 Cat-CVD 沉积过程中将 P_g 保持在 1Pa 左右，以 1～3nm/s，如 2nm/s 的沉积速率来获得器件级的 a-Si 膜。当 P_g 为 1Pa 时，随着与催化热丝的碰撞次数变小为 1/10，硅化物层的生长速率仅为这里给出结果的 1/10。也就是说，此时 B 变为 0.04μm²/min，此时生长 10μm 厚的 W_5Si_3 硅化物需要 2500min=41.7h。

假设 a-Si 的沉积速率为 2nm/s，那么在这 2500min 内，可以沉积 0.3mm 厚的 a-Si 膜。如果 a-Si 用于制造 a-Si/c-Si 异质结太阳电池，c-Si 衬底两侧所需 a-Si 薄膜的总厚度最多约为 50nm，那么 0.3mm 厚的膜相当于进行 6000 次双面镀膜。如果在一个衬底支架上同时制备 100 个太阳电池，这相当于制备 60 万个电池。

要长时间使用钨催化热丝，催化热丝的再生是一种很有效的方法。接下来我们讨论从硅化物中去除 Si 原子以恢复纯钨催化热丝。从固体中除去 Si 原子的方法有许多种。当 H 原子轰击 Si 衬底时，在特定条件下，可以将 Si 刻蚀出来以产生挥发性 SiH_4 气体，具体将在第 9 章讨论。也就是说 H 原子具有去除 Si 原子的能力。类似地，当硅化物在高温下暴露于 H_2 气体时，H_2 被分解成 H 原子，那么这些 H 原子就可以将 Si 原子从硅化物中去除。

另一种简单的方法是加热催化热丝，将 Si 原子从硅化物中蒸发出来。由于这个过程没有发生化学反应，Si 去除速率可能低于使用 H 原子的情形。但为了表明这种方法能够恢复催化钨丝，我们给出了在停止供应 SiH_4 后，通过加热去除 Si 原子的结果。

在本实验中，我们分别以 10μm 厚的 W_5Si_3 和 30μm 厚 WSi_2 的钨丝作为样品，在未通 SiH_4 情况下对它们在 1850℃和 2100℃下加热 1h。图 7.22 给出了样品在 1850℃加热后的 EPMA 观察结果，图 7.23 给出了在 2100℃加热后的结果。很明显，1850℃处理 1h 后，10μm 厚的 W_5Si_3 层恢复到纯 W，而 WSi_2 表层恢复成为 W_5Si_3，更深区域中的 WSi_2 仍然保留。2100℃加热 1h 后，WSi_2 层也恢复到了纯 W。但应该注意的是，一旦形成 WSi_2，体积就会膨胀。这样即使去除了 Si 原子，钨丝的表面也无法恢复到其原始的光滑状态。应该注意在使用过程中应尽早再生钨催化热丝，以避免这种体积膨胀。

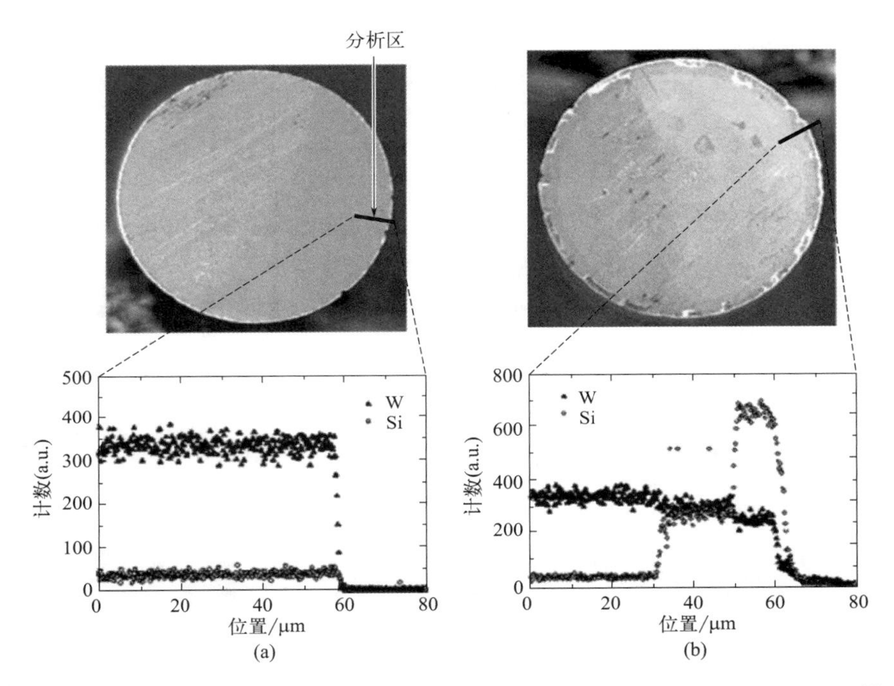

图 7.22　1850℃真空加热 1h 后硅化物层的变化。(a) W_5Si_3 样品，(b) WSi_2 样品。数据来源：Honda (2008)[19]。经 IOP Publishing 许可转载

尽管目前实验数据还不完整，但我们仍希望能够长期使用钨催化热丝。例如，在 T_{cat}=1850℃下每沉积 a-Si 薄膜 40h 后，我们就在 1850℃下对钨催化热丝加热 1h 来进行恢复处理。此外，因为 H 原子具有后文所述的腔室清洁能力，如果我们通过通入 H_2 来去除 Si 原子，那么我们就可以在热丝再生的同时清洁腔室壁。

7.6.3　钽催化热丝硅化物的形成

钽 (Ta) 是另一种可用于沉积 a-Si 的催化热丝材料，与钨催化热丝相比，其 T_{cat} 可以适当降低一些。荷兰乌得勒支大学的 R. E. I. Schropp 团队和德国凯泽斯劳滕大学的 B. Schroeder 团队对钽丝表面硅化物的形成和形成后的恢复方法进行了深入研究[20,21]。这里，我们主要介绍乌得勒支大学团队的工作[20]。

R. E. I. Schropp 团队通过光学显微镜 (OMS) 和 SEM 测试了直径 0.5mm、长度 15cm 的钽催化热丝在 T_{cat}=1750℃下暴露在 SiH_4 气体中 6h 后的变化。图 7.24(a) 为

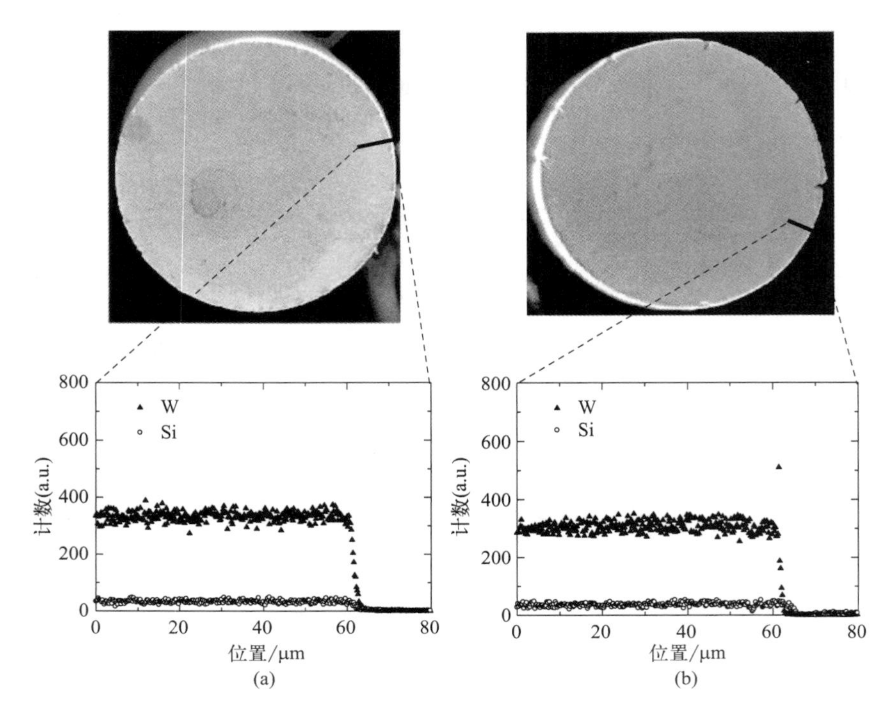

图 7.23 2100℃真空加热 1h 后硅化物层的变化。(a) W_5Si_3，(b) WSi_2。数据来源：Honda (2008)[19]。经 IOP Publishing 许可转载

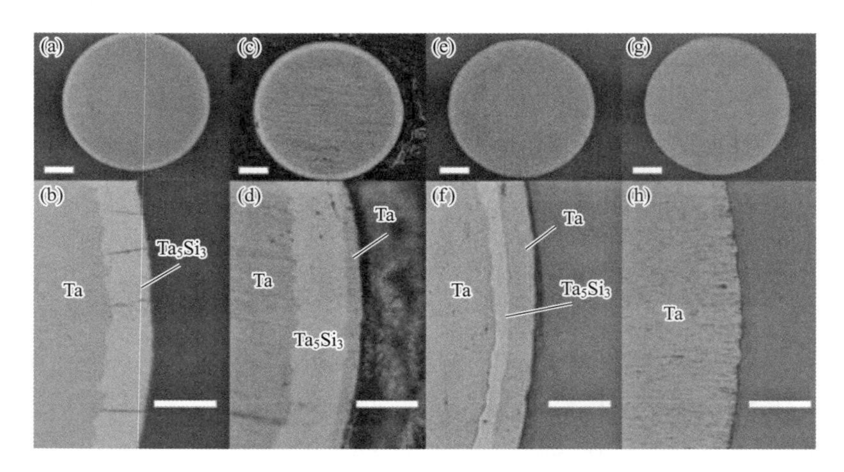

图 7.24 钽催化热丝的截面，(a) 和 (b) 为在 T_{cat}=1750℃的 SiH_4 中暴露 6h 后的横截面图像，(c) 和 (d) 是在真空中 T_{cat}=2100～2200℃时加热 10min 后的截面图，(e) 和 (f) 是同样条件下加热 1h 后，以及 (g) 和 (h) 是加热 4h 后的横截面图像。数据来源：van der Werf 等 (2009)[20]。经 Elsevier 许可转载

15cm 钽催化热丝中心部分的 OMS 横截面图像，图 7.24(b) 为相应的放大图片。钽催化热丝表面形成了厚度为 20μm 的壳层。经 X 射线衍射 (XRD) 测试发现其外壳为 Ta_5Si_3，与钨丝在 SiH_4 中加热至 1750℃以上时表面形成的 W_5Si_3 化合物类似。

图7.24(c) 和 (d) 为钽催化热丝表面形成 Ta_5Si_3 后，在真空中2100～2200℃下加热10min后的横截面图像。可以看到，其表面出现了一个新的壳层。XRD测试表明，新的壳层由纯Ta组成。图7.24(e) 和 (f) 显示了在2100～2200℃下加热1h后的横截面图像。图7.24(g) 和 (h) 显示了在2100～2200℃下加热4h后的横截面图像。与钨类似，Ta_5Si_3 可以完全恢复为纯Ta。这表明钽催化热丝与钨催化热丝一样可以重复使用。

7.6.4　钨表面渗碳[❶]抑制硅化物的形成

控制钨催化热丝温度使其始终保持在1850℃以上并周期性再生，我们可以长期使用该热丝进行a-Si沉积。然而，如果钨催化热丝的某些部分不能保持在这种高温下，钨催化热丝的寿命就会缩短。为了使钨催化热丝更可靠，最好能通过改变催化热丝表面来降低钨硅化物的生长速率。其中一种可行的方法是在钨丝上形成其他薄层，以降低硅化物的生长速率。关于这类解决方案的报道并不多，因此这里我们提供的数据比较有限。

在这些数据中，我们发现钨表面渗碳可以降低钨上硅化物生长速率。钨表面覆盖的渗碳层是将钨丝在Cat-CVD腔室中暴露于甲烷（CH_4）气氛下形成的。渗碳处理在 T_{cat}=1900℃、P_g=10Pa下，通入纯 CH_4 气体处理5min完成。这样的条件下，可以形成约10μm厚的 W_2C 层。之后，在 T_{cat}=1850℃和 P_g=10Pa条件下将 SiH_4 通入腔室中进行Si薄膜沉积。

图7.25为 T_{cat}=1850℃、P_g=10Pa时，钨丝表面硅化物厚度与催化热丝暴露在 SiH_4 中的时间关系。当纯钨热丝暴露于 SiH_4 气体时，钨丝的表面形成钨硅化物，其抛

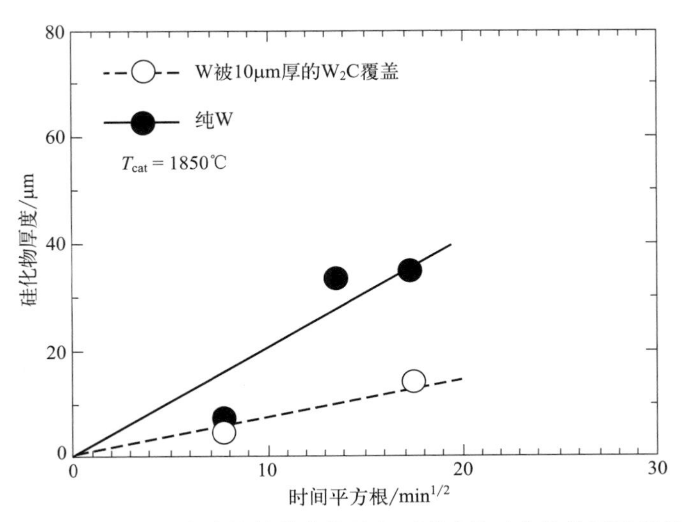

图7.25　渗碳与未渗碳的钨催化热丝表面形成钨硅化物的厚度随暴露在 SiH_4 中时间的变化曲线。数据来源：Honda（2008）[19]。经IOP Publishing许可转载

❶ 如第5章所述，本书中使用“渗碳”一词，而不是“碳化”。

物线速率常数 B 约为 $4\mu m^2/min$，如图 7.21 所示。但当表面覆盖 $10\mu m$ 厚的 W_2C 渗碳层时，钨硅化物的厚度明显减小，大概为纯钨时的 40%[19]。此时，抛物线速率常数 B 约为 $0.64\mu m^2/min$。当以 $P_g=1Pa$、$FR(SiH_4)=50cm^3/min$ 沉积 a-Si 时，再生之前的使用时间可以从前文所述的 40h 延长到 260h。因此，这种碳化钨催化热丝的寿命可以大大延长。

我们测试了用渗碳钨热丝沉积的 a-Si 薄膜的质量。结果表明与使用纯钨催化热丝制备的膜没有差异。虽然本书提供的数据量并不大，但这证明了通过渗碳可以延长钨催化热丝寿命的可行性。

7.6.5 钽催化热丝及延长其寿命的方法

如第 4 章所述，除钨之外，钽也常用作催化材料，这是由于其抑制硅化物形成的温度比钨低约 100℃[13]。此外，钨使用后会变脆，而钽在使用后仍可保持其柔软特性。因此，除了钨以外，有许多使用钽催化热丝沉积 a-Si 的报道。但由于钽非常软，与钨相比在高温下保持其形状不变则比较困难。

目前，除了对钽硅化合物的结构进行了研究外，关于钽催化热丝寿命的报道并不多[22]。还没有像前文中对钨硅化物的研究那样对钽硅化物的生长速率进行系统研究的报道。D. Knoesen 等报道称，在 $T_{cat}=1600℃$ 的 SiH_4 环境中，采用钽催化热丝沉积 a-Si 的时间不能超过 3～5h[22]。然而，如果在 a-Si 沉积之前和之后对钽丝在 $T_{cat}=1600℃$ 进行 5min 的 H_2 处理，则钽催化热丝的使用时间就可以超过 320h。无论如何都应注意，当使用钽代替钨时，T_{cat} 可以适当降低。如果我们在 $T_{cat}=1600℃$ 时使用钨催化热丝，它将立即转变为硅化物。钽柔软可弯曲。由于这些优点，许多人更喜欢使用钽代替钨作为催化热丝。

7.6.6 使用 TaC 延长寿命

I. T. Martin 等报道，当使用 TaC 代替钨或钽作为催化热丝时，催化热丝的寿命可以大大延长[6]。在他们的实验中，首先，准备直径约为 1.6mm 涂有石墨的钽棒，放置在常规热壁化学气相沉积（热 CVD）系统中，加热至 2200℃以上。这种方法在利用金属-有机物源制备石墨涂层时经常使用。最后在钽棒表面形成了 TaC 涂层，TaC/C 棒的直径变为 1.63mm。他们的报道中给出了该 TaC/C 棒的照片[6]，如图 7.26 所示[6]。其表面有金属光泽，呈金色。将 TaC/C 棒暴露在 SiH_4 气氛中，即使 T_{cat} 在较宽范围内变化，其外观也不会发生任何变化。他们假设其辐射系数为 0.6，通过热辐射监测了 TaC/C 棒的温度。并在相同条件

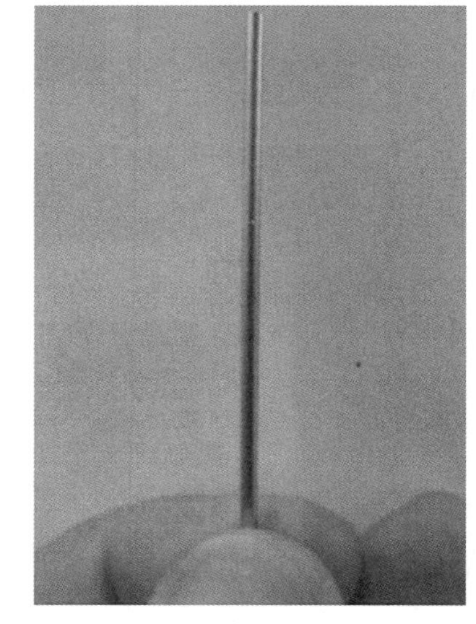

图 7.26 TaC/C 棒的照片。数据来源：Martin 等（2011）[6]。经 Elsevier 许可转载

下，将钨催化热丝制备的 a-Si 薄膜与 TaC/C 棒制备的 a-Si 薄膜进行了比较。I. T. Martin 等并没有给出 TaC/C 催化热丝的确切寿命。但他们声称与使用钨催化热丝的情况相比，可以明显观察到 TaC/C 催化热丝在 SiH_4 环境中的寿命更长。TaC/C 棒的寿命取决于其末端形成的硅化物。TaC/C 棒末端的 T_{cat} 较低，因此硅化物更容易生长。可以预测，如果他们使用了图 7.15 和图 7.16 所示的端帽系统，热丝寿命将延长更多。

他们还研究了 TaC/C 催化热丝对 SiH_4 的解离概率 α，并将其与钨或钽热丝的报道值进行了比较。如图 7.27 所示，其解离概率值与钨或钽催化热丝的差别不大。图中给出的 $T_{cat}=1850$℃时钨的 α 值约为 0.2，与第 7.1.2 节中得出的结果完全相同。

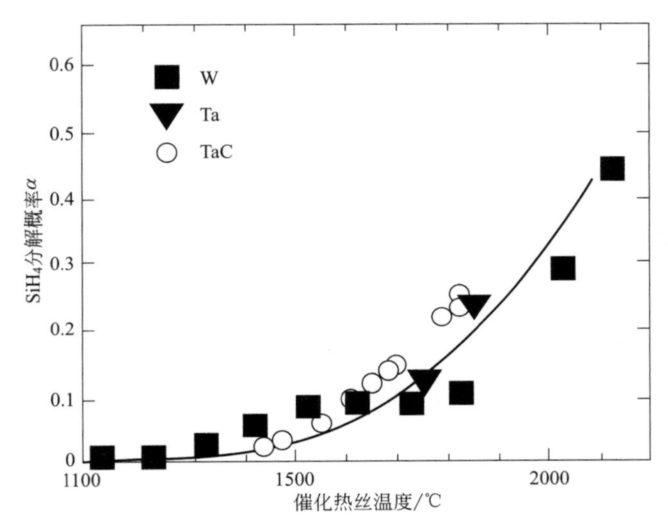

图 7.27　钨、钽和 TaC/C 催化热丝对 SiH_4 的解离概率 α 与催化热丝温度 T_{cat} 的关系曲线。数据来源：Martin 等（2011）[6]。经 Elsevier 许可转载

相对而言，使用 TaC/C 催化热丝不会遇到太多问题。这是由于 TaC/C 棒对于 SiH_4 的分解非常稳定，并且它的力学性能也很稳定。但是 TaC/C 的长度有限，因此它可以用于在有限区域内沉积薄膜，例如在聚对苯二甲酸乙二醇酯（PET）瓶的内部进行薄膜沉积。

7.6.7　使用其他钽合金延长寿命

除了 TaC 之外，还有一些报道或专利使用钽合金来延长催化热丝的寿命。由于钽是软金属，如果需要保持机械稳定性，则需要形成合金。为了使 Cat-CVD 的镀膜稳定，已经发表了几种制备钽合金的方法。图 7.28 为其中一种。图中给出了将热丝加热到某特定温度时的电源稳定性与累积沉积 a-Si 薄膜的厚度之间的关系[23]。报道给出了两种供电模式的结果：一种是施加恒定电流来供电；另一种是不连续供电，周期性地每隔几分钟打开一次电源。可能是由于机械应力，当周期性供电时，催化热丝并不稳定。但是，当采用持续供电模式时，催化热丝可以稳定使用，直到 a-Si 膜的总厚度超过至少 80μm。

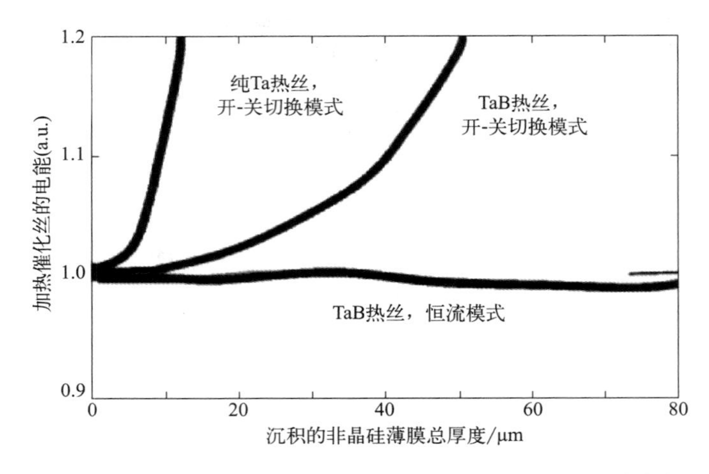

图 7.28 不同供电模式将催化热丝加热到 1750℃以上的电源稳定性。当电流保持恒定时，催化热丝更稳定。数据来源：经文献［23］许可转载

7.6.8 钨催化热丝在含碳气氛中的寿命

如第 5.3.6 节所述，SiN_x 膜可以使用更安全的六甲基二硅氮烷（HMDS）作为提供 Si 和 N 原子的气源。然而，如图 5.47 所示，加热钨催化热丝的电流非常不稳定。这是由钨催化热丝的渗碳引起的。我们之前在表 5.7 中列出了避免渗碳的典型条件，在此，我们回到采用有机源沉积 SiN_xC_y 这一主题，并以此来讨论延长催化热丝寿命的方法。典型的沉积条件与表 5.7 中的几乎相同。这里，我们再次给出沉积条件，以给出与表 5.7 不同的参数。表 7.2 简要总结了研究得出的结论。

表 7.2 使用 HMDS 制备 SiN_x 膜的沉积条件和探索避免 W 催化热丝渗碳的条件

参数	寻找非渗碳条件的研究	避免渗碳研究的结论	避免 W 渗碳
催化热丝	W		W
HMDS 流量	$0.5cm^3/min$(T_{cat} 改变时为 $1cm^3/min$)		$0.5cm^3/min$
NH_3 流量	$0\sim200cm^3/min$	高的 NH_3 流量更有效	$50cm^3/min$ 或者以上
H_2 流量	$0\sim200cm^3/min$	较高的 H_2 流量能提高 NH_3 的效果	$40cm^3/min$ 或者以上
T_{cat}	1200～2200℃	改变 T_{cat} 没有效果	1900℃
P_g	1～130Pa	高 P_g 比较有效	50Pa 或者以上
D_{cs}	8cm		8cm
T_s	＜100℃		＜100℃

图 7.29 给出了在没有通入 NH_3 和 H_2 的情况下沉积 SiN_x 膜后钨催化热丝的 XRD 图谱。图中所示的实验中，FR(HMDS)$=1cm^3/min$。后文其他实验中，其流量为 $0.5cm^3/min$。图中，T_{cat} 在 1200～2200℃变化，P_g 固定在 1Pa。该图表明，所有 T_{cat} 下，钨表面都出现了渗碳现象，只是在较高的 T_{cat} 下生成的是 WC 而不是 W_2C。由该图可知，T_{cat} 的变化在抑制渗碳方面无效。

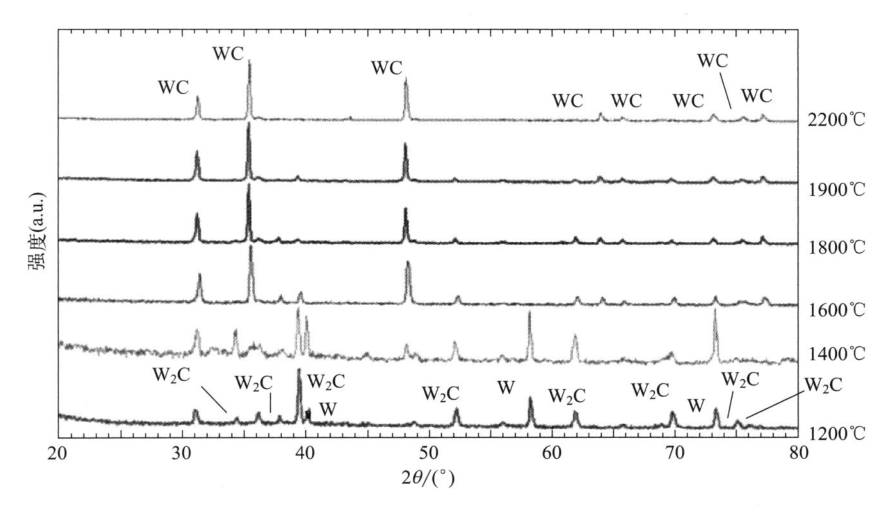

图 7.29　不同 T_{cat} 下通过 HMDS 沉积 SiN_x 膜后钨催化热丝的 XRD 谱

由于没有抑制渗碳的特定 T_{cat} 值，因此将其固定为 1900℃。然后在不通入 H_2，且 P_g=21Pa 条件下改变 NH_3 的流量 FR(NH_3)。图 7.30 为不同 FR(NH_3) 时沉积 SiN_x 膜后钨催化热丝的 XRD 图谱。随着 FR(NH_3) 的增加，钨表面从 WC 变为 W_2C，并且当 FR(NH_3) 超过 150cm^3/min 时，渗碳被抑制。这意味着 N 相关基团可以有效地从钨表面拉出 C 原子。避免渗碳的确切机制尚未明确，但强 C—N 键的形成可能会有效地破坏 C—W 键。

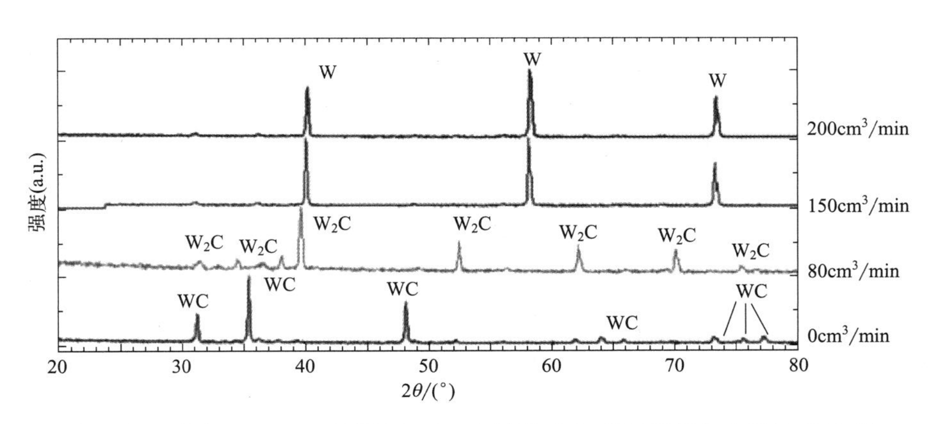

图 7.30　不同 FR(NH_3) 下通过 HMDS 沉积 SiN_x 膜后钨催化热丝的 XRD 谱

当通入 H_2 代替 NH_3 时，没有表现出明显的抑制渗碳效果；但当 H_2 加上较小的 FR(NH_3) 时，就会有效地抑制渗碳。例如，图 7.30 中的实验条件下，以 50cm^3/min 的 H_2 加上 80cm^3/min 的 NH_3，就可以有效抑制渗碳。如第 4 章所述，NH_3 在钨催化热丝表面分解为 NH_2+H，随后在气相中与 H 反应生成 N 或 N—H。因此，H_2 的添加有助于增加 N 原子的密度，而后者能够从钨丝中提取出 C 原子。

图 7.31 为 FR(HMDS)=0.5cm^3/min、FR(H_2)=40cm^3/min 和 FR(NH_3)=

$50cm^3/min$的条件下，不同P_g制备SiN_x膜后钨热丝的XRD谱。随着P_g的增加，渗碳可以得到有效抑制。总之，当使用含C气源沉积SiN_x时，为了避免钨催化热丝的渗碳，需要较大的NH_3流量和较高的气压。该组实验表明，有时可以通过与其他气体混合来延长催化热丝的寿命，以防止催化热丝表面反应改变催化热丝的特性。

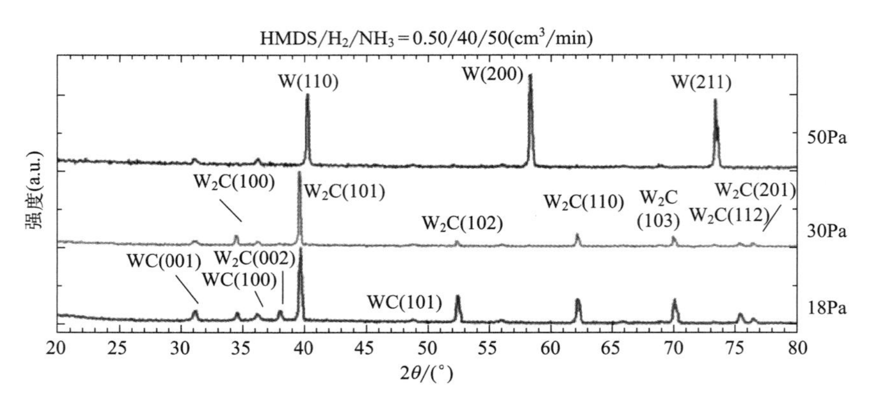

图 7.31 不同P_g下通过HMDS沉积SiN_x膜后钨催化热丝的XRD光谱

7.6.9 iCVD中使用的长寿命催化热丝

在iCVD中，由于使用反应引发剂来促进薄膜的生长反应，因此可以将T_{cat}降到非常低的温度。由CH_3分解导致的碳化反应在低温下显著减慢，所以低T_{cat}有助于延长催化热丝的寿命。在第6章中，我们发现在引发剂的帮助下，可以在低T_{cat}下沉积有机薄膜。对于此类引发剂的分解，热丝温度T_{cat}通常低于500℃。特别当使用NiCr或其他Ni合金作为催化热丝时，有机材料的分解会更容易，如图6.3所示。

这里，我们举一个例子来说明含镍合金如何有效分解有机气体。图7.32给出了三甲基铝（TMA）分解的Q-mass信号强度与不同催化材料的T_{cat}的关系。当TMA分解时，可以检测到其分解基团，如CH_4、CH_3和C_2H_4，如图5.59所示。在图7.32中，分别采用铬镍铁合金、不锈钢（SUS）、铱（Ir）和钨作为催化热丝。在图5.59中，绘制了所有催化热丝材料下的CH_3信号强度。图中所示数据取自参考文献[24]～[26]。对于钨和铱，TMA在T_{cat}高于500～600℃时分解。然而，采用铬镍铁合金-600（72%镍、14%～17%铬和6%～10%铁）和SUS-304（304不锈钢：8%～10%镍、18%～20%铬和大约70%铁）两种镍合金热丝时，TMA在低于500℃的温度下便可分解。这表明当使用包含Ni的热丝（如NiCr）时，反应引发剂可以在低于500℃的温度下分解。

T_{cat}降至500℃以下有一个特殊意义。在如此低的T_{cat}下，由于单C原子基团的产生受到抑制，通常有机气体源中的—CH_3很难分解，因而催化热丝的碳化也被有效抑制。实际上，在iCVD中，当采用低T_{cat}值时，催化热丝的寿命可以延长很久。

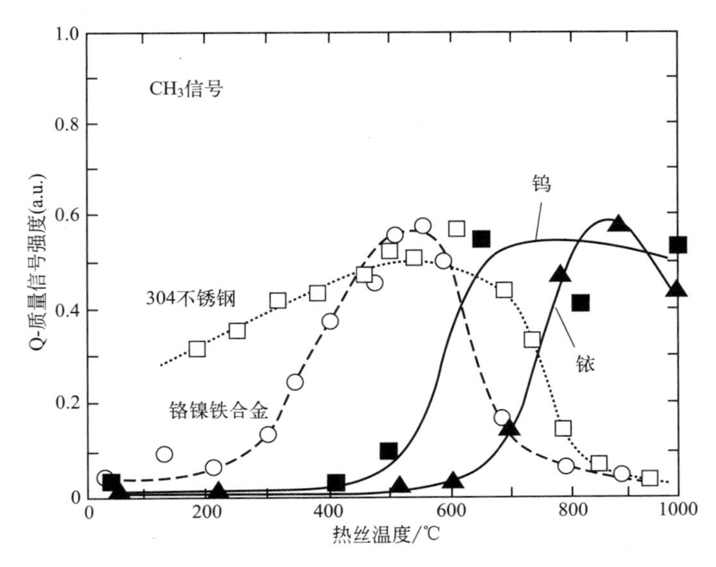

图 7.32　TMA 分解的 Q-mass 信号强度与 T_{cat} 的关系。数据来源：通过汇总文献［24］～［26］中的数据绘制

7.7　腔室的清洁

CVD 系统中最重要的问题之一是腔室壁的清洁。特别是在 RF-PECVD 中，沉积在腔室壁或腔室中其他部位的薄膜改变了射频功率传输的匹配条件。因此腔室的清洁对于保证薄膜质量的稳定性至关重要。在 Cat-CVD 中，沉积在腔壁上的薄膜有时会影响沉积薄膜的质量，如先前沉积在腔壁上的薄膜会与 H 原子发生反应，生成一些与气源分解产生的基团不同的新基团。

采用热丝催化裂解 H_2 产生的大量 H 原子来蚀刻腔室壁上的硅基薄膜是最简单的清洗方式。图 7.33 给出了 H 原子对 c-Si 和 SiO_2 的刻蚀速率与 H_2 气压 P_g 的关系。图中的其他参数，如 T_{cat}、FR(H_2) 和衬底温度 T_s 分别为 1800℃、48cm^3/min 和室温（RT）。从图中可以看出，当 P_g 为 0.5Torr(67Pa) 时，Si 的蚀刻速率超过 200nm/min。而在相同 H 原子密度下，SiO_2 完全不被蚀刻。该蚀刻速率可能不足以完全从腔壁上去除硅薄膜（如 a-Si），尤其在量产条件下。但在该清洁过程中不使用卤族等温室气体。Cat-CVD 之所以可以用 H_2 进行清洁，是由于催化裂解 H_2 容易产生高浓度 H 原子。

尽管考虑到环境问题，不建议使用含有卤素的气体，但为了提高刻蚀或清洁速率，也可以使用类似于 PECVD 中使用的三氟化氮（NF_3）。当使用钨丝时，若 T_{cat} 低于 2000℃，钨表面会很容易氟化。因此，为避免钨丝氟化，T_{cat} 要保持在 2400℃。如果钨催化热丝在 NF_3 环境中加热，且钨丝表面因氟化而发生变化，则加热钨热丝到目标温度的电流 I_{cat} 也将发生变化。图 7.34 给出了 I_{cat} 在不同 T_{cat} 和 P_g 条件下随使用时间的变化曲线。图示数据中，NF_3 的流量 FR(NF_3) 恒定为 $10cm^3/min$。当 T_{cat} 为 2000℃时，T_{cat} 很不稳定，特别是在较高 P_g 下。但当 T_{cat} 提高到 2400℃时，即使在较高 P_g（如 66.7Pa）下，电流也很稳定。这表明，如果将 T_{cat} 提高到 2400℃，就可以用 NF_3 进行清洗。

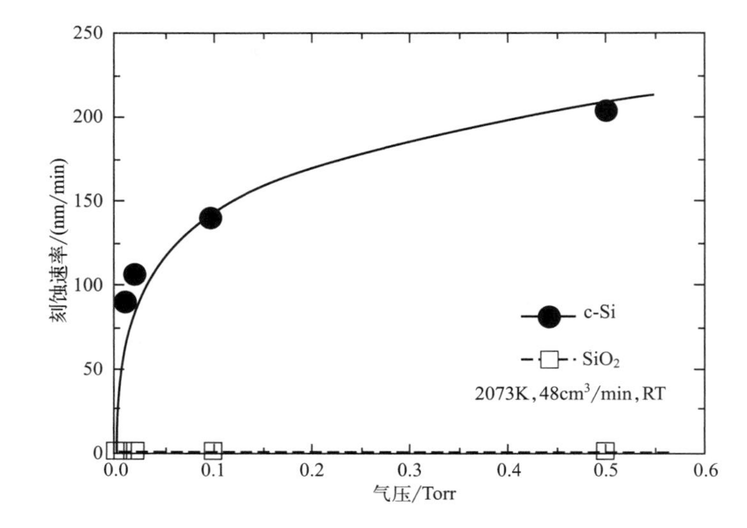

图 7.33 钨催化热丝裂解 H_2 产生的 H 原子对 c-Si 和 SiO_2 的刻蚀速率随气压 P_g 的变化。数据来源：Matsumura (2001)[27]。经 Elsevier 许可转载

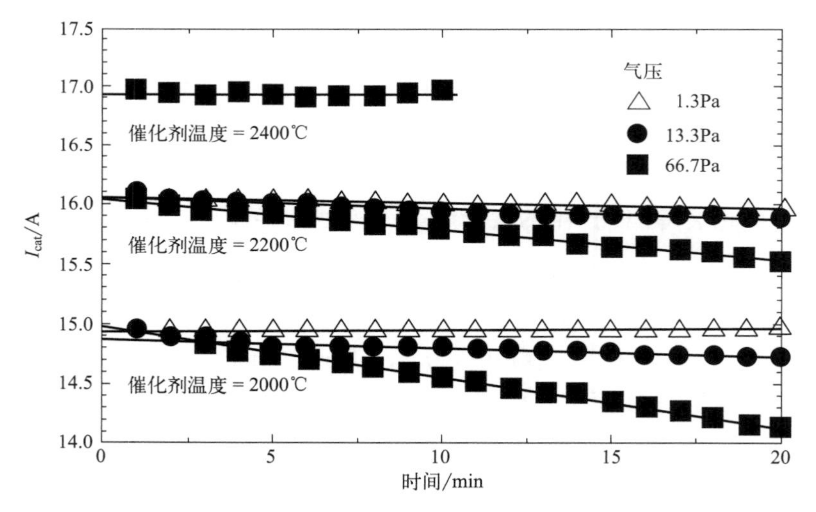

图 7.34 不同 T_{cat} 和 P_g 条件下钨催化热丝的电流 I_{cat} 与使用时间的关系。数据来源：Matsumura 等 (2003)[28]。经 Elsevier 许可转载

图 7.35 给出了在 T_{cat} 为 2400℃、P_g 为 66.7Pa、T_s 为 300℃时，NF_3 对 c-Si、SiO_2 和 SiN_x 的蚀刻速率随 FR(NF_3) 的变化。如图所示，c-Si 的刻蚀速率超过了 $3\mu m/min$。这些值与 RF-PECVD 设备中的蚀刻速率相当。

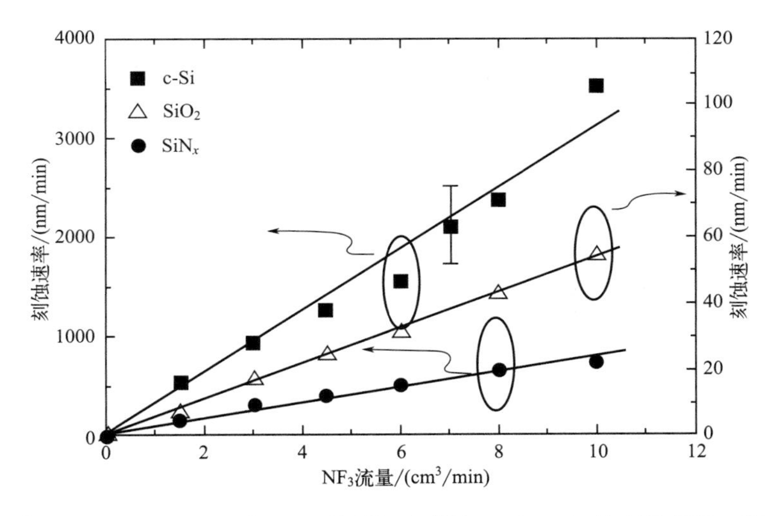

图 7.35 c-Si、SiN_x 和 SiO_2 的刻蚀速率随 FR(NF_3) 的变化规律。资料来源：Matsumura 等 (2003)[28]。经 Elsevier 许可转载

7.8 产业化生产设备现状

7.8.1 用于化合物半导体的 Cat-CVD 量产设备

最后，我们简要介绍量产型 Cat-CVD 设备的发展现状。据作者所知，首个用于量产的 Cat-CVD 设备是由日本 ANELVA 公司在 20 世纪 90 年代开发的。该设备用于在 GaAs 器件上沉积 SiN_x 钝化膜。正如将在第 8 章所描述的，在诸如 GaAs 的化合物半导体上沉积钝化膜是 Cat-CVD 工业应用的第一个成功例子。由于 ESC 系统会降低生产效率，因此当时并没有使用。将 GaAs 晶圆放置在旋转样品台上，通过样品台的旋转来避免热辐射所导致的衬底升温。图 7.36 为该设备示意图，图 7.37(a) 为该设备照片，图 7.37(b) 为沉积过程中的样品及旋转工作台照片。所有图片均转载自文献 [29]。

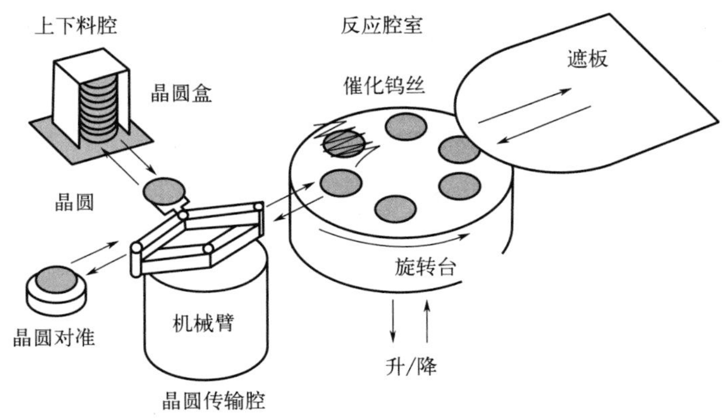

图 7.36 首台用于 GaAs 钝化膜的量产 Cat-CVD 装置的示意图。数据来源：经文献 [29] 授权转载

图 7.37 用于产业化生产 GaAs 钝化膜的 Cat-CVD 设备照片。(a) 沉积系统和控制面板。(b) 沉积过程中的旋转样品台。数据来源：经文献 [29] 授权转载

7.8.2 用于大面积沉积的量产型 Cat-CVD 设备

如第 2 章所述，在 20 世纪 90 年代，人们强烈需求大面积沉积技术来制备液晶显示器（LCDs）上的 a-Si 薄膜晶体管（TFT）驱动板。当时，人们认为由于射频频率下的驻波问题采用 RF-PECVD 系统来大面积沉积 a-Si 薄膜比较困难。如图 2.11 所示，由 Applied Komatsu Technolog 公司或美国 Applied Materials 公司开发的由许多空心阴极组成的阵列大面积 PECVD 设备并不广为人知。因此，利用 Cat-CVD 进行大面积沉积引起了人们的高度关注。

有两种方法可以实现 Cat-CVD 的大面积沉积。我们面临的挑战是如何将加热的钨或钽催化热丝固定在一个大面积区域内。一种方法是将许多短钨丝以阵列的形式安装在一个大平板上。如第 7.6.2 节和图 7.15、图 7.16 所述，当催化热丝的端点连接在盖帽系统内时，催化热丝的端点不会形成硅化物。基于此人们开发了图 7.38 所示的结构[9]。通过扩大催化热丝阵列的面积，就可以按需要扩大沉积面积。采用图 7.38 所示 Cat-CVD 设备沉积的 a-Si 薄膜 D，其厚度均匀性如图 7.39 所示。由图可见，可以在很大的区域内获得厚度均匀的 a-Si 薄膜。图中的厚度数据相对于中心区域作了归一化处理。

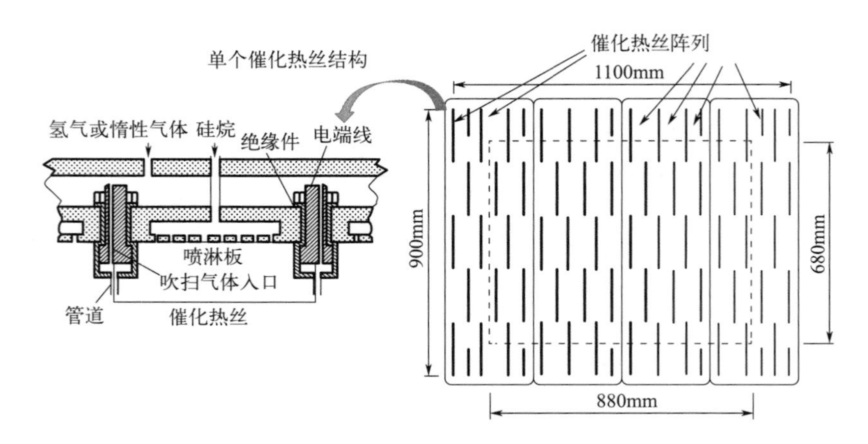

图 7.38 用于沉积大面积薄膜的 Cat-CVD 设备上催化热丝阵列中的气体花洒式喷头结构。数据来源：Ishibashi 等（2003）[9]。经 Elsevier 许可转载

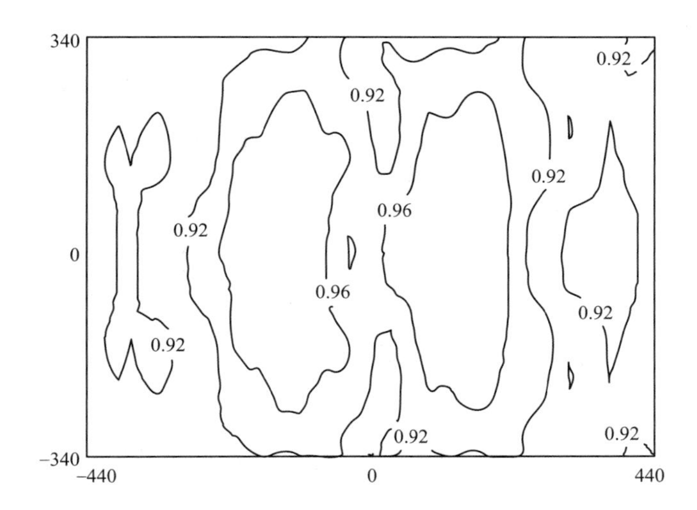

图 7.39　a-Si 薄膜的厚度均匀性。以该图中心的最大厚度为基准进行了归一化处理。垂直和水平轴的长度单位为 mm。资料来源：Matsumura 等(2003)[28]。经 Elsevier 许可转载

该系统解决了 Cat-CVD 的镀膜面积问题；但作为催化热丝阵列的支撑板，花洒式喷淋板上也会沉积上 a-Si 薄膜。因此，必须经常清洗该支撑板，以避免片状薄膜从支撑板上脱落。特别是根据薄膜的沉积工艺反复对其进行加热和冷却过程中，催化热丝周围的所有部件都会受到周期性热胀冷缩的影响。这很容易导致残留的薄膜剥落。为避免这种情况，可以采取其他方法。

如图 2.12 所示，新设计的设备将催化热丝垂直悬挂，将衬底也垂直放置。在这个设备中，可以安装两个衬底托盘，在催化热丝的两侧各布置一个。这样，薄膜可以同时沉积在两个衬底托盘上。面对催化热丝的两个托盘包围热丝，使所有的薄膜沉积在衬底托盘上而不是腔壁上。因此，不需要频繁清洗腔室。图 7.40 给出了这种立式大面积 Cat-CVD 设备的结构示意图，而图 7.41 为该设备的外观照片[30]。它的基本设计理念如图 2.12 所示。

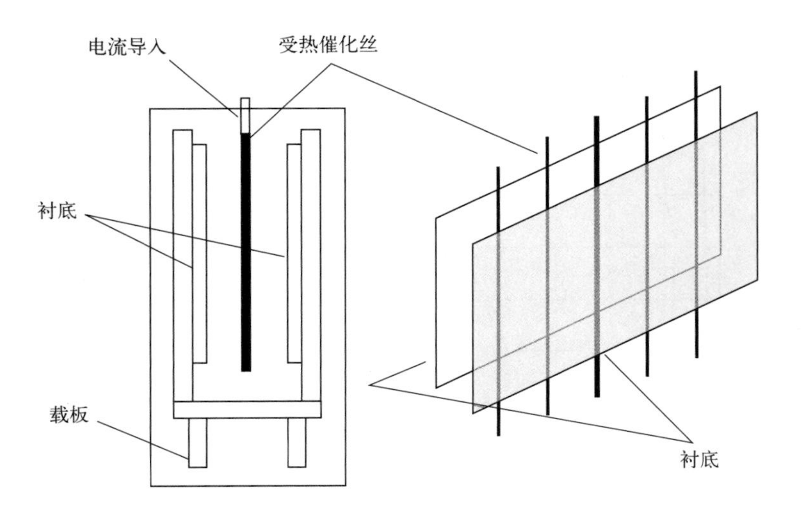

图 7.40　立式大面积 Cat-CVD 装置示意图。数据来源：Osono 等（2006)[30]。经 Elsevier 许可转载

图 7.41 立式大面积 Cat-CVD 设备照片。来源：经 Osono 等许可转载[31]。版权所有（2004）：The Japan Society of Applied Physics

ULVAC 有限公司的 S. Osono 等使用上述 Cat-CVD 设备制备 a-Si 薄膜，并系统地研究了 a-Si 薄膜的均匀性和 a-Si 的质量分布[30]。他们用钽丝作为催化热丝，在 $T_{cat}=1700℃$，$P_g=0.1\sim1Pa$，$FR(SiH_4)=100cm^3/min$ 和 $D_{cs}=7cm$ 条件下制备了 a-Si 薄膜。图 7.42 显示了 a-Si 薄膜的厚度均匀性，图 7.43 为所沉积 a-Si 薄膜不同位置的光电导 σ_{ph}（或 σ_p）和光敏性（即光电导率与暗态电导率 σ_d 的比值）。该样机的厚度均匀性还不够好，但光电质量的均匀性却非常优异，通过该大面积 Cat-CVD 设备制备的 a-Si 任意位置的光电性能都可以比肩目前质量最好的 a-Si 薄膜。最终，在该设备的基础上，他们经过大量的努力成功地开发出了一种大面积的量产设备，在厚度和性能上都具有足够的均匀性，而且这种设备已在市场上销售。

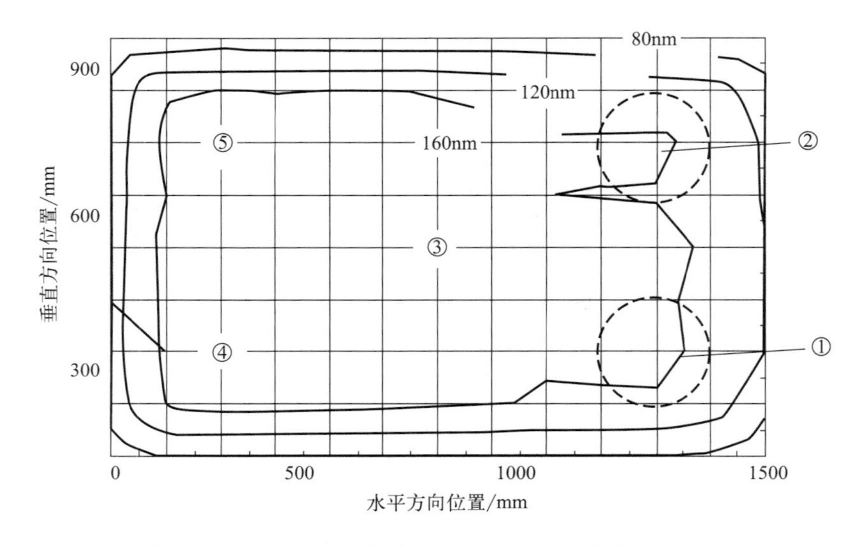

图 7.42 a-Si 薄膜的厚度均匀性。数值①～⑤表示测量薄膜光电性能的位置，测量的光电性能结果见图 7.43。数据来源：Osono 等（2006）[30]。经 Elsevier 许可转载

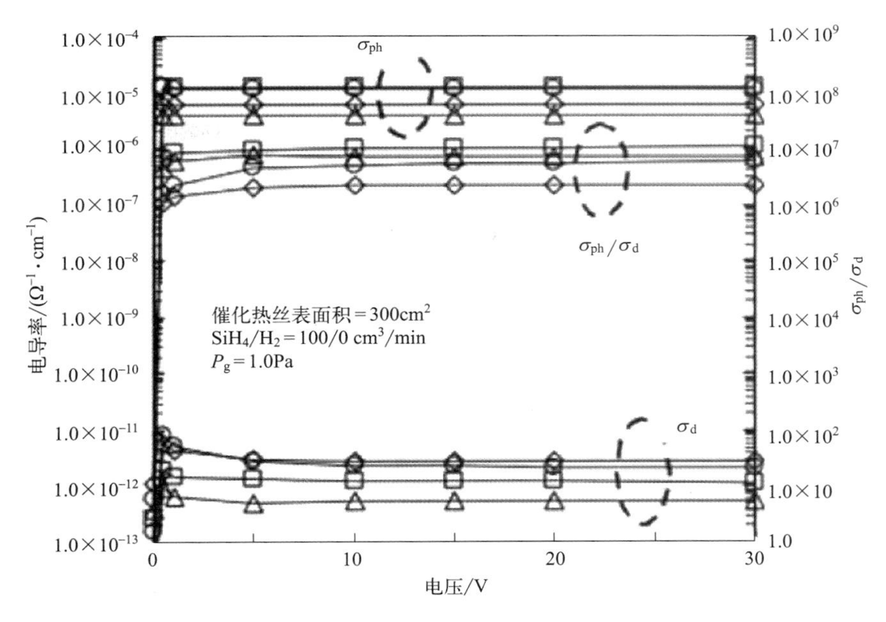

图 7.43 大面积 Cat-CVD 设备沉积 a-Si 的光电导特性。图中为电导率随施加电压变化的关系。数据来源：Osono 等（2006）[30]。经 Elsevier 许可转载

7.8.3 PET 瓶涂膜用的 Cat-CVD 设备

Cat-CVD 也可用于制备气体阻隔膜，稍后将在第 8 章进行说明。例如，如果在 PET 瓶内部涂上气体阻隔膜，就可以延长 PET 瓶中饮料的最佳保质期。日本啤酒和软饮料销售公司 Kinrin 开发了一种 Cat-CVD 量产饮料瓶的设备[32]。有了这台机器，Cat-CVD 阻隔膜可以同时沉积在许多 PET 瓶的内部。图 7.44 为该 Cat-CVD 设备的照片。

图 7.44 PET 瓶用的 Cat-CVD 阻隔膜镀膜设备的照片。数据来源：图片由 Kirin 公司提供

7.8.4 其他产业化生产设备的原型机

目前，已经开发出来了多种量产型 Cat-CVD 的原型机。它们中的部分照片在本章末尾的图 7.45 中进行了汇总。图 7.45(a) 中的设备用于 12in（1in=25.4mm）Si 晶圆加工，而图 7.45(b) 中的设备用于在塑料衬底上镀膜。尽管尚未在公开文献中报道，在剃须刀上涂覆聚四氟乙烯（PTFE）薄膜也已经商业化，并制造了相关量产 Cat-CVD 设备。可以在不同材料上沉积薄膜是 Cat-CVD 的优势之一，并且实现这一目标的设备也已经由一些设备供应商生产出来。然而，在大多数情况下，这些内容并不公开。

从 Cat-CVD 的研究开始到现在已经有了一段时间。使用该技术批量生产的产品也正在逐步变为现实。

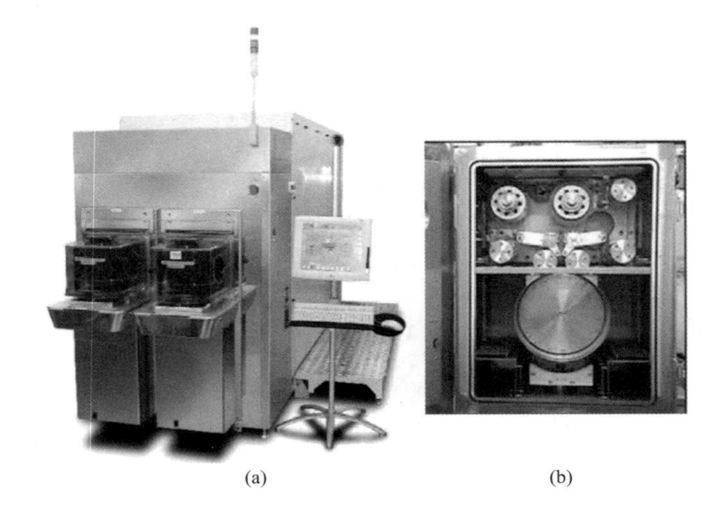

(a) (b)

图 7.45 (a) 用于 12in Si 加工工艺的 Cat-CVD 设备的照片。数据来源：图片经文献［33］授权转载。(b) 用于在塑料衬底上卷对卷沉积阻隔膜的 Cat-CVD 设备照片。数据来源：由 Ishikawa Seisakusyo Co. 友情提供

参考文献

［1］ Honda, N., Masuda, A., and Matsumura, H. (2000). Transport mechanism of deposition precursors in catalytic chemical vapor deposition studied using a reactor tube. *J. Non-Cryst. Solids* 266-269: 100-104.

［2］ van der Werf, C. H. M., Goldbach, H. D., Loffler, J. et al. (2006). Silicon nitride at high deposition rate by hot wire chemical vapor deposition as passivating and antireflection layer on multi-crystalline silicon solar cells. *Thin Solid Films* 501: 51-54.

［3］ Asari, S., Fujinaga, T., Takagi, M. et al. (2008). ULVAC research and development of Cat-CVD application. *Thin Solid Films* 516: 541-544.

［4］ Zheng, W. and Gallagher, A. (2006). Hot wire radicals and reactions. *Thin Solid Films* 501: 21-25.

［5］ Doyle, J. R., Xu, Y., Reedy, R. et al. (2008). Film stoichiometry and gas dissociation kinetics in hot-wire chemical vapor deposition of a-SiGe: H. *Thin Solid Films* 516: 526-528.

［6］ Martin, I. T., Teplin, C. W., Stradins, P. et al. (2011). High rate hot-wire chemical vapor deposition of silicon thin films using a stable TaC covered graphite filament. *Thin Solid Films* 519: 4585-4588.

[7] Ledermann, A., Weber, U., Mukherjee, C., and Schroeder, B. (2001). Influence of gas supply and filament geometry on large-area deposition of amorphous silicon by hot-wire CVD. *Thin Solid Films* 395: 61-65.

[8] Zhang, Q., Zhu, M., Wang, L., and Liu, F. (2003). Influence of heated catalyzer on thermal distribution of substrate in HWCVD system. *Thin Solid Films* 430: 50-53.

[9] Ishibashi, K., Karasawa, M., Xu, G. et al. (2003). Development of Cat-CVD apparatus for 1-m-size large-area deposition. *Thin Solid Films* 430: 58-62.

[10] Far Associates. Tungsten filament emissivity behavior. http://pyrometry.com/farassociates_tungstenfilaments.pdf (accessed 02 November 2018).

[11] Karasawa, M., Masuda, A., Ishibashi, K., and Matsumura, H. (2001). Development of Cat-CVD apparatus-a method to control wafer temperatures under thermal influence of heated catalyzer. *Thin Solid Films* 395: 71-74.

[12] Santos, M. T., Muterlle, P. V., and de Carvalho, G. C. (2015). Emissivity characterization in stainless steels alloys for application in hydroelectric turbines. *Appl. Mech. Mater.* 719-720: 3-12.

[13] Matsumura, H., Hayakawa, T., Ohta, T. et al. (2014). Cat-doping: novel method for phosphorus and boron shallow doping in crystalline silicon at 80℃. *J. Appl. Phys.* 116: 114502-114501, 10.

[14] Heintze, M., Zedliz, R., Wanka, H. N., and Schubert, M. B. (1996). Amorphous and microcrystalline silicon by hot wire chemical vapor deposition. *J. Appl. Phys.* 79 (5): 2699-2706.

[15] Horbach, C., Beyer, W., and Wagner, H. (1991). Investigation of the precursors of a-Si * H films produced by decomposition of silane on hot tungsten surface. *J. Non-Cryst. Solids* 137-138: 661-664.

[16] Ishibashi, K. (2001). Development of the Cat-CVD apparatus and its feasibility for mass production. *Thin Solid Films* 395: 55-60.

[17] van der Werf, C. H. M., van Veenendaal, P. A. T. T., van Veen, M. K. et al. (2003). The influence of the filament temperature on the structure of hot-wire deposited silicon. *Thin Solid Films* 430: 46-49.

[18] Honda, K., Ohdaira, K., and Matsumura, H. (2008). Study on silicidation process of tungsten catalyzer during silicon film deposition in catalytic chemical vapor deposition. *Jpn. J. Appl. Phys.* 47: 3692-3698.

[19] Honda, K. (2008). Change of catalyzing wires used in Cat-CVD system and suppression of its changes. JAIST PhD thesis, March 2008. Chapter 5 (in Japanese).

[20] van der Werf, C. H. M., Li, H., Verlaan, V. et al. (2009). Reversibility of silicidation of Ta filaments in HWCVD of thin film silicon. *Thin Solid Films* 517: 3431-3434.

[21] Kniffler, N., Pflueger, A., Scheller, D., and Schroeder, B. (2009). Degradation and silicidation of Ta and W-filaments for different filament temperatures. *Thin Solid Films* 517: 3424-3426.

[22] Knoesen, D., Arendse, C., Halindintwali, S., and Muller, T. (2008). Extension of lifetime of tantalum filaments in the hot-wire (Cat) chemical vapor deposition. *Thin Solid Films* 516: 822-825.

[23] Osono, S., Hashimoto, M., and Asari, S. (2008). "Cat-CVD apparatus", applied from ULVAC. Japanese Patent, Open Number P. 2008-300793A, Application Number 2007-148306.

[24] Ogita, Y.-I. and Tomita, T. (2006). The mechanism of alumina formation from TMA and molecular oxygen using catalytic-CVD with an iridium catalyzer. *Thin Solid Films* 501: 35-38.

[25] Ogita, Y.-I. and Tomita, T. (2006). The mechanism of alumina formation from TMA and molecular oxygen using catalytic-CVD with a tungsten Catalyzer. *Thin Solid Films* 501: 39-42.

[26] Ogita, Y.-I., Kudoh, T., and Iwai, R. (2009). Low temperature decomposition of large molecules of TMA using catalyzers with resistance to oxidation in catalytic-CVD. *Thin Solid Films* 517: 3439-3442.

[27] Matsumura, H. (2001). Summary of research in NEDO Cat-CVD project in Japan. *Thin Solid Films* 395: 1-11.

[28] Matsumura, H., Umemoto, H., Izumi, A., and Masuda, A. (2003). Recent progress of Cat-CVD research in Japan-bridging between the first and second Cat-CVD conferences. *Thin Solid Films* 430: 7-14.

[29] Oku, Y., Usuji, T., Totsuka, M. et al. (2004). Cat-CVD technology for improvement of performance of high frequency devices. Technical Report of Mitsubishi Electric Corp., vol. 78, pp. 46 (in Japanese).

[30] Osono, S., Kitazoe, M., Tsuboi, H. et al. (2006). Development of catalytic chemical vapor deposition apparatus for larger size substrates. *Thin Solid Films* 501: 61-64.

[31] Osono, S., Kitazoe, M., Tsuboi, H. et al. (2004). Development of catalytic chemical vapor deposition equipment for large substrate. *Oyo Buturi* 73: 935-938. (in Japanese).

[32] Nakaya, M., Kodama, K., Yasuhara, S., and Hotta, A. (2016). Novel gas barrier SiOC coating to PET bottles through a hot wire CVD method. *J. Polym.* 2016: 7. https: //doi. org/10. 1155/2016/4657193.

[33] Fujinaga, T., Kitazoe, M., Yamamoto, Y. et al. (2007). Development of Cat-CVD apparatus. *ULVAC Tech. J.* 67: 30-34. (in Japanese).

第8章

Cat-CVD技术的应用

催化化学气相沉积（Cat-CVD）技术不仅应用在电子器件领域，而且在许多功能薄膜领域（如阻气薄膜方面）中也有应用。本章举例介绍了 Cat-CVD 技术在不同领域的应用，主要讨论了在薄膜制备方面的应用。而利用 Cat-CVD 技术产生的活性基团进行表面处理等方面的应用将在第 9 章中介绍。许多从事 Cat-CVD 应用的研究人员，特别是太阳电池领域，一般使用热丝化学气相沉积（HWCVD）这个称谓，而不是 Cat-CVD，由此许多学术论文都简称这种技术为 HWCVD。然而，为了表述的一致性，在本书中均使用 Cat-CVD 这一称谓。

8.1 Cat-CVD 的历史概述：研究与应用

第 1 章已经介绍了 Cat-CVD 的研究历史。从 Cat-CVD 技术诞生起，人们已将其应用在了许多领域，而这些应用也促进了相应领域的基础研究。图 8.1 简要概括了 Cat-CVD 研发过程的不同阶段。

图中，工业产业化方面的发展用粗实线包围的箭头来表示，实际应用方面的探索用

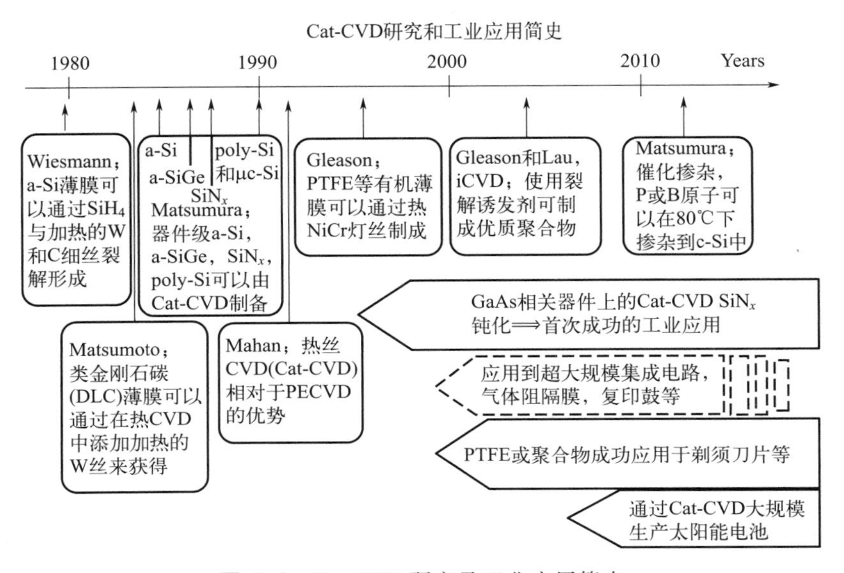

图 8.1　Cat-CVD 研究及工业应用简史

虚线箭头表示。第一个成功的应用是在 GaAs 和化合物半导体上制备钝化膜。使用 Cat-CVD 技术制备的器件现已在市场上出现。有机薄膜沉积方面的应用也是一个相对较早的成功范例。剃须刀片表面涂覆 Cat-CVD 薄膜也已经实现了商业化应用。21 世纪初，人们已经开始使用 Cat-CVD 大规模生产太阳电池，而且该领域的市场体量增长非常快。然而，由于大多数公司不愿披露其生产方法，因此很难准确指出哪些太阳能组件中使用了 Cat-CVD 薄膜。尽管缺乏关于 Cat-CVD 应用的公开信息，但这种沉积技术已经逐渐被许多企业接受并采用。

Cat-CVD 在超大规模集成电路（ULSI）领域的实际应用研究展示了其令人瞩目的研究成果。Cat-CVD 在阻气薄膜和复印机硒鼓膜的制备应用仍在研发中，某些情况下，它也已经用到了批量生产中。本章我们展示了针对各种实际应用的研究内容。但有时我们并不能确切地指出其工业化实施的内容和进度。

8.2 在太阳电池中的应用

8.2.1 硅和硅合金薄膜太阳电池

8.2.1.1 引言

如图 8.2 所示，2016 年，薄膜太阳电池占据全球太阳电池总产量的 5.9%[1]，这部分市场占比中只有一小部分（9.8%）是硅薄膜电池。但这也代表了每年 500MWp（太阳光峰值时的兆瓦数）的市场份额。

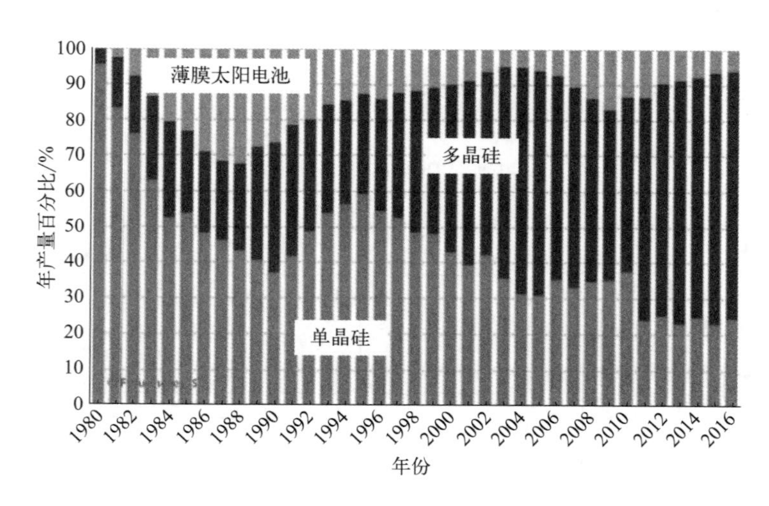

图 8.2 薄膜太阳电池（2016 年 4.9GW）、多晶硅（2016 年 57.5GW）和单晶硅（2016 年 20.2GW）太阳电池市场份额的年度变化。数据来源：经文献［1］授权转载

薄膜太阳电池可以在平方米级的面积上以较低的速率生产。因此即使薄膜电池的效率比 c-Si 电池的低，其每瓦特峰值的成本也会相对更低。未来在光伏发电领域，薄膜

太阳电池在包括安装成本方面可能会比传统 c-Si 太阳电池更具优势。在一些应用场景下，薄膜太阳电池是唯一可行的技术，比如在柔性箔片状衬底上实现轻质可卷曲、可弯折、有弹性的光伏电池。这些特点对于一些特定的光伏应用非常关键，如用在消费产品、车辆、建筑外墙和那些非承重的住宅或厂房屋顶玻璃面板上的光伏应用。

薄膜太阳电池在突破现有太阳电池效率方面会有所帮助。如将半透明的薄膜太阳电池添加到高效率太阳电池中，利用叠层电池增效原理实现性能上的飞跃。叠层或叠结(叠加两个或多个具有不同光响应、不同光暗电导比特性单结电池）电池与组成它的单结电池相比，可以在效率上产生真正的飞跃。

大多数硅薄膜太阳电池是由等离子体增强化学气相沉积（PECVD）制备的。而 Cat-CVD 生长薄膜时反应基团的产生与之有本质区别（见第 4 章）。Cat-CVD 工艺中，在温度高于 1600℃的热丝表面（通常为钨或钽）[2]，源气体可以充分地分解为原子级基团。

随后反应基团在低压环境（a-Si 通常只有 2Pa）下输运到衬底。由于可以在不形成气相颗粒的情况下实现高速沉积，所以利用 Cat-CVD 沉积硅薄膜具有较好的经济性[3]。目前已有结果表明，Cat-CVD 可以获得超过 PECVD100 倍的超高沉积速率[4]。这些超高沉积速率的数据是从实验室级设备上获得的，该设备仅安装了两根距衬底 3.2cm 的钨丝。通过恒定光电流法测得的氢化 a-Si:H 的饱和缺陷密度较低，为 $2\times10^{16}cm^{-3}$[5]。即使在很高的沉积速率下（如 13nm/s），尽管孔隙密度增加了约 100 倍，其饱和缺陷密度也在 $(2\sim4)\times10^{16}cm^{-3}$ 范围内[6]。低缺陷密度意味着硅氢键可以有效地钝化这些孔隙。

8.2.1.2　a-Si 太阳电池

如第 1 章所述，1993 年，凯泽斯劳滕大学和 NREL 制备了首个 Cat-CVD 硅薄膜太阳电池。2000 年，凯泽斯劳滕大学用 Cat-CVD 制备了 p 型和 n 型硅基薄膜并将其应用在 p-i-n 结构的硅薄膜太阳电池中。他们制备的面积为 $0.08cm^2$ 的电池初始效率为 8.8%，面积为 $0.8cm^2$ 的电池初始效率为 8.0%[7]。部分电池表现出不可逆的性能衰减(即通过退火无法恢复效率的衰减)，这可能是由于低衬底温度制备的 p 型 a-SiC:H 层孔隙密度过高。后来，通过 Cat-CVD 制备的微晶 p 型层有效地将 V_{oc} 提高到了 900mV。后来，凯泽斯劳滕大学的研究人员在 SnO_2:F 玻璃上制备了转换效率为 10.4%的 p-i-n 电池[8]。但由于光致衰减效应，该电池的转换效率衰减了约 30%。凯泽斯劳滕大学利用两个相同带隙的子电池叠加制作了首个 a-Si:H/a-Si:H 叠层电池，初始效率为 7.0%(V_{oc}=1.63V，FF=0.57)。该 pin/pin 叠层结构沉积在 Asahi U 形 SnO_2:F 玻璃上，且制备了高反射率氧化铟锡（ITO)/Ag 背接触电极。该叠层电池中，还包括了用 Cat-CVD 技术制备的 n 型和 p 型氢化微晶硅（μc-Si:H）隧穿复合结。2001 年，NREL 报道了在不锈钢（SS）衬底上制备了无背反射层的简单结构 n-i-p 结构电池，其初始效率为 5.7%，薄膜的沉积速率高达 50Å/s[9]，该电池的稳定效率为 4.8%。

由于制备底衬结构的电池中可以使用更高的衬底温度，乌得勒支大学的研究人员对 n-i-p 太阳电池（底衬结构）进行了进一步的优化工作[10]。之所以可以提高沉积温度是由于 n 型层在高反应活性气氛中比 p 层更稳定，凯泽斯劳滕大学的研究人员也指出过该问题。p 型层组分的无序度更高，孔隙率也更高。因此，沉积 p 型薄膜时需要更高的 H_2 流量。所以 p 型层的性能比 n 型层的更容易恶化。此外，p-i-n 结构（顶衬结构）的电池是在较低温度下沉积的本征吸收层，因此对光诱导产生的缺陷更敏感。文献 [10] 给出了硅薄膜太阳电池的一些材料基础数据，为了使用方便这里可以参考表 8.1。

后来，发现在 250℃ 时使用纯 SiH_4 沉积的 a-Si 作为 n-i-p 太阳电池的吸收层（i 层），即使 i 层的厚度达到 400nm，电池的性能也非常稳定。在一个太阳光下持续照射 1500h 后，电池的效率衰减仍小于 10%。更值得注意的是，此吸收层的沉积速率达到了 1nm/s。相比之下，使用 PECVD 沉积 i 层制成的电池要想实现这样的稳定性，沉积速率应降低至 0.3nm/s 以下。XRD 测量结果表明，高稳定性是由 Cat-CVD 沉积的吸收层的中程有序度提高所产生的[11]。XRD 谱中的第一个衍射峰的半高宽仅为 5.10°±0.09°，表明薄膜的中程有序度很高。因此，有时也会认为这些薄膜具有"准晶"网络结构[12]，即处于形成（微/纳米）结晶的临界点。此外，这些膜具有较高的孔隙率，包括孤立、细长的小孔洞。参考文献 [11] 推断这些孔洞为非晶网络提供了更高的拓扑自由度，这使得薄膜具有较强的中程有序度。

表 8.1　硅薄膜太阳电池的一些材料基础数据

利用 HWCVD 制备的不同硅薄膜本征吸收层特性					
材料特性	参照 (PECVD)	高温 a-Si:H① (HWCVD)	低温 a-Si:H② (HWCVD)	多晶 1③ (HWCVD)	多晶 2④ (HWCVD)
晶化比例(Raman)/%				80	95
平均晶粒尺寸(XRD)/nm				28	70
沉积速率/(Å/s)	1.2	18	10	1	5.5
氢含量(IR)(原子分数)/%	10.5	8	12～13	0.7	0.47
微结构系数	<0.1	<0.1	<0.25	n/a	n/a
双极扩散长度(SSPG)	200	260	160	37	568
光电导率/(Ω/cm)	1.0×10^{-5}	4.0×10^{-6}	3.0×10^{-5}	1.0×10^{-6}	2.0×10^{-5}
暗态电导率/(Ω/cm)	4.0×10^{-11}	2.0×10^{-10}	6.0×10^{-12}	5.6×10^{-7}	1.5×10^{-7}
带隙/eV	1.78	1.70	1.80	1.1	1.1
激活能/eV	0.85	0.80	0.90	0.57	0.54
态密度(CPM)/cm^{-3}	5.0×10^{15}	7.0×10^{15}			
态密度(ESR)/cm^{-3}				2.9×10^{18}	7.8×10^{16}

① 高温 a-Si:H 是指用纯 SiH_4 在 430℃下沉积的非晶薄膜。
② 低温 a-Si:H 是指用 1∶1 的 SiH_4/H_2 混合气在 250℃下沉积的 a-Si 薄膜。
③ 多晶 1 是指用高氢稀释比（SiH_4/H_2=1∶214）的混合气在 500℃下沉积的 poly-Si 薄膜。
④ 多晶 2 是指用低氢稀释比（SiH_4/H_2=1∶15）的 SiH_4/H_2 在 500℃下沉积的多晶薄膜。
注：CPM 为恒定光电流测量；ESR 为电子回旋共振；IR 为红外；SSPG 为稳态光生载流子栅线技术；XRD 为 X 射线衍射。在本表中，用 HWCVD 代替 Cat-CVD。数据来源：Schropp（2002）[10]。经 Elsevier 许可转载。

8.2.1.3　非晶硅锗（a-SiGe）太阳电池

非晶半导体合金，如 a-SiGe:H，也可以利用 Cat-CVD 来沉积并且制备的薄膜电学性能优异[13,14]。由于 Ge 的加入使薄膜的光学带隙下降，因此 a-SiGe 薄膜更适合用在叠层太阳电池中[15]。早期 NREL 报道的 a-SiGe:H 材料的成果中提及其带隙甚至可以低至接近 μc-Si:H 的 1.2eV[16]。

a-SiGe:H 具有直接光学带隙，其光敏性（光电导率/暗态电导率），在带隙为 1.2eV 时可超过 2 个数量级，1.4eV 时可超过 3 个数量级[17]。在吸收层没有形成任何带隙梯度的情况下，可以得到转换效率为 8.64%的单结电池[18]。

基于这一结果，埃因霍温理工大学开展了进一步优化工作，包括梯度带隙和多结电池的优化。另外，采用 μc-Si:H 作为吸收层时其厚度需超过 1μm（μc-Si:H 为间接带隙），而 μc-Si:H 的沉积速率高于 0.5nm/s 时其电学性能就会随之下降。因此，当时人们需要找到快速沉积窄带隙半导体薄膜的方法。而 Cat-CVD 沉积 a-SiGe:H 吸收层所需的时间与 μc-Si:H 相比可减少 3～4 倍。因此，可以以同样的倍率减小真空腔室的工作间隔，从而降低生产成本。而作为吸收层，150nm 的 a-SiGe:H 已经足够吸收大部分入射光（a-SiGe:H 为直接带隙），这样可以在 5min 内完成薄膜的沉积。另外，带隙小于 1.4eV 的 a-SiGe:H 薄膜仍具有良好的电学性能。迄今为止，这样的 a-SiGe:H 薄膜仍无法利用 PECVD 制备获得。

图 8.3 为 Cat-CVD 沉积 a-SiGe:H 薄膜的带隙（根据吸收光谱，用三种方法计算的光学带隙）随 $GeH_4/(GeH_4+SiH_4)$ 气体流量比例的变化。很明显，通过光吸收系数为 $10^{3.5}cm^{-1}$ 时的光子能量定义的光学带隙 $E_{3.5}$ 变化范围最大。

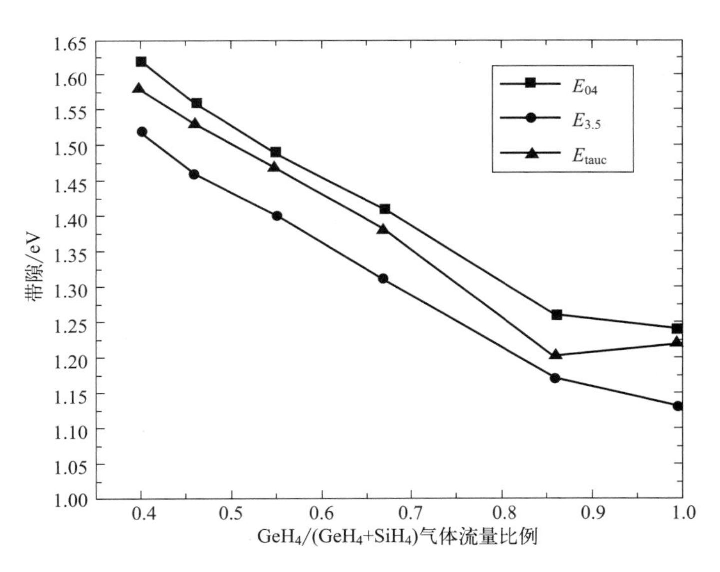

图 8.3　a-SiGe:H 的带隙随 $GeH_4/(GeH_4+SiH_4)$ 气体流量比例的变化

通过优化 n 型层和 p 型层及电池的接触，采用 $E_{gap}=1.65eV$ 无带隙梯度的 a-SiGe:H 作为吸收层的电池光电转换效率为 8.94%（21.31mA/cm^2，0.727V，FF=0.577，测量时无遮光板，吸收层厚度为 120nm）。优化带隙梯度 E_{gap} 最低至 1.37eV 的电池效率为 5.73%（27.37mA/cm^2，0.458V，FF=0.457，测量时无遮光板，吸收层厚度为

90nm）。沉积该电池的吸收层仅需 3min。图 8.4 给出了三种不同带隙吸收层电池的外量子效率（EQE）曲线[19]。

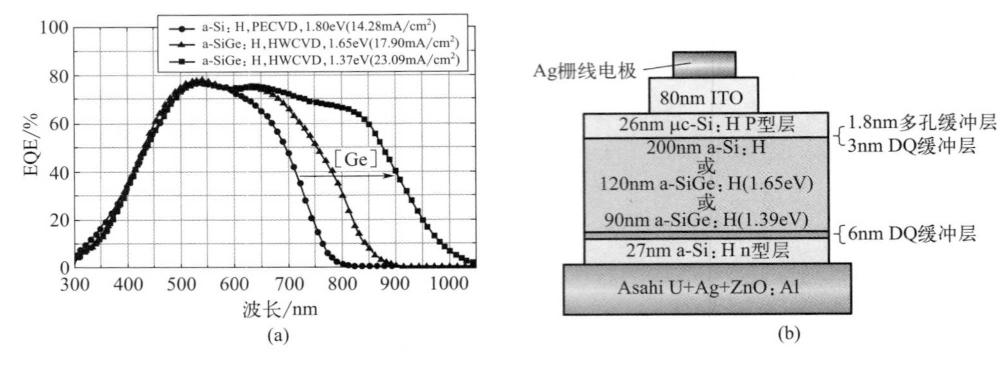

图 8.4 （a）三种不同带隙电池的外量子效率（EQE）曲线。数据来源：Veldhuizen 等（2015）[19]。经 Elsevier 许可转载。（b）通过逐渐降低的渐变带隙使吸收层的光响应扩展到近红外区，且不牺牲蓝/绿部分光谱响应。注意：带隙 1.37eV 电池的 EQE 在 900nm 时仍然高达 40%，且吸收层厚度只有 60nm，沉积仅需 3min

采用 E_g＝1.37eV 的 a-SiGe:H 作为吸收层的电池在长波长 λ＝900nm 处外量子效率值最高，约为 40%。这至少与约 2μm 厚且优化过陷光结构的 μc-Si:H 电池一样高。通过优化电池的所有参数，制备了 a-SiGe:H/a-Si:H 叠层电池，其中底电池为 Cat-CVD 电池，顶电池为 PECVD 电池。该电池的光电转换效率达到了 11.07%（13.0mA/cm^2，1.31V，FF＝0.652，测量时无遮光板）。后来，通过改善电流匹配，底电池带隙为 1.37eV 的 a-SiGe:H/a-Si:H 叠层电池效率达到了 11.89%（15.41mA/cm^2，1.189V，FF＝0.6493，测量时无遮光板）。当时，该结果引起了人们的广泛关注。这是由于其底电池的吸收层厚度仅 120nm（沉积时间只有 3 分 9 秒），顶电池的吸收层厚度也仅为 290nm。

后来，研究人员开发了一种“全 Cat-CVD（或全热丝 CVD）”的三结电池。其中，三个吸收层［1.86eV 的 a-Si:H(90nm)，1.54eV 的 a-SiGe:H(163nm) 和 1.37eV 的 a-SiGe:H(90nm)］均由 Cat-CVD 制备[20]。a-SiGe:H 薄膜较小的带隙和较高的折射率使太阳电池的吸收层很薄。与相对较厚的 μc-Si:H 薄膜电池器件相比，薄的吸收层可以在整个器件的界面上保持陷光绒面的微结构以保证它的陷光作用。

图 8.5 给出了该叠层太阳电池截面和能带结构示意图。电池的光电转换效率为 10.2%（8.1mA/cm^2，1.84V，FF 为 0.684），且非常稳定。在 AM1.5、100mW/cm^2 条件对开路状态下的电池照射 1000h，然后冷却至 50℃，其效率衰减仅为 6%，仍能保持 9.6%的效率。电池的 J-V 曲线如图 8.6 所示。

该电池的 a-SiGe:H 薄膜的沉积速率为 0.4～0.5nm/s，所有吸收层的沉积时间合计低至 15min。稳定的电池效率，短的沉积时间使 Cat-CVD 成为一种切实可行、具有成本竞争力的薄膜太阳电池生产方法。

8.2.1.4 μc-Si 太阳电池和叠层电池

μc-Si 是一大类有一定结晶度的硅薄膜统称。μc-Si 没有明确的定义：它的晶体可以

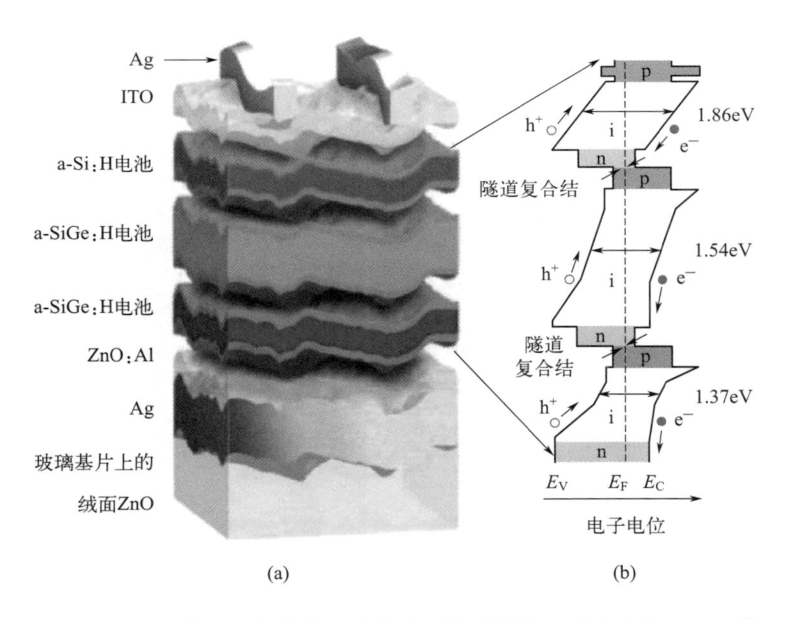

图 8.5　(a) 三结太阳电池截面示意图。除了衬底（玻璃上的 ZnO）外，所有层的厚度都是按比例给出。(b) 该电池的能带结构示意图。数据来源：Veldhuizen 和 Schropp（2016）[20]。经 AIP Publishing 许可转载

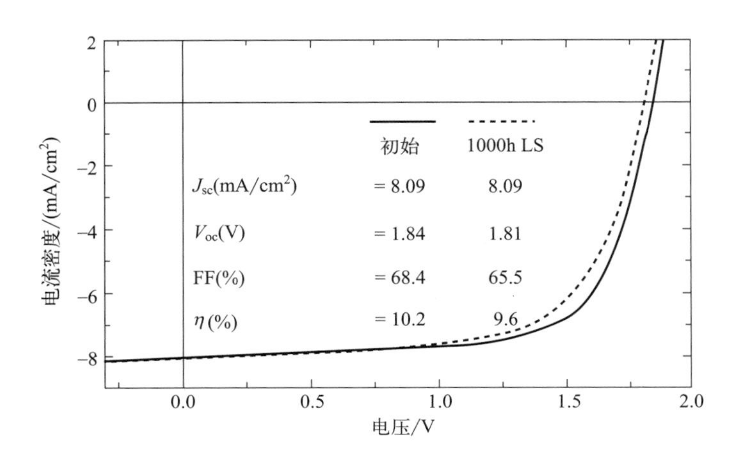

图 8.6　上图三叠层太阳电池光照 1000h 前后的 J-V 曲线。数据来源：Veldhuizen 和 Schropp（2016）[20]。经 AIP Publishing 许可转载

是纳米到微米尺寸，有很宽的晶化率变化范围，甚至晶化率会随着薄膜本身厚度变化而变化[21]。它可以是双相或三相材料，其中除了结晶相还存在非晶相和/或晶间相，通常还会含有孔隙。μc-Si 通常也被称为 nc-Si，这两个名称大多数情况下可以互换。

μc-Si:H 作为硅基薄膜叠层太阳电池中的窄带隙（1.0～1.1eV）光吸收材料引起了人们的兴趣。由于 μc-Si:H 为间接带隙结构，光吸收系数很小。但多数情况下，通过薄膜内部的光散射可以将其总吸收略微提高一些。通常在电池结构设计中采用织构化表面和界面来增强 μc-Si:H 薄膜内部的光散射。即使这样，也需要 μc-Si:H 吸收层的厚度超

过 1μm。这就给薄膜的沉积带来了新的挑战，例如如何保持沿生长方向材料的均匀性，织构粗糙的界面可能会导致沉积的薄膜出现缝隙，这些缝隙可能会成为漏电流通道[22]。图 8.7 为出现缝隙的薄膜截面 TEM 图像［图 8.7(a)、(b)］[23]，图 8.7(c) 为不出现缝隙时的织构形貌图。

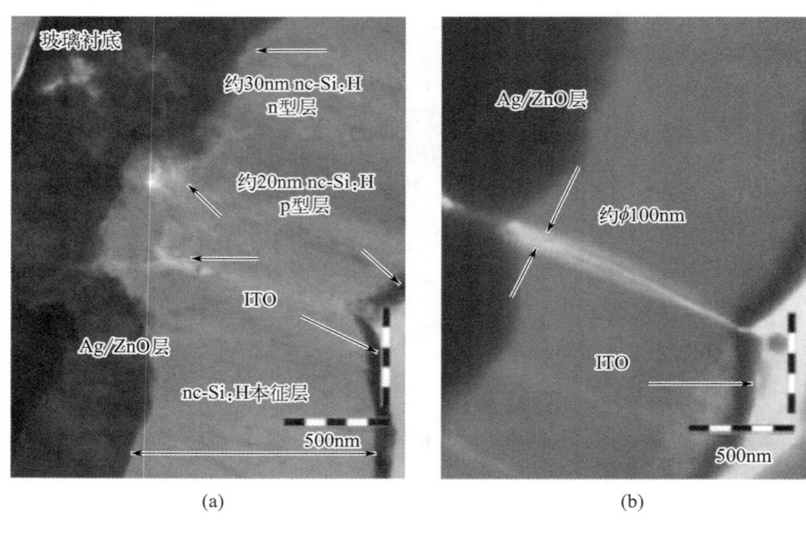

(a) (b)

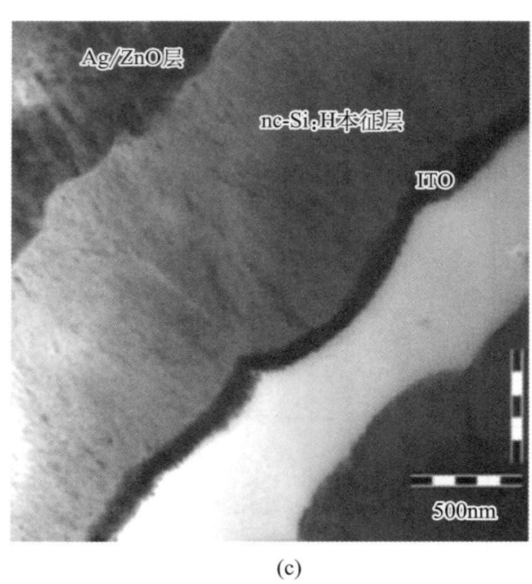

(c)

图 8.7 (a)、(b) 沉积在织构的 Ag/ZnO 薄膜上的 nc-Si:H n-i-p 太阳电池的透射电子显微镜（TEM）图。图中样品使用康宁玻璃衬底代替不锈钢，以便制备截面 TEM 样品。黑色箭头所指的是没有完全被硅填充的缝隙。数据来源：Schropp 等（2008）[23]。图（a）和（b）经 John Wiley & Sons 授权转载。(c) 性能良好的织构背反射层（rms 粗糙度为 73nm）。1.3μm 厚的 μc-Si:H 层无缝隙和孔洞

通过调整沉积条件保证纳米晶粒之间的空间被 a-Si 填满以避免出现孔隙互联，即可得到最佳质量的 μc-Si:H 薄膜[24]。PECVD 方法生长 μc-Si:H 时，随着厚度的增加薄

膜的晶化率逐渐提高且孔隙含量随之提高。与之相反，采用 Cat-CVD 沉积时，薄膜的晶化率会逐渐降低。因此，这两种沉积技术都会使薄膜内部产生缺陷富集区，严重降低电池的能量转换效率。在 PECVD 中，通过逐渐降低气源中的 H_2 稀释比，可以制备出不受厚度影响的稳定晶化率的薄膜来解决这个问题。相反，在 Cat-CVD 中，需要在薄膜沉积过程中逐渐增加 H_2 稀释来解决这个问题。因此，Cat-CVD 中 H_2 梯度调节技术也称为反向 H 梯度[25]。这样，就可以改善电池的 J-V 曲线，如图 8.8 所示。在表面沉积了 Ag/ZnO 绒面背反射膜的不锈钢衬底上制备了以厚度为 2μm 的 μc-Si:H 作为吸收层的 n-i-p 结构电池，其短路电流密度（在 AM1.5，100mW/cm^2 太阳下）为 23.4mA/cm^2，稳定效率为 8.52%（0.545V，FF=0.668）[26]，仅稍低于当时 PECVD 制备的类似结构电池的最佳效率，即效率为 8.9%的 n-i-p 电池[27]。

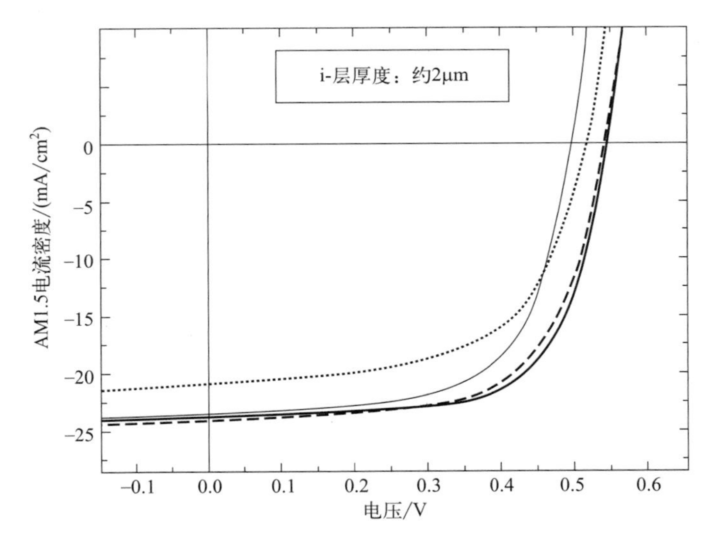

图 8.8　在表面沉积了 Ag/ZnO 绒面背反射膜的不锈钢衬底上制备的 μc-Si:H n-i-p 电池的 J-V 曲线（AM1.5）。细实线：恒定 H_2 稀释条件下制备 [$R_H = H_2/(H_2 + SiH_4) = 0.953$]；点线：恒定 H_2 稀释下制备（$R_H = 0.948$）；虚线：两步梯度制备，前半部分 $R_H = 0.948$，后半部分 $R_H = 0.952$；粗实线：具有与两步梯度相同的 H_2 流量下制备，但热丝为冷启动（即热丝初始温度较低）制备。数据来源：Li 等（2008）[25]。经 Elsevier 许可转载

这种 μc-Si:H 薄膜和电池用在了 a-Si:H/μc-Si:H/μc-Si:H 和 a-Si:H/a-SiGe:H/μc-Si:H n-i-p 结构的三结电池上，效率分别为 10.9%（8.35mA/cm^2，1.98V，FF=0.66）和 9.6%（8.15mA/cm^2，1.89V，FF=0.62）。含有两个 μc-Si:H 子电池的三结电池需要仔细调节沉积参数才能实现电流匹配，该电池具有比较厚的 i 层，分别为 180nm、2400nm 和 3700nm。用 a-SiGe:H 作为中间电池的三结电池 i 层厚度分别为 180nm、250nm 和 2000nm。a-Si:H/a-SiGe:H/μc-Si:H 三结电池在开路条件且温度为 50℃时，长时间暴露在 1 个太阳强度的光照下，150h 后效率趋于稳定；超过 500h 后，效率相对衰减了 3.5%。

8.2.1.5 纳米结构太阳电池

在PECVD沉积薄膜时，由于衬底表面区域内等离子体电位不同，可能会引起薄膜厚度的不均匀。这一现象主要在衬底大小范围内发生，是边缘效应和激发波长与衬底尺寸之比（如第2章所述的有限波长效应）作用的结果。因此，在PECVD中若要制备厚度均匀的薄膜，则衬底表面是一个等电位面非常重要。而在Cat-CVD中，由于没有使用高频电场，因此不存在上述问题。

衬底表面在微观尺度出现的凸起或陡峭的斜坡会引起薄膜微米或亚微米级尺度上的不均匀。在PECVD等离子体中，这些微观形貌变化会使生长表面局部电场强度发生变化，引起微观尺度上碰撞生长表面的离子密度不同。由于PECVD中离子对沉积速率有贡献，放电强度的局部变化就会引起局部（纳米级）厚度的变化。这对于PECVD是一种不利影响，尤其是使用表面有纳米结构的衬底时（如太阳电池中的陷光结构）。对此问题，PECVD常用的解决方案是大幅降低沉积速率，使得离子对薄膜生长的贡献减小，这样前驱体可以有较长的表面扩散时间。

这些问题不会在Cat-CVD中出现，这是由于Cat-CVD中没有等离子体，也没有使离子加速的等离子体鞘层。同样，考虑到Cat-CVD系统中只是用到低电压（热丝和衬底加热供电），那么即使出现少量带电粒子[28]，这些带电粒子也不会受到很强的加速。正是由于没有碰撞电离，任何类似PECVD中离子对薄膜生长的贡献都不会在Cat-CVD中出现[29]。

由于有限波长效应、局部放电强度变化和离子对生长的贡献在Cat-CVD中均不起作用，因此在高纵横比结构或纳米尺度绒面衬底上，都可以实现高速保形生长。这对于在高纵横比结构的微电子器件上沉积钝化层非常重要。目前已经有关于Cat-CVD在垂直沟槽中沉积具有很好一致性的薄膜的报道[30]。

Cat-CVD的这一优点也用在了纳米结构硅薄膜太阳电池的开发中，例如：①在纳米结构金属等离子激元表面沉积a-Si:H[31]；②在垂直纳米棒上沉积薄膜形成径向结区[32]；③在制绒和微柱结构的硅异质结（SHJ）电池表面沉积钝化层[33]。具体将在第8.2.2节中讨论。

第一个薄膜太阳电池的例子，是在纳米压印技术制备的覆盖有ZnO的Ag纳米颗粒上沉积90nm的a-Si:H薄膜（图8.9）[34]。通过优化Ag纳米颗粒的尺寸分布，获得了J_{sc}接近17mA/cm^2，效率为9.4%～9.6%的电池[35]。

第二个例子是在ZnO/Ag纳米棒上制备了保形n-i-p结构a-Si:H太阳电池（图8.10）。ZnO纳米棒的制备是将预先溅射好1mm厚ZnO种子层的衬底，浸没在温度为80℃、浓度均为0.5mmol/L的二水醋酸锌和六亚甲基四胺溶液中形成的。ZnO纳米棒表面沉积200nm厚的Ag薄膜（热蒸发制备）和80nm厚的ZnO：Al薄膜（溅射法制备）作为背接触[33]。从图8.10和图8.11中很容易看出Cat-CVD和PECVD所沉积薄膜保形性的区别。

此外，在这些ZnO/Ag纳米棒衬底上也制备了Cat-CVD a-SiGe:H太阳电池[36]。实验中，沉积a-SiGe:H吸收层使用的是两条距离衬底35mm、直径为0.3mm的平行钽丝。a-SiGe:H的带隙低至1.37eV。值得注意的是，吸收层厚度仅为35nm且在90s内完成沉积，如此薄的吸收层也可以产生 19.1mA/cm^2 的 J_{sc}。而 PECVD 沉积等效的 μc-Si:H 吸收层需要约 2000s，与之相比，90s 的沉积时间意味着沉积时间可以大大缩短。

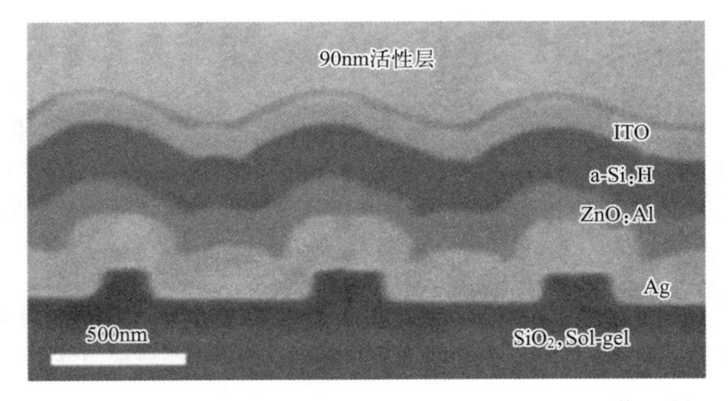

图 8.9 电池的横截面扫描电子显微镜（SEM）图像。剖面采用聚焦离子束切割制备。ZnO:Al 和 ITO 层之间的黑色膜层是 90nm 厚的 a-Si:H。数据来源：Ferry 等（2011）[34]。经 OSA Publishing 授权转载

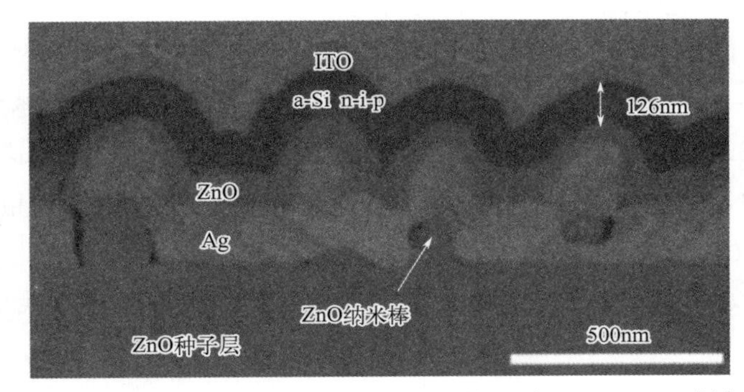

图 8.10 在覆盖 Ag 薄膜的 ZnO 纳米棒上采用 Cat-CVD 制备的 n-i-p 太阳电池 SEM 截面形貌，该电池吸收层为 126nm 厚的 i-a-Si:H

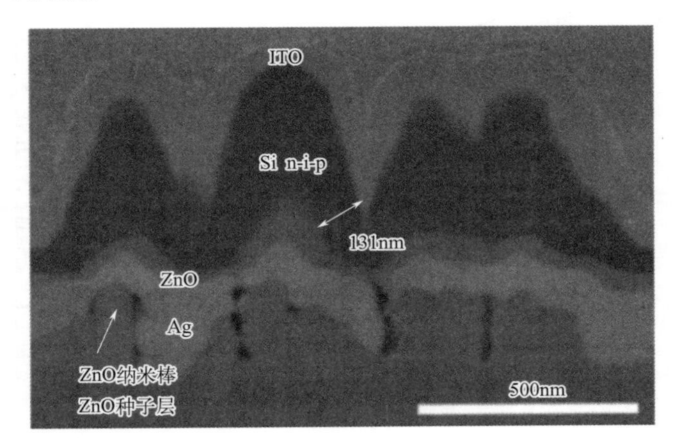

图 8.11 在覆盖 Ag 薄膜的 ZnO 纳米棒上采用 PECVD 制备的 n-i-p 太阳电池的 SEM 截面形貌。PECVD 电源频率为 13.56MHz，电池吸收层厚度为 131nm 厚的 i-a-Si:H 层。可见纳米棒顶端的厚度明显大于侧壁和低谷处的厚度

8.2.2 c-Si 太阳电池

8.2.2.1 引言

如前所述，研究人员做了大量工作开发低成本硅薄膜太阳电池。在此期间，c-Si 的价格也大幅下降。例如，用于生产器件级多晶硅/单晶硅晶圆的多晶硅原料，2008 年世界市场价格超过了 500 美元/kg，但在 2012 年，迅速降至约 30 美元/kg，2018 年进一步降至 15 美元/kg[37]。随着 c-Si 材料价格的下降，多晶硅/单晶硅太阳电池的市场份额也随之增加，如图 8.2 所示。

但即使 c-Si 价格下降，硅材料在 c-Si 太阳电池的成本结构中仍占很大比例。因此，把太阳电池的 c-Si 晶圆变薄是降低硅材料成本的必然趋势。对于更薄的单晶硅片，表面钝化更加重要。光照时 c-Si 中产生光生载流子，光生载流子扩散到两极而产生电能。在载流子的输运过程中，部分载流子会在 c-Si 内部或表面复合而消失。当 c-Si 的厚度变薄时，载流子更容易到达硅片的两个表面。因此载流子表面复合的概率增加。这就需要通过有效的表面钝化来减少载流子的表面复合。

图 8.12 为我们用 PC1D 软件对太阳电池开路电压（V_{oc}）和 c-Si 厚度之间的关系模拟结果。V_{oc} 与 c-Si 太阳电池的质量密切相关，且 V_{oc} 越大电池质量越好。图中，改变表面复合速率（SRV）的值，其中较小的 SRV 对应较低的表面复合速率。该图表明，只要 SRV 足够小，使用薄的 c-Si 可以得到更大的 V_{oc}。但如果 SRV 超过 100cm/s 时，c-Si 的减薄会导致 V_{oc} 降低，从而导致太阳电池整体质量的下降。因此，开发高质量钝化薄膜是制备高效薄 c-Si 太阳电池最重要的问题。在上述模拟中，我们假设晶硅的载

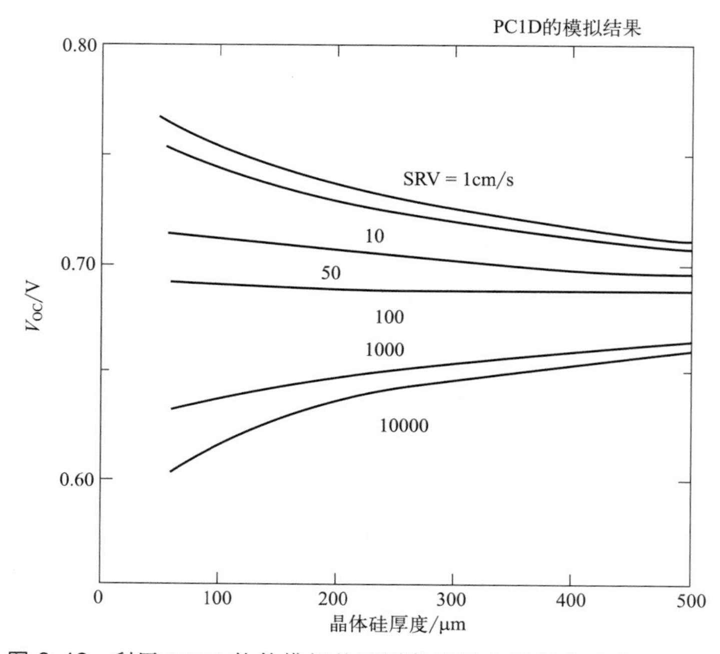

图 8.12 利用 PC1D 软件模拟的不同载流子表面复合速率（SRV）条件下，太阳电池的开路电压（V_{oc}）与 c-Si 厚度之间的关系

流子寿命为 1ms。如果将该值进一步提高，表面复合的影响会变得更加显著，这时高质量钝化变得更重要。

由于 Cat-CVD 可以在低温下沉积薄膜且不会对衬底表面产生等离子体损伤，因此有望成为制备高质量钝化薄膜的最佳技术。我们在下文中给出了一些对 c-Si 表面钝化的结果。

8.2.2.2　Cat-CVD 沉积 SiN_x/a-Si 双层钝化层

如第 8.2.3 节所述，a-Si 薄膜可以很好地钝化 c-Si。此外，如 8.3.1 节所述，采用 SiN_x 作为栅极绝缘层的薄膜晶体管（TFT）结果显示，SiN_x 和 a-Si 之间的界面质量较好。利用 a-Si/c-Si 和 SiN_x/a-Si 良好的界面质量，我们利用 Cat-CVD 制备了 SiN_x/a-Si 双层钝化膜。在我们的工作之前，已经有 PECVD 制备类似结构的报道，但结果尚不够理想[38]。

图 8.13(a) 为用于测量载流子寿命的样品结构示意图。采用区熔（FZ）法制备的抛光 c-Si 晶圆（290μm）两侧均沉积了相同的 Cat-CVD SiN_x/a-Si 双层钝化膜。Cat-CVD SiN_x 和 a-Si 薄膜的典型沉积参数见表 8.2。薄膜沉积前晶圆的清洁方法将在后文介绍。沉积结束后，通过微波光电导衰变（μ-PCD）法，用激发波长为 904nm 的激光测量了样品的载流子寿命。μ-PCD 是一种通过微波在样品表面的反射来测量光生载流子衰减的方法，而根据载流子的衰减速率可以得到载流子的寿命。图 8.13(b) 为在 n 型 c-Si 和 p 型 c-Si 表面沉积 SiN_x/a-Si 双层薄膜样品的载流子寿命随 a-Si 层厚度变化的规律。n 型 c-Si 的电阻率为 2.5Ω·cm，p 型的为 2.0Ω·cm。这些 n 型和 p 型 c-Si 的电阻率均适合用于制备太阳电池。图中给出了 T_s 分别为 90℃和 150℃时，载流子寿命随 i-a-Si 层厚度的变化。与 p 型 c-Si 相比，n 型 c-Si 的载流子寿命要高很多，当 a-Si 层厚度为 10nm 的时，n 型 c-Si 的载流子寿命可达到 10ms。由于 n 型 c-Si 制成电池光电转

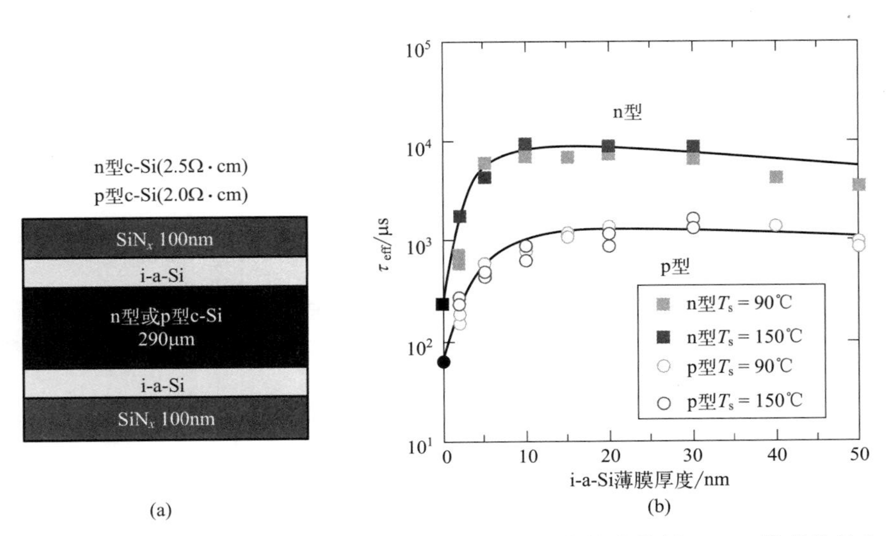

图 8.13　Cat-CVD 制备的 SiN_x/i-a-Si 双层膜对 c-Si 的钝化作用。(a) 器件结构和 (b) 测量的载流子寿命（τ_{eff}）随沉积 i-a-Si 薄膜厚度的变化。数据来源：Koyama 等（2010）[38]。经 IEEE 许可转载

换效率更高，因此人们普遍采用 n 型 c-Si 制备下文所述的异质结太阳电池。

表 8.2 用于 c-Si 表面叠层钝化膜的 Cat-CVD i-a-Si 和 SiN_x 的沉积参数

沉积参数	i-a-Si	SiN_x
催化热丝材料	W	W
催化热丝表面积，S_{cat}/cm^2	31	31
催化热丝温度，T_{cat}/℃	1800	1800
催化热丝与衬底间距，D_{cs}/cm	12	8
硅烷流量，$FR(SiH_4)/(cm^3/min)$	10	8.5
氨气流量，$FR(NH_3)/(cm^3/min)$	—	200
气体压强，P_g/Pa	0.55	10
衬底温度，T_s/℃	90 和 150	250

如果我们假设载流子复合仅发生在表面。即忽略 c-Si 的载流子体复合，最大表面复合速率（SRV_{max}）可通过以下公式（8.1）估算。

$$\frac{1}{\tau_{eff}}=\frac{1}{\tau_{bulk}}+\frac{2S}{W} \tag{8.1}$$

这里，τ_{eff}、τ_{bulk}、S 和 W 分别指测量得到的有效载流子寿命、由 c-Si 载流子体复合确定的载流子寿命、SRV 以及 c-Si 的厚度。按照以上假设 τ_{bulk} 为无穷大，S 即为 SRV_{max}，且可由（$W/2\tau_{eff}$）推导出。本例中可以算出 SRV_{max} 为 1.45cm/s，该值较小。我们如果测量不同厚度 c-Si 的 τ_{eff}，就可以得到 SRV 的真实值。

图 8.14 为 $1/\tau_{eff}$ 和 $1/W$ 之间的关系。根据公式(8.1)，$1/\tau_{eff}$ 与 $1/W$ 之比的斜率为 SRV，且该关系曲线外推至 $1/\tau_{eff}$ 的截距为 τ_{bulk}。因此，Cat-CVD 沉积 SiN_x/a-Si 双层钝化膜的 SRV 为 0.18cm/s。目前，尚不清楚 PECVD 沉积 SiN_x/a-Si 双层钝化膜是

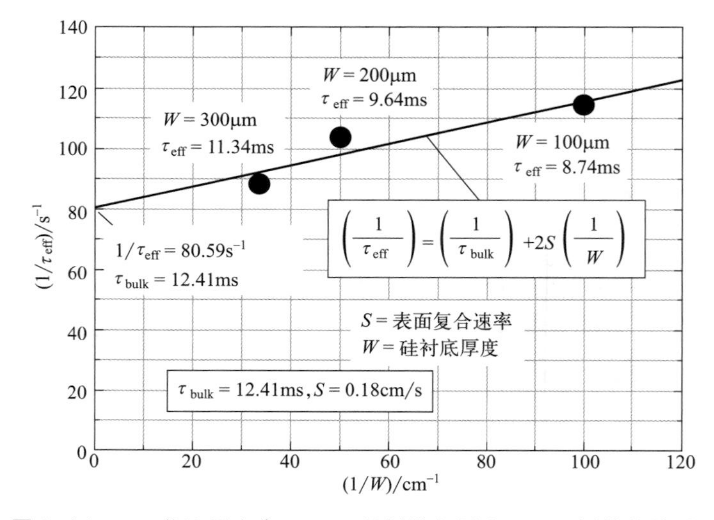

图 8.14 c-Si 载流子寿命（τ_{eff}）的倒数与厚度（W）倒数的关系。数据来源：Nguyen 等（2017）[39]。经 Japanese Journal of Applied Physics 许可转载

否也可以获得同样低的 SRV 值。但至少通过使用 Cat-CVD 沉积 SiN_x/a-Si 双层钝化膜可以获得低于以往报道过的 SRV 值。如图 8.12 所示，该较低的 SRV 可以使薄 c-Si 太阳电池获得更高的 V_{oc}。

8.2.2.3 Cat-CVD 在绒面 c-Si 衬底上生长 SiN_x/a-Si 双层钝化膜

上述结果是通过在抛光的 c-Si 上沉积钝化膜得到的。而在实际 c-Si 太阳电池中，一般会在 c-Si 衬底表面形成绒面结构以有效地捕获太阳光。图 8.15 给出了这种绒面结构的横截面扫描电子显微镜（SEM）图像。这样，钝化膜须沉积在这种形貌复杂的表面上。为了获得良好的钝化效果，沉积的薄膜必须能很好地覆盖绒面结构。同时，在薄膜沉积之前也须将表面清洁好。如图 2.9 所示，在 PECVD 中，表面以下约 2nm 深度的 Si 原子会被等离子体轰击而重构，从而导致表面变得粗糙，这样黏附在 c-Si 表面的任何污染物都可以被清除。然而，在 Cat-CVD 中，薄膜沉积过程较温和。因此，如果在 Cat-CVD 沉积之前未进行任何特殊清洁处理，一些污染物就不容易被消除。如第 9 章所述，这种情况下可以用 H 原子进行清洁。由于须保持绒面结构的低反射率，因此可供选择的清洁方法非常有限。为了利用 Cat-CVD 的优点，我们必须为绒面结构开发适当的清洁工艺。

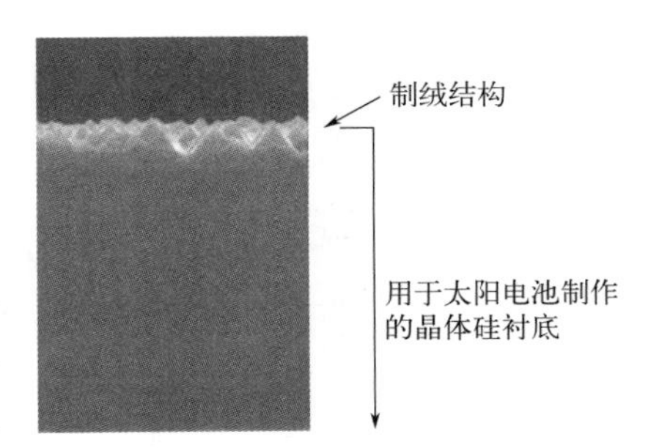

图 8.15 表面制绒的 c-Si 衬底横截面扫描电子显微镜（SEM）形貌

我们研究了几种绒面结构表面的清洁方法，发现用于清洁的化学溶液黏度或表面张力是保护绒面结构的重要因素。最佳清洁工艺取决于制绒时使用的化学试剂。我们须开发出适合特定制绒工艺的化学清洁工艺。对于商用太阳电池常用的绒面表面，使用 96%～98%的浓硫酸（H_2SO_4）进行清洁非常有效。这是因为它被加热后黏度会降低，能够很好地渗透进入绒面结构中狭窄的谷底[39]。

图 8.16 为两侧均沉积了 Cat-CVD SiN_x/a-Si 双层钝化膜的 c-Si 载流子寿命与清洗 c-Si 的 H_2SO_4 溶液温度的关系。图中给出了抛光和制绒两种 c-Si 的结果。图中还给出了用所谓“食人鱼”溶液（H_2SO_4 和 H_2O_2 混合液，也称为强清洗剂）清洗的 c-Si 的结果，并用“×”符号表示以便于和其他结果进行比较。对于抛光 c-Si，改变溶液黏度对载流子寿命没有任何影响；但对于绒面衬底，温度的升高使得钝化效果明显改善。如图所示，绒面衬底的载流子寿命可达 7～8ms，这比已报道的 PECVD 钝化最佳值还好。清洁后 c-Si 的绒面结构完全没有改变，反射率也没有变化。在 400～1050nm 波长范围内，沉积叠层钝化膜后的反射率保持在 3%以内。Cat-CVD 对制绒 c-Si 表面的高效钝化也是 Cat-CVD 的一大优势。

8.2.3 a-Si/c-Si 异质结太阳电池

8.2.3.1 引言

a-Si/c-Si 异质结（SHJ）太阳电池是关于 Cat-CVD 钝化非常有价值的应用。如前

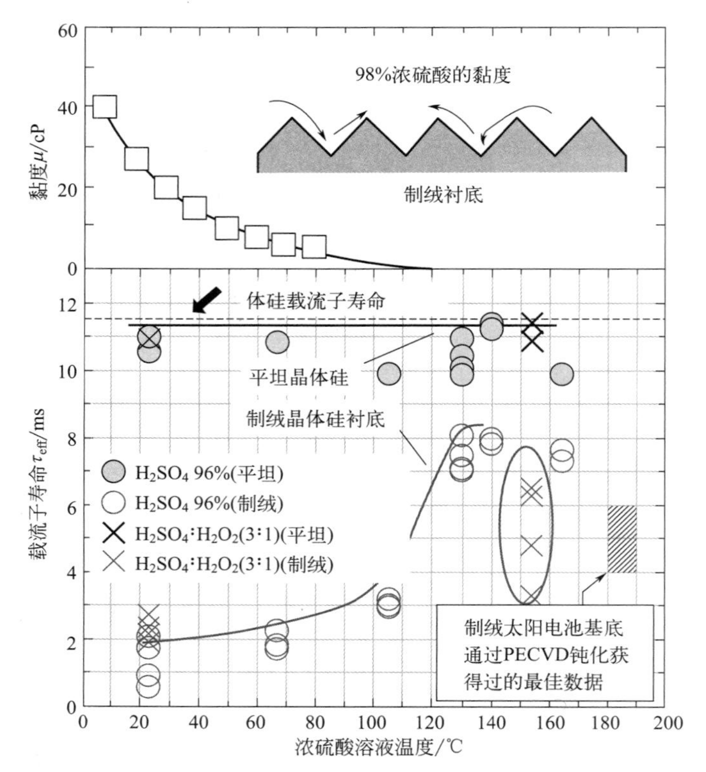

图 8.16 清洗用浓硫酸（H_2SO_4）的黏度和清洗后沉积 Cat-CVD SiN_x/a-Si 双层钝化膜的 c-Si 载流子寿命随浓硫酸温度的变化关系。数据来源：Nguyen 等（2017）[39]。经 Japanese Journal of Applied Physics 许可转载

所述，为了降低材料成本，须降低 c-Si 的厚度。当衬底变薄时，就很难像传统 c-Si 太阳电池那样采用 800℃左右的高温制备工艺。这是由于高温下衬底很容易变形而损坏。另外薄硅片的夹持也要精细地操作，以免 c-Si 损坏。这使薄 c-Si 并不适合低成本大规模生产。而如果用低温沉积掺杂 a-Si 替代传统高温扩散制备 p 和 n 型层，则 c-Si 太阳电池的生产就可以避免高温带来的问题。此外，人们还意识到 SHJ 太阳电池的效率通常高于采用热扩散制备的传统 c-Si 太阳电池。如果开发出低成本制备方法，SHJ 电池有望成为未来太阳电池的主流。

8.2.3.2 c-Si 太阳电池的表面钝化

a-Si:H/c-Si 界面钝化是优化 SHJ 太阳电池性能的关键。为使 SHJ 电池的开路电压（V_{oc}）达到或超过 750mV，需要极佳的表面钝化。日本三洋公司[40] 首次提出了在 SHJ 太阳电池的衬底和发射极之间沉积一层很薄的 i-a-Si:H 薄膜。通过持续研究，在双面结构中沉积这种异质结界面，制备了面积为 101cm^2 的电池，其效率达到了 24.7%，为当时 c-Si 基太阳电池转换效率的世界纪录[41]。2017 年，Kaneka 公司采用全背接触设计在 180cm^2 的面积上获得了 26.6%的转换效率[42]。

a-Si:H 薄膜用于钝化 c-Si 表面悬挂键使其失去活性，主要是利用这种超薄 a-Si:H

薄膜中存在的 H 原子来饱和这些悬挂键。由于 a-Si:H 薄膜本身存在一定程度的光吸收，因此 a-Si:H 薄膜必须非常薄（4～7nm）且应具有良好的保形性。通常用 PECVD 制备 SHJ 器件中的 a-Si:H 薄膜。Cat-CVD 沉积薄膜过程中由于几乎没有离子或电场，即消除了离子轰击损伤的风险，成为一种有效的替代 PECVD 的方法。如第 2 章所述，Cat-CVD 的气体利用率远高于 PECVD，使用图 2.12 所示的腔室可以完全避免使用卤素气体进行清洁，且 Cat-CVD 薄膜的钝化质量通常优于 PECVD，从而可以实现更高的太阳电池效率。所有这些因素都有利于减少每瓦的制造成本。因此，在 Cat-CVD 的帮助下，SHJ 太阳电池有望成为未来主要的 c-Si 太阳电池。另外，由于 Cat-CVD 钝化膜不需要额外退火，因此可以简化工艺流程[43]。而且，Cat-CVD 适用于流水线沉积工艺，可以降低 SHJ 电池大规模制造成本[3,44]。

如第 8.2.1 节所述，Cat-CVD 薄膜的保形性可将钝化膜保形沉积在小尺寸绒面表面。由于小尺寸绒面基本上用在薄硅片电池上，因此保形性也是 Cat-CVD 的一个优势。相反，当使用 PECVD 沉积 a-Si:H 时，SHJ 硅片表面的随机绒面有时需要进行平滑处理来防止金字塔谷底出现局部未被钝化的复合中心[45,46]。

Cat-CVD 制造的 SHJ 太阳电池效率超过了 25%，但相关企业并没有公开具体数据。在此，仅以我们团队的初步结果为例进行介绍。SHJ 电池中，采用厚度为 160μm 的 n 型（100）直拉 c-Si 作为基底，并用 KOH 制作绒面。在硅片两侧使用 Cat-CVD 以约 0.4nm/s 的速率沉积 i-a-Si:H 薄膜。Cat-CVD 中采用两根直径 0.3mm 的平行钽丝作为催化热丝，纯 SiH_4 作为气源，$T_{cat}=1700℃$，$D_{cs}=35mm$，$T_{sub}=130℃$，$P_g=2Pa$。沉积前，将硅片在 1%的 HF 溶液中进行 2min 的清洁处理。器件两侧的掺杂层由 PECVD 制备。然后利用磁控溅射在两侧沉积 80nm 厚的氧化铟锡（ITO）。背接触整面 Ag 薄膜和前接触 Ag 栅线均由热蒸发制备。制备完成后，电池在 190℃的 N_2 中退火 3h。所制备器件的平均 V_{oc} 为 704mV，表明仅 4nm 厚的 Cat-CVD a-Si:H 即可很好地钝化 c-Si 表面。图 8.17 为最高效率太阳电池的 J-V 和 EQE 曲线。电池的效率为 19.4%，有效面积为 0.69cm^2[33]。

如上所述，Cat-CVD 制备的 SHJ 太阳电池的实验室转换效率已超过 25%，而 Cat-

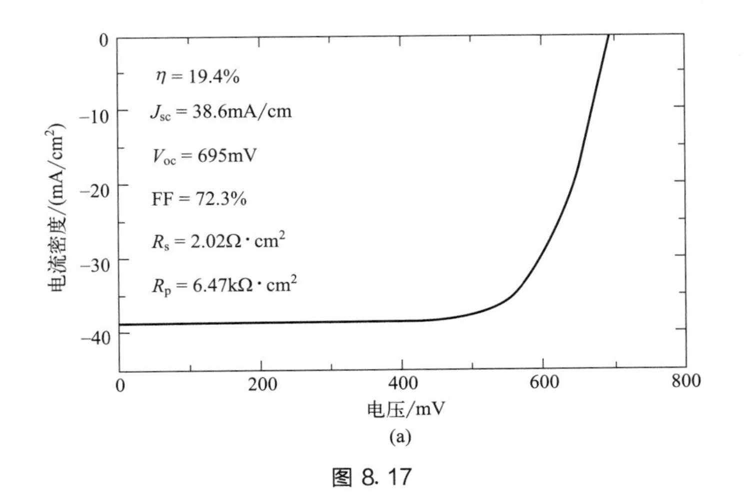

(a)

图 8.17

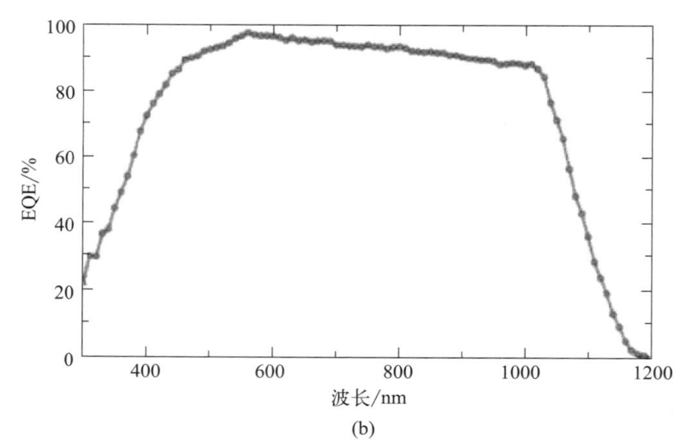

图 8.17 (a) 采用 Cat-CVD a-Si:H 薄膜钝化的 SHJ 电池的 J-V 曲线。电流乘以一定倍率以匹配 EQE 曲线中计算出来的短路电流密度（EQE 的积分 J_{sc} 仅比用太阳模拟器测量的 J_{sc} 值低 5%）。(b) 对应硅异质结太阳电池的外量子效率（EQE）曲线。串联电阻（R_s）和并联电阻（R_p）分别由 V_{oc} 和 J_{sc} 处电流密度的切线计算。数据来源：Veldhuizen 等（2017）[33]。经 Elsevier 许可转载

CVD 的制备成本明显低于大规模产业化生产的 PECVD 的成本。因此，几家太阳电池公司已采用 Cat-CVD 批量生产设备来制备低成本 SHJ 太阳电池，并在 2017 年实现了 23%的量产电池效率[47]。将 Cat-CVD 应用于 SHJ 太阳电池，将会对该领域产生很大的影响。

8.3 在薄膜晶体管（TFT）中的应用

8.3.1 a-Si TFT

8.3.1.1 a-Si TFT 的一般特征

如第 5 章所述，Cat-CVD 技术非常适合快速、大面积沉积 a-Si:H。高质量的 a-Si 和 poly-Si 薄膜半导体材料，目前已应用在图像扫描仪的驱动、液晶显示器（LCD）的有源矩阵和有机发光二极管（OLED）显示器等领域。

a-Si TFT 的缺点是长时间使用后会出现新的悬挂键缺陷，例如在长时间曝光和/或自由电荷积累后（如 TFT 中栅极施加偏压操作）。额外缺陷会导致界定晶体管开/关态之间切换的阈值电压（V_t）偏移[48]。实际上，对平衡费米能级的任何扰动都可能会导致缺陷产生。这种效应是可逆的。由此产生的亚稳态悬挂键缺陷可以通过将材料在暗态时 150℃下退火数小时来恢复材料的性能[49]。

由于人们认为 a-Si:H 中过量的 H 在 a-Si:H[50] 的亚稳行为中起着重要作用，因此已有大量的研究工作致力于将 a-Si:H 中的 H 含量降低到较低水平，即不高于钝化悬挂

键所需要的量。1991 年，Cat-CVD 成为有望制备器件级低 H 含量 a-Si∶H 的一种新技术[51]。并且其沉积速率大约是 PECVD 的 10 倍。于是 1996 年掀起了用 Cat-CVD 制备 TFT 的研究热潮。虽然第一批制备出来的 TFT 场效应迁移率较低[52]，但通过对界面态密度进行优化，其性能得到了明显改善，改善后的迁移率达到了 $0.8cm^2/(V \cdot s)$，足以用于 LCD 的矩阵切换[53]。此外，在更长时间的栅极偏压作用下，阈值电压的不稳定性（ΔV_t）也仅为 0.3V。相比之下，一般 PECVD 制备 TFT 的 ΔV_t 大于 3V[54]。

Cat-CVD TFT 固有的稳定性是非常适合用来驱动矩阵，特别是对于 OLED 显示器。这是因为在像素打开的情况下，TFT 一直处于电荷累积状态。这意味着 a-Si∶H 处于非平衡状态的时间比 LCD 面板中的时间要长得多。2002 年，在沟道层生长时使用 H_2 稀释的 SiH_4 作为反应气体时，阈值电压的不稳定性被完全消除，即阈值电压偏移

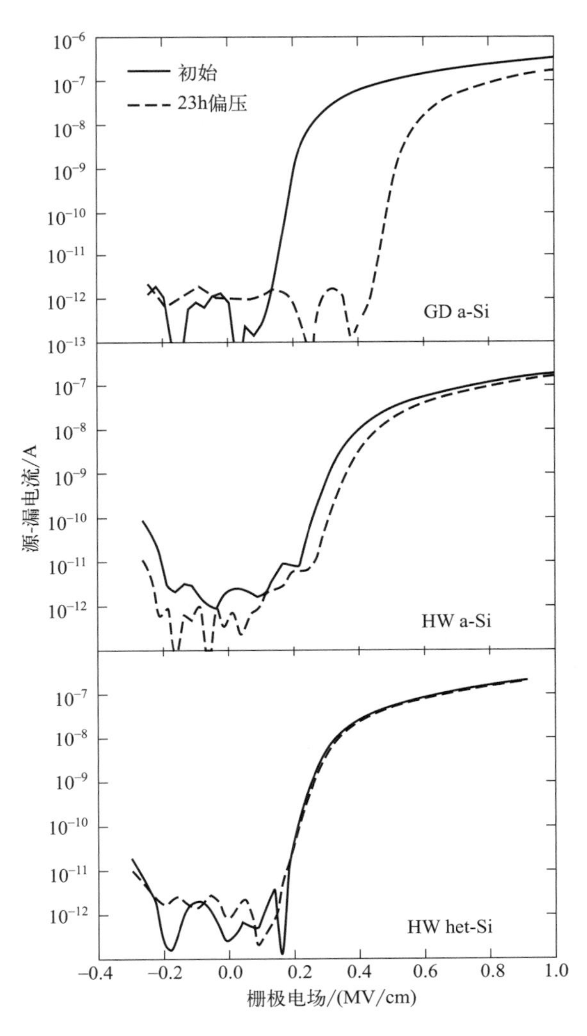

图 8.18 施加偏置电压 23h 后，PECVD a-Si（GD a-Si）、Cat-CVD a-Si（HW a-Si）和 Cat-CVD 多相硅（HW het-Si）TFT 的阈值电压偏移对比。实线为初始状态曲线，虚线为施加偏压 23h 后的曲线。资料来源：Schropp 等（2002）[55]。经 Elsevier 许可转载

为 $\Delta V_t=0.0V$[55]。由于半导体沟道层中存在少量纳米晶，因此称之为多相硅。图 8.18 给出了 PECVD a-Si（GD a-Si），Cat-CVD a-Si（HW a-Si）和 Cat-CVD 多相硅（HW het-Si）阈值电压偏移的对比。

尽管上述首次验证 Cat-CVD 可以制备高质量 a-Si∶H TFT 的实验使用的是热生长 SiO_2 作为栅极绝缘层，属于典型的实验室级案例。但研究人员仍致力于开发使用 Cat-CVD SiN_x 作为栅极绝缘层的“完全 Cat-CVD” TFT，以建立真正的 Cat-CVD 薄膜器件，并实现整个器件在低温下连续沉积。

为此，在第 5 章我们讨论了利用 Cat-CVD 来制备 SiN_x。在超高沉积速率的可行性研究中，通过将工艺压力增加到 0.8mbar（80Pa），并重新调整 SiH_4/NH_3 混合气中的比例，获得了沉积速率为 7nm/s、N/Si 比为 1.2 的电介质薄膜[56]。目前，以 3nm/s 的高沉积速率制备的 SiN_x 薄膜已用在了新型 TFT 中[57]。该 TFT 器件中 a-Si∶H 薄膜的沉积速率为 1nm/s，沉积 SiN_x/a-Si∶H 叠层的整体时间少于 4min。源极/漏极下的 n^+ 掺杂 μc-Si∶H 层厚度为 20～30nm。

除了 SiN_x 的高沉积速率外，Cat-CVD 工艺的另一个优点是可以实现对 SiH_4 气源的充分利用。薄膜沉积速率为 3nm/s 时，SiH_4 的利用率高达 77%。而且尽管沉积速率很高，薄膜中的 H 含量却仅有 9%。Cat-CVD 制备的 SiN_x 非常致密，质量密度为 $3.0g/cm^3$。用 16 缓冲氢氟酸溶液（BHF）进行刻蚀时，蚀刻速率仅为 7nm/min，表现出了非常好的抗刻蚀性。

用于测试的器件结构如图 8.19 所示。器件在制备器件的气氛中进行了后退火处理，器件测试结果显示：阈值电压为 1.7～2.4V，迁移率为 $0.24\sim0.38cm^2/(V\cdot s)$，开关比为 10^6。

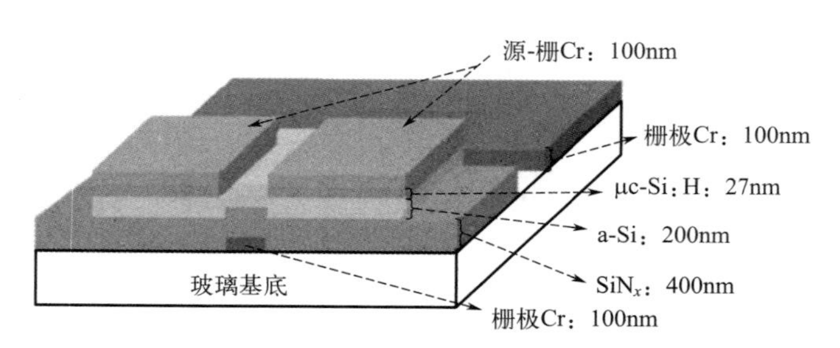

图 8.19　TFT 器件结构示意。数据来源：Schropp 等（2008）[57]。经 Elsevier 许可转载

8.3.1.2　Cat-CVD a-Si TFT 与 PECVD a-Si TFT 的区别

Cat-CVD a-Si TFT 除了具有实际应用方面的优势外，Cat-CVD a-Si TFT 与传统 PECVD a-Si TFT 相比也有着本质的区别。图 8.18 中，我们已给出了漏极电流和栅极电压之间的关系，并说明了 Cat-CVD a-Si TFT 比 PECVD a-Si TFT 更稳定。如果我们在电流关态区仔细测量 Cat-CVD a-Si TFT 的性能（由于电流关态区域的电流值对 LCD 来说已经足够低，因此一般不在该区域内测试），就能明显观察到 Cat-CVD a-Si TFT 和 PECVD a-Si TFT 之间的区别。

图 8.20(a)、(b) 是 Cat-CVD a-Si TFT 和 PECVD a-Si TFT 的漏极电流 I_D 和栅极电压 V_G 的关系曲线。两个 TFT 的沟道宽度（W）和长度（L）都标在了图中[58]。a-Si TFT 的结构如图 8.20(c) 所示。图 8.20(a) 的工艺温度为 320℃，图 8.20(b) 的为 180℃。除 Cat-CVD 沉积的薄膜外，所有 TFT 工艺都是在常规 LCD 公司的测试线上制作的。PECVD 沉积 TFT 的数据也由这些公司提供。PECVD 和 Cat-CVD 沉积 TFT 的关态电流值均小于 10^{-12} A，但 320℃和 180℃制备的 Cat-CVD a-Si TFT 的最小关态电流明显更小，均低于 10^{-14} A。这可能是由于即使将工艺温度降至 180℃，Cat-CVD a-Si 薄膜禁带中心附近的缺陷密度也低于 PECVD a-Si 的缺陷密度。将工艺温度降至 180℃甚至更低的意义在于可以更灵活地选择透明衬底以进一步降低 LCD 成本。

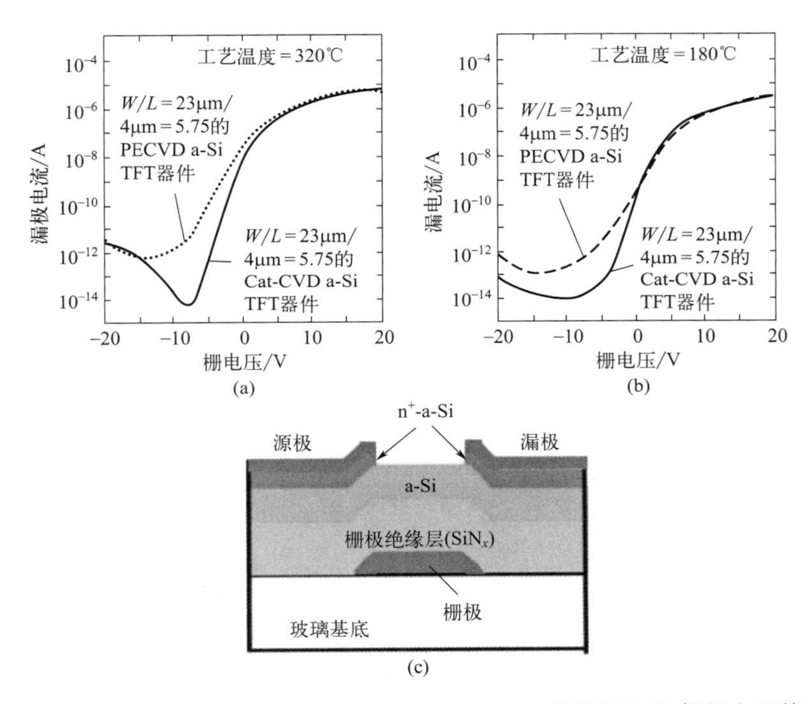

图 8.20　Cat-CVD a-Si TFT 和 PECVD a-Si TFT 的漏极电流-栅极电压特性曲线。包括沉积温度在内的工艺温度（a）320℃和（b）180℃的曲线比较类似。这些 TFT 的沟道宽度 W 和长度 L 都已标注在图中。(c) TFT 器件结构示意。数据来源：Nishizaki 等（2009）[58]。经 Elsevier 许可转载

在 PECVD TFT 中，a-Si 薄膜沉积在 SiN_x 栅极上。如果利用等离子体沉积 a-Si 时在 a-Si/SiN_x 界面附近的 SiN_x 中产生缺陷，则此类缺陷可能会形成另一条导电通道，从而使关态电流升高，TFT 的性能就会下降。除了 a-Si 薄膜本身的稳定性外，a-Si 和 SiN_x 界面处 SiN_x 的质量也非常重要。例如，如果由等离子体产生的缺陷在界面附近的 SiN_x 中出现，则一些在 a-Si 沟道区域内移动的电子可能会被 SiN_x 中的这些缺陷捕获，并形成额外电势从而改变阈值电压。这也可能是 PECVD TFT 运行不稳定的原因[59]。实际中，有时的确会观察到这种阈值电压的不稳定（由栅极绝缘体中捕获的电荷引起），当通过施加相反极性的电压时，阈值电压可以恢复到初始值。

这里我们给出 TFT 器件制备过程中暴露在等离子体中的时间对器件性能的影响。实验中，TFT 器件在 Ar 或 H_2 等离子体中暴露 30s 或 180s[60]。实验步骤如图 8.21（a）所示，TFT 中的 a-Si 侧暴露于等离子体中，而不是将 SiN_x 侧直接暴露于等离子体中。实验结果也表明栅极绝缘体并没有受到等离子体损伤。然而，将 a-Si 暴露于等离子体中对器件性能的影响非常明显。当 a-Si 表面受损时，在 a-Si 表面产生缺陷形成漏电流通道。如图 8.21(b) 所示，随暴露在等离子体中时间的延长，关态电流增加。同样，我们可以预测在 a-Si 沉积的初始阶段，SiN_x 栅极绝缘体暴露在沉积 a-Si 的等离子体中，同样容易产生缺陷。而通过使用 Cat-CVD a-Si，在保持开态电流与 PECVD TFT 相同的情况下，其关态电流明显更低。

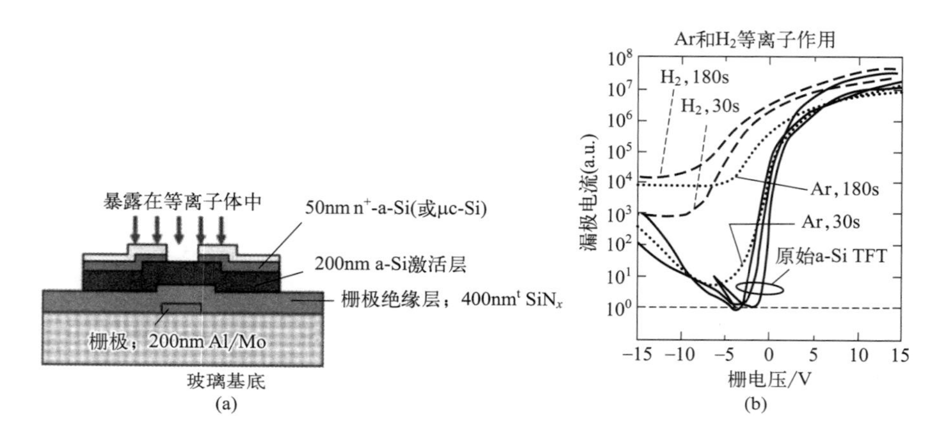

图 8.21 (a) 测试暴露在等离子体中对器件影响的 TFT 器件结构。(b) Cat-CVD a-Si TFT 暴露在 H_2 等离子体或 Ar 等离子体 30s 或 180s 前后的漏极电流和栅极电压之间的关系曲线。数据来源：Matsumura 等 (2011)[60]。经 Elsevier 许可转载

如果 W/L 比增加，则开态电流和关态电流均会等比例增加。由于 Cat-CVD TFT 的关态电流远小于 PECVD TFT 的关态电流。因此可以利用这一特征，在将 Cat-CVD a-Si TFT 的关态电流控制在与 PECVD TFT 相当的基础上，提高它的开态电流。这样就可以将 Cat-CVD a-Si TFT 的驱动电流提高到与后文提到的 poly-Si TFT 几乎相同的水平[61]。高驱动电流对于更大、清晰度更高的显示器非常重要，如将成为下一代电视的 8K 显示器。这意味着 Cat-CVD 将来的应用范围会更广。

8.3.2 poly-Si TFT

为了增加有源矩阵 LCD 的尺寸并放宽设计规则，通常用 poly-Si TFT 取代 a-Si:H TFT。poly-Si TFT 具有更高的场效应迁移率，并可以用更大的驱动电流。因此，即使面板尺寸增大，也可以提高像素开口率而获得高亮度、低功耗的 LCD。Poly-Si TFT 的另一个优点是可以通过直接沉积的方式制备得到 poly-Si。这样在制备过程中可以避免使用额外的晶化工艺（如激光或闪光退火晶化）。1991 年报道了利用 Cat-CVD 制备 poly-Si 的结果[62]。但直到 1997 年研究人员才在不需要后处理的情况下，利用 Cat-CVD

直接制备出适用于 TFT 的高质量本征 poly-Si 薄膜[63]。该报道中使用了 H_2 ∶ SiH_4 = 10∶1 的低 H_2 稀释比混合气作为气源。晶粒在沉积过程中呈圆锥形生长，并在 3～4μm 的膜厚范围内直径达到了约 1μm。在薄膜顶部，(220) 取向的晶粒形成了高致密层，并自发形成了金字塔状的表面织构。但该低稀释条件下制备的薄膜，在沉积初始阶段籽晶密度较低，且结晶生长的孵化时间较长。因此，通常使用 100∶1 的高 H_2 稀释条件制来备籽晶层，以避免沉积开始时出现非晶孵化层[64]。

普林斯顿大学和乌得勒支大学用这种 poly-Si 薄膜联合制备了顶栅结构 TFT 器件，利用薄膜顶部大晶粒致密结构作为沟道材料[65]。该器件的横截面示意如图 8.22(a) 所示，输出特性如图 8.22(b) 所示。

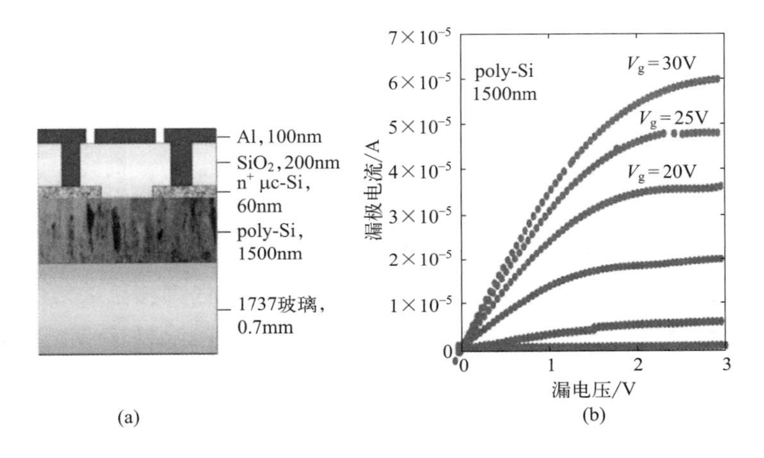

图 8.22　(a) 顶栅结构 TFT 横截面示意。(b) Cat-CVD poly-Si TFT 的漏极电流 I_D 与漏极电压 V_{SD} 特性曲线。数据来源：Schropp 等 (2000)[65]。经 Materials Research Society 许可转载

后来，其他团队也利用直接沉积法制备了 poly-Si TFT。例如，巴塞罗那团队与雷恩合作，使用 Cat-CVD 制备了顶栅 μc-Si TFT，获得了 $25cm^2/(V \cdot s)$ 的电子迁移率[66]。该器件所有工艺均在 200℃以下完成，μc-Si 结构的唯一后处理工艺是在合成气体中 200℃处理 1h。这种低温工艺可以将互补金属氧化物半导体 (CMOS) 电路与微机电系统或化学传感器集成在塑料柔性衬底上。

最后，我们介绍 SONY 公司团队的工作，他们是较早致力于研究 Cat-CVD poly-Si TFT 的团队。由于他们仅用日语公布了相关成果，因此了解的还比较少[67]。2003 年，H. Matsumura 等在相关国际会议上介绍了他们的部分工作[68]。他们指出，用 Cat-CVD 在玻璃衬底上生长 poly-Si 薄膜时，沿生长方向薄膜会呈现不同结构。在靠近衬底的初始生长阶段，晶粒尺寸较小，随后晶粒逐渐长大。但当晶粒长得更大时，由于晶粒的竞争生长，晶粒之间出现彼此不连接的现象，即在一些晶界处出现空的区域。这种低致密度晶界区域很容易被氧化。这一现象在 5.2.2 节也提到过。TFT 是一种电流横向流动而非沿生长方向流动的器件。晶界区域被氧化不利于器件迁移率的提高。因此，他们蚀刻了 poly-Si 的表面氧化层，露出氧化区域下方的高致密 poly-Si 区域，并使用该高

致密 poly-Si 区域制作了顶栅 TFT。其 TFT 的结构如图 5.29 所示，电子迁移率的深度分布如图 5.30 所示。优化制备条件后，制备的 TFT 峰值迁移率约为 $40cm^2/(V \cdot s)$。

poly-Si TFT 领域的另一个成果是 B. R. Wu 等制备的双极 poly-Si（或 μc-Si）TFT[69]。他们的工作为 Cat-CVD 制备互补 TFT 系统提供了参考。其中 n 型沟道 poly-Si TFT 和 p 型沟道 TFT 互补，以实现低功耗器件。Cat-CVD 制备 poly-Si TFT 作为未来大面积电子设备的关键器件具有很大的可行性。

8.4 在钝化化合物半导体器件表面中的应用

8.4.1 GaAs 高电子迁移率晶体管（HEMT）的钝化

GaAs 是一种高性能半导体材料。室温下它的电子迁移率是 c-Si 的数倍。此外，如果采用载流子传输区与载流子产生区（杂质掺杂区）分离的特殊结构，其电子迁移率，特别是低温电子迁移率，比常规 GaAs 器件又会提高很多。高电子迁移率晶体管（HEMT）或调制掺杂晶体管是一种特殊设计的器件[70]，可以获得极高的电子迁移率。电子迁移率由声子散射和产生载流子的杂质散射决定。通过降低器件运行温度可以有效抑制声子散射，并且通过将沟道中运动的电子与供给电子的高掺杂区域分离可以抑制杂质散射。但是，沟道中电子的运动须受栅电极电势控制。

1997 年，R. Hattori 等在美国加利福尼亚州阿纳海姆举行的 GaAs 集成电路（IC）研讨会上首先发表了一篇关于使用 Cat-CVD SiN_x 钝化 GaAs HEMT 的论文[71]。在他们的 HEMT 中，使用 n 型砷铝镓（AlGaAs）层作为载流子产生层，本征 GaAs 衬底上的本征砷铟镓（InGaAs）作为沟道层。这是第一个将 Cat-CVD 成功应用于 GaAs 器件的报道。在这些 GaAs HEMT 器件中，源极、栅极和漏极电极分别单独制备。对栅极和源极间或栅极和漏极间的间隙进行了钝化处理，以抑制空气中的水分导致出现漏电流。他们对比了采用 Cat-CVD SiN_x 钝化膜和 PECVD SiN_x 钝化膜器件的特性，如图 8.23(a) 所示。图 8.23(b) 给出了用 Cat-CVD SiN_x 膜钝化的 GaAs HEMT 器件 SEM 截面图像。由图可见，Cat-CVD SiN_x 膜保形覆盖在电极表面。表 8.3 给出了器件性能的测试结果。表中还给出了 12GHz 运行的噪声系数（NF）和互导（g_m）值。更

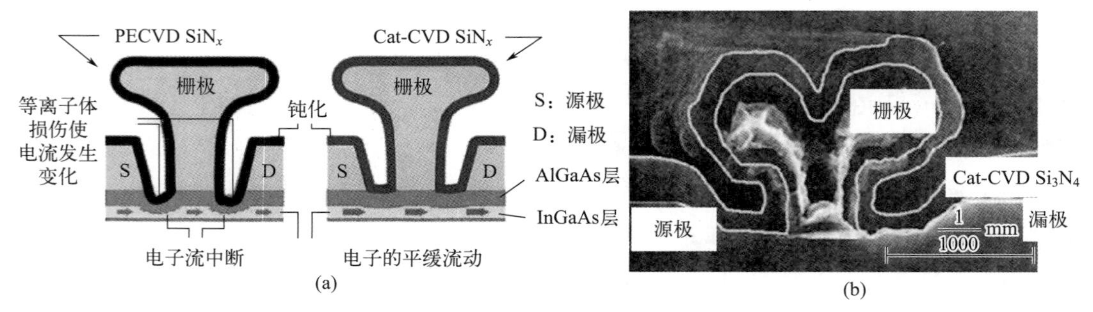

图 8.23 (a) PECVD SiN_x 和 Cat-CVD SiN_x 覆盖的 GaAs 基 HEMT 器件结构横截面示意。(b) Cat-CVD SiN_x 钝化的 HEMT 器件横截面 SEM 图像。数据来源：根据参考文献 [71] 中的数据绘制

小的 NF 和更大的 g_m 代表着更好的器件性能。该表表明 Cat-CVD SiN_x 钝化优于 PECVD SiN_x 钝化。

他们还成功地使用 Cat-CVD SiN_x 钝化制备了栅极宽度为 100μm、长度为 0.7μm 的高性能 GaAs 场效应晶体管（FET）[72]。在该器件中，Cat-CVD 钝化器件的 g_m 为 22mS，PECVD 钝化器件的 g_m 为 15mS。这些结果促使企业在 GaAs 基器件上使用 Cat-CVD 薄膜进行钝化。从此，许多其他研究团队开始了 Cat-CVD 薄膜的研究。

表 8.3　PECVD 和 Cat-CVD 钝化 GaAs HEMT 器件的性能对比

器件参数	使用 PECVD SiN_x	使用 Cat-CVD SiN_x
12GHz 时的噪声系数(NF)/dB	0.53	0.44
互导，g_m/mS	70.7	75.2

8.4.2　甚高频晶体管的钝化

2006 年，M. Higashiwaki 等使用 Cat-CVD SiN_x 薄膜作为栅极绝缘层和钝化层，成功制备了高性能氮化铝镓（AlGaN）/氮化镓（GaN）异质结场效应晶体管（HFET）[73]。该器件由 AlGaN 阻挡层和 GaN 有源层组成，并且在 AlGaN 阻挡层表面沉积 SiN_x 钝化层。由于 Cat-CVD 可以沉积高质量 SiN_x 且不会对 AlGaN 产生任何不利影响。因此，AlGaN 阻挡层可以做得更薄，从而提高晶体管的驱动电流。在这项工作之前，HFET 电流增益截止频率（f_T）已达 110～120GHz 的稳定状态。但是引入 Cat-CVD SiN_x 膜并使用更薄的 AlGaN 阻挡层后，其截止频率提高到了 163GHz。这一结果开启了毫米波信号处理时代。

2008 年，M. Higashiwaki 团队将 f_T 进一步提高至 181GHz。他们报道的器件结构如图 8.24 所示[74]。结果表明，2nm 厚的 SiN_x 薄膜同时起到栅极绝缘层和钝化层的作用。这项工作促使许多 GaAs 或 GaN 相关器件的研究人员开始关注 Cat-CVD 技术。在化合物半导体器件的制备中，Cat-CVD SiN_x 的优势已广为人知。

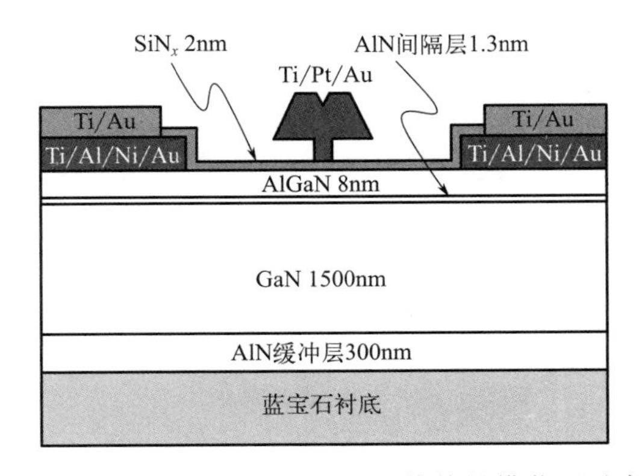

图 8.24　AlGaN/GaN 场效应晶体管的横截面示意。在 GaN 和蓝宝石衬底之间，沉积了 AlN 缓冲层。数据来源：Higashiwaki 等（2008）[74]。经 IEEE 许可转载

8.4.3 半导体激光器的钝化

半导体激光器是另一种用化合物半导体制成的重要器件。通过 Cat-CVD 为半导体激光器制备 SiN_x 钝化层的结果再次证明 Cat-CVD 技术具有非常大的吸引力，同样具有很好的发展前景。Cat-CVD SiN_x 钝化层可以有效延长半导体激光器的使用寿命。目前，一些借助 Cat-CVD 技术制造的商用半导体激光器已在光通信领域应用。

在许多具体应用场景中都已经使用 Cat-CVD 技术来制备化合物半导体器件的钝化层。如图 8.23 所示的 GaAs 相关器件。这种器件常用在具有甚高频晶体管的单片微波集成电路（MMIC）器件中。这种微波集成电路器件可用在车载雷达上，雷达在汽车中用来探测障碍物，是保障行车安全的关键部件之一。采用 Cat-CVD 薄膜的器件长期可靠性现已得到普遍认可。因此，使用 Cat-CVD 薄膜的高频器件将来可能还会用在通信卫星上。虽然相关企业尚未公开发布任何有关 Cat-CVD 的新闻，但 Cat-CVD 技术的应用正在悄然扩大。

8.5 在超大规模集成电路（ULSI）工业中的应用

许多研究团队一直致力于将 Cat-CVD 应用在 ULSI 制造领域。如第 5 章所述，Cat-CVD 可以制备得到保形性好、H 含量低、绝缘性能优异的 SiN_x 薄膜。这里我们介绍该领域的一个实际应用范例。

图 8.25 为 ULSI 中使用的金属-氧化物-硅（MOS）晶体管截面示意。栅极的侧壁用于在源（S）极和漏（D）极附近制备轻掺杂区域。图中所示的所有结构都需覆盖一层衬垫 SiN_x 薄膜，以防止潮气渗透进器件内部。这需要在低于 400℃的温度下，制备出具有良好保形性且 H 含量低的 SiN_x 薄膜。如果侧壁绝缘体和（或）衬垫绝缘薄膜中含有大量 H 原子，则这些 H 原子会渗入 MOS 晶体管的沟道区域，影响器件的长时间稳定运行。特别是当施加栅极电压时，电离的 H 原子很容易移动到沟道区域。众所周知，H 原子若与掺杂原子成键，会改变载流子浓度。一旦发生这种情况，作为 MOS 管运行关键参数之一的阈值电压就会发生偏移。当运行温度升高时，这种现象会更明显。这种现象也被称为负偏压温度不稳定（NBTI）或 NBT 不稳定。

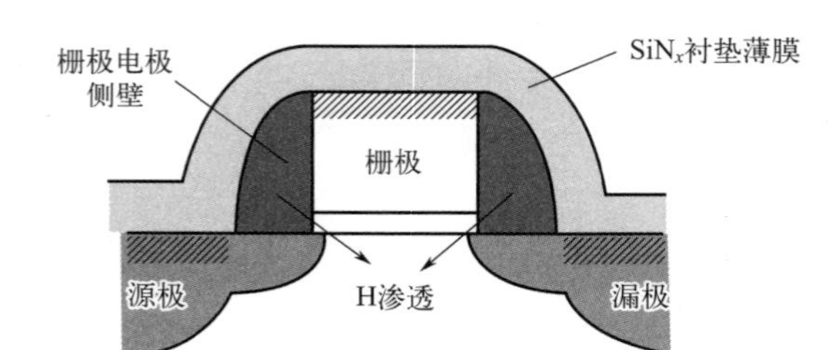

图 8.25 带有栅极侧壁和衬垫 SiN_x 薄膜的金属-氧化物-硅（MOS）晶体管横截面示意。数据来源：由大阪大学 Yoichi Akasaka 教授提供

通常用一定电压范围内阈值电压的偏移量（ΔV_{th}）来表征器件的不稳定性。图 8.26 为当 ΔV_{th} 不允许超过 30mV 时器件的寿命随栅极电压（V_g）倒数的变化。为了在短时间内验证实验结果，一般将 V_g 设置的比正常运行时的 V_g 高很多。

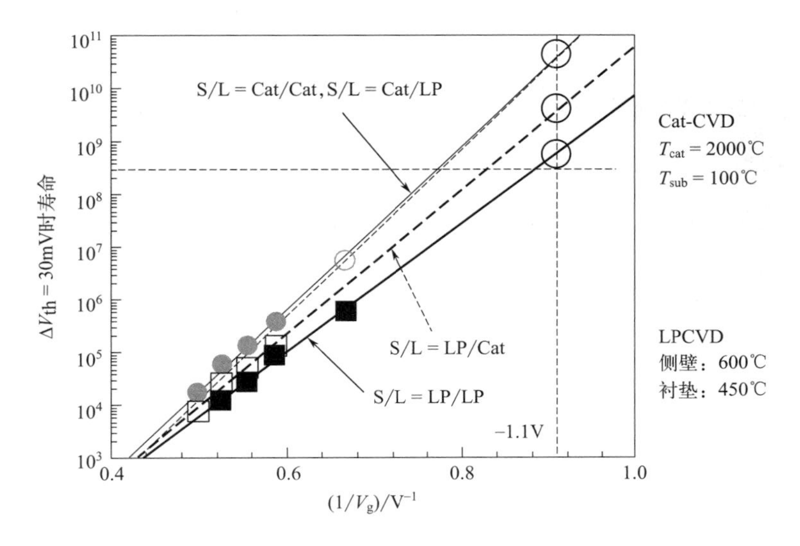

图 8.26 阈值电压偏移（V_{th}）不允许超过 30mV 时，器件寿命随栅极电压（V_g）倒数的变化关系曲线。S、L 分别为侧壁绝缘层、衬垫绝缘层。数据来源：由大阪大学 Yoichi Akasaka 教授提供

图 8.26 中还给出了用 Cat-CVD 和低压化学气相沉积（LPCVD）技术相结合制备侧壁和衬垫 SiN_x 膜的结果以供比较。其中 Cat-CVD SiN_x 膜均在 $T_{cat}=2000$℃和 $T_s=100$℃下制备。LPCVD SiN_x 侧壁膜是在 600℃制备的，而 LPCVD SiN_x 衬垫膜则是在 450℃制备的。侧壁和衬垫膜均由 LPCVD 制备的器件，在 $V_g=1.1$V 下运行寿命为 $10^8\sim10^9$s，相当于 3.2～32 年。当这两种薄膜均由 Cat-CVD 制备时，其寿命可以延长至 $10^{10}\sim10^{11}$s，相当于 320～3200 年[75]。因此，除了化合物半导体器件外，在 ULSI 中再次证明了使用 Cat-CVD 薄膜时，器件的长期可靠性非常好。

8.6 在其他器件（如有机器件）中作为阻气膜的应用

8.6.1 OLED 用无机阻气膜 SiN_x/SiO_xN_y

如第 5.3.4 节所述，在低于 100℃的温度下利用 Cat-CVD 可制备致密稳定的薄膜。尤其是在温度低于 100℃下制备的 Cat-CVD SiN_x 薄膜，也能够在相对湿度 100%、2 个大气压的水蒸气中持续 24h 抵御湿气的渗透。人们将这一特性用在了 OLED 的阻气膜中。但实验表明，在实际应用中情况并没有那么简单。将覆盖有厚度为 1000nm 的单层 Cat-CVD SiN_x 阻气膜的 OLED 放置在温度 60℃、湿度 90%的加速老化环境下，运行 40h 后发现 OLED 出现了暗斑。利用扫描电子显微镜（SEM）仔细观察黑点位置的形貌，我们发现在 Cat-CVD SiN_x 膜的衬底表面处生长出了小丘或裂纹。由于 Cat-CVD SiN_x 膜致密且硬度高。因此，当衬底表面不光滑时，薄膜的柔性或柔软度不够，导致裂纹或小丘的出现。图 8.27(a) 为 OLED 表面上出现的黑点，图 8.27(b) 为黑斑位置

的截面 SEM 图。

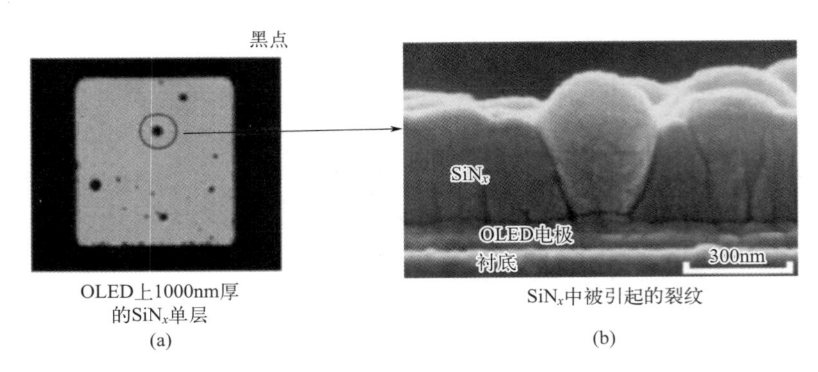

图 8.27 (a) OLED 上出现黑斑。OLED 的表面覆盖有 1000nm 厚的 Cat-CVD SiN_x 单层薄膜。(b) OLED 上黑斑位置单层 SiN_x 的横截面 SEM 图像

为了避免 SiN_x 薄膜中小丘或裂纹的生长，我们采用双层膜的方法先沉积一层 SiN_x 薄膜，暂停 5min；然后再在相同条件下再沉积一层 SiN_x 薄膜。该实验中，为了能清晰地观察到裂纹，采用的是表面粗糙度较大的铝（Al）电极。该双层膜的 SEM 截面如图 8.28(a) 所示。由图可见，即使采用间隔式双层膜的制备方法，也不能中断裂纹的继续生长。因此，需要采用其他方法来阻止裂纹的生长。于是，我们考虑在 SiN_x 薄膜上沉积其他类型薄膜来替代顶层 SiN_x。

我们主要研究了 SiN_x/SiO_xN_y 的叠层结构。本书第 5.4 节详述了 SiO_xN_y 薄膜。SiN_x/SiO_xN_y 叠层结构的效果非常明显。图 8.28(b) 为在粗糙表面上沉积的 Cat-CVD SiN_x/SiO_xN_y 叠层薄膜的 SEM 截面图[76]。从衬底表面开始在 SiN_x 中生长的裂纹在 SiN_x/SiO_xN_y 界面处终止，第二层 SiO_xN_y 中没有出现任何裂纹。基于这一结果，我们再次尝试用这种方法封装 OLED 生产商提供的 OLED 器件。

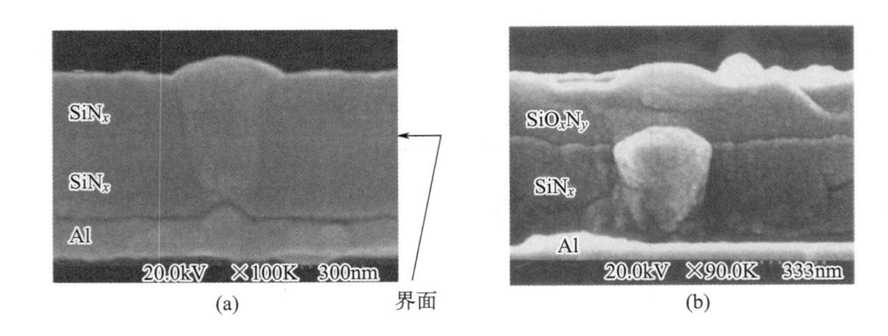

图 8.28 (a) 沉积在粗糙铝（Al）电极上的 Cat-CVD SiN_x/SiN_x 双层横截面 SEM 图像。(b) 沉积在粗糙 Al 电极上的 Cat-CVD SiO_xN_y/SiN_x 叠层结构的横截面 SEM 图像

在封装 OLED 实验中，我们制备了三种阻气膜结构：第一种是在 100nm 的 SiN_x 层上沉积 100nm SiO_xN_y 层，形成总厚度为 200nm 的堆叠双层结构；第二种是 100nm-

SiO_xN_y/100nm-SiN_x 叠层薄膜，交替制备7层，因此，总厚度为700nm；第三种是厚度为1000nm的单层 SiN_x 膜。图8.29为OLED在60℃，90%湿度的加速老化环境下保持数小时后的结果，图8.29(a)～(c)分别为第一种、第二种和第三种阻气薄膜的结构。研究发现，用叠层薄膜封装的OLED不会出现黑斑。但是我们发现OLED的角逐渐收缩。通过仔细观察其中一个收缩角，我们发现了薄膜阻气能力被破坏的原因：在OLED的收缩角的位置有尺寸约100μm的颗粒，而在OLED另一个角存在总共约700nm高的台阶。700nm的叠层薄膜厚度不够，无法完美覆盖整个OLED。该结果如图8.30所示。

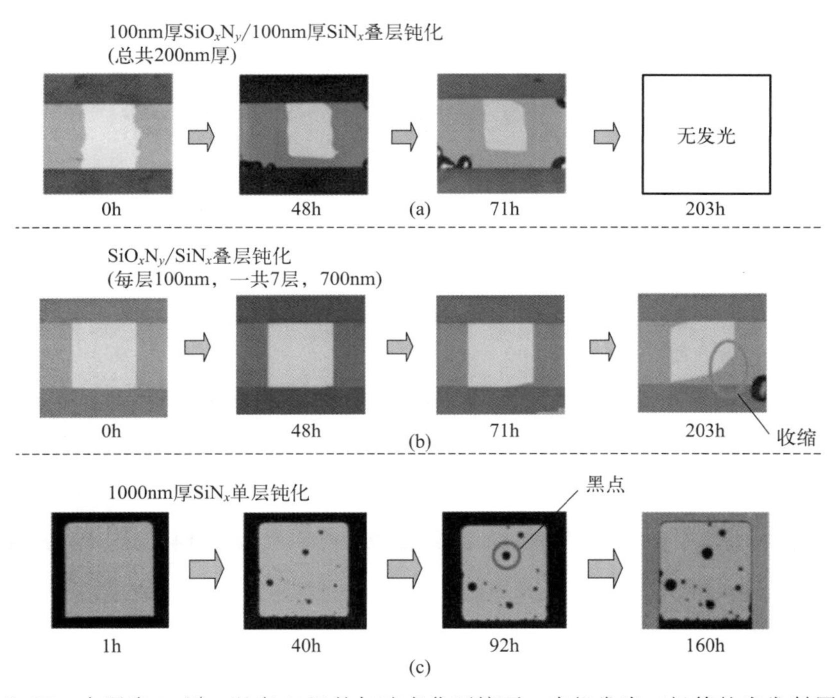

图8.29 在湿度90%、温度60℃的加速老化环境下，有机发光二极管的光发射图像随时间的变化。OLED表面沉积了（a）100nm-SiN_x/100nm-SiO_xN_y 叠层阻气膜（共200nm）、（b）100nm-SiO_xN_y/100nm-SiN_x 叠层阻气膜（共7层，厚度700nm）和（c）1000nm厚 SiN_x 单层阻气膜。所有薄膜均由Cat-CVD制备

因此，最后我们决定在OLED上交替沉积7层300nm-SiN_x/300nm-SiO_xN_y 叠层薄膜（总厚度为2100nm），并再次将它们置于60℃，90%湿度的环境中。结果如图8.31所示，即使暴露1000h后，也没有观察到OLED有任何衰减[77]。总之，Cat-CVD SiN_x 膜非常致密，适合作为阻气膜。但对于OLED的实际钝化，薄膜膜须能够完全覆盖住高台阶或无意中混入的颗粒或污染物。因此，这些阻气薄膜需要有足够的厚度和柔韧性。为了实现这一点，包括无机/有机叠层在内的其他叠层结构开始受到关注。

本小节最后，我们着重介绍一下使用Cat-CVD薄膜的另一个优点，即其沉积过程中无等离子体损伤。采用PECVD在OLED上沉积阻气膜时，即使薄膜沉积后OLED的性能稳定，但沉积过程中有时也会对OLED器件本身造成损伤使其性能与封装前相

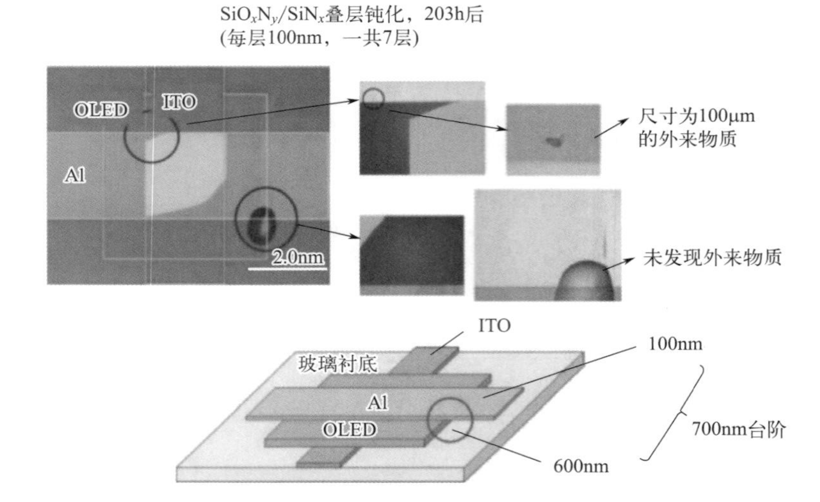

图 8.30 在湿度为 90%、温度为 60℃的加速老化环境下保持 203h 后，沉积有 Cat-CVD 100nm-SiN_x/100nm-SiO_xN_y 叠层阻气膜（共 7 层，厚度 700nm）的有机发光二极管

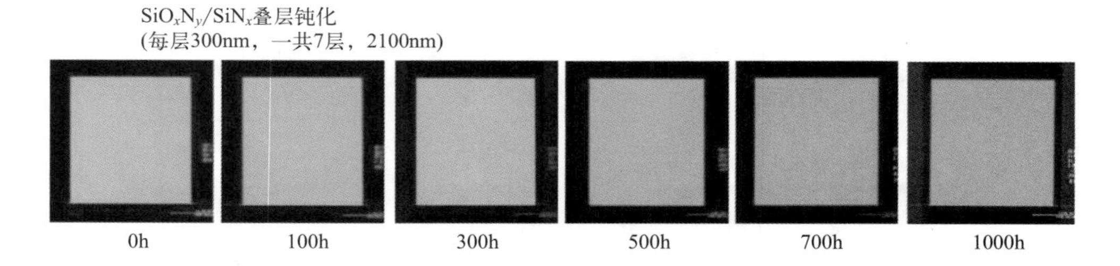

图 8.31 在湿度为 90%、温度 60℃的加速老化环境下，有机发光二极管的发光图像随时间的变化。OLED 表面沉积了 Cat-CVD 制备的 300nm-SiO_xN_y/300nm-SiN_x 叠层薄膜（共 7 层，总厚度 2100nm）。数据来源：Ogawa 等（2008）[76]。经 Elsevier 许可转载

比有所衰退。而利用 Cat-CVD 沉积 SiN_x/SiO_xN_y 钝化膜时，没有观察到任何性能衰退。如图 8.32 所示，发光亮度与施加电压的关系曲线表明，利用 Cat-CVD 沉积阻气薄膜后与沉积前的相比没有表现出任何衰减。

8.6.2 无机/有机叠层阻气膜

电子器件（如太阳电池和显示器），特别是卤化物钙钛矿太阳电池（PSC）和 OLED，对在大气中的氧气和水蒸气环境中暴露所产生的损害非常敏感。由于氧气和水汽很容易渗透穿过柔性塑料。这样，如果在柔性塑料衬底上制备这些器件时，器件的性能就会受很大影响。因此，需要对这些器件进行封装以防止其受大气环境的影响。通过薄膜进行封装来保护上述器件可以保持器件柔性可弯曲的特性。退一步讲，即使是沉积在玻璃衬底上的器件（玻璃本身具有良好的阻隔湿气和氧气性能）也需要对器件的顶部

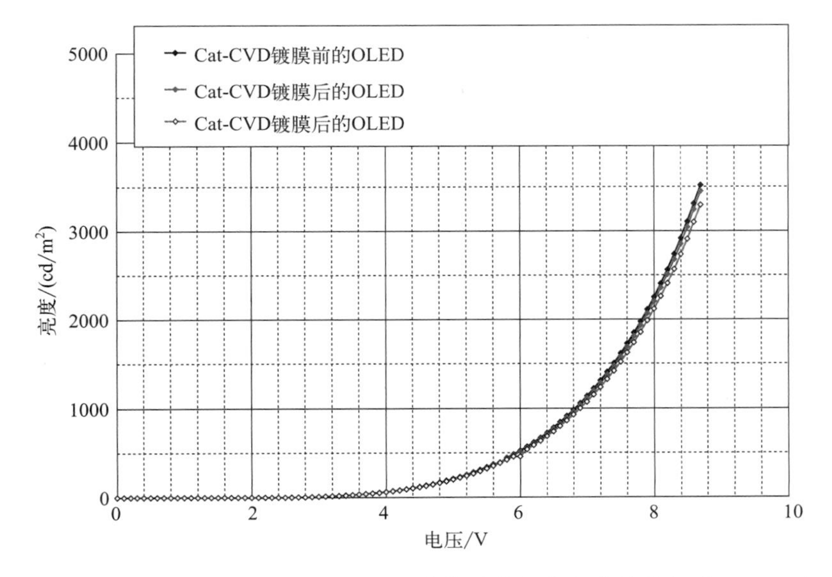

图 8.32 OLED 表面沉积 Cat-CVD 阻气膜前后的发光亮度随施加到 OLED 上电压的变化特性曲线。数据来源：Ogawa 等（2008）[76]。经 Elsevier 许可转载

进行密封。这时也会用到薄膜封装，因为薄膜可以大面积均匀、保形沉积在大面积微、纳米结构器件上。

许多情况下，单层有机或无机薄膜并不能提供所需的低水汽透过率（WVTR）。实际上，OLED 以及 PSC 需要 WVTR 低至$<10^{-6}$g/(m^2 · d) 的密封[78]。目前 PSC 上阻隔膜的具体要求尚未完全确定，但鉴于其对湿度的高敏感性[79]，水汽和氧气的 WVTR 可能需要都低于 10^{-6}g/(m^2 · d)。目前还没有某种单层膜能够提供这样的 WVTR 性能。因此，薄膜封装通常需要多层结构。文献中已报道了各种气体和水汽阻隔膜的多层结构[80~82]。报道中许多多层结构均包含了无机膜和聚合物膜的双层膜结构。其中，聚合物薄膜是用来阻隔在连续无机薄膜中不可避免出现的缺陷（例如针孔和裂纹）。

通过有机/无机薄膜叠层，使得贯穿整个叠层结构的渗透路径（如针孔或裂纹）出现的概率大幅下降。多数情况下，不同材质薄膜的堆叠需使用不同的沉积技术，例如无机薄膜的溅射、PECVD、原子层沉积（ALD）和蒸发，以及有机（聚合物）薄膜的喷雾沉积、旋涂或 iCVD。

而采用多种沉积工艺组合来制备叠层阻隔膜，使得这种薄膜的成本很高。因此，人们希望能够使用同一种沉积技术在一个制程中完成无机/有机叠层阻隔膜的沉积。基于这一目标，我们研究了 Cat-CVD SiN_x 与 iCVD 聚合物薄膜相结合。这两种沉积技术都是基于真空系统中使用加热丝的 Cat-CVD 技术，原则上可以很容易在连续流水线或卷对卷系统中组合。SiN_x 和聚合物薄膜也非常适合制作这种多层阻隔膜。由于这两种薄膜均可以制成透明度很高的薄膜材料，因此可以用在显示器、传感器和太阳电池上。另外，Cat-CVD 避免了溅射或 PECVD 中离子基团的不利影响，可以避免沉积过程中对器

件的活性层造成损伤。

我们从聚甲基丙烯酸缩水甘油酯（PGMA）聚合物薄膜开始沉积多层阻隔膜。PGMA膜在iCVD腔室中制备，该腔室源于MIT实验室的设计[83]。单体GMA（97%，Aldrich）和引发剂过氧化叔丁酯（TBPO）（98%，Aldrich）通过气体混合输送到反应腔室。TBPO由位于衬底上方3cm、加热至220℃的平行镍铬丝热分解，衬底支架通冷却水，以使衬底保持在17℃。

低温SiN_x层直接沉积在PGMA层的顶部。Alpuim等早在2009年就已证实，通过Cat-CVD在低至100℃的温度下也可以制备出透明、致密的SiN_x膜[84]。在我们的实验中，为了更可靠地控制衬底温度，衬底到灯丝的距离较大，以防止衬底温度因辐射加热而逐渐升高。通过对衬底支架进行冷却可以使衬底温度保持在低于110℃。使用纯硅烷（SiH_4）和氨气（NH_3）作为气源，未使用H_2进行稀释。NH_3流量为150cm^3/min，SiH_4流量为5cm^3/min，沉积气压为0.04mbar（4Pa）。催化热丝为两根直径为0.125mm的钽丝，热丝温度为2100℃，热丝距离衬底20cm。为了精确控制沉积时间，在样品和热丝之间配置了挡板。

在上述条件下制备的SiN_x薄膜的N/Si比接近其化学计量比1.2。16BHF中的蚀刻速率为25nm/min，密度为2.5g/cm^3[85]。通过傅里叶变换红外光谱测定，N—H与Si—H键的比例约为1。薄膜透明度很高，在400nm波长处消光系数仅为$k=0.002$。

在iCVD制备的PGMA薄膜上沉积SiN_x的过程中，最开始会形成一层富氧SiO_xN_y层。这是由于PGMA薄膜中的O与H原子或氨基反应结合所造成的[86]。该机制使得可以在不使用O气源的情况下形成SiO_x材料。由于SiO_x类材料可以封闭聚合物层中的缺陷，并通过有机层和无机层之间的环氧化物开环反应提高层间的黏附力，因此有利于阻隔层性能的提高。在图8.33的TEM横截面图像中，在暗的SiN_x层和亮的PGMA层之间的SiN_x层下方可以看到该氧化层。

为了验证所制备双层膜的完整性和光学透明度，我们在Corning Eagle XG硼硅酸

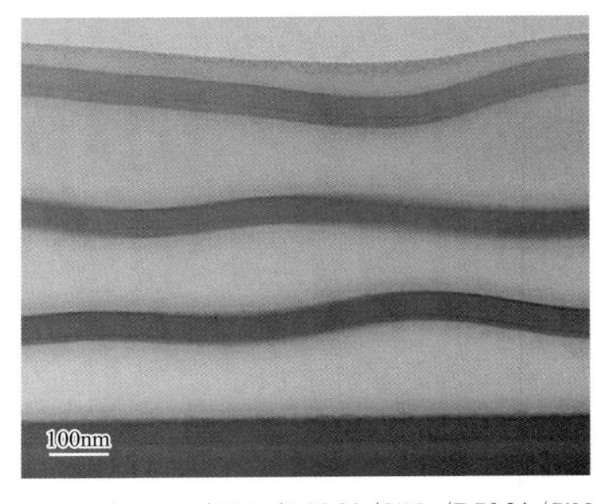

图8.33 SiN_x/PGMA/SiN_x/PGMA/SiN_x/PGMA/SiN_x/PGMA多层膜的横截面TEM明场像。图中，在深色的SiN_x区域和浅色的PGMA区域之间的SiN_x层下方，可以明显看到氧化物层。数据来源：Spee等（2014）[86]。经NRC Research Press授权转载

盐玻璃衬底上也沉积了这种双层膜结构。具体结构为在 150nm 的 PGMA 上沉积 70nm 的 SiN_x 薄膜。图 8.34 为可见一近红外光区的光学透过率和反射率光谱，图 8.35 为单独各层及双层复合膜的傅里叶变换红外（FTIR）光谱。结果表明，双层膜的高透过率非常适合应用在光电子领域，且所有聚合物的 FTIR 吸收峰在双层膜中都没有改变，证明 SiN_x 沉积过程中不会损坏 PGMA 层。

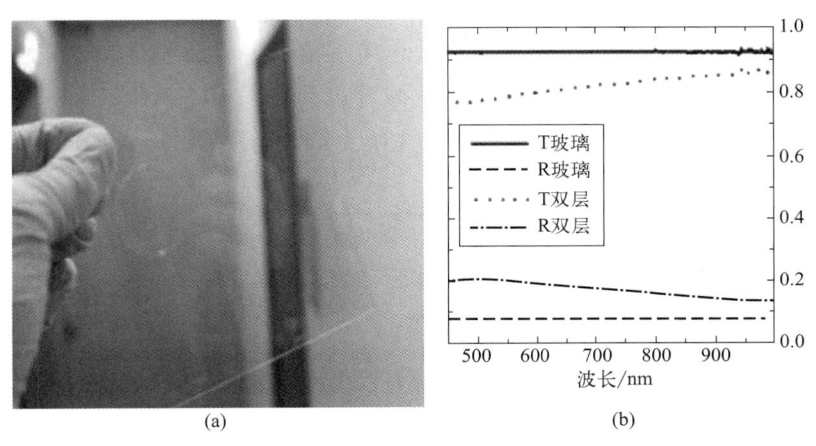

图 8.34 （a）在玻璃衬底上沉积 150nm PGMA/70nm SiN_x 双层膜的照片和（b）对应的透过率和反射率曲线。图中也给出了 Corning Eagle XG 硼硅酸盐玻璃衬底的相关数据以方便对照。数据来源：Spee 等（2011）[85]。经 American Scientific Publishers 许可转载

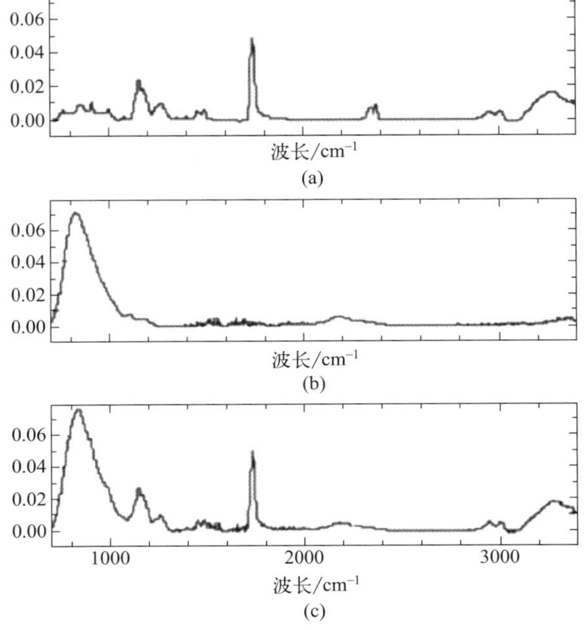

图 8.35 FTIR 光谱：（a）150nm PGMA；（b）70nm SiN_x；（c）二者形成的双层膜。环氧环和 C═O 键形成的峰仍然完整地保留在双层膜中。（c）中 2300cm^{-1} 附近的小峰是由 FTIR 设备中的 CO_2 气体产生的。数据来源：Spee 等（2011）[85]。经 American Scientific Publishers 授权转载

通过使用两个 SiN_x 层和一个 PGMA 中间层的简单组合，形成了具有优异阻隔性能的薄膜。该三叠层复合膜致密无针孔，且经过精确的 Ca 测试法测定，其 WVTR 值为 5×10^{-6}g/(m^2 · d)[87]。该 WVTR 值是在温度为 60℃和相对湿度（RH）为 90%的环境下测量的，即使是对环境最敏感的器件，该三层膜结构也具有足够的阻隔能力[88]。图 8.36 是延长暴露在上述温湿度环境中不同时间后，三种不同类型样品覆盖的 5mm×5mm 正方形 Ca 膜的光学图像变化。最上边一行的样品为 100℃时沉积的单层 SiN_x 膜，中间一行为高温下沉积的单层 SiN_x（不适合用于柔性聚合物衬底），第三行为沉积的 SiN_x/PGMA/SiN_x 三叠层膜。这里，SiN_x 层厚度为 100nm，PGMA 层厚度为 200nm。即使在该加速湿度试验 190 天后，Ca 膜也没有出现明显的变化。

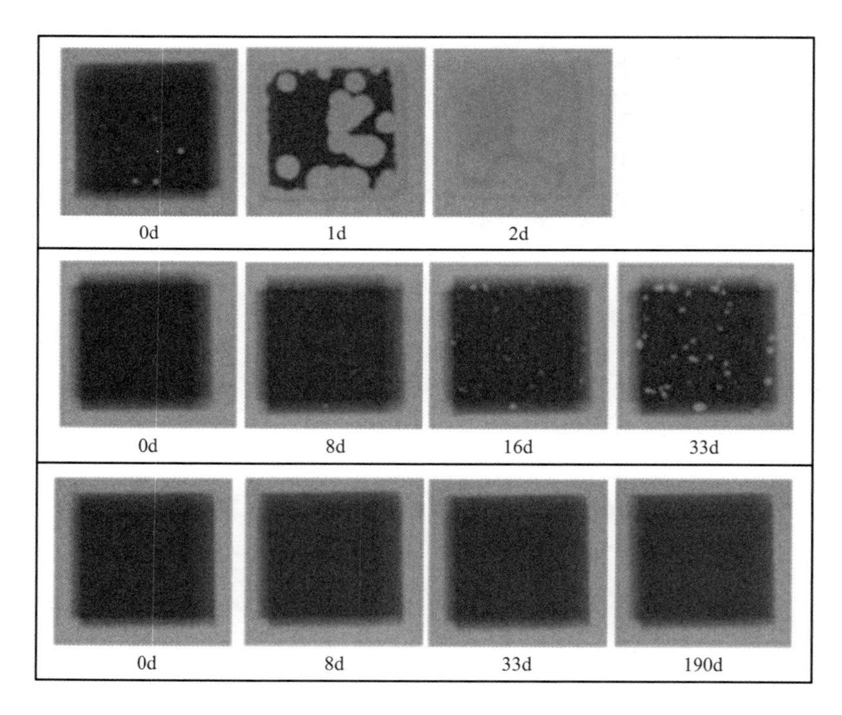

图 8.36 覆盖有三种不同样品的 5mm×5mm 的方行 Ca 膜，在一定温湿度环境下暴露不同时间后的光学图像变化。最上面一行样品是 100℃下沉积单层 SiN_x 膜的结果，中间一行是高温下沉积单层 SiN_x 膜（不适合用在柔性聚合物衬底上）的结果，第三行是 SiN_x/PGMA/SiN_x 叠层膜的结果。其中，SiN_x 层厚度为 100nm，PGMA 层厚度为 200nm。来源：Spee 等（2012）[88]。经 John Wiley & Sons 许可转载

已有关于类似 SiN_x 和有机膜如 PGMA 或六甲基二硅氧烷（HMDSO）形成多叠层结构，并作为下一代柔性 OLED 阻气膜的报道[89]，它们将用在便携式智能手机上。用于 OLED 的阻气膜仍是下一代半导体器件中比较活跃的研究领域。

8.6.3 用于食品包装的阻气膜

全球需要气体阻隔膜的消费品市场非常大。由聚对苯二甲酸乙二醇酯（PET）和其

他包装材料制成的食品包装瓶需要使用阻气膜以延长保质期。因此，人们已经尝试了各种低成本高质量制备阻气膜的方法，其中，一些实例研究了由 Cat-CVD 制备的阻气膜。第 5.4.2 节已经介绍了六甲基二硅氮烷（HMDS）制备的 SiO_xN_y 薄膜在阻气性能方面的一些结果。

M. Nakaya 等还成功开发了 PET 瓶的内涂层系统，该系统使用乙烯基硅烷（$SiH_3-CH-CH_2$）作为气源，通过 Cat-CVD 制备碳氧化硅（SiO_xC_y）薄膜[90]。该系统示意如图 8.37 所示，将催化丝穿过瓶颈放入 PET 瓶中，并将 PET 瓶组成阵列。图 8.38 为密封 PET 瓶的水蒸气损失随时间的变化。测试前在 PET 瓶内填充 500g 蒸馏水。PET 瓶的重量因水汽穿透 PET 瓶壁会逐渐下降。将无涂层 PET 瓶的结果与用厚度几十纳米的 Cat-CVD SiO_xC_y 膜涂层的结果进行了对比。图 8.37 和图 8.38 来自文献［90］。尽管 SiO_xC_y 膜的沉积时间仅为秒级，但通过沉积 Cat-CVD 膜，可以很好地抑制水汽的渗透。

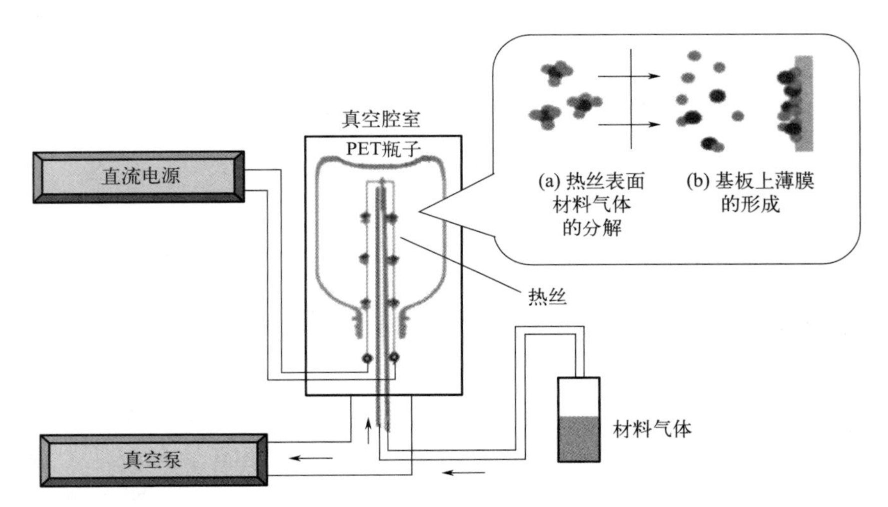

图 8.37　Cat-CVD 在 PET 瓶内镀膜系统示意。通过瓶口将催化丝放入每个 PET 瓶内。数据来源：Nakaya 等（2016）[90]。经 *Journal of Polymers* 许可转载

与 OLED 所要求的阻气能力相比，对 PET 瓶内涂层的要求更宽松。然而，使用这种 Cat-CVD 涂层，PET 瓶中的饮料可以保存六个月以上，而没有涂层的常规 PET 瓶只能保存三个月。

在大规模生产中，具有类似结构的催化热丝组成阵列，可以同时在许多 PET 瓶内进行镀膜。当使用 PECVD 及其他相关技术时，短时间内在多个瓶子组成的阵列中产生完全相同的等离子体则非常困难。例如，500 个 PET 瓶子的阵列应使用 500 个 RF 电源来产生等离子体同时涂覆。很容易理解这在 500 个小体积中实现这一过程有些困难。与 Cat-CVD 相比，在 PECVD 中沉积阻气膜的质量可能会有更大的波动。沉积过程不使用等离子体是 Cat-CVD 的一个亮点。

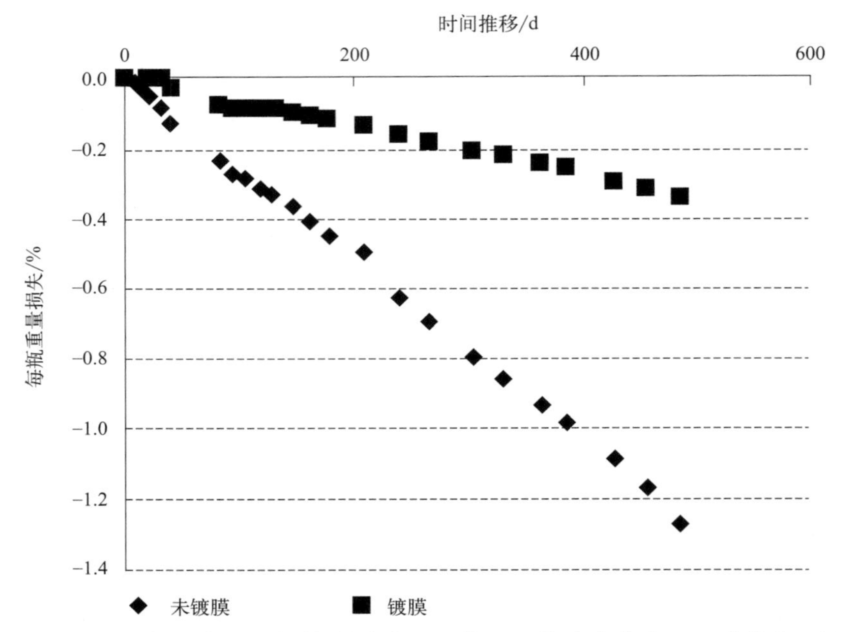

图 8.38 PET 瓶总重量随时间的变化。开始 PET 瓶中装满了 500g 蒸馏水，但随着水汽通过 PET 瓶壁渗透，总重量逐渐减少。在 PET 瓶内部沉积 Cat-CVD 膜后，其重量下降速率小于未沉积 Cat-CVD 膜的 PET 瓶。数据来源：Nakaya 等（2016）[90]。经 *Journal of Polymers* 许可转载

8.7 其他应用和目前 Cat-CVD 应用总结

如前所述，Cat-CVD 有许多应用，使用 Cat-CVD 的领域仍在不断增长。Cat-CVD 的应用不仅限于本文所提到的领域。例如，阻气膜也可以用于太阳电池的背板。Cat-CVD 的另一个应用是利用 Cat-CVD 设备中产生的活性基团，这将在第 9 章中讨论。

最后，基于图 8.1，我们简要总结了 Cat-CVD 技术在工业化中的实施情况。

（1）太阳电池应用　最成功的应用领域之一。用于制造太阳电池的大规模生产设备自 2007 年开始销售，企业的设备安装量正逐步增加。市场上有售的一些太阳电池在部分制造步骤中使用了 Cat-CVD。

（2）化合物半导体器件钝化的应用　21 世纪早期或更早之前已经开始大规模生产，用于高频晶体管和半导体激光器加工的生产线就安装有 Cat-CVD。

（3）应用于消费品　现在的一些高级剃须刀刀片使用了 Cat-CVD 或 Cat-CVD 相关技术（iCVD），一些公司正在销售涂有 Cat-CVD 薄膜的剃须刀片，该领域的应用在不断扩大。

（4）OLED 的钝化应用　无机/有机多层阻隔膜是未来 OLED 的钝化结构中优选的结构。预计将在工业生产中实施。

（5）应用于印刷用硒鼓　小尺寸市场已经应用，预计未来会进一步扩张。

（6）应用于食品包装　正在进行各种努力，未来一片光明。

（7）ULSI 或 Si 工业的应用　与 ALD 技术一直存在竞争，在该领域 Cat-CVD 的装配可行性仍然较高。

Cat-CVD 技术的应用领域仍在增长，我们可以期待这项技术光明的未来。

参考文献

[1] Fraunhofer ISE and PSE AG（2017）. Photovoltaics Report（July 2017）. https：//www. ise. fraunhofer. de/content/dam/ise/de/documents/publications/studies/Photovoltaics-Report. pdf. （accessed 26 February 2018）.

[2] Umemoto，H. （2014）. Gas-phase diagnoses in catalytic chemical vapor deposition（hot-wire CVD）processes. *Thin Solid Films* 575：3-8.

[3] Schropp，R. E. I. （2015）. Industrialization of hot wire chemical vapor deposition for thin film applications. *Thin Solid Films* 595：272-283. https：//doi. org/10. 1016/j. tsf. 2015. 07. 054.

[4] Nelson，B.，Iwaniczko，E.，Mahan，A. H. et al. （2001）. High-deposition ratea-Si：H n-i-p solar cells grown by HWCVD. *Thin Solid Films* 395：292-297.

[5] Mahan，A. H. and Vanecek，M. （1991）. A reduction in the Staebler-Wronski effect observed in low H contenta-Si：H films deposited by the hot wire technique. *AIP Conf. Proc.* 234：195-202.

[6] Mahan，A. H.，Xu，Y.，Williamson，D. L. et al. （2001）. Structural properties of hot wirea-Si：H films deposited at rates in excess of 100 ? /s. *J. Appl. Phys.* 90：5038-5047.

[7] Weber，U.，Koob，M.，Dusane，R. O. et al. （2000）. a-Si：H based solar cells entirely deposited by hot-wire CVD. In：*Proceedings of the 16th European Photovoltaic Solar Energy Conference*，Glasgow（1-5 May 2000），286-291. London：James & James.

[8] Bauer，S.，Schröder，B.，Herbst，W.，and Lill，M. （1998）. A significant step towards fabrication of high efficient，more stablea-Si：H solar cells by thermo-catalytic CVD. In：*Proceedings of the Second World Conference on Photovoltaic Solar Energy Conversion*，Vienna（6-10 July 1998），363. Ispra：Joint Research Centre（European Commission）.

[9] Nelson，B.，Iwaniczko，E.，Mahan，A. H. et al. （2001）. High-deposition ratea-Si：H n-i-p solar cells grown by HWCVD. *Thin Solid Films* 395：292-297.

[10] Schropp，R. E. I. （2002）. Advances in solar cells made with hot wire CVD：superior films and devices at low equipment cost. *Thin Solid Films* 403-404：17-25.

[11] Schropp，R. E. I.，van Veen，M. K.，van der Werf，C. H. M. et al. （2004）. Protocrystalline silicon at high rate from undiluted silane. *Mater. Res. Soc. Symp. Proc.* 808：A8. 4. 1.

[12] Koh，J.，Lee，Y.，Fujiwara，H. et al. （1998）. Optimization of hydrogenated amorphous silicon p-i-n solar cells with two-step i-layers guided by real time spectroscopic ellipsometry. *Appl. Phys. Lett.* 73：1526-1528.

[13] Matsumura，H. （1987）. High-quality amorphous silicon germanium produced by catalytic chemical vapor deposition. *Appl. Phys. Lett.* 51：804-805.

[14] Datta，S.，Xu，Y.，Mahan，A. H. et al. （2006）. Superior structural and electronic properties for amorphous silicon-germanium alloys deposited by a low temperature hot wire chemical vapor deposition process. *J. Non-Cryst. Solids* 352：1250-1254.

[15] Guha，S.，Cohen，D.，Schiff，E. et al. （2011）. Industry-academia partnership helps drive commercialization of new thin-film silicon technology. *Photovoltaics International* 13：134-140.

[16] Nelson，B. P.，Xu，Y.，Williamson，D. L. et al. （1998）. Hydrogenated amorphous silicon germanium alloys grown by the hot-wire chemical vapor deposition technique. *Mater. Res. Soc. Symp. Proc.* 507：447-452.

[17] Xu，Y.，Mahan，A. H.，Gedvilas，L. M. et al. （2006）. Deposition of photosensitive hydrogenated amorphous silicon-germanium films with a tantalum hot wire. *Thin Solid Films* 501：198-201.

[18] Mahan，A. H.，Xu，Y.，Gedvilas，L. M.，and Williamson，D. L. （2009）. A direct correlation between

film structure and solar cell efficiency for HWCVD amorphous silicon germanium alloys. *Thin Solid Films* 517：3532-3535.

[19] Veldhuizen, L. W., van der Werf, C. H. M., Kuang, Y. et al. (2015). Optimization of hydrogenated amorphous silicon germanium thin films and solar cells deposited by hot wire chemical vapor deposition. *Thin Solid Films* 595：226-230. https：//doi. org/10. 1016/j. tsf. 2015. 05. 055.

[20] Veldhuizen, L. W. and Schropp, R. E. I. (2016). Very thin and stable thin-film silicon alloy triple junction solar cells by hot wire chemical vapor deposition. *Appl. Phys. Lett.* 109：093902. https：//doi. org/10. 1063/1. 4961937.

[21] Stuckelberger, M., Biron, R., Wyrsch, N. et al. (2017). Review：Progress in solar cells from hydrogenated amorphous silicon. *Renew. Sust. Energ. Rev.* 76：1497-1523. https：//doi. org/10. 1016/ j. rser. 2016. 11. 190.

[22] Li, H., Franken, R. H., Stolk, R. L. et al. (2008). Mechanism of shunting of nanocrystalline solar cells deposited on rough Ag/ZnO substrates. *Solid State Phenom.* 131-133：27-32.

[23] Schropp, R. E. I., Li, H., Rath, J. K., and van der Werf, C. H. M. (2008). Thin film nanocrystalline silicon and nanostructured interfaces for multibandgap triple junction solar cells. *Surf. Interface Anal.* 40：970-973. https：//doi. org/10. 1002/sia. 2816.

[24] Vetterl, O., Finger, F., Carius, R. et al. (2000). Intrinsic microcrystalline silicon：A new material for photovoltaics. *Sol. Energy Mater. Sol. Cells* 62：97-108.

[25] Li, H., Franken, R. H., Stolk, R. L. et al. (2008). Improvement of μc-Si：H n-i-p cell efficiency with an i-layer made by hot-wire CVD by reverse H2-profiling. *Thin Solid Films* 516 (5)：755-757.

[26] Schropp, R. E. I., Li, H., Franken, R. H. et al. (2008). Nanostructured thin films for multibandgap silicon triple junction solar cells. *Thin Solid Films* 516：6818-6823.

[27] Yan, B., Yue, G., Owens, J. M. et al. (2006). Over 15% efficient hydrogenated amorphous silicon based triple-junction solar cells incorporating nanocrystalline silicon. In：*4th World Conference on Photovoltaic Energy Conversion*, Waikoloa Village, Hawaii, USA (7-12 May 2006), 1477-1480. IEEE. https：/dx. doi. org/10. 1109/WCPEC. 2006. 279748.

[28] Hong, J.-S., Kim, C.-S., Yoo, S.-W. et al. (2012). In-situ measurements of charged nanoparticles generated during hot wire chemical vapor deposition of silicon using particle beam mass spectrometer. *Aerosol Sci. Technol.* 47 (1)：46-51.

[29] Hamers, E. A. G., Fontcuberta i Morral, A., Niikura, C. et al. (2000). Contribution of ions to the growth of amorphous, polymorphous, and microcrystalline silicon thin films. *J. Appl. Phys.* 88 (6)：3674-3688.

[30] Wang, Q., Ward, S., Gedvilas, L. et al. (2004). Conformal thin-film silicon nitride deposited by hot-wire chemical vapor deposition. *Appl. Phys. Lett.* 84：338-340.

[31] Ferry, V. E., Verschuuren, M. A., Li, H. B. T. et al. (2009). Improved red-response in thin film a-Si：H solar cells with soft-imprinted plasmonic back reflectors. *Appl. Phys. Lett.* 95：183503.

[32] Kuang, Y., van der Werf, C. H. M., Houweling, Z. S., and Schropp, R. E. I. (2011). Nanorod solar cell with an ultrathin a-Si：H absorber layer. *Appl. Phys. Lett.* 98：113111.

[33] Veldhuizen, L. W., Vijselaar, W. J. C., Gatz, H. A. et al. (2017). Textured and micropillar silicon heterojunction solar cells with hot-wire deposited passivation layers. *Thin Solid Films* 635：66-72.

[34] Ferry, V. E., Verschuuren, M. A., Li, H. B. T. et al. (2011). Light trapping in ultrathin plasmonic solar cells. *Opt. Express* 18 (S2)：A237-A245. https：//doi. org/10. 1364/OE. 18. 00A237.

[35] Ferry, V. E., Verschuuren, M. A., Claire van Lare, M. et al. (2011). Optimized spatial correlations for broadband light trapping nanopatterns in high efficiency ultrathin filma-Si：H solar cells. *Nano Lett.* 11 (10)：4239-4245.

[36] Veldhuizen, L. W., Kuang, Y., and Schropp, R. E. I. (2016). Ultrathin tandem solar cells on nanorod morphology with 35-nm thick hydrogenated amorphous silicon germanium bottom cell absorber layer. *Sol. Energy Mater. Sol. Cells* 158 (part 2)：209-213.

［37］ PV insights. Grid the World. PV Poly Silicon Weekly Spot Price. http：//pvinsights. com/（accessed 31 October 2018）.

［38］ Koyama，K.，Ohdaira，K.，and Matsumura，H.（2010）. Extremely low surface recombination velocities on crystalline silicon wafers realized by catalytic chemical vapor deposited SiN_x/a-Si stacked passivation layers. *Appl. Phys. Letters* 97：082108-1-3.

［39］ Nguyen，C. T.，Koyama，K.，Higashimine，K. et al.（2017）. Novel chemical cleaning of textured crystalline silicon for realizing surface recombination velocity<0. 2 cm/s using passivation catalytic CVD SiN_x/amorphous silicon stacked layers. *Jpn. J. Appl. Phys.* 56：056502-1-7.

［40］ Tanaka，M.，Taguchi，M.，Matsuyama，T. et al.（1992）. Development of new a-Si/c-Si heterojunction solar cells：ACJ-HIT（artificially constructed junction-heterojunction with intrinsic thin-layer）. *Jpn. J. Appl. Phys.* 31：3518.

［41］ Taguchi，M.，Yano，A.，Tohoda，S. et al.（2014）. 24. 7% record efficiency HIT solar cell on thin silicon wafer. *IEEE J. Photovoltaics* 4：96-99. https：//doi. org/10. 1109/JPHOTOV. 2013. 2282737.

［42］ Yoshikawa，K.，Yoshida，W.，Irie，T. et al.（2017）. Exceeding conversion efficiency of 26% by heterojunction interdigitated back contact solar cell with thin film Si technology. *Sol. Energy Mater. Sol. Cells* 173：37-42. https：//doi. org/10. 1016/j. solmat. 2017. 06. 024.

［43］ Schüttauf，J. W. A.，van der Werf，C. H. M.，van Bommel，C. O. et al.（2010）. Crystalline silicon surface passivation by hydrogenated amorphous silicon layers deposited by HWCVD，RF PECVD and VHF PECVD：the influence of thermal annealing on minority carrier lifetime. In：*Proceedings of the 25th European Photovoltaic Solar Energy Conference*，Valencia（6-9 September 2010），1114-1117. https：//doi. org/10. 4229/25thEUPVSEC2010-2AO. 1. 2.

［44］ Schäfer，L.，Harig，T.，Höer，M. et al.（2013）. Inline deposition of silicon-based films by hot-wire chemical vapor deposition. *Surf. Coat. Technol.* 215：141-147.

［45］ Edwards，M.，Bowden，S.，Das，U.，and Burrows，M.（2008）. Effect of texturing and surface preparation on lifetime and cell performance in heterojunction silicon solar cells. *Sol. Energy Mater. Sol. Cells* 92：1373-1377. https：//doi. org/10. 1016/j. solmat. 2008. 05. 011.

［46］ Fesquet，L.，Olibet，S.，Damon-Lacoste，J. et al.（2009）. Modification of textured silicon wafer surface morphology for fabrication of heterojunction solar cell with open circuit voltage over 700 mV. In：*Proceedings of the 34th IEEE PVSC Conference*，Philadelphia，PA，USA（7-12 June 2009），754-758. IEEE https：//doi. org/10. 1109/pvsc. 2009. 5411173.

［47］ Wang，Q.（2018）. HW/CAT-CVD for the high performance crystalline silicon heterojunction solar cells. Conference Program and Abstract book of 10th Int. Conf. on Hot-Wire（Cat）& Initiated Chemical Vapor Deposition，held at Kitakyushu，Sept. 3-6，2018，p. 85.

［48］ Powell，M. J.，Van Berkel，C.，Franklin，A. R. et al.（1992）. Defect pool in amorphous-silicon thin-film transistors. *Phys. Rev. B* 45：4160. https：//doi. org/10. 1103/PhysRevB. 45. 4160.

［49］ Staebler，D. L. and Wronski，C. R.（1977）. Reversible conductivity changes in discharge-produced amorphous Si. *Appl. Phys. Lett.* 31：292. https：//doi. org/10. 1063/1. 89674.

［50］ Stutzmann，M.，Jackson，W. B.，and Tsai，C. C.（1985）. Light-induced metastable defects in hydrogenated amorphous silicon：a systematic study. *Phys. Rev. B* 32：23. https：//doi. org/10. 1103/PhysRevB. 32. 23.

［51］ Mahan，A. H.，Carapella，J.，Nelson，B. P. et al.（1991）. Deposition of device quality，low H content amorphous silicon. *J. Appl. Phys.* 69：6728. https：//doi. org/10. 1063/1. 348897.

［52］ Meiling，H. and Schropp，R. E. I.（1996）. Stability of hot-wire deposited amorphous-silicon thin-film transistors. *Appl. Phys. Lett.* 69：1062. https：//doi. org/10. 1063/1. 116931.

［53］ Meiling，H. and Schropp，R. E. I.（1997）. Stable amorphous silicon thin-film transistors. *Appl. Phys. Lett.* 70（20）：2681. https：//doi. org/10. 1063/1. 118992.

[54] van Berkel, C. and Powell, M. J. (1987). Resolution of amorphous silicon thin-film transistor instability mechanisms using ambipolar transistors. *Appl. Phys. Lett.* 51: 1094. https://doi.org/10.1063/1.98751.

[55] Schropp, R. E. I., Stannowski, B., and Rath, J. K. (2002). New challenges in thin film transistor (TFT) research. *J. Non-Cryst. Solids* 299-302: 1304-1310. https://doi.org/10.1016/S0022-3093(01)01095-X.

[56] Verlaan, V., Houweling, Z. S., van der Werf, C. H. M. et al. (2008). Deposition of device quality silicon nitride with ultra high deposition rate (>7nm/s) using hot-wire CVD. *Thin Solid Films* 516 (5): 533-536.

[57] Schropp, R. E. I., Nishizaki, S., Houweling, Z. S. et al. (2008). All hot wire CVD TFTs with high deposition rate silicon nitride (3 nm/s). *Solid State Electron.* 52: 427-431.

[58] Nishizaki, S., Ohdaira, K., and Matsumura, H. (2009). Comparison of a-Si TFTs fabricated by Cat-CVD and PECVD methods. *Thin Solid Films* 517: 3581-3583.

[59] Nishizaki, S., Ohdaira, K., and Matsumura, H. (2008). Study on stability of amorphous silicon thin-film transistors prepared by catalytic chemical vapor deposition. *Jpn. J. Appl. Phys.* 47: 8700-8706.

[60] Matsumura, H., Hasagawa, T., Nishizaki, S., and Ohdaira, K. (2011). Advantage of plasma-less deposition in Cat-CVD to the performance of electronic devices. *Thin Solid Films* 519: 4568-4570.

[61] Nishizaki, S., Ohdaira, K., and Matsumura, H. (2009). A-Si TFT with current drivability equivalent to poly-Si TFTs. In: *Technical Digest of International Thin Film Transistor Conference* (*ITC09*) (5-6 March 2009). Paris: Ecole-Polytechnique.

[62] Matsumura, H. (1991). Formation of polysilicon films by catalytic chemical vapor deposition (cat-CVD) method. *Jpn. J. Appl. Phys.* 30: L1522-L1524.

[63] Rath, J. K., Meiling, H., and Schropp, R. E. I. (1997). Low-temperature deposition of polycrystalline silicon thin films by hot-wire CVD. *Sol. Energy Mater. Sol. Cells* 48: 269-277.

[64] Rath, J. K., Tichelaar, F. D., Meiling, H., and Schropp, R. E. I. (1998). Hot-Wire CVD poly-silicon films for thin film devices. *Mater. Res. Soc. Symp. Proc.* 507: 879-890.

[65] Schropp, R. E. I., Stannowski, B., Rath, J. K. et al. (2000). Low temperature poly-Si layers deposited by Hot Wire CVD yielding a mobility of 4.0 cm^2/Vs in top gate Thin Film Transistors. *Mater. Res. Soc. Symp. Proc.* 609: A31.3.

[66] Saboundji, A., Colon, N., Gorin, A. et al. (2005). Top-gate microcrystalline silicon TFTs processed at low temperature (200℃). *Thin Solid Films* 487: 227-231.

[67] Kasai, H, Kusumoto, N., Yamanaka, H. and Yamoto, H. (2001). Fabrication of high mobility poly-Si TFT by cat-CVD method. *Technical Report of the Institute of Electronics*. Information and Communication Engineering of Japan, ED2001-4 and SDM2001-4, pp. 19-25 [in Japanese].

[68] Matsumura, H., Umemoto, H., Izumi, A., and Masuda, A. (2003). Recent progress of cat-CVD research in Japan-bridging between the first and second Cat-CVD conferences. *Thin Solid Films* 430: 7-14.

[69] Wu, Bing-Rui, Tsalm, T.-H., Wuu, D. S. (2014). Ambipolar micro-crystalline silicon thin film transistors prepared by hot-wire chemical vapor deposition. *Abstract of HWCVD* 8 (13-16 October 2014), Brunswick, Germany.

[70] Sze, S. M. (2002). *Semiconductor Devices - Physics and Technology*, 2nde, Section 7.3 in Chapter 7. Wiley.

[71] Hattori, R., Nakamura, G., Nomura, S., Ichise, T., Masuda, A., and Matsumura, H. (1997). Noise Reduction of pHEMTs with Plasmaless SiN Passivation by Catalytic-CVD. *Technical Digest of 19th Annual IEEE GaAs IC Symposium*, Anaheim, California, USA (12-15 October 1997) pp. 78-80.

[72] Oku, T., Totsuka, M. and Hattori, R. (2000). Application of cat-CVD to wafer fabrication of GaAs FET. *Extended Abstract of the 1st International Conference on Cat-CVD (Hot-Wire CVD) Process*, Kanazawa, Japan (14-17 November 2000), pp. 249-252.

[73] Higashiwaki, M., Matsui, T., and Mimura, T. (2006). AlGaN/GaN MIS-HFETs With f_T of 163 GHz Using Cat-CVD SiN Gate-Insulating and Passivation Layers. *IEEE Electr. Device Lett.* 27: 16-18.

[74] Higashiwaki, M., Mimura, T., and Matsui, T. (2008). GaN-based FETs using Cat-CVD SiN passivation for millimeter-wave application. *Thin Solid Films* 516: 548-552.

[75] Yoichi Akasaka (2007). Data of NBTI (negative bias temperature instability) of MOS transistors was provided from Yoichi Akasaka at Osaka University, Osaka, Japan.

[76] Ogawa, Y., Ohdaira, K., Oyaidu, T., and Matsumura, H. (2008). Protection of organic light-emitting diodes over 50000 hours by Cat-CVD SiN_x/SiO_xN_y stacked thin films. *Thin Solid Films* 516: 611-614.

[77] Matsumura, H. and Ohdaira, K. (2009). New application of Cat-CVD technology and recent status of industrial implementation. *Thin Solid Films* 517: 3420-3423.

[78] Burrows, P. E., Graff, G. L., Gross, M. E. et al. (2001). Ultra barrier flexible substrates for flat panel displays. *Displays* 22: 65-69.

[79] Huang, J., Tan, S., Lund, P. D., and Zhou, H. (2017). Impact of H_2O on organic-inorganic hybrid perovskite solar cells. *Energy Environ. Sci.* 10: 2284-2311.

[80] Nakayama, H. and Ito, M. (2011). Super H_2O-barrier film using Cat-CVD (HWCVD)-grown SiCN for film-based electronics. *Thin Solid Films* 519: 4483-4486. https://doi.org/10.1016/j.tsf.2011.01.311.

[81] Coclite, A. M., Ozaydin-Ince, G., Palumbo, F. et al. (2010). Single-chamber deposition of multilayer barriers by plasma enhanced and initiated chemical vapor deposition of organosilicones. *Plasma Process. Polym.* 7: 561-570.

[82] Kim, S. Y., Kim, B. J., Kim, D. H., and Im, S. G. (2015). A monolithic integration of robust, water-/oil-repellent layer onto multilayer encapsulation films for organic electronic devices. *RSC Adv.* 5: 68485-68492.

[83] Lau, K. K. S. and Gleason, K. K. (2006). Initiated chemical vapor deposition (iCVD) of poly (alkyl acrylates): an experimental study. *Macromolecules* 39: 3688-3694. https://doi.org/10.1021/ma0601619.

[84] Alpuim, P., Goncalves, L. M., Marins, E. S. et al. (2009). Deposition of silicon nitride thin films by hot-wire CVD at 100 C and 250 C. *Thin Solid Films* 517: 3503-3506. https://doi.org/10.1016/j.tsf.2009.01.077.

[85] Spee, D. A., van der Werf, C. H. M., Rath, J. K., and Schropp, R. E. I. (2011). Low temperature silicon nitride by hot wire chemical vapour deposition for the use in impermeable thin film encapsulation on flexible substrates. *J. Nanosci. Nanotechnol.* 11: 8202-8205. https://doi.org/10.1166/jnn.2011.5100.

[86] Spee, D. A., van der Werf, C. H. M., Rath, J. K., and Schropp, R. E. I. (2014). Moisture barrier enhancement by spontaneous formation of silicon oxide interlayers in hot wire chemical vapor deposition of silicon nitride on poly (glycidyl methacrylate). *Can. J. Phys.* 92: 593-596. https://doi.org/10.1139/cjp-2013-0581.

[87] Carcia, P. F., McLean, R. S., and Reilly, M. H. (2010). Permeation measurements and modeling of highly defective Al_2O_3 thin films grown by atomic layer deposition on polymers. *Appl. Phys. Lett.* 97: 221901. https://doi.org/10.1063/1.3519476.

[88] Spee, D. A., van der Werf, C. H. M., Rath, J. K., and Schropp, R. E. I. (2012). Excellent organic/inorganic transparent thin film moisture barrier entirely made by hot wire CVD at 100℃. *Phys. Status Solidi (RRL)* 6 (4): 151. https://doi.org/10.1002/pssr.201206035.

[89] Robert J. Visser, (2016). "HWCVD for Creating Polymer Based Optical and Barrier Films on Large Area R2R Equipment", Extended Abstract of 9th International Conference on Hot-Wire (Cat) and Initiated Chemical vapor Deposition, Philadelphia, USA, Sept., 6-9, (2016).

[90] Nakaya, M., Kodama, K., Yasuhara, S., and Hotta, A. (2016). Novel gas barrier SiOC coating to PET bottles though a hot wire CVD method. *J. Polym.* 2016: 4657193-1-7. http://dx.doi.org/10.1155/2016/4657193.

Cat-CVD系统中的活性基团及其应用

催化化学气相沉积（CVD）技术不仅限于沉积薄膜。在 Cat-CVD 腔室中还会产生许多种活性基团。本章将着重讨论活性基团的产生过程及这些活性基团的应用。我们不再将这一技术局限于狭义的“CVD”概念，而是将其视作属于 Cat-CVD“家族”的一种技术。

9.1 高浓度 H 原子的产生和输运

9.1.1 高浓度 H 原子的产生

对于氢气（H_2）在钨（W）表面的催化裂解研究可追溯至 20 世纪 10 年代。这应该是对钨催化热丝表面反应最早的研究。利用 H_2 在加热的钨表面进行催化裂解是获得氢（H）原子最简单的方法。然而，准确测量 Cat-CVD 所产生的 H 原子的密度以及高密度 H 原子的应用研究却方兴未艾，本书将介绍其中部分研究成果。在图 4.7 中，我们展示了使用铱（Ir）催化热丝时，H 原子密度与催化热丝温度 T_{cat} 之间的关系。

图 9.1 给出了使用钨丝作为催化热丝时，H 原子密度与催化热丝温度（T_{cat}）的关系。其中，H 原子密度是通过双光子激光诱导荧光（LIF）和真空紫外（VUV）激光吸收测定的。该实验中 H_2 流量 FR(H_2)为 150cm^3/min，气体压强（P_g）为 5.6Pa[1]。不锈钢（SUS）圆柱形腔室的内径为 45cm，高度为 40cm。测量点设置在腔室中心，到催化热丝的距离仅为 10cm，以减小腔室壁的影响。如第 4.5.1 节所述，对于 H 原子的产生而言，不同金属催化热丝材料对生成 H 原子密度的影响几乎可以忽略不计。

图 9.2 也给出了 T_{cat} 为 2200K 时 H 原子密度与 P_g 的关系。与上述实验参数相同，FR(H_2)为 150cm^3/min，P_g 为 5.6Pa[1]。H 原子密度 [H]，大致呈现出与 H_2 压力的平方根成正比的关系。这一关系不难理解。一个 H_2 分子分解后会得到两个 H 原子（$H_2 \longrightarrow H+H$）。因此，H 原子密度大致上和 H_2 密度 [H_2]，即 H_2 压强的平方根呈正比。虽然严格意义上这一点需要在 H 原子和 H_2 分子都处于平衡状态时才成立。

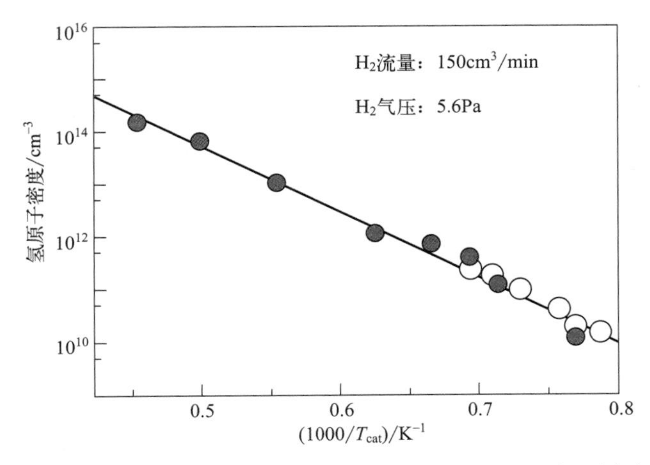

图 9.1 H 原子密度与催化热丝温度倒数的关系。实心圆为 VUV 吸收测试结果，空心圆为双光子 LIF 测试结果。数据来源：Umemoto 等（2002）[1]。版权所有（2002）。经 The Japan Society of Applied Physics 许可转载

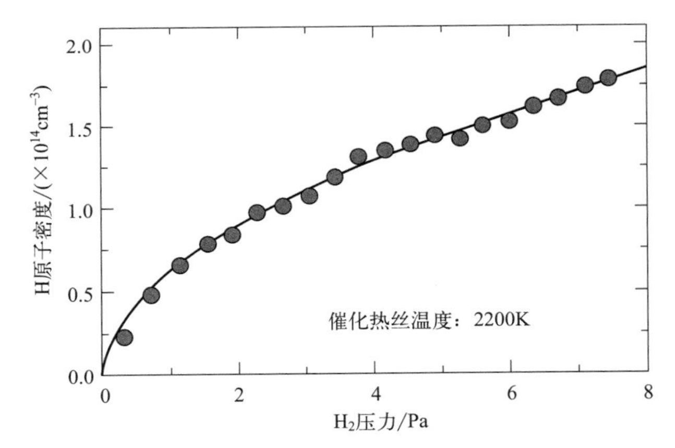

图 9.2 H 原子密度与 H_2 压力 P_g 的关系。数据来源：Umemoto 等（2002）[1]。版权所有（2002）。经 The Japan Society of Applied Physics 许可转载

这两幅图表明，仅通过加热钨丝就能获得约为 $10^{14}cm^{-3}$ 的 H 原子密度。与之类似，利用等离子体，如微波等离子体分解 H_2，也能获得相近的 H 原子密度[2]。而 Cat-CVD 的优势在于可以通过一个非常简易的装置来获取高密度 H 原子，而且这一过程不会产生其他活性基团（如离子和电激发基团）。此外，由于没有等离子体参与，我们在催化裂解气体分子时无需关注分解时的气压（等离子体只在特定气压下才能产生）。例如，J. Larjo 等使用碳化钽（TaC）灯丝，在 2700℃下分解 3.9kPa H_2 和 80Pa CH_4 的混合气体，获得了密度为 $1.2\times10^{17}cm^{-3}$ 的 H 原子[3]。因此在产生 H 原子方面，催化裂解系统具有很大优势。

正如接下来本章将提到的，H 原子具有许多应用场景。它们可以用于清洁甚至消

毒。如果能在常压或者简易真空系统中获取 H 原子，将会进一步促进 H 原子的广泛应用。

理论上，即使在大气压下也能用催化裂解法制得 H 原子。在许多实际应用场景下都需要我们开发出能在常压下工作的 H 原子发生装置。由于常压环境下存在其他气体分子，H 原子容易参与气相反应而消失。例如，H 原子会与 SiH_4 反应生成 H_2 和 SiH_3。为此，我们需要找到延长 H 原子寿命的方法。对于纯 H_2 系统，气相中 H 原子唯一的消失途径是与另一个 H 原子结合生成 H_2 分子，$H+H \longrightarrow H_2$。

原子结合成分子的反应总是放热的，一般需要第三个分子来接受过剩的能量，如：

$$H+H+M \longrightarrow H_2+M \tag{9.1}$$

其中，M 可以是 H_2 分子自身，也可以是外加的其他气体分子。H 原子的寿命，即 H 原子在系统中存在的时长，可以从反应速率常数中计算得出。D. L. Baulch 等报道了方程式（9.1）中反应的反应速率常数。在第三个分子 M 为 H_2 分子时，300K 时的反应速率常数 k_{H_2} 为 $8.8\times10^{-33}cm^6/s$[4]。然后，由反应速率常数所决定的 H 原子寿命 τ_H，可以按如下方法计算：

首先，单个 H 原子与另一个 H 原子碰撞产生 H_2 分子的同时，也与另一个分子 M 发生碰撞，即发生了三个粒子的碰撞；其次，单位时间通过碰撞产生的 H_2 分子数量应与 H 原子密度［H］、碰撞分子 M 密度［M］和反应速率常 k_{H_2} 的乘积成正比。因此，根据 τ_H 等于单位时间发生的碰撞反应数量的倒数，可由公式(9.2) 求得 τ_H：

$$\tau_H=1/(k_{H_2}[H][M])=1/\{8.8\times10^{-33}(cm^6/s)[H](cm^{-3})[M](cm^{-3})\}(s) \tag{9.2}$$

此处为了简化，我们假设分子 M 为 H_2 分子。根据图 9.1 和图 9.2，我们将［H］与［H_2］之比估算为 0.1。例如，当 $P_g=6Pa$，$T_{cat}=2200K$（1927℃），$T_g=300K$（27℃）时，如表 2.1 所示，［H_2］为 $1.45\times10^{15}cm^{-3}$，而从图 9.2 可估算出［H］约为 $1.5\times10^{14}cm^{-3}$。这种情况下，我们可以近似地认为系统气压只由 H_2 的气压决定。

图 9.3 给出了计算机模拟得到的 H 原子寿命与 H_2 气压 P_g 的函数关系。模拟时假设只有 H_2 分子存在于无限大的腔室中。而在实际情况下，H 原子会在腔壁上重新结合，而本图并未考虑这一过程的影响。我们将在第 9.1.2 节中讨论腔壁表面的重新结合过程。图 9.3 中假设气体温度为 300K（27℃）或 523K（250℃），并改变 H 原子密度与 H_2 分子密度之比（[H]/[H_2]），以研究[H]/[H_2]从 0.01 升至 1.0 时对不同气压下 H 原子寿命的影响。但如上所述，[H]/[H_2]的实际值约为 0.1。此外，该模拟计算仅将 H_2 的气压简单定义为 H_2 裂解前的数值。在气体温度 523K（250℃）的计算过程中，反应速率常数被理想化地定义为 $k_{H_2}=6.3\times10^{-33}cm^6/s$。图 9.3 中的计算结果表明，当气体压力小于 100Pa 时，H 原子寿命要比通常情况下 H_2 分子在腔室中停留的时间（1s 左右）长，并且气相中 H 原子重新结合为 H_2 的过程可以忽略不计。

9.1.2 H 原子的输运

上述关于 H 原子寿命的计算基于仅存在气相反应的情况。然而，由于实际腔室的

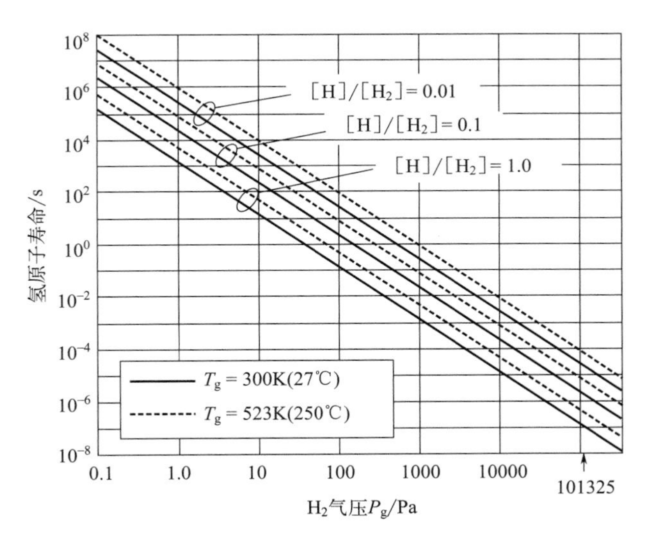

图 9.3 不考虑 H 原子分压的情况下，充满 H_2 分子的无限大的腔室中 H 原子寿命与 H_2 气压之间的关系

尺寸并不是无限大的。因此，在实际的 CVD 过程中，腔壁上 H 原子的湮灭也非常重要。许多研究人员已经对固体表面 H 原子的重新结合率进行了估算，发现重新结合率不仅取决于腔壁的材料，还取决于腔壁的表面粗糙度和温度。例如，在 SiO_2 表面的重新结合率要比在 SUS 表面的重新结合率低一个数量级[5]，而且 H 原子在高温下湮灭的概率更高[6,7]。在等离子放电结束后对 H 原子密度的时间分辨测量表明，H 原子的寿命通常在毫秒量级[5,8,9]，要远远短于 H_2 在腔室中的常规停留时间（如第 2.1.4 节所述，约为 1s）。那么，当我们希望输运 H 原子时，H 原子在腔壁上的重新结合损失就成了一个大问题。S. G. Ansari 等证明了 SUS 上覆盖 SiO_2 或聚四氟乙烯（PTFE，商业名称为特氟龙）涂层可以有效延长 H 原子的寿命[10]。他们将一个内径为 7.2cm、长为 28cm 的 SUS 水冷套安装在圆柱形腔室中。这一组实验共使用了三个不同的水冷套，一个在没有涂层的情况下工作，另外两个在具有 SiO_2 或 PTFE 涂层的情况下工作。其中，水冷套表面的 SiO_2 涂层是通过全氢聚硅氮烷［PHPS，perhydropolysilazane，一种由环状（$H_2Si-NH)_n$ 组成的无机聚合物］自然氧化制得的。他们将 PHPS 的二甲苯溶液涂布于水冷套表面，再将水冷套置于 420K 的空气中烘烤 3h，从而制得 SiO_2 涂层。第 6 章中曾提及，PTFE 薄膜可以通过 Cat-CVD 沉积。但在 Ansari 等的实验中，他们通过喷涂加退火的方法在水冷套表面制备了 30μm 的 PTFE 涂层。此外，他们还尝试在 SiO_2 上制备磷酸（H_3PO_4）涂层。实验装置如图 9.4 所示。作为催化热丝的钨丝的长度和直径分别为 20cm 和 0.5mm。VUV 吸收测试装置设置于钨丝下方 10cm 处来监测 H 原子密度。图 9.5 给出了四种涂层条件（无涂层、SiO_2 涂层、PTFE 涂层和磷酸涂层）下测得 H 原子密度与催化热丝温度的倒数（T_{cat}^{-1}）间的关系。图中对应的 $FR(H_2)$为 $150cm^3/min$，P_g 为 8Pa。由图可知，在施加涂层后 H 原子密度显著增加，

即通过对腔壁施加涂层可以有效延长 H 原子寿命并提升其输运效率。此外，H 原子密度会在钨丝温度较高时趋于饱和，并且这一饱和密度要小于图 9.1 中的数值。这是由于这两项研究使用的腔室大小不同所造成的。图 9.1 的数据在一个内径为 45cm 的腔室中获得，而图 9.5 中的实验采用的是一个小得多的水冷套。因此，后者的表面积/体积比更大，水冷套的表面温度也更高（更多来自催化热丝的热辐射）。

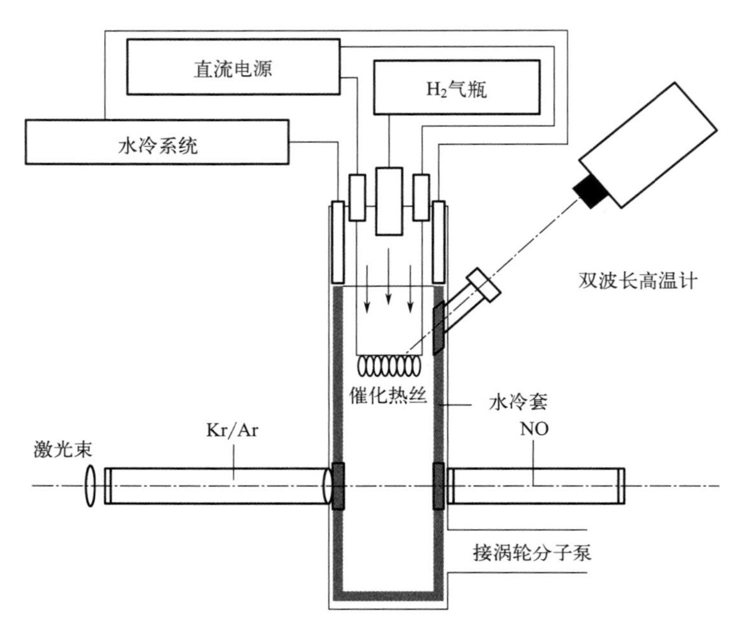

图 9.4 腔壁表面状态对 H 原子输运影响的实验装置示意。数据来源：Ansari 等（2005）[10]。经 IEEE 许可转载

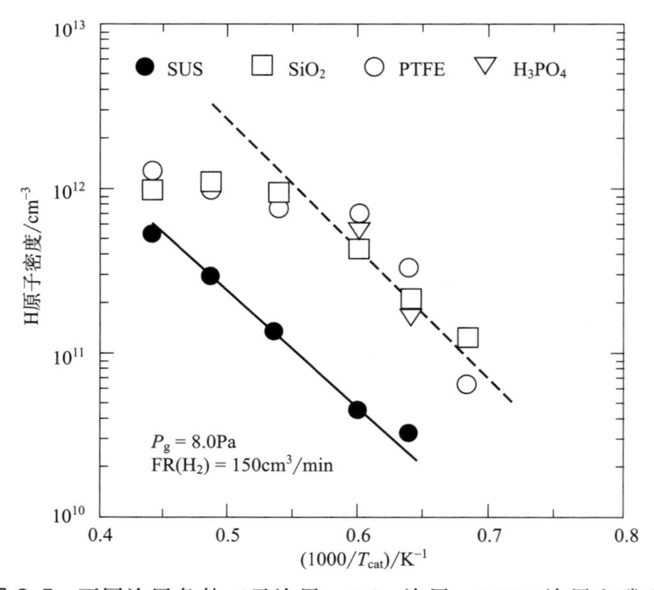

图 9.5 不同涂层条件（无涂层、SiO_2 涂层、PTFE 涂层和磷酸涂层）下 H 原子密度与催化热丝温度的倒数（T_{cat}^{-1}）间的关系

根据上述结果，H 原子寿命主要由 H 原子在腔壁表面的重新结合概率决定。为了延长 H 原子寿命，从而提升 H 原子密度，在光滑腔壁表面涂覆 SiO_2 或者 PTFE 涂层很有效。

9.2 Cat-CVD 设备中 H 原子的清洁和刻蚀应用

9.2.1 刻蚀 c-Si

H 原子是活性很高的粒子，它可以增强氢化反应，形成氢化材料。因此，固体表面的一些元素或一些污染物可以通过氢化来形成挥发性的氢化物，从而被去除。这一特性可用于衬底的表面清洁及特定类型固体材料的刻蚀。图 7.33 中使用 H 原子清洁腔室的实验证实了晶硅可以被刻蚀，这里我们进一步介绍 H 原子对晶硅（c-Si）的刻蚀速率。

图 9.6 为晶硅刻蚀速率与催化热丝温度（T_{cat}）之间的关系。气压 P_g、H_2 流量 FR(H_2)和衬底温度 T_s 分别为 1.3Pa、48cm^3/min 和室温（RT）。结果表明，随着 T_{cat} 的升高，即随着生成 H 原子浓度增加，晶硅的刻蚀速率也会升高。这时，我们须关注晶硅衬底的表面状态。如图 7.33 或图 9.7 所示，H 原子可以刻蚀晶硅，但不能刻蚀 SiO_2。因此，如果晶硅表面被氧化，H 原子刻蚀过程将变得相当缓慢或困难。

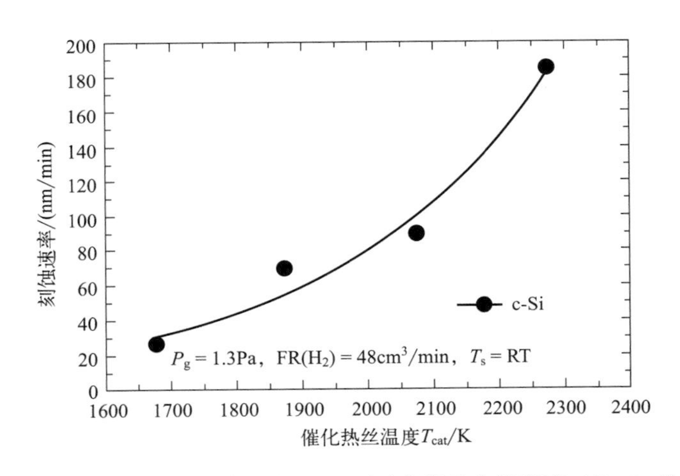

图 9.6　晶硅刻蚀速率与产生 H 原子的催化热丝温度（T_{cat}）的关系。数据来源：Uchida 等（2001）[11]。经 Elsevier 许可转载

图 9.7 为 H 原子对不同硅基材料如 c-Si、poly-Si、a-Si 及 SiO_2 的刻蚀速率与衬底温度 T_s 之间的关系。图中的结果是通过总结两篇参考文献的数据得到的[11,12]。图中给出了两组工艺参数下单晶硅的刻蚀情况。第一组使用的 P_g、FR(H_2)和 T_{cat} 分别为 13Pa、10cm^3/min 和 1650℃，而第二组的参数为 1.3Pa、48cm^3/min 和 1800℃。在两组不同工艺参数下，我们观察到了同样的单晶硅刻蚀速率变化趋势，即单晶硅的刻蚀速

率强烈依赖于衬底温度（T_s）。c-Si 的刻蚀过程也是 Si 原子和 H 原子结合形成硅烷（SiH_4）的过程，因此可以使用 Q-mass 测试来测定刻蚀产物——SiH_4。当 T_s 高时，H 原子无法在单晶硅表面停留足够长的时间以形成 SiH_4。而当 T_s 低时，H 原子有充分的时间在单晶硅表面发生反应形成 SiH_4，从而实现对表面的刻蚀。我们在 poly-Si 的刻蚀中也观察到了相同的刻蚀速率变化趋势。该图还表明在高气压下，c-Si 刻蚀速率对衬底温度的依赖程度更高。

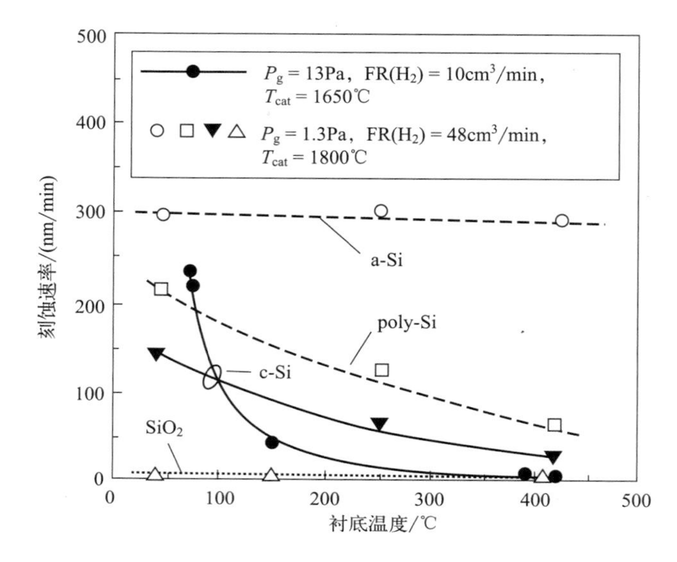

图 9.7 H 原子对不同的硅基材料（单晶硅、poly-Si、a-Si 及 SiO_2）的刻蚀速率与衬底温度 T_s 之间的关系。图中包含了两组工艺参数对单晶硅蚀刻的结果

a-Si 的刻蚀速率明显呈现出不同的趋势。H 原子对 a-Si 的刻蚀速率要远高于 c-Si 和 poly-Si。衬底温度为 250℃时 a-Si 的刻蚀速率几乎是 c-Si 的 4 倍，是 poly-Si 的 2 倍。这可能是因为与 c-Si 和 poly-Si 相比，H 原子更容易穿透并进入 a-Si 中与之反应。因此对于 a-Si 而言，不同衬底温度条件下 H 原子对其刻蚀速率基本恒定。

图 9.7 还表明，H 原子对 SiO_2 的刻蚀速率极小。虽然目前仍没有足够的数据和文献报道 SiO_2 的 H 原子刻蚀，并且 H 原子对 a-Si 和 SiO_2 的刻蚀机制尚不明晰。但是上述结果表明，在许多情况下 Cat-CVD 腔室中产生的 H 原子可以用来刻蚀一些材料。

9.2.2 碳污染表面的清洁

H 原子也可以通过形成甲烷（CH_4）来刻蚀碳（C）。利用这一现象，人们进行了一些从材料表面去除 C 原子的尝试。如第 7.6.8 节所述，与钨形成合金的 C 原子可以通过裂解氨（NH_3）产生的基团来去除。相较于 H_2，NH_3 可能对 C 的刻蚀效果更好。但正如将在第 9.7 节提到的，N 原子有时会引发其他反应（如氮化）。因此，本小节着重介绍 H 原子刻蚀 C 的结果。

H 原子对极紫外（EUV）光刻设备反射系统中多次反射镜的清洁，是 H 原子清洁材料表面 C 污染的一个典型案例[13,14]。小尺寸半导体器件的构建往往需要光刻图形的分辨率达到数纳米。为此，人们尝试了许多技术方案来满足这一要求。其中，使用波长为 10～15nm 的极紫外光进行光刻有望用于下一代集成电路的生产系统。对于这种极短波长的光而言，传统光学元件的光吸收率过高，因此不能使用传统光学镜头。而反射镜系统可能是聚焦极紫外光并建立光学约束系统的唯一解决方案。这种情况下，反射镜本身就是一个很复杂的光学元件。为了提高反射率，反射镜通常由多层材料制成。例如，一种投入使用的多层反射镜是通过在（100）c-Si 衬底上沉积 50 层 Mo/Si 双层结构，并在顶部沉积 2.7nm 厚的钌（Ru）薄膜制备而成。

在光刻过程中，如果反射镜表面被 C 原子污染，反射率就会很容易下降。C 污染可能来自真空设备的特定部件，或用于溶解光刻胶的溶剂残留或光刻胶光分解时产生的极少量蒸气。在某种光化学气相沉积（photo-CVD）工艺中，极紫外光也会产生极薄的污染层。总的来说，EUV 光刻系统中的反射镜表面经常被 C 污染。因此，我们需要一种无损去除反射镜表面碳的方法。Cat-CVD 设备产生的 H 原子已经被尝试用来清洁反射镜表面。由于在 Cat-CVD 系统中，高密度 H 原子是在没有等离子参与的情况下产生，所以无需担心等离子带来的镜面损伤。

图 9.8 展示了 H 原子清洁前后 EUV 反射镜的反射率[13]。此处用于清洁 C 的高浓度 H 原子产生条件如下：$T_{cat}=1700℃$，$P_g=67Pa$，$FR(H_2)=100cm^3/min$，T_s＝室温。溅射法制得的多层反射镜的初始反射率 R 为 62.2%。使用一段时间后，由于表面被 C 原子污染，反射率 R 降至 58.9%。而在实际应用中，要求反射镜在 EUV 辐照 30000h 以上时，反射率的下降应保持在 1.6%以内，即 R 应当保持在 61.3%以上。图中，经过 H 原子清洁后，反射镜的反射率恢复到了 61.9%。这一结果表明，使用基于 Cat-CVD 的 H 原子清洁系统，通过定期清洁即可让反射镜的反射率满足 EUV 光刻系统的实际使用要求。

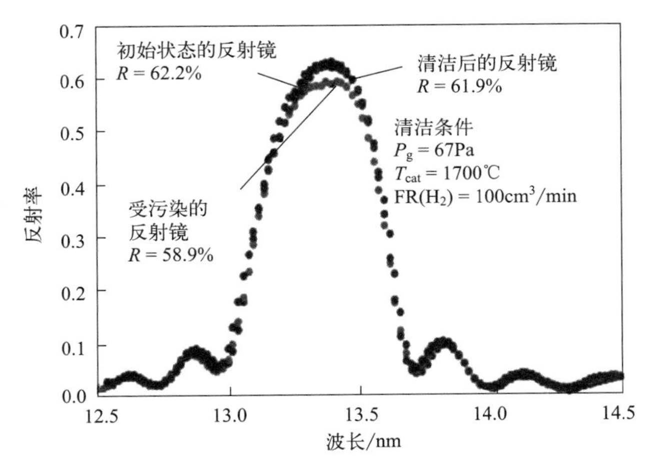

图 9.8　EUV 反射镜的初始状态、C 污染后及 H 原子清洁后的反射率曲线。数据来源：Nishiyama 等（2005）。数据由文献［13］的作者提供

正如将在第9.4节中提到的，H原子还能够有效还原金属层表面的超薄氧化层。多层反射镜表面的Ru覆盖层有时难免会受到氧化作用的影响，从而在表面产生超薄氧化层。因此，即使存在碳污染层的同时还存在着这种超薄氧化层，H原子处理仍能有效还原它并且完全恢复反射镜的反射率。

9.3 H原子对光刻胶的去除作用

上述结果促使人们探索使用H原子来去除有机物。因此，我们尝试使用Cat-CVD系统中的H原子来去除光刻胶。光刻胶广泛应用于电子器件或其他工业部件的光刻制程中。

半导体器件制造过程中，经常需要通过涂覆光刻胶来完成光刻过程。在光刻工艺完成后，光刻胶必须完全去除以保证后道工序的正常进行。氧（O）等离子体可以氧化光刻胶，常用于光刻胶的灰化（ash）过程。灰化过程是半导体器件制备工艺中较成功的技术之一。然而，有时很难用它来去除离子注入后的光刻胶。这是由于离子注入后，部分位置的光刻胶会硬化，因此很难被灰化。此外，使用O等离子还会对样品表面产生等离子体损伤。

A. Izumi和H. Matsumura于2002年报道了一种使用高密度H原子替代O等离子体来实现光刻胶的去除新方法[15]。他们的方法甚至可以成功去除了离子注入后的光刻胶。此后，开始大范围开展这方面的研究。目前，研究人员已经使用高密度H原子实现了超过1μm/min的光刻胶去除速率，这一速率已经达到规模化生产的标准。例如，当催化热丝温度为2000℃且H_2气压为4.5Pa时，H原子对Novolak型酚醛树脂正型光刻胶的去除速率高达2.4μm/min[16]。

当采用O等离子体灰化光刻胶时，有时灰化的光刻胶会有残留并附着在样品表面。因此需要额外的工序来去除这些残留物。但是在H原子去除光刻胶的过程中，光刻胶会转变为具有挥发性的气态碳氢化合物，因此样品表面不会有任何光刻胶残留。我们注意到，光刻胶中的P原子可以通过与H原子反应生成挥发性的磷烷（PH_3）而将P去除，但当采用O等离子体时，则P与O原子反应会生成一种固体化合物P_4O_{10}残留在样品表面。

图9.9给出了具有高深宽比线形阵列的硅衬底去除光刻胶前后的形貌。其中线宽为0.25μm，线条-空隙结构总宽为0.5μm。图9.9(a)为硅衬底表面初始线条-空隙结构阵列，图（b）为涂覆光刻胶并在能量为50kV下进行剂量为$1\times10^{16}cm^{-2}$的磷离子注入后的照片，图（c）为使用H原子去除光刻胶后的结构阵列。图中使用的光刻胶为Tokyo-Ohka Kogyo（TOK）有限公司的正型i-line（365nm紫外光）光刻胶-THMR（ip-5700）。生成高密度H原子的T_{cat}、P_g、FR(H_2)和T_s分别为1700℃、2.7Pa、$100cm^3/min$和室温。通常情况下，如此高浓度（$1\times10^{16}cm^{-2}$）的磷离子注入会导致光刻胶硬化并难以去除。使用O等离子灰化去除这种高浓度离子注入的光刻胶往往会在微结构表面形成许多残留物。而在图9.9(c)中看不到任何残留，这也证实了高密度H原子能够完全去除经$10^{16}cm^{-2}$离子注入处理后的光刻胶。

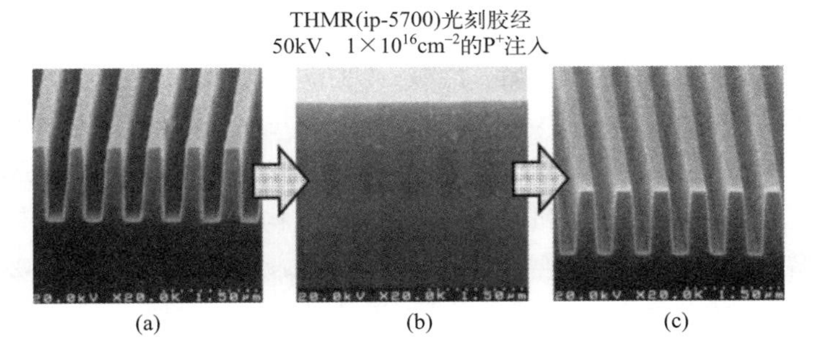

图 9.9　具有直线形凹凸结构阵列的硅衬底照片：(a) 覆盖光刻胶前，(b) 覆盖光刻胶且离子注入后，(c) 使用 H 原子去除光刻胶后

H. Horibe 等[17] 也对去除离子注入后的光刻胶进行了研究。在他们的研究中，使用的是 AZ-Electronic Materials 公司生产的正型 Novolak 光刻胶 AZ6112。在对光刻胶进行 100℃ 的预烘（prebaking）后，硼、磷和砷离子在 70kV 的能量下以 $5\times10^{12}\sim5\times10^{15}\mathrm{cm}^{-2}$ 的剂量注入光刻胶中。注入前样品温度为室温。随后，光刻胶用催化裂解 N_2/H_2 混合气（安全起见，使用 N_2 将 H_2 稀释至 10%）所生成的 H 原子去除。其中，总气压、H_2 净流量、T_{cat} 和初始衬底温度分别为 21Pa、$30\mathrm{cm}^3/\mathrm{min}$、2420℃ 和 25℃。预烘后的光刻胶膜厚 0.8～1.0μm。光刻胶剩余厚度与 H 原子处理时间的关系如图 9.10 所示。

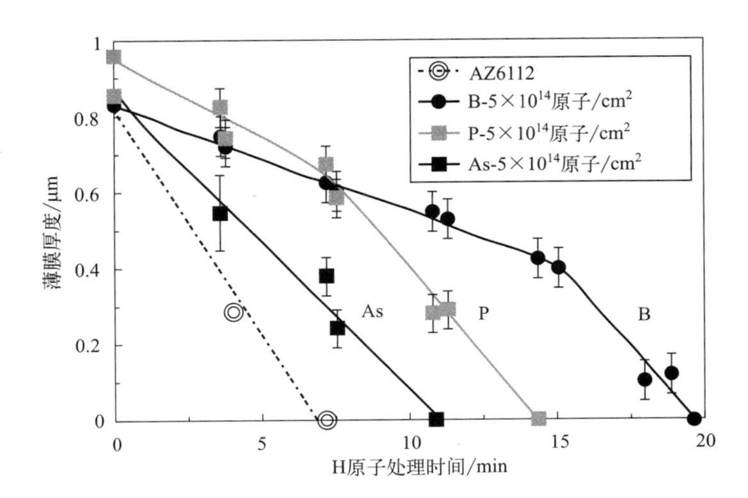

图 9.10　B、P 或 As 离子注入的样品表面光刻胶剩余厚度与 H 原子处理时长的关系。数据来源：Horibe 等 (2011)[17]。经 Elsevier 许可转载

由图可见，初始阶段 H 原子对离子注入后光刻胶的去除速率较低。但在完全刻蚀硬化区域后，去除速率升至 0.1μm/min。即对应较低刻蚀速率的起始区域为离子注入导致的硬化区域。在去除离子注入导致的硬化区域后，刻蚀速率开始上升。光刻胶的去

除速率取决于光刻胶材料的特性和刻蚀工艺参数。一些光刻胶的去除速率还特别依赖于衬底温度。

图 9.11 给出了光刻胶去除速率与衬底温度的关系，光刻胶为 TOK 公司生产的 ip-3650，用于去除光刻胶的工艺参数 T_{cat}、P_g、FR(H_2)、样品到催化热丝的距离，以及催化热丝的表面积分别为 1800℃或 2000℃、67Pa、300cm^3/min、3.5cm 和 18cm^2[18]。在单晶硅衬底上分别形成了平滑和线条-空隙阵列结构的光刻胶表面。通过旋涂法将光刻胶涂覆在单晶硅衬底表面，并在 90℃下进行了 90s 的预烘。根据需要，在制备线形结构阵列图案后，将样品在 110℃下烘 90s。图中光刻胶的刻蚀速率随衬底温度升高而加快的原因可能是，当催化热丝产生足够多的 H 原子来刻蚀样品表面时，通过提高衬底温度，可以进一步提高光刻胶与 H 原子的反应速率。图 9.11 表明，通过提高衬底温度光刻胶的去除速率可以达到 1μm/min 以上，足以满足工业规模化生产的要求。实际上，至少有两家公司已经生产了使用 H 原子来去除光刻胶的样机。

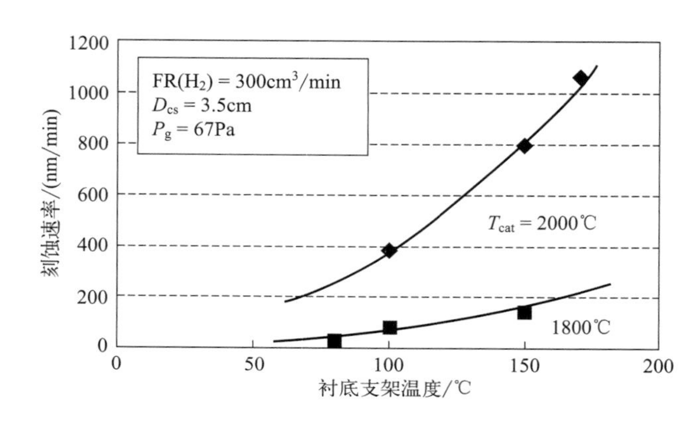

图 9.11 不同催化热丝温度（T_{cat}）情况下，光刻胶去除速率与衬底支架温度的关系（实际衬底温度通常比支架温度低 20～30℃）。图中给出了 H_2 流量 FR(H_2)，催化热丝到衬底的距离 D_{cs} 以及气体压力 P_g 数据。数据来源：Hashimoto 等（2006）[18]。经 Elsevier 许可转载

最近，研究人员报道了使用 H_2/O_2 混合气作为前驱气来去除光刻胶的工作[19]。当然，当使用钨丝作为催化热丝时，[H_2]/[O_2]必须足够大以避免钨丝被氧化。通过加入少量 O_2，不仅能提高光刻胶去除速率，还提高了刻蚀的均匀性[20]。

在光刻胶去除过程中，来自钨丝表面的杂质会伴随着 H 原子到达样品表面。在 Cat-CVD 法制备薄膜时，这些杂质会进入薄膜内部，分布在整个薄膜中。而在使用 Cat-CVD 产生的活性基团处理样品表面时，来自催化热丝表面的杂质则可能会堆积在样品表面，这些杂质带来的影响可能会比沉积薄膜过程中的更严重。因此，我们利用全反射 X 射线荧光法（TRXF）测量了样品表面的钨原子密度。

图 9.12 给出了在 c-Si 衬底上 15nm 厚的 SiO_2 层表面钨原子面密度与钨丝温度 T_{cat} 之间的关系[18]。此处使用表面氧化的单晶硅衬底是因为 SiO_2 可以阻挡 H 原子对衬底的刻蚀。实验时的 P_g、T_s、FR(H_2)、D_{cs} 和 S_{cat} 分别为 67Pa、150℃、300cm^3/min、3.5cm 和 21cm^2。考虑到当光刻胶去除速率超过 1μm/min 时，通常 2min 就能完成光刻胶的去除过程。因此，将样品暴露在高温热丝中的时间设置为 2min。随着钨丝温度 T_{cat} 的升高，钨原子的面密度也随之升高。但即使在 T_{cat} = 2000℃时，其数值也低于 5×10^{10} 原子/cm^2。对于半导体工艺而言，这一数值通常可以接受。

图 9.13 给出了类似的表面氧化单晶硅衬底上钨原子面密度与 H 原子处理时长的关系。该实验中，T_{cat} 保持在 2000℃，但其他参数与图 9.12 所示的实验参数相同。如果 H 处理时长控制在 5min 内，钨原子密度可以控制在 5×10^{10} 原子/cm^2 以内。根据图 9.13 中的虚线估算，SiO_2 层中的杂质通量约为 8×10^9 原子/cm^2 min。

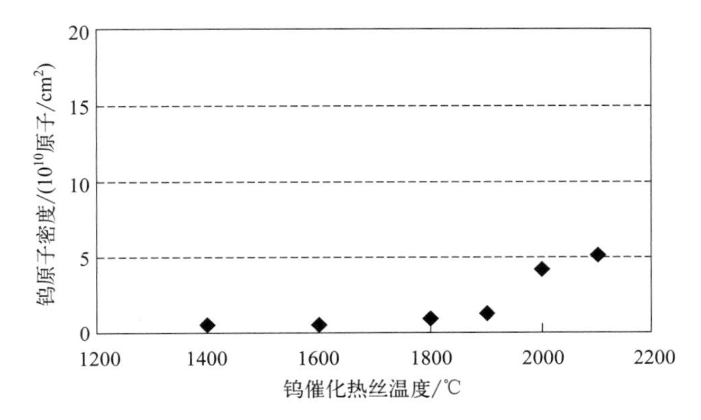

图 9.12 氧化单晶硅衬底表面上钨原子面密度与钨丝温度 T_{cat} 的关系。数据来源：Hashimoto 等（2006）[18]。经 Elsevier 许可转载

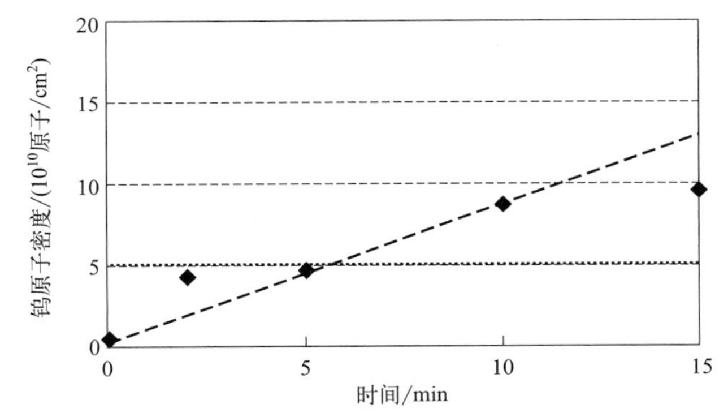

图 9.13 氧化单晶硅衬底表面上钨原子面密度与 H 原子处理时间的关系，T_{cat} = 2000℃。数据来源：Hashimoto 等（2006）[18]。经 Elsevier 许可转载

在图 9.1 中，当 H_2 分子在 2000℃分解为 H 原子时，H 原子密度可以达到 $10^{14}/cm^3$。该 H 原子密度值是在相对较大的腔室（内径为 45cm）的中心测量得到的，这样可以尽可能减少腔壁对 H 原子密度的影响。如表 2.2 所示，本实验中，温度在 250～2000℃范围内的 H 原子热速率为 3.3×10^5～6.9×10^5 cm/s。就图 9.13 所示的实验而言，我们粗略估算 H 原子热速率为 4×10^5 cm/s。如果我们考虑样品周围的材料对 H 原子的消耗，并假设实际中 H 原子的密度只有 $10^{11}/cm^3$（这一数值远小于图 9.1 所示的数值），根据公式(2.6) 可得出与光刻胶碰撞的 H 原子数量应当为 10^{16} 原子/(cm^2 · s) 或 6×10^{17} 原子/(cm^2 · min)。从这些数值和图 9.13 所示的结果可知，到达光刻胶表面的 H 原子通量中包含了一部分钨杂质，这一部分约占总量的 1.3×10^{-8}。这一数值远小于估

算的 Cat-CVD 沉积薄膜中的钨杂质浓度。这可能是由于高密度 H 原子的影响。虽然确切的原因尚未明晰，但我们可以认为钨杂质在光刻胶去除中并不是一个严重的问题。

9.4 H 原子对金属氧化物的还原作用

9.4.1 不同金属氧化物的还原

如图 9.7 所示，通过热氧化硅衬底制备的 SiO_2 无法被 H 原子快速刻蚀。然而使用 H 原子去除 O 原子或还原金属氧化物则相对比较容易。A. Izumi 等报道了使用 H 原子对多种金属氧化层还原的实验结果[21]。他们发现，铜（Cu）、钌（Ru）、铌（Nb）、钼（Mo）、铑（Rh）、钯（Pd）、铱（Ir）和铂（Pt）的氧化物都能通过 H 原子处理来还原。

在这一系列实验中，T_{cat}、S_{cat}、D_{cs} 和 FR(H_2) 分别设定为 1700℃、12.6cm^2、6cm 和 50cm^3/min，但 T_s 从 40～180℃不等。H 处理的时间设置为 1min。这些金属通过溅射法沉积在 c-Si（100）衬底上，并通过电子回旋共振（ECR）所产生的氧等离子氧化。氧化层的厚度因金属而异，但不同氧化层之间的厚度差异大致在数纳米之间。

图 9.14 为 H 处理前及不同 T_s 下处理氧化钯所测试的 X 射线光电子谱（XPS）。由图可见，即使在较低的衬底温度下对氧化钯进行 H 处理，Pd—O 峰在 H 处理 1min 后也会消失。这说明即使 H 处理时间短至 1min 也能够将金属氧化层去除。

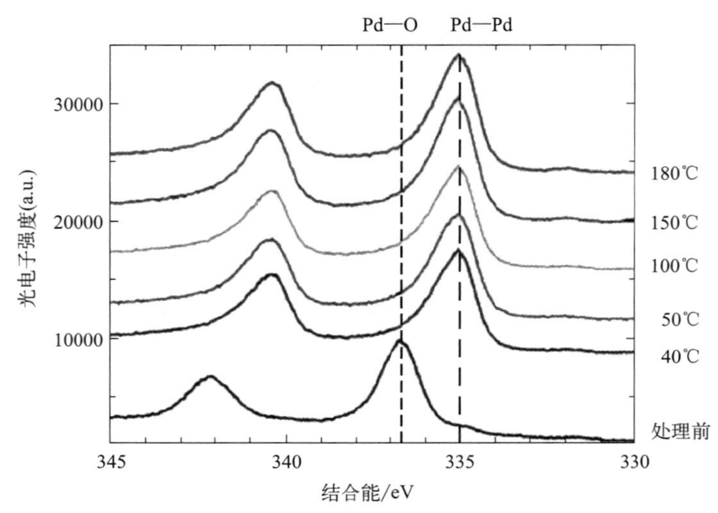

图 9.14 PdO 在不同 T_s 下用 H 原子处理 1min 后的 XPS 光谱。数据来源：Izumi 等（2008）[21]。经 Elsevier 许可转载

他们还报道了不同金属氧化物的还原速率及它们的还原反应活化能，具体如表 9.1 所示。由该表可知，这些金属氧化物被 H 原子还原的活化能都很低，因此通过 H 原子还原氧化物是一个非常容易发生的过程[21]。如第 5 章所述，当使用铱作为沉积 SiO_2 的催化热

丝时，即使铱丝会被轻微氧化，它表面的氧化物也可以被 H 原子还原为原来的铱。

表 9.1　H 原子处理金属氧化物薄膜的还原速率及其活化能

形成氧化物的金属	还原速率/(nm/min)	氧化物还原反应的活化能/eV
Cu	1.5	5.7×10^{-3}
Ru	0.13	7.6×10^{-4}
Nb	0.01	8.5×10^{-2}
Mo	0.14	1.5×10^{-2}
Rh	2.0	2.4×10^{-2}
Pd	0.30	6.4×10^{-2}
Ir	0.34	7.7×10^{-3}
Pt	2.1	3.7×10^{-3}

9.4.2　H 原子对金属氧化物半导体性能的调控

研究人员还尝试了将金属氧化物的氢处理用于其他目的。这里我们以氢处理一种常见的金属氧化物半导体氧化亚铜（Cu_2O）为例。Cu_2O 的导电性或载流子浓度由过量 O 原子所形成的缺陷决定。如果把含有这种缺陷的 Cu_2O 暴露在 H 原子环境中，一些 O 原子会与 H 原子结合从而改变氧化亚铜的载流子浓度和载流子迁移率。

图 9.15 展示了 Cu_2O 的电阻率、迁移率和载流子浓度与氢处理气压的关系[22]。H 原子密度取决于氢处理过程中的气体压力 P_g。在该实验中，Cu_2O 薄膜通过对溅射沉

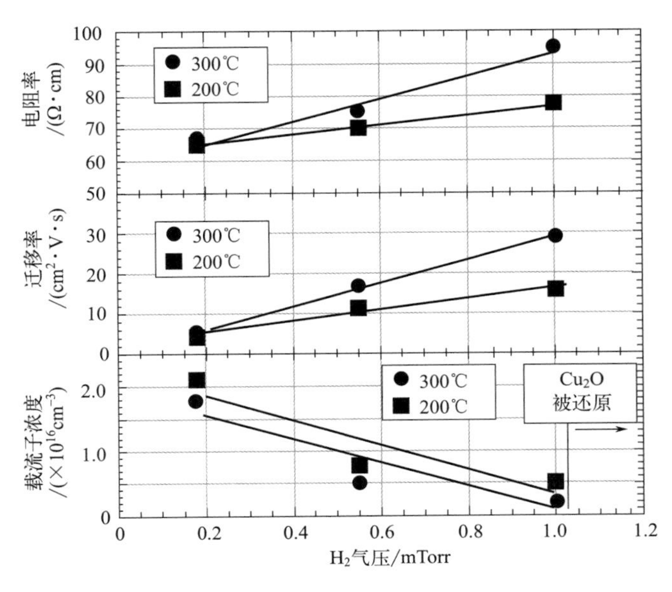

图 9.15　氢处理 30min 后 Cu_2O 的电阻率、迁移率和载流子浓度与氢处理气压 P_g 的关系。数据来源：Tabuchi 和 Matsumura (2002)[22]。版权所有（2002），经 The Japan Society of Applied Physics 许可转载

积在 c-Si 衬底表面的 Cu 薄膜进行热氧化处理制得，氧化温度为 300℃，Cu_2O 的厚度约为 100nm。用于氢处理的 H 原子通过 H_2 在 T_{cat}=1050℃的钨丝表面催化裂解产生。在此过程中，衬底温度设定为 200℃或 300℃。如图 7.32 或图 9.2 所示，当 P_g 升高时，生成的 H 原子密度也会升高。当 P_g 从 0.19mTorr（0.025Pa）升至 1.0mTorr（0.13Pa）时，随着 H 原子与 Cu_2O 薄膜中的过量 O 原子结合，载流子浓度会随之下降。与之相反，载流子迁移率会增加。在该实验中，当 P_g 超过 1.0mTorr 时，表面的 Cu_2O 被还原，开始析出 Cu 单质。因此，将气压控制在低于 Cu_2O 还原所需气压时，通过催化裂解产生密度较低的 H 原子可以有效调控载流子浓度和迁移率。

利用 H 原子对金属氧化物半导体的性能进行调控也是 H 原子的众多应用之一。

9.5 H 原子在液态浆料低温形成高电导金属线中的应用

通过 H 原子处理来形成高电导率的金属线是 Cat-CVD 产生 H 原子的另一种应用。在电子器件中有许多金属线来实现各种元器件的互联。通过真空蒸发或溅射法来制备金属线的干法工艺是集成电路（IC）技术的一大特征。但也有通过导电浆料［液态前驱体，如银（Ag）浆］来制备金属栅线的湿法工艺。这种湿法工艺在其他电子器件的制造中也非常重要。例如，太阳电池的金属栅线就是通过丝网印刷金属浆料形成的。使用金属浆料制备的金属栅线有利于多个集成电路的三维层压互联。此外，该湿法工艺过程还与喷墨或印刷电子器件（所有元件皆由液态成型）等新工艺兼容。

湿法工艺使用的金属浆料或金属墨水一般由金属纳米颗粒和有机黏结剂组成。为了降低金属栅线的电阻率，需要在印刷金属浆料或金属墨水后对其进行 200～300℃的退火处理，以蒸发有机黏结剂并实现金属纳米颗粒的互相连接。这一退火处理是提高金属栅线导电性的关键。然而，对于一些特殊衬底（如塑料）高于 100℃的退火会对其造成损伤。并且有时即使采用 300℃退火处理，湿法形成的金属栅线的电阻依然无法与真空蒸发法制得的金属栅线相比。而 H 原子处理为这些问题提供了解决方案。

前面我们介绍了 H 原子能够有效刻蚀 C 原子或光刻胶。金属浆料中的有机黏结剂也可以视作一种光刻胶，因此它们也可以通过 H 原子处理来去除。相较于常规热退火过程，H 原子处理过程中腔室中的 H 原子能够还原金属纳米颗粒表面形成的超薄氧化层，以实现金属颗粒间的有效连接，从而达到与干法制备金属栅线相当的低电阻率。

一些团队报道了成功使用 H 原子处理来实现湿法低阻金属栅线［如铜（Cu）栅线］的工作[23]。这里，我们着重介绍使用 H 原子处理来降低用常规银浆制得的银栅线电阻率的研究结果[24]。

首先，我们将含有粒径 40nm 的银纳米颗粒的银浆、1,3-丙二醇［$HO(CH_2)_3OH$］和纯水按照 2∶5∶5 的比例配制成前驱体。然后，将前驱体涂布在塑料衬底表面宽约 10μm 的沟槽中，通过在空气中 40℃退火固化为金属栅线。图 9.16 给出了使用不同方法处理银栅线前后的扫描电子显微镜（SEM）图像，图中还标注了相应样品的电阻率。用于 H 处理的样品放在 Cat-CVD 腔室中，产生 H 原子的 T_{cat}、P_g、T_s 和 FR(H_2) 分别为 1350℃、70～100Pa、初始为室温（最终低于 100℃）和 100cm^3/min。金属栅线

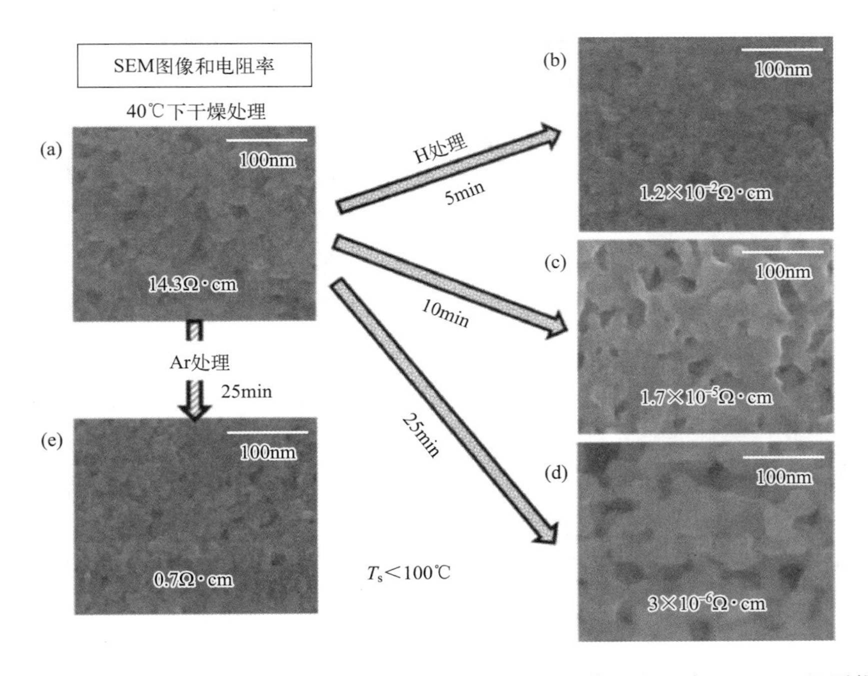

图 9.16　氢处理后银栅线的扫描电子显微镜（SEM）图像和电阻率。(a) 40℃干燥固化后未经 H 处理的银线；氢处理 (b) 5min 后、(c) 10min 后和 (d) 25min 后的银栅线；(e) 为与 (a) 相同的银栅线在氩气中退火 25min 后的 SEM 图像

初始厚度为 1.6μm，H 处理后为 1μm。电阻率由四探针法测得。

图 9.16(a) 为 40℃干燥固化后金属栅线的 SEM 图像和电阻率，图 (b)、(c) 和 (d) 分别为氢处理 5min、10min 和 25min 后金属栅线的 SEM 图像和电阻率。图 (e) 为用于对比的 Ar 气氛中退火 25min 后金属栅线样品的 SEM 图片和电阻率。从图 9.16 中可以明显看出，Ar 退火并没有显著降低样品的电阻率，也没有使金属纳米颗粒的尺寸增大。与常规退火相比，氢处理的作用非常明显。通过延长 H 原子处理时间，电阻率持续下降。在 H 原子的作用下，纳米颗粒表面的金属氧化物被还原，颗粒尺寸逐步增大并与邻近颗粒合并。H 原子处理后金属栅线的电阻率降至 $3\times10^{-6}\Omega\cdot cm$，这一数值与真空蒸发法制备的银栅线的电阻率相当（干法制备的部分银栅线的电阻率稍低于这一数值）。总的来说，对银栅线施以常规 200℃以上的退火很难获得低于 $1\times10^{-5}\Omega\cdot cm$ 的电阻率，而氢处理能够将银栅线电阻率降至远低于这一数值。氢处理对于提高湿法制备金属栅线导电性的作用非常明显。

9.6　低温表面氧化——“催化氧化”

前文我们介绍了 H 原子处理的诸多应用，而在 Cat-CVD 设备中能够产生的活性基团并不仅限于 H 原子，其他基团也具有广阔的应用前景。接下来我们以氧 (O) 相关基团（如羟基，OH）为例进行介绍。在常规热氧化工艺中，为了在 c-Si 衬底表面制备

高质量 SiO_2 绝缘层，一般需要 900℃以上的高温。而利用 Cat-CVD 腔室中产生的羟基，我们可以在 250℃的低温下实现 c-Si 表面的氧化。本书将这种基于 Cat-CVD 设备中氧基基团的氧化过程称为“催化氧化”（cat-oxidation）。我们基于 A. Izumi 团队的工作[25] 来介绍这一低温氧化过程。

制备 SiO_2 层是硅基器件的关键技术之一。而传统热氧化的高温过程有时会改变前道工序中在硅衬底中已形成的杂质分布。如果能够在低温下制备出与热氧化质量相当的 SiO_2 层，我们或许可以找到一条新的硅基器件工艺路线。

如前所述，腔室中的 O 原子极易氧化金属催化热丝表面。以钨丝为例，一旦在钨丝表面形成钨氧化物，由于其蒸气压较高，它们极易沉积到样品表面而形成钨原子污染。本书第 7 章表明，如果钨丝工作时表面没有氧化，则可以将薄膜中的钨原子保持在可控水平。因此，实现催化氧首先要避免钨丝被氧化。

最简单的避免钨丝氧化的方法是使用具有还原性的 H_2 来稀释 O_2，即用 H_2/O_2 混合气来代替高纯 O_2。图 9.17 为不同 O_2 净流量 FR(O_2)下催化氧化 1h 后衬底表面 SiO_2 层中钨的浓度。该实验所使用的 FR(H_2)、P_g、T_{cat} 和 T_s 分别为 $100cm^3/min$、20Pa、1800℃和 400℃。通入的 O_2 为被 He 稀释至 0.5%的氦氧混合气。图中钨的浓度由 2.0MeV 的氦（He）离子作为离子探针的 Rutherford 背散射（RBS）技术测得。由图可知，当 FR(O_2）超过 $0.2cm^3/min$ 时，钨的浓度迅速升至 $10^{19}cm^{-3}$ 量级，但当 FR(O_2）低于 $0.1cm^3/min$ 时，钨的浓度显著下降，低至 $2\times10^{17}cm^{-3}$。假设 SiO_2 层的厚度为 5nm，每小时钨原子的通量约为 1×10^{11} 原子/cm^2，即 1.7×10^9 原子/(cm^2 · min)。

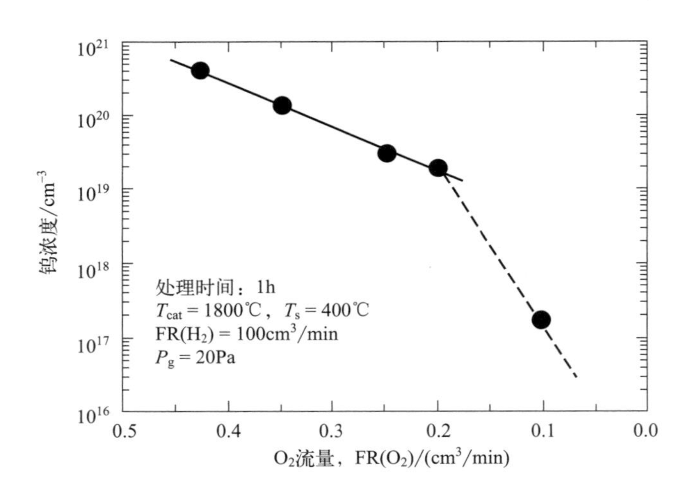

图 9.17 卢瑟福背散射（RBS）测得的不同 O_2 净流量 FR(O_2)下催化氧化 1h 后衬底表面 SiO_2 层中钨的浓度

图 9.13 表明，当 T_{cat} 为 2000℃时，H 原子处理过程中产生的钨原子的通量为 8×10^9 原子/(cm^2 · min)。而参考图 7.11 可知，当 T_{cat} 降至 1800℃时，钨的通量密度约为 T_{cat} 为 2000℃时的 1/100。虽然两幅图中的数据是在不同工艺参数下获得的，但此处我们可以粗略估算出图 9.13 对应实验的 T_{cat} 降为 1800℃时钨原子的通量约为 8×10^7

原子/(cm^2 · min)。

催化氧化后样品中钨的浓度要比 H 原子处理后钨的浓度高一个数量级。为了降低钨原子的浓度，我们将催化氧化过程中氧气净流量 FR(O_2) 降为 0.05cm^3/min，并且根据上文所述规律将 T_{cat} 降至 1650℃。根据外推图 9.17 所示结果，并按照图 7.11 中规律估算，FR(O_2)=0.05cm^3/min、T_{cat}=1650℃时，催化氧化的 SiO_2 层中钨的浓度可以控制在 $10^{15}cm^{-3}$ 以下。

在使用 H_2 作为主要气体时，我们需要关注氧化过程中 H_2 对 c-Si 表面的刻蚀。因此，第二个重要的问题是如何避免 H_2 刻蚀以及如何正确地实现催化氧化过程。因此，催化氧化前对 c-Si 衬底进行化学处理、形成刻蚀阻挡层的工序就变得非常重要。首先，我们使用常规清洗工艺（如 RCA）对 c-Si 进行清洗[26]。在使用浓度为 1%的 HF 溶液去除自然氧化层后，将衬底浸入 90℃的食人鱼溶液（H_2SO_4 ∶ H_2O_2=4 ∶ 1）中处理 10min。通过食人鱼溶液对衬底进行化学氧化，我们获得了厚度为 0.6nm 的预氧化层。

图 9.18 为氢处理 60min 后，H 原子对有无预氧化层 c-Si 衬底的刻蚀深度。除了该实验使用的 FR(O_2) 为 0cm^3/min 外，其他参数与本节催化氧化的参数相同。催化氧化的参数列于表 9.2。由图可知，没有预氧化层的硅片很容易被 H 原子刻蚀，而化学法制备的预氧化层能有效阻止 H 原子对 c-Si 衬底的刻蚀。在诸多 Cat-CVD 装置产生活性基团的应用中，为了实现活性基团的作用、获得令人满意的结果，避免表面刻蚀往往都是一步关键的工艺。

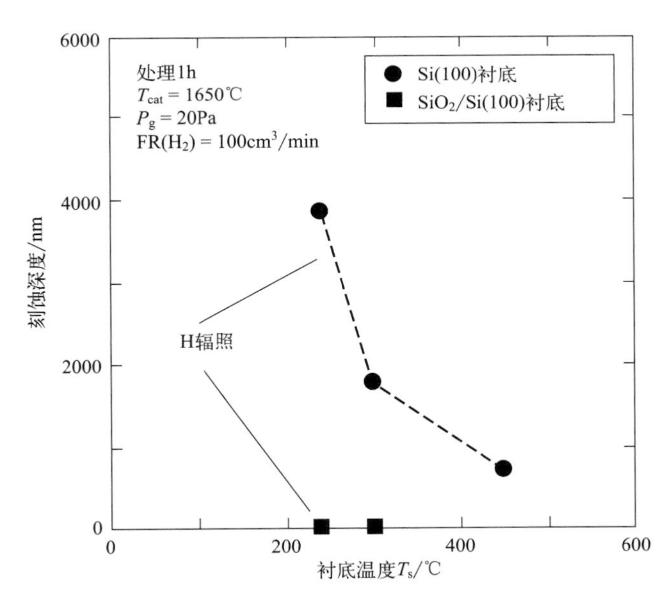

图 9.18　氢处理 60min 后，H 原子对有无预氧化层的 c-Si 衬底的刻蚀深度与衬底温度 T_s 的关系

图 9.19 为（a）60min 催化氧化后和（b）催化氧化前 c-Si（100）衬底表面的 XPS Si(2p）谱。从图中可以明显看到氧化后 Si(2p）特征峰向更高结合能方向偏移。

图 9.19 使用的相对结合能作为谱图的横坐标，即以 c-Si 衬底初始特征峰的结合能为基准。由图可见，在相对结合能为 5eV 处，催化氧化产生了一个较强的新特征峰，这是 SiO_2 的特征峰。在形成氧化层后，从内部单晶硅中发射的光电子需要穿过氧化层才能被探测器收集，因此探测到 c-Si 的光电子数量呈下降趋势，即 c-Si 衬底的特征峰强度取决于催化氧化形成的氧化层厚度。因此，我们可以通过计算 c-Si 特征峰强度与 SiO_2 特征峰强度之比来估算氧化层的厚度。图 9.19(b) 中所示的氧化层厚度约为 3.2nm。

表 9.2　催化氧化的工艺参数

工艺参数	设定值
H_2 流量 FR(H_2)	$100cm^3/min$
含 0.5%O_2 的氦气流量 FR(He)	$10cm^3/min$
O_2 净流量 FR(O_2)	$0.05cm^3/min$
催化热丝温度 T_{cat}	1650℃
衬底温度 T_s	RT～250℃
气压 P_g	20Pa
催化热丝表面积 S_{cat}	$30cm^2$
催化热丝到衬底的距离 D_{cs}	5cm

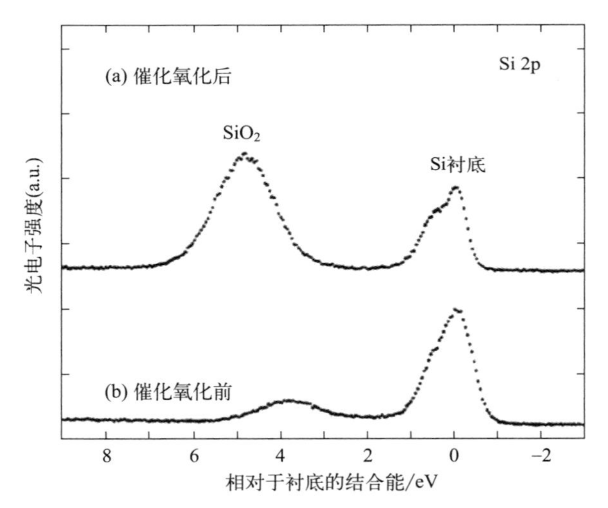

图 9.19　(a) 催化氧化 60min 后和 (b) 催化氧化前的 c-Si (100) 衬底表面的 XPS Si (2p) 谱。该谱图包含了来自 c-Si 衬底的信号以及 Si 原子与 O 原子结合的信号。数据来源：Izumi (2001)[25]。经 Elsevier 许可转载

图 9.20 为不同厚度催化氧化 SiO_2 层和热氧化 SiO_2 层的电流密度-电压（J-V）特性曲线。测试电学性能使用的结构为金属电极/氧化层/c-Si/金属电极结构。图中，2.4nm 的催化氧化 SiO_2 样品在高于 300℃的衬底温度下制得。我们发现，大多数情况下催化氧化 SiO_2 层要比热氧化 SiO_2 层中更容易产生漏电流，但是当催化氧化过程的

衬底温度为 300℃乃至更高时，催化氧化 SiO_2 层中电流密度的大小将接近于热氧化 SiO_2 的，两者处于同一水平。

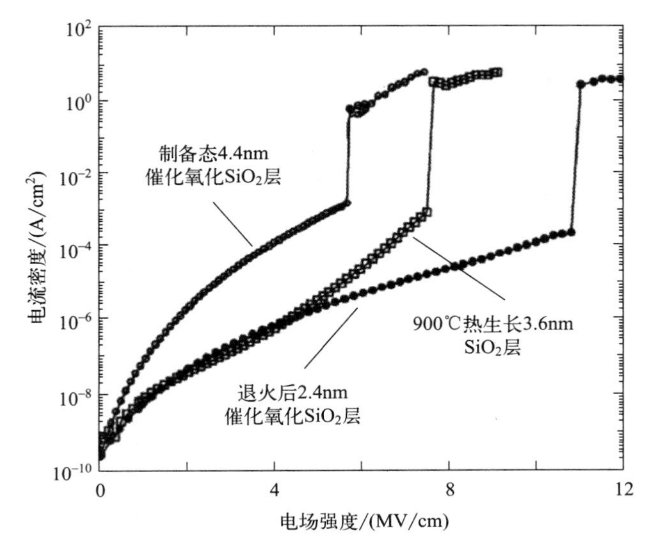

图 9.20 采用不同厚度的催化氧化 SiO_2 层、热氧化 SiO_2 层以及经 300℃退火处理的催化氧化 SiO_2 层器件的电流-电压（J-V）特征曲线

我们使用图 9.20 中的样品进行了电容-电压（C-V）测试，根据测试结果绘制了催化氧化 SiO_2 和热氧化 SiO_2 与 c-Si 界面的界面态密度，如图 9.21 所示。图中给出了催化氧化 SiO_2 样品在 850℃下进行 1min 快速热退火（RTA）前后的界面态密度分布。热氧化样品由 900℃的干氧氧化工艺制得。对于热氧化 SiO_2 样品，处于 c-Si 带隙中间的 SiO_2/c-Si

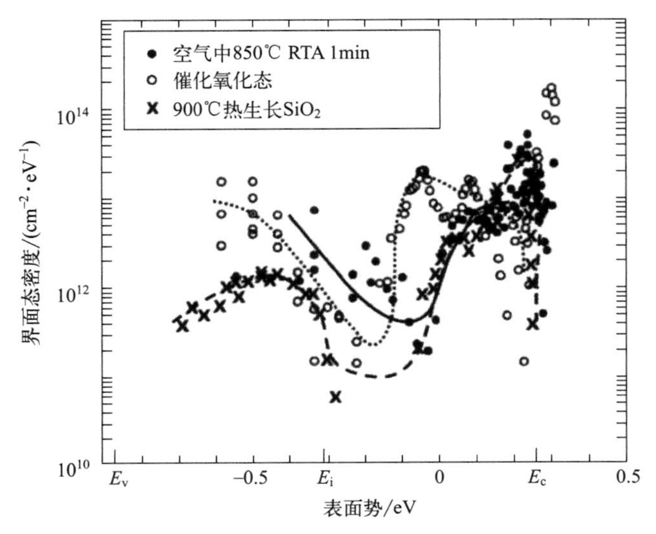

图 9.21 3.3nm 的催化氧化层、进行 1min 快速热退火（RTA）的催化氧化层、900℃热氧化层与 c-Si 界面的界面态密度

界面态密度通常为 $10^{10} \sim 10^{12}cm^{-2} \cdot eV^{-1}$；等离子体氧化（plasma oxidation）的 c-Si，界面态密度通常为 $10^{12}cm^{-2} \cdot eV^{-1}$。由图可知，催化氧化 SiO_2 样品的界面态密度与等离子氧化 SiO_2 的相当，要高于热氧化 SiO_2 的界面态密度。这意味着这两种氧化方式的 c-Si/SiO_2 界面存在更多的载流子复合中心。而对催化氧化的样品进行 850℃快速热退火后，其界面态密度下降为 $10^{11}cm^{-2} \cdot eV^{-1}$。说明快速热退火具有将催化氧化 SiO_2 的界面态密度降至热氧化 SiO_2 同一水平的可能性。

综上所述：①通过催化氧化工艺，可以在约 250℃的低温下氧化 c-Si；②通过使用 H_2 将 O_2 浓度稀释至较低数值，可以避免催化氧化过程中钨丝氧化导致的衬底污染；③为了避免 H 原子对衬底表面的刻蚀，在催化氧化前需要对衬底进行简单的化学预氧化处理；④催化氧化制得的 SiO_2 层初始电学性能要比常规热氧化 SiO_2 差，但只需对其进行 850℃ 1min 的 RTA 处理，其电学性能就能够大大改善并接近热氧化 SiO_2 的质量。因此，催化氧化是一种利用简易 Cat-CVD 装置即可有效制备氧化层的技术。

9.7 低温表面氮化——c-Si 和 GaAs 的“催化氮化”

如第 5 章所述，在硅材料产业中 SiN_x 薄膜和 SiN_xO_y 薄膜都是很重要的薄膜材料。目前，制备 SiN_x 薄膜或 SiN_xO_y 薄膜的方法有很多。例如，通过类似于 c-Si 干氧氧化的工艺，使用干燥的 NH_3，可以在 c-Si 表面直接制备 Si_3N_4 薄膜（热氮化）。但常规热处理工艺需要 800～1200℃的高温。这一温度甚至要比热氧化所需的温度更高。高温过程可能会导致器件内部不同材料的热扩散，并且会对工艺流程产生诸多限制。

作为一种低温替代方法，研究人员尝试使用 PECVD 直接沉积 SiN_x 或使用等离子体来实现表面氮化。然而，由于等离子体的参与，这些过程不可避免地会对样品表面产生损伤。因此，利用 Cat-CVD 设备裂解氨气（NH_3）来实现 c-Si 表面的低温氮化，即“催化氮化”（cat-nitridation），吸引了研究人员的注意。本节将通过介绍 c-Si 的低温氮化过程以说明低温下将 c-Si 表面转化为 SiN_x 的可行性。我们还将介绍低温氮化 GaAs 以制备表面 GaN 层的工作。

Izumi 等在 1997 年就报道了，NH_3 分子在加热的钨丝表面发生裂解反应的产物可以在衬底温度 250℃的低温下将 c-Si 表面转化为 Si_3N_4[27]。此外，他们还发现，类似的反应过程可以将 GaAs 表面在低温下转变为 GaN，从而验证了催化氮化过程不仅局限于硅[28]。表 9.3 总结了 c-Si 和 GaAs 衬底催化氮化的典型工艺参数。通常调控催化热丝（钨丝）温度 T_{cat}，是获得理想催化氮化（氧化）的重要因素之一。氮化过程往往与 H 原子对衬底的刻蚀之间存在竞争关系。如果 H 原子刻蚀占主导地位，那么催化氧化或者催化氮化过程就无法进行。尽管存在多种因素［如 FR(NH_3)或 P_g］共同决定着哪一个过程占主导地位，但一般而言，选用更低的 T_{cat} 可能会带来更好的结果。

表 9.3　c-Si 和 GaAs 衬底的催化氮化的工艺参数

参数	c-Si 的催化氮化	GaAs 的催化氮化
催化热丝材料	W	W
实验衬底	(100)c-Si	(100)GaAs
催化热丝温度 T_{cat}/℃	1000～1700	1220～1700
催化热丝表面积 S_{cat}/cm^2	20	20
催化热丝到衬底的距离 D_{cs}/cm	4～5	4～5
气体压力 P_g/Pa	0.1～4	0.67～1.0
NH_3 流量 FR(NH_3)/(cm^3/min)	50～200	50
(用于清洗的)H_2 流量 FR(H_2)/(cm^3/min)	—	50
衬底温度 T_s/℃	200～250	150～280
参考文献	[27]	[28,29]

Izumi 团队首先研究了催化氮化过程中钨元素污染 c-Si 衬底的情况。图 9.22 为 c-Si 暴露在 NH_3 裂解产物中 30min 后的 RBS 谱（使用能量为 2.8MeV 的 He 离子作为离子探针）。图中展示了从随机方向和沿晶轴方向观测到的 c-Si RBS 谱。当沿晶轴方向收集 RBS 信号时，可以减少来自 Si 原子的噪声信号的影响，从而降低钨原子的检出限。钨原子的 RBS 信号应当出现在 RBS 谱中通道数为 450 的位置。但在图 9.22 中，我们并未看到这一信号。正如前文所述，RBS 是检测轻质材料中重原子含量最灵敏的手段之一，对于 c-Si 中的钨原子其检出限可以低于 1×10^{-6}。

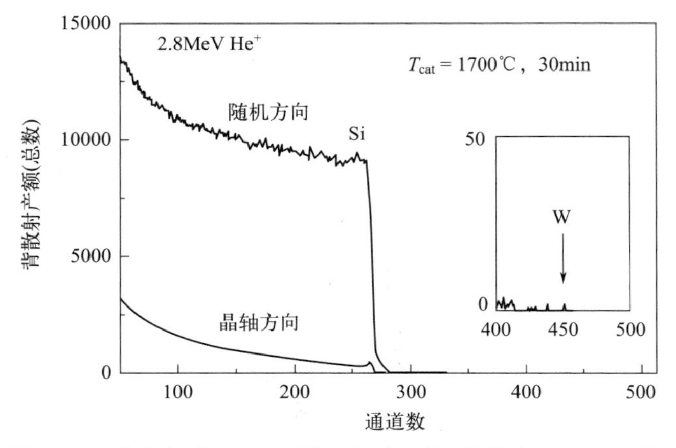

图 9.22　催化氮化后 c-Si 样品的卢瑟福背散射（RBS）谱，图中两条曲线分别为从随机方向和沿晶轴方向检测得到的。钨原子的信号位置用箭头表示。数据来源：Izumi 和 Matsumura (1997)[27]。经 AIP Publishing 许可转载

我们分别假设氮化物的厚度和其中钨的浓度分别为 3nm 和 $1\times10^{16}cm^{-3}$，可以简单估算出钨杂质的通量密度约为 1×10^8 原子/($cm^2\cdot min$)。该值比催化氧化过程产生的钨通量密度还要低一个数量级。因此，钨元素污染对于催化氮化（氧化）结果的影响几乎可以忽略。

图 9.23 为 c-Si 衬底表面催化氮化前后的 N(1s)、O(1s) 和 Si(2p) XPS 谱图。其中催化氮化在 T_{cat}=1700℃、T_s=200℃、P_g=1Pa 条件下进行了 30min。显然，催化氮化后出现了 N(1s) 特征峰并且 Si(2p) 特征峰向更高结合能的方向发生了化学偏移。通过对 Si(2p) XPS 特征曲线拟合，可以分别获得位于 103.3eV 和 101.9eV 处的两个特征峰，如图 9.24 所示。这两个特征峰分别对应 Si—O 键和 Si—N 键。

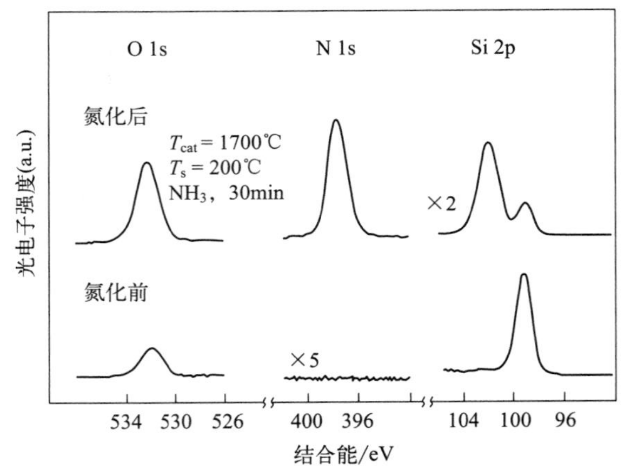

图 9.23 c-Si 衬底表面催化氮化前后的 N(1s)、O(1s) 和 Si(2p) XPS 谱图。数据来源：Izumi 和 Matsumura (1997)[27]。经 AIP Publishing 许可转载

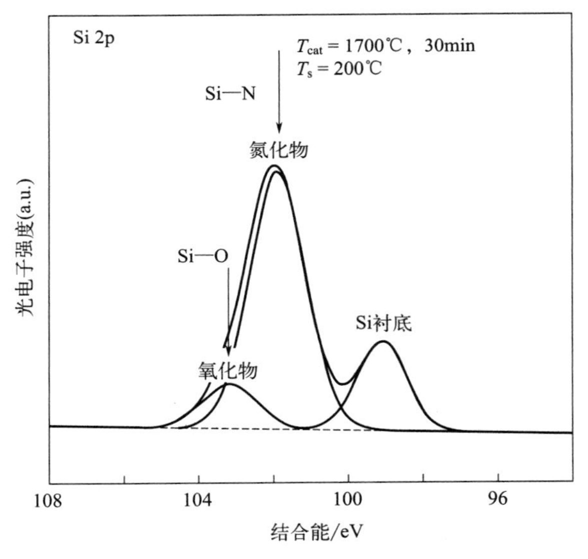

图 9.24 Si 2p 轨道的 X 射线光电子能谱（XPS）及通过拟合得到的特征峰分布（证明了 Si－N 键的存在）。数据来源：Izumi 和 Matsumura（1997)[27]。经 AIP Publishing 许可转载

通过估算，该实验所获得的催化氮化层的化学计量比 Si∶N∶O 约为 1∶0.9∶0.3，厚度约为 3.8nm。通常情况下都能观察到 O 原子的存在，其来源尚不明确。由于该实验并未使用 NH_3 的干燥系统，这可能是 O 原子的来源之一。此外，由于氮化层非常薄，催化氮化后的样品表面会像 c-Si 衬底一样产生自然氧化层。

图 9.25 给出了催化氮化层厚度与 T_{cat} 之间的关系。该实验使用的工艺参数 T_s、P_g 和 FR(NH_3)分别为 250℃、4Pa 和 200cm^3/min，氮化过程持续 60s。如图所示，催化氮化层的厚度随着 T_{cat} 的提高而增加。图 9.26 为 T_{cat}＝1350℃、P_g＝4Pa、T_s＝250℃条件下催化氮化层厚度随时间的变化。该图表明，随着催化时长的增加，氮化层的厚度大致上与工艺时长的平方根成正比关系。这意味着催化氮化过程似乎符合 Grove-Deal 模型。该模型常用于解释热氧化层的生长过程[30]。该模型表明，在催化氮化过程中，催化裂解产生的氮化前驱体会穿过已经形成的氮化物来实现氮化层的进一步增长。根据 Grove-Deal 模型，如果延长工艺时长，氮化层的厚度应该会缓慢增加。但目前的研究结果表明，即使改变不同参数，实际生成的氮化物厚度也不会超过 4.8nm[27]。催化氮化形成的氮化层的电学特性也有报道。还有研究表明，在沉积 Cat-CVD SiN_x 之前，使用催化氮化处理能有效提高界面质量。但目前看来，这一研究的数据尚不充分。

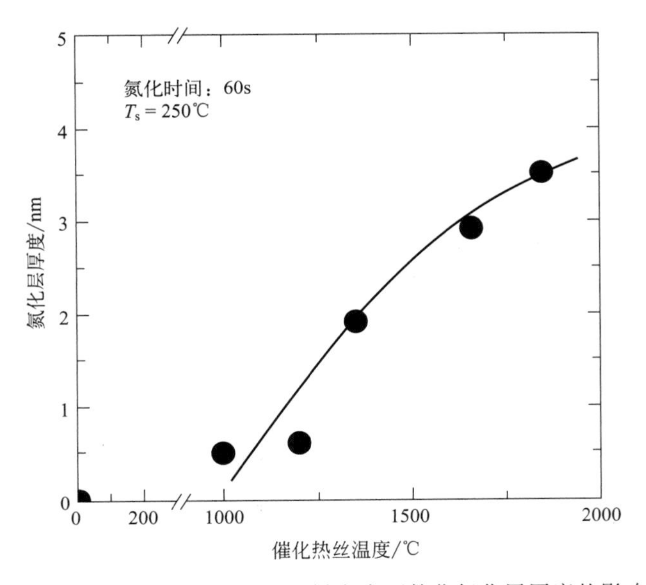

图 9.25 催化热丝温度对 c-Si 衬底表面催化氮化层厚度的影响

A. Izumi 等还报道了 GaAs 表面的清洁和氮化的相关工作[28,29]。通常人们使用含盐酸（HCl）的化学溶液对 GaAs 表面进行化学清洗。而在薄膜沉积前使用干法清洁样品表面相对比较困难。这是因为对许多化合物半导体（如 GaAs）而言，衬底表面对等离子体损伤非常敏感，所以不能使用等离子体进行表面清洁处理。人们希望能够开发出一种无需等离子体参与的化合物半导体表面清洁技术。另外，SiO_2 不能有效钝化 GaAs，这与 c-Si 的情况相反。因此，通过不使用等离子体的新技术来处理 GaAs 样品，

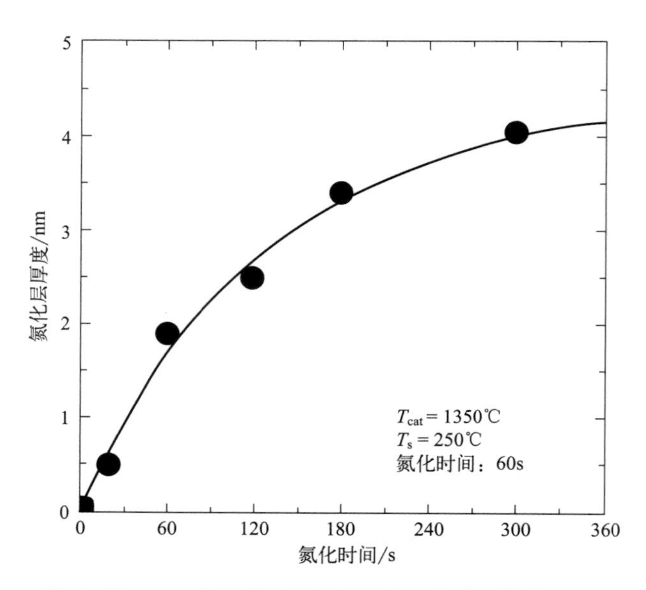

图 9.26 c-Si 表面催化氮化层厚度与氮化时间的关系

使其表面达到稳定状态是一个亟待解决的问题。

图 9.27 为 GaAs(100) 表面 As(3d) 和 Ga(3d) 的 XPS 谱。图（a)、(b)、(c) 和 (d) 分别对应清洗前的初始状态、使用盐酸化学清洗后、使用 Cat-CVD 设备产生的 H 原子清洗后以及使用 Cat-CVD 设备裂解 NH_3 产生的基团处理后的样品[28]。图中所有的 XPS 谱均是在出射角为 35°处测得的。Cat-CVD 处理过程的 T_{cat}、P_g 和 T_s 分别为 1700℃、280℃和 0.67Pa，处理时长均为 30min。图中与氧（O）相关的化学键的特征峰使用倒三角形表示，GaAs 衬底表面的特征峰使用圆形表示。由图 9.27 可见，无论采用何种清洁工艺，O 相关特征峰的峰强均会下降。与盐酸清洗相似，表面氧化层可以通过 Cat-CVD 处理去除。此外，使用 H 原子清洗后，As(3d) 谱中的 O 特征峰强度大大下降，清洁效果比其他清洁方式更好。我们仔细观察这一特征峰的峰强变化，发现 H 原子清洁的效果最佳，NH_3 处理的效果次之，但二者均比盐酸清洗的效果好。

当 T_{cat} 为 1700℃时，我们并未观察到样品表面发生了氮化。这是因为在较高的催化温度下，清洁过程占据了主导地位。当我们将 T_{cat} 降低至 1220℃时，GaAs 表面则明显被氮化，并且可以观察到 GaN 的存在。

图 9.28 为 T_{cat} 降至 1220℃、P_g 和 T_s 分别为 1.0Pa 和 150℃时，对 GaAs(100) 进行催化氮化处理所得样品的 N(1s)、As(3d) 和 Ga(3d) XPS 谱。该实验中只通入了 FR(NH_3)＝50cm^3/min 的 NH_3，未通入其他气体[29]。图中，O 相关的特征峰均用倒三角形标注，图中同时也标出了 Ga LMM 俄歇信号峰。Ga LMM 是电子经过一系列跃迁，最终生成的俄歇电子信号。具体跃迁过程为：①X 射线将 Ga 原子内部的 L 层轨道的电子激发后，在 L 层轨道上形成了空位；②M 层轨道的电子跃迁至 L 层轨道上的空位，并将释放的能量传递给另一个 M 层轨道的电子；③M 层轨道上获得能量的电子以俄歇电子形式发射出来。因此，为了表明该俄歇电子的生成过程，称

之为 LMM 俄歇电子。

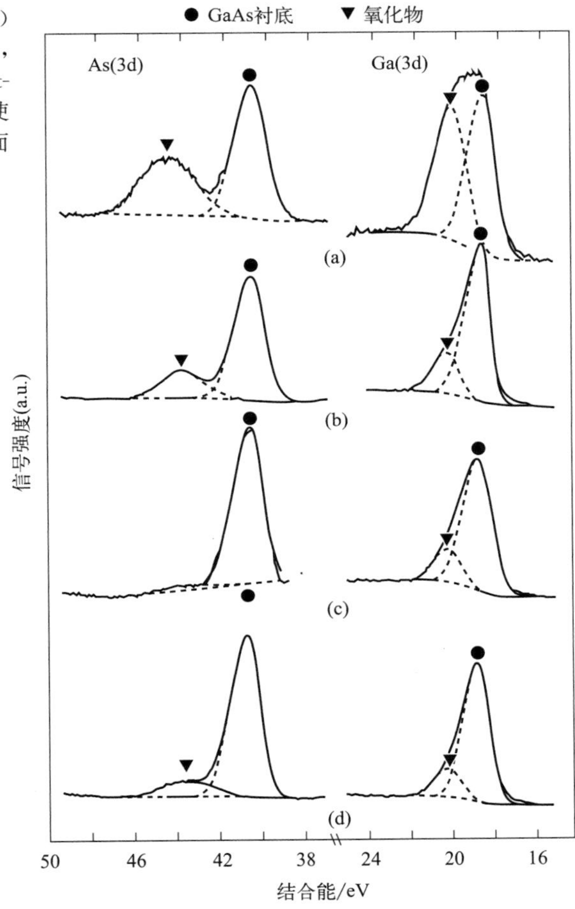

图 9.27　清洁前后 GaAs 样品表面的 As(3d) 和 Ga(3d) XPS 谱：(a) 清洁前的初始表面，(b) 使用盐酸化学清洗后的表面，(c) 使用 Cat-CVD 设备产生的 H 原子清洁后的表面，(d) 使用 Cat-CVD 裂解 NH_3 产生的基团处理后的表面

由图 9.28 的 As(3d) 和 Ga(3d) 谱图可知，在催化氮化处理 3min 后，GaAs 衬底表面的 O 原子即可完全去除。并且氮化处理前，在 N(1s) 谱图中只能观察到 Ga LMM 俄歇信号，但在 3min 氮化处理后出现了明显的 N(1s) 特征峰。此外，Ga(3d) 谱图向结合能更高的方向发生了偏移。这些 XPS 特征峰的变化只发生于 Cat-CVD 热丝裂解 NH_3 的情况下。这说明，短短 3min 内，NH_3 裂解产生的基团就能够清洁 GaAs 衬底表面，并且促使在衬底表面生成 GaN。对于 3min 和 30min 催化氮化处理的样品，GaAs 表面氮化层的化学组分均为 Ga∶N=1∶1，氮化层的厚度为数纳米。

具有超薄 GaN 层的 GaAs 表面在空气中非常稳定。图 9.29 为未处理的 GaAs 衬底、30min 氮化处理的 GaAs 以及在空气环境下保存氮化处理后的样品 60 天后的 XPS 谱。我们发现，即使在空气中保存，GaAs 样品的表面也没有观察到明显的氧化物。说明催化氮化处理有助于获得稳定的 GaAs 表面。如前文所述，以表面氮化为代表的 Cat-CVD 技术显著提升了 GaAs 器件的性能，并优化了其制备工艺流程。

此外我们还需要注意催化氮化后 GaAs 表面的平整度。根据原子力显微镜（AFM）测试结果，经过 30min 的催化氮化后，GaAs 表面粗糙度均方根（RMS）小于

0.28nm[27]。如第 2 章所述，如果使用等离子处理，样品表面的粗糙度很容易超过数纳米。因此，催化工艺的优势非常明显，特别对于 GaAs 半导体器件领域。

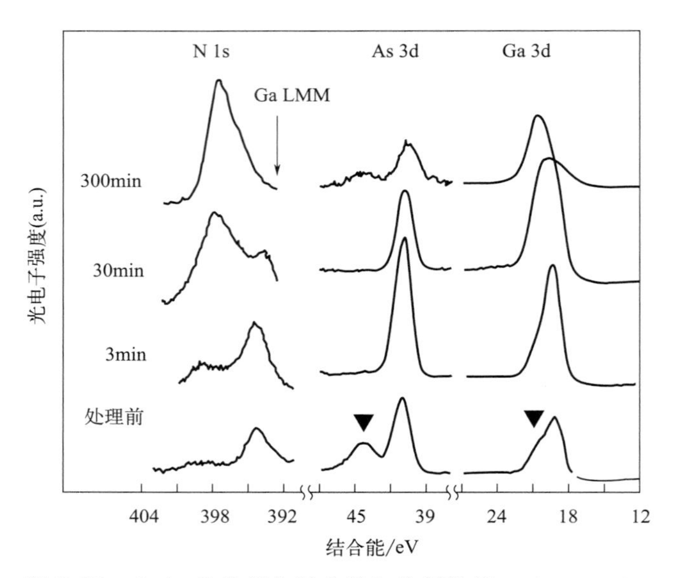

图 9.28 GaAs 样品催化氮化前和分别进行 3min、30min、300min 催化氮化后样品的 N(1s)、As(3d) 和 Ga(3d) X 射线光电子谱（XPS）。数据来源：Izumi 等（1999）[29]。经 Elsevier 许可转载

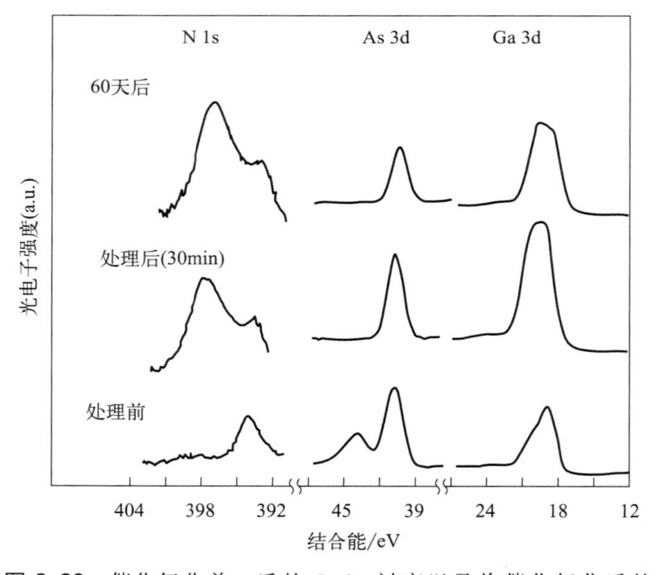

图 9.29 催化氮化前、后的 GaAs 衬底以及将催化氮化后的样品在空气中保存 60 天后，样品的 N(1s)、As(3d) 和 Ga(3d) X 射线光电子谱（XPS）。数据来源：Izumi 等（1999）[29]。经 Elsevier 许可转载

9.8 “催化化学溅射”：一种基于活性基团的新型薄膜沉积方法

在 Cat-CVD 产生的活性基团的相关应用中，有研究团队发明了一种基于 Cat-CVD 的新型硅基薄膜沉积技术。如前文所述，在表面没有氧化层时，H 原子会刻蚀硅衬底。该刻蚀过程中会生成硅烷（SiH_4）分子作为反应的产物。如果我们能够利用这些 SiH_4 作为后续沉积的气源，就无需从腔室外部向腔室中通入危险的硅烷气体。

图 9.30 为这种新型硅基薄膜沉积系统的结构示意[12]。由图可知，用于提供硅烷的硅片放置在带有冷却装置的靶材支架上，衬底固定在可以加热（衬底温度 200～300℃）的衬底支架上。热丝布置在衬底和硅片之间并与二者保持平行。如图 9.30 所示，H 原子刻蚀硅的速率取决于硅片的温度。例如，当把硅片加热到约 300℃时，硅被 H 原子刻蚀的速率很低。然而当将硅片冷却至室温（RT）时，H 原子则能够有效地刻蚀硅片并产生副产物 SiH_4。SiH_4 到达热丝附近时在高温下裂解，产生的活性基团沉积到衬底上就会形成硅薄膜。在这种新型沉积系统中，硅片的作用和溅射设备中靶材的作用类似，从而在不提供外部 SiH_4 气体且不产生等离子体的情况下，实现硅薄膜的沉积。

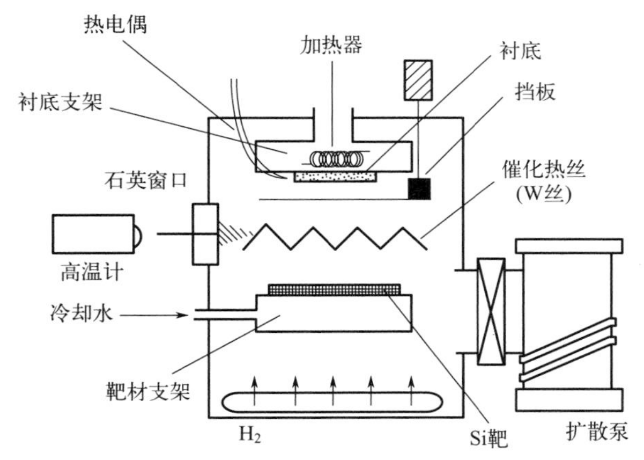

图 9.30　催化化学溅射的实验装置示意。数据来源：Matsumura 等（2001）[12]。版权所有（2001）。经 The Japan Society of Applied Physics 许可转载

我们暂且给这一过程起了一个别名——“催化化学溅射（Cat-sputtering）”[12]。当然，此处的“溅射”并非物理意义上的溅射。这一过程利用了基团间的化学反应。

由于腔室中存在 H_2，生成的 SiH_4 会自发地被 H_2 稀释，沉积到衬底表面的硅薄膜为 poly-Si，如图 9.31 中的 SEM 图像所示。可以发现，薄膜的厚度约为 0.9μm，晶粒尺寸超过了 1μm。

这一技术是利用 Cat-CVD 系统生成的活性基团的一种应用尝试。未来，利用活性基团形成其他物质的理念一定会扩展到更多的领域，并得到更广泛的应用。

图 9.31 催化化学溅射法制得 poly-Si 薄膜的扫描电子显微镜（SEM）图像。数据来源：Matsumura 等(2001)[12]。版权所有（2001）。经 The Japan Society of Applied Physics 许可转载

参考文献

[1] Umemoto，H.，Ohara，K.，Morita，D. et al.（2002）. Direct detection of H atoms in the catalytic chemical vapor deposition of the SiH_4/H_2 system. *J. Appl. Phys.* 91（3）：1650-1656.

[2] Yamada，T.，Ohmi，H.，Kakiuchi，H.，and Yasutake，K.（2017）. Hydrogen atoms density in narrow-gap microwave hydrogen plasma determined by calorimetry. *J. Appl. Phys.* 119：063301/1-063301/7.

[3] Larjo，J.，Koivikko，H.，Lahtonen，K.，and Hernberg，R.（2002）. Two-dimensional atomic hydrogen concentration maps in hot-filament diamond-deposition environment. *Appl. Phys. B Lasers Opt.* 74（6）：583-587.

[4] Baulch，D. L.，Cobos，C. J.，Cox，R. A. et al.（1992）. Evaluated kinetic data for combustion modelling. *J. Phys. Chem. Ref. Data* 21：411-429. https：//kinetics. nist. gov/kinetics/index. jsp.

[5] Kae-Nune，P.，Perrin，J.，Jolly，J.，and Guillon，J.（1996）. Surface recombination probabilities of H on stainless steel，a-Si：H and oxidized silicon determined by threshold ionization mass spectrometry in H_2 RF discharges. *Surf. Sci.* 360：L495-L498.

[6] Rousseau，A.，Granier，A.，Gousset，G.，and Leprince，P.（1994）. Microwave discharge in H_2：influence of H-atom density on the power balance. *J. Phys. D* 27：1412-1422.

[7] Kim，Y. C. and Boudart，M.（1991）. Recombination of O，N，and H atoms on silica：kinetics and mechanism. *Langmuir* 7：2999-3005.

[8] Tserepi，A. D. and Miller，T. A.（1994）. Two-photon absorption laser-induced fluorescence of H atoms：a probe for heterogeneous processes in hydrogen plasmas. *J. Appl. Phys.* 75：7231-7236.

[9] Rousseau，A.，Cartry，G.，and Duten，X.（2001）. Surface recombination of hydrogen atoms studies by a pulsed plasma excitation technique. *J. Appl. Phys.* 89：2074-2078.

[10] Ansari，S. G.，Umemoto，H.，Morimoto，T. et al.（2005）. Technique for the production，preservation，and transportation of H atoms in metal chambers for processings. *J. Vac. Sci. Technol. A* 23（6）：1728-1731.

[11] Uchida，K.，Izumi，A.，and Matsumura，H.（2001）. Novel chamber cleaning method using atomic hydrogen generated by hot catalyzer. *Thin Solid Films* 395：75-77.

[12] Matsumura，H.，Kamesaki，K.，Masuda，A.，and Izumi，A.（2001）. Catalytic chemical sputtering：a novel method for obtaining large-grain polycrystalline silicon. *Jpn. J. Appl. Phys.* 40，Part 2（3B）：L289-L291.

[13] Nishiyama，I.，Oizumi，H.，Motai，K. et al.（2005）. Reduction of oxide layer on Ru surface by atomic-hydrogen treatment. *J. Vac. Sci. Technol. B* 23：3129-3131.

[14] Motai，K.，Oizumi，H.，Miyagaki，S. et al.（2008）. Cleaning technology for EUV multilayer mirror

using atomic hydrogen generated with hot wire. *Thin Solid Films* 516：839-843.

[15] Izumi，A. and Matsumura，H.（2002）. Photoresist removal using atomic hydrogen generated by heated catalyzer. *Jpn. J. Appl. Phys.* 41（7A）：4639-4641.

[16] Yamamoto，M.，Horibe，H.，Umemoto，H. et al.（2009）. Photoresist removal using atomic hydrogen generated by hot-wire catalyzer and effects on Si-wafer surface. *Jpn. J. Appl. Phys.* 48：026503/1-026503/7.

[17] Horibe，H.，Yamamoto，M.，Maruoka，T. et al.（2011）. Ion-implanted resist removal using atomic hydrogen. *Thin Solid Films* 519：4578-4581.

[18] Hashimoto，K.，Masuda，A.，Matsumura，H. et al.（2006）. Systematic study of photoresist removal using hydrogen atoms generated on heated catalyzer. *Thin Solid Films* 501：326-328.

[19] Yamamoto，M.，Umemoto，H.，Ohdaira，K. et al.（2016）. Oxygen additive amount dependence of the photoresist removal rate by hydrogen radicals generated on a tungsten hot-wire catalyst. *Jpn. J. Appl. Phys.* 55：076503/1-076503/5.

[20] Yamamoto，M.，Maejima，K.，Umemoto，H. et al.（2016）. Enhancement of removal uniformity by oxygen addition for photoresist removal using H radicals generated on a tungsten hot-wire catalyst. *J. Photopolym. Sci. Technol.* 29：639-642.

[21] Izumi，A.，Ueno，T.，Miyazaki，Y. et al.（2008）. Reduction of oxide layer on various metal surfaces by atomic hydrogen treatment. *Thin Solid Films* 516：853-855.

[22] Tabuchi，N. and Matsumura，H.（2002）. Control of carrier concentration in thin cuprous oxide Cu_2O films by atomic hydrogen. *Jpn. J. Appl. Phys.* 41：5060-5063.

[23] Kumahira，Y.，Nakako，H.，Inada，M. et al.（2009）. Novel materials for electronic device fabrication using ink-jet printing technology. *Appl. Surf. Sci.* 256：1019-1022.

[24] Kieu，N. T. T.，Ohdaira，K.，Shimoda，T.，and Matsumura，H.（2010）. Novel technique for formation of metal lines by functional liquid containing metal nanoparticles and reduction of their resistivity by hydrogen treatment. *J. Vac. Sci. Technol. B* 28（4）：776-782.

[25] Izumi，A.（2001）. Surface modification of silicon related materials using a catalytic CVD system for ULSI application. *Thin Solid Films* 395：260-265.

[26] RCA Clean，in Wikipedia. https：//en. wikipedia. org/wiki/RCA _ Clean.

[27] Izumi，A. and Matsumura，H.（1997）. Low-temperature nitridation of silicon surface using NH_3-decomposed species in a catalytic chemical vapor system. *Appl. Phys. Lett.* 71（10）：1371-1372.

[28] Izumi，A.，Masuda，A.，Okada，S.，and Matsumura，H.（1996）. Novel surface cleaning of GaAs and formation of high quality SiN_x films by Cat-CVD. Institute of Physics Conference Series，No. 155，Chapter 3. Paper presented at 23rd International Symposium Compound Semiconductors，St. Petersburg，Russia（22-27 September 1996），pp. 343346.

[29] Izumi，A.，Masuda，A.，and Matsumura，H.（1999）. Surface cleaning and nitridation of compound semiconductors using gas-decomposition reaction in Cat-CVD method. *Thin Solid Films* 343-344：528-531.

[30] Grove，A. S.（1967）. *Physics and Technology of Semiconductor Devices*，Chapter 2. Wiley.

催化掺杂：一种新型低温掺杂技术

上一章介绍了催化化学气相沉积（Cat-CVD）系统中产生的高密度活性基团及其应用。本章我们将介绍这些活性基团的另一类应用，即直接向半导体中进行杂质掺杂。掺杂是半导体器件制造中必不可少的工艺。本章将介绍通过利用 Cat-CVD 腔室中产生的活性基团，我们可以在 80℃的低温下实现半导体的掺杂。

10.1 引言

向 c-Si 中掺入磷和硼是制造硅基器件的关键工艺步骤。常规的掺杂工艺一般使用热扩散、离子注入等方法，有时也会使用等离子体掺杂等方法。热扩散通常需要超过 1000℃的高温。而离子注入需要使用 10～100kV 的能量来加速杂质离子。虽然离子注入过程所需的温度要低于热扩散过程，但是为了激活杂质、消除离子轰击在硅材料中产生的缺陷，需要对离子注入后的硅片在 800℃以上的高温下进行退火处理。另一方面，研究人员发现等离子体掺杂可以在衬底表面较浅的区域内实现低温掺杂[1]。这种方法是利用等离子体鞘层电压或通过额外施加电压，将杂质离子注入半导体中。然而等离子体参与的过程往往会造成等离子损伤或注入损伤，通常也需要后续退火才能使材料获得良好的掺杂质量。

另外，除等离子体掺杂以外的绝大多数掺杂方法均会将杂质引入材料表面以下比较深的区域。比如，即使采用低能量离子注入，P 离子或 B 离子在 c-Si 中的掺杂深度往往也要超过数十纳米，实现只有近表面区域的掺杂并不容易。

人们在对 Cat-CVD 的研究中发现，即使在衬底附近没有施加电场的情况下，当 c-Si 衬底暴露在被热丝裂解的磷烷（PH_3）或乙硼烷（B_2H_6）所产生的基团中时，P 和 B 也可以在衬底温度仅 80℃时掺入 c-Si 中。这是一个非常新颖的实验现象，人们最近才对这一现象展开研究，而且还存在着很多需要解决的问题。为了展示 Cat-CVD（不再局限于 CVD 过程）可能的新应用领域，我们将在这一章中对这一新现象或新方法——催化掺杂技术（Cat-doping），进行介绍[2]。

10.2　催化掺杂现象的发现过程

这种低温掺杂现象是在研究 a-Si/c-Si 异质结（SHJ）太阳电池的过程中发现的。一位正在制备 SHJ 太阳电池的学生尝试在使用 Cat-CVD 设备沉积 a-Si:H 前，利用 Cat-CVD 腔室中产生的 H 原子来清洁 c-Si 衬底表面。发现新现象的故事就此展开了。

利用 H 原子清洁硅片表面是一个非常精细的过程。如果用于裂解 H_2 产生 H 原子的灯丝温度（T_{cat}）过高，硅片表面很容易被高密度 H 原子刻蚀，从而变得粗糙。图 10.1 所示为不同 T_{cat} 下（控制衬底温度 T_s 为 150℃、腔室气压 P_g 为 1Pa）对 c-Si 进行 1min H 原子清洁后样品的表面粗糙度。图中，右侧纵轴是用原子力显微镜（AFM）测量得到的表面粗糙度［以均方根（RMS）表示］。如图所示，当 T_{cat} 低于 1300℃时，H 原子清洁后表面粗糙度可忽略不计。因此在该实验中，他们将 T_{cat} 设置为 1300℃进行清洁。

在 H 原子清洁后，在硅片两面分别沉积了 40nm 的 i-a-Si，用这种结构来测试 a-Si:H 薄膜的钝化效果。在 H 原子清洁和 a-Si:H 沉积过程中，衬底温度 T_s 一直保持在相对较低的温度（约 150℃），以避免 a-Si:H 在 c-Si 表面发生外延生长现象。通常，为了避免交叉污染，实验中 H 原子清洁、i-a-Si:H 的沉积以及 P 或 B 掺杂 a-Si:H 的沉积都需要在专用的腔室中进行。当时，他们对两侧沉积了 40nm 厚 i-a-Si（沉积时 T_{cat}=1700℃）的硅片进行载流子寿命测试，其载流子寿命约为 0.7ms（未进行退火处理）。然而，由于实验当天其他研究小组占用了 H 原子处理的腔室，这名学生为了减少等待时间，非常规地使用了另一个腔室进行 H 原子清洁。这个腔室曾用于沉积 P 掺杂的 n 型非晶硅（n-a-Si:H），因此腔壁上覆盖有 n-a-Si:H。出人意料得是，对这一样品测试后发现，其载流子寿命急剧上升。如图 10.1 中箭头所示，该样品的载流子寿命超过了 2ms[3]。

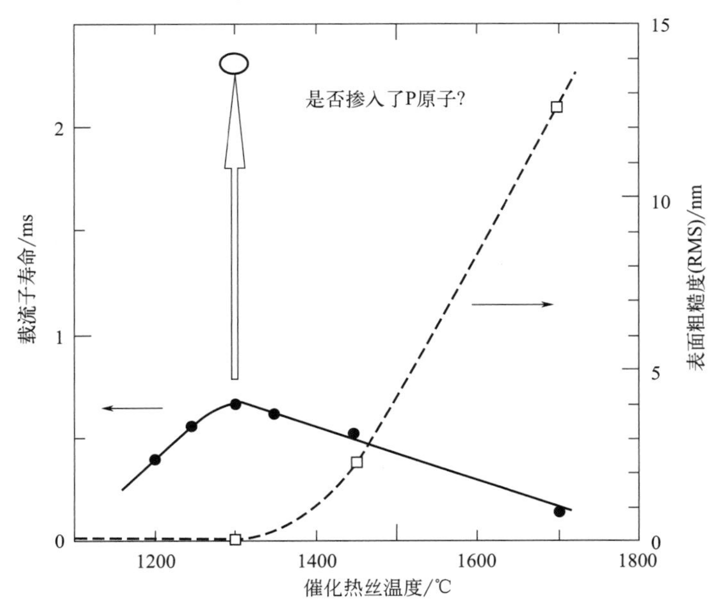

图 10.1　载流子寿命和样品表面粗糙度的均方根 RMS 与催化热丝温度 T_{cat} 的关系。数据来源：经参考文献［3］许可转载

随后，他们对这一过程进行了分析。如果使用沉积 n-a-Si 的腔室进行 H 原子清洁对载流子寿命有影响，那么应该可以从样品中检测出 P 原子。图 10.2 为该样品的二次离子质谱（SIMS）测试结果。由图可知，c-Si 中显然存在 P 原子。他们通过以下机制来解释样品载流子寿命提高的原因：①P 原子只在 a-Si/c-Si 界面重掺杂，导致 c-Si 表面处的能带弯曲；②空穴在这一界面受到界面电场的斥力；③界面处载流子复合的概率下降。这一解释间接地给出了一个假设：在衬底温度为 150℃时，无需对杂质加速也能实现 c-Si 的 P 掺杂。

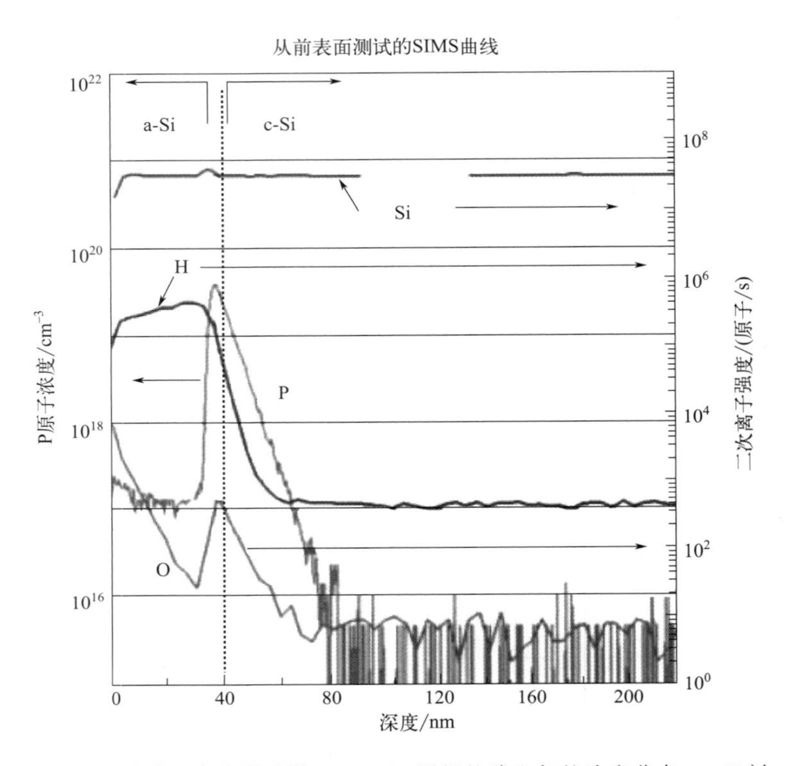

图 10.2 通过二次离子质谱（SIMS）测得的磷和氢的浓度分布。c-Si 衬底表面沉积有 40nm 的 a-Si:H 层

真的能够在如此低的温度下实现对 c-Si 掺杂吗？对于等离子体掺杂而言，通过等离子鞘层电压的作用实现杂质注入，这已在前文有所阐述。但是，在 Cat-CVD 腔室中并无等离子体，也就不存在鞘层电压。这样的话，又如何解释这一低温掺杂现象呢？我们开始对这种“催化掺杂”的新现象开展了一系列研究。

10.3 c-Si 的低温和近表面磷掺杂

10.3.1 近表面掺杂层的电性能测量

如图 10.2 所示，即使催化掺杂过程实现了 P 原子掺杂，有效掺杂也仅限于靠近

c-Si 表面中较浅的区域。在表征 c-Si 这种近表面掺杂区的电学性能（如载流子浓度和迁移率）时，需消除 c-Si 表面缺陷的影响。图 10.3 的能带示意图表明，如果 c-Si 表面缺陷密度较高，c-Si 表面的电势分布将会发生弯曲。这种能带弯曲会影响掺杂层载流子浓度的测量。因此，需要对样品表面进行适当钝化或对催化掺杂的样品表面适当的沉积一层薄膜以精确测量近表面掺杂区的电学性能。迄今为止，人们已经开发了许多薄膜材料来钝化 c-Si 表面，如 SiO_2 和 i-a-Si。在第 8 章中我们就已提到，i-a-Si（本征非晶硅）是一种可以在低温下沉积的高质量钝化材料。如前文所述，人们正是在表面沉积 i-a-Si 的 c-Si 样品中发现的催化掺杂现象。因此，我们研究了 c-Si 表面沉积 i-a-Si 对电学性能测量的影响。

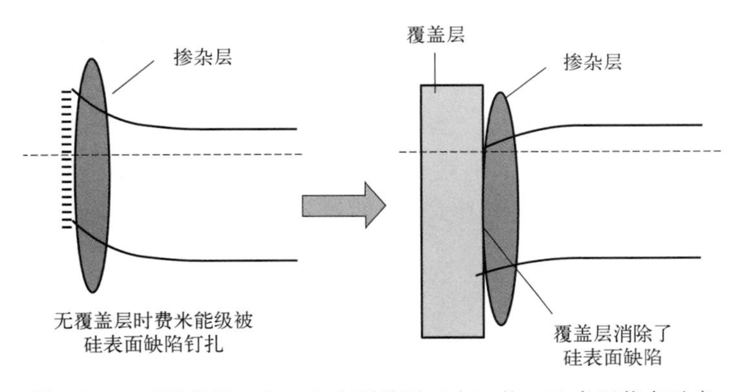

图 10.3　无覆盖层（左）和有覆盖层（右）的 c-Si 表面状态示意

电学性能通过范德堡法进行霍尔效应测量[4]。实验选用 10mm×10mm 的正方形样品，四角各有一个直径为 1mm 的电极。理论上，用于范德堡测试的电极应当足够小，以减小测量误差。通过对已知性能的标准样品进行测量表明，相较于边长 10mm 的正方形样品，直径为 1mm 的电极足以将测量误差控制在 10%以内。

图 10.4 为实验中使用的两种类型范德堡电极，以研究钝化层和电极结构的影响。

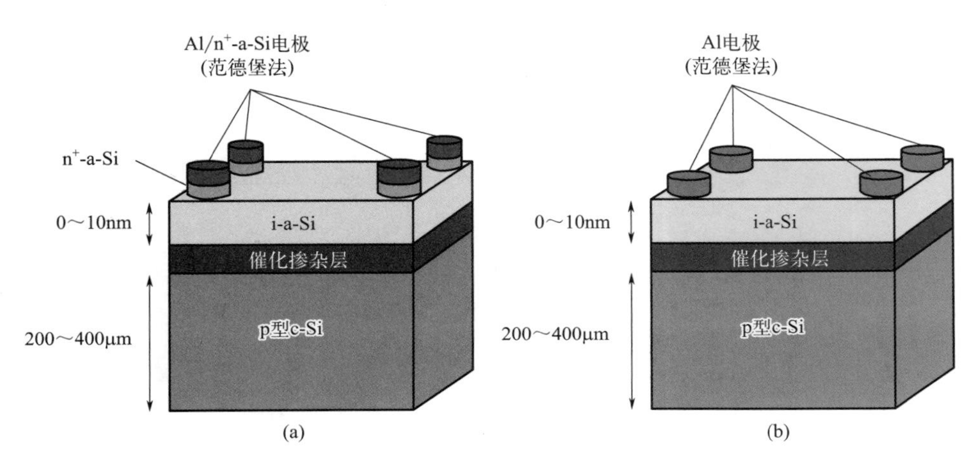

图 10.4　用于范德堡测试的两种电极结构类型。(a) 电极由重掺杂的 n 型非晶硅（n^+-a-Si）和铝（Al）电极组成，(b) 电极仅由 Al 电极组成。数据来源：转载自开源文献 [2]

图 10.4(a) 所示结构使用了 n-a-Si/Al 堆叠电极，而图 10.4(b) 所示结构只使用了 Al 电极。在电极和 c-Si 的催化掺杂层之间沉积了一层 i-a-Si 薄膜覆盖层进行表面钝化。当 i-a-Si 薄膜的厚度降为 0 时，电极直接与 c-Si 表面的催化掺杂层接触。通过对比，我们可以明确 i-a-Si 薄膜的作用。

图 10.5 为不同 i-a-Si 厚度对催化掺杂 P 的 c-Si 样品载流子面密度与载流子迁移率的影响。典型的 P 和 B 催化掺杂工艺参数如表 10.1 所示。图 10.5 所示实验参数为：$T_{cat}=1300℃$，$T_s=150℃$，$P_g=1Pa$，$FR(PH_3)=0.43cm^3/min$，PH_3 经氦气（He）稀释到 2.25%（氦气总流量为 $19cm^3/min$）。实验中，催化掺杂的时长设置为 10min。结果表明在没有 i-a-Si 钝化层的情况下，只使用 Al 电极的样品无法进行范德堡测试。而使用 n-a-Si/Al 堆叠电极，可以在无覆盖层的情况下测得样品的电学性能，但是测得的数据具有较大的波动，即可能存在较大的误差。而在电极和催化掺杂层之间引入厚度大于 4nm 的 i-a-Si 层时，对载流子面密度的测试结果趋于稳定。当 i-a-Si 的厚度超过 2nm 时，载流子迁移率也趋于稳定，为 $200\sim300cm^2/Vs$。这意味着沉积厚度超过数纳米的 i-a-Si 钝化层即可有效消除 c-Si 表面缺陷对近表面掺杂区域电学性能表征的影响。为了确保测试结果可靠，我们使用了 10nm 厚的 i-a-Si 钝化层。

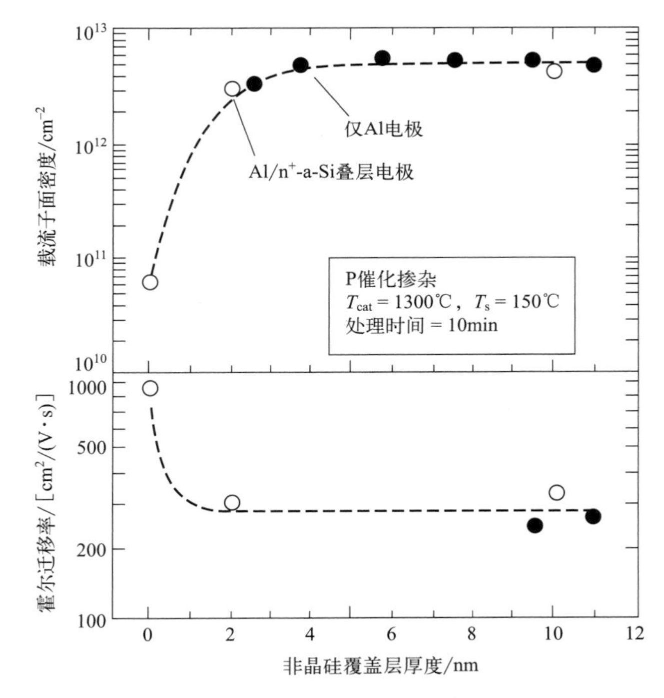

图 10.5 样品的载流子面密度和霍尔迁移率与沉积的 i-a-Si 层厚度的关系。图中给出了两种不同类型电极的测试结果。数据来源：转载自开源文献［2］

表 10.1 P 和 B 催化掺杂 c-Si 的典型工艺参数

参数	使用 PH_3 的 P 催化掺杂	使用 B_2H_6 的 B 催化掺杂
催化热丝材料	钨(W)	钨(W)

续表

参数	使用 PH_3 的 P 催化掺杂	使用 B_2H_6 的 B 催化掺杂
催化热丝温度，T_{cat}/℃	RT～1800℃， 大多保持在 1300℃	RT～1800℃
衬底温度，T_s/℃	50～350	50～350
掺杂气体（PH_3 或 B_2H_6）的净流量，FR（PH_3）或 FR（B_2H_6）（两者均以氦气稀释至 2.25%）/（cm^3/min）	0.43～0.45	0.43～3.38
H_2 流量，FR（H_2）/（cm^3/min）	0～20	0～150
气体压力，P_g/Pa	0.5～3	0.5～3
催化热丝到衬底的距离，D_{cs}/cm	10～12	10～12

此外，我们还应注意，电流在 i-a-Si 层中流动时，无法通过范德堡测试获得迁移率数据。只有当电流在 c-Si 中输运时，才能得到迁移率测试结果。因此，我们可以确定，施加 i-a-Si 覆盖层后测量的也是催化掺杂 c-Si 的电学性能。

样品的导电类型通过测量 0.32T 的磁通量（施加于样品表面）下的霍尔电压极性来表征。图 10.6 为 p 型 c-Si 与 P 催化掺杂 p 型 c-Si 的霍尔电压与施加电流的关系［若非特别指明，所示均为对 Si(100) 样品催化掺杂的结果］。图中还给出了 B 催化掺杂 n 型 c-Si 样品的霍尔电压与施加电流的关系。通过图 10.6 可以发现，催化 B 掺杂和 P 掺杂表现出了类似趋势。在这一实验中，P 原子通过催化掺杂掺入空穴密度为 10^{13} ～

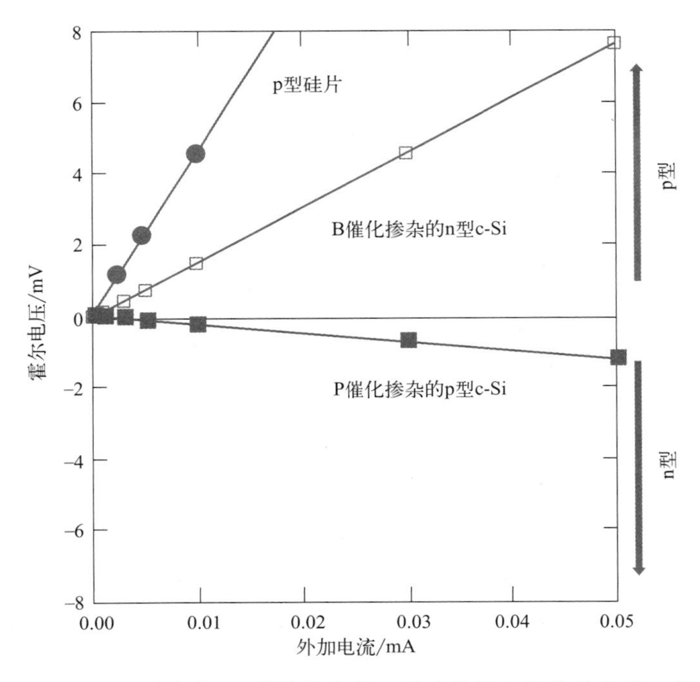

图 10.6　p 型硅片、P 催化掺杂的 p 型硅片及 B 催化掺杂的 n 型硅片，在 0.32T 的磁通量下施加电流的大小与霍尔电压的关系。对于 p 型或 n 型 c-Si，P 或 B 催化掺杂区域转变为了相反的导电类型。数据来源：转载自开源文献［2］

$10^{14}cm^{-3}$ 的 p 型 c-Si 中。图中数据为衬底温度 T_s=350℃时催化掺杂的结果，但该结果与 T_s=80℃时样品的电压-电流关系并无差异。如果 P 催化掺杂区域转变为 n 型，其霍尔电压极性一定会发生变化。图中结果表明，无论是 P 催化掺杂还是 B 催化掺杂，近表面掺杂区域均从衬底自身的 p(n) 型转变为了掺杂元素所赋予的 n(p) 型。这也间接证实了施加钝化层来表征近表面催化掺杂层的方法有效。

图 10.7 为 p 型 c-Si 的载流子面密度随 P 催化掺杂时 T_{cat} 的关系。催化掺杂过程中衬底温度 T_s 为 80℃，掺杂时间为 10min。当 T_{cat} 低于 800℃时，样品仍为 p 型，而当 T_{cat} 超过 1000℃时，近表面区域转变为 n 型。而且随着 T_{cat} 升高，载流子面密度持续增加。如第 4 章所述，当将钨丝加热至 1000℃以上时，PH_3 分子裂解为 P+3H，且裂解产物（活性基团）的数量随 T_{cat} 的升高呈指数增长。图中结果表明，PH_3 裂解产生的活性基团是实现低温掺杂的关键因素。

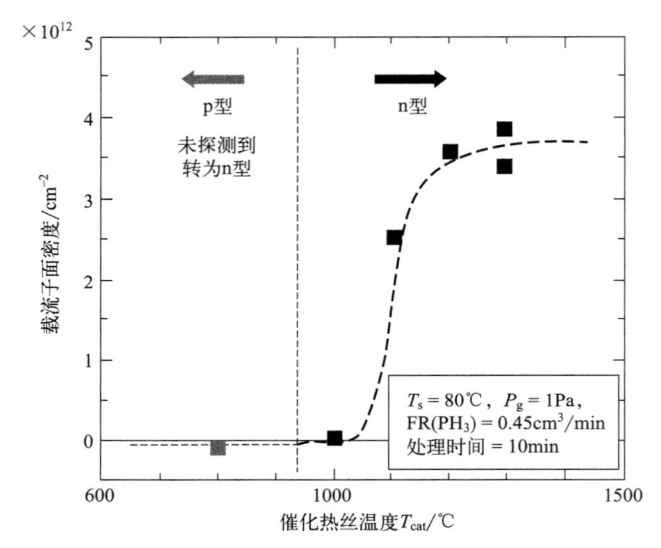

图 10.7 P 催化掺杂的 p 型 c-Si 的载流子面密度与催化热丝温度 T_{cat} 的关系。催化掺杂衬底温度 T_s、PH_3 流量 FR(PH_3) 以及样品导电类型均在图中标明。数据来源：转载自开源文献 [2]

最后，我们需确认 P 原子是否在 c-Si 中替代了晶格位点上的 Si 原子。为此，我们测试了不同衬底温度磷催化掺杂 c-Si 样品的载流子面密度，并推算出了载流子面密度的活化能，结果如图 10.8 所示。从图中载流子面密度与 T_s 的倒数关系推算，活化能约为 0.045eV，这一数值与常规磷掺杂过程中 P 原子以替位形式进入 c-Si 所需的活化能相当。上述结果表明，对于催化掺杂过程，即使在 T_s=80℃的低温下，P 原子仍然可以作为替位原子掺入 c-Si 中。

10.3.2 催化掺杂杂质浓度分布的 SIMS 表征

我们通过 SIMS 来表征催化掺杂 P 原子的掺杂浓度曲线。在 SIMS 测试时，有两点

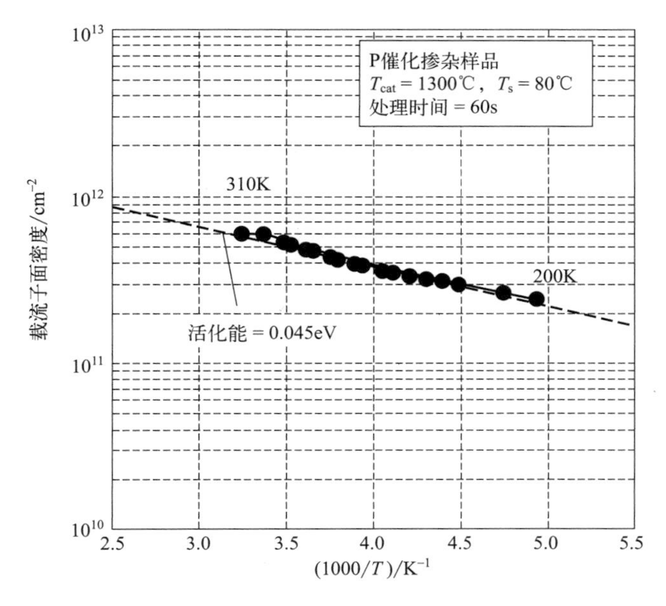

图 10.8　P 催化掺杂样品的载流子面密度与衬底温度 T_s 的倒数的关系。掺杂条件如图所示。数据来源：转载自开源文献［2］

需要注意。首先，在含有 Si 和 H 的体系中，很容易产生 SiH_3，其质量数与 P 原子的质量数（31）相同。因此在 SIMS 分析时往往难以分辨 P 原子与 SiH_3 的信号。为了解决这一问题，我们必须提高 SIMS 的质量分辨率并且要时刻关注质量数与之相同的 Si 基基团的比例，来判断信号是来自 P 原子还是来自硅基基团。为了探测 P 原子信号，在 SIMS 测试中我们通常使用 5keV 的高能离子探针。但是，这些高能离子探针有可能带来第二个问题，即冲击效应。

在 SIMS 测试过程中，高能离子探针与杂质原子碰撞后，杂质原子有时会被撞向衬底中更深的区域，从而使最终测得的掺杂浓度曲线变形。图 10.9 为从 P 催化掺杂样品正面和背面测得的 SIMS P 原子分布曲线，样品是在 T_{cat}=1300℃、T_s=80℃条件下处理 60s 制备的。催化掺杂后，c-Si 衬底表面沉积了 10nm 的 i-a-Si 钝化层。由图可知，从不同表面进行 SIMS 测试，我们获得了完全不同的两条杂质分布曲线。尽管会使测试过程更复杂，但若要避开冲击效应，获得精确的 P 原子浓度分布曲线，我们应从样品背面进行 SIMS 测试。

另外，从正面进行 SIMS 测试也有其优点。如图 10.9 所示，从正面获得的浓度曲线通常可近似为指数形式的表达式：$N_0\exp(-x/A)$，其中 N_0、x 和 A 分别为表面的 P 原子浓度、距离 a-Si/c-Si 界面的深度和表示曲线轮廓尖锐程度的特征因子。这时，测得的 c-Si 中掺杂原子总量 N_{total} 可以通过计算图中阴影区域的面积得出，简单地表示为 $N_{total}=N_0\times A$。这一关系可以用在不同的数据处理过程中。

图 10.10 为不同催化掺杂时间对从背面测得的 SIMS 掺杂浓度曲线的影响。该实验中，T_{cat} 和 T_s 分别为 1300℃和 80℃，在掺杂后使用了 10nm 厚的 i-a-Si 来钝化样品表

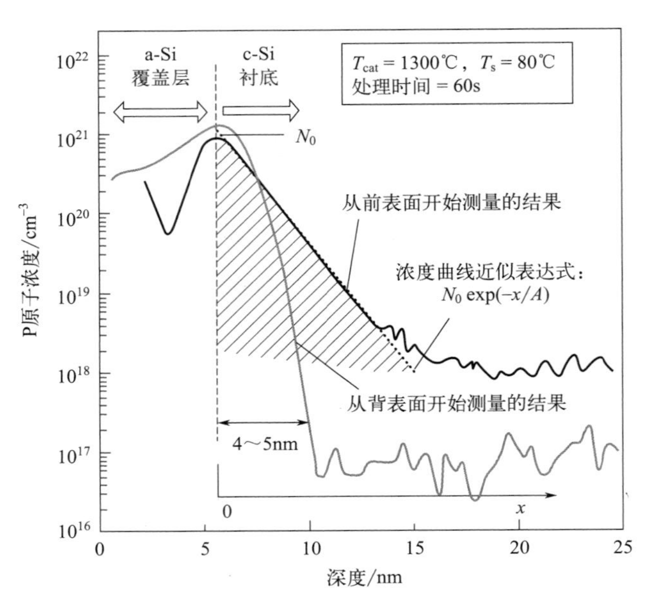

图 10.9　P 催化掺杂样品正面和背面测得的 SIMS P 原子分布曲线。样品表面沉积有 a-Si 层。掺杂条件如图所示。正面测得分布曲线下面的阴影区域对应掺入 c-Si 的 P 原子总量。数据来源：转载自开源文献［2］

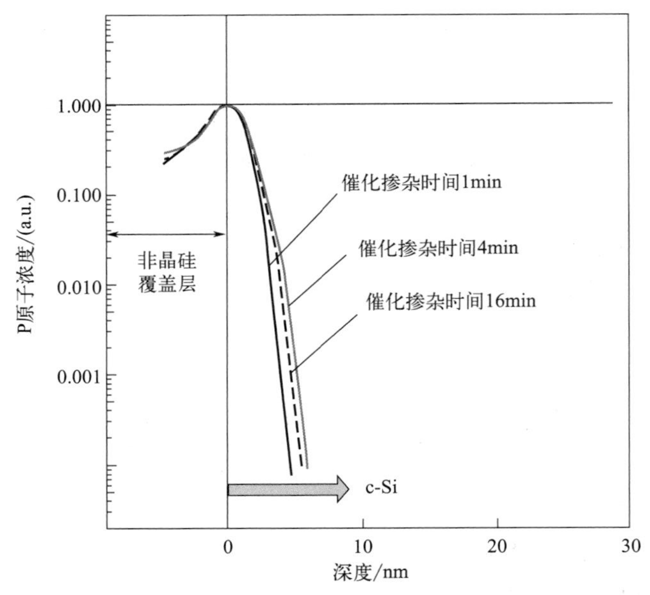

图 10.10　不同催化掺杂时间对从背面测得的 SIMS 掺杂浓度曲线的影响。催化掺杂时间分别为 1min、4min 和 16min。数据来源：转载自开源文献［2］

面。由于刻蚀速率的空间波动（如图 10.11 所示），即使从背面进行 SIMS 测试也依然存在深度分辨率问题。我们假设实际掺杂浓度的分布像方波函数一样随深度变化而发生突变，由于刻蚀波动的存在，最终测量到的曲线也将是展宽缓变的形式。当测试区域存在刻蚀速率的空间波动时，我们测得的掺杂浓度曲线可以拟合为高斯分布函数，从而表示 SIMS 测试系统的分辨率。从图 10.10 可知，催化掺杂时间为 1min 时，P 原子即可掺入 c-Si 中。随着处理时间增至 4min，掺杂曲线向更深的区域扩展（掺杂深度更深）。但随着处理时长的进一步增加，掺杂深度并没有继续增加。我们无法准确获知 SIMS 测试时探测深度分辨率的数值，但该值应小于图中处理 1min 的浓度曲线所对应的掺杂深度。这是由于掺杂 1min 我们也可以观测到掺杂浓度变化的曲线。

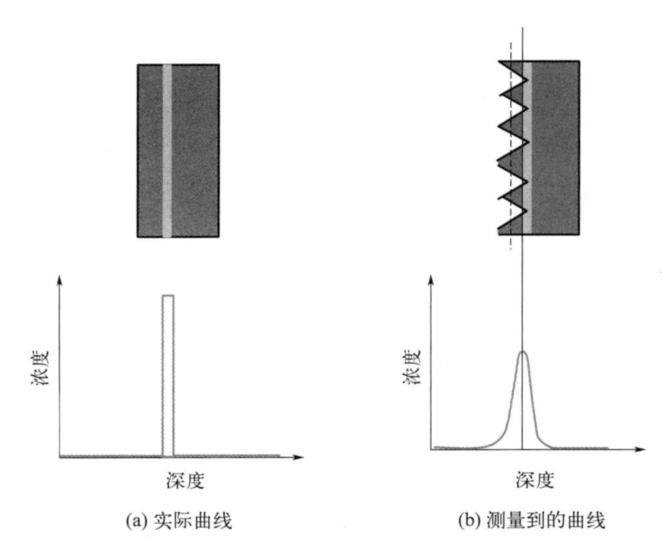

图 10.11　SIMS 测试系统深度分辨率的示意。假设样品中的真实掺杂浓度曲线是一个方波函数（a），由于非均匀刻蚀增加了样品表面的粗糙度，SIMS 测得的浓度分布曲线宽化为高斯分布函数曲线（b）。这决定了 SIMS 测试系统的深度分辨率

即使对浓度分布曲线的精确分析很困难，但图中我们依然可以发现通过催化掺杂的 P 原子限制在距离表面深度为 2～5nm 的区域中，并且其深度不会随着处理时间的增加而进一步增加。当衬底温度为 80℃时，P 原子的掺杂深度在 2～5nm 处达到饱和。这一饱和深度与催化掺杂时长无关。

这一现象显然与人们熟知的热扩散过程不同。利用目前已知的在 900～1300℃温度区间内，P 原子在 c-Si 中的扩散系数进行外推来估算 $T_s=80℃$ 时 P 原子的扩散系数。结果发现，这一数值非常小，并不能解释实验中的 P 掺杂量[5]。

当 P 原子以恒源热扩散形式掺杂时，P 原子掺杂曲线 $C(x,t)$ 可以用公式(10.1) 所示的补余误差函数（erfc）表示。此处，x 和 t 分别代表距 c-Si 表面的相对距离和掺杂时间。

$$C(x,t)=C_s\mathrm{erfc}\left(\frac{x-x_0}{2\sqrt{Dt}}\right)$$

$$\mathrm{erfc}(y)=\frac{2}{\sqrt{\pi}}\int_y^{\infty}\exp(-u^2)\mathrm{d}u \tag{10.1}$$

式中，C_s、x_0 和 D 分别为表面掺杂浓度、初始掺杂深度（通常设置为逼近 0 的数值）和扩散系数。

图 10.12 中，我们再一次绘制了图 10.10 所示的催化掺杂 60s 后的 P 原子掺杂曲线。图中，方形标记为测试得到的 SIMS 图谱，实线代表对 SIMS 图谱拟合得到的 erfc 误差函数。当我们将 x_0 设置为 0.66nm 时，erfc 曲线与 SIMS 图谱完全吻合。0.66nm 这一数值与 Cat-CVD 制备 a-Si 时在 a-Si/c-Si 界面过渡层的厚度相当。在深度大于 0.66nm 的区域，c-Si 中确实存在 P 原子。这时，我们如果忽略扩散系数数量级的问题，P 原子掺杂曲线明显遵循常规的扩散理论。我们将在后面几节中具体讨论这一问题。

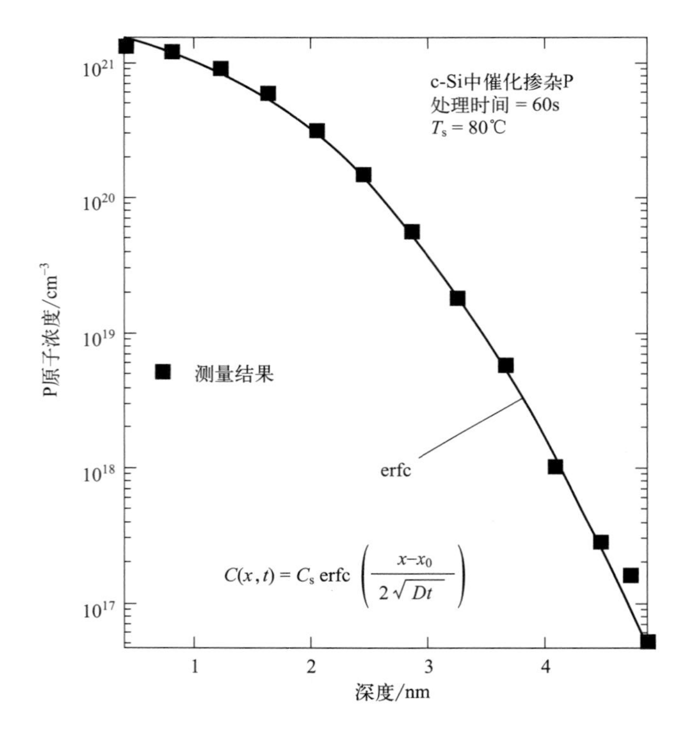

图 10.12 通过 SIMS 从背面测得的催化掺杂样品的 P 原子分布曲线。图中实线为补余误差函数 erfc。erfc 如图所示，其中 $C(x,t)$、C_s、x、x_0 和 D 分别为位置为 x 和时间为 t 时的 P 原子分布曲线、表面浓度、位置、初始位置和扩散系数。数据来源：转载自开源文献 [2]

10.3.3 扩散系数的估算

通过 erfc 拟合并将 $t=60$s 代入公式(10.1)，我们可以推导出扩散系数 $D=7.37\times10^{-17}\mathrm{cm^2/s}=2.65\times10^{-5}\mathrm{m^2/h}$。我们对 $T_s=350$℃下制备的样品也进行这样的拟合，其扩散系数 $D=6.30\times10^{-17}\mathrm{cm^2/s}=2.27\times10^{-5}\mathrm{m^2/h}$。虽然 T_s 升高了，但是 D 并没有随之增加。对其他样品扩散系数的计算结果也基本处于同一个数量级。这种通过 erfc 函数拟合估算扩散系数的方法存在非常大的误差，这可能是受 SIMS 分布曲线中深度分辨率的影响。

利用图 10.9 中所示数据，我们采取了一种更直接的估算催化掺杂扩散系数的方法。虽然正面获得的 SIMS 掺杂曲线给出的数据并不准确，但其可以给出 P 原子在 c-Si 中的总数。如 10.3.2 节所述，当 SIMS 掺杂曲线可以近似的用函数 $\exp(-x/A)$ 表示时，P 原子总量 N_{total} 可以简单表示为 $N_0\times A$。根据公式(10.2)[5]，掺杂总量 N_{total} 与 D

之间关系如下：

$$N_{\text{total}}=\frac{2N_0}{\sqrt{\pi}}\sqrt{Dt} \tag{10.2}$$

根据这一公式，我们可以推算出图 10.9 中数据对应的扩散系数 $D=2.44\times10^{-16}\text{cm}^2/\text{s}=8.78\times10^{-5}\text{m}^2/\text{h}$。对于常规的热扩散过程，温度低于 900℃时磷在 c-Si 中的扩散系数未知。因此，我们只能通过外推已知的扩散系数与温度之间的关系曲线（>900℃的情况）[5] 来估算 80℃下的扩散系数，如图 10.13 所示。人们通常认为在 80℃时，P 原子无法扩散进 c-Si 中，但事实上扩散或类扩散现象确实可以发生。如果仅简单地考虑催化掺杂过程中的扩散系数，那么上面计算得到的扩散系数与外推法得到的扩散系数提升了二十多个数量级。我们应该如何看待这一现象呢？

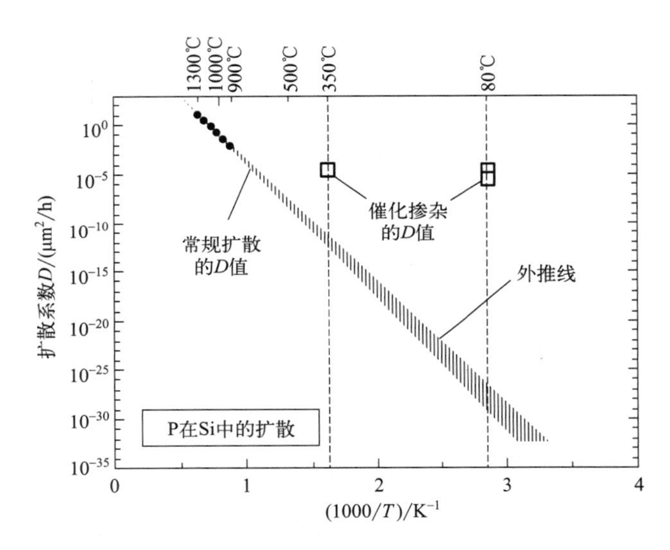

图 10.13　从 900℃外推至 80℃的扩散系数 D 与温度倒数的关系曲线。图中方块代表催化掺杂的扩散系数 D

10.3.4　催化掺杂 P 原子的特性

在尝试解释催化掺杂机制之前，我们收集了更多关于催化掺杂实验现象的信息，并进一步确认了实验结果。

首先，为了再次确认掺杂深度，我们在表面有超薄 SiO_2 层的 c-Si 上尝试了磷催化掺杂。如果 P 原子相关基团在催化掺杂过程中透过 SiO_2 层进入 c-Si 中，那么 c-Si 中 P 原子的数量应当取决于 SiO_2 的厚度。该实验中，我们将 c-Si 衬底（p 型，空穴浓度为 $10^{13}\sim10^{14}\text{cm}^{-3}$）浸入 90℃的过氧化氢（$H_2O_2$）溶液中，利用化学反应形成 SiO_2 层。通过控制反应时间，我们依次制备了厚度为 0nm、1.5nm、4nm 和 7nm 厚的 SiO_2 层（氧化层的厚度由椭偏仪测得）。在 $T_s=350$℃下进行了不同时长的磷催化掺杂。随后，将表面 SiO_2 层用氢氟酸（HF）腐蚀，并立即在催化掺杂的 c-Si 衬底表面沉积了 10nm 厚的 i-a-Si。图 10.14 为不同 SiO_2 厚度的样品载流子面密度与催化掺杂时间的关系。当

衬底在没有 SiO_2 层的条件下进行催化掺杂时，仅 1min 后，p 型衬底就转化为了 n 型。当 SiO_2 厚度为 1.5nm 时，P 催化掺杂后衬底同样会转变为 n 型，但载流子面密度比没有 SiO_2 的要小得多。当 SiO_2 厚度为 4nm 时仍然可以观察到衬底从 p 型向 n 型转换，而当氧化层厚度超过 7nm 时，催化掺杂后衬底的导电类型就不会发生转变了。虽然 P 原子在 SiO_2 中的渗透能力与在 c-Si 中的不同，但实验证明，在催化掺杂过程中，P 原子依然能够穿透 SiO_2 层进入 c-Si 中。

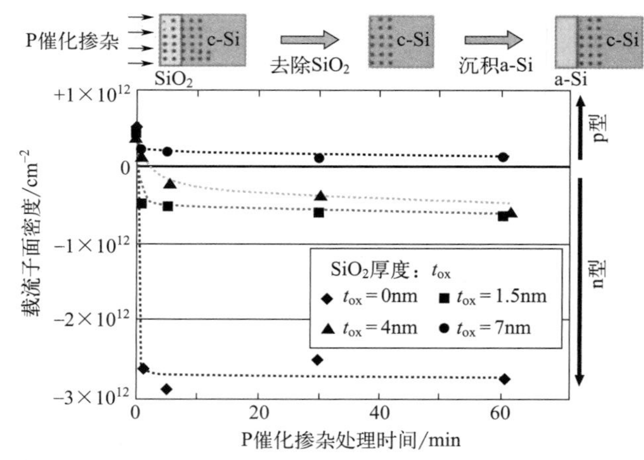

图 10.14 不同 SiO_2 厚度时，载流子面密度、导电类型与催化掺杂时长的关系。SiO_2 厚度为 0nm、1.5nm、4nm 和 7nm。图片顶部给出了样品制备流程示意图。数据来源：转载自开源文献［2］

这一系列实验表明，P 原子在低温下掺杂进入 c-Si 是毫无疑问的事实。随后，我们测量了不同催化掺杂时长下 P 掺杂 c-Si 的载流子面密度，如图 10.15 所示。图中给出

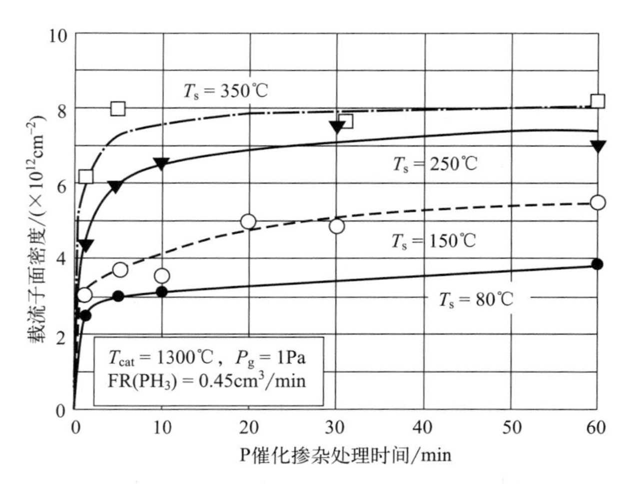

图 10.15 不同衬底温度 T_s 时，P 催化掺杂样品的载流子面密度与掺杂时长的关系。掺杂条件如图所示。纵轴的数字应乘以 10^{12}（如单位中所示）来表示载流子面密度

了不同 T_s 下，载流子面密度与催化掺杂时长的关系[6]。载流子面密度随着 T_s 的增加而增加。在初始的 5min，载流子面密度明显与工艺时间的平方根成正比关系。如果常规的扩散理论成立的话，c-Si 中杂质总量应当始终保持与掺杂时间的平方根成正比[5]。另外，在初始的 5min 内，即使衬底温度低至 80℃时催化掺杂依然遵循简单扩散机制。但是，超过 5min 后，载流子面密度达到饱和。图 10.10 中的 SIMS 分布曲线也证实了这一趋势。

图 10.16 也给出了利用 SIMS 测量的 c-Si 中 P 原子浓度分布曲线计算的掺杂总量与掺杂时间的关系。图中两条曲线分别为 T_s＝80℃和 350℃的结果。c-Si 掺入的 P 原子总量随着 T_s 的增加而增加。并且在两种衬底温度条件下，P 原子的总量均在催化掺杂进行到 5～10min 后达到饱和。因此我们推测，载流子面密度的饱和实际上是因为掺入 c-Si 的 P 原子总数达到了饱和。同时，通过对比载流子面密度和 SIMS 测得的 P 原子数量可以估算出，两种衬底温度条件下，电活性的催化掺杂 P 原子占比约为 10%。考虑到较低的工艺温度，该数值还是比较合理的。

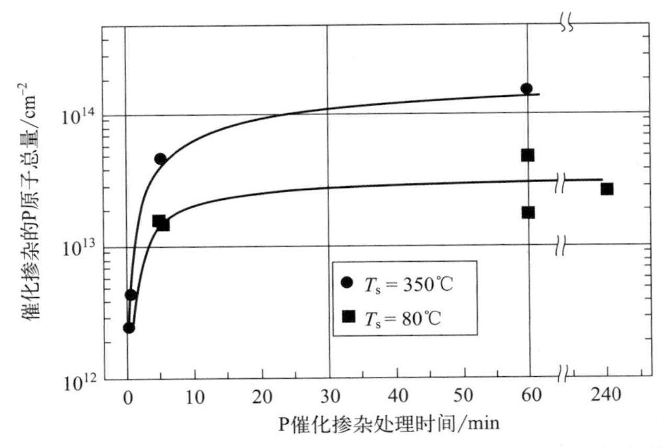

图 10.16　根据 SIMS P 原子浓度分布曲线计算得到的催化掺杂的 P 原子总量随催化时间的变化曲线。数据来源：转载自开源文献［2］

上文提到的所有数据都来自（100）硅片的催化掺杂。如果选用（111）单晶硅片，这些结果会如何变化呢？于是，我们在 Si(111）上开展了类似实验。图 10.17 为对 Si(111）衬底催化掺杂时，载流子面密度与处理时长的关系。该图对比了不同晶体取向的衬底对催化掺杂结果的影响[6]。结果表明，催化掺杂 c-Si(111)，载流子面密度随处理时间的变化趋势与 c-Si(100）的情况相似，但显然 c-Si(111）中的载流子面密度要远比 c-Si(100）中的小。这表明，P 原子对 c-Si(100）的掺杂要比对 c-Si(111）的更容易。

众所周知，在常规替位扩散中，衬底的不同晶体取向也会引起扩散系数的差异。这是因为扩散过程中掺杂原子穿过阻碍原子（衬底自身的原子）的概率取决于掺杂原子的运动方向[5]。虽然常规扩散机制不能直接用于解释催化掺杂过程，但这些结果表明，催化掺杂过程中也包含了一些常规的扩散现象。此外，这一实验结果也告诉我们，在（111）面上 P 原子取代 Si 原子位置的过程要比在（100）面上复杂得多。

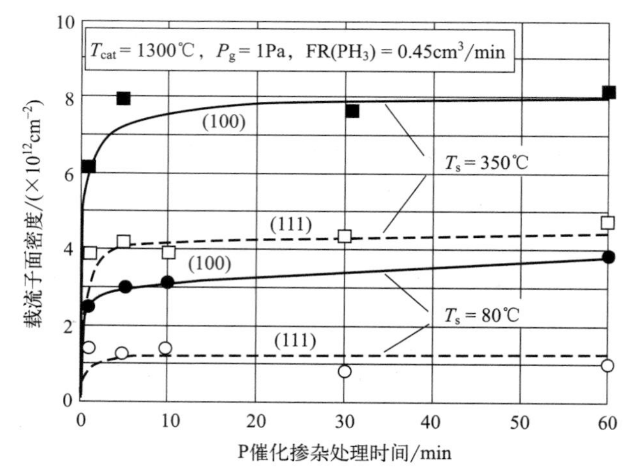

图 10.17　采用不同取向的 c-Si 衬底在不同衬底温度 T_s（80℃和 350℃）下催化掺杂的载流子面密度与催化掺杂时间的变化关系。掺杂条件如图所示。纵轴的数字应乘以 10^{12}（如单位中所示）来表示载流子面密度

以上结果表明：①催化掺杂现象只发生在靠近 c-Si 表面的区域；②催化掺杂与 c-Si 结晶体取向密切相关。

10.3.5　催化掺杂的机理

10.3.5.1　H 原子增强扩散假说

目前，催化掺杂的机理尚未明晰。人们对于催化掺杂机理的研究还远远不够，此处只给出几种具有代表性的假说作为参考。

首先，我们介绍一种基于第一性原理计算的机理。该理论计算设置了一个 P 原子与 H 原子一起移动的系统[7]。研究人员使用 216 个 Si 原子建立了 c-Si 衬底模型，并将一个 P 原子（伴随有一个 H 原子）引入晶体硅模型的中心附近。计算结果表明，H、Si 和 P 原子之间只存在四种稳定的成键方式，如图 10.18 所示。在这些稳定的成键方式中，我们只考虑 A 型和 B 型两种构型。在 A 构型中，H 原子直接与 Si 原子成键，而 P 原子则与它周围的 Si 原子成键。在 B 构型中，H 原子直接与 P 原子成键。B 构型的成键方式可能会导致 P 原子无法作为施主提供电子。

因此，假设稳定构型（A1）中的 P 原子向相邻晶格中的稳定构型（A2）移动。我们可以计算出在 H 原子存在的情况下，P 原子在 c-Si 中的扩散情况。如图 10.20 所示，A2 构型的能级要比 A1 构型高约 0.5eV，因此需要提供额外的能量来形成 A2 这种构型。

图 10.19 展示了 A1 和 A2 的不同结构形式。对 A1 构型而言，在三维空间中，H、Si、P 原子存在三种位置关系[(a)～(c)]。当 P 原子改变其位置时，它需要进行图中所示距离的位移。同样对 A2 构型而言，原子之间也存在三种位置关系[(d)～(f)]。在这种情况下，实际上只需要通过 H 原子的移动，就能从位置（e）转变为位置（f）。由于这是在三维空间中发生的变化，此处的解释可能不太详尽，具体细节可以参考文献［7］

中的描述。

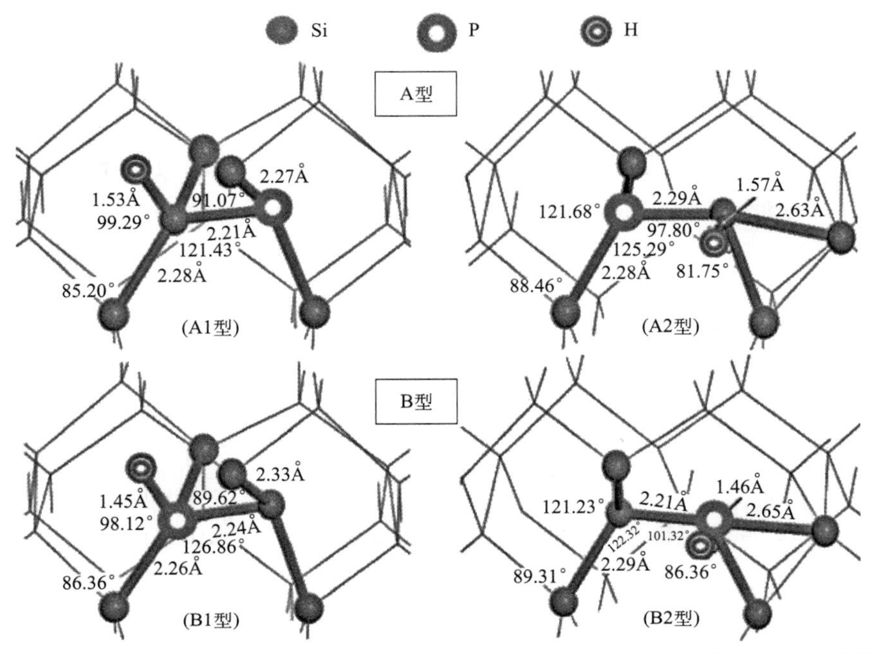

图 10.18　由 216 个 Si 原子、1 个 P 原子和 1 个 H 原子组成系统的第一性原理计算结果。我们考虑了四种稳定构型中的两种。在 A 型中，H 原子与 Si 原子成键，而在 B 型中，H 原子与 P 原子成键。数据来源：经参考文献［7］许可转载

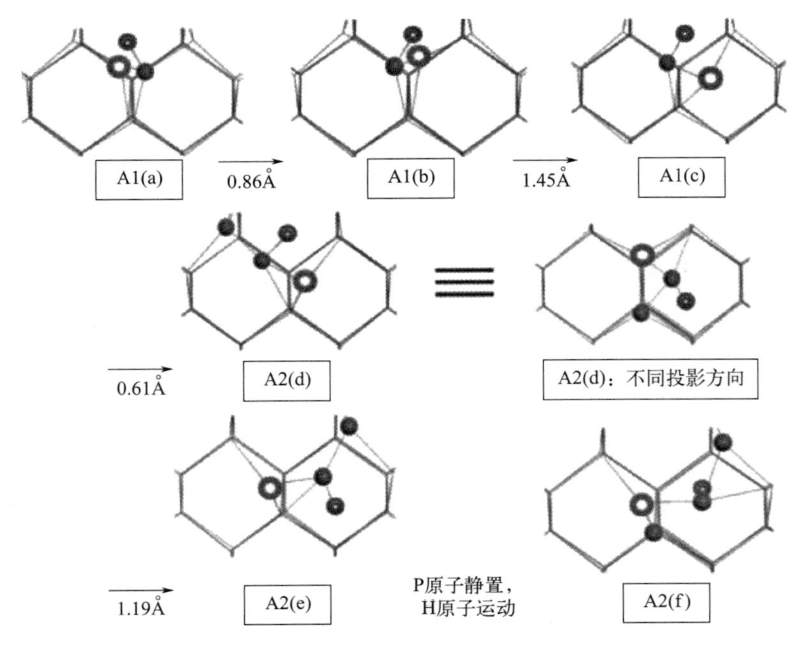

图 10.19　由 216 个 Si 原子、1 个 P 原子和 1 个 H 原子组成系统的第一性原理计算结果。图中展示了 H、Si 和 P 原子的稳定位置，以及 P 原子在两个近邻稳定位点之间位移的长度。通过这种方式展示了 P 原子的运动。数据来源：经参考文献［7］许可转载

图 10.20 展示了 P 原子克服势垒，从一个稳定构型中的位点向最邻近稳定位点移动所需的势能以及通过的距离。P 原子移动需克服的最大势垒高度约为 1.29eV。这一能量值包含了 A2 构型额外所需的形成能。在数值上，该值（1.29eV）远小于 P 原子在 c-Si 中替位扩散所需跨越的势垒高度（约为 3.0eV）。即使考虑了不同构型之间转变所需的形成能，在 H 原子存在的情况下，P 原子在位点间移动的势垒也依然远小于常规替位扩散。换句话说，如果 H 原子与靠近 P 原子的 Si 原子成键，P 扩散就会比常规替位扩散更容易进行。

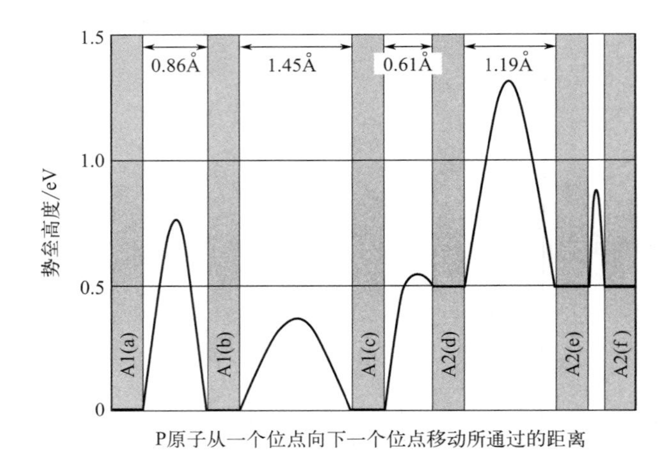

图 10.20 由 216 个 Si 原子、1 个 P 原子和 1 个 H 原子组成系统的第一性原理计算结果。图中给出了 P 原子在两个相邻位置的位移长度以及势垒高度。数据来源：经文献［7］许可转载

上述计算结果能帮助我们推测催化掺杂的可能机理。但为了解释掺杂深度有限的现象，我们需要考虑存在其他的机制来打破这种稳定构型。这是这一理论模型没有解决的问题。

10.3.5.2 空位输运模型

其他的催化掺杂机理的解释并没有实际的计算或证据，我们只能称之为猜测或想象。

另一种可能的解释考虑了催化掺杂过程中气相中的 H 原子与 Si 原子之间的相互作用。我们通过图 10.21 所示的步骤来阐述这一模型。首先，H 原子轰击 c-Si 表面[步骤(1)]并且从表面拉出一个 Si 原子。此时硅表面结构发生局部变化，形成了表面硅空位[步骤(2)]。硅空位被来自 c-Si 内部的 Si 原子替换（占据），即硅空位向 c-Si 内部移动[步骤(3)]。如果硅空位能够与间隙 P 原子形成空位-原子对[8]，那么随着 Si 原子替代空位的过程不断发生，空位-P 原子持续向 c-Si 内部移动［步骤（4）和（5）］。但是，空位-原子对不稳定，其寿命一般较短。最终，P 原子与空位结合[步骤(6)]。即 P 原子占据 c-Si 结构的晶格位点。由于空位-P 原子对的寿命较短，导致 P 的扩散深度限制在数纳米之内。

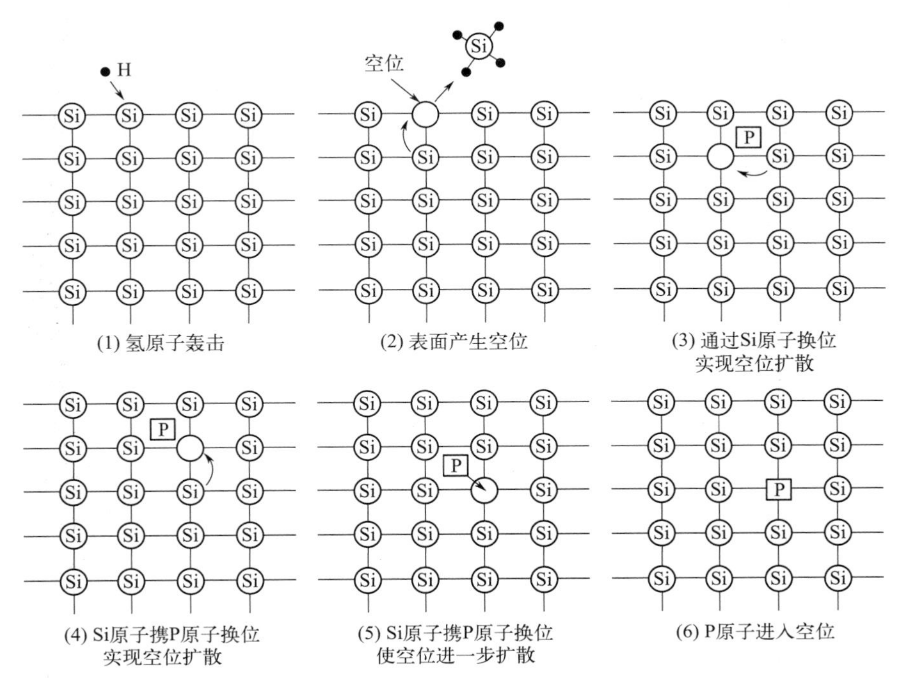

图 10.21　H 原子轰击 c-Si 表面形成空位——磷原子对扩散模型

目前，还没有支持这一模型的实际证据或数据见诸报道，只有我们的实验提供了一些结果。实验中，我们首先对 c-Si 进行了 H 原子处理，随后再将 c-Si 暴露在红磷单质（P_4）产生的 P 原子气氛中（确保无 H 原子参与催化掺杂过程）。结果表明，通过 H 原子预处理，c-Si 中的 P 原子总数稍微有所增加。图 10.22 为该实验流程示意图。首先，预清洗 c-Si 衬底[步骤(1)]，并通过 H_2O_2 溶液化学氧化制得超薄 SiO_2 层[步骤(2)]。超薄 SiO_2 层用于避免 H 原子对衬底刻蚀，其厚度通常控制在 2nm 以内。随后将衬底

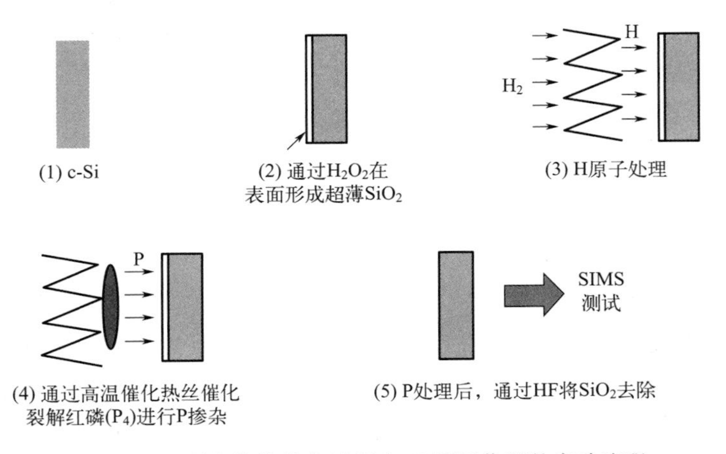

图 10.22　研究催化掺杂过程中 H 原子作用的实验流程

暴露在 Cat-CVD 腔室产生的 H 原子气氛中[步骤(3)]，以在 c-Si 中引入 H 原子同时在 c-Si 表面或近表面位置形成硅空位。这一过程所用的工艺参数为：$T_s=350℃$、$T_{cat}=1800℃$、$P_g=1Pa$，H_2 流量 $FR(H_2)=20cm^3/min$。氢处理时间范围为 0～60min。氢处理后，在真空环境下直接将 c-Si 衬底转移至另一腔室中，进行 P 原子掺杂[步骤(4)]。P 原子通过裂解红磷蒸气而非磷烷产生，所用热丝温度 $T_{cat}=1300℃$[9]。红磷蒸气通过加热钽（Ta）舟中的红磷粉末获得。然后，将样品浸入 HF 溶液中去除表面氧化物[步骤(5)]。这样，所有吸附在表面 SiO_2 层中的材料完全去除，只有掺杂到 c-Si 中的 P 原子可以被检测到。随后，如前文所述，仅需通过对样品正面进行 SIMS 测试，即可测得掺杂进入 c-Si 中的 P 原子总数。

我们还做了不进行氢处理的对比实验，不同时间催化磷掺杂（同样使用红磷蒸气作为 P 前驱体）样品对应的 SIMS 曲线如图 10.23 所示。由图可知，没有 H 原子的帮助，P 原子也能掺入 c-Si 中。这似乎表明，只有 P 原子是影响催化掺杂的最重要因素。这一结果似乎与图 10.21 所示的空位模型的假设相悖。但是，其他的实验结果却能够支持空位模型这一假说及 H 原子在其中的作用。

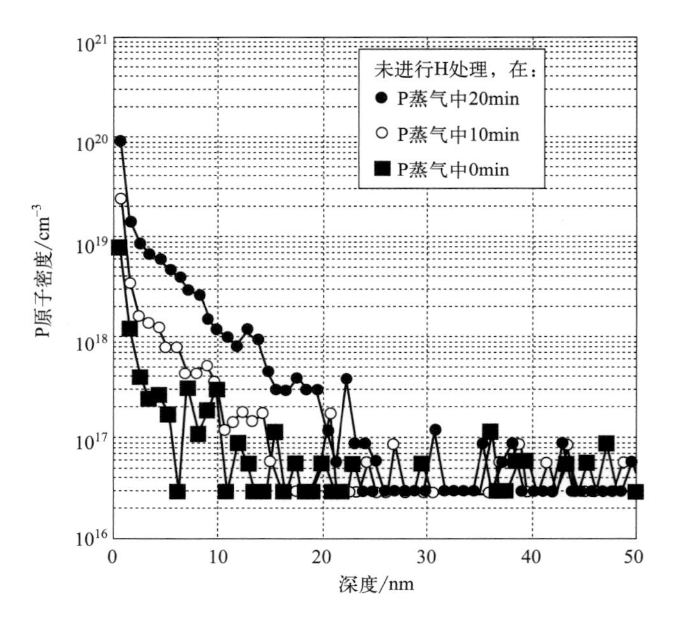

图 10.23 未经 H 预处理，在磷蒸气中处理不同时间样品正面测得的 P 原子 SIMS 分布曲线

图 10.24 给出了先进行不同时间的 H 原子处理，再进行 10min 磷掺杂（红磷蒸气催化裂解处理）样品的 SIMS 磷掺杂曲线。虽然图 10.23 表明，没有 H 原子的存在依然可以实现 c-Si 的磷掺杂，但是如果先进行 H 原子处理，则会有更多的 P 原子进入 c-Si 衬底中。这一结果明显证实了催化掺杂过程中 H 原子的积极作用。

上述基于第一性原理计算的假说以及基于空位模型的假设也许能够解释催化掺杂的部分机制。当然，这些都是基于我们对该实验现象简化考虑的结果。

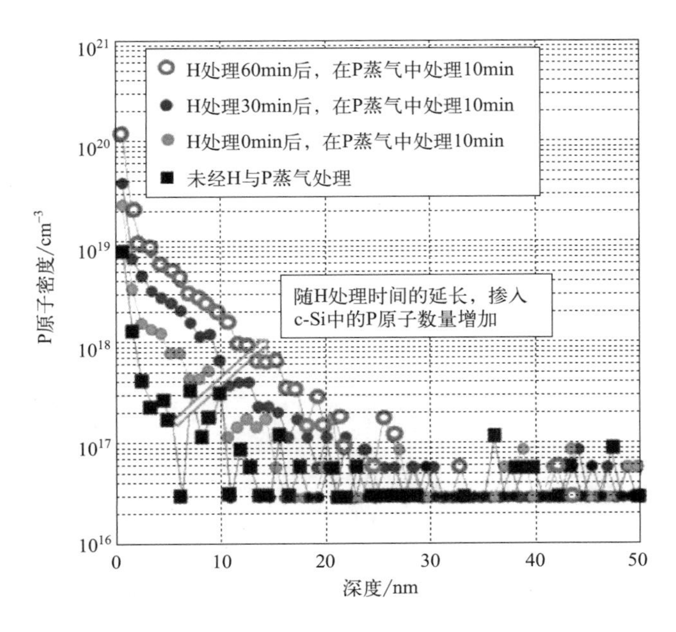

图 10.24　经不同时间 H 原子预处理并在磷蒸气中处理 10min 的样品正面测得的 P 原子 SIMS 分布曲线。图中也给出了未经 H 处理样品的结果作为对照

10.3.5.3　硅表面的重构层模型

众所周知，c-Si 在超高真空环境中未吸附其他材料时，其表面原子会重新排列[10]。理论上，这种表面 Si 原子晶格结构的重新排列会影响到约 10 个原子层的深度，即低于 1～2nm 的范围。但实际上真的只会影响到 1～2nm 的区域吗？如果硅表面受到应力的作用（例如，H 原子轰击硅表面产生的应力），是否表面重构层的深度会超过 5nm 呢？如第 9 章所述，在衬底温度仅 250℃时，c-Si 就会被裂解产生的氧基基团氧化，但是氧化层深度仅限于距表面 5nm 左右。在 c-Si 的催化氮化过程中，氮化层深度也是仅限于距表面 5nm 左右。虽然我们无法给出这种 c-Si 表面重构层的准确图像，但是如果我们可以简单认为 c-Si 表面以下深度约数纳米内的区域与“常规 c-Si”不同，则大多数与表面重构相关的现象（如本书介绍的表面氧化、表面氮化以及催化掺杂）就会变得容易理解。结合许多实验结果来看，我们似乎很容易想象到这种情况：在 c-Si 表面存在着特殊的表面重构层，并且这一层向内部延伸约 5nm 的深度。在这种表面重构层中发生的所有现象都与 c-Si 内部的大不相同。

10.4　c-Si 的低温硼掺杂

相较于 P 催化掺杂，B 原子的催化掺杂稍复杂一些。B 原子容易与钨反应生成钨的硼化物。B 原子的掺杂结果有时候取决于 B 原子反应生成硼化物的时长。图 10.25 为通过电子探针显微分析（EPMA）获取的用于硼催化掺杂的钨丝的截面图。图中分别给出

了钨丝在 $T_{cat}=1000℃$ 和 1300℃下进行 B 催化掺杂后的截面 SEM 图像，以及两种情况下 B 和 W 的元素分布图。实验中，B_2H_6 净流量 $FR(B_2H_6)$ 为 $3.15cm^3/min$，$P_g=1Pa$，处理时长为 10min。结果表明，当催化热丝温度 T_{cat} 为 1000℃时，钨丝的大部分没有发生变化，只有表面检测到了硼信号。但是，当 T_{cat} 升至 1300℃时，在催化钨丝内部同时检测了 W 和 B 信号。W 原子分布图几乎和 B 原子分布图重合。这说明钨丝转变为了钨硼化物。大量的 B 原子参与了钨转变为钨硼化物的反应并在这一过程中被消耗，从而降低了催化掺杂的效率。

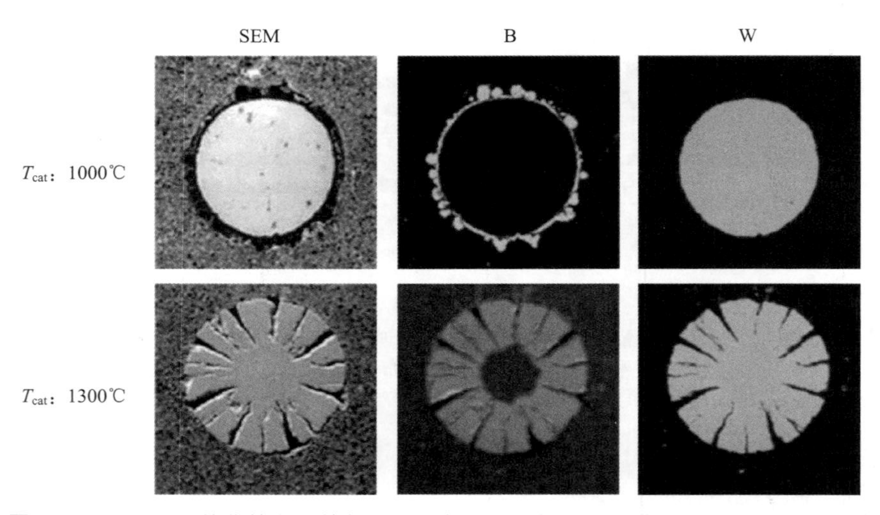

图 10.25　用于 B 催化掺杂的钨催化热丝截面电子探针显微分析（EPMA）测试结果。图中分别为催化热丝的扫描电子显微镜（SEM）图像和硼、钨元素分布图。热丝温度 T_{cat} 分别为 1000℃和 1300℃

此外，B_2H_6 是 B 催化掺杂的主要气源。B_2H_6 会在衬底表面温度超过 300℃时分解，因此，当 T_s 超过 300℃时，催化掺杂的结果还会受到衬底温度的影响。与 P 催化掺杂类似，通过 B 催化掺杂，n 型 c-Si 可以在衬底温度仅为 80℃时转变为 p 型 c-Si。但是由于上述原因的影响，掺杂结果要比 P 催化掺杂的情况复杂，正如图 10.26 所示的霍尔效应测试结果一样。

图 10.26 给出了不同 T_s 时，B 催化掺杂 n 型 c-Si（100）的载流子面密度与 T_{cat} 的关系。其他参数与图 10.25 所示的实验一致。掺杂前 n 型 c-Si 的载流子密度约为 $10^{13}\sim10^{14}cm^{-3}$。当 $T_s=80℃$，T_{cat} 超过 500℃时，n 型 c-Si 就会转变为 p 型。但与 P 催化掺杂相比，T_{cat} 从室温增至 1800℃的过程中，B 催化掺杂的情况更复杂。当 T_{cat} 超过 1000℃时，B 掺杂样品的载流子面密度开始下降。这可能是由于 B 原子开始与钨反应形成钨的硼化物造成的。换句话说，如果我们使用完全硼化的催化热丝，B 催化掺杂的结果可能会更稳定。

此外，当衬底温度 $T_s=350℃$ 时，无需加热钨丝，n 型 c-Si 表面就会转变为 p 型。这种情况不再属于催化掺杂的范畴。如果只是简单地将衬底温度设置为 350℃就能实现 B 掺杂，这也将会成为很有前景的技术。同样，如果在衬底温度为 350℃时将 T_{cat} 升至

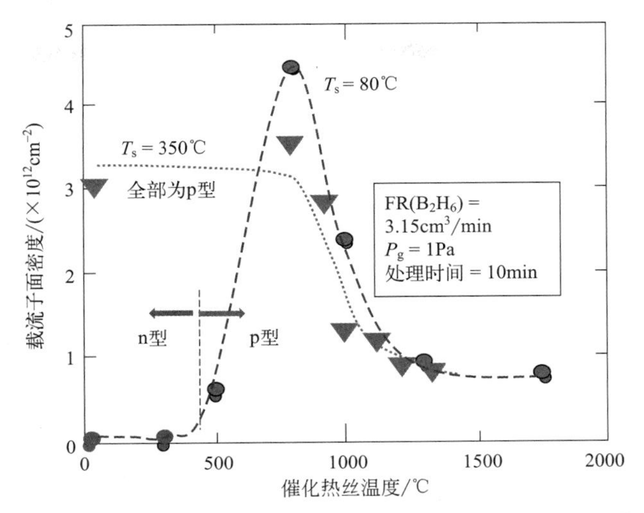

图 10.26　不同衬底温度 T_s（80℃、350℃）情况下，B 催化掺杂后 c-Si 载流子面密度及掺杂类型随热丝温度的变化情况。数据来源：转载自开源文献［2］

1000℃以上，样品的载流子面密度也会下降。

为了探究无催化热丝参与时 B 原子的掺杂，我们在 T_s=350℃、T_{cat}=RT、FR(B_2H_6)=3.15cm^3/min、P_g=1Pa 的条件下进行了 10min 的硼掺杂，并在 T_s=90℃、T_{cat}=1800℃、FR(SiH_4)=10cm^3/min、P_g=0.5Pa 的条件下制备了 10nm 厚的 a-Si 覆盖层。我们对样品进行了 SIMS 测试，B 原子的 SIMS 曲线如图 10.27 所示[11]。虽然该结果是从样品正面测得的，但是我们可以确定，在没有加热催化热丝的情况下 B 原子掺进了 c-Si 中。

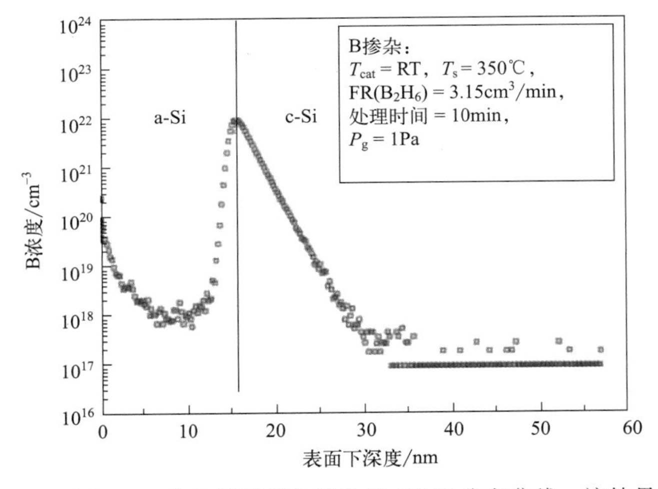

图 10.27　c-Si 中 B 原子催化掺杂的 SIMS 分布曲线。该结果从样品正面测得。数据来源：经参考文献［11］许可转载

由图可知，c-Si 衬底中掺杂的 B 原子总量约为 $1.3\times10^{15}cm^{-2}$。虽然 SIMS 测得的绝对值有时会有较大的误差，但我们仍可以从图 10.26 和图 10.27 中估算出衬底中被激活 B 原子的比例。计算结果表明，这一数值非常低，激活比小于 1%。我们还可以通过公式(10.2) 估算出该过程的扩散系数 D，$D=2.3\times10^{-17}cm^2/s=8.2\times10^{-6}m^2/h$。这一数值与 P 催化掺杂过程的扩散系数相似。人们从这一结果可以再一次推断，在表面重构区很容易实现元素的掺杂。

10.5 a-Si 的催化掺杂

与 c-Si 的催化掺杂类似，我们可以通过催化掺杂技术来实现 a-Si 的掺杂，即将 i-a-Si 转变为 n 型或 p 型 a-Si。图 10.28 为石英衬底表面沉积 20nm 厚的 i-a-Si 在 P 或 B 催化掺杂后样品的方阻与 T_{cat} 的关系。两种元素掺杂时分别采用了 $T_s=50$℃和 350℃两个衬底温度。a-Si 催化掺杂的参数与表 10.1 所示的 c-Si 催化掺杂工艺参数基本相同。典型的 i-a-Si 沉积及催化掺杂的工艺参数汇总于表 10.2 中。对于 a-Si 的 P 掺杂而言，样品电导率在 T_{cat} 超过 1000℃时开始增加。这一趋势与 c-Si 中 P 催化掺杂的情况一致。同样的，a-Si 的 B 掺杂也和 c-Si 的情况一样，比 P 掺杂更加复杂。在 $T_s=50$℃时，B 掺杂样品电导率完全不会提高；而在 $T_s=350$℃时，电导率先随着 T_{cat} 的增加而提高，在 T_{cat} 超过 1000℃时，电导率开始下降。这可能是因为 B 原子与钨发生反应而消耗了部分 B 原子。

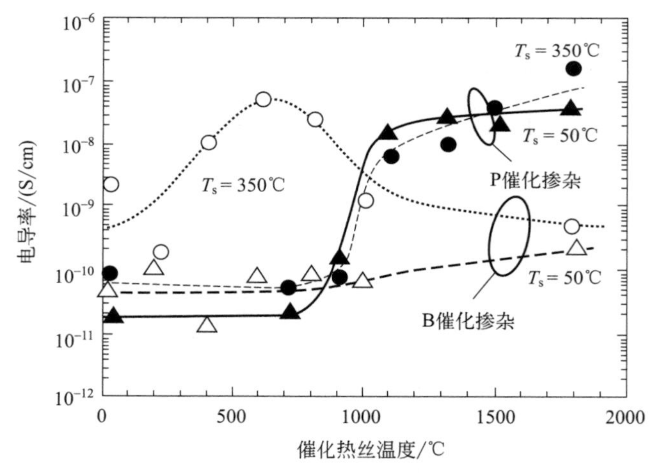

图 10.28 对玻璃衬底上的 a-Si 薄膜进行 P 和 B 催化掺杂后样品的电导率。催化掺杂在不同的衬底温度 T_s（80℃、350℃）下进行

当 H_2 和 B_2H_6 同时通入腔室对 a-Si 进行催化掺杂时，随着 H_2 流量的增加，电导率呈增大的趋势，如图 10.29 所示。如第 4 章所述，加热的钨丝促使 B_2H_6 裂解为一对甲硼烷（BH_3+BH_3）。随后在气相中与 H 原子发生反应生成 B 原子。图 10.29 的结果

表明，催化掺杂需要的是 B 原子而非硼氢化合物（B_nH_m，n/m=1、2、3…）。

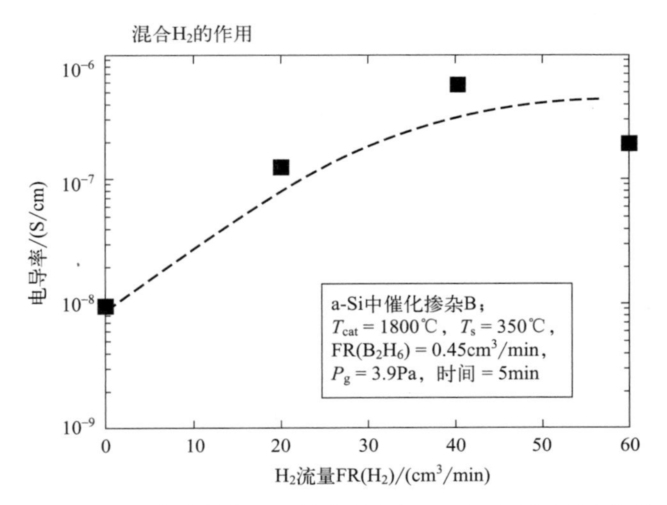

图 10.29　B 催化掺杂 a-Si 的电导率与 H_2 流量 FR(H_2)的关系（在 B 催化掺杂中，使用的是 H_2 与 B_2H_6 混合气）。数据来源：经参考文献［12］许可转载

图 10.30 给出了从样品背面测得的催化掺杂后 a-Si 中 P 原子和 B 原子 SIMS 分布曲线。图中还给出了 P 在 c-Si 中的掺杂曲线作为对比。在 c-Si 中的掺杂是在 T_{cat} = 1300℃下催化掺杂 1min，并在掺杂后将样品在 350℃下退火 30min。样品制备的一些关

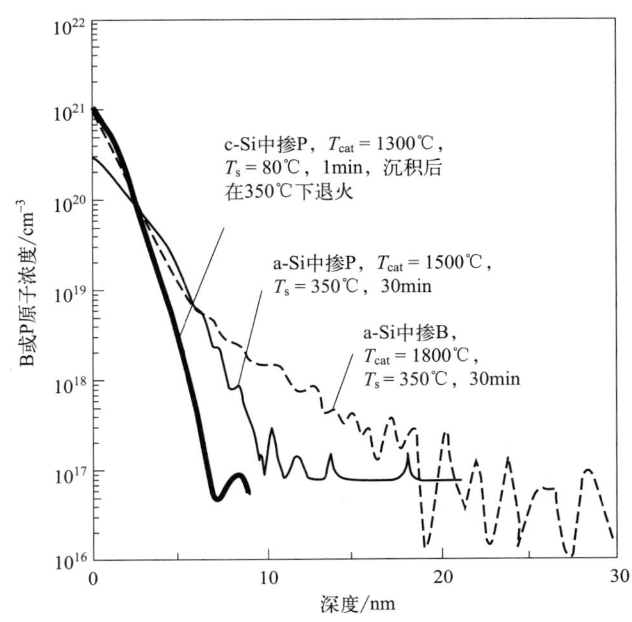

图 10.30　a-Si 催化掺杂 B 或 P 后，P 和 B 原子的 SIMS 掺杂分布曲线（从样品背面测得）。图中还给出了 c-Si 催化掺杂 P 后经 350℃退火 30min 样品的 SIMS 分布曲线进行对比。P 和 B 催化掺杂的条件也标注在了图中。数据来源：经参考文献［12］许可转载

键参数也列于该图中。

表 10.2 Cat-CVD 制备 i-a-Si 薄膜及对其进行 P 和 B 催化掺杂的典型工艺参数

参数	i-a-Si 的催化掺杂		i-a-Si 沉积
	使用 PH_3 的磷催化掺杂	使用 B_2H_6 的硼催化掺杂	
催化热丝材料	W	W	W
催化热丝温度 T_{cat}	RT～1800℃	RT～1800℃	1800℃
衬底温度 T_s/℃	50～350	50～350	160
SiH_4 流量 FR(SiH_4)	—	—	$10cm^3/min$
H_2 流量 FR(H_2)	—	$0～60cm^3/min$	—
掺杂气体净流量 FR(PH_3) 或 FR(B_2H_6)（两者都用氦气稀释到 2.25%）	$0.45cm^3/min$	$0.45～0.68cm^3/min$	—
催化掺杂气体压力 P_g/Pa	2	2～4	1
催化热丝到衬底距离 D_{cs}/cm	10～12	10～12	10～12

与 c-Si 中的催化掺杂相比，P 原子和 B 原子在 a-Si 中的掺杂深度要更深，但仍小于 10nm。如果我们仅考虑重掺杂区域的话，掺杂深度实际上也只有 5nm（甚至更小）。上文图 10.28 中的电导率数据是假设杂质在 20nm 的深度范围内均匀分布计算的。实际上，P 原子和 B 原子集中分布在靠近 a-Si 表面的区域，掺杂层的实际电导率比图 10.28 和图 10.29 所示的数值大 4～5 倍。

10.6 催化掺杂技术的应用及可行性

10.6.1 催化掺杂调控表面电势实现高质量钝化

如前文所述，催化掺杂掺入样品中的 P 和 B 原子总量不大，并且掺杂区域的厚度很薄。因此，很难使用催化掺杂技术直接制备 p-n 结器件。但是，样品表面的掺杂可以用来调控 c-Si 的表面电势。表面电势的调控对于获得高质量晶硅太阳电池表面的钝化层特别重要。对于太阳电池而言，光生载流子在到达电子或空穴的收集电极之前应尽量避免因复合而造成的损失。在晶硅电池的实际生产中，为了降低硅材料的成本需要使用厚度小于 100μm 的 c-Si 衬底。由于硅片比较薄，载流子可以很容易从 c-Si 衬底内部到达衬底表面，这样载流子的表面复合成为了主要的复合过程。这时，如果表面电势发生弯曲，那么电子或空穴中的一种载流子将会在电场力的作用下远离表面，从而大大降低载流子在表面的复合概率。除了有利于提升 c-Si 的钝化质量，催化掺杂技术也可以用来改善 poly-Si 或 μc-Si 的晶界特性[13]。

另一方面，c-Si 太阳电池普遍使用 SiN_x 作为减反射层。但如第 8 章所述，直接在 c-Si 上沉积 SiN_x 薄膜时，N 原子通常会导致缺陷的产生[14]。例如，在使用 NH_3 和

SiH_4 混合气沉积 SiN_x 的初始阶段，会发生类似催化掺杂的反应，NH_3 中的 N 原子会掺入 c-Si 中。为避免 N 在 c-Si 中掺杂，在沉积 SiN_x 的初始阶段一般会降低沉积温度，并改变沉积工艺参数（用 SiH_4 稀释 NH_3），来减少 c-Si 中 N 原子的数量[15]。

我们使用 Cat-CVD 在 c-Si 衬底两侧沉积了 SiN_x 薄膜，图 10.31 为 c-Si 的载流子寿命与沉积 SiN_x 过程中衬底温度 T_s 的关系。图中载流子寿命是使用微波光电导（μ-PCD）测量的[16]。我们发现在低温（100～150℃）下制备 SiN_x 薄膜并辅以 350℃的退火能够有效提高载流子寿命。这可能是因为低温沉积有利于抑制 c-Si 中的 N 掺杂并且增加薄膜的 H 含量。薄膜中大量的 H 原子可以钝化缺陷或在退火过程中帮助消除 N 掺杂带来的负面影响。通过退火，样品的载流子寿命从不到 1ms 升至 3ms 以上[15]。

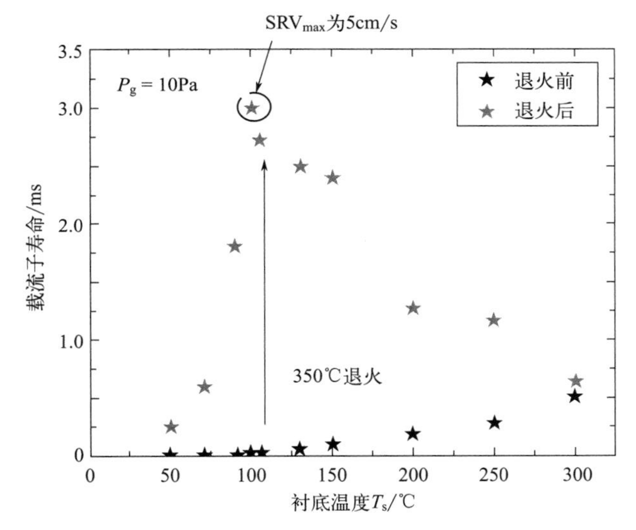

图 10.31　在 c-Si 表面用 Cat-CVD 制备 SiN_x 薄膜后，c-Si 的载流子寿命与 SiN_x 薄膜沉积温度 T_s 的关系。在 T_s = 100～150℃制备的样品载流子寿命在 350℃退火后显著提升。数据来源：经参考文献［15］许可转载

如果我们在样品中引入催化掺杂，会发生什么呢？我们尝试在沉积 SiN_x 薄膜前对 n 型衬底进行 P 催化掺杂。通过 P 催化掺杂，界面处 c-Si 的能带向下弯曲，对空穴起到了阻挡作用，如图 10.32 所示。在电场力的作用下，空穴远离表面从而降低了表面复合。图 10.33 所示为沉积 SiN_x 后 c-Si 的载流子寿命与 P 催化掺杂过程中 PH_3 流量的

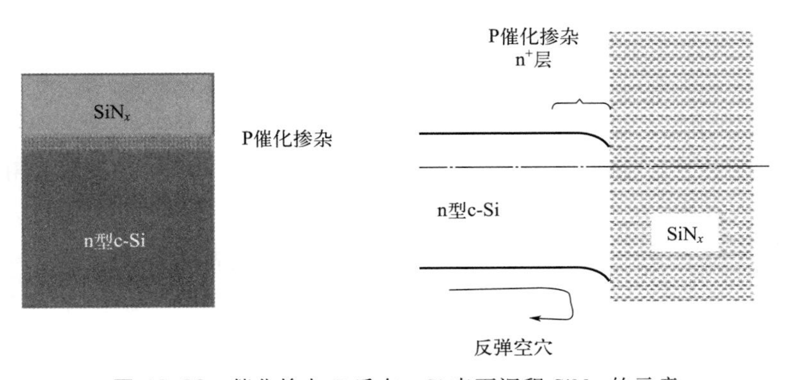

图 10.32　催化掺杂 P 后在 c-Si 表面沉积 SiN_x 的示意

关系。SiN_x 薄膜在 $T_s=100℃$ 下沉积后，在 350℃下进行了退火处理。通过 P 催化掺杂，载流子寿命从 3ms 升到了 7～8ms[17]。虽然催化掺杂只实现了表面掺杂，但它对于提升钝化质量、减少 N 掺杂的影响作用明显。

接下来，我们将介绍催化掺杂技术的另一个应用。我们相信催化掺杂还将会在其他方面有所应用。

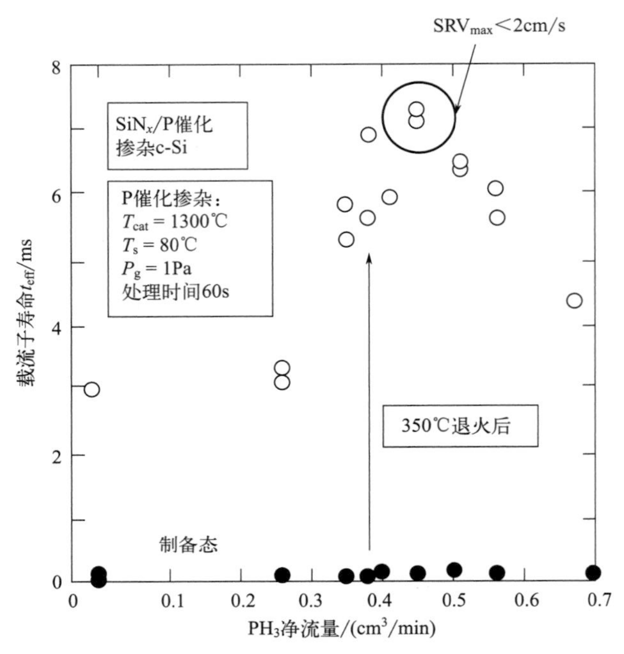

图 10.33 表面沉积了 Cat-CVD SiN_x 薄膜的 c-Si 的载流子寿命与 P 催化掺杂过程中 PH_3 净流量的关系。掺杂参数如图所示。数据来源：经参考文献［15］许可转载

10.6.2 a-Si 的催化掺杂及其在异质结太阳电池中的应用

本章最后，我们介绍催化掺杂技术的另一项应用。

如第 8 章所述，硅异质结（SHJ）太阳电池是最有希望实现高能量转换效率的 c-Si 太阳电池之一。SHJ 使用沉积在 n 型 c-Si 衬底上的 p 型 a-Si 来形成 p-n 结，以代替常规电池的扩散制结工艺过程（在 c-Si 中形成 p-n 结）。为了提升界面钝化质量，还需要在 p 型 a-Si 和 c-Si 之间引入一层 i-a-Si。SHJ 电池的整个制备过程在约 200℃的低温下进行。低温过程减小了电池制备过程中的热应力，这使得 SHJ 电池可以使用更薄的 c-Si 衬底。

近年来，人们尝试将用于收集电子和空穴的电极都制备在电池的背面，这种结构称为背接触电池。这种结构可以消除正面栅线电极对入射光的遮挡，并且还可以简化金属栅线的布线。事实上，研究人员已经利用这种结构成功制备出了光电转换效率超过 26.7%的太阳电池。

但是，背接触 SHJ 电池的制备成本较高，因此这种电池还未进入商业化生产环节。如果我们能够通过转变掺杂类型，直接在沉积的 i-a-Si 层上制备 n 型 a-Si 或 p 型 a-Si，那么我们可以进一步简化制备步骤来压缩生产成本。这里我们介绍一项由 K. Ohdaira 等[19] 报道的实验结果。他们制备的 SHJ 太阳电池结构如图 10.34 所示。该电池使用 n 型 c-Si 作为衬底，在正面沉积了 20nm 厚的 i-a-Si 层，背面依次沉积了 6nm 厚的 i-a-Si 和 6nm 厚的 n 型 a-Si 层。随后，为了验证催化掺杂 a-Si 的可行性，将正面的 i-a-Si 暴露在 Cat-CVD 产生的含 B 元素的基团中。B 原子催化掺入 i-a-Si 层中，从而在 i-a-Si 表面形成了一层 p 型 a-Si。完成催化掺杂后，正反两面都沉积了 80nm 的氧化铟锡（ITO）层并使用丝网印刷制备了金属电极。

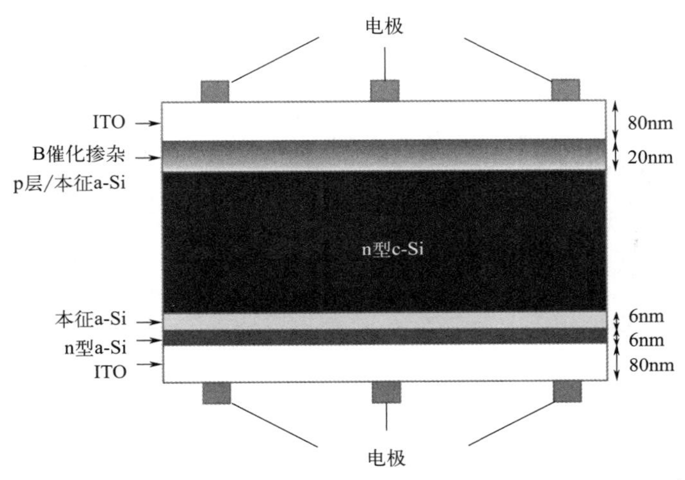

图 10.34　含有 B 催化掺杂 p 型 a-Si 薄膜的 a-Si/c-Si 异质结太阳电池结构。数据来源：经文献［19］许可转载。版权所有（2017）。The Japan Society of Applied Physics

图 10.35 给出了上述太阳电池的光电性能测试结果。我们发现该电池能够正常工作。但它的短路电流密度和开路电压（J-V 曲线与 y 轴、x 轴的交点）分别只有 28mA/cm^2 和 0.43V。虽然电池的短路电流密度和开路电压较差，但催化掺杂 a-Si/i-a-Si/c-Si 结构的载流子寿命很高，可达 5ms[18]。因此，图中的电池性能较差可能是受 ITO 的沉积或栅线电极金属化过程的影响。这项工作的重要意义在于验证了催化掺杂层可以作为 SHJ 电池中的 p 型 a-Si 层来工作。

催化掺杂技术在其他材料或领域中的应用也多有报道。例如，对于常规工艺而言，碳化硅（SiC）的低温掺杂较难实现。但研究人员使用催化掺杂技术，在 300℃ 的低温下实现了 SiC 的 N 原子掺杂，从而调控了 SiC 器件的表面电势。

催化掺杂是一项新兴技术，对于这一技术的应用研究还不够深入。虽然在工业生产中使用 Cat-CVD 仍处于起步阶段，但在不久的将来，这一技术将慢慢进入人们的视野并得以大范围应用。

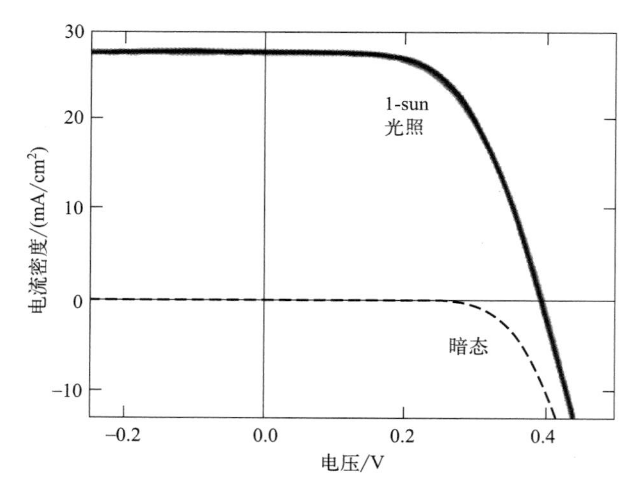

图 10.35 使用B催化掺杂的 a-Si/c-Si 异质结太阳电池的 *J-V* 测试曲线。数据来源：经文献［19］许可转载。版权所有（2017）。The Japan Society of Applied Physics

参考文献

［1］ Strack，H.（1963）. Ion bombardment of silicon in glow discharge. *J. Appl. Phys.* 34：2405-2409.

［2］ Matsumura，H.，Hayakawa，T.，Ohta，T. et al.（2014）. Cat-doping：novel method for phosphorus and boron shallow doping in crystalline silicon at 80℃. *J. Appl. Phys.* 116：114502-1-114502-10.

［3］ Matsumura，H.，Miyamoto，M.，Koyama，K.，and Ohdaira，K.（2011）. Drastic reduction in surface recombination velocity of crystalline silicon by surface treatment using catalytically-generated radicals. *Sol. Energy Mater. Sol. Cells* 95：797-799.

［4］ van der Pauw，L. J.（1958）. A method of measuring specific resistivity and Hall effect of discs of arbitrary shape. *Philips Res. Rep.* 13：1-9.

［5］ Grove，A. S.（1967）. *Physics and Technology of Semiconductor Devices*，Chapter 3. Wiley.

［6］ Hayakawa，T.，Nakashima，Y.，Koyama，K. et al.（2012）. Distribution of phosphorus atoms and carrier concentration in single-crystal silicon doped by catalytically generated phosphorus radicals. *Jpn. J. Appl. Phys.* 51：061301-1-061301-9.

［7］ Anh，L. T.，Cuong，N. T.，Lam，P. T. et al.（2016）. First-principles study of hydrogen-enhanced phosphorus diffusion in silicon. *J. Appl. Phys.* 119：045703-1-045703-7. https：//doi. org/10. 1063/1. 4940738.

［8］ Fair，R. B. and Tsai，J. C. C.（1977）. A quantitative model for the diffusion of phosphorus in silicon and emitter dip effect. *J. Electrochem. Soc.* 124：1107-1118.

［9］ Umemoto，H.，Kanemitsu，T.，and Kuroda，Y.（2014）. Catalytic decomposition of phosphorus compounds to produce phosphorus atoms. *Jpn. J. Appl. Phys.* 53：05FM02-1-05FM02-4.

［10］ Smeu，M.，Guo，H.，Ji，W.，and Wolkow，R. A.（2012）. Electronic properties of Si(111)－7×7 and related reconstructions：Density functional theory calculation. *Phys. Rev. B* 85：195315-1-195315-9.

［11］ Ohta，T.，Koyama，K.，Ohdaira，K.，and Matsumura，H.（2015）. Low temperature boron doping into crystalline silicon by boron-containing species generated in Cat-CVD apparatus. *Thin Solid Films* 575：92-95.

［12］ Seto，J.，Ohdaira，K.，and Matsumura，H.（2016）. Catalytic doping of phosphorus and boron atoms on hydrogenated amorphous silicon films. *Jpn. J. Appl. Phys.* 55：04ES05-1-04ES05-4.

[13] Liu，Y.，Kim，D. Y.，Lambertz，A.，and Ding，K. (2017). Post-deposition catalytic-doping of microcrystalline silicon thin layer for application in silicon heterojunction solar cell. *Thin Solid Films* 635：63-65. https：//doi. org/10. 1016/j. tsf，2017. 02. 003.

[14] Higashimine，K.，Koyama，K.，Ohdaira，K. et al. (2012). Scanning transmission electron microscope analysis of amorphous-Si insertion layers prepared by catalytic chemical vapor deposition，causing low surface recombination velocities on crystalline silicon wafers. *J. Vac. Sci. Technol. B* 30：031208-1-031208-6. https：//doi. org/10. 1116/1. 4706894.

[15] Thi，T. C.，Koyama，K.，Ohdaira，K.，and Matsumura，H. (2014). Passivation quality of stoichiometric SiN_x single passivation layer on crystalline silicon prepared by catalytic chemical vapor deposition and successive annealing. *Jpn. J. Appl. Phys.* 53：022301-1-022301-6. https：//doi. org/10. 7567/JJAP. 53. 022301.

[16] Deb，S. and Nag，B. R. (1962). Measurement of lifetime of carriers in semiconductors through microwave reflection (letters to editor). *J. Appl. Phys.* 33：1604-1604.

[17] Thi，T. C.，Koyama，K.，Ohdaira，K.，and Matsumura，H. (2014). Drastic reduction in the surface recombination velocity of crystalline silicon passivated with catalytic chemical vapor deposited SiN_x films by introducing phosphorous catalytic-doped layer. *J. Appl. Phys.* 116：044510-1-044510-7. https：//doi. org/10. 1063/1. 4891237.

[18] Yoshikwa，K.，Kawasaki，H.，Yoshida，W. et al. (2017). Silicon heterojunction solar cell with interdigitated back contacts for a photoconversion efficiency over 26%. *Nat. Energy* 2：17032-1-17032-8. https：//doi. org/10. 1038/energy . 2017. 32.

[19] Ohdaira，K.，Seto，J.，and Matsumura，H. (2017). Catalytic phosphorus and boron doping of amorphous silicon films for application to silicon heterojunction solar cells. *Jpn. J. Appl. Phys.* 56：08MB06-1-08MB06-5.